PETER NORTONS **NEUES**
PROGRAMMIERHANDBUCH FÜR
IBM® PC & PS/2®

PETER NORTONS **NEUES** PROGRAMMIERHANDBUCH FÜR IBM® PC & PS/2®

Peter Norton
Richard Wilton

VIEWEG

CIP-Titelaufnahme der Deutschen Bibliothek
Norton, Peter:
[Neues Programmierhandbuch für IBM PC und PS-2]
Peter Nortons neues Programmierhandbuch für IBM PC &
[und] PS-2 / Peter Norton; Richard Wilton. [Übers. aus d.
Amerikan.: Bert Gillert]. – Washington: Microsoft Press;
Braunschweig; Wiesbaden: Vieweg, 1989
Einheitssacht.: The new Peter Norton programmer's
guide to the IBM PC and PS 2 ⟨dt.⟩
ISBN 978-3-322-93852-7 ISBN 978-3-322-93851-0 (eBook)
DOI 10.1007/978-3-322-93851-0
NE: Wilton, Richard:

Dieses Buch ist die deutsche Übersetzung von
Peter Norton/Richard Wilton,
The NEW Peter Norton Programmer's Guide
to the IBM PC and PS/2:
The ultimate reference guide to the entire family
of IBM Personal Computers,
Microsoft Press, Redmond, Washington 98073-9717.

Übersetzung aus dem Amerikanischen: Bert Gillert für Translingua Übersetzungsdienst GmbH, Bonn

Der Verlag Vieweg ist ein Unternehmen der Verlagsgruppe Bertelsmann.

Softcover reprint of the hardcover 1st edition 1989

Layout und Satz: Translingua, Bonn

ISBN 978-3-322-93852-7

Inhaltsverzeichnis

Einleitung

Die Fähigkeiten der Personal Computer haben sich in den wenigen Jahren, seit die erste Version dieses Buches erschien, sehr erweitert. Dennoch bleibt das zwar einfache, aber hochgesteckte Ziel dieses Buches auch weiterhin dasselbe: es soll Sie dabei unterstützen, die Grundlagen der Programmierung speziell für die PCs von IBM zu erwerben. Nachdem IBM im Herbst 1981 ihren ersten Personal Computer vorgestellt hatte (den man heute oft nur noch als "den PC" bezeichnet), war klar, daß dieser Computer eine herausragende Bedeutung gewinnen würde. Später, als dann die Verkaufszahlen der Personal Computer enorm anstiegen und die Erwartungen aller, sogar von IBM selbst, weit übertrafen, kamen neue Modelle zu dem Original-PC hinzu, und der PC wurde zu *dem* Standard-Gerät professioneller Arbeitsplatzrecher, das er heute ist.

Ausgehend vom Original-Modell entstand eine ganze Produkt-Palette von Personal Computern. Und gleichzeitig wuchs die Bedeutung der PC-Familie ebenfalls enorm. Erfolg und Bedeutung dieser Familie von Personal Computern hatten zur Folge, daß ebenfalls die Programmentwicklung für diese Geräte große Bedeutung gewann. Andererseits wurde aber die Programmentwicklung für die PC-Produkt-Palette zunehmend komplexer, da sich die einzelnen Modelle sowohl in ihren Grundzügen als auch in einzelnen Details unterscheiden.

Dieses Buch vermittelt sowohl Grundkenntnisse als auch weiterführende Fähigkeiten sowie die dem Programmieren auf PCs zugrundeliegenden *Konzepte*. Es wurde besonderer Wert darauf gelegt, Ihnen die notwendigen Kenntnisse zu vermitteln, um Programme zu schreiben, die auf allen Geräten der IBM-PC-Modellreihe lauffähig sind, auch wenn Sie sich vielleicht nur für die Besonderheiten und Eigenarten eines spezifischen Modells interessieren. Mein Ziel jedoch ist es darüber hinaus, Ihnen so allgemeine Programmierkenntnisse zu vermitteln, daß ihre Programme nicht nur auf allen zur Zeit zur Verfügung stehenden PCs der IBM-Familie laufen, sondern mit großer Wahrscheinlichkeit auch auf denen, die in Zukunft noch auf den Markt kommen werden.

Dieses Buch wurde für diejenigen geschrieben, die sich mit der Entwicklung von Programmen auf PCs aus dieser Familie beschäftigen. Es ist für Programmierer gedacht, aber nicht *nur* für Programmierer. Es wurde für jeden geschrieben, der sich mit technischen Einzelheiten und grundlegenden Konzepten beschäftigen will oder muß, die die Grundlage für eine PC-Programmentwicklung bilden. Zielgruppe sind daher auch Software-Manager sowie Anwender, die "hinter die Kulissen" sehen möchten.

Bemerkungen zur Philosophie

Ein wesentlicher Bestandteil des vorliegenden Buches ist eine Diskussion der *Philosophie des Programmierens*. Sie werden in diesem Buch immer wieder Erklärungen derjenigen Ideen finden, die dem Design zugrundeliegen, auf dem IBM bei der Entwicklung seiner PC-Familie aufbaute. Ebenso werden die Prinzipien der Ton-Programmierung - ausgehend von der Praxis - erklärt.

Wenn dieses Buch Ihnen nur Tatsachen wie z.B. Tabellen mit technischen Informationen zur Verfügung stellen würde, könnten Sie wenig damit anfangen. Deshalb habe ich in die Besprechung technischer Details Erklärungen zur PC-Familie allgemein eingefügt sowie Erläuterungen der Prinzipien, die der Produkt-Palette zugrundeliegen. Ebenso gehe ich auf Programmiertechniken ein, mit denen Ihre Programme kompatibel zu den verschiedenen Modellen der PC-Reihe werden.

So verwendet man dieses Buch

Dieses Buch ist sowohl als Lesebuch als auch als Nachschlagewerk geeignet. Sie können also zumindest auf zwei verschiedene Weisen vorgehen. Eine Möglichkeit ist, Sie lesen es wie irgendein anderes Buch von vorn nach hinten durch. Dort, wo ein Thema für Sie interessant wird, steigen Sie dann tiefer ein. Informationen, die Sie nicht benötigen, überfliegen Sie nur. Dieser Ansatz verschafft Ihnen einen groben Überblick darüber, wie PC-Programme funktionieren, sowie eine Menge Hintergrundwissen. Sie können dieses Buch jedoch genauso gut als Nachschlagewerk verwenden und nur bestimmte Kapitel für jeweils benötigte Informationen durcharbeiten. Jedem Kapitel ist daher ein detailliertes Inhaltsverzeichnis vorangestellt. Zusätzlich verfügt dieses Buch über ein ausführliches Sachwortverzeichnis, das Ihnen bei der Suche nach den benötigten Informationen helfen soll.

Wenn Sie dieses Buch nur zum Nachschlagen einzelner Details der PC-Programmierung verwenden, werden Sie feststellen, daß viele Sachverhalte sich nicht isoliert darstellen lassen. Daher sind, um Sie beim Verständnis der Zusammenhänge zu unterstützen, dort, wo es sich anbot, einzelne Details in unterschiedlichen Zusammenhängen mehrfach erwähnt. An anderen Stellen, wenn eine solche Wiederholung zu aufwendig war, werden Sie nur Verweise auf andere Kapitel finden.

Was an dieser Ausgabe neu ist

Wie Sie sicher schon vermutet haben, wurde diese Ausgabe des IBM PC UND PS/2 - HANDBUCH DES PROGRAMMIERERS hinsichtlich der neuen Generation von IBM Personal Computern - den Personal System/2 Computern, auch PS/2 genannt - erweitert. Daher wurde diese Ausgabe komplexer und detaillierter, als es die Original-Ausgabe gewesen ist. Und das hat auch seinen guten Grund: Die neueren Modelle der PC- und PS/2-Familie ebenso wie spätere DOS-Versionen sind komplexer und verfügen über mehr Eigenschaften als ihre Vorgänger. Daher war es unvermeidlich, daß sich in dieser revidierten Fassung des IBM PC UND PS/2 - HANDBUCH DES PROGRAMMIE-

RERS die größere Komplexität der Hardware, des ROM BIOS und des DOS widerspiegelt.

Sie werden jedoch sehen, daß einige Modelle der erweiterten PC-Produkt-Palette noch immer nicht aufgenommen wurden. Der PCjr, der XT/286 und der PC Convertible sind relativ wenig verbreitet. Der PS/2 70 wurde zu spät freigegeben, um noch aufgenommen zu werden. Nichtsdestotrotz gleicht jedes dieser Geräte entweder dem PC oder dem PS/2, deren Bestandteile wir detailliert behandeln. Damit wird dieses Buch Ihnen auch dann ein nützlicher Leitfaden sein, wenn Sie auf einem PS/2 70 oder einem der anderen obengenannten Modelle programmieren wollen.

In dieser Ausgabe haben sich folgende Änderungen ergeben:

Neue Bildschirmadapter (Video-Subsysteme). In der Zeit nach dem Erscheinen der ersten Ausgabe entwickelte sich IBMs Enhanced Graphics Adapter (EGA) zum *de facto* Hardware-Standard für PC-Programmierung und Anwendung. Mit den PS/2 wurden nun zwei neue Bildschirmadapter eingeführt: der Multi-Color Graphics Array (MCGA) und der Video Graphics Array (VGA). Diese beiden neuen Bildschirmadapter werden ausführlich in Kapitel 4 und 9 beschrieben.

Neue Tastaturen. IBM unterstützt mit den späteren Versionen des PC/AT und mit allen PS/2-Geräten eine neue, erweiterte Tastatur. Kapitel 6 und 11 wurden um die Beschreibung dieser neuen Hardware erweitert.

Die C-Programmierung als neuer Schwerpunkt. Ob sich das gut oder schlecht auswirkt, sei dahingestellt, aber die neuesten DOS-Versionen wurden sehr stark durch die Programmiersprache C beeinflußt. Dieser Einfluß wird bei den Betriebssystem-Umgebungen Microsoft Windows, UNIX und OS/2, die von C-Programmierern entwickelt wurden, noch deutlicher. Daher finden Sie neue Beispiele für C-Programmierung in verschiedenen Kapiteln. Natürlich haben wir aber dennoch die Sprachen PASCAL und BASIC nicht aufgegeben. Kapitel 20 behandelt diese beiden Programmiersprachen im einzelnen.

DOS unter einem neuen Blickwinkel. DOS hat sich zu einem ausgereiften Betriebssystem entwickelt, dessen Design wir nun im Nachhinein recht gut beurteilen können. Da ich einige Jahre lang mit DOS gearbeitet habe, sehe ich dieses bekannte Betriebssystem nun aus einem praxisbezogenen Blickwinkel, der aus dem täglichen Umgang mit ihm entstanden ist. In der folgenden Besprechung von DOS werde ich darauf hinweisen, welche Eigenschaften demnächst veraltet sein werden und welche man als richtungsweisend für die Zukunft ansehen kann.

Trotz dieser inhaltlichen Änderungen bleiben jedoch Intention und Philosophie dieses Buches unverändert. Wenn Sie ein Programm für einen PC oder einen PS/2 schreiben, dann programmieren Sie auch weiterhin gleich für eine ganze Computer-Produktreihe. Jedes Modell dieser Familie - der PC, der PC/XT, der PC/AT und alle PS/2-Modelle - haben Hard- und Software-Komponenten, die denen anderer Modelle der PC-Familie gleichen oder ihnen zumindest sehr ähneln. Wenn Sie diese Tatsache im Gedächtnis behalten, dann werden Sie Programme schreiben, die von den Möglichkeiten der verschiedenen PCs und PS/2-Modellen Gebrauch machen, ohne jedoch die Portabilität zu beeinträchtigen.

Ergänzende Literatur

Ein einziges Buch kann natürlich niemals alle Informationen enthalten, die zum Programmieren eines PCs von Bedeutung sind. Ich habe dieses Buch so umfangreich und vollständig gestaltet, wie es mir vernünftig erschien. Aber Sie werden immer mal wieder auch andere Informationsquellen heranziehen wollen. Im folgenden will ich aufzeigen, wo Sie ergänzendes Informationsmaterial finden können.

Detaillierte technische Informationen über die PC-Modelle liefert am vollständigsten die IBM-Reihe technischer Handbücher. Eigene technische Handbücher gibt es für den Original-PC, den XT, den AT und die PS/2-Modelle 30, 50, 60 und 80. Zusätzlich faßt das ausführliche *IBM BIOS Interface Technical Reference Manual* alle Fähigkeiten des grundlegenden Eingabe/Ausgabe-Systems zusammen, über das die erweiterte PC-Familie verfügt. Sie sollten einiges darüber wissen, wie man mit einem dieser modellspezifischen Handbücher arbeitet:

- Informationen, die für ein bestimmtes Modell gelten, werden nicht getrennt von den allgemeinen Informationen, die für die gesamte PC-Familie zutreffen. Um sich über die Unterschiede zwischen den einzelnen Gerätetypen klar zu werden, müssen Sie die verschiedenen Handbücher vergleichen und zusätzlich in *diesem* Buch nachsehen.
- Denken Sie daran, daß jedes Modell der PC-Familie über neue, zusätzliche Eigenschaften verfügt. Wenn Sie also im Handbuch eines Nachfolgemodells nachsehen, werden Sie Informationen über eine Menge verschiedener Befehle finden. Wenn Sie jedoch das Handbuch eines Vorgängermodells verwenden, so vermeiden Sie, durch Dinge verwirrt zu werden, die nicht für alle Modelle der Familie gelten.

Es gibt weiterhin ein *IBM Options and Adapters Technical Reference Manual* für die verschiedenen Optionen und Adapter der PC-Produktreihe. Dies sind z.B. verschiedene Laufwerks- oder Bildschirmtypen. Technische Informationen über solche Geräteteile sind in diesem Handbuch aufgeführt, das übrigens in regelmäßigen Abständen auf den neuesten Stand gebracht wird. (Diese Updates können Sie abonnieren.) Ein Programmierer kann nur wenige der Informationen in diesem Handbuch verwenden, aber Sie werden vielleicht dennoch das eine oder andere von Interesse dort finden.

IBM gibt auch technische Handbücher für spezielle PC-Erweiterungen wie z.B. PC-Network heraus.

Die sicherlich *wichtigsten* Handbücher von IBM sind jedoch diejenigen über DOS. Diese Handbücher enthalten sehr viele Einzelheiten, die ich im vorliegenden Buch in geraffter Form vorstelle.

Eine Menge anderer Quellen liefert zusätzlich zu den IBM-Handbüchern wichtige Informationen:

- Wenn es Ihnen nicht in erster Linie ums Programmieren geht, so bietet Peter Nortons *Inside the IBM Personal Computer* einen guten Einstieg.
- Einen guten Überblick über DOS gewinnen Sie mit folgenden Büchern:

- Van Wolvertons *MS-DOS*, herausgegeben von Microsoft Press/VIEWEG, 3. Auflage 1989
- Van Wolvertons *MS-DOS Aufbaukurs*, herausgegeben von Microsoft Press/VIEWEG, 1988
- Ray Duncans *The MS-DOS Encyclopedia (Version 1.0-3.2)*, Microsoft Press/VIEWEG, 1988
- Ray Duncans *MS-DOS von A-Z*, Microsoft Press/VIEWEG, 2. Auflage 1989
- Ray Duncans *MS-DOS für Fortgeschrittene*, Microsoft Press/VIEWEG, 2. Auflage 1989

Da das vorliegende Buch die PC-Programmierung generell behandelt, werden Sie hier nur einige wesentliche Einzelheiten über Programmiersprachen finden. Um bestimmte Programmiersprachen zu erlernen, müßten Sie auf Fachliteratur zurückgreifen, die ich hier aber im einzelnen nicht aufzählen will.

Nun genug der Vorrede - wenden wir uns unserem Thema zu - wie programmiert man die PC-Familie?

Kapitel 1
Aufbau der PC- und PS/2-Modelle

Aus der Sicht des Programmierers bestehen alle PC-Modelle aus folgenden Grundelementen: Prozessor, Speicherbausteinen und mehreren intelligenten oder programmierbaren Chips für diverse Aufgaben. Die wichtigsten Bauteile, die der Computer zum Arbeiten benötigt, sind auf der System- oder Hauptplatine untergebracht. Andere, ebenfalls wichtige Teile befinden sich auf Erweiterungskarten, sogenannten Add-on-Boards. Diese können in entsprechende Erweiterungsplätze der Hauptplatine eingesteckt werden.

Die *Systemplatine* enthält einen Mikroprozessor (Abb. 1-1 bis 1-3), der einen Speicher von mindestens 64 KByte benötigt. Außerdem befinden sich auf der Platine ROM-Speicherchips mit ROM BIOS und BASIC und verschiedene wichtige Support-Chips. Einige dieser ICs (Integrated Circuit oder IC ist gleichbedeutend mit Chip oder auch Baustein) kontrollieren externe Geräte, beispielsweise die Diskettenstation oder den Bildschirm, andere helfen dem Mikroprozessor, seine Aufgaben zu erfüllen.

Im vorliegenden Abschnitt wollen wir die wichtigsten technischen Aspekte aller relevanten ICs durchsprechen. Oft existieren für ein und denselben Chip unterschiedliche Bezeichnungen: z.B. werden Teile der Peripherie wie die Tastatur von einem Chip, der als 8255, 8255A oder genauer als 8255A-5 bezeichnet wird, überwacht. Die Suffixe beziehen sich auf Revisionsnummern und auf Chip-Teile, die die Geschwindigkeit der Operationen beeinflussen. Wenn man nur programmieren will, kann man davon ausgehen, daß unabhängig vom Suffix jeder Intel-Chip, dessen Nummer mit 8255 beginnt, mit jedem anderen Chip, dessen Nummer ebenfalls mit 8255 beginnt, identisch ist. Das Suffix ist jedoch wichtig, wenn sie einen Chip auf der Platine ersetzen wollen. Wenn die Suffixe unterschiedlich sind, so arbeitet der ersetzte Baustein möglicherweise nicht mit der richtigen Geschwindigkeit.

Der Mikroprozessor

Man kann sagen, daß der *Mikroprozessor* in einem PC der Chip ist, auf dem die Programme laufen. Der Mikroprozessor - auch zentrale Recheneinheit ("central processing unit", kurz CPU) genannt - führt die unterschiedlichen Berechnungen aus, numerische Vergleiche und Datenübertragungen, wie es von den im Speicher stehenden Programmen verlangt wird.

Die CPU überwacht die Grundoperationen im Computer, indem sie Kontrollsignale, Speicheradressen und Daten empfängt und sendet. Diese werden über den sogenannten *Bus*, ein Netzwerk elektronischer Wege, der die einzelnen Teile des Computers miteinander verbindet, übertragen. Entlang des Busses sind Eingabe-(Input-) und Ausgabe-(Output-) Ports (E/A oder I/O) vorhanden, die die verschiedenen Speicher- und Support-Chips miteinander verbinden. Daten durchlaufen die E/A-Ports, wenn sie von der CPU zu anderen Teilen des Computers oder von diesen zur CPU geschickt werden.

Die CPU der IBM PC und PC/2-Modelle stammt aus der Intel 8086-Mikroprozessor-Familie (siehe Abb. 1-4). Wir werden später in den jeweiligen Beschreibungen noch darauf eingehen, worin sich die einzelnen Mikroprozessoren gleichen und worin die Unterschiede bestehen.

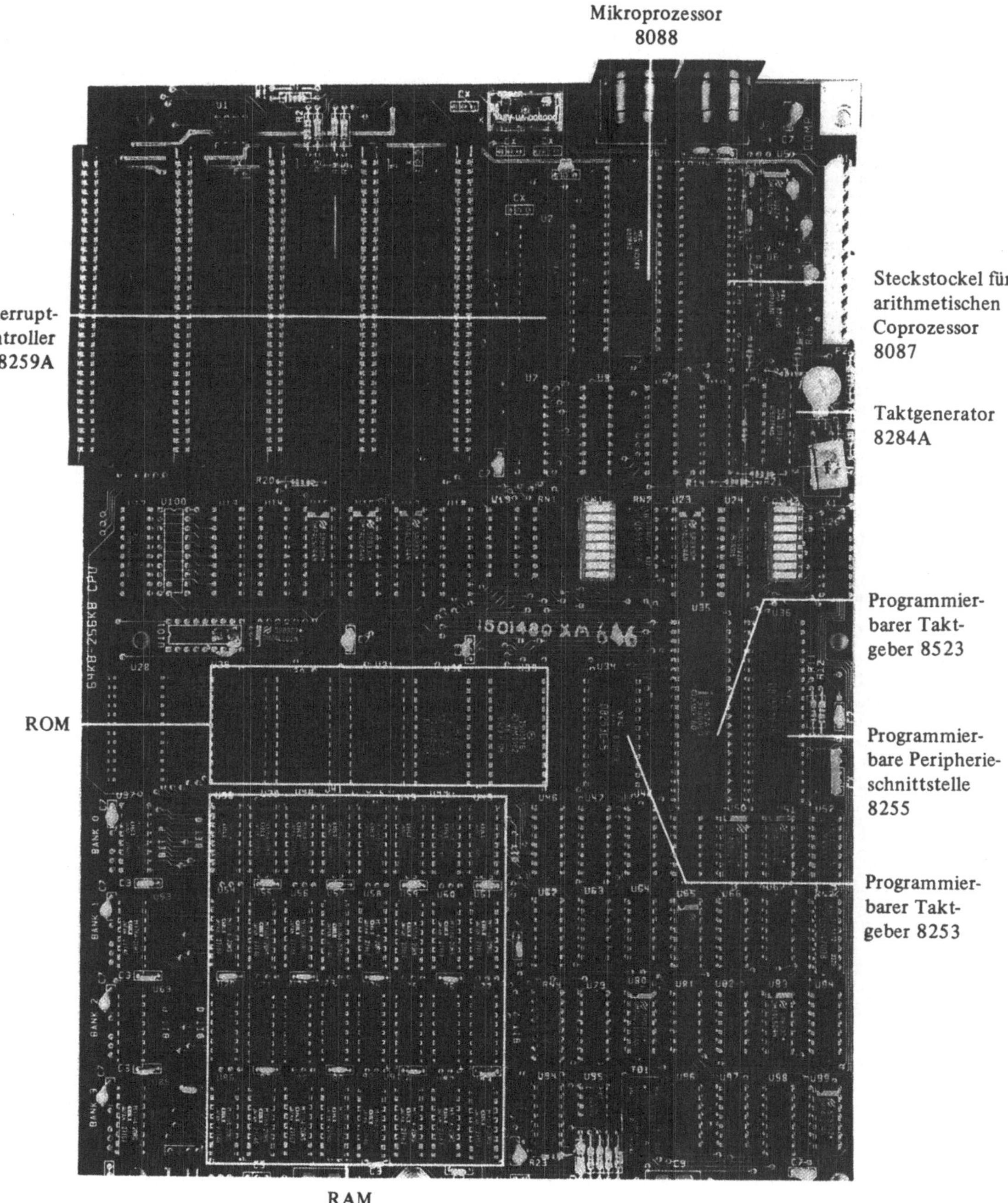

Figure 1-1. *The IBM PC system board.*

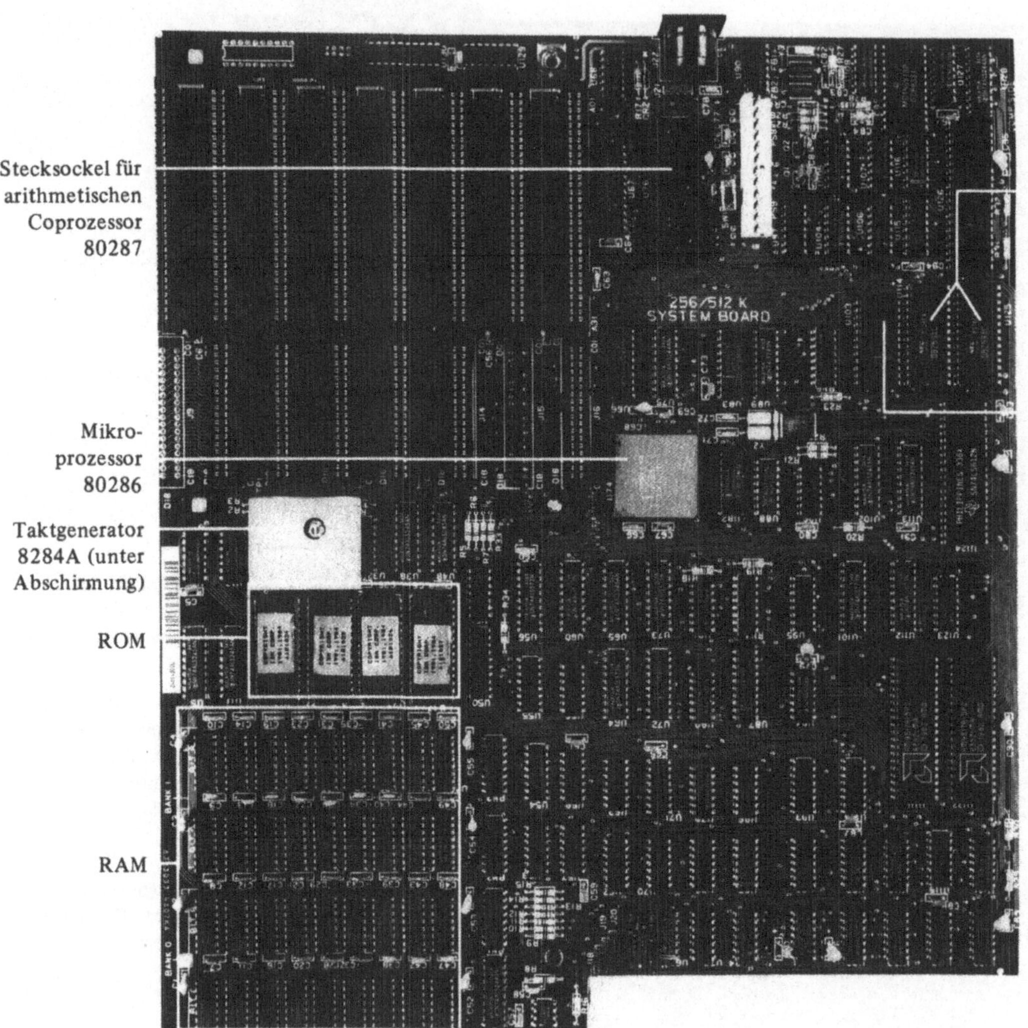

Figure 1-2. *The PC/AT system board.*

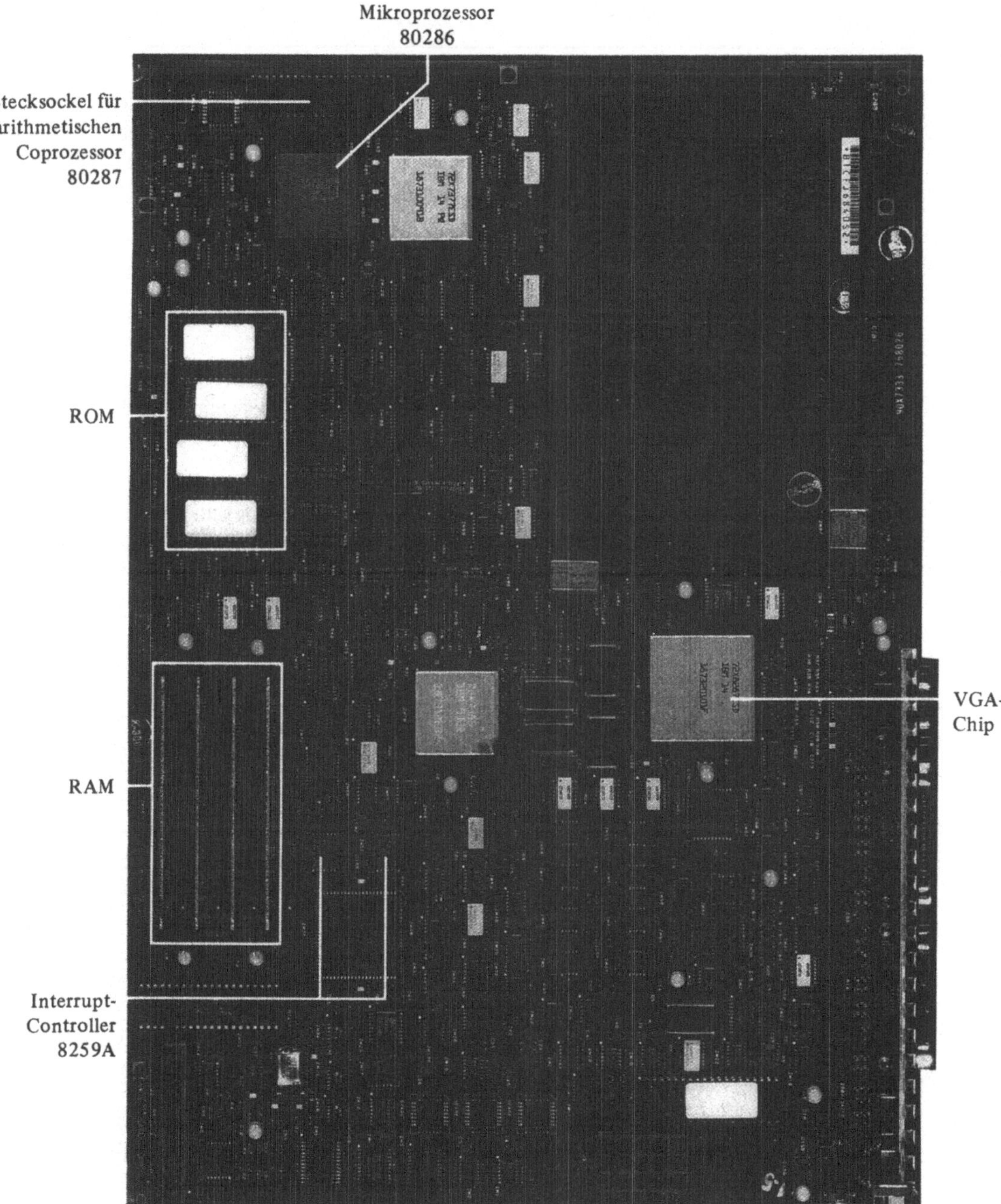

Figure 1-3. *The PS/2 Model 60 system board.*

Modell	*Mikroprozessor*
PC	8088
PC/XT	8088
PC/AT	80286
PS/2 Modelle 25, 30	8086
PS/2 Modelle 50, 60	80286
PS/2 Modell 80	80386

Abb. 1-4 *Mikroprozessoren, die in den IBM PCs und PS/2-Modellen verwendet werden*

Der 8088-Mikroprozessor

Der 8088 ist ein 16-Bit-Mikroprozessor, der in den üblichen Personal Computern von IBM - wie dem Original-PC, dem Portable PC und dem PCjr - verwendet wird. Die Ein- und Ausgabedaten werden in den meisten Fällen von der CPU verarbeitet.

Innerhalb des 8088 sind 14 Register als Arbeitsbereich für den Datentransfer und die Verarbeitung vorhanden. Diese internen Register mit einem Gesamtumfang von 28 Bytes können zeitweise Daten, Speicheradressen, Befehlszeiger, Status- und Kontroll-Flaggen speichern. Über diese Register ist der 8088 in der Lage, auf 1 MB (Megabyte) Kernspeicher zuzugreifen.

Der 8086-Mikroprozessor

Der 8086 wird in den PS/2-Modellen 25 und 30 sowie in vielen PC-Nachbauten eingesetzt. Er unterscheidet sich vom 8088 nur geringfügig: Der 8086 verwendet einen vollen 16-Bit-Datenbus anstelle des 8-Bit-Datenbusses, über den der 8088 verfügt. (Die wesentlichen Unterschiede zwischen einem 8-Bit-Bus und einem 16-Bit-Bus werden auf Seite 12 behandelt.) Für den Programmierer verhalten sich beide Prozessoren gleich. Tatsächlich trifft nahezu alles, was Sie über den 8088 lesen, auch auf den 8086 zu.

Der 80286-Mikroprozessor

Der 80286 wird im PC/AT- und den PS/2-Modellen 50 und 60 verwendet. Obwohl dieser Mikroprozessor zum 8086 voll kompatibel ist, unterstützt der 80286 spezifische Programmiermöglichkeiten, so daß er Programme wesentlich schneller ausführen kann als der 8086. Die wahrscheinlich wichtigste Verbesserung des 80286 ist die, daß er Multitasking unterstützt.

Multitasking ist die Fähigkeit der CPU, zur gleichen Zeit verschiedene Programme zu bearbeiten. Gleichzeitiges Ausdrucken eines Textes und Berechnen einer Kalkulationstabelle wäre ein Beispiel dafür. Das wird ermöglicht, indem die CPU schnell zwischen den einzelnen Programmen hin- und herschaltet.

Der in einem PC oder PC/XT verwendete 8088 kann ebenfalls Multitasking unterstützen. Er benötigt dafür allerdings hochentwickelte Software-Pakete. Jedoch ist der 80286 für Multitasking wesentlich besser geeignet, da er Programme schneller ausführt und wesentlich mehr Speicher adressieren kann als der 8088. Zusätzlich wurde der 80286 so konzipiert, daß gleichzeitig ablaufende Programme sich gegenseitig nicht behindern können.

Der 80286 verfügt über zwei Arbeits-Modi: *realer* oder *geschützter Modus (real bzw. protected)*. Im Real-Modus kann der 80286 genauso wie ein 8086 programmiert werden. Er greift dann ebenfalls auf 1 MB Kernspeicher zu, wie der 8086. Im geschützten Modus jedoch reserviert der 80286 einen bestimmten Speicherbereich für ein laufendes Programm und verhindert, daß auf diesen Speicherbereich von irgendeinem anderen Programm zugegriffen werden kann. Das bedeutet: verschiedene Programme können parallel ablaufen, ohne daß die Gefahr besteht, daß ein Programm aus Versehen die Daten eines anderen Programms in dessen Speicherbereich verändert. Ein Betriebssystem, das den geschützten Modus des 80286 benutzt, kann unterschiedlichen, gleichzeitig aktiven Progammen wesentlich effektiver Speicher zuteilen, als dies unter einem Betriebssystem möglich wäre, das auf dem 8086 basiert.

Der 80386-Mikroprozessor

Das PS/2-Modell 80 verwendet den 80386, einen schnelleren Mikroprozessor, der mehr kann als der 80286. Der 80386 unterstützt dieselben Grundfunktionen wie der 8086 und verfügt ebenfalls über die Speicherverwaltung im geschützten Modus. Der 80386 bietet zwei wesentliche Verbesserungen gegenüber seinen Vorgängern:

- Der 80386 ist ein 32-Bit-Mikroprozessor mit 32-Bit-Registern. Er kann bei Berechnungen und Adressierungen auf 32 Bit anstatt auf 16 Bit gleichzeitig zugreifen.
- Die Speicherverwaltung des 80386 ist flexibler als die des 80286 und des 8086.

Mehr darüber bringen wir in Kapitel 2.

Der arithmetische Coprozessor

Die 8086-, 80286- und 80386-Prozessoren können nur Ganzzahlen verarbeiten. Damit auch auf einem Mikroprozessor der 8086-Familie Berechnungen mit Gleitkomma- (=Bruch-) Zahlen durchgeführt werden können, müssen Gleitkomma-Werte im Speicher dargestellt und mit Ganzzahl-Operationen weiterverarbeitet werden. Beim Kompilieren des Programmes überträgt das Übersetzungsprogramm jede Rechnung mit Gleitkomma-Zahlen in eine lange, langsame Folge von Ganzzahl-Operationen. Diese Art der Programmierung braucht allerdings viel Rechenzeit, was zum Problem wird, wenn viele Berechnungen auszuführen sind.

In solchen Fällen hat es sich als gute Lösung erwiesen, einen separaten arithmetischen Coprozessor zu verwenden, der Gleitkomma-Berechnungen ausführt. Zu jedem Mikroprozessor der 8086-Familie gibt es einen entsprechenden arithmetischen Coprozessor. Der arithmetische Coprozessor 8087 wird mit dem 8086 verwendet, der arithmetische Coprozessor 80287 mit dem 80286 und der arithmetische Coprozessor 80387 mit dem 80386 (siehe Abb. 1-5). Jeder PC und PS/2 verfügt über einen leeren Sockel auf der Systemplatine, in den der Chip des arithmetischen Coprozessors gesteckt werden kann.

Vom Standpunkt eines Programmierers sind der 8087, der 80287 und der 80387 im Grunde gleich. Alle führen sie Gleitkomma-Berechnungen genauer und wesentlich schneller aus, als dies durch Emulation mit Ganzzahl-Software zu erreichen wäre. Genauer gesagt: Programme, die mit Hilfe von arithmetischen Coprozessoren trigonometrische und logarithmische Operationen durchführen, laufen fast 10mal schneller als vergleichbare Programme, die Ganzzahl-Emulation verwenden.

Die Programmierung dieser arithmetischen Coprozessoren in Maschinensprache ist eine anspruchsvolle Aufgabe. Die meisten Programmierer arbeiten jedoch mit Compilern für höhere Pragammiersprachen oder mit kommerziellen Unterroutinen-Bibliotheken, wenn sie Programme schreiben, die auf arithmetischen Coprozessoren ablaufen. Die Programmiertechniken, mit denen man einen arithmetischen Coprozessor direkt programmiert, sind zu speziell, um in diesem Buch behandelt zu werden.

Datentyp	*Ungefährer Wertebereich*			*Signifikante Stellen*
	von	*bis*	*Bits*	*(dezimal)*
Ganzzahlwort	-32.768	+32.767	16	4
kurze Ganzzahl	-2×10E9	+2×10E9	32	9
lange Ganzzahl	-9×10E18	+9×10E18	64	18
Dezimal gepackt	-99...99	+99...99	80	18
kurze Realzahl	8,43×10E-37	3,37×10E38	32	6-7
lange Realzahl	4,19×10E-307	1,67×10E308	64	15-16
temporäre Realzahl	3,4×10E-4932	1,2×10E4932	80	19

Abb. 1-5 *Der Wertebereich der numerischen Datentypen, die von den arithmetischen Coprozessoren 8087, 80287 und 80387 unterstützt werden*

Die Support-Chips

Der Mikroprozessor kann und soll nicht den gesamten Computer ohne fremde Hilfe überwachen. Indem bestimmte Arbeiten an andere Bausteine delegiert werden, kann sich die CPU ihren Hauptaufgaben widmen. Diese Support-Chips können z.B. den Informationsfluß durch interne Bausteine übernehmen. Das ist die Funktion des Interrupt- und des DMA-Controllers. Auch der Datenfluß von und zu bestimmten Geräten (Diskettenstation oder Bildschirm) wird von Support-Chips kontrolliert. Diese *Geräte- oder Schnittstellen-Controller* sind oft auf separaten Karten untergebracht, die in den Erweiterungssteckplätzen des PC installiert werden können.

Viele Support-ICs sind *programmierbar*, das heißt, sie können auf spezielle Aufgaben zugeschnitten werden. Vom direkten Programmieren dieser Bausteine ist in den meisten

Fällen allerdings dringend abzuraten. In den folgenden Abschnitten wird jeweils darauf hingewiesen, ob die Programmierung des angesprochenen Bausteins mit den Funktionen des Computers kollidieren kann oder nicht. Da dieses Buch nicht die direkte Hardware-Kontrolle zum Thema hat, sei zum Programmieren der einzelnen ICs auf die Handbücher von IBM sowie die Literatur der Chip-Hersteller verwiesen.

Der programmierbare Interrupt-Controller

In einem PC oder PS/2 ist eine der wesentlichen Aufgaben der CPU, auf *Hardware-Unterbrechungen (Interrupts)* zu reagieren. Ein Hardware-Interrupt ist ein von einer System-Komponente erzeugtes Signal, mit dem diese die CPU auf sich aufmerksam macht. Beispielsweise erzeugen der System-Taktgeber, die Tastatur oder der Platten-Controller zu bestimmten Zeitpunkten Interrupts. Die CPU reagiert auf jedes dieser Interrupt-Signale, indem sie die ihm zugeordnete hardwarespezifische Handlung ausführt, wie z.B. das Zählwerk für die Uhrzeit weiterzählen oder den einer bestimmten Taste zugeordneten Befehl ausführen.

Jeder PC oder PS/2 verfügt über eine *programmierbare Interrupt-Controller (PIC)*-Schaltung, die Interrupts registriert und nacheinander der CPU anzeigt. Die CPU reagiert auf diese Interrupts, indem sie bestimmte Software-Routinen (Interrupt-Bearbeitungsroutinen genannt) ausführt. Da es für jeden Hardware-Interrupt einen eigenen *Interrupt-Handler* im ROM BIOS oder DOS gibt, kann die CPU die Unterbrechung identifizieren und speziell auf die Hardware-Komponente reagieren, die den Interrupt erzeugt hat. In den PCs, PC/XTs sowie den PS/2-Modellen 25 und 30 kann die PIC-Schaltung 8 verschiedene Hardware-Interrupts verarbeiten. Im PC/AT und den PS/2-Modellen 50, 60 und 80 sind je zwei PICs hintereinander geschaltet, damit insgesamt 15 verschiedene Hardware-Interrupts gleichzeitig verarbeitet werden können.

Obwohl der programmierbare Interrupt-Controller tatsächlich programmierbar ist, spielt die Verwaltung der Hardware-Interrupts in den meisten Programmen keine Rolle. ROM BIOS und DOS decken fast alles in diesem Bereich ab. Wenn Sie direkt mit dem PIC arbeiten wollen, sollten Sie die ROM BIOS-Auflistungen in den IBM-Handbüchern auf Beispiele aktueller PIC-Programmierung hin durchsehen.

Der DMA-Controller

Einige Komponenten des Computers sind in der Lage, Daten direkt vom und zum Speicher zu übertragen, ohne die CPU zu belasten. Diese Operation wird *direkter Speicherzugriff* oder *DMA (Direct Memory Access)* genannt und unterliegt dem DMA-Controller. Die Hauptaufgabe des DMA-Chips besteht darin, der Diskettenstation das Lesen und Schreiben von Daten zu ermöglichen, ohne daß diese die CPU passieren müssen. Da die Datenein-/ausgabe vom und zum Laufwerk eine relativ langsame Angelegenheit ist, beschleunigt DMA die Abarbeitung eines Programmes merklich.

Der Taktgenerator

Der *Taktgenerator* (auch *Taktgeber* genannt) erzeugt mehrphasige Taktsignale, die den Mikroprozessor mit den Peripherie-Geräten koordinieren. Der Taktgenerator erzeugt ein Signal mit einer sehr hohen Grundfrequenz. Im Original-PC beispielsweise liegt diese Frequenz bei 14,31818 Megahertz (MHz oder Millionen Schwingungen pro Sekunde). In neueren Geräten ist diese Frequenz noch höher. Andere Chips, die ein Taktsignal benötigen, erhalten dieses vom Taktgeber des Systems, indem sie die Grundfrequenz des Taktsignals durch eine Konstante teilen, um die für sie jeweils nötigen Taktfrequenzen zu erhalten. Der im Original-PC vorhandene 8088 wird beispielsweise mit 4,77 MHz betrieben, einem Drittel der Grundfrequenz. Der interne Bus und der programmierbare Zeitgeber (auf den wir gleich eingehen werden) arbeiten mit einer Frequenz von 1,193 MHz, laufen also mit einem Viertel der 8088-Taktfrequenz oder einem Zwölftel der Grundfrequenz.

Der programmierbare Zeitgeber

Der *programmierbare Zeitgeber* generiert Taktsignale in regelmäßigen Abständen, die softwaremäßig kontrolliert werden. Der Chip generiert diese Taktsignale auf drei verschiedenen Kanälen zugleich (in den PS/2- Modellen 50, 60 und 80 sogar auf vier Kanälen).

Die Taktsignale werden von verschiedenen System-Funktionen benötigt. Eine wesentliche Aufgabe des Zeitgebers ist es, ein Zeitsignal zu erzeugen, das die aktuelle Tageszeit angibt. Andere Ausgabesignale des Zeitgebers dienen zur Tonerzeugung auf dem internen Lautsprecher. In Kapitel 7 finden Sie ausführlichere Informationen darüber, wie der System-Zeitgeber zu programmieren ist.

Die Bildschirm-Controller

Die zahlreichen Bildschirmadapter, die für PC- und PS/2-Modelle zur Verfügung stehen, bieten dem Anwender die programmierbaren Kontrollprogramm-Schnittstellen für die Bildschirm-Hardware. So verfügen z.B. alle PC- und PS/2-Bildschirm-Subsysteme über einen Controller zur Koordination der Zeitsignale, die die Bildröhre (CRT) des Bildschirms ansteuern.

Alle Bildschirmadapter weisen unterschiedliche Programmier-Schnittstellen auf, auch wenn man ihre Bildschirm-Schaltkreise mit Anwendungssoftware umprogrammieren kann. Doch die wesentlichen Routinen der Bildschirmkontrolle befinden sich fest im ROM BIOS des PC oder PS/2. In Kapitel 9 werden diese Routinen im einzelnen beschrieben.

Eingabe-/Ausgabe-Controller

Für die PC- und PS/2-Modelle gibt es verschiedene Ein- und Ausgabe-Peripherie-Geräte mit speziellen Kontroll-Schaltkreisen, die eine Schnittstelle zwischen CPU und der aktuellen Ein-/Ausgabe-Hardware darstellen. So hat z.B. die Tastatur einen besonderen

Kontroll-Chip, der die elektrischen Signale, die durch einen Tastendruck generiert werden, in den 8-Bit-Code übersetzt, der die einzelnen Tasten repräsentiert. Alle Laufwerke haben separate Kontroll-Schaltungen, welche das Laufwerk direkt überwachen. Die CPU kommuniziert mit dem Controller über eine Schnittstelle. Die seriellen und parallelen Kommunikations-Ports haben ebenfalls eigene Ein-/Ausgabe-Controller.

Sie brauchen sich jedoch um diese Hardware-Controller nicht zu kümmern, da ROM BIOS und DOS über Routinen verfügen, die diese "low-level"-Funktionen ansteuern. Wenn Sie sich jedoch dafür interessieren, wie diese Schnittstelle zwischen CPU und einem Hardware-I/O-Controller im einzelnen arbeitet, dann nehmen Sie die Handbücher von IBM zu Hilfe und schauen Sie in den ROM BIOS-Auflistungen der PC- und PC/AT-Handbücher nach.

Der Bus verbindet die Einzelteile

Wie oben schon erwähnt, stehen alle internen Kontrolleinheiten der PC-Familie über den *Bus* miteinander in Verbindung. Der Bus ist ein zentraler Teil der Hauptplatine, an den praktisch alle Einheiten angeschlossen werden. Beim Datentransfer passieren alle Daten diesen gemeinsamen Weg, um ihr Ziel zu erreichen. Alle Kontrollbausteine und Speicherzellen sind direkt oder indirekt mit dem Bus verbunden. Werden neue Komponenten in die Erweiterungsplätze des Computers eingesteckt, entspricht das einer direkten Verbindung mit dem Bus. Der neue Zusatz ist nun ein allen anderen Komponenten gleichwertiger Partner.

Sämtliche Daten, die den Computer durchlaufen, werden mindestens in einer von mehreren, zum Bus gehörenden Speicherstellen zwischengelagert. Die meiste Zeit sind die Daten im Hauptspeicher abgelegt, der im PC aus vielen tausend 8-Bit-Speicherzellen besteht. Manche Daten werden aber zu einem Port oder Register transferiert, wo sie verbleiben, bis die CPU sie zu ihren endgültigen Speicherplätzen weiterleitet. Die Ports und Register speichern im allgemeinen nur ein bis zwei Bytes zur gleichen Zeit und werden hauptsächlich als Puffer für auszutauschende Daten benutzt. (Ports und Register werden in Kapitel 2 beschrieben.)

Wenn eine Speicherzelle oder ein Port als Speicherplatz fungieren, so haben sie eine Adresse, die allein die Position der Speicherstelle identifizieren kann. Sobald Daten zum Transfer bereit sind, wird zuerst die Zieladresse - das ist die Adresse der Speicherstelle, zu der die Daten gesendet werden sollen - mit Hilfe des Adreßbusses übertragen. Erst dann folgen die Daten über den Datenbus. Der Bus überträgt aber nicht nur einfache Daten, sondern auch Leistungs- und Kontrollsignale, wie Zeitsignale des Systemtakts oder InterruptSignale, und auch die Adressen von Tausenden von Speicherzellen und extern angeschlossenen Geräten. Um diese vier verschiedenen Funktionen in Einklang zu bringen, ist der Bus in vier Bereiche unterteilt: die *Übertragungsleitungen*, den *Kontrollbus*, den *Adreßbus* und den *Datenbus*. Sowohl der Adreßbus als auch der Datenbus werden hier eingehend behandelt, da dies wertvolle Informationen über Eigenschaften der PC-Familie vermittelt.

Der Adreßbus

Der Adreßbus des Original-PC, des PC/XT und der PS/2-Modelle 25 und 30 enthält 20 Signalwege, um die Adressen von Speicherzellen und angeschlossenen Zusatzgeräten übertragen zu können (Speicheradressierung wird auf Seite 13 und in Kapitel 3 näher behandelt). Es gibt zwei mögliche Werte (1 oder 0), die von den 20 Adreßleitungen transportiert werden können. Daher sind diese Computer in der Lage, 2^{20} Adressen zu unterscheiden - dies ist die Grenze der Adressierfähigkeit für die 8088- und 8086-Mikroprozessoren. Diese Zahl entspricht mehr als einer Million möglicher Adressen.

Der 80286, der im PC/AT verwendet wird, kann 2^{24} Bytes Speicherplatz adressieren; der AT hat daher einen Adreßbus mit 24 Leitungen. Der Bus in den PS/2-Modellen 50 und 60, die auf dem 80286 aufbauen, unterstützt ebenfalls das Adressieren mit 24 Bit; in dem PS/2-Modell 80, das auf dem 80386 basiert, hat der Bus die Fähigkeit, mit 32 Bit zu adressieren.

Der Datenbus

Der Datenbus steht mit dem Adreßbus in Verbindung, um Datenströme innerhalb des Computers transferieren zu können. Der 8088-PC benutzt einen Datenbus, der über acht Signalleitungen verfügt, von denen jede eine binäre Information (ein Bit) überträgt. Die Informationen werden also in 8-Bit- oder 1-Byte-Einheiten durch den Bus geleitet. Der 80286 des AT arbeitet mit einem Datenbus mit 16 Signalwegen, so daß 16 Bits gleichzeitig übertragen werden können.

Der 8088, ein 16-Bit-Prozessor, kann wie der 80286 16 Bits auf einmal verarbeiten. Obwohl der 8088 intern mit 16-Bit-Zahlen arbeitet, erlaubt die Größe seines Datenbusses es nicht, mehr als 8 Bit zugleich auszugeben. Dies hat dazu geführt, daß einige meinten, der 8088 sei kein richtiger 16-Bit-Computer. Die anderen jedoch sind sicher, daß er einer ist, auch wenn er nicht so mächtig ist wie der 80286. Der 16-Bit-Daten-Bus des 80286 erlaubt es, Daten effektiver zu übermitteln als mit dem 8088, aber die tatsächliche Differenz der Geschwindigkeit zwischen dem 8088 und dem AT beruht auf der schnelleren Taktfrequenz des ATs und seiner geschickteren internen Organisation.

Für die Verwendung des 8088 in so vielen Computern, vor allem in den älteren Modellen, gibt es eine gewichtige Ursache, die im wesentlichen wirtschaftlich begründet ist. Es ist nämlich noch nicht so lange her, daß 8-Bit-ICs in sehr großen Stückzahlen und äußerst preisgünstig angeboten wurden. Als der PC entworfen wurde, waren die 16-Bit-Mikroprozessoren wesentlich teurer und standen zudem nur in kleineren Mengen zur Verfügung. Der 8088 war daher dem 8086 mit seinem 16-Bit-Bus nicht nur aus Kostengründen vorzuziehen, sondern auch, um einen möglichen IC-Mangel auszuschließen. Das war bei der damaligen Knappheit an 16-Bit-ICs nur bei diesem Prozessor möglich. Heute sind die Preise der 16-Bit-Bausteine wesentlich gesunken, so daß der Verwendung des 80286 und des damit verbundenen 16-Bit-Datenbusses nichts mehr im Wege steht. Weiterhin kann der 80286 jegliche Kombination aus 8-Bit- und 16-Bit-Einheiten verarbeiten, wodurch die Kompatibilität unter den einzelnen PC-Modellen erhalten bleibt.

Die Mikrokanal-Architektur

Mit den PS/2-Modellen 50, 60 und 80 führte IBM eine neues Bus-Hardware-Design ein, das *Mikrokanal-Architektur* genannt wurde. Sowohl der Mikrokanal-Bus in den PS/2-Modellen als auch die Busse im PC und PC/AT erfüllen die Aufgabe, auf Adressen zuzugreifen und Daten zu übermitteln. Die Hardware des Mikrokanal-Busses wurde im Hinblick darauf entwickelt, daß er einerseits schneller laufen sollte als seine Vorgänger und andererseits den Anschluß für Hardware-Komponenten flexibler machen sollte. Der Mikrokanal unterscheidet sich vom Design des PC- und PC/AT-Busses sowohl in seiner Konstruktion als auch in bezug auf seine Signalverarbeitung, so daß ein Adapter, der mit dem einen Bus verwendet werden kann, zum anderen Bus inkompatibel ist.

Die Unterschiede zwischen den Bussen des Original-PC und des PC/AT und dem Mikrokanal-Bus sind zwar in der Betriebssystem-Software wichtig, sie spielen jedoch in Anwendungsprogrammen keine Rolle. Obwohl alle Programme implizit auf das richtige Funktionieren des Adreß- und des Datenbusses angewiesen sind, werden nur in sehr wenigen Programmen die Busse direkt programmiert. Wir werden auf die Mikrokanal-Architektur nur eingehen, wenn wir die PS/2-ROM BIOS-Service-Routinen beschreiben, die direkt mit ihr arbeiten.

Der Speicher

Wir haben nun die CPU, die Support-Bausteine und den Bus behandelt, wobei der Speicher immer nur gestreift wurde. Ganz bewußt setzen wir die Diskussion des Speichers an das Ende dieses Kapitels, weil Speicherbausteine im Gegensatz zu den vorher besprochenen Bausteinen den Datentransfer weder beeinflussen noch kontrollieren können. Ihre einzige Aufgabe besteht darin, Daten bis zu ihrem Abruf zu speichern.

Die Anzahl der Speicherchips, die im Computer existieren, legt die maximale Speichergröße für Programme und andere Daten fest. Obwohl diese von Computer zu Computer variieren kann, verfügen die PC-Modelle und PS/2-Modelle über mindestens 40 KB Festwertspeicher (Read Only Memory = ROM). Für Erweiterungen ist entsprechender Platz vorgesehen. Der Umfang des RAM-Speichers (Random Access Memory, Schreib-/Lesespeicher) liegt normalerweise zwischen 64 KB und 2 MB. Beides, die Kapazität des ROM und des RAM, kann erweitert werden, indem zusätzliche Speicherchips in leere Sockel auf der Systemplatine gesteckt werden oder eine Speicherkarte in einen der Erweiterungsplätze gesteckt wird. Das ist aber nur die rein physikalische Seite des Speichers. Ein Programm betrachtet den Speicher nicht als eine Menge einzelner Speicherkarten, sondern als einige tausend 8-Bit-(1-Byte-) Speicherzellen mit entsprechend zugeordneten Adressen.

Auch Programmierer müssen sich dieser Denkweise bedienen. Wichtig ist nicht, wieviel physikalischer Speicherplatz zur Verfügung steht, sondern wieviele *adressierbare* Speicherstellen vorhanden sind. Die maximale Anzahl an Adressen, die der 8088 verwalten kann, beläuft sich auf 1 MB (1024 KByte oder genau 1.048.576 Bytes); mehr Speicherstellen sind grundsätzlich nicht möglich. Die Speicheradressierung wird in Kapitel 2 näher erläutert.

Der CPU-Adreßraum

Jedem Byte ist eine numerische 20-Bit-Adresse zugeordnet. Das Speicherkonzept des 8088 legt 20-Bit-Adressen fest, die über die 20 Signalleitungen des Adreßbusses geleitet werden müssen. Damit verfügt der 8086 über einen Adreßraum mit Adreßwerten von 00000H bis FFFFFH (das entspricht 0 bis 1 048 576 in hexadezimaler Notation). Wenn Sie mit hexadezimaler Notation nicht vertraut sind, wird Ihnen im Anhang B weitergeholfen.

Gleichermaßen erlaubt sein 24-Bit-Adressierschema dem 80286, den erweiterten Adressenbereich von 000000H bis FFFFFFH - das sind also 16 MB - zu verwenden. Der 80386 kann erweiterte 32-Bit-Adressen verwenden, daher liegt sein maximaler Adreßwert bei FFFFFFFFH; und somit kann der 80386 bis zu 4 294 967 296 Bytes - oder vier Gigabyte (GB) Speicher - direkt adressieren. Das ist genug Speicherplatz für die meisten Anwendungen.

Obwohl 80286 und 80386 mehr als 1 MB Speicher adressieren können, darf ein Programm, das zum 8086 und zu DOS kompatibel sein soll, nur auf Adressen zugreifen, die im 1 MB-Speicherbereich des 8086 liegen. Als 1981 der erste IBM PC vorgestellt wurde, war 1 MB noch ein sehr großer Speicherbereich, aber durch größere Anwendungsprogramme, speicherresidente Utility-Progamme sowie System-Software für I/O und Netzwerk-Funktionen wird heute leicht der gesamte Adreßbereich des 8086 benötigt.

Eine Möglichkeit, die 1 MB-Grenze zu umgehen, bietet das LIM (Lotus-Intel-Microsoft) Expanded Memory Specification (EMS)-Paket. EMS basiert auf spezieller Hard- und Software, die zusätzlichen RAM-Speicher, der in 16-KB-Blocks unterteilt ist, in den Adreßraum des 8086 abbildet. Die EMS-Hardware kann 16 verschiedene KB-Blocks in denselben 16-KB-Bereich von 8086-Adressen abbilden. Obwohl man auf jeden Block einzeln zugreifen muß, kann man mit EMS bis zu 2048 verschiedene 16-KB-Blöcke auf denselben Adreßbereich des 8086 abbilden. Damit erhält man einen bis zu 32 MB erweiterten Speicher.

❑ HINWEIS: *Verwechseln Sie bitte nicht den durch EMS "expandierten" Speicher mit dem "erweiterten" Speicher, der über dem ersten Megabyte Speicher des 80286 und 80386 liegt. Obwohl viele Adapter zur Speicher-Expansion so konfiguriert werden können, daß sie sowohl als expandierter als auch erweiterter Speicher (oder beides) dienen, sind diese zwei Speicher-Konfigurationen sowohl in bezug auf Hardware als auch auf Software sehr unterschiedlich.*

Der System-Speicher

Im Original-PC war der 1 MB-Adreßraum des 8088 in verschiedene Funktionsbereiche unterteilt (siehe Abb. 1-6) Diese Speicherkonzeption wurde in den nachfolgenden PC- und PS/2-Modellen aus Gründen der Kompatibilität übernommen.

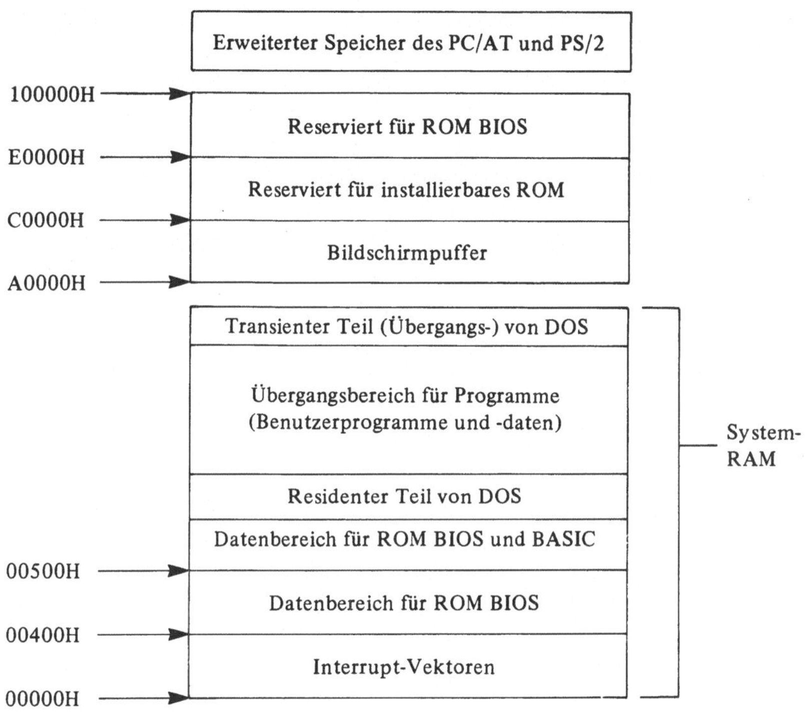

Abb. 1-6 *Die Aufteilung des Speichers in PC- und PS/2-Modellen*

Einiges in der Speicherkonzeption des PC und PS/2 beruht auf dem Design des 8086-Mikroprozessors. Der 8086 behält z.B. immer eine Liste von *Interrupt-Vektoren* (Adressen von Routinen, die durch Interrupts aktiviert werden sollen) in den ersten 1024 Bytes des RAM. Ebenso haben alle Mikroprozessoren, die auf einem 8086 aufbauen, den ROM-Speicher am oberen Ende des 1-MB-Adreßraumes, da der 8086, wenn er eingeschaltet wird, zuerst das Programm ausführt, das bei Adresse FFFF0H beginnt.

Die übrige Speicheraufteilung folgt der allgemeinen Unterteilung zwischen RAM im unteren Bereich des Adreßraumes und ROM im oberen Bereich. Zwischen den Adressen 00000H und 9FFFFH können maximal 640 KB RAM-Speicher liegen. (Dieser Speicherbereich wird vom DOS CHKDSK-Programm gemeldet.) Nachfolgende Speicherblöcke sind für den Bildschirm-RAM reserviert (A0000H bis BFFFFH), für eventuell installierte ROM-Module (C0000H bis DFFFFH) und permanenten ROM (E0000H bis FFFFFH). In den folgenden Kapiteln wird jeder einzelne dieser Speicherbereiche genau analysiert.

Die Design-Konzeption des PC

Bevor wir zum nächsten Kapitel übergehen, wollen wir uns mit den Grundgedanken beschäftigen, die beim Design der einzelnen PC-Modelle Pate gestanden haben. Das verhilft uns zu einem besseren Verständnis darüber, was wichtig ist - und was nicht.

Ein Teil der IBM PC-Konzeption dreht sich um die ROM BIOS-Routinen (siehe Kapitel 8 bis 13). Sie stellen all jene Steuerungs- und Kontrollfunktionen bzw. -operationen zur Verfügung, die IBM für notwendig hielt. Das hier geltende Motto lautet: "Laß es das BIOS tun, mische dich nicht unnötig ein, sonst kommt alles durcheinander." Dieses Konzept birgt viele Vorzüge. Es unterstützt gutes und übersichtlich strukturiertes Programmieren und verhindert einen Wust an speziellen Tricks "mit Selbstüberlistung", die schon der Fluch vieler Computer (und auch Programmierer!) waren. Dieses Konzept steigert auch die Software-Kompatibilität der unterschiedlichen PC-Modelle zueinander. Zusätzlich verschafft dies IBM eine größer Flexibilität bei der Weiterentwicklung und Ausweitung der PC-Reihe. Das bedeutet nun nicht, daß es im Einzelfall nicht gute Gründe geben mag, die Hardware-Kontrolle durch ein selbstgeschriebenes Programm zu übernehmen, aber das ist jedenfalls eine recht kniffelige Angelegenheit. Und schließlich, wenn ein BIOS vorhanden ist, das uns alle grundlegenden Funktionsroutinen zur Verfügung stellt, warum sollten wir es dann nicht nutzen?

Da die PC-Familie immer weiter entwickelt wurde, konnten Programme mit ständig verbesserter, leistungsfähigerer Hardware und System-Software arbeiten. Die neueren PC-Modelle bieten schnellere Hardware und bessere System-Software, daher werden durch direkte Programmierung der Hardware nicht notwendigerweise auch die Programme wesentlich schneller. Die schnellste Textausgabe auf einem PC unter DOS wird beispielsweise durch Assemblerroutinen realisiert, die DOS umgehen und die Bildschirm-Hardware direkt programmieren. Eine Ausgabe auf den Bildschirm ist wesentlich langsamer, wenn sie über DOS betrieben wird. Im Gegensatz dazu ist es auf einem PC/AT oder PS/2 unter OS/2 am günstigsten, die Funktionen des Betriebssystems für die Textausgabe zu nutzen. Durch schnellere Hardware und effizientere Bildschirm-Ausgabe-Routinen in OS/2 wird die direkte Programmierung unnötig.

Wenn Sie die Einzelheiten zur Programmierung, die wir in diesem Buch vorstellen, lesen, dann denken Sie bitte daran, daß man auf verschiedene Weise ein Ergebnis erhalten oder ein Programm schreiben kann, das eine bestimmte Aufgabe erfüllt - durch Hardware-Programmierung, das Aufrufen des ROM BIOS oder durch DOS-Service-Routinen. Sie sollten, wenn Sie die Alternativen beurteilen, zwischen Portabilität, Zweckmäßigkeit und Geschwindigkeit abwägen. Je genauer Sie wissen, wozu Hardware, ROM BIOS und Betriebssystem imstande sind, desto besser können Sie sie in ihren Programmen einsetzen.

Kapitel 2
Interne Kommunikation

Allgemein kann man sagen, daß Sie umso effektiver programmieren, je genauer Sie wissen, wie Ihr Computer funktioniert. Höhere Programmiersprachen wie BASIC oder C sind nicht dazu gedacht, daß sie jede mögliche Funktion, die Sie vielleicht beim Programmieren brauchen können, enthalten müssen. Man muß allerdings zugeben, daß einige besser sind als andere. Irgendwann werden Sie sicher tiefer in Ihr System einsteigen und einige der Routinen anwenden wollen, die diese Sprachen auch verwenden. Vielleicht wollen Sie auch noch tiefer gehen und direkt die Hardware programmieren.

Obwohl einige Sprachen eingeschränkte Möglichkeiten bieten, den Speicher direkt anzusprechen (wie mit PEEK und POKE in BASIC) oder sogar einige der ICs (wie mit den BASIC-Befehlen INP und OUT), muß ein Programmierer in vielen Fällen mit Assembler - der Basissprache, in der alle übrigen Sprachen und Betriebssysteme programmiert sind - arbeiten. Die 8086-Assemblersprache besteht wie alle anderen Assemblersprachen aus einer Reihe symbolischer Instruktionen - wie in Abb. 2-1 gezeigt wird. Ein Assembler übersetzt die Instruktioen sowie die dazugehörigen Daten in Binär-Code, die sogenannte *Maschinensprache*. Dieser Code steht im Speicher und wird vom 8086 abgearbeitet, um spezifische Aufgaben auszuführen.

Befehl	***volle Bezeichnung (englisch)***	***Bedeutung (deutsch)***
Befehle der 8086-Mikroprozessor-Familie		
AAA	ASCII Adjust After Addition	ASCII-Korrektur für Addition
AAD	ASCII Adjust After Division	ASCII-Korrektur für Division
AAM	ASCII Adjust After Multiplication	ASCII-Korrektur für Multiplikation
AAS	ASCII Adjust After Subtraction	ASCII-Korrektur für Subtraktion
ADC	ADd with Carry	Addition mit Übertrag
ADD	ADD	Addition
AND	AND	AND-Funktion
CALL	CALL	Aufruf
CBW	Convert Byte to Word	Byte-Wort-Konvertierung
CLC	CLear Carry flag	Übertrags-Flagge löschen
CLD	CLear Direction flag	Richtungs-Flagge löschen
CLI	CLear Interrupt flag	Interrupt-Flagge löschen
CMC	CoMplement Carry flag	Übertrags-Flagge komplementieren
CMP	CoMPare	Vergleich
CMPS	CoMPare String	Zeichenfolge-Vergleich (byte- oder wortweise)
CMPSB	CoMPare String (Bytes)	Zeichenfolge-Bytes vergleichen
CMPSW	CoMPare String (Words)	Zeichenfolge-Worte vergleichen
CWD	Convert Word to Doubleword	Wort-Doppelwort-Konvertierung
DAA	Decimal Adjust After Addition	Dezimalkorrektur bei Addition
DAS	Decimal Adjust After Subtraction	Dezimalkorrektur bei Subtraktion
DEC	DECrement	Dekrementieren

Abb. 2-1

(weiter nächste Seite)

(Fortsetzung)

Befehl	***volle Bezeichnung (englisch)***	***Bedeutung (deutsch)***
Befehle der 8086-Mikroprozessor-Familie (Fortsetzung)		
DIV	unsigned DIVide	Division
ESC	ESCape	Aussprung
HLT	HaLT	Programmhalt
IDIV	Integer DIVide	Ganzzahldivision
IMUL	Integer MULtiply	Ganzzahlmultiplikation
IN	INput from I/O-Port	Eingabe vom E/A-Port
INC	INCrement	Inkrementieren
INT	INTerrupt	Interrupt-Aufruf
INTO	INTerrupt on Overflow	Interrupt bei Überlauf
IRET	Interrupt RETurn	Interrupt-Rücksprung
JA	Jump if Above	Sprung falls oberhalb
JAE	Jump if Above or Equal	Sprung falls oberhalb/gleich
JB	Jump if Below	Sprung falls unterhalb
JBE	Jump if Below or Equal	Sprung falls unterhalb/gleich
JC	Jump if Carry	Sprung bei gesetzter Übertrags-Flagge
JCXZ	Jump if CX Zero	Sprung falls CX gleich 0
JE	Jump if Equal	Sprung falls gleich
JG	Jump if Greater than	Sprung falls größer
JGE	Jump if Greater than or Equal	Sprung falls größer/gleich
JL	Jump if Less than	Sprung falls kleiner
JLE	Jump if Less than or Equal	Sprung falls kleiner/gleich
JMP	JuMP	Sprung
JNA	Jump if Not Above	Sprung falls nicht oberhalb
JNAE	Jump if Not Above or Equal	Sprung falls nicht oberhalb oder gleich
JNB	Jump if Not Below	Sprung falls nicht unterhalb
JNBE	Jump if Not Below or Equal	Sprung falls nicht unterhalb oder gleich
JNC	Jump if No Carry	Sprung bei rückgesetzter Übertrags-Flagge
JNE	Jump if Not Equal	Sprung falls ungleich
JNG	Jump if Not Greater than	Sprung falls nicht größer
JNGE	Jump if Not Greater than or Equal	Sprung falls nicht größer oder gleich
JNL	Jump if Not Less than	Sprung falls nicht kleiner
JNLE	Jump if Not Less than or Equal	Sprung falls nicht kleiner oder gleich
JNO	Jump if Not Overflow	Sprung bei rückgesetzter Überlaufs-Flagge
JNP	Jump if Not Parity	Sprung bei gelöschter Paritäts-Flagge
JNS	Jump if Not Sign	Sprung bei gelöschter Vorzeichen-Flagge
JNZ	Jump if Not Zero	Sprung bei gelöschter Null-Flagge
JO	Jump if Overflow	Sprung bei gesetzter Überlaufs-Flagge
JP	Jump if Parity	Sprung bei gesetzter Paritäts-Flagge
JPE	Jump if Parity Even	Sprung bei gerader Parität
JPO	Jump if Parity Odd	Sprung bei ungerader Parität

Abb. 2-1 *(weiter nächste Seite)*

(Fortsetzung)

Befehl	*volle Bezeichnung (englisch)*	*Bedeutung (deutsch)*
Befehle der 8086-Mikroprozessor-Familie (Fortsetzung)		
JS	Jump if Sign	Sprung bei gesetzter Vorzeichen-Flagge
JZ	Jump if Zero	Sprung bei gesetzter Null-Flagge
LAHF	Load AH with Flags	AH mit Flaggen-Status laden
LDS	Load pointer using DS	Zeiger unter Verwendung von DS laden
LEA	Load Effective Address	effektive Adresse laden
LES	Load pointer using ES	Zeiger unter Verwendung von ES laden
LOCK	LOCK bus	Bus blockieren
LODS	LOaD String	Zeichenfolge laden
LODSB	LOaD string (Bytes)	Zeichenfolge-Byte laden
LODSW	LOaD string (Words)	Zeichenfolge-Wort laden
LOOP	LOOP	Schleife
LOOPE	LOOP while Equal	Schleifendurchlauf solange gleich
LOOPNE	LOOP while Not Equal	Schleifendurchlauf solange nicht ungleich
LOOPNZ	LOOP while Not Zero	Schleifendurchlauf solange ungleich Null
LOOPZ	LOOP while Zero	Schleifendurchlauf solange Null
MOV	MOVe data	Daten verschieben
MOVS	MOVe String	Zeichenfolge-Verschiebung
MOVSB	MOVe String (Bytes)	Zeichenfolge-Byte-Verschiebung
MOVSW	MOVe String (Words)	Zeichenfolge-Wort-Verschiebung
MUL	MULtiply	Multiplikation
NEG	NEGate	Negation
NOP	No OPeration	Keine Operation
NOT	NOT	NOT-Funktion
OR	OR	OR-Funktion
OUT	OUTput to I/O-Port	Ausgabe an E/A-Port
POP	POP	Rücknahme vom Stapel
POPF	POP Flags	Rücknahme der Status-Flaggen vom Stapel
PUSH	PUSH	Übergabe auf den Stapel
PUSHF	PUSH Flags	Übergabe der Status-Flaggen auf den Stapel
RCL	Rotate through Carry Left	Linksrotation (einschließlich Überlauf)
RCR	Rotate through Carry Right	Rechtsrotation (einschließlich Überlauf)
REP	REPeat	Wiederholung
REPE	REPeat while Equal	Wiederholung solange gleich
REPNE	REPeat while Not Equal	Wiederholung solange nicht gleich
REPNZ	REPeat while Not Zero	Wiederholung solange nicht Null
REPZ	REPeat while Zero	Wiederholung solange Null
RET	RETurn	Rücksprung
ROL	ROtate Left	Linksrotation
ROR	ROtate Right	Rechtsrotation
SAHF	Store AH into Flags	AH in Flaggen speichern

Abb. 2-1

(weiter nächste Seite)

(Fortsetzung)

Befehl	*volle Bezeichnung (englisch)*	*Bedeutung (deutsch)*
Befehle der 8086-Mikroprozessor-Familie (Fortsetzung)		
SAL	Shift Arithmetic Left	Arithmetische Linksverschiebung
SAR	Shift Arithmetic Right	Arithmetische Rechtsverschiebung
SBB	SuBtract with Borrow	Subtraktion mit umgekehrtem Übertrag
SCAS	SCAn String	Zeichenfolge suchen
SCASB	SCAn String (Bytes)	Byte-Zeichenfolge suchen
SCASW	SCAn String (Words)	Wort-Zeichenfolge suchen
SHL	SHift Left	Linksverschiebung
SHR	SHift Right	Rechtsverschiebung
STC	SeT Carry flag	Übertrags-Flagge setzen
STD	SeT Direction flag	Richtungs-Flagge setzen
STI	SeT Interrupt flag	Interrupt-Flagge setzen
STOS	STOre String	Zeichenfolge speichern
STOSB	STOre String (Bytes)	Byte einer Zeichenfolge speichern
STOSW	STOre String (Words)	Wort einer Zeichenfolge speichern
SUB	SUBtract	Subtraktion
TEST	TEST	Test
WAIT	WAIT	Warten
XCHG	eXCHanGe	Austausch
XLAT	transLATe	Übersetzung
XOR	eXclusive OR	Exklusiv-Oder-Funktion
Befehle, die nur für den 80286 und 80386 gelten:		
ARPL	Adjust RPL field of selector	Korrektur für RPL-Feld des Selektors
BOUND	Check array index against BOUNDs	Matrixindex mit BOUNDs überprüfen
CLTS	CLear Task-Switched flag	Gesetzte Taskwechsel-Flagge löschen
ENTER	Establish stack frame	Platz für Stapelrahmen reservieren
INS	INput String from I/O port	Zeichenfolge von E/A-Port lesen
LAR	Load Access Rights	Zugriffsrechte laden
LEAVE	Discard stack frame	Stapelrahmen löschen
LGDT	Load Global Descriptor Table register	Globales Deskriptor-Tabellen-Register laden
LIDT	Load Interrupt Descriptor Table register	Interrupt-Deskriptor-Tabellen-Register laden
LLDT	Load Local Descriptor Table register	Lokales Deskriptor-Tabellen-Register laden
LMSW	Load Machine Status Word	Statuswort laden
LSL	Load Segment Limit	Segment-Grenze laden
LTR	Load Task Register	Task-Register laden
OUTS	OUTput String to I/O port	Zeichenfolge an E/A-Port ausgeben
POPA	POP All general registers	Alle allgemeinen Register vom Stapel entfernen
PUSHA	PUSH All general registers	Alle allgemeinen Register auf Stapel legen
SGDT	Store Global Descriptor Table register	Register der globalen Deskriptor-Tabelle speichern

Abb. 2-1

(weiter nächste Seite)

(Fortsetzung)

Befehl	*volle Bezeichnung (englisch)*	*Bedeutung (deutsch)*
Befehle, die nur für den 80286 und 80386 gelten: (Fortsetzung)		
SIDT	Store Interrupt Descriptor Table register	Register der Interrupt-Deskriptor-Tabelle speichern
SLDT	Store Local Descriptor Table register	Register der lokalen Deskriptor-Tabelle speichern
SMSW	Store Machine Status Word	Maschinen-Statuswort speichern
STR	Store Task Register	Programm-Register speichern
VERR	VERify a segment selector for Reading	Selektor für das Lesen eines Segments prüfen
VERW	VERify a segment selector for writing	Selektor für das Beschreiben eines Segments prüfen
Befehle, die nur für den 80386 gelten:		
BSF	Bit Scan Forward	Bit analysieren (nach rechts)
BSR	Bit Scan Reverse	Bit analysieren (umgekehrt)
BT	Bit Test	Bit testen
BTC	Bit Test and Complement	Bit testen und Komplement bilden
BTR	Bit Test and Reset	Bit testen und rücksetzen
BTS	Bit Test and Set	Bit testen und setzen
CDQ	Convert Doubleword to Quadword	Doppelwort in Vier-Wort ändern
CMPSD	CoMPare String (Doublewords)	Doppelwort-Zeichenfolge vergleichen
CWDE	Convert Word to Doubleword in EAX	Wort in Doppelwort ändern (in EAX)
LFS	Load pointer using FS	Zeiger über FS laden
LGS	Load pointer using GS	Zeiger über GS laden
LSS	Load pointer using SS	Zeiger über SS laden
LODSD	LOaD String (Doublewords)	Doppelwort-Zeichenfolge laden
MOVSD	MOVe String (Doublewords)	Doppelwort-Zeichenfolge verschieben
MOVSX	MOVe with Sign-eXtend	Verschieben mit Vorzeichen-Zusatz-Bit
MOVZX	MOVe with Zero-eXtend	Verschieben mit Null-Erweiterung
SCASD	SCAn String (Doublewords)	Doppelwort-Zeichenfolge analysieren
SETA	SET byte if Above	Byte setzen falls oberhalb
SETAE	SET byte if Above or Equal	Byte setzen falls oberhalb oder gleich
SETB	SET byte if Below	Byte setzen falls unterhalb
SETBE	SET byte if Below or Equal	Byte setzen falls unterhalb oder gleich
SETC	SET byte if Carry	Byte setzen falls Übertrags-Flagge gesetzt
SETE	SET byte if Equal	Byte setzen falls gleich
SETG	SET byte if Greater	Byte setzen falls größer
SETGE	SET byte if Greater or Equal	Byte setzen falls größer oder gleich
SETL	SET byte if Less	Byte setzen falls kleiner
SETLE	SET byte if Less or Equal	Byte setzen falls kleiner oder gleich
SETNA	SET byte if Not Above	Byte setzen falls nicht oberhalb
SETNAE	SET byte if Not Above or Equal	Byte setzen falls nicht oberhalb oder gleich

Abb. 2-1 *(weiter nächste Seite)*

(Fortsetzung)

Befehl	***volle Bezeichnung (englisch)***	***Bedeutung (deutsch)***
Befehle, die nur für den 80386 gelten: (Fortsetzung)		
SETNB	SET byte if Not Below	Byte setzen falls nicht unterhalb
SETNBE	SET byte if Not Below or Equal	Byte setzen falls nicht unterhalb oder gleich
SETNC	SET byte if No Carry	Byte setzen wenn kein Übertrag angezeigt
SETNE	SET byte if Not Equal	Byte setzen bei Ungleichheit
SETNG	SET byte if Not Greater	Byte setzen wenn nicht größer
SETNGE	SET byte if Not Greater or Equal	Byte setzen wenn nicht größer oder gleich
SETNL	SET byte if Not Less	Byte setzen wenn nicht kleiner
SETNLE	SET byte if Not Less or Equal	Byte setzen wenn nicht kleiner oder gleich
SETNO	SET byte if Not Overflow	Byte setzen wenn kein Überlauf
SETNP	SET byte if Not Parity	Byte setzen bei nicht gesetzter Paritäts-Flagge
SETNS	SET byte if Not Sign	Byte setzen wenn nicht vorzeichenbehaftet
SETNZ	SET byte if Not Zero	Byte setzen wenn nicht Null
SETO	SET byte if Overflow	Byte setzen wenn Überlauf
SETP	SET byte if Parity	Byte setzen bei Parität
SETPE	SET byte if Parity Even	Byte setzen bei gerader Parität
SETPO	SET byte if Parity Odd	Byte setzen bei Parität ungerade
SETS	SET byte if Sign	Byte setzen falls vorzeichenbehaftet
SETZ	SET byte if Zero	Byte setzen falls Null
SHLD	SHift Left (Doublewords)	Doppelwort nach links verschieben
SHRD	SHift Right (Doublewords)	Doppelwort nach rechts verschieben
STOSD	STOre String (Doublewords)	Doppelwort-Zeichenfolge speichern

Abb. 2-1 *Der Befehlssatz, den 8086, 80286 und 80386 verwenden.*

❑ HINWEIS: *Obwohl dieses Kapitel die Details zur Programmierung des 8086 beinhaltet, denken Sie daran, daß wir damit auch den 8088, den 80286 und den 80386 behandeln. Informationen, die nur für 80286 und 80386 gelten, sind extra gekennzeichnet.*

Die Operationen, die durch 8086-Befehle durchgeführt werden, können in einige wenige Kategorien unterteilt werden:

- die vier Ganzzahl-Rechenfunktionen
- die Datenübertragung
- die Veränderung einzelner Bits
- das Überprüfen von Werten und Ausführen von logischen Aktionen aufgrund der Ergebnisse
- die Kommunikation mit anderen Computer-Komponenten.

Die Größe der einzelnen Befehle variiert, aber im allgemeinen sind die grundlegenden und häufigsten Befehle die kürzesten.

Programme in Assembler lassen sich auf zwei Niveaus erstellen: zum Schreiben von Routinen, die Programme in höheren Programmiersprachen mit den DOS- und ROM BIOS-Routinen verbinden, oder zum Schreiben voll ausgereifter Assemblerprogramme, die schneller und kürzer sind als gleichartige Programme in einer höheren Programmiersprache oder die ungewöhnliche Aufgaben auf der Hardware-Ebene ausführen. Für beide gilt: um zu verstehen, wie Assembler verwendet wird, müssen Sie verstehen, wie die Mikroprozessoren der 8086-Familie Informationen verarbeiten und wie sie mit den übrigen Komponenten des Computers zusammenarbeiten. Im folgenden Teil des Kapitels wird dies beschrieben.

Wie der 8086 kommuniziert

8086, 80286 und 80386 interagieren mit ihrer computerinternen Umgebung auf drei Arten: durch direkten und indirekten Zugriff auf den Speicher, durch Ein-/Ausgabe-(E/A-) Ports und durch Signale, die man *Interrupts* (*Unterbrechungen*) nennt.

Der Mikroprozessor benutzt den **Speicher**, um Werte in Speicherzellen, die durch numerische Adressen bezeichnet werden, zu schreiben oder zu lesen. Auf Speicherzellen wird auf zwei Arten zugegriffen: durch den direkten Speicher-Zugriffs-Controller (DMA = direct memory access) oder durch die internen Register des Mikroprozessors. Die Plattenlaufwerke und die seriellen Kommunikations-Ports können über den DMA-Controller direkt auf den Speicher zugreifen. Alle anderen Hard- und Software-Komponenten übertragen Daten vom und zum Speicher über die Register des Mikroprozessors.

Ein-/Ausgabe-Ports sind im allgemeinen die Werkzeuge des Computers zur Kommunikation mit anderen Komponenten außer dem Speicher. Wie Speicherzellen werden E/A-Ports durch Zahlen bezeichnet, und Daten können ein- und ausgelesen werden. Die Konstruktion jedes einzelnen Computers bestimmt die ihm eigene Verteilung der E/A-Ports. Im allgemeinen verwenden alle Geräte aus der IBM PC-Reihe dieselben Port-Spezifikationen, wobei zwischen den verschiedenen Modellen nur geringe Abweichungen bestehen (siehe S. 38).

Unterbrechungen sind Signale, die dem Prozessor eine Mitteilung machen. So löst z.B. der Druck auf eine Taste der Tastatur einen Interrupt aus, der zur CPU gesendet wird und dort eine Reaktion veranlaßt. Die Interrupts sind für einen Mikroprozessor von großer Bedeutung, da sie die Basis für Wechselwirkungen mit seiner Umgebung darstellen. Das Konzept der Interrupts ist aber auch für andere Zwecke geeignet. Die Interrupts sind zur Programmierung des PC so wichtig, daß ihnen am Ende dieses Kapitels ein eigener Abschnitt gewidmet ist.

Die 8086 Daten-Formate

Numerische Daten. Der 8086 und 80386 können nur mit vier einfachen numerischen Datenformaten arbeiten, deren Werte alle ganzzahlig sein müssen. Die Formate bauen sich aus zwei Grundeinheiten auf: dem 8-Bit-Byte und dem Wort, das 16 Bits oder 2 Bytes umfaßt. Beide sind auf die 16-Bit-Verarbeitung des 8086 zurückzuführen. Ein Byte ist die Grundeinheit des Prozessors, soweit es um die Adressierung geht; wenn der

8086 und 80286 Speicherplätze adressieren, sind es einzelne Bytes, die angesprochen werden. Ein Byte kann vorzeichenlose (unsigned) Zahlenwerte von 0 bis 255 (2^8 Möglichkeiten) darstellen. Haben wir es mit vorzeichenbehafteten Zahlen zu tun, das heißt, mit positiven und negativen Zahlen, dann stellt eines der 8 Bits das Vorzeichen dar, die übrigen 7 Bits enthalten den Wert. Daher kann ein vorzeichenbehaftetes (signed) Byte Werte von -128 bis +127 speichern (siehe Abb. 2-2).

8086 und 80286 können also 16-Bit Werte mit und ohne Vorzeichen oder auch Worte verarbeiten. Worte werden im Speicher in zwei nebeneinanderstehenden Bytes abgelegt, wobei das niederwertige Byte dem höherwertigen Byte voransteht. (Siehe die Darstellung des "Spiegelwort-Speichers" auf S. 24).

		Bereich	
Länge	*Vorzeichen*	*Dez*	*Hex*
8	Nein	0 bis 255	00H bis FFH
8	Ja	-128 bis 0 bis +127	80H bis 00H bis 7FH
16	Nein	0 bis 65.535	0000H bis FFFFH
16	Ja	-32.768 bis 0 bis +32.767	8000H bis 0000H bis 7FFFH
32	Nein	0 bis 4.294.967.295	00000000H bis FFFFFFFFH
32	Ja	-2.147.483.648 bis +2.147.483.647	00000000H bis 7FFFFFFFH

Abb. 2-2 *Die sechs Datenformate, die in der 8086-Familie verwendet werden. (Nur der 80386 unterstützt die 32-Bit-Formate.)*

Wird ein Wort als positive Zahl ohne Vorzeichen interpretiert, so kann es 2^{16} verschiedene Werte zwischen 0 und 65.535 annehmen. Als Zahl mit Vorzeichen liegt der Wert zwischen -32.768 und +32.767.

Der 80386 unterscheidet sich von seinen Vorgängern dadurch, daß er auch 32-Bit Ganzzahl-Werte oder *Doppelworte* verarbeiten kann. Ein Doppelwort stellt eine 4-Byte-Ganzzahl mit oder ohne Vorzeichen dar, die einen von 2^{32} (oder 4.294.967.295) unterschiedlichen Werten annimmt.

Zeichendaten. Zeichendaten werden im ASCII-Format gespeichert. Jedes Zeichen hat eine Länge von genau einem Byte. Da die 8086-Familie ASCII-Zeichen nicht als solche erkennt, behandelt sie diese Bytes wie alle anderen auch - mit einer Ausnahme: Der Befehlssatz erlaubt es, die Addition und Subtraktion auf BCD-Zeichen durchzuführen. Die eigentliche Arithmetik wird dabei binär durchgeführt, aber die AF-Flagge (siehe S. 33) in Verbindung mit einigen wenigen Spezialbefehlen ermöglicht es, mit dezimalen Zeichen zu arbeiten und auch dezimale Ergebnisse zu erhalten, die leicht in ASCII konvertiert werden können.

Im Anhang C finden Sie mehr Informationen über ASCIIir-Zeichen und den erweiterten ASCII-Zeichensatz der PC-Familie.

"Back-Words"-Speicherung

Obwohl der Speicher eines PCs wird aus 8-Bit-Bytes besteht, arbeiten viele Operationen mit 16-Bit-Worten. Im Speicher wird ein 16-Bit-Wort in zwei aufeinanderfolgenden 8-Bit-Bytes abgelegt. Das geringerwertige Byte eines Wortes belegt die untere Adresse, das höherwertige Byte wird an der höheren Speicheradresse gespeichert. Diese Art, ein Wort abzuspeichern, ist in gewisser Weise genau das Gegenteil von dem, was man erwartet. Da also diese Speicheraufteilung verkehrt herum zu sein scheint, wird sie auch "back-words"-Speicherung genannt.

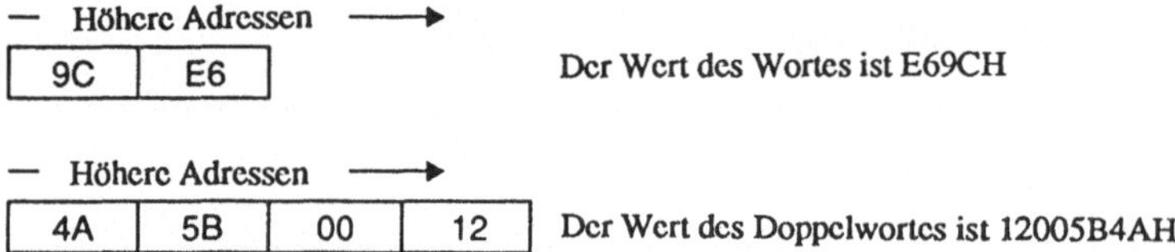

Wenn Sie mit Bytes und Worten im Speicher zu tun haben, sollten Sie sich von diesem Speicherungsprinzip nicht verwirren lassen. Die meisten Unklarheiten kommen daher, wie Sie die Daten notieren. Zum Beispiel notieren Sie den Wert eines Wortes in hexadezimaler Darstellung folgendermaßen: ABCD. Die Reihenfolge der Signifikanz ist dieselbe wie bei einer dezimalen Zahl. Die höchstwertige Zahl steht am Anfang. Wird jedoch das Wort im Speicher abgelegt, steht die Adresse mit dem niedrigsten Wert vorne. Daher wird aus der Zahl ABCD im Speicher CDAB, wobei die Bytes vertauscht werden.

Speicheradressierung des 8086

Der 8086 ist als 16-Bit-Mikroprozessor nicht in der Lage, direkt mit Zahlen, deren Länge 16 Bit übersteigt, zu arbeiten. Theoretisch kann der 8086 also nur auf 64 KByte zugreifen. Wie Sie im vorherigen Kapitel erfahren haben, kann er aber tatsächlich bis zu 1024 KBytes adressieren. Diese Fähigkeit basiert auf dem 20-Bit-Datenbus, der die Speicheradressierung von 2^{16} (65.536) auf 2^{20} (1.048.576) Möglichkeiten erweitert. Dennoch ist der 8086 beschränkt, da er nur 16 Bits zugleich verarbeiten kann. Um auf 20-Bit-Adressen zuzugreifen, muß die Adressierungsmethode in das 16-Bit-Format passen.

Segmentierte Adressen

Der 8086 unterteilt den adressierbaren Speicher in mehrere *Segmente*, von denen keines mehr als 64 KBytes enthält. Jedes Segment beginnt an einer *Abschnittsadresse*, deren Wert ohne Rest durch 16 teilbar ist. Um einzelne Bytes oder Worte anzusprechen, brauchen wir eine *Unteradresse*, die *Offset-Adresse* genannt wird und auf eine bestimmte Stelle innerhalb eines Segmentes zeigt. Da Offset-Adressen immer relativ zum Beginn eines Segmentes berechnet werden, das heißt, relativ zur Segmentadresse heißen sie auch *Relativadressen* oder *relative Offsets*.

Eine *Segmentadresse* und ein Offset bilden zusammen eine segmentierte Adresse, mit der jedes Byte in dem 1 MB-Adreßraum des 8086 angesprochen werden. Der 8086 konvertiert eine gegebene 32-Bit segmentierte Adresse in eine 20-Bit physikalische Adresse, indem er den Segmentwert als Paragraph-Nummer interpretiert und den Wert des Offsets dazuaddiert. In der Praxis verschiebt der 8086 den Segmentwert um 4 Bits nach links und addiert dann den Offset-Wert dazu - so wird eine 20-Bit-Adresse berechnet.

Abbildung 2-3 zeigt, wie dies für einen Segmentwert von 1234H und einen Offset von 4321H gemacht wird. Die segmentierte Adresse wird als 1234:4321 geschrieben. Sie besteht also aus 4 hexadezimalen Werten und einem Doppelpunkt, der das Segment und den Offset voneinander trennt.

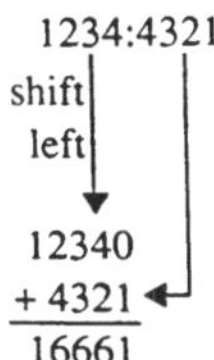

Abb. 2-3 *Eine segmentierte Adresse des 8086 wird decodiert. Der Segmentwert 1234H wird 4 Bits nach links verschoben (das entspricht einer Hexadezimalstelle) und dann zu dem Offset 4321H addiert. Dies ergibt die physikalische 20-Bit-Adresse 16661H.*

Beim 8086 ergeben sich natürlich eine große Zahl von Überschneidungen innerhalb der möglichen segmentierten Adressen. Jede physikalische Adresse kann bis zu 2^{12} verschiedene segmentierte Adressen darstellen. Man kann z. b. die physikalische Adresse 16661H nicht nur mit 1234:4321, sondern auch als 1666:0001, 1665:0011, 1664:0021 und so weiter bezeichnen.

Der Adressiermodus von 80286 und 80386

Der 80286 arbeitet zwar auch mit segmentierten Adressen, aber wenn er im "geschützten Modus" läuft, werden die Adressen anders als im 8086- oder 80286-Real-Modus decodiert. Der 80286 decodiert segmentierte Adressen im geschützten Modus mit Hilfe einer Tabelle von Segment-Deskriptoren. Der "Segment"-Teil einer segmentierten Adresse ist keine Segmentadresse, sondern ein "Selektor", der einen Index in der Segment-Deskriptor-Tabelle darstellt (Abb. 2-4). Jeder Deskriptor in der Tabelle beinhaltet eine 24-Bit-Basisadresse, die den tatsächlichen Anfangspunkt eines Segmentes im Speicher anzeigt. Die Ergebnisadresse ist die Summe der 24-Bit-Basisadresse und des 16-Bit-Offsets, der in der segmentierten Adresse spezifiziert wird. Daher kann der 80286 im "geschützten Modus" auf bis zu 2^{24} Bytes Speicherplatz zugreifen; d.h. die physikalischen Adressen sind 24 Bit lang.

Die tabellengesteuerte Adressiermethode gibt dem 80286 eine starke Kontrolle über die Verwendung des Speichers. Zusätzlich zu einer 24-Bit-Basisadresse bestimmt jeder Segment-Deskriptor die Attribute eines Segments (ausführbarer Code, Programmdaten, nur zum Lesen usw.) und ebenso eine Privilegebene, so daß das Betriebssystem Zugriffe auf das Segment verhindern kann. Diese Fähigkeit, Segment-Attribute und Zugriffsprivilegien zu spezifizieren, ist in einem Multitasking-Betriebssystem wie OS/2 sehr nützlich.

Der 80386 unterstützt sowohl die Adressierung des 8086 als auch den geschützten Modus des 80286. Er erweitert die Adressierungsmethoden im geschützten Modus, indem er 32-Bit-Segment-Basisadressen und 32-Bit-Offsets zuläßt. Daher kann eine einzige segmentierte Adresse, die aus einem 16-Bit-Selektor und einem 32-Bit-Offset besteht, bis zu 2^{32} verschiedene physikalische Adressen ansteuern.

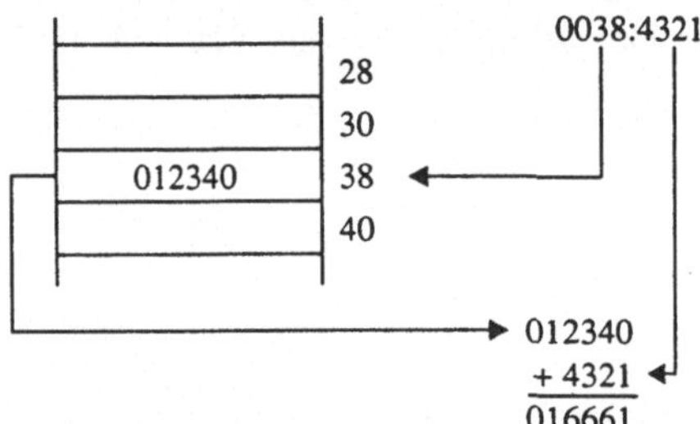

Abb. 2-4 *Eine segmentierte geschützte Adresse des 80286 wird decodiert. Der Segment-Selektor 38H bezeichnet einen Eintrag in der Segment-Beschreibungstabelle. Der Segment-Deskriptor beinhaltet eine 24-Bit-Segment-Basisadresse, die zu dem Offset 4321H addiert wird. Man erhält somit die physikalische 24-Bit Adresse 016661H.*

Der 80386 verfügt außerdem über einen "virtuellen 8086"-Adressierungsmodus, in dem die Adressierung ebenso wie die übliche 16-Bit-Adressierung des 8086 erfolgt, aber die physikalischen Adressen, die dem 1MB Adreßraum des 8086 entsprechen, liegen an beliebiger Stelle in dem 4 Gigabyte (GB) Adreßraum des 80386. Damit kann ein Betriebssystem mehrere verschiedene 8086-Programme gleichzeitig ablaufen lassen, wobei jedes über seinen eigenen 8086-kompatiblen 1MB-Adreßraum verfügt.

Kompatibilität der Adressen

Die verschiedenen Adressierungsmethoden, die von 80286 und 80386 verwendet werden, sind im allgemeinen kompatibel (außer natürlich der 32-Bit-Adressierung des 80386). Wenn Sie ein 8086-Programm entwickeln, das Sie später in den geschützten Modus übertragen wollen, müssen Sie die Segmente in geeigneter Weise organisieren. Obwohl Sie eine physikalische Adresse durch viele verschiedene Segment-Offset-Kombinationen beschreiben können, wird es einfacher für Sie sein, ein 8086-Programm in den geschützten Adressiermodus des 80286 zu übertragen, wenn Sie Ihre Segmentwerte möglichst konstant lassen.

Stellen Sie sich z.B. vor, daß Ihr Programm auf eine Matrix (Array) zugreift, die aus 160-Byte-Zeichenfolgen besteht und ab der physikalischen Adresse B8000H abgespeichert ist. Eine schlechte Methode, auf die einzelnen Zeichenfolgen zuzugreifen wäre es, wenn man sich die Tatsache zu nutzen machen würde, daß jede Zeichenfolge 10 Segmentabschnitte lang ist. Man würde dann für den Beginn jeder einzelnen Zeichenkette einen anderen Segmentwert verwenden:

B800:0000H (Physikalische Adresse B8000H)

B80A:0000H (Physikalische Adresse B80A0H)

B814:0000H (Physikalische Adresse B8140H)

B81E:0000H (Physikalische Adresse B81E0H)

Eine bessere Methode, diese Adressierung auszuführen, ist es, den Segmentwert konstant zu lassen und den Offset zu ändern:

B800:0000H (Physikalische Adresse B8000H)

B800:00A0H (Physikalische Adresse B80A0H)

B800:0140H (Physikalische Adresse B8140H)

B800:01E0H (Physikalische Adresse B81E0H)

Obwohl das Ergebnis auf dem 8086 und auf dem 80286 im Real-Modus dasselbe ist, werden Sie feststellen, daß die zweite Methode zu dem geschützten Modus des 80286 wesentlich besser paßt, in dem jeder der verschiedene Segment-Selektoren auf einen anderen Segment-Deskriptor zugreift.

Die Register des 8086

Der 8086 wurde ebenso dafür entwickelt, Befehle auszuführen, arithmetische und logarithmische Operationen durchzuführen wie auch dazu, Anweisungen entgegenzunehmen und den Datenaustausch mit dem Speicher durchzuführen. Dafür benötigt er 16-Bit-Register.

Insgesamt verfügt der Prozessor über vierzehn Register. Jedem Register ist eine spezielle Aufgabe zugeteilt: 4 *Zwischenspeicher-Register*, die zur temporären Speicherung von Zwischenresultaten und Operanden arithmetischer und logischer Funktionen benutzt werden; 4 *Segment-Register*, die die Startadressen der verschiedenen Speichersegmente aufnehmen können; 5 *Zeiger- (Pointer) und Index-Register*, die die Offset-Adressen zwischenspeichern und mit den Segmentadressen zusammen die Speicherplätze definieren. Das letzte Register ist ein *Flaggen-Register*, das aus neun 1-Bit-Flaggen besteht, die die Statusinformationen und Kontrolloperationen des 8086 festhalten (siehe Abb. 2-5).

Zwischenspeicher-Register

	7 0	7 0
AX (Akkumulator)	AH	AL
BX (Basis)	BH	BL
CX (Zähler)	CH	CL
DX (Daten)	DH	DL

Abb. 2-5

(weiter nächste Seite)

(Fortsetzung)

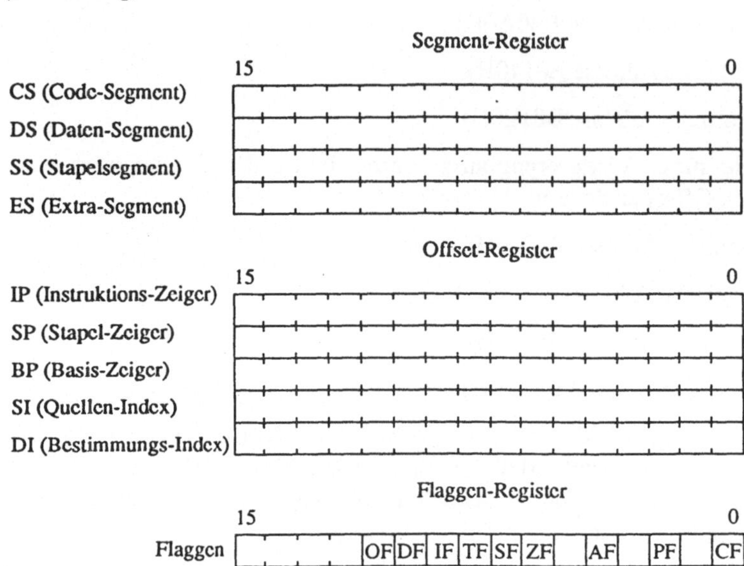

Abb. 2-5 *Die Register und Flaggen des 8086.*

Die Zwischenspeicher-Register

Den größten Teil der Laufzeit eines Programmes verbringt die CPU mit dem Datentransfer vom und zum Speicher. Die Zugriffszeit kann wesentlich verringert werden, indem oft benutzte Operanden und Resultate im 8086 selbst abgespeichert werden. Die vier 16-Bit-Register, die allgemein *Zwischenspeicher-Register* oder Daten-Register genannt werden, sind zu diesem Zweck eingebaut worden.

Die Zwischenspeicher-Register werden mit AX, BX, CX und DX bezeichnet. Jedes Register kann unterteilt und als 8-Bit-Register eingesetzt werden. Die höherwertigen 8-Bit-Register werden mit AH, BH, CH und DH bezeichnet, die niederwertigen 8-Bit-Register mit AL, BL, CL und DL.

Das Hauptaufgabengebiet der Zwischenspeicher-Register liegt bei den arithmetischen Operationen. Dort werden sie als Zwischenspeicher genutzt. Addition und Subtraktion sind auch im Hauptspeicher möglich, die Verarbeitungszeit ist in diesem Fall - ohne Benutzung der Register - aber größer.

Trotz der universellen Einsatzmöglichkeit der Daten-Register sind gewisse Aufgaben auf bestimmte Register beschränkt:

- Das AX-Register (Akkumulator) ist das wichtigste Register bei arithmetischen Operationen. (Obwohl Addition und Subtraktion in jedem der Zwischenwert- oder Offset-Register durchgeführt werden kann, bleibt die Multiplikation und Division auf AH oder AL beschränkt.)

- Das BX-Register (Basis-Register) wird oft als Zeiger auf Tabellen im Speicher eingesetzt. Es findet aber auch als Speicherplatz für den Offset-Teil einer segmentierten Adresse Verwendung.
- Das CX-Register (Zähl-Register) wird zur Schleifensteuerung und zur Wiederholung von Datenverschiebungen benutzt. Der LOOP-Befehl in Assembler verwendet z.B. dieses Register, um die Anzahl der Schleifendurchläufe zu zählen.
- Das DX-Register wird benutzt, um Daten im allgemeinen abzuspeichern, obwohl es auch bestimmte spezielle Funktionen übernimmt. So enthält DX beispielsweise den Rest der Divisionsoperationen, die in AX durchgeführt wurden.

Die Segment-Register

Wie schon früher erklärt wurde, besteht die komplette Adresse einer Speicherstelle aus der 16-Bit-Adresse des Speichersegments und der relativen Offset-Adresse innerhalb des Segments. Es gibt vier Register - CS, DS, ES und SS - die vier spezielle Segmente anwählen. Die fünf Offset-Register, die nachher vorgestellt werden, können verwendet werden, um die relativen Offsets der Daten in jedem der vier Segmente abzuspeichern.

Jedes Segment-Register wird für spezifische Adressierungstypen verwendet:

- Das CS-Register zeigt auf das Code-Segment, in welchem das gerade ablaufende Programm gespeichert ist.
- DS- und ES-Register zeigen auf die Datensegmente, in denen die aktuellen Daten gespeichert sind.
- Das SS-Register verweist oft auf das Stapelsegment. (Auf Seite 32 finden Sie mehr über den Stapel.)

Programme verwenden meist nicht vier unterschiedliche Segmente, um vier verschiedene 64-KB-Speicherbereiche zu adressieren. Stattdessen verweisen die vier Segmente, die durch CS, DS, ES und SS spezifiziert sind, üblicherweise auf überlappende oder identische Speicherbereiche. In der Praxis zeigen die verschiedenen Segment-Register auf Speicherbereiche für verschiedene Zwecke.

Abbildung 2-6 zeigt zum Beispiel, wie die Werte in den Segment-Registern dem Speicher entsprechen, der in einem hypothetischen DOS-Programm verwendet wird. Die Werte in den Segment-Registern werden so gewählt, daß sie dem Anfangspunkt der logisch verschiedenen Speicherbereiche entsprechen, auch wenn die 64-KB-Speicherbereiche der einzelnen Segmente sich überlappen (in Kapitel 20 finden Sie mehr zu den Themen Segmente und Speicheraufteilung von DOS-Programmen).

Alle 8086-Befehle, die den Speicher benutzen, verwenden automatisch das geeignete Segment-Register für die auszuführende Operation. Der MOV-Befehl, sofern er sich auf Daten bezieht, spricht das DS-Register an. Der JMP-Befehl, der Auswirkungen auf den Programmfluß hat, zieht das CS-Register heran.

Das heißt, Sie können jedes 64-KB-Segment im Speicher adresssieren, indem Sie seine Segmentabschnittsadressen in dem entsprechenden Segment-Register ablegen. Um z.B.

auf Daten im Bildschirmpuffer, der von IBMs Farb-Graphik-Adapter verwendet wird, zuzugreifen, legen Sie die Abschnittsadresse des Pufferanfangs in einem Segment-Register ab und verwenden Sie dann den MOV-Befehl, um Daten an den Puffer zu schicken oder aus ihm zu lesen.

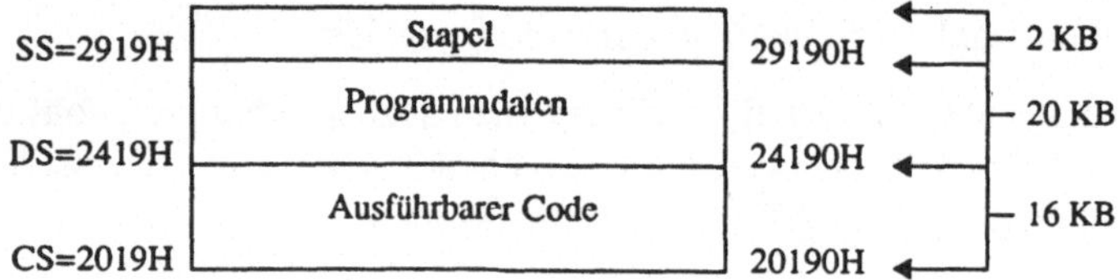

Abb. 2-6 *So werden Segmente in einem typischen DOS-Programm verwendet. Jedes Segment-Register beinhaltet die Startadresse eines anderen Speicherabschnitts.*

```
mov ax,0B800h              ; den Segmentwert nach DS laden
mov ds,ax
mov al,[0000]              ; Byte an Adresse B800:0000 in AL kopieren
```

In BASIC können Sie diese Methode mit dem DEF SEG-Befehl verwenden:

```
DEF SEG = &HB800           ' den Segmentwert in DS laden
X = PEEK(0000)             ' Adresse B800:0000 in X kopieren
```

Die Offset-Register

Fünf Offset-Register werden zusammen mit den Segment-Registern verwendet, um segmentierte Adressen zu speichern. Ein Register, genannt der *Befehlszeiger* (*instruction pointer*, IP), enthält den Offset des aktuellen Befehls im Code-Segment; zwei Register, *Stapel-Register* genannt, werden vom Stapel gebraucht; und die verbleibenden zwei Register, die man *Index-Register* nennt, werden zum Adressieren von Zeichenfolgen verwendet.

Der Befehlszeiger (IP) - auch Programmzähler (program counter, PC) genannt - enthält die Offset-Adresse des aktuellen Befehls im Code-Segment. Gemeinsam mit dem CS-Register findet er die Speicherzelle des nächsten auszuführenden Befehls.

Programme haben keine direkte Zugriffsmöglichkeit zum IP-Register. Es gibt aber eine Reihe von Befehlen, die den Befehlszeiger indirekt beeinflussen, beispielsweise JMP oder CALL.

Die Stapel-Register unterteilen sich in den *Stapelzeiger* (*stack pointer*, SP) und den *Basiszeiger* (*base pointer*, BP). Beide enthalten Offsets im Stapelsegment. Der SP zeigt auf die momentan höchste Stelle im Stapel. Programme ändern selten die Werte im SP. Stattdessen verwenden sie die Befehle PUSH und POP, die den SP implizit ändern. BP ist das Register, das man normalerweise verwendet, um auf Stapelsegmente direkt zuzugreifen. Der BP wird oft in den Assembler-Programmbeispielen verwendet, die in Kapiteln 8 bis 20 stehen.

Die Index-Register, die *Quellenindex* (*source index*, SI) und *Zielindex* (*destination index*, DI) genannt werden, werden meist benutzt, um Daten für beliebige Zwecke zu adressieren. Ebenso verwenden alle Übertragungs- und Vergleichsanweisungen SI und DI zur Adressierung von Zeichenfolgen.

Das Flaggen-Register

Das vierzehnte und letzte Register - *Flaggen-Register* genannt - ist eine Ansammlung einzelner Status- und Kontroll-Bits, die *Flaggen* genannt werden. Da sich die Flaggen zusammen in einem Register befinden, kann man sie als eine geordnete Menge speichern und laden oder aber wie gewöhnliche Daten betrachten. Eigentlich werden die Flaggen aber als unabhängige 1-Bit-Einheiten gesetzt und abgefragt - nicht als Gesamtheit. In dem 16-Flaggen-Register des 8086 gibt es neun 1-Bit-Flaggen, sieben Bits werden nicht verwendet. (80286 und 80386 verwenden einige der sonst ungenutzten Flaggen, um Operationen im geschützten Modus zu unterstützen.) Die Flaggen können logisch in zwei Gruppen unterteilt werden: Sechs *Status-Flaggen*, die die Prozessorstatusinformationen speichern (sie zeigen gewöhnlich an, was bei logischen oder arithmetischen Operationen geschieht), und drei *Kontroll-Flaggen*, die einige der 8086-Befehle steuern. Leider existiert bezüglich der Bezeichnung der Flaggen keine Einheitlichkeit, das betrifft insbesondere auch die Notation für gesetzt (1) und nicht gesetzt (0). Üblicherweise werden die in den Abbildungen 2-7 und 2-8 gebrauchten Begriffe verwendet.

Code	*Name*	*Verwendung*
CF	Übertrags-Flagge (carry)	Bei einer arithmetischen Operation tritt ein Übertrag auf;
OF	Überlauf-Flagge (overflow)	Bei einer arithmetischen Operation mit Vorzeichen tritt ein Überlauf auf;
ZF	Null-Flagge (zero)	Ein Ergebnis ist gleich Null oder ein Vergleich "gleich";
SF	Vorzeichen-Flagge (sign)	Ein Ergebnis ist negativ oder ein Vergleich "ungleich";
PF	Paritäts-Flagge (parity)	Die Anzahl der 1-Bits ist gerade;
AF	Hilfsübertrags-Flagge (auxiliary carry)	Die Korrektur eines Ergebnisses in BCD-Arithmetik ist nötig.

Abb. 2-7 *Die sechs Status-Flaggen in den Flag-Registern des 8086.*

Code	*Name*	*Verwendung*
DF	Richtungs-Flagge (direction)	Überwacht die Inkrementrichtung von Operationen auf Zeichenfolgen (CMPS, LODS, MOVS, SCAS, STOS);
IF	Interrupt-Flagge	Kontrolliert, ob Unterbrechungen möglich sind;

Abb. 2-8

(weiter nächste Seite)

(Fortsetzung)

Code	*Name*	*Verwendung*
TF	Einzelschritt-Flagge (trap)	Kontrolliert Einzelschrittoperationen (z.B. DEBUG) durch Generierung eines Interrupts nach jedem Befehl.

Abb. 2-8 *Die drei Kontroll-Flaggen im Flaggen-Register des 8086.*

Speicheradressierung mit Hilfe von Registern

Sie haben gesehen, daß man Speicherbereiche immer mit einer Kombination aus einem Segmentwert und einem relativen Offset adressiert. Der Segmentwert steht immer in einem der vier Segment-Register.

Im Gegensatz dazu kann der relative Offset auf viele verschiedene Arten angegeben werden (siehe Abb. 2-9). Für jeden Maschinenbefehl, der auf Speicherzellen zugreift,

Der Stapel

Der *Stapel* ist ein im 8086 eingebautes Element. Er sieht Platz für Programme vor, an dem die ablaufenden Arbeiten protokolliert werden können. Sehr wichtig ist der Stapel z. B. dafür, daß dort eine Liste geführt wird, von wo aus Unterprogramme aufgerufen wurden und welche Parameter an sie übergeben wurden. Der Stapel kann auch als temporärer Arbeitsspeicher verwendet werden, dies ist aber nicht üblich.

Der Stapel läßt sich mit einem Papierhandtuchspender vergleichen: neue Daten werden von oben auf den bereits vorhandenen Inhalt gelegt (push), und die alten Daten werden nach oben weggeschoben und entnommen (pop). Ein Stapel arbeitet immer nach dem LIFO-Verfahren (LIFO=last-in-first-out): was zuletzt hineinkam, wird zuerst herausgelesen). Das heißt, wenn der Stapel protokolliert, wohin in einem Programm zurückgesprungen wird, wird das Programm, das als letztes ein Unterprogramm aufgerufen hat, dasjenige sein, zu dem zuerst zurückgesprungen wird. So sorgt der Stapel für das Abarbeiten der Programme, Unterprogramme und Unterroutinen in der richtigen Reihenfolge, unabhängig von ihrer Komplexität.

Ein Stapel wird vom untersten Element (höchste Adresse) bis zum obersten (niedrigste Adresse) benutzt: werden Daten oben auf den Stapel gelegt, werden sie an den Speicheradressen direkt unter dem obersten Element des Stapels gespeichert. Der Stapel wächst beim Hinzufügen von Daten nach unten. Die Adresse des Stapelendes wird immer niedriger und auch der Wert des SP wird jedesmal vermindert. Sie müssen daher an dieses Prinzip denken, wenn Sie später Assembler-Schnittstellenroutinen schreiben und dabei auf den Stapel zugreifen.

Jeder Programmteil kann jederzeit einen neuen Platz für den Stapel erzeugen. Das geschieht jedoch selten. Wenn ein Programm ausgeführt wird, wird üblicherweise ein einziger Stapel dafür erzeugt und während des Programmablaufs verwendet.

berechnet der 8086 eine effektive Adresse, indem er einen, zwei oder alle drei folgenden Werte kombiniert:

- Den Wert in BX oder BP
- Den Wert in SI oder DI
- Einen relativen Offsetwert, *relative Adresse* (*displacement*) genannt, der Teil des Befehls selbst ist.

Jede der verschiedenen Arten, eine Adresse zu bilden, hat ihre Vorteile. Sie können die Sofort- und Direkt-Methoden verwenden, wenn Sie den Offset eines bestimmten Speicherbereichs im voraus wissen. Eine der übrigen Methoden müssen Sie verwenden, wenn Sie erst beim Programmablauf die Adresse kennen. In den folgenden Kapiteln werden Sie Beispiele für die meisten Adressierungsmodi des 8086 finden.

Die Notation, die bei der Angabe von 8086-Adressen verwendet wird, ist einleuchtend. Klammern, [ ], werden verwendet, um anzuzeigen, daß das in Klammern stehende einen relativen Offset darstellt. Dies ist ein ganz wichtiger Punkt der Speicheradressierung.

Es ist nicht leicht, die Größe des Stapels, den ein Programm benötigen wird, abzuschätzen, und das Design des 8086 verfügt über keine automatische Methode, einen Stapel-Überlauf abzufangen. Ein Programmierer kann daher nie sicher sein, ob er genügend Platz reserviert hat. Eine vorsichtige Schätzung dafür, wieviel Platz der Stapel etwa brauchen wird, ist etwa 2 KB (2048 Bytes). Das ist die standardmäßige Mindestanforderung vieler Compiler für höhere Programmiersprachen.

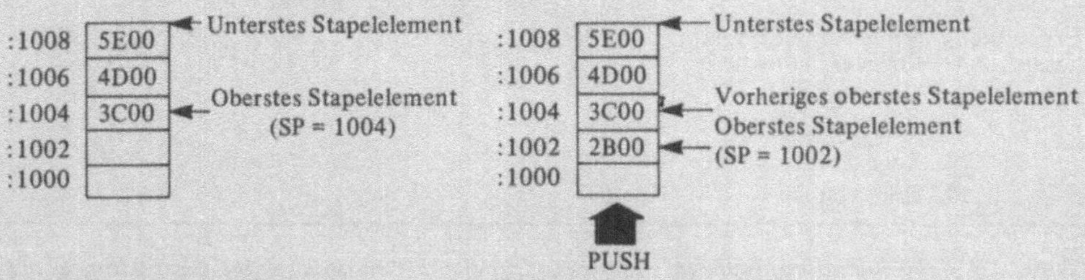

a. Stapel vor einem PUSH

b. Stapel nach einem PUSH

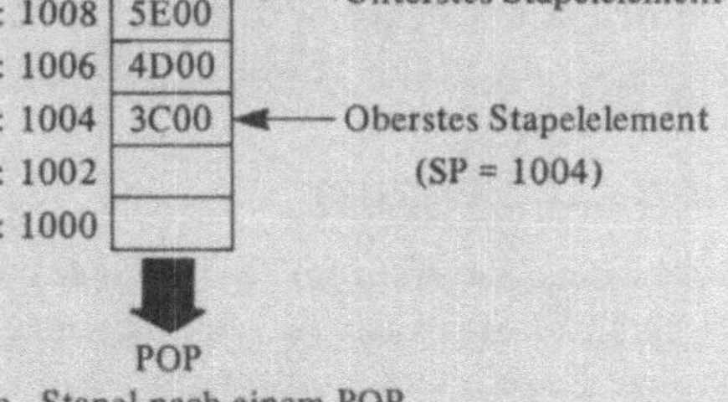

c. Stapel nach einem POP

Name	*Effektive Adresse*	*Beispiel*	*Erläuterung*
Sofort	Der Wert selbst ist Teil des 8086-Befehls	mov ax,1234h	Speichert 1234H in AX.
Direkt	Teil des 8086-Befehls	mov ax,[1234h]	Kopiert den Wert in 1234H nach AX. DS wird standardmäßig als Segmentregister angenommen.
Register indirekt	Steht in BX, SI, DI oder BP	mov ax,[bx]	Kopiert den Wert vom Offset, auf den BX verweist, in AX. Das standardmäßige Segmentregister für [BX],[SI] und [DI] ist DS; für [BP] ist SS Standard.
Basisbezogen	Die Summe einer relativen Adresse (Teil des Befehls) und dem Wert in BX oder BP	mov ax,[bx+2] *oder* mov ax,2[bx]	Kopiert den Wert, der 2 Bytes hinter dem Offset steht, auf den BX verweist, in AX. Standardmäßig wird als Segmentregister für [BX] DS angenommen, für [BP] SS.
Indiziert	Die Summe einer relativen Adresse und dem Wert in SI oder DI	mov ax,[si+2] *oder* mov ax,2[si]	Kopiert den Wert, der 2 Bytes hinter dem Offset steht, der in SI steht, in AX. Das Standard-Segmentregister ist DS.
Basisindiziert	Die Summe einer relativen Adresse, dem Wert in SI oder DI und dem Wert in BX oder BP	mov ax,[bp+si+2] *od.* mov ax,2[bp+si] *oder* mov ax,2[bp][si]	Der Offset ist die Summe der Werte in BP und SI plus 2. Wird BX verwendet, ist das Standard-Segmentregister DS, bei Verwendung von BP SS.
Zeichenfolge-Adressierung	Quellen-Zeichenfolge: Register indirekt mit Hilfe von SI Ziel-Zeichenfolge: Register indirekt mit Hilfe von DI	movsb	Kopiert die Zeichenfolge aus dem Speicher an DS:[SI] nach ES:[DI].

Abb. 2-9 *8386-Adressier-Modi. In Assembler-Sprache lassen sich einige Instruktionen auf unterschiedliche Art und Weise angeben.*

Ohne Klammern wird der im Register stehende Wert (und nicht der Wert der Speicherzelle, auf die das Register zeigt), für die gerade gewünschte Operation verwendet.

Regeln zur Benutzung der Register

Sie sollten wissen, daß verschiedene Regeln zum Gebrauch der Register gehören, und daß die Beachtung dieser Regeln für das Erstellen von Routinen in Assemblersprache von enormer Bedeutung ist. Die Regeln und Konventionen variieren je nach den Umständen und der verwendeten Programmiersprache, so daß nicht immer genaue Richtlinien im Sinne von Arbeitsanweisungen gegeben werden können. In diesem Abschnitt finden Sie einige generelle Regeln zusammengestellt, die sich in den meisten Fällen anwenden lassen (weitere Hinweise zu diesem Thema finden Sie in den Kapiteln 8 bis 20). Beachten Sie bitte, daß die Regeln keinen Anspruch auf Vollständigkeit erheben.

Die vielleicht wichtigste Regel zur Verwendung von Registern ist die: Register einfach für das verwenden, wozu sie gedacht sind. Die Tatsache, daß jedes Register des 8086 spezielle Aufgaben hat, mag gerade einem Programmierer, der sonst mit einer CPU arbeitet, die weniger spezialisierte Register hat (wie z.B. der 68000) etwas eigentümlich erscheinen. Beim 8086 führt die Verwendung der Register entsprechend ihrer geplanten Funktionen zu klarerem und effizienterem Quellcode und schließlich zu zuverlässigeren Programmen.

Zum Beispiel sind die Segment-Register dazu gedacht, die Segmentwerte zu speichern, also verwenden Sie sie nicht für andere Zwecke (im geschützten Modus des 80286 wird sogar eine Fehlermeldung erzeugt, wenn man sie für etwas anderes benutzt). Das BP-Register ist für die Stapeladressierung gedacht; wenn Sie es für andere Aufgaben verwenden, müssen Sie sich dann krummlegen, wenn Sie einmal Werte im Stapelsegment adressieren müssen.

Besondere Regeln gelten für das Arbeiten mit den vier Segment-Registern (CS, DS, ES und SS). Das CS-Register sollte nur durch Intersegmentsprünge und Unterprogrammaufrufe geändert werden.

Die meisten Programmierer verwenden das DS-Register, um auf ein Standard-Daten-Segment zu verweisen, das die Daten enthält, die im Programm am häufigsten gebraucht werden. Das heißt, daß der Wert im DS-Register üblicherweise am Anfang des Programms initialisiert und dann nicht mehr geändert wird. Sollte es nötig werden, über das DS-Register auf ein anderes Segment zuzugreifen, so wird sein ursprünglicher Wert gerettet, auf das neue Segment zugegriffen und dann der Originalwert zurückgeschrieben. Im Gegensatz dazu dient das ES-Register meistens dazu, auf beliebige Register im Speicher zuzugreifen.

Die Register der Stapelsegmente (SS) und des Stapelzeigers (SP) erhalten üblicherweise implizit die aktuellen Werte zugewiesen, entweder durch PUSH- oder POP-Befehle oder durch CALL- und RET-Befehle, die die Unterprogramm-Rücksprungadressen auf dem Stapel speichern. Wenn DOS ein Programm in den Speicher lädt, initialisiert es SS und SP mit verwendbaren Werten. In .COM-Programmen weist SS:SP auf das Ende des Standard-Segments des Programms; in .EXE-Programmen wird SS:SP genau durch Größe und Stellung des Stapelsegments des Programmes festgelegt. Sie müssen jedenfalls SS oder SP kaum jemals explizit ändern.

Um eine Anzahl von Werten aus dem Stapel zu entfernen oder um temporären Speicherplatz am oberen Ende des Stapels zu reservieren, können Sie SP direkt vergrößern oder verkleinern:

```
add sp,8                ; 4 Worte (8 Bytes) vom Stapel wegnehmen
sub sp,6                ; 3 leere Worte (6 Bytes) dem Stapel hinzu-
                        ; fügen
```

Um den Stapel in einen anderen Speicherbereich zu verschieben, muß man generell sowohl SS als auch SP ändern:

```
cli                      ; Interrupts ausschalten
mov ss, NewStapelSeg     ; SS durch Speichervariable ändern
mov sp, NewStapelPtr     ; SP durch Speichervariable ändern
sti                      ; Interrupts wieder ermöglichen
```

Vorsicht beim expliziten Ändern von SS und SP! Wenn man SS ändert, aber vergißt, SP den entsprechenden Wert zuzuweisen, dann zeigt SS auf ein neues Stapelsegment, während SP an eine Position in einem anderen Stapelsegment verweist - damit ist die Ursache für ein Durcheinander beim nächsten Stapelzugriff geschaffen.

Man kann wenig zur Verwendung der anderen Stapel-Register sagen. Im allgemeinen versuchen Programmierer zumeist, den Zugriff auf den Speicher möglichst in Grenzen zu halten, indem die Zwischenergebnisse längerer Berechnungen in Registern abgelegt werden; denn eine Berechnung mit Werten, die im Speicher stehen, dauert länger, als eine mit Werten, die in Registern gespeichert sind. Da der 8086 nur über wenige Register verfügt, stehen Ihnen immer mehr Variablen als Register zur Verfügung.

Wie der 8086 E/A-Ports verwendet

Die Mikroprozessoren der 8086-Familie stehen mit vielen Teilen des Computers in Verbindung. Der Mikroprozessor kommuniziert mit ihnen (und steuert sie) über die Ein-/Ausgabe-Ports. Die E/A-Ports stellen praktisch die "Türen" für den Datentransport der E/A-Geräte, wie z.B. der Tastatur oder des Druckers, dar. Auf die meisten der Support-Bausteine, die in Kapitel 1 besprochen wurden, wird über E/A-Ports zugegriffen. In Wirklichkeit verwendet die Mehrzahl der Bausteine für verschiedenartige Aufgaben auch verschiedene Portadressen.

Jeder Port wird durch eine 16-Bit-Portadresse zwischen 00H und FFFFH (65.535) gekennzeichnet. Die CPU identifiziert einen bestimmten Port durch die Port-Nummer.

Ähnlich wie beim Datenzugriff verwendet der Prozessor die Daten- und Adreßbusse als Leitungen zu den Ports. Der Zugriff auf einen Port erfolgt in zwei Schritten: Zunächst sendet die CPU ein Signal an den Systembus, um allen E/A-Komponenten mitzuteilen, daß die Adresse auf dem Bus eine Portadresse ist. Die CPU sendet dann die Portadresse. Das Gerät mit der passenden Portadresse antwortet.

Die Port-Nummern adressieren einen Speicherplatz, der Teil des E/A-Gerätes, aber nicht Teil des Hauptspeichers ist. Das heißt mit anderen Worten, daß die Nummer eines E/A-Ports etwas anderes ist als eine Adresse im Speicher. Zum Beispiel hat der E/A-Port 3D8H nichts mit der Speicheradresse 003D8H zu tun. Um auf einen E/A-Port zuzugreifen, verwendet man daher keine Befehle zum Datentransfer wie MOV und STOS, sondern die Instruktionen IN und OUT, die für den Zugriff auf E/A-Ports reserviert sind.

❑ HINWEIS: *Viele höhere Programmiersprachen bieten spezifische Funktionen zum Zugriff auf E/A-Ports. Die BASIC-Funktionen* INP *und* OUT *und die C-Funktionen* inp *und* outp *sind typische Beispiele dafür.*

Die Verwendung spezifischer E/A-Ports wird durch das Hardware-Design festgelegt. Programme, die E/A-Ports verwenden, müssen die Verwendung und Bedeutung der Port-Nummern beachten. Die Bezeichnungen der Ports unterscheiden sich geringfügig zwischen den Mitgliedern der PC-Familie, aber im allgemeinen hat IBM denselben Bereich von E/A-Port-Nummern für dieselben E/A-Geräte in allen PC- und PS/2-Modellen

Bezeichnung	*Nummern der E/A-Ports*	*Erläuterung*
Programmierbarer Interrupt-Controller (Master)	20H-3FH	
System-Taktgeber	40H-5FH	
Tastatur-Controller	60H-6FH	Beim PS/2 Modell 30 sind die Ports 60H-6FH für Kontrolle und Status der Systemplatine reserviert
System-Kontroll-Port B	61H	Nur bei den PS/2-Modellen 50, 60 und 80
Echtzeit-Uhr, NMI-Maske	70H-7FH	Bei PC, PC/XT und PS/2-Modell 30 steht die NMI-Maske am Port A0H
System-Kontroll-Port A	92H	Nur bei den PS/2-Modellen 50, 60 und 80
Programmierbarer Unterbrechungs-Controller (slave)	A0H-BFH	Beim PS/2-Modell 30 A0H-AFH
Real-Zeit-Uhr	B0H-BFH, E0H-EFH	Nur im PS/2-Modell 30
Löschen der Flagge "Arithmetik-Coprozessor aktiv"	F0H	
Arithmetik-Coprozessor zurücksetzen	F1H	
Arithmetik-Coprozessor	F8H-FFH	
Festplatten-Controller	1F0H-1F8H	
Spiel-Kontroll-Adapter	200H-207H	
Parallel-Drucker 3	278H-27BH	
Serielle Kommunikation 2	2F8H-2FFH	
Festplatten-Controller	320H-32FH	PC/XT und PS/2-Modell 30
PC-Netzwerk	360H-363H, 368H-36BH	
Parallel-Drucker 2	378H-37BH	
Schwarzweiß-Bildschirmadapter	3B0H-3BBH	Auch von EGA und VGA in monochromen Bildschirm-Modi verwendet
Parallel-Drucker 1	3BCH-3BFH	
EGA (Enhanced Graphics Adapter), VGA (Video Graphics Array)	3C0H-3CFH	
CGA (Color Graphics Adapter), MCGA (Multi-Color Graphics Array)	3D0H-3DFH	Von EGA und VGA auch im Farbmodus des Bildschirms verwendet
Disketten-Controller	3F0H-3F7H	
Serielle Kommunikation 1	3F8H-3FFH	

Abb. 2-10 *Die Verteilung der PC- und PS/2-E/A-Ports. Diese Tabelle enthält die am häufigsten verwendeten E/A-Ports. Eine komplette Auflistung finden Sie in den Technischen Referenzhandbüchern von IBM.*

reserviert (siehe Abb. 2-10). Wenn Sie Details benötigen, wie die einzelnen E/A-Ports verwendet werden, dann lesen Sie die Beschreibungen der verschiedenen E/A-Geräte in den technischen Handbüchern von IBM.

Wie der 8086 Interrupts verwendet

Ein Interrupt (Unterbrechung) ist eine Information an den Mikroprozessor, daß seine Aufmerksamkeit sofort benötigt wird. Die Mikroprozessoren der 8086-Familie können auf einen Interrupt der Hardware oder der Software reagieren. Eine Hardware-Komponente kann ein Unterbrechungssignal generieren, das von programmierbaren Interrupt-Controllern (PIC) verarbeitet und dann an den Mikroprozessor geschickt wird. Handelt es sich um eine Software-Komponente, so generiert der INT-Befehl eine Unterbrechung. In beiden Fällen stoppt der Mikroprozessor die Verarbeitung und führt eine speicherresidente Unterroutine aus, die sogenannte *Interrupt-Bearbeitungsroutine* (*interrupt handler*). Nachdem diese Routine ihre Aufgabe durchgeführt hat, setzt der Mikroprozessor die Verarbeitung an dem Punkt fort, an dem die Unterbrechung aufgetreten war.

Der 8086 unterstützt 256 verschiedene Interrupts, von denen jeder durch eine Zahl zwischen 00H und FFH (Dezimal 255) bezeichnet wird. Die segmentierten Adressen der 256 Interrupt-Routinen sind in einer Tabelle von Unterbrechungsvektoren gespeichert, die an der Adresse 0000:0000H beginnt (d.h. ganz am Anfang des verfügbaren Speichers). Jeder Interrupt-Vektor ist 4 Bytes lang; Sie können daher die Adresse einer Interrupt-Bearbeitungsroutine bestimmen, indem Sie die Interrupt-Nummer mit vier multiplizieren. Sie können auch eine der vorhandenen Unterbrechungs-Routinen durch eine neue ersetzen, indem Sie die segmentierte Adresse der neuen Routine im entsprechenden InterruptVektor speichern.

Software-Interrupts

Die häufigste Art von Interrupts wird durch den INT-Befehl generiert. Überlegen Sie einmal, was passiert, wenn die CPU folgenden Befehl ausführt:

```
INT 12H
```

Die CPU legt die aktuellen Inhalte der Flaggen-Register, des CS (code segment)-Register und des IP (instruction pointer)-Registers auf den Stapel. Dann übergibt sie die Kontrolle an die Interrupt-Routine, die der Interrupt-Nummer 12H entspricht, wobei sie die segmentierte Adresse, die in 0000:0048H gespeichert ist, verwendet.

Die CPU führt dann die Interrupt-Routine 12H aus, die zum Interrupt 12H gehört. Die Interrupt-Routine endet mit einem IRET-Befehl, der CS:IP und die Flaggen-Inhalte wieder vom Stapel zurücklädt und somit die Kontrolle an das unterbrochene Programm zurückgibt.

Hardware-Interrupts

Der Mikroprozessor reagiert auf einen Hardware-Interrupt wie auf einen Software-Interrupt, indem er die Kontrolle an eine Interrupt-Routine übergibt. Der Hauptunterschied liegt in der Art, wie der Interrupt signalisiert wird.

System-Komponenten wie der System-Taktgeber, die Platte, die Tastatur und die seriellen Kommunikations-Ports können Interrupt-Signale auf reservierten Interrupt-Anforderungsleitungen (interrupt request, IRQ) übertragen. Diese Leitungen werden vom PIC-Schaltkreis überwacht, der ihnen Interrupt-Nummern zuweist. Wenn eine spezielle Hardware-Unterbrechung auftritt, dann schreibt der PIC die entsprechende Nummer auf den System-Datenbus, wo der Mikroprozessor sie finden kann.

Der PIC weist den verschiedenen Interrupt-Forderungen Prioritäten zu. So ist z. B. der PIC-Interrupt mit der höchsten Priorität in allen PC- und PS/2-Geräten der Taktgeber-Interrupt, der auf der InterruptAnforderungsleitung 0 (IRQ0) signalisiert wird und vom PIC dem Interrupt 08H zugewiesen wird. Wenn ein System-Taktgeber eine Taktgeber-Unterbrechung generiert, tut er das, indem er auf IRQ0 ein Signal gibt; der PIC antwortet, indem er an die CPU signalisiert, daß diese die Unterbrechung 08H ausführen soll. Wird eine Hardware-Unterbrechung geringerer Priorität angefordert, solange die Taktgeber-Unterbrechung noch verarbeitet wird, hält der PIC die Unterbrechung mit niedrigerer Priorität solange zurück, bis die Interrupt-Routine des Taktgebers signalisiert, daß ihre Verarbeitung abgeschlossen ist.

Wenn Sie einen Kaltstart durchführen, dann weisen die System-Start-Routinen den einzelnen Hardware-Interrupts Interrupt-Nummern und Prioritäten zu, indem sie den PIC initialisieren. In 8088- und 8086-Maschinen (PCs, PC/XTs, PS/2-Modelle 25 und 30) bezeichnen die Interrupt-Nummern 08H bis 0FH die Interrupt-Anforderungsebenen 0 - 7 (IRQ0 -IRQ7). In PC/ATs und PS/2-Modellen 50,60 und 80 bezeichnen zusätzlich 8 Interrupt-Anforderungsleitungen (IRQ8 - IRQ15) die Interrupt-Nummern 70H - 77H.

Es gibt noch einen Sondertyp des Hardware-Interrupts, der den PIC vollkommen umgeht, den sogenannten *nichtmaskierbaren Interrupt* (NMI), der die Unterbrechung mit der in 02H dem die Interrupt-Nummer der 8086-Familie zugewiesen ist. Der NMI wird von Komponenten verwendet, die absolute "Jetzt-oder-Nie"-Priorität vor allen anderen CPU-Funktionen erfordern. Insbesondere wenn eine Fehlermeldung des Hardware-Speichers eintritt, generiert das RAM-Subsystem des Computers einen NMI. Dieser veranlaßt die CPU, die Kontrolle an die Unterroutine 02H zu übergeben; die standardmäßig verwendete Interrupt-Routine der PC-Familie liegt im ROM. Von ihr stammt die Meldung "PARITY CHECK", die Sie sehen, wenn ein Fehler im Speicher auftritt.

Wenn Sie in einem Programm auf einem Modell der PC-Familie Fehler suchen, dann denken Sie daran, daß die Hardware-Interrupts ständig auftreten. Zum Beispiel tritt die System-Taktgeber-Unterbrechung (interrupt 08H) etwa 18,2 Mal pro Sekunde auf. Die Tastatur- und Laufwerks-Controller generieren auch Interrupts. Jedes Mal, wenn diese Hardware-Interrupts auftreten, verwendet der 8086 den aktuellen Stapel, um CS:IP und die Flaggen-Register abzuspeichern. Falls Ihr Stapel zu klein ist oder Sie SS und SP beim Auftreten eines Hardware-Interrupts verändern, kann es passieren, daß der 8086 beim Sichern des CS:IP und der Flaggen wertvolle Daten zerstört.

Schauen Sie sich nochmals das Beispiel auf Seite 38 an, in dem SS und SP geändert werden. Darin werden Hardware-Interrupts explizit verhindert, indem vor Verändern von SS der CLI-Befehl ausgeführt wird. Das schließt aus, daß zwischen zwei MOV-Befehlen eine Hardware-Unterbrechung auftritt, während SS:SP nirgendwohin zeigt (dies ist nur in sehr wenigen Versionen des 8088 ein Problem; das Design des Chips wurde später geändert, um dieses Problem zu verhindern, indem man Interrupts während des Befehls, der auf eine Datenverschiebung in SS folgt, unmöglich macht).

In den Kapiteln 3 und 8 finden Sie Einzelheiten darüber, wie PC- und PS/2-Modelle die Interrupts verwenden.

Kapitel 3
Die ROM-Software

Damit ein Computer funktioniert, benötigt er Software. Wenn die Software permanent im Computer verfügbar ist, ist es noch einfacher, einen Computer in Gang zu setzen. Das genau ist die Bedeutung der ROM-Programme. ROM bedeutet *Read-Only Memory* (*Nur-Lese-Speicher*) - die Informationen sind fest in den ROM-Chips des Computers eingebrannt; sie können nicht geändert oder gelöscht werden und nicht verlorengehen.

PC und PS/2-Modelle verfügen über einen umfangreichen ROM, der die Programme und Daten enthält, die benötigt werden, um den Computer und seine peripheren Komponenten zu starten und mit ihnen zu arbeiten. Wenn man die fundamentalen Programme des Computers im ROM gespeichert hat, so hat dies den Vorteil, daß sie direkt verfügbar sind und man sie nicht wie z.B. DOS von einem Laufwerk in den Speicher laden muß. Da sie permanent verfügbar sind, dienen die ROM-Programme sehr oft als Grundlage, auf denen andere Programme (DOS eingeschlossen) aufgebaut sind.

Es gibt in der IBM PC-Familie vier ROM-Elemente: *Start-Routinen*, die bewirken, daß der Computer startet; das *ROM BIOS* - eine Abkürzung für Basic Input/Output System (eine Ansammlung von Routinen in Maschinensprache, die den Betrieb des Computers unterstützen); das *ROM BASIC*, welches den Kern der BASIC-Programmiersprache bildet, und die *ROM-Erweiterungen*, bei denen es sich um Programme handelt, die beim Anschluß bestimmter zusätzlicher Geräte an den Computer dem eigentlichen ROM hinzugefügt werden. Ich werde im Laufe dieses Kapitels jedes dieser vier wesentlichen Elemente besprechen.

Die ROM-Programme belegen in der PC/XT/AT-Familie und in den PS/2-Modellen 25 und 30 die Adressen F000:0000H - F000:FFFFH; in den anderen PS/2-Geräten belegen sie E000:0000H - F000:FFFFH. Doch sind die Routinen selbst nicht wie in anderen Computern üblich an spezifischen ROM-Adressen gespeichert. Die Adresse einer beliebigen ROM-Routine unterscheidet sich bei den verschiedenen PC/XT/AT und PS/2-Modellen.

Obwohl die exakten Adressen der ROM-Routinen variieren, sieht IBM eine feste Schnittstelle für die ROM-Software vor, welche Interrupts verwendet. Später in diesem Buch werden wir exakt zeigen, wie man Interrupts anwendet, um ROM-Routinen auszuführen.

Das ROM-Startprogramm

Das erste, was ROM-Programme tun müssen, ist, den Start des Computers zu überwachen. Im Unterschied zu den anderen Teilen des ROM haben die Start-Routinen wenig mit der Programmierung der PC-Familie zu tun - aber man sollte dennoch verstehen, was sie tun.

Die Start-Routinen erfüllen verschiedene Aufgaben:

- Sie führen einen kurzen Zuverlässigkeitstest des Computers (und der ROM-Programme) durch, um sicherzustellen, daß alles richtig arbeitet.
- Sie initialisieren die Chips und die Standardgeräte, mit denen der Computer arbeitet.

- Sie erstellen die Tabelle der Interrupt-Vektoren.
- Sie überprüfen, ob zusätzliche Geräte verwendet werden.
- Sie laden das Betriebssystem von einem Laufwerk.

Die folgenden Abschnitte untersuchen diese Aufgaben genauer.

Der *Zuverlässigkeitstest*, ein Teil des Power On Self Test (POST), ist sehr wichtig, um in einem ersten Schritt zu überprüfen, ob der Computer bereit ist. Alle POST-Routinen sind schnell beendet. Nur diejenigen für den Speichertest können in einem Computer, der über sehr viel Speicherplatz verfügt, sehr lang werden.

Der *Initialisierungs-Prozeß* ist etwas komplizierter. Ein Unterprogramm liefert die Standardwerte für die Interrupt-Vektoren. Diese Standard-Werte verweisen entweder auf die Standard-Interrupt-Routinen, die im ROM BIOS stehen oder sie verweisen auf Routinen im ROM BIOS, die bisher nichts tun, die aber später vom Betriebssystem oder von benutzereigenen Interrupt-Routinen ersetzt werden. Eine andere Initialisierungs-Routine bestimmt, über welche Geräte der Computer verfügt. Die Informationen darüber werden in einem feststehenden Bereich im unteren Speicherbereich aufgezeichnet. (Wir werden diese Geräteliste später in diesem Kapitel detaillierter besprechen.) Die Art, wie der Initialisierungs-Prozeß diese Information erhält, unterscheidet sich von Modell zu Modell - im PC wird sie z.B. meistens aus der Stellung der Schalter zweier Schaltergruppen ermittelt, die auf der System-Platine des Computers sitzen; im PC-AT und in den PS/2-Modellen liest das ROM BIOS die Informationen über die Konfigurationen aus einem speziellen Speicherbereich, dessen Inhalt durch von IBM mitgelieferte spezielle Setup-Programme initialisiert wird. Die POST-Routinen bekommen ihre Informationen über die Hardware des Computers durch logische Untersuchungen und Tests. In der Praxis sieht das so aus, daß das Initialisierungs-Programm zu jedem optionalen Gerät die Frage "Bist Du da?" schickt und dann auf eine Antwort wartet.

Unabhängig davon, wie das ROM BIOS sie erhalten hat, wird die Statusinformation in allen Modellen gleich abgelegt und gespeichert, so daß Ihre Programme darauf zugreifen können. Die Initialisierungs-Routinen überprüfen außerdem, ob zusätzliche Geräte oder ROM-Erweiterungen vorhanden sind. Wenn sie welche finden, wird die Kontrolle für einen Augenblick an die ROM-Erweiterungen übergeben, so daß diese sich selbst initialisieren können. Die Initialisierungs-Routinen fahren dann fort, die noch verbleibenden Start-Routinen auszuführen (mehr darüber im Laufe dieses Kapitels).

Der abschließende Teil der Startprozedur, der auf die POST-Tests, den Initialisierungs-Prozeß und die Erkennung von ROM-Erweiterungen folgt, wird *Bootstrap-Loader* genannt. Das ist ein kurzes Unterprogramm, das ein Programm vom Startlaufwerk liest. Im wesentlichen versucht der ROM-Bootstrap-Loader ein Boot-Programm zu lesen. Wenn das Boot-Programm erfolgreich in den Speicher gelesen wurde, übergibt der ROM-Lader die Kontrolle über den Computer an dieses Programm. Dieses Boot-Programm ist verantwortlich für das Laden eines anderen größeren Programms, das üblicherweise ein Betriebssystem ist, so wie z.B. DOS. Es kann sich dabei aber auch um ein sich selbst ladendes Programm handeln, wie etwa den Microsoft Flugsimulator. Wenn der ROM-Bootstrap-Loader das Boot-Programm nicht lesen kann, aktiviert er entweder das eingebaute ROM-BASIC, oder er gibt eine Fehlermeldung aus, wenn das Boot-Programm der Platte einen Fehler enthält. Nach Ausführung einer dieser Aktionen ist die Startprozedur des Systems beendet, und eines der beiden Programme übernimmt die Kontrolle.

Das ROM BIOS

Das ROM BIOS ist derjenige Teil des ROM, der immer dann, wenn der Computer arbeitet, aktiv ist. Die Rolle des ROM BIOS ist es, die fundamentalen Routinen bereitzustellen, die für das Arbeiten des Computers benötigt werden. In den meisten Fällen kontrolliert das ROM BIOS die peripheren Geräte des Computers wie Bildschirm, Tastatur und Laufwerke. Wenn wir den Ausdruck BIOS im engeren Sinn benutzen, beziehen wir uns auf die Kontrollprogramme für die einzelnen Computerkomponenten - die Programme, die einen einfacheren Befehl, so wie Lies-etwas-von-der-Platte, in alle diejenigen Schritte übersetzen, die benötigt werden, um den Befehl auszuführen; eingeschlossen sind dabei Fehlersuche und Korrektur. Im weiteren Sinn beinhaltet das BIOS nicht nur Unterroutinen, die benötigt werden, um die Geräte des PCs zu überwachen, sondern auch die Routinen, die Informationen enthalten oder die Aufgaben erfüllen, welche für andere Bereiche der Arbeit des Computers nötig sind, so wie die aktuelle Tageszeit mitzuzählen.

Vom Konzept her liegen die ROM BIOS-Programme zwischen Programmen, die im RAM (DOS eingeschlossen) ausgeführt werden und der Hardware. In der Praxis bedeutet das, daß das BIOS in zwei Richtungen arbeitet, in einem Prozeß der zwei Seiten hat. Eine Seite erhält Anforderungen von Programmen, die standardmäßigen ROM BIOS-Ein-/Ausgabe-Routinen auszuführen. Ein Programm fordert diese Routinen mit einer Kombination aus einer Interrupt-Nummer (beschreibt die Aufgabe der Routine, wie z.B. eine Drucker-Funktion) und eine Nummer der Routine (gibt an, welche spezifische Routine durchgeführt werden soll). Die andere Seite des ROM BIOS kommuniziert mit der Hardware des Computers (Bildschirm, Laufwerke usw.), wobei genau der spezifische Befehls-Code verwendet wird, den jedes einzelne Gerät erfordert. Dieser Teil des ROM BIOS arbeitet auch alle Hardware-Interrupts ab, die ein Gerät erzeugt hat, um auf sich aufmerksam zu machen. Wann immer Sie z.B. eine Taste drücken, generiert die Tastatur einen Interrupt, mit der sie diese Information an das ROM BIOS weitergibt.

Von all der verfügbaren ROM-Software sind die BIOS-Routinen für den Programmierer die wahrscheinlich interessantesten und nützlichsten - daher haben wir sechs Kapitel den BIOS-Service-Routinen gewidmet, Kapitel 8 bis 13. Da wir uns dort ausführlich mit ihnen befassen, wird an dieser Stelle jede weitergehende Diskussion dessen, was die BIOS-Funktionen tun, unnötig. Stattdessen wollen wir nun behandeln, wie das BIOS als Ganzes die Eingabe- und Ausgabe-Prozesse des Computers koordiniert.

Die Interrupt-Vektoren

Die IBM PC-Familie wird wie alle Computer, die auf der Intel 8086-Familie von Mikroprozessoren beruhen, weitestgehend durch die Verwendung von Interrupts (Unterbrechungen) kontrolliert. Diese können entweder hardware- oder softwaremäßig generiert werden. Die BIOS-Routinen sind keine Ausnahme; jeder einzelnen ist eine Interruptnummer zugewiesen, mit welcher Sie diese bei Bedarf aufrufen müssen.

Wenn ein Interrupt auftaucht, wird die Kontrolle über den Computer an eine Interrupt-Unterroutine übergeben, welche oft im ROM des Systems gespeichert ist (eine BIOS-Routine ist genau dasselbe wie ein Interrupt-Unterprogramm). Das Interrupt-Unterprogramm wird aufgerufen, indem man seine Segment- und Offset-Adressen in Register lädt, die den Programmfluß kontrollieren: das CS- (Code-Segment-) Register und das IP- (Instruction Pointer-) Register - zusammengenommen werden sie als das Registerpaar CS:IP bezeichnet. Die Segment-Adressen, die auf die Interrupt-Unterroutinen verweisen, werden *Interrupt-Vektoren* genannt.

Während das Startprogramm des Systems läuft, setzt das BIOS die Interrupt-Vektoren, die dann auf die Interrupt-Unterroutinen im ROM verweisen. Die Tabelle der Interruptvektoren beginnt am Anfang des ROM, an der Adresse 0000:0000H. (In Kapitel 2 finden Sie mehr Informationen über Interrupts und Interrupt-Vektoren.) Jeder Eintrag in die Tabelle wird als ein Wortpaar gespeichert, wobei zuerst der Offset-Teil und danach der Segment-Teil geschrieben wird. Die Interrupt-Vektoren kann man ändern, so daß sie auf ein neues Interrupt-Unterprogramm verweisen. Man greift einfach auf den Vektor zu und ändert seinen Wert.

Generell kann man sagen, daß man die Interrupts der PC-Familie in sechs Kategorien unterteilen kann: Mikroprozessor, Hardware, Software, DOS, BASIC und solche für allgemeine Verwendung.

Interrupts des Mikroprozessors, die auch als *logische Interrupts* bezeichnet werden, sind Bestandteile des Mikroprozessors. Vier von ihnen (die Interrupts 00H, 01H, 03H und 04H) werden vom Mikroprozessor selbst erzeugt. Eine weiterer Interrupt (der nichtmaskierbare-Interrupt 02H) wird durch ein Signal aktiviert, das von bestimmten Hardware-Geräten wie z.B. dem 8087 Arithmetik-Coprozessor generiert wird.

Interrupts der Hardware gehören zur PC-Hardware. In den PC, XT und den PS/2-Modellen 25 und 30 werden dafür die Interrupt-Nummern 08H - 0FH; in den ATs und PS/2-Modellen 50, 60 und 80 sind die Interrupt-Nummern 08H - OFH und 70H - 77H für Hardware-Interrupts reserviert (in Kapitel 2 finden Sie mehr darüber).

Interrupts der Software gehören zum Grundkonzept des PC und sind Teil der ROM BIOS-Programme. ROM BIOS-Routinen, die von diesen Interrupts aufgerufen werden, können nicht geändert werden, aber man kann die Vektoren, die auf sie zeigen, so ändern, daß sie auf andere Unterroutinen verweisen. Reservierte Interrupt-Nummern sind 10H - 1FH (dezimal 16 - 31) und 40H - 5FH (dezimal 64 - 95).

Interrupts des DOS stehen immer zur Verfügung, wenn DOS aktiv ist. Viele Programme und Programmiersprachen verwenden die Routinen, die DOS zur Verfügung stellt, indem sie die DOS-Interrupts verwenden, mit denen man häufig verwendete Operationen durchführen kann, insbesondere Ein-/Ausgabe auf Laufwerke. Die Interruptnummern von DOS sind 20H - 3FH (dezimal 32 - 63).

Interrupts von BASIC werden von BASIC selbst zugewiesen. Sie sind bei Verwendung von BASIC immer verfügbar. Die reservierten Interrupt-Nummern sind 80H bis F0H (dezimal 128 bis 240).

Allgemeine Interrupts sind für die zeitweise Verwendung in Benutzerprogrammen verfügbar. Die reservierten Interrupt-Nummern sind 60H bis 66H (dezimal 96 bis 102).

Die meisten der Interrupt-Vektoren, die vom ROM BIOS, von DOS und BASIC verwendet werden, beinhalten die Adressen der Interrupt-Programme. Allerdings verweisen einige wenige Interrupt-Vektoren auf Tabellen mit nützlichen Informationen. Zum Beispiel enthält der Interrupt 1EH die Adresse einer Tabelle, die die Initialisierungsparameter der Laufwerke enthält; der Interrupt-Vektor 1FH zeigt auf eine Tabelle mit Bit-Mustern, die vom ROM BIOS verwendet werden, um Textzeichen auszugeben, und die Interrupts 41H und 46H zeigen auf Tabellen mit Parametern für die Festplatte. Diese Interrupt-Vektoren werden aus Bequemlichkeit verwendet, nicht für Interrupts.

Die Aufgabe von DOS

Der ROM-Bootstrap-Loader hat nur die eine Aufgabe, ein Boot-Programm von einem Laufwerk zu lesen und ihm die Kontrolle zu übergeben. Wenn eine DOS-Diskette vorliegt, die man booten kann, verifiziert das Boot-Programm, ob DOS auf der Diskette gespeichert ist, indem es nach den beiden Dateien IBMBIO.COM und IBMDOS.COM sucht. Wenn es diese findet, so lädt es sie zusammen mit dem DOS-Befehls-Interpreter COMMAND.COM in den Speicher. Während dieses Ladeprozesses werden auch optionale Teile von DOS wie z.B. zu installierende Geräte-Treiber geladen.

Die Datei IBMBIO.COM enthält die Erweiterungen des ROM BIOS. Diese Erweiterungen können Änderungen oder Zusätze zu den grundlegenden E/A-Befehlen sein. Oft enthalten sie auch Verbesserungen des existierenden ROM BIOS, neue Unterroutinen für zusätzliche Geräte oder aufgabenspezifische Änderungen der standardmäßigen ROM BIOS-Routinen. Da diese ein Teil der Disketten-Software sind, liefern die IBMBIO .COM-Routinen die Möglichkeit, das ROM BIOS zu modifizieren. Das einzige, was dazu außer dem neuen Unterprogramm nötig ist, ist folgendes: die Interrupt-Vektoren für die bisherigen ROM BIOS-Routinen müssen so geändert werden, daß sie auf den Speicherplatz verweisen, an dem die neuen BIOS-Routinen gespeichert sind. Immer wenn neue Geräte an den Computer angeschlossen werden, kann man ihre Hilfsprogramme in die Datei IBMBIO.COM aufnehmen oder sie als installierbare Geräte-Treiber verwenden, wobei man es vermeidet, ROM-Chips zu ersetzen. In Anhang A finden Sie mehr Informationen über Geräte-Treiber.

Die ROM BIOS-Routinen kann man als diejenige System-Software bezeichnen, die sich direkt über der Hardware-Ebene befindet. Sie führen die fundamentalsten und einfachsten E/A-Befehle aus. Die IBMBIO.COM-Unterroutinen, bei denen es sich um Erweiterungen des ROM BIOS handelt, befinden sich auf demselben Level; auch sie führen grundlegende Funktionen aus. Im Vergleich dazu kann man die IBMDOS.COM-Routinen als die komplexeren bezeichnen; Sie können sich vorstellen, daß diese Routinen auf der nächsthöheren Ebene liegen. Anwendungsprogramme befinden sich dann auf der höchsten Ebene.

Wenn Sie den Interrupt 1EH ausführen wollen, erreichen Sie eventuell, daß das System abstürzt, da der Interrupt-Vektor 1EH auf Daten zeigt, nicht auf ausführbaren Code.

Die Interrupt-Vektoren werden im Speicher an den untersten Adressen gespeichert; die allererste Speicherzelle enthält den Vektor der Interrupt-Nummer 00H usw. Da jeder Vektor zwei Worte lang ist, können Sie die Adresse eines bestimmten Interrupts im Speicher finden, indem Sie seine Nummer mit 4 multiplizieren. Zum Beispiel steht der Vektor für den Interrupt 05H, der Interrupt-Routine für den Bildschirmausdruck, an dem Byte mit Offset 20 (5 x 4 = 20), d.h. an der Adresse 0000:0014H. Sie können die Interrupt-Vektoren überprüfen, indem Sie DEBUG verwenden. Zum Beispiel könnten Sie den Interrupt-Vektor 005H mit DEBUG folgendermaßen abprüfen:

```
DEBUG
D 0000:0014 L 4
```

Die Datei IBMDOS.COM enthält die DOS-Routinen. Die DOS-Hilfsprogramme, wie z.B. die BIOS-Routinen, können von Programmen mit Hilfe einer Menge von Interrupts, deren Vektoren in der Tabelle der Interrupt-Vektoren in einem unteren Speicherbereich liegen, aufgerufen werden. Einer der DOS-Interrupts, der Interrupt 21H (dezimal 33), ist ganz besonders wichtig, denn wenn man ihn aufruft, so erlaubt er dem Benutzer den Zugriff auf eine ziemlich große Gruppe von DOS-Funktionen. Diese DOS-Funktionen ermöglichen eine geschickte und effiziente Kontrolle über die E/A-Operationen. Diese Funktionen sind dafür besser geeignet als die BIOS-Routinen, insbesondere wenn Datei-Operationen auf einem Laufwerk durchgeführt werden sollen. Alle Standard-Prozesse - das Formatieren von Disketten, das Lesen und Schreiben von Daten, das Öffnen, Schließen und Löschen von Dateien, das Durchsuchen der Verzeichnisse - sind in den DOS-Funktionen enthalten. Sie bilden die Grundlage für viele kompliziertere DOS-Programme, wie etwa Format, COPY oder DIR. Ihre eigenen Programme können DOS-Routinen verwenden, wenn Sie mit den E/A-Operationen mehr machen wollen, als dies die Programmiersprachen erlauben, und wenn Sie sich nicht auf die Ebene des BIOS begeben wollen. Die DOS-Routinen bilden einen wesentlichen Teil dieses Buches. Wir haben fünf Kapitel für sie vorgesehen (Kapitel 14 - 18).

Die Datei COMMAND.COM ist der dritte und wichtigste Teil von DOS, zumindest vom Standpunkt des Benutzers aus. Diese Datei enthält die Routinen, welche die Befehle interpretieren, die Sie im DOS-Befehls-Modus über die Tastatur eingeben. Indem Ihre Eingabe mit einer Tabelle von Befehlsnamen verglichen wird, kann das COMMAND.COM-Programm unterscheiden, ob es sich um einen internen Befehl, der Teil der COMMAND.COM-Datei ist wie z.B. RENAME oder ERASE, und externe Befehle wie die DOS-Dienstprogramme (wie DEBUG) oder eines Ihrer eigenen Programme handelt. Der Befehls-Interpreter führt die erforderlichen Unterroutinen für die internen Befehle aus oder sucht nach den angeforderten Programmen auf dem Laufwerk und lädt sie in den Speicher. Mit der Datei COMMAND.COM und ihrer Arbeitsweise sollten Sie sich ruhig ausführlicher beschäftigen; dasselbe gilt auch für die übrigen DOS-Programme. Ich empfehle Ihnen daher, das *DOS Technical Reference Manual* oder *Inside the IBM PC* zu lesen. Dort erhalten Sie zusätzliche Informationen.

DEBUG gibt daraufhin vier Bytes in hexadezimaler Darstellung aus:

```
54 FF 00 F0
```

Der Interrupt-Vektor, der im ROM auf die Routine für den Bildschirmausdruck (Interrupt 05H) verweist, ist F000:FF54H. Hier wurde er in eine Segment- und Offset-Adresse konvertiert und entsprechend dem "Back-Words"-Prinzip dargestellt. (Natürlich kann diese Adresse in den verschiedenen Modellen der PC- und PS/2-Familie unterschiedlich aussehen.) Mit solchen DEBUG-Befehlen finden Sie jeden beliebigen Interrupt-Vektor.

Abbildung 3-1 liefert Ihnen die wichtigsten Interrupts und die Speicherstellen, an denen Ihre Vektoren abgelegt sind. Diese Interrupts sind für einen Programmierer die wichtigsten. Einzelheiten zu den meisten dieser Interrupts werden in den Kapiteln 8 bis 18 beschrieben. Interrupts, die in der folgenden Liste nicht aufgeführt wurden, sind zumeist reserviert für zukünftige Entwicklungen von IBM.

Interrupt		*Offset im Segment*	
Hex	*Dez.*	*0000*	*Verwendung*
00H	0	0000	Von der CPU generiert, wenn eine Division durch 0 versucht wurde
01H	1	0004	Wird verwendet, um Programme schrittweise zu durchlaufen (wie bei DEBUG)
02H	2	0008	Nichtmaskierbarer Interrupt (NMI)
03H	3	000C	Verwendet, um in Programmen Haltepunkte zu setzen (wie bei DEBUG)
04H	4	0010	Wird generiert, wenn arithmetische Ergebnisse überlaufen
05H	5	0014	Ruft die Routine für den Bildschirmausdruck im ROM BIOS auf
08H	8	0020	Wird vom Hardware-Zeitgeber generiert
09H	9	0024	Wird durch eine Aktion der Tastatur generiert
0EH	14	0038	Macht auf die Diskette aufmerksam (z.B. um zu signalisieren, daß sie voll ist)
0FH	15	003C	Verwendet bei der Drucker-Kontrolle
10H	16	0040	Ruft die Bildschirm-Routinen im ROM BIOS auf
11H	17	0044	Ruft die Routinen für die Geräteliste im ROM BIOS auf
12H	18	0048	Ruft die Funktionen für die Speichergröße im ROM BIOS auf
13H	19	004C	Ruft die Laufwerk-Routinen im ROM BIOS auf
14H	20	0050	Ruft die Kommunikations-Routinen im ROM BIOS auf
15H	21	0054	Ruft die System-Funktionen im ROM BIOS auf
16H	22	0058	Ruft die Standard-Tastatur-Funktionen im ROM BIOS auf
17H	23	005C	Ruft die Drucker-Funktionen im ROM BIOS auf
18H	24	0060	Aktiviert ROM BASIC
19H	25	0064	Ruft die Bootstrap-Start-Routine im ROM BIOS auf
1AH	26	0068	Ruft die Zeit- und Daten-Funktionen im ROM BIOS auf
1BH	27	006C	Interrupt des ROM BIOS durch Ctrl-Break
1CH	28	0070	Interrupt, der von jedem Zeittakt generiert wird

Abb. 3-1

(weiter nächste Seite)

(Fortsetzung)

Interrupt		*Offset im Segment*	
Hex	*Dez.*	*0000*	*Verwendung*
1DH	29	0074	Zeigt auf die Tabelle der Bildschirm-Kontroll-Parameter
1EH	30	0078	Zeigt auf die Tabelle der Laufwerk-Parameter
1FH	31	007C	Zeigt auf die CGA-Bildschirm-Grafik-Zeichen
20H	32	0080	Ruft die DOS-Routinen zur Programmbeendigung auf
21H	33	0084	Ruft alle DOS-Programme zum Funktionsaufruf auf
22H	34	0088	Adresse der DOS-Routine zur Programmbeendigung
23H	35	008C	Adresse der Tastatur-Interrupt-Routine von DOS
24H	36	0090	Adresse der DOS-Routine für kritische Fehler
25H	37	0094	Ruft die Routine für einen Laufwerk-Lesezugriff in DOS auf
26H	38	0098	Ruft die Routine für einen Laufwerk-Schreibzugriff in DOS auf
27H	39	009C	Beendet ein Programm und behält es unter DOS im Speicher
2FH	47	00BC	Verschieden zu verwendender DOS-Interrupt
41H	65	0104	Zeigt auf die Tabelle der Festplattenparameter
43H	67	010C	Zeigt auf die Grafikzeichen des Bildschirms (EGA, PS/2)
67H	103	019CH	Ruft LIM auf, das Organisationsprogramm für erweiterten Speicherbereich

Abb. 3-1 *Wichtige Interrupts, die in der Familie der IBM PC verwendet werden*

Interrupt-Vektoren verändern

Einen Programmierer interessiert an den Interrupt-Vektoren nicht, sie zu lesen, sondern sie zu ändern, so daß sie auf eine neue Routine zur Interrupt-Bearbeitung verweisen. Um dies zu erreichen, müssen Sie eine Routine schreiben, die eine andere Aufgabe erfüllt als die Standard-ROM BIOS- oder -DOS-Interrupt-Programme, dieses Unterprogramm im RAM speichern und dann die Adresse des Unterprogramms einem der bereits existierenden Interrupts in der Tabelle zuweisen.

Ein Vektor kann Byte für Byte verändert werden, wenn man sich auf der Assembler-Ebene befindet. Man kann dies auch mit einem Programmiersprachebefehl wie der POKE-Anweisung in BASIC tun. In einigen Fällen kann die Gefahr bestehen, daß ein Interrupt auftritt, noch während der Vektor geändert wird. Wenn Ihnen das nichts ausmacht, können Sie die POKE-Methode verwenden. Andererseits gibt es zwei Arten, eine Vektor zu ändern und dabei die Wahrscheinlichkeit von Interrupts zu minimieren: indem man einerseits während des Prozesses alle Interrupts sperrt oder indem man einen DOS-Interrupt verwendet, der speziell zum Ändern von Vektoren entworfen wurde.

Die erste Methode erfordert, daß Sie mit Assemblerbefehlen verhindern, daß ein Interrupt auftritt, während Sie den Interrupt-Vektor ändern. Sie können dazu den Clear-Interrupt-Befehl (CLI) verwenden, der alle Interrupts sperrt, solange bis der auf ihn folgende STI (Set Interrupts)-Befehl ausgeführt wird. Wenn Sie mit dem CLI-Befehl Interrupts für eine bestimmte Zeit sperren, stellen Sie sicher, daß kein Interrupt auftreten kann, solange Sie einen Interrupt-Vektor ändern.

❑ HINWEIS: *CLI sperrt nicht den nichtmaskierbaren Interrupt (NMI). Wenn sie eine Anwendung programmieren, die über eine eigene NMI-Routine verfügt, sollte das Programm für eine bestimmte Zeit den NMI sperren, solange der NMI-Interrupt-Vektor geändert wird. (In den Handbüchern für den PC oder die PS/2-Modelle finden Sie Einzelheiten.)*

Das folgende Beispiel demonstriert, wie man einen Interrupt-Vektor ändert, während die übrigen Interrupts für eine bestimmte Zeit gesperrt sind. Dieses Beispiel verwendet zwei MOV-Befehle, um die Segment- und Offset-Adresse eines Interrupt-Programms von DS:DX auf den Interrupt-Vektor 60H zu kopieren:

```
xor     ax,ax                       ; ES-Register löschen
mov     es,ax
cli                                 ; Interrupts sperren
mov     Wort ptr es:[180h],dx       ; Offset des Vektors ändern
mov     Wort ptr es:[182h],ds       ; Segment des Vektors ändern
sti                                 ; Interrupts wieder zulassen
```

Die zweite Methode, einen Interrupt-Vektor zu ändern, ist die, den DOS-Interrupt 21H, Funktion 25H (dezimal 37), zu verwenden, der für diesen Zweck entwickelt wurde. Wenn Sie mit DOS Interrupts setzen, so hat dies zwei wesentliche Vorteile. Der eine Vorteil ist der, daß DOS die Aufgabe übernimmt, den Vektor auf die sicherste Art abzuspeichern. Der zweite Vorteil ist weitreichender. Wenn Sie die DOS-Routine 25H verwenden, um einen Interrupt-Vektor zu ändern, so kann DOS Änderungen an allen Interrupt-Vektoren, die das Programm selbst verwenden möchte, protokollieren. Das ist z.B. wichtig für Programme, die in der DOS-kompatiblen "Box" unter OS/2 laufen sollen. Indem Sie einen Interrupt-Vektor mit Hilfe einer DOS-Routine ändern, statt dies selbst zu tun, können Sie die Gefahr reduzieren, daß ein Programm mit neuen Computermodellen oder Betriebssystem-Umgebungen inkompatibel ist.

Das folgende Beispiel zeigt, wie man den Interrupt 21H, Routine 25H, verwendet, um dem Vektor des Interrupts 60H neue Werte zuzuweisen, die in einer Speichervariablen stehen:

```
mov     dx,seg Int60Handler         ; Neues Segment in DS speichern
mov     ds,dx
mov     dx,offset Int60Handler      ; Neuer Offset in DX speichern
mov     al,60h                      ; Interrupt-Nummer
mov     ah,25h                      ; Funktionsnummer
int     21h                         ; DOS-Funktionsaufruf-Unter-
                                      brechung aufrufen
```

Dieses Beispiel zeigt auf die einfachste Art, wie man die DOS-Routinen anwendet. Es verschleiert jedoch eine wichtige und knifflige Schwierigkeit: Sie müssen eine der Adressen, die Sie an DOS übergeben, in das DS (Datensegment)-Register laden - damit blockieren Sie aber gleichzeitig den normalen Zugriff auf Daten über das DS-Register. Um mit diesem Problem fertig zu werden, müssen Sie den Inhalt des DS-Registers sichern. Hier ist eine Methode, wie dies gemacht werden kann. In diesem Beispiel, das aus den *Norton Utilities* stammt, wird der Interrupt-Vektor 09H mit der Adresse eines speziellen Interrupt-Programms überschrieben:

```
push   ds                      ; Aktuelles DS-Register sichern
mov    dx,offset PGROUP:XXX    ; Offset der Routine in DS speichern
push   cs                      ; Code-Segment der Routine ...
pop    ds                      ; ... in DS speichern
mov    ah,25h                  ; Funktionsnummer
mov    al,9                    ; Unterbrechung 9 ändern
int    21h                     ; DOS-Funktionsaufruf-Unterbrechung
                                 aufrufen
pop    ds                      ; Alten DS-Wert wiederherstellen
```

Wichtige Adressen im unteren Speicherbereich

Viele der Operationen des PC und der PS/2-Modelle werden durch Daten kontrolliert, die in Speicherzellen mit unteren Adressen gespeichert sind, insbesondere in den zwei zusammenhängenden 256 Byte-Bereichen, die bei den Segmenten 40H und 50H beginnen (Adressen 0040:0000H und 0050:0000H). Das ROM BIOS verwendet die 256 Bytes von 0040:0000H bis 0040:00FFH als Datenbereich für seine Tastatur-, Bildschirm-, Laufwerkes-, Drucker- und Kommunikations-Routinen. Die 256 Bytes zwischen 0050:0000H und 0050:00FFH werden in erster Linie von BASIC verwendet, obwohl auch einige der ROM BIOS-Status-Variablen hier stehen.

Während des Startprogramms werden Daten vom BIOS in diese Speicherbereiche geladen. Obwohl die Kontrolldaten zum BIOS, zu DOS und zu BASIC gehören, können auch Ihre Benutzerprogramme sie lesen oder sogar ändern. Auch wenn Sie die Information in diesen Kontrollbereichen nicht verwenden wollen, sollten Sie sie dennoch studieren, da Sie so einen guten Eindruck erhalten, wie die PC-Familie funktioniert.

Die ROM BIOS-Datenbereiche

Bestimmte Speicherbereiche im Datenbereich des BIOS sind besonders interessant. Die meisten von ihnen enthalten Daten, die für die Abarbeitung der verschiedenen ROM BIOS- und DOS-Routinen wichtig sind. In vielen Fällen können Ihre Programme die an diesen Stellen stehenden Daten durch Aufruf eines ROM BIOS-Interrupts erhalten; immer möglich ist dies mit einem direktem Zugriff. Auf Ihrem eigenen Computer können Sie leicht die Werte an diesen Speicherbereichen überprüfen, indem Sie DEBUG oder BASIC verwenden.

Bei Verwendung von DEBUG geben Sie einen Befehl in der folgenden Form ein:

```
DEBUG
D XXXX:YYYY L 1
```

XXXX steht für den Segmentteil der Adresse, die Sie untersuchen wollen. (Dies ist entweder 0040H oder 0050H, je nach dem, welcher Datenbereich Sie interessiert.) *YYYY* steht für den Offset-Teil der Adresse. L 1 veranlaßt DEBUG, genau ein Byte auszugeben. Wenn Sie zwei oder mehr Bytes sehen wollen, so geben Sie die Anzahl der Bytes, die ausgegeben werden soll, nach der L-Instruktion an (hexadezimal). Zum Beispiel protokolliert BIOS die aktuelle Bildschirm-Modusnummer in dem Byte an der Stelle 0040:0049H. Wenn Sie dieses Byte mit DEBUG lesen wollen, tippen Sie:

```
DEBUG
D 0040:0049 L 1
```

Um Daten mit BASIC auszugeben, müssen Sie ein Programm der folgenden Form verwenden. Für die Ausdrücke *Segment* (&H0040 oder &H0050), *Anzahl.der.Bytes* und *Offset* (der Offset-Teil der Adresse, an der Sie etwas lesen wollen) müssen Sie die entsprechenden Werte einsetzen:

```
10 DEF SEG = segment
20 FOR I = 0 TO Anzahl.der.Bytes - 1
30   VALUE = PEEK(Offset + I)
40   IF VALUE < 16 THEN PRINT "0";     ' wird bei führenden Nullen
                                         benötigt
50   PRINT HEX$(VALUE);" ";
60 NEXT I
```

Die folgenden Seiten beschreiben wichtige Adressen im unteren Speicherbereich.

0040:0010H (ein 2-Byte-Wort). Dieses Wort beinhaltet die Daten der Geräteliste, die von der Routine für die Geräteliste, dem Interrupt 11H (dezimal 17), ermittelt wurde. Das Format dieses Wortes, in Abbildung 3-2 gezeigt, wurde für den PC und den XT entwickelt; bestimmte Teile können in einer veränderten Form in späteren Modellen auftreten.

0040:0013H (ein 2-Byte-Wort). Dieses Wort enthält die Größe des verfügbaren Speichers in KB. Die BIOS-Interrupt-Routine 12H (dezimal 18) schreibt den jeweils aktuellen Wert in dieses Wort.

0040:0017H (2 Bytes mit Tastatur-Status-Bits). Diese Bytes werden verwendet, um die Umsetzung der Eingaben über die Tastatur durch die ROM BIOS-Routinen zu überwachen. Werden diese Bytes geändert, so ändert sich auch die Bedeutung, die die einzelnen Tasten haben. Das erste Byte an der Adresse 0040:0017H können Sie ohne weiteres ändern; die Änderung des zweiten Bytes führt jedoch zu Schwierigkeiten. Auf den Seiten 137 und 138 finden Sie die Bit-Belegung dieser zwei Bytes.

0040:001AH (ein 2-Byte-Wort). Dieses Wort zeigt auf den aktuellen Kopf des BIOS-Tastatur-Puffers an der Adresse 0040:001EH, an der die Eingaben über die Tastatur bis zu ihrer Verwendung gespeichert werden.

0040:001CH (2-Byte-Wort). Diese Wort verweist auf das aktuelle Ende des BIOS-Tastatur-Puffers.

0040:001EH (32 Bytes, die als 16 2-Byte-Einträge verwendet werden). Dieser Tastatur-Puffer enthält bis zu 16 Tastenanschläge, bis diese durch die BIOS-Routinen über den Interrupt 16H (dezimal 22) gelesen werden. Da dieser Puffer als verkettete Schlange implementiert ist, verweisen zwei Pointer auf den Kopf und das Ende. Man sollte diese Daten nicht ändern.

F	E	D	C	B	A	9	8	7	6	5	4	3	2	1	0	Bedeutung
X	X	.	.	.	.	.	.	.	.	.	.	.	.	.	.	Anzahl der installierten Drucker
.	.	X	.	.	.	.	.	.	.	.	.	.	.	.	.	(Reserviert)
.	.	.	X	.	.	.	.	.	.	.	.	.	.	.	.	1, wenn der Spiel-Adapter installiert ist
.	.	.	.	X	X	X	.	.	.	.	.	.	.	.	.	Anzahl der seriellen RS-232-Ports
.	.	.	.	.	.	.	X	.	.	.	.	.	.	.	.	(Reserviert)
.	.	.	.	.	.	.	.	X	X	.	.	.	.	.	.	+1 = Anzahl der Disketten-Laufwerke: 00 = 1 Laufwerk; 01 = 2 Laufwerke; 10 = 3 Laufwerke; 11 = 4 Laufwerke (siehe Bit 0)
.	.	.	.	.	.	.	.	.	.	X	X	.	.	.	.	Anfangs-Bildschirm-Modus: 01 = 40-Spalten-Farbe; 10 = 80-Spalten-Farbe, 11 = 80-Spalten-Monochrom; 00 = keiner der obigen Fälle
.	.	.	.	.	.	.	.	.	.	.	.	X	X	.	.	für den PC mit einer 64-KB-Systemplatine: Größe der System-RAM-Platine (11 = 64 KB, 10 = 48 KB, 01 = 32 KB, 00 = 16 KB) für den PC/AT: wird nicht verwendet für PS/2-Modelle: Bit 3: wird nicht verwendet; Bit 2: 1 = ein Zeigegerät (Maus, ...) ist installiert
.	.	.	.	.	.	.	.	.	.	.	.	.	.	X	.	1, Arithmetik-Coprozessor ist installiert
.	.	.	.	.	.	.	.	.	.	.	.	.	.	.	X	1, Ein Disketten-Laufwerk ist vorhanden (wenn ja, achten Sie auf Bit 7 und 6)

Abb. 3-2 *Die Codierung des Wortes, das die Geräteliste enthält, an der Adresse 0040:0010H*

0040:003EH (1 Byte). Dieses Byte gibt an, ob ein Disketten-Laufwerk erst noch positioniert werden muß, bevor eine Spur gesucht werden kann. Die Bits 0 - 3 entsprechen den Laufwerken 0 - 3. Wenn ein Bit auf 0 steht, ist eine Positionierung des Laufwerks notwendig. Im allgemeinen kann man sagen, daß ein Bit auf 0 steht, wenn der letzte Zugriff zu Problemen führte. Zum Beispiel steht dieses Positionierungs-Bit auf 0, wenn Sie mit DIR das Inhaltsverzeichnis einer Diskette anfordern und das Laufwerk keine Diskette enthält. Bei Laufwerk A erscheint z.B. folgende Meldung:

```
Nicht bereit! Fehler beim Lesevorgang in Laufwerk A!
Abbrechen, Wiederholen, Ignorieren?
```

0040:003FH (1 Byte). Dieses Byte gibt Aufschluß über den Status des Diskettenlaufwerk-Motors. Bits 0 - 3 entsprechen den Laufwerken 0 - 3. Wenn das Bit gesetzt ist, läuft der Motor.

0040:0040H (1 Byte). Diese Byte wird vom ROM BIOS benötigt, um sicherzustellen, daß der Motor des Diskettenlaufwerks ausgeschaltet wird. Der Wert in diesem Byte wird mit jedem Takt der Systemuhr um 1 heruntergezählt (dekrementiert), also 18,2 mal pro Sekunde. Wenn der Wert 0 erreicht, schaltet BIOS den Motor aus.

0040:0041H (1 Byte). Diese Byte enthält den Status-Code, der vom ROM BIOS nach der letzten Disketten-Operation ausgegeben wurde (siehe Abb. 3-3).

0040:0042H (7 Byte). Diese sieben Bytes enthalten Informationen über den Status des Disketten-Controllers.

Ein 30 Byte großer Bereich, der bei 0040:0049H beginnt, wird für die Kontrolle des Bildschirms benötigt. Dies ist der erste von zwei Bereichen, die das ROM BIOS benötigt, um kritische Bildschirminformationen zu protokollieren.

Wert	*Bedeutung*
00H	Kein Fehler
01H	Ungültiger Diskettenbefehl
02H	Adresse auf Diskette nicht gefunden
03H	Schreibschutz-Fehler
04H	Sektor nicht gefunden; Diskette defekt oder nicht formatiert
06H	Diskettenwechsel gemeldet
08H	DMA-Diskettenfehler
09H	Zugriff über DMA oberhalb der 64-KB-Grenze
0CH	Medientyp nicht gefunden
10H	Prüfsummenfehler (CRC) in den Daten
20H	Mißerfolg des Disketten-Controllers
40H	Mißerfolg der Suchoperation
80H	Diskette antwortet nicht (Laufwerk nicht bereit)

Abb. 3-3 *Die Disketten-Status-Codes im ROM BIOS-Daten-Bereich ab 0040:0041H*

Obwohl Benutzerprogramme problemlos diese Daten lesen können, sollten Sie die Daten nur ändern, wenn Sie die ROM BIOS-Bildschirm-Routinen nicht benötigen und die Bildschirm-Hardware direkt programmieren. In diesen Fällen sollten Sie die Bildschirm-Kontrolldaten auf den aktuellen Status der Bildschirm-Hardware setzen.

0040:0049H (1 Byte). Der Wert in diesem Byte spezifiziert den aktuellen Bildschirm-Modus (siehe Abb. 3-4). Die Nummer des Bildschirm-Modus ist dieselbe wie die in den ROM BIOS-Routinen verwendete. (In Kapitel 9 finden Sie mehr Informationen über diese Routinen, und auf Seite 70 stehen allgemeine Informationen über die Bildschirm-Modi.)

Ich habe schon gezeigt, wie man DEBUG verwendet, um den aktuellen Bildschirm-Modus zu bestimmen, indem man das Byte an 0040:0049H liest. BASIC-Programme können mit Hilfe der folgenden Befehle dieses Byte lesen und so den Bildschirm-Modus bestimmen:

```
DEF SEG = &H40                 ' BASIC Daten-Segment auf 40H setzen
VIDEO.MODE = PEEK(&H49)        ' Wert der Adresse 0040:0049 auslesen
```

0040:004AH (ein 2-Byte-Wort). Dieses Wort gibt an, wieviele Zeichen in einer Textzeile auf dem Bildschirm ausgegeben werden können.

0040:004CH (ein 2-Byte-Wort). Dieses Wort gibt die Anzahl der Bytes an, die benötigt werden, um alle Daten darzustellen, die auf einen Bildschirm passen.

Anzahl	*Beschreibung*
00H	40x25 16-Farben-Text (CGA-zusammengesetzte Farben können nicht dargestellt werden)
01H	40x25 16-Farben-Text
02H	80x25 16-Farben-Text (CGA-zusammengesetzte Farben können nicht dargestellt werden)
03H	80x25 16-Farben-Text
04H	320x200 4-Farben-Grafik
05H	320x200 4-Farben-Grafik (CGA-zusammengesetzte Farben können nicht dargestellt werden)
06H	640x200 2-Farben-Grafik
07H	80x25 monochromer Text
0DH	320x200 16-Farben-Grafik
0EH	640x200 16-Farben-Grafik
0FH	640x350 monochrome Grafik
10H	640x350 16-Farben-Grafik
11H	640x480 2-Farben-Grafik
12H	640x480 16-Farben-Grafik
13H	320x200 256-Farben-Grafik

Abb. 3-4 *Die Nummern der BIOS-Bildschirm-Modi, die in Adresse 0040:0049H gespeichert sind*

0040:004EH (ein 2-Byte-Wort). Dieses Wort enthält den Offset des Start-Bytes, der auf den Speicher verweist, der die aktuelle Bildschirmseite beinhaltet. Da diese Adresse den Offset angibt, der auf die Seite verweist, gibt sie damit auch an, welche Seite gerade bearbeitet wird.

0040:0050H (acht 2-Byte-Worte). Diese Worte enthalten die Positionen des Cursors auf 8 unterschiedlichen Bildschirmseiten, wobei mit Seite 0 begonnen wird. Das erste Byte jedes Wortes gibt die Spalte an, das zweite Byte die Zeile.

0040:0060H (ein 2-Byte-Wort). Diese zwei Bytes bestimmen die Größe des Cursors, die durch die Anzahl seiner Rasterzeilen bestimmt wird. Das erste Byte bestimmt die End-Rasterzeile, das zweite Byte gibt die Start-Rasterzeile an.

0040:0062H (1 Byte). Dieses Byte enthält die Nummer der aktuellen Bildschirmseite.

0040:0063H (ein 2-Byte-Wort). In diesem Wort wird die Port-Adresse des Hardware-CRT-Controller-Chips gespeichert.

0040:0065H (1 Byte). Dieses Byte beinhaltet die aktuelle Belegung des CRT-Modus-Register des Adapters für einen monochromen Bildschirm und des Adapters für Farb-Grafik.

0040:0066H (1 Byte). Dieses Byte beinhaltet die aktuelle Belegung des CRT-Farb-Registers des Farb-Grafik-Adapters. Es ist das letzte Byte im ersten Block der ROM BIOS-Bildschirm-Kontroll-Daten.

0040:0067H (5 Bytes). Das Original-IBM PC-BIOS verwendete 5 Bytes, angefangen bei 0040:0067H zur Kontrolle eines Kassettenrecorders. In den PS/2-Modellen 50, 60 und 80, die keine Kassetten-Schnittstelle unterstützen, können diese 4 Bytes ab 0040:0067H die Adresse einer Reset-Routine beinhalten, die das normale BIOS-Startprogramm außer Kraft setzt. (Details dazu finden Sie in den BIOS-Handbüchern.)

0040:006CH (4 Bytes, die als eine 4 Byte-Nummer gespeichert werden). Dieser Bereich wird als *Master-Zeitgeber* verwendet, der bei jedem Zeittakt um 1 hochgezählt (inkrementiert) wird. Der Zeitgeber beginnt um Mitternacht mit 0 zu zählen. Wenn der Zähler einen Stand erreicht hat, der 24 Stunden entspricht, setzt das ROM BIOS den Zähler auf 0 zurück und das Byte an 0040:0070H auf 1. DOS oder BASIC berechnen die aktuelle Zeit aus diesem Wert und setzen die Zeit neu, indem sie den umgerechneten Wert in dieses Feld schreiben.

0040: 0070H (1 Byte). Dieses Byte gibt an, daß die Uhr einen vollen Durchlauf gemacht hat. Wenn der Uhrzähler Mitternacht erreicht hat (und auf 0 zurückgesetzt wurde), setzt das ROM BIOS dieses Byte auf 1, damit ist gesagt, daß das Datum um 1 hochgezählt werden muß.

> ❑ HINWEIS: *Dieses Byte wird um Mitternacht auf 1 gesetzt und nicht um 1 hochgezählt. Es wird also nicht angezeigt, ob Mitternacht zweimal durchlaufen wurde, bevor die Uhr gelesen wurde.*

0040:0071H (1 Byte). Das ROM BIOS setzt Bit 7 dieses Bytes, um anzuzeigen, daß die Taste CTRL-BREAK gedrückt wurde.

0040:0072H (ein 2-Byte-Wort). Dieses Wort wird auf 1234H gesetzt, wenn der Speicher-Test nach dem Einschalten des Computers durchgeführt wurde. Wenn durch die Tastendruckkombination CTRL-ALT-DEL ein Warmstart veranlaßt wurde, wird der Speicher-Test übergangen, wenn dieser Speicherbereich schon auf 1234H steht.

0040:0074H (4 Bytes). Diese vier Bytes werden von verschiedenen Modellen der PC-Familie zur Kontrolle von Disketten- und Festplattenlaufwerken verwendet. Einzelheiten dazu finden Sie im *IBM BIOS Interface Technical Reference Manual.*

0040:0078H (4 Bytes). Diese Bytes überwachen die Zeitüberschreitungs-Werte bei Paralleldruckern (im PS/2 werden nur die ersten drei Bytes dafür verwendet).

0040:007CH (4 Bytes). Diese Bytes beinhalten die Zeitüberschreitungs-Werte für bis zu 4 serielle RS-232-Ports.

0040:0080H (ein 2-Byte-Wort). Dieses Wort verweist auf den Anfang des Tastaturpuffer-Bereichs.

0040:0082H (ein 2-Byte-Wort). Dieses Wort verweist auf das Ende des Tastaturpuffer-Bereichs.

Die nächsten 7 Bytes werden vom ROM BIOS beim EGA und den PS/2-Modellen zur Bildschirmkontrolle verwendet:

0040:0084H (1 Byte). Der Wert dieses Bytes enthält die Anzahl der Zeilen auf dem Bildschirm -1. Das BIOS kann diesen Wert verwenden, um festzustellen, wieviele Zeilen mit Daten gelöscht werden müssen, wenn der Bildschirm gelöscht wird, oder wieviele Zeilen ausgedruckt werden müssen, wenn Shift-PrtSc gedrückt wurde.

0040:0085H (zwei Bytes). Dieses Wort gibt die Höhe der Zeichen auf dem Bildschirm in Rasterzeilen an.

0040:0087H (vier Bytes). Diese vier Bytes werden von den BIOS-Bildschirm-Routinen verwendet, um die Größe des verfügbaren Bildschirm-RAMs anzuzeigen sowie die anfänglichen Belegungen der EGA-Konfigurationsschalter und verschiedene andere Bildschirm-Status-Informationen.

0040:008BH (elf Bytes). Das ROM BIOS verwendet diesen Datenbereich für Kontroll- und Status-Informationen über die Disketten- und Festplattenlaufwerke.

0040:0098H (neun Bytes). Dieser Datenbereich wird vom PC/AT- und PS/2-BIOS verwendet, um bestimmte Funktionen der Echtzeit-Uhr zu überwachen.

0040:00A8H (vier Bytes). Im EGA- und PS/2-BIOS enthalten diese Bytes die segmentierte Adresse einer Tabelle von Bildschirm-Parametern, welche die standardmäßigen ROM BIOS-Bildschirm-Konfigurationswerte ersetzen. Die aktuellen Inhalte der Tabelle variieren in Abhängigkeit davon, welche Bildschirm-Hardware Sie verwenden. Diese Tabelle wird detailliert im *IBM ROM BIOS Interface Reference Manual* beschrieben.

0050:0000H (ein Byte). Dieses Byte wird vom ROM BIOS verwendet, um den Status einer Bildschirm-Druck-Operation anzugeben. In diesem Speicherbereich können drei verschiedene hexadezimale Werte vorhanden sein:

00H zeigt OK-Status an.

01H zeigt an, daß die Druckoperation gerade abläuft.

FFH zeigt an, daß ein Fehler während der Druckoperation auftrat.

0050:0004H (ein Byte). Dieses Byte wird von DOS verwendet, wenn ein System mit einem Laufwerk ein System mit zwei Laufwerken imitiert. Der Wert zeigt an, ob das Laufwerk zur Zeit als Laufwerk A oder B arbeitet. Folgende Werte werden verwendet:

00H arbeitet als Laufwerk A.

01H arbeitet als Laufwerk B.

0050:0010H (ein 2-Byte-Wort). Dieser Bereich wird vom ROM BASIC verwendet und beinhaltet dessen Standard-Datensegment-Wert (DS).

BASIC erlaubt Ihnen, ihren eigenen Datensegment-Wert mit dem Befehl DEF SEG = *Wert* festzusetzen. (Der Offset in diesem Segment wird durch die Funktionen PEEK oder POKE spezifiziert.) Sie können das Datensegment auf seine Standardbelegung zurücksetzen, wenn Sie den DEF SEG-Befehl ohne Wert verwenden. Obwohl BASIC keine einfache Methode zur Verfügung stellt, um den Standardwert dieser Speicherstelle zu finden, können Sie dies mit dem folgenden kleinen Programm erreichen:

```
DEF SEG = &H50
DATA.SEGMENT = PEEK(&H11) * 256 + PEEK(&H10)
```

❑ HINWEIS: *BASIC verwaltet seine eigenen internen Daten auf der Basis des Standard-Datensegment-Wertes. Wenn Sie versuchen, diesen Wert zu ändern, sabotieren Sie sämtliche BASIC-Befehle.*

0050:0012H (vier Bytes). In einigen Versionen des ROM BASIC enthalten diese vier Bytes die Segment- und Offset-Adresse der Interrupt-Routine für den Zeitgeber von BASIC.

❑ HINWEIS: *Damit BASIC-Programme besser ablaufen, läuft unter BASIC die Systemuhr viermal so schnell wie sonst; daher muß BASIC die ROM BIOS-Uhr-Interrupt-Routine durch seine eigene ersetzen. Die übliche BIOS-Interrupt-Routine wird von BASIC in den erforderlichen Abständen aufgerufen; d.h. einmal im Verlauf von vier schnellen Takten. Mehr darüber finden Sie auf Seite 146.*

0050:0016H (4 Bytes). Dieser Bereich beinhaltet die Adresse der ROM BASIC-Routine, die von Taste BREAK aufgerufen wird.

0050:001AH (4 Bytes). Dieser Bereich beinhaltet die Adresse der ROM BASIC-Routine, die Disketten-Fehler abfängt.

Kommunikationsbereich im aktiven Anwendungsprogramm

Die PC/XT/AT-Familie reserviert die 16 Bytes, die bei 0040:00F0H anfangen, als *Kommunikationsbereich eines aktiven Anwendungsprogramms* (*intra-application communication-area*, ICA). Dieser Datenbereich stellt einen RAM-Bereich an einer bekannten Adresse zur Verfügung, den ein Anwendungsprogramm verwenden kann, um Daten, auf die verschiedene Programm-Module gemeinsam Zugriff haben, abzulegen. Im PS/2-BIOS wird dagegen der ICA nicht dokumentiert.

Nur wenige Anwendungen benutzen den ICA auch tatsächlich. Die Größe des RAM ist sehr klein, und die Daten in einem ICA können auf unerwartete Weise verändert werden, wenn mehr als ein Programm darauf zugreift. Wenn Sie ein Programm schreiben, daß den ICA verwendet, sollten Sie eine Prüfsumme und ein Code-Wort vereinbaren, so daß Sie sicher sein können, daß die Daten in dem ICA auch Ihre sind und daß sie nicht von einem anderen Programm geändert wurden.

❑ WARNUNG: *Der ICA befindet sich immer in den 16 Bytes von 0040:00F0H bis 0040:00FFH. Durch einen Schreibfehler wird in einigen Ausgaben des* IBM PC Technical Reference Manual *die Adresse 0050:0000H bis 0050:00FFH angegeben. Das ist falsch.*

Der erweiterte Datenbereich des BIOS

Die PS/2-ROM BIOS-Start-Routinen beanspruchen einen zusätzlichen RAM-Bereich für sich. Die BIOS-Routinen verwenden diesen *erweiterten Datenbereich*, um kurzfristig Daten zu speichern. Beispielsweise nutzen die BIOS Routinen, die die Maus-Controller-Hardware unterstützen, Teile dieses erweiterten Datenbereichs als temporären Speicher.

Sie legen die Startadresse des erweiterten Datenbereichs fest, wenn Sie die System-Routine verwenden, die durch die ROM BIOS-Unterbrechung 15H aufgerufen wird (siehe Kapitel 12). Das erste Byte in dem erweiterten Datenbereich beinhaltet die Größe des Datenbereichs in KB.

ROM-Version und Modellkennung

Da die ROM-Programme fest im Speicher stehen, kann man sie nicht ohne weiteres ändern, wenn Zusätze oder Korrekturen nötig werden. Das bedeutet, daß ROM-Programme sehr sorgfältig getestet werden müssen, bevor sie in die Speicher-Chips eingebrannt werden. Obwohl schwerwiegende Fehler in den ROM-Programmen des Systems durchaus vorkommen können, hat IBM sie weitgehend beseitigt; nur kleine und relativ unwichtige Fehler sind in den ROM-Programmen der PC-Familie noch vorhanden. Diese wurden von IBM in neuen BIOS-Versionen korrigiert.

Die verschiedenen Versionen der ROM-Software stellen für einen Programmierer eine kleine Herausforderung dar, da die Unterschiede zwischen ihnen möglicherweise die charakteristische Abarbeitung der Benutzerprogramme beeinträchtigen. Aber noch problematischer für Programmierer ist die Tatsache, daß der PC, der XT, AT und die PS/2-Modelle jeweils eine etwas unterschiedliche Kombination von ROM BIOS-Routinen haben.

Um sicherzustellen, daß Programme mit den geeigneten ROM-Programmen und dem richtigen Computer arbeiten können, hat IBM zwei Identifikationskennungen entwickelt, die am Ende des Speichers im System-ROM permanent verfügbar sind. Eine der Kennungen gibt das Freigabe-Datum des ROM an, womit man die BIOS-Version bestimmen kann. Die andere Kennung bestimmt das Maschinenmodell. Diese Kennungen sind in allen IBM-Computern vorhanden, und auch einige Hersteller von PC-kompatiblen Maschinen haben sie übernommen. In den folgenden Abschnitten werden diese Kennungen im einzelnen beschrieben.

Das *ROM-Freigabe-Datum* steht in einem 8-Byte langen Speicherbereich von F000:FFF5H bis F000:FFFCH (2 Byte vor dem Modell-ID-Byte). Es besteht aus ASCII-Zeichen im üblichen amerikanischen Datenformat; z.B. 06/01/83 bedeutet 1. Juni 1983. Diese Freigabe-Kennung ist ein allgemeiner Bestandteil der IBM Personal Computer, sie existiert aber nur in wenigen IBM-Kompatiblen. Zum Beispiel hat der Compaq Portable I diese Kennung nicht, aber der Panasonic Senior Partner hat sie.

Sie können das Freigabe-Datum mit DEBUG lesen, wenn Sie den folgenden Befehl eingeben:

```
DEBUG
D F000:FFF5 L 8
```

Sie können diese Bytes aber auch mit einem Programm lesen:

```
10 DEF SEG = &HF000
20 FOR I = 0 TO 7
30   PRINT CHR$(PEEK(&HFFF5 + I));
40 NEXT
50 END
```

Die *Modellkennung* ist ein Byte, das an der Stelle F000:FFFEH steht. Dieses Byte besagt, mit welchem PC- oder PS/2-Modell Sie arbeiten (siehe Abb. 3-5). Zusätzlich liefert eine ROM BIOS-Routine im PC-AT und den PS/2-Modellen detailliertere Information zur Identifikation einschließlich des Untermodell-Bytes, das in der Abbildung aufgeführt wird (siehe Kapitel 12).

Modell	*Datum*	*Modell*	*Untermodell*	*BIOS*	*Bemerkung*
PC	04/24/81	FFH	**	00	
	10/19/81	FFH	**	01	einige Fehler im BIOS festgestellt
	10/27/82	FFH	**	02	Verbesserung des PC-BIOS auf XT-Niveau
PC/XT	11/08/82	FEH	**	00	
	01/10/86	FBH	00	01	256/640 KB-Systemplatine
	05/09/86	FBH	00	02	
PC/AT	01/10/84	FCH	**	00	6 MHz 80286
	06/10/85	FCH	00	01	
	11/15/85	FCH	01	00	8 MHz 80286
PS/2 Modell 25	06/26/87	FAH	01	00	
PS/2 Modell 30	09/02/86	FAH	00	00	
	12/12/86	FAH	00	01	
PS/2 Modell 50	02/13/87	FCH	04	00	
PS/2 Modell 60	02/13/87	FCH	05	00	
PS/2 Modell 80	03/30/87	F8H	00	00	16 MHz 80386
PS/2 Modell 80	10/07/87	F8H	01	00	20 MHz 80386
PCjr	06/01/83	FDH	**	00	
PC Convertible	09/13/85	F9H	00	00	
PC/XT Modell 286	04/21/86	FCH	02	00	

** nicht anwendbar

Abb. 3-5 *Identifikation der Modell- und ROM BIOS-Version*

Man kann eventuell IBM-kompatible Computer auf dieselbe Art identifizieren, doch habe ich bisher nicht gehört, daß Informationen darüber veröffentlicht wurden. Wenn Sie IBM-kompatible Computer identifizieren wollen, müssen Sie daher vielleicht auf improvisierte Methoden zurückgreifen.

Sie können das Modell-ID-Byte mit DEBUG daraufhin untersuchen, wenn Sie den folgenden Befehl eingeben:

```
DEBUG
D F000:FFFE L 1
```

Ein BASIC-Programm kann dieses Byte folgendermaßen lesen:

```
10 DEF SEG =&HF000
20 MODEL = PEEK(&HFFFE)
30 IF MODEL < &HF8 THEN PRINT "Ich bin kein IBM-Computer"
40 ON (MODEL - &HF7) GOTO 100,110,120,130,140,150,160,170
100 PRINT "Ich bin ein PS/2-Modell 80" : STOP
110 PRINT "Ich bin ein PC-Convertible" : STOP
120 PRINT "Ich bin ein PS/2-Modell 30" : STOP
130 PRINT "Ich bin ein PC/XT" : STOP
140 PRINT "Ich bin ein 80286er (PC/AT, PS/2- Modell 50 oder 60)" :
          STOP
150 PRINT "Ich bin ein PCjr" : STOP
160 PRINT "Ich bin ein PC/XT" : STOP
170 PRINT "Ich bin ein PC" : STOP
```

Das ROM BASIC

Nun wenden wir uns dem dritten Bestandteil des ROM zu: dem ROM BASIC. ROM BASIC arbeitet auf zwei Arten. Erstens bildet es den Kern der BASIC-Programmiersprache, welcher die meisten Befehle sowie die grundlegende Dinge - wie die Speicherverwaltung - beinhaltet, die BASIC verwendet. Die Diskettenversionen des interpretierenden BASIC, die in den Programm-Dateien BASIC.COM und BASICA.COM stehen, sind wesentliche Erweiterungen des ROM BASIC. Sie bauen auf ROM BASIC auf. Die zweite Funktion von ROM BASIC ermöglicht das von IBM sogenannte "Cassetten-"BASIC - die BASIC-Version, die aktiviert wird, wenn Sie Ihren Computer ohne Diskette starten.

Immer wenn Sie eine interpretierende BASIC-Version von der Diskette anwenden, arbeiten Sie auch mit ROM BASIC-Programmen - Sie merken allerdings nichts davon. Kompilierte BASIC-Programme arbeiten allerdings nicht mehr mit dem ROM BASIC.

Die ROM-Erweiterungen

Der vierte Teil des ROM ist eher dem Konzept des PC zuzuordnen als den aktuellen Speicherinhalten. Der PC wurde im Hinblick auf installierbare Erweiterungen mit eingebauter Software entwickelt. Das zusätzliche ROM befindet sich normalerweise auf Erweiterungskarten, wie z.B. einer EGA (Enhanced Graphics Adapter)-Grafikkarte oder einer Festplatten-Controller-Karte. Computer der PC/XT/AT-Familie haben weiterhin leere Sockel auf ihrer Systemplatine, die für zusätzliche ROM-Chips vorgesehen sind. Da das ursprüngliche ROM BIOS keine Programme zur Unterstützung zukünftiger Hardware enthält, sind ROM-Erweiterungen offensichtlich eine notwendige und nützliche Hilfe.

Für ROM-Erweiterungen sind verschiedene Speicherbereiche reserviert. Die Adressen C000:0000H bis C000:7FFFH sind für ROM-Bildschirmadapter reserviert. Der Bereich zwischen C800:0000H und D000:FFFFH kann für andere Zwecke verwendet werden. (Der IBM XT-Festplattenadapter belegt beispielsweise die Adressen ab C800:0000H.) Die ROM-Erweiterungen durch Chips, die auf die Systemplatine eines PC, eines XTs oder eines ATs gesteckt wurden, belegen die Adressen von E000:0000H bis E000:FFFFH. In den PS/2-Modellen 50, 60 und 80 können Sie keine zusätzlichen ROM-Chips auf die Systemplatine stecken. Das System-ROM dieser Computer belegt selbst schon sämtliche Adressen von E000:0000H bis F000:FFFFH.

Zusätzliche Informationen

Seit die PC-Familie entwickelt wurde, ist das Angebot an ROM-Software sehr angewachsen und wesentlich komplizierter geworden. Damit wird die komplizierter gewordene Hardware des Computers leichter handhabbar. Die Quellcode-Listings in den PC-, XT- und AT-Handbüchern bestehen aus Zehntausenden von Assembler-Befehlen. Wenn man jedoch von der Größe des ROM BIOS absieht, können Sie dennoch viel Spaß haben und eine Menge lernen, wenn Sie den Quellcode überfliegen.

Ich habe mir in diesem Buch große Mühe gegeben, Ihnen genau aufzuzeigen, wann und wie man ROM BIOS-Routinen verwenden sollte. Bevor Sie selbst mit dem ROM BIOS arbeiten, sollten Sie die Kapitel 8 bis 13 durchlesen.

Kapitel 4
Der Bildschirm

Für viele ist der Bildschirm der Computer. Programme werden oft nur danach beurteilt, wie sie auf dem Bildschirm wirken und wie die Qualität der Bildschirmausgabe ist. In diesem Kapitel werden Sie die verschiedenen Arten von Bildschirmen kennenlernen, die die IBM PC-Familie verwenden kann. Wichtiger ist jedoch, daß wir auch beschreiben wollen, wie man den Bildschirm so programmiert, daß Sie genau die gewünschte Ausgabe erhalten.

Bildschirmadapter

Um eine Bildschirmanzeige zu erzeugen, braucht jeder PC und PS/2 einen *Bildschirmadapter*. Der wichtigste Teil dieses Bildschirmadapters ist eine spezielle Platine, die so programmiert wurde, daß sie die elektrischen Signale erzeugt, die nötig sind, um den Bildschirm zu steuern. Die meisten Modelle der PC/XT/AT-Familie erfordern den Einbau eines Bildschirmadapters, einer speziellen Bildschirmplatine, die in einen der Erweiterungssteckplätze des Computers eingesteckt wird. Die PS/2-Modelle verfügen im Gegensatz dazu über eine eingebaute Bildschirmplatine und benötigen daher keinen Bildschirmadapter.

Die *Bildschirmplatine* besteht aus einer Anzahl miteinander kommunizierender Komponenten, die die Signalgebung, die Farben und die Generierung der Textzeichen steuern. Alle IBM-Bildschirmadapter verfügen über einen *Bildschirmpuffer*, einen Speicherbereich, der den Text oder die grafischen Informationen beinhaltet, die auf dem Bildschirm ausgegeben werden. Der Bildschirmadapter hat nur die eine Aufgabe, die Rohdaten im Bildschirmpuffer in Signale umzuwandeln, mit denen der Bildschirm arbeitet.

Die verschiedenen Bildschirmadapter, die in PCs und den PS/2-Modellen verwendet werden, entwickelten sich aus zwei Bildschirmadaptern, die IBM ursprünglich für den PC freigegeben hat: den Monochrome Display Adapter (MDA) und den Color Graphics Adapter (CGA). Später stellte IBM dann den Enhanced Graphics Adapter (EGA) vor, einen sehr leistungsfähigen Nachfolger von MDA und CGA.

Als die PS/2-Modelle auf den Markt kamen, stellte IBM zwei weitere Bildschirmadapter vor: den Multi-Color Graphics Array (MCGA), der in den PS/2-Modellen 25 und 30 eingebaut ist, und den Video Graphics Array (VGA), der in den PS/2-Modellen 50, 60 und 80 enthalten ist. Zur selben Zeit, als die PS/2-Modelle auf den Markt kamen, stellte IBM einen VGA-Adapter vor, der in den Geräten der PC/XT/AT-Familie genauso gut wie im PS/2-Modell 30 verwendet werden kann.

Diese fünf Adapter von IBM - MDA, CGA, EGA, MCGA und VGA - werden in diesem Kapitel vorgestellt. Obwohl zwischen diesen verschiedenen Bildschirmadaptern sehr große Hardware-Unterschiede bestehen, sollten Sie doch zunächst darauf achten, was ihnen gemeinsam ist. Die Unterschiede zwischen diesen Systemen sollten Sie nicht beunruhigen.

Fast alle Bildschirmadapter können auf zwei grundlegend unterschiedliche Arten programmiert werden: im *Text-Modus* und im *Grafik-Modus*. (Die einzige Ausnahme ist der MDA; er arbeitet nur im Text-Modus.) Im Text-Modus können Sie nur Textzeichen auf den Bildschirm ausgeben, obwohl man einige dieser Zeichen auch dazu verwenden kann, einfache Zeichnungen mit Linien auszuführen. (In Anhang C werden die Textzeichen genauer beschrieben.) Der Grafik-Modus wird hauptsächlich für komplexe Zeichnungen gebraucht, aber Sie können ihn auch verwenden, um Textzeichen verschiedener Zeichensätze oder Größen zu erzeugen.

Der CGA kann sowohl im Text- als auch im Grafik-Modus arbeiten, um Zeichnungen und Zeichen in verschiedenen Größen und Farben zu erzeugen. Im Gegensatz dazu verfügt der MDA nur über den Text-Modus, der eine gespeicherte Menge von alphanumerischen und grafischen Zeichen im ASCII-Format verwendet und diese nur in einer Farbe auf den Bildschirm ausgibt. Der MDA arbeitet nur mit dem IBM Monochrom-Monitor (oder einem entsprechenden Gerät), der CGA dagegen muß mit einem Farbbildschirm verbunden werden, entweder mit einem direkt angesteuerten oder einem Composite-Farbmonitor. (Auf Seite 72 finden Sie mehr Informationen über Monitore.) Viele professionelle Benutzer bevorzugen einen Monochrom-Bildschirm gegenüber dem Farbbildschirm, da die monochrome Oberfläche besser für die Augen ist und der Monitor preisgünstiger als ein äquivalenter Farbsbildschirm ist. Wenn Sie jedoch Monochrom wählen, verzichten Sie auf Farbe, was ein nicht zu unterschätzender Vorzug jedes Computer-Bildschirms sein kann.

Der größte Nachteil von MDA ist seine Unfähigkeit, Bilder im Grafik-Modus auszugeben. Aus diesem Grund brauchen PC/XT/AT-Benutzer, die einen Monochrom-Bildschirm bevorzugen und dennoch Grafiken erzeugen wollen, entweder einen EGA- oder einen Nicht-IBM-Adapter wie die Hercules-Grafikkarte, die den MDA-Text-Modus emuliert, aber gleichzeitig auch einen Monochrom-Grafik-Modus unterstützt.

Etwa zwei Drittel aller PCs werden mit dem Standard-MDA ausgestattet und verfügen daher nicht über Grafiken oder Farbe. Obwohl man wirklich große Vorteile hat, wenn man Farbe und Grafiken verwenden kann, kommen die meisten PCs auch ohne beides zurecht. Der Trend geht allerdings ganz klar hin zu Bildschirmadaptern, die mehr leisten und Grafiken ebenso wie Text erzeugen können. Wenn Sie aber Computer-Anwendungsprogramme schreiben wollen, denken Sie daran, daß die meisten PC-Bildschirme *nur* Text ausgeben können.

Um die Fähigkeiten der Bildschirme von PCs und PS/2-Modellen zu verstehen, ist es am besten, zunächst die Möglichkeiten darzustellen, die ihre verschiedenen Bildschirmadapter gemeinsam haben. Wir werden im weiteren Verlauf die Unterschiede besonders aufzeigen und natürlich auch die Verbesserungen, die die neueren und komplizierteren Adapter (EGA, MCGA und VGA) von ihren Vorgängern (MDA und CGA) unterscheiden.

Speicher und Bildschirmadapter

Der Speicherbereich des Bildschirmpuffers ist direkt mit der Bildschirmplatine verbunden, so daß die Daten im Bildschirmpuffer wiederholt aus dem Puffer gelesen werden können, um auf dem Bildschirm dargestellt zu werden. Dennoch ist der Bildschirmpuffer logisch (in bezug auf die CPU) ein Teil des Adreßraums im Hauptspeicher des Computers. Volle 128 KB Speicheradreßraum sind für die Verwendung als Bildschirmpuffer reserviert. Sie reichen von Adresse A000:0000H bis B000:FFFFH. Die beiden ursprünglichen Bildschirmadapter brauchen jedoch nur zwei kleine Teile dieses Speicherbereichs. Der Monochrome Display Adapter (MDA) belegt 4 KB Bildschirmspeicher, der im Segment B000H abgelegt ist. Der CGA belegt 16 KB Bildschirmspeicher im Segment B800H.

Bei den anderen IBM-Bildschirmadaptern ist die Adresse, an der der Bildschirmspeicher liegt, nicht fest - sie hängt davon ab, wie der Adapter konfiguriert wird. Wird z.B. ein EGA mit einem Monochrom-Bildschirm verwendet, befindet sich sein Text-Modus-Bildschirmpuffer an der Stelle B000H, genauso wie bei einem MDA. Wenn EGA mit einem Farbbildschirm zusammenarbeitet, beginnt sein Bildschirmpuffer an der Stelle B800H. Und wenn Sie einen EGA in einem Nicht-CGA-Grafik-Modus verwenden, beginnt der Puffer an der Adresse A000H. Ebenso wie EGA unterstützen MCGA und VGA auch diese chamäleonartige Methode der Pufferadressierung.

Anlegen eines Bildschirmabbildes

Sie können die Bildschirmausgabe, die von IBM-Bildschirmadaptern erzeugt wird, als eine *Speicherabbildung auf den Bildschirm* betrachten, da jede Adresse im Speicherbereich des Bildschirms einer spezifischen Stelle auf dem Schirm entspricht (siehe Abb. 4-1). Die Bildschirmplatine liest immer wieder Informationen aus dem Speicher und gibt sie auf dem Bildschirm aus. Die Information kann so schnell geändert werden, wie der Computer neue Informationen aus den Benutzerprogrammen in diesen Speicher schreiben kann.

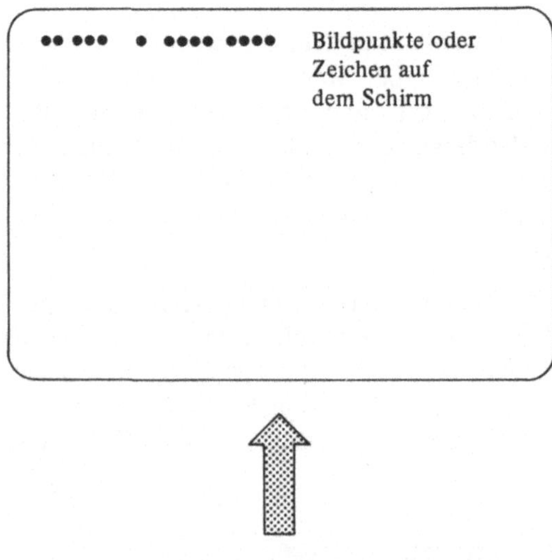

Abb. 4-1 *Der Speicher wird auf den Bildschirm abgebildet.*

Die Bildschirmplatine übersetzt den Bit-Strom, den Sie aus dem Speicher erhält, in Lichtpunkte, die an bestimmten Stellen auf dem Bildschirm erscheinen.

Diese Lichtpunkte werden *Bildpunkte* (*Pixel*) genannt. Sie werden durch einen Elektronenstrahl erzeugt, der auf die phosphorisierende Oberfläche der Bildröhre trifft. Der Elektronenstrahl wird durch einen Elektronen-Emitter generiert und bewegt sich Zeile um Zeile (wie im Raster) über den gesamten Schirm. Dabei hält sich der Strahl waagerecht und senkrecht auf einem genau festgelegten Weg und beschreibt ein sogenanntes *Raster* auf dem Bildschirm. Der Bildschirmadapter generiert Bildschirmkontroll-Signale, die den Elektronenstrahl an- und ausschalten und so das Muster der Bits im Speicher abbilden.

Die Bildschirmplatine erneuert die Bildschirmdarstellung etwa 50 bis 70mal pro Sekunde (in Abhängigkeit vom Bildschirm-Modus), so daß die wechselnden Bilder aufgrund der hohen Wiederholungsgeschwindigkeit klar und stetig aussehen. Am Ende jedes Darstellungszyklusses muß der Elektronenstrahl von der unteren rechten Ecke zur oberen linken Ecke gelangen, um dort erneut einen Zyklus zu beginnen. Diese Bewegung wird *vertikaler Rücklauf* (*vertical retrace*) genannt. Während des Rücklaufes ist der Elektronenstrahl ausgeschaltet, und es kann keine Information auf den Schirm geschrieben werden.

Die vertikale Rücklauf-Periode (etwa 1,25 Millisekunden) ist aus einem ganz bestimmten Grund wichtig für Programmierer, der einige Erklärung erfordert. Das spezifische Design des Bildschirmspeichers, der über zwei Schnittstellen verfügt, erlaubt der CPU und der Bildschirm-Adapter-Platine gleichermaßen Zugriff auf den Bildschirmspeicher. Daher dürfen die CPU und der Bildschirmadapter auch gleichzeitig auf den Bildschirmspeicher zugreifen.

Dies verursacht ein Problem beim Farbgrafik-Adapter (CGA). Wenn die CPU auf den Bildschirmpuffer schreibt oder aus ihm liest, während gleichzeitig der Bildschirmadapter Daten aus dem Puffer auf den Bildschirm kopiert, kann ein kurzes Flimmern - auch Schnee genannt - auf dem Schirm zu sehen sein. Wenn die CPU aber nur während des vertikalen Rücklaufs in den Speicher schreibt (vom Bildschirm-Controller erfolgt in dieser Zeit kein Zugriff), kann dieser Schnee-Effekt vermieden werden. Ein Programm, das unter CGA läuft, kann den Wert in Bit 3 im E/A-Port des Adapters an der Stelle 3DAH abtesten. Dieses Bit wird zu Beginn eines vertikalen Rücklaufes gesetzt und an seinem Ende zurückgesetzt. Während dieser 1,25-Millisekunden-Pause können Ihre Programme soviel Daten wie möglich in den Bildschirmspeicher schreiben. Am Ende des Rücklaufs kann der Bildschirmadapter diese Daten ohne den Schnee-Effekt auf den Bildschirm ausgeben.

Diese Technik ist sehr nützlich für jede Anwendung, die im Text-Modus unter CGA direkt auf Daten im Bildschirmspeicher zugreift. Das Hardware-Design aller anderen IBM Bildschirmadapter vermeidet glücklicherweise diesen Zugriffskonflikt und macht damit diese spezielle Programmiertechnik unnötig.

Bildschirm-Modi

Ursprünglich gab es acht Bildschirm-Modi, die für IBM Personal Computer definiert worden waren: sieben davon standen für CGA zur Verfügung und einer für MDA. Da EGA, MCGA und VGA komplizierter sind, wurden mit ihnen einige neue Modi und zusätzliche Variationen zu den ursprünglichen acht Modi hinzugefügt. Das Ergebnis ist nun, daß es für die fünf IBM-Bildschirmadapter zwölf Text- und Grafik-Modi gibt und, je nachdem wie man sie zählt, sieben oder acht Variationen - dabei wurden noch nicht die Extramodi gerechnet, die für die Nicht-IBM-Bildschirm-Hardware und die nicht mehr existierenden IBM-Systeme wie PCjr existieren. Es gibt daher viele Möglichkeiten, wenn Sie mit IBM-Bildschirmadaptern arbeiten.

Abgesehen von der verwirrenden Vielfalt der Bildschirm-Modi, sind Sie doch sehr ähnlich (Abb. 4-2): alle Bildschirm-Modi sind bezüglich ihrer Auflösung und ihrer Bildschirmpuffer-Organisation mit den Original-MDA-CGA-Modi verwandt.

Der Monochrom-Text-Modus des MDA mit seinen achtzig Spalten und fünfundzwanzig Zeilen wird auf dem EGA und VGA unterstützt. Ebenso werden die zwei Text-Modi von CGA (40x25 und 80x25 16-Farben-Modus) auf EGA, MCGA und VGA unterstützt. Lassen Sie sich nicht durch die zusätzlichen Modusnummern in Abbildung 4-2. verwirren: Der Unterschied zwischen Modus 0 und Modus 1 zum Beispiel ist der, daß das Composite-Farbsignal des CGA in Modus 0 für Monochrom-Bildschirme modifiziert wird. (Auf Seite 72 finden Sie mehr Informationen über Monitore.) Bei allen anderen Monitoren und mit allen anderen Bildschirmadaptern bedeuten Modus 0 und 1 dasselbe - genau wie Modus 2 und 3 sowie Modus 4 und 5.

BIOS-Modus-Nummer					*Bildschirm-*
Hex	*Dez*	*Typ*	*Auflösung*	*Farben*	*Adapter*
00H,01H	0,1	Text	40 x 25	16	CGA,EGA,MCGA,VGA
02H,03H	2,3	Text	80 x 25	16	CGA,EGA,MCGA,VGA
04H,05H	4,5	Grafik	320 x 200	4	CGA,EGA,MCGA,VGA
06H	6	Grafik	640 x 200	2	CGA,EGA,MCGA,VGA
07H	7	Text	80 x 25	Mono	MDA,EGA,VGA
08H,09H,0AH	8,9,10				(nur für PCjr)
0BH,0CH	11,12				(vom EGA BIOS intern verwendet)
0DH	13	Grafik	320 x 200	16	EGA,VGA
0EH	14	Grafik	640 x 200	16	EGA,VGA
0FH	15	Grafik	640 x 350	Mono	EGA,VGA
10H	16	Grafik	640 x 350	16	EGA,VGA
11H	17	Grafik	640 x 480	2	MCGA,VGA
12H	18	Grafik	640 x 480	16	VGA
13H	19	Grafik	320 x 200	256	MCGA,VGA

Abb. 4-2 *Die verfügbaren Bildschirm-Modi der IBM-Bildschirmadapter*

Das Entwicklungsschema ist für die Grafik-Modi dasselbe. Der CGA unterstützt zwei Grafik-Modi, einen 4-Farb-Modus mit 320 x 200 Bildpunkten und einen 2-Farb-Modus mit 640 x 200 Bildpunkten. Diese beiden Modi werden auch auf dem EGA, MCGA und VGA unterstützt. Mit dem EGA wurden drei neue Grafik-Modi eingeführt, die mehr Farben und eine bessere Auflösung bieten als die Original CGA-Grafik-Modi: ein 16-Farb-Modus mit 320 x 200 Bildpunkten, ein 16-Farb-Modus mit 640 x 200 Bildpunkten und einer mit 640 x 350 Bildpunkten. Der EGA stellt auch einen Monochrom-Grafik-Modus mit 640 x 350 Bildpunkten zur Verfügung, der nur mit einem MDA-kompatiblen Monochrom-Bildschirm verwendet werden kann.

Als die PS/2-Modelle auf den Markt kamen, unterstützten ihre Bildschirmadapter dieselben Modi wie MDA, CGA und EGA - doch auch hier wurden einige neue Grafik-Modi hinzugefügt. Der MCGA für die PS/2-Modelle 25 und 30 folgt der CGA-Tradition: Er unterstützt alle CGA-Modi und zusätzlich den neuen 2-Farb-Modus mit 640 x 480 und den 256-Farb-Modus mit 320 x 200 Bildpunkten. Der VGA ähnelt in den anderen PS/2-Modellen stark dem EGA. Er bietet alle EGA-Text- und Grafik-Modi, die beiden neuen MCGA-Grafik-Modi und einen zusätzlichen Grafik-Modus, der nicht von den anderen Adaptern unterstützt wird - einen 16-Farb-Modus mit 640 x 480 Bildpunkten.

Wie wollen Sie nun wissen, welchen Modus Sie in ihrem Programm verwenden sollen? Wenn es auf hohe Kompatibilität ankommt, sind sicherlich der MDA- und CGA-Modus der kleinste gemeinsame Nenner. Wenn Sie mehr Farben oder eine bessere Grafik-Auflösung benötigen, als sie der CGA-Modus bietet, können Sie einen der EGA-, MCGA- oder VGA-Grafik-Modi verwenden. Wenn Ihr Programm natürlich einen EGA oder VGA benötigt, sind Benutzer, die nur über CGA verfügen, im Nachteil.

Viele der kommerziellen Software-Produzenten lösen dieses Problem, indem sie installierbare Bildschirm-Output-Routinen zusammen mit ihren Produkten anbieten. Wenn Sie ein Software-Paket wie Microsoft Windows oder Lotus 1-2-3 verwenden wollen, müssen Sie beispielsweise ein zusätzliches Installationsprogramm laufen lassen, das die speziellen Ausgabe-Routinen für ihre Bildschirm-Hardware an die Anwendungssoftware anbindet. Dieser Ansatz bedeutet mehr Arbeit für beide, sowohl diejenigen, die die Software schreiben, als auch diejenigen, die sie verwenden; aber dies ist ein guter Weg, für Anwendungsprogramme die bestmögliche Bildschirmausgabe sicherzustellen, so daß keine Probleme mit unterschiedlicher Bildschirm-Hardware und den Bildschirm-Modi auftreten.

Steuerung des Bildschirm-Modus

Bevor wir die Auflösung und Farben in den Bildschirm-Modi genauer untersuchen, soll kurz erläutert werden, wie Sie den geeigneten Bildschirm-Modus für ihre Anwendung auswählen können. Die effizienteste Art zur Ansteuerung eines Bildschirm-Modus besteht darin, die ROM BIOS-Routine mit Assembler aufzurufen. Der ROM BIOS-Interrupt 10H (dezimal 16), Unterroutine 00H, dient dazu, einen Bildschirm-Modus auszuwählen, wobei er die Modusnummern benutzt, die in Abbildung 4-2 aufgeführt wurden. (In Kapitel 9 finden sie detailliertere Informationen darüber.)

In vielen höheren Programmiersprachen gibt es auch Befehle zur Auswahl der Bildschirm-Modi. BASIC liefert ihnen beispielsweise die Kontrolle über die Bildschirm-Modi durch den SCREEN-Befehl. Allerdings verwendet es andere Modusnummern als die ROM BIOS-Routinen. Einige der Bildschirm-Modi können Sie auch durch den DOS MODE-Befehl kontrollieren (siehe Abb. 4-3).

BIOS-Modus-Nummer		*BASIC-Befehl zum*	*DOS-Befehl zum*
Hex	*Dez*	*Ändern des Modus*	*Ändern des Modus*
00H	0	SCREEN 0,0: WIDTH 40	MODE BW40
01H	1	SCREEN 0,1: WIDTH 40	MODE CO40
02H	2	SCREEN 0,0: WIDTH 80	MODE BW80

Abb. 4-3 *(weiter nächste Seite)*

Monitore

Der Bildschirmtyp, der verwendet werden soll, hat einen ganz wesentlichen Einfluß auf das Programm-Design. Viele Monitore können weder Grafik noch Farbe erzeugen, und einige produzieren sogar eine so schlechte Bildqualität, so daß sie nur mit 40-Spalten-Text-Format arbeiten können. Die vielen verschiedenen Monitortypen, die quer durch die PC-Computer-Familie verwendet werden, kann man in fünf grundlegende Typen unterscheiden.

Direktgesteuerte Monochrom-Monitore. Diese Monitore wurden entwickelt, um mit dem Monochrome Display Adapter (MDA) zu arbeiten. Sie können sie jedoch auch mit dem Enhanced Graphics Adapter (EGA) verwenden. Der grüne IBM-Monochrom-Bildschirm erinnert an IBMs 3270-Serie der Mainframe-Computer-Terminals; viele professionelle Anwender arbeiten gerne mit einer Kombination aus dem MDA und einem grünen Monochrom-Bildschirm.

Composite-Monochrom-Monitore. Diese Bildschirme sind weit verbreitet, sie sind auch die preisgünstigsten. Sie werden an den Composite-Video-Ausgang des CGA angeschlossen und erzeugen ein ziemlich klares einfarbiges Bild (meist grün oder bernsteinfarben). Verwechseln Sie den Composite-Monitor nicht mit dem direktgesteuerten Monochrom-Monitor. Der direktgesteuerte Monochrom-Monitor muß mit MDA oder EGA betrieben werden.

Composite-Farbmonitore und Fernsehbildschirme. Composite-Farbmonitore verwenden ein einzelnes kombiniertes Signal entsprechend der Composite-Video-Ausgabe des CGA. Der Composite-Farbmonitor erzeugt Farbe und Grafiken, aber er hat auch seine Grenzen: eine 80-Spalten-Darstellung ist im allgemeinen unleserlich; nur bestimmte Farbkombinationen ergeben ein gutes Bild, und die Grafik-Darstellung ist von geringer Qualität, so daß sie einfach gehalten werden muß, indem niedrig auflösende Grafik-Modi verwendet werden.

Obwohl der normale Fernsehbildschirm (Farbe oder Schwarz/Weiß) technisch gesehen ein Composite-Monitor ist, erzeugt er in der Regel ein noch schlechteres Bild als Composite-Datenmonitore. Eine Text-Darstellung muß im 40-Spalten-Modus erfolgen, um die Lesbarkeit zu garantieren. Fernseher werden an den Composite-Video-Ausgang des

(Fortsetzung)

BIOS-Modus-Nummer		*BASIC-Befehl zum*	*DOS-Befehl zum*
Hex	*Dez*	*Ändern des Modus*	*Ändern des Modus*
03H	3	SCREEN 0,1: WIDTH 80	MODE CO80
04H	4	SCREEN 1,0	nicht vorhanden
05H	5	SCREEN 1,1	nicht vorhanden
06H	6	SCREEN 2	nicht vorhanden
07H	7	nicht vorhanden	MODE MONO

Abb. 4-3 *Die BASIC- und DOS-Befehle, die die Bildschirm-Modi ändern*

CGA angeschlossen, das Composite-Signal muß aber noch zusätzlich mit einem HF-Modulator umgewandelt werden.

RGB-Farbmonitore. Die RGB-Monitore vereinen die Vorteile beider Systeme. Sie kombinieren eine qualitativ sehr gute Textanzeige auf Monochrom-Monitoren mit einer hohen Auflösung bei Grafiken und Farbe. RGB steht für *Rot-Grün-Blau*, und RGB-Monitore tragen ihren Namen, weil sie für jedes Farbsignal eine eigene Leitung besitzen (ein Composite-Monitor hat nur eine einzige Leitung für alle Farben gemeinsam). Die Bild- und Farbqualität eines RGB-Monitors ist wesentlich besser als die aller auf dem Markt erhältlichen Bildschirme, die an den Composite-Ausgang angeschlossen werden.

Monitore mit variabler Frequenz. Eines der Probleme, die durch die Verschiedenartigkeit der Bildschirmadapter entstanden, besteht darin, daß einige Adapter Farb- und Zeitsignale mit unterschiedlichen Frequenzen oder mit anderen Codierungen als andere produzieren. Zum Beispiel können Sie einen PS/2-kompatiblen Monitor nicht mit einem CGA betreiben, da die Farbinformation in den Monitor-Steuersignalen von CGA anders codiert wird als von einem PS/2-Bildschirmadapter (MCGA oder VGA).

Die Bildschirmhersteller reagierten auf dieses Problem, indem sie RGB-Monitore mit variabler Frequenz produzierten, die über eine ganze Spanne von Signalfrequenzen verfügen sowie über mehr als eine Methode der Farbsignalcodierung. Die MultiSync-Monitore von NEC arbeiten beispielsweise mit den unterschiedlichen Signalfrequenzen, die von CGA, von EGA und den PS/2-Bildschirmadaptern generiert werden. Diese Monitore verfügen auch über einen Schalter, mit dem der Benutzer sie an die digitale Farbsignalcodierung von CGA und EGA oder an die analogen Farbsignale, die von den PS/2-Adaptern verwendet werden, anpassen kann.

Viele Anwender arbeiten mit Monitoren, die über variable Frequenzen verfügen, da sie davon ausgehen, daß sie irgendwann in der Zukunft ihre Bildschirmadapter neu konfigurieren werden. Sie wollen dann nicht durch einen inkompatiblen Monitor daran gehindert werden.

Die Bildschirmauflösung

Die Darstellungen auf dem Bildschirm bestehen aus sehr vielen, dicht nebeneinandergesetzten Bildpunkten. Die Ausgabequalität ist abhängig von der Anzahl der Bildpunktzeilen, auch *Rasterzeilen* genannt, die von oben bis unten laufen, und der Anzahl der Bildpunkte, die von links nach rechts in jeder Rasterzeile stehen. Die horizontale und vertikale Auflösung wird durch den Monitor ebenso wie durch den Bildschirmadapter im Computer begrenzt. Die Bildschirm-Modi, die bei den unterschiedlichen Adaptern verfügbar sind, wurden so entworfen, daß die horizontale und vertikale Auflösung in jedem Modus innerhalb der Grenzen bleibt, die durch die Hardware festgelegt sind.

Der Text-Modus von MDA hat eine Auflösung von 720 x 350 Bildpunkten; d.h. der Schirm hat 350 Rasterzeilen, von denen jede 720 Bildpunkte enthält. Da 25 Zeilen mit je 80 Textzeichen in diesem Modus ausgegeben werden, hat jedes Zeichen die Breite von 9 Bildpunkten (720 : 80) und die Höhe von 14 Bildpunkten (350 : 25). Die Text-Modi von CGA haben eine etwas geringere Auflösung, da die Bildpunktauflösung von CGA nur 640 x 200 beträgt. Daher bestehen die 25 80-Zeichen-Linien von CGA aus Textzeichen, die nur eine Breite von 8 Bildpunkten (640 ÷ 80) und eine Höhe von 8 Bildpunkten (200 ÷ 25) haben. Daher erscheint ein Text auf einem MDA-Schirm schärfer als auf einem CGA-Schirm.

Der Trend bei den neueren IBM Bildschirmadaptern geht hin zu einer besseren vertikalen Auflösung. Zum Beispiel hat der 80 x 25 Text-Modus von EGA eine Auflösung von 640 x 350 Bildpunkten, die Textzeichen sind also 8 x 14 Bildpunkte groß. Bei MCGA hat der standardmäßige 80 x 25 Text-Modus eine Auflösung von 640 x 400 (8 x 16 pro Zeichen) und für VGA hat derselbe Text-Modus eine Auflösung von 720 x 400, die Zeichen sind hier jedes 9 Bildpunkte breit und 16 Bildpunkte hoch. Wenn man vom Programm ausgeht, ist der 80 x 25 Text-Modus für CGA, MCGA und VGA dasselbe - in allen Fällen ist dies der Bildschirm-Modus 3. Aber der Anwender sieht bei Verwendung eines VGA oder MCGA eine wesentlich höhere Auflösung, als wenn einer der älteren Adapter eingesetzt würde.

Denselben Trend hin zu besserer Auflösung erkennen Sie, wenn Sie sich die Grafik-Modi ansehen, die auf den neueren Bildschirmadaptern verfügbar sind. Der 16-Farb-Modus von VGA mit 640 x 480 Bildpunkten hat mehr als zweimal soviel Bildpunkte auf dem Schirm als der ursprüngliche Grafik-Modus von CGA mit einer Auflösung von 640 x 200. Vom heutigen Standpunkt aus erscheint es daher merkwürdig, daß dieser CGA-Modus hochauflösend genannt wurde, als CGA auf den Markt kam.

Farben

In jedem Bildschirm-Modus steht eine breite Palette von Farben zur Verfügung, außer natürlich auf einem Monochrom-Bildschirm. Sie werden bemerkt haben, daß zwischen den verschiedenen Modi wesentliche Unterschiede in bezug auf die verfügbare Anzahl der Farben bestehen. In diesem Abschnitt wollen wir die Farb-Optionen für die Bildschirm-Modi beschreiben.

Die Farben für die Ausgabe auf dem Schirm werden durch Kombinationen von vier Elementen produziert: Drei Farbkomponenten - rot, grün und blau - und zusätzlich eine Helligkeitskomponente. Text- und Grafik-Modi verwenden dieselben Farb- und Helligkeitsoptionen, aber sie kombinieren sie auf verschiedene Weise, um ihre Farb-Ausgaben zu erzeugen. Die Text-Modi, deren Basiseinheit ein Zeichen ist, das aus verschiedenen Bildpunkten zusammengesetzt ist, verwenden ein ganzes Byte, um die Farbe, die Helligkeit und das Blinken eines Zeichens und des Hintergrundes festzulegen. In den Grafik-Modi wird jeder Bildpunkt durch 1 bis 8 Bit(s) dargestellt, deren Wert Farbe und Helligkeit des ausgegebenen Bildpunkts festlegt.

In 16-Farb-Text- und -Grafikmodi werden die vier grundlegenden Farb- und Helligkeitskomponenten auf 16 verschiedene Weisen kombiniert. Farben werden spezifiziert durch eine Gruppe von vier Bit. Jedes Bit bestimmt, ob eine bestimmte Farb-Komponente an- oder ausgeschaltet ist. Das Ergebnis sind 16 Farbkombinationen, die den 16 4-Bit-Binärzahlen entsprechen (siehe Abb. 4-4).

Helligkeit	*rot*	*grün*	*blau*	*binär*	*hex*	*Beschreibung*
0	0	0	0	0000B	00H	schwarz
0	0	0	1	0001B	01H	blau
0	0	1	0	0010B	02H	grün
0	0	1	1	0011B	03H	türkis (blaugrün)
0	1	0	0	0100B	04H	rot
0	1	0	1	0101B	05H	magentarot
0	1	1	0	0110B	06H	braun (oder dunkelgelb)
0	1	1	1	0111B	07H	hellgrau (oder weiß)
1	0	0	0	1000B	08H	dunkelgrau (auf vielen Schirmen schwarz)
1	0	0	1	1001B	09H	hellblau
1	0	1	0	1010B	0AH	hellgrün
1	0	1	1	1011B	0BH	helltürkis
1	1	0	0	1100B	0CH	hellrot
1	1	0	1	1101B	0DH	helles magentarot
1	1	1	0	1110B	0EH	gelb (oder hellgelb)
1	1	1	1	1111B	0FH	klarweiß

Abb. 4-4 *Die Farben, die in 16-Farb-Text- und Grafik-Modi standardmäßig zur Verfügung stehen*

In einigen Bildschirm-Modi bestehen die Daten im Bildschirmpuffer aus 4-Bit-Attributwerten, die den 16 möglichen Farbkombinationen auf dem Schirm genau entsprechen. In anderen Bildschirm-Modi spezifizieren die Attributwerte nicht direkt spezifische Farben. Beim EGA bezeichnet beispielsweise jeder Attributwert eines von 16 Paletten-Registern, von denen jedes einen Farbwert enthält (siehe Abb. 4-5). Diese Palette von Farbwerten bestimmt die Farbkombinationen, die auf den Bildschirm ausgegeben werden.

Die Verwendung einer Farbpalette ermöglicht es, aus einer großen Bandbreite von Farben einzelne zu spezifizieren, wobei relativ wenige Datenbits im Bildschirmpuffer verwendet werden. Jedes der 16 Farbregister der EGA enthält z.B. einen von 64 verschiedenen 6-Bit-Farbwerten. So können jeweils zwei von 64 verschiedenen Farben in einem 2-Farb-Bildschirm-Modus der EGA verwendet werden. Vier beliebige der 64 Farben können in einem 4-Farb-Modus und 16 beliebige von 64 Farben in einem 16-Farb-Modus verwendet werden.

Alle IBM Bildschirmadapter außer MDA können Paletten verwenden, um Farben auszugeben. CGA hat drei eingebaute 4-Farbregister, die im 4-Farb-Modus mit einer Auflösung von 320 x 200 verwendet werden. EGA hat, wie wir bereits gesehen haben, eine 16-Farb-Palette, wobei jede Farbe aus einer Menge von 64 Farben ausgewählt werden kann. MCGA und VGA, die beide über ein noch größeres Farbangebot verfügen, verwenden eine separate palettenähnliche Komponente, den *Bildschirm-Digital/Analog-Umwandler* (Bildschirm-DAU), um Farbsignale zum Bildschirm zu senden.

Der Bildschirm-DAU verfügt über 256 Farbregister, von denen jedes 6-Bit-Farbwerte für rot, grün und blau enthält. Da es 64 mögliche Werte für jede der RGB-Komponenten gibt, kann jedes Bildschirm-DAU-Farbregister einen Farbwert von 64 x 64 x 64 oder 262.144 verschiedenen Farbwerten enthalten. Diese große Spannbreite von Farben ermöglicht es Ihnen, sehr subtile Farbschattierungen und Konturen auf dem Schirm darzustellen.

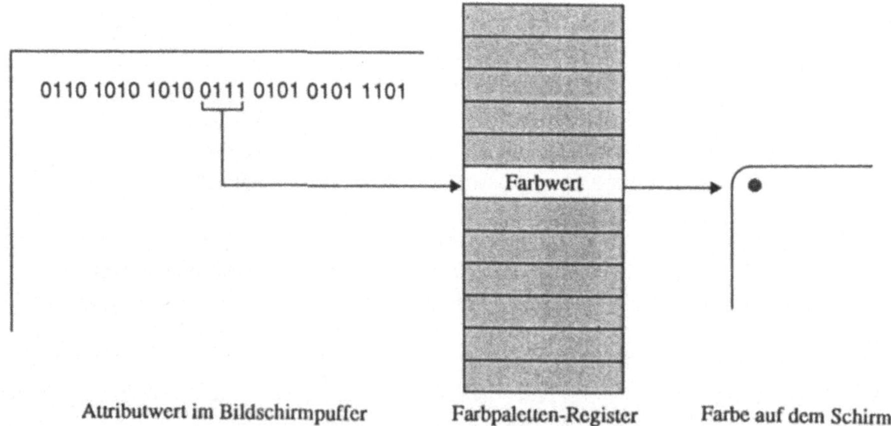

Abb. 4-5 *Festlegung der EGA-Farben durch Farbregister. Jeder Attributwert im Bildschirmpuffer verweist auf ein Farbregister, dessen Inhalt eine Farbe bestimmt.*

Beim MCGA haben die Bildschirm-DAU-Farbregister einen ähnlichen Sinn wie die Palettenregister des EGA. Die Attributwerte im Bildschirmpuffer verweisen auf Bildschirm-DAU-Farbregister, deren Inhalte die Farben spezifizieren, die auf dem Bildschirm erscheinen. Leider bietet nur einer der MCGA-Bildschirm-Modi die vollen Möglichkeiten des Bildschirm-DAUs: einen 256-Farb-Modus mit einer Auflösung von 320 x

200. Nur dieser Bildschirm-Modus verwendet 8-Bit-Attributwerte, die alle 256 Bildschirm-DAU-Farbregister spezifizieren können. Die übrigen Bildschirm-Modi verwenden Attributwerte, die nur vier Bits haben, daher werden nur die ersten 16 Bildschirm-DAU-Farbregister verwendet.

VGA umgeht diese Begrenzung (und kompliziert damit die ganze Sache etwas), indem es 16 Paletten-Register verwendet (ebenso wie EGA), aber außerdem 256 Bildschirm-DAU-Farbregister wie MCGA. Ein Attributwert im Bildschirmpuffer wählt aus den 16 Paletten-Register eines aus, dessen Inhalt wiederum auf eines der 256 Bildschirm-DAU-Farbregister verweist. Dessen Inhalt bestimmt dann die Farbe, die auf dem Bildschirm ausgegeben wird (siehe Abb. 4-6).

Unter EGA, MCGA oder VGA Farben zu spezifizieren, ist wesentlich komplizierter als unter CGA. Um diesen Prozeß zu vereinfachen, lädt das ROM BIOS die Paletten-Register (unter EGA und VGA) und die Bildschirm-DAU-Farbregister (unter MCGA und VGA) mit Farbwerten, die genau denjenigen entsprechen, die unter CGA zur Verfügung stehen. Wenn Sie die CGA-kompatiblen Text- und Grafik-Modi der neueren Adapter verwenden und dabei die Paletten- und Bildschirm-DAU-Register ignorieren, werden Sie dieselben Farben sehen, wie sie unter CGA zur Verfügung stehen.

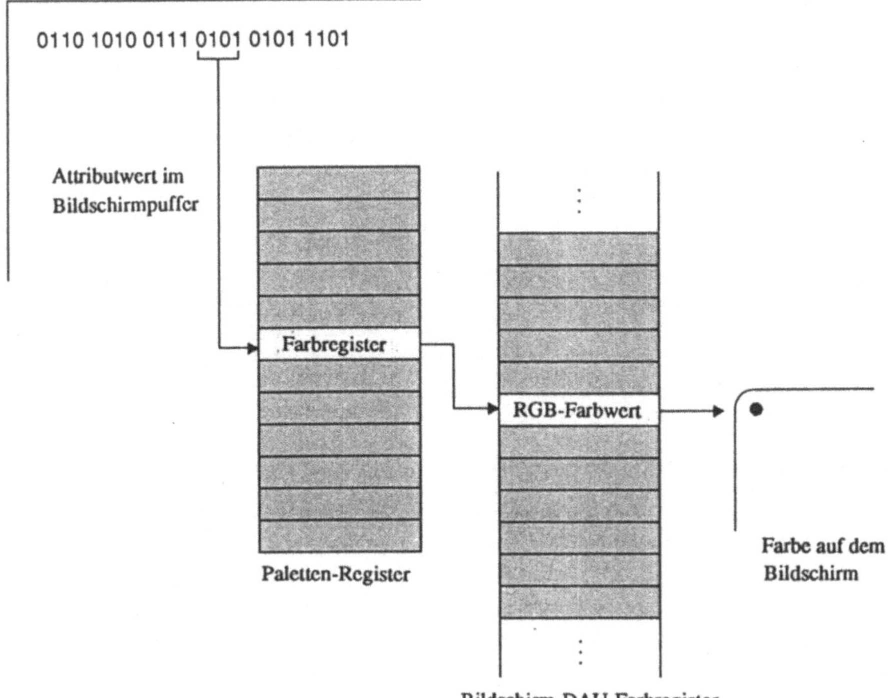

Abb. 4-6 *Die Festlegung der VGA-Farben unter Verwendung der Paletten-Register und des Bildschirm-DAU*

Aus diesem Grund ist es normalerweise das beste, die Paletten- und Bildschirm-DAU-Register zu ignorieren, wenn Sie damit beginnen, eine Anwendung zu entwickeln. Wenn Ihr Anwendungsprogramm mit den CGA-kompatiblen Farben fehlerlos funktioniert, können Sie Programmcode hinzufügen, der die Paletten- bzw. die Bildschirm-DAU-Farben ändert. Das ROM BIOS bietet viele Routinen, mit denen Sie auf die Paletten- und Bildschirm-DAU-Register zugreifen können. In Kapitel 9 werden diese Routinen im einzelnen untersucht.

Wenn Sie mit Farbe arbeiten wollen, lesen Sie bitte sorgfältig die folgenden Abschnitte, die sich mit wichtigen, die Farbe betreffenden Einzelheiten beschäftigen.

Farbunterdrückende Modi

Da IBM versuchte, die Grafik-Modi für die ganze Spanne von Monitoren, sowohl Farbe als auch Monochrom, kompatibel zu machen, wurden beim Farbgrafikadapter einige Modi implementiert, die keine Farbe produzieren: *farbunterdrückende Modi*. Es gibt drei farbunterdrückende Modi: 0, 2 und 5. In diesen Modi werden Farben in Grauschattierungen oder in Schattierungen derjenigen Farbe, die der Bildschirm erzeugt, konvertiert. Es gibt vier Grauschattierungen in Modus 5 und eine Vielzahl von Helligkeitsstufen in den Modi 0 und 2. Die Farbe von CGA wird im Composite-Signal unterdrückt, aber nicht in der RGB-Ausgabe. Diese Unstimmigkeit resultiert aus einer nicht zu vermeidenden technischen Begrenzung.

> ❑ HINWEIS: *Zu jedem farbunterdrückenden Modus gibt es einen entsprechenden Farb-Modus. So entsprechen die Modi 0 und 1 dem 40-Spalten-Text, die Modi 2 und 3 entsprechen einem 80-Spalten-Text, und die Modi 4 und 5 entsprechen Grafiken mittlerer Auflösung. Die Tatsache, daß die Modi 4 und 5 das Schema der Modi 0 und 1 sowie der Modi 2 und 3 umkehren, bei denen jeweils der farbunterdrückende Modus zuerst kommt, führte zu einer Komplikation in BASIC. Der zweite Parameter der SCREEN-Anweisung von BASIC bestimmt die Farbe. Die Bedeutung dieses Parameters ist in den Modi 4 und 5 umgekehrt, so daß der Befehl "SCREEN,1" in den Text-Modi (0, 1, 2, 3) Farbe erzeugt, sie aber in den Grafik-Modi (4 und 5) unterdrückt. Diese Unstimmigkeit ist möglicherweise zuerst ein Programmierfehler gewesen, aber sie ist nun ein Teil der offiziellen Definition der SCREEN-Anweisung.*

Farbe in Text- und Grafik-Modi

Text- und Grafik-Modi verwenden denselben Farbdecodierungs-Schaltkreis, unterscheiden sich jedoch in der Art, wie sie die Farbattributwerte im Bildschirmpuffer speichern. In den Text-Modi werden die Vordergrund- und Hintergrundfarben jedes Zeichens durch zwei 4-Bitfelder in einem einzelnen Attributbyte spezifiziert, unabhängig davon, welchen Bildschirmadapter Sie verwenden (siehe Abb. 4-7). Die Vordergrund- und die Hintergrundattributwerte beschreiben zusammen die Bildpunkte eines Zeichens: alle Vordergrundbildpunkte werden mit dem Vordergrundattribut des Zeichens auf dem Schirm ausgegeben, und alle Hintergrundbildpunkte entsprechen dem Hintergrundattribut.

In den Grafik-Modi wird das Attribut jedes Bildpunkts durch ein Bitfeld im Bildschirmpuffer bestimmt. Größe und Format des Bitfeldes eines Bildpunkts hängen vom Bildschirm-Modus ab: die kleinsten Bitfelder sind nur ein Bit lang (wie im 2-Farb-Modus mit einer Auflösung von 620 x 200), und die größten Bitfelder sind 8 Bits lang (wie im 256-Farb-Modus mit der Auflösung von 320 x 200).

Warum man sowohl Text- als auch Grafik-Modi hat, wird klar, wenn man überlegt, wieviele Daten benötigt werden, um die Bildpunkte auf dem Schirm zu beschreiben. In den Grafik-Modi brauchen Sie zwischen 1 und 8 Datenbit(s) im Bildschirmpuffer für jeden Bildpunkt, den Sie ausgeben. Im 16-Farben-Modus mit der Auflösung von 640 x 350 brauchen Sie 4 Bits für einen Bildpunkt. Sie brauchen also 640 x 350 x 4 : 8 = 112000 Bytes, um einen Bildschirm voll Daten darzustellen. Aber wenn Sie 25 Zeilen mit 80 Zeichen im Text-Modus mit derselben Auflösung darstellen, brauchen Sie nur 80 x 25 x 2 oder 4000 Bytes.

			Bit					
7	*6*	*5*	*4*	*3*	*2*	*1*	*0*	*Verwendung*
1	.	.	.	.	.	.	.	Blinken des Vordergrundzeichens oder Helligkeitskomponente der Hintergrundfarbe
.	1	.	.	.	.	.	.	Rote Komponente der Hintergrundfarbe
.	.	1	.	.	.	.	.	Grüne Komponente der Hintergrundfarbe
.	.	.	1	.	.	.	.	Blaue Komponente der Hintergrundfarbe
.	.	.	.	1	.	.	.	Helligkeitskomponente der Vordergrundfarbe
.	.	.	.	.	1	.	.	Rote Komponente der Vordergrundfarbe
.	.	.	.	.	.	1	.	Grüne Komponente der Vordergrundfarbe
.	.	.	.	.	.	.	1	Blaue Komponente der Vordergrundfarbe

Abb. 4-7 *Die Codierung des Farbattribut-Bytes*

Die Tendenz ist klar: Text-Modi verbrauchen weniger Speicherplatz und erfordern weniger Datenmanipulation als Grafik-Modi. Sie können aber in den Grafik-Modi jeden Bildpunkt einzeln manipulieren, während Sie im Gegensatz in den Text-Modi nur ganze Zeichen ändern.

Setzen der Farben in den Text-Modi

Nun wollen wir einen genaueren Blick darauf werfen, wie Sie Farben in den Text-Modi anwenden. (Weiter unten in diesem Kapitel werden wir auf die Grafik-Modi zurückkommen.) In den Text-Modi wird die Stellung jedes Zeichens auf dem Bildschirm durch ein Paar nebeneinanderstehender Bytes im Bildschirmpuffer angegeben. Das erste Byte enthält den ASCII-Code für das Zeichen, das ausgegeben werden soll (in Anhang C finden Sie eine ASCII-Zeichentabelle). Das zweite Byte ist das *Attribut-Byte* des Zeichens. Es gibt an, wie das Zeichen erscheint, d.h. also seine Farben, seine Helligkeit und sein Blinken. Wir haben bereits zwei Attribute erwähnt, die das Aussehen eines Zeichens bestimmen: die Farbe und die Helligkeit. Je nachdem mit welchem Bildschirmadapter Sie gerade arbeiten, können Sie den Textzeichen noch andere Attribute zuweisen. Auf allen IBM Bildschirmadaptern können Textzeichen blinken. Auf den auch für Monochromgeräte geeigneten Adaptern (wie MDA, EGA und VGA) können Zeichen auch unterstrichen werden. Auch auf einigen nicht-IBM Adaptern wie der Hercules Grafikkarte Plus können die Zeichen Attribute wie fett oder durchgestrichen haben.

In allen diesen Fällen weisen Sie diese alternativen Attribute zu, indem Sie dieselben 4-Bit-Attribute verwenden, die die Farben spezifizieren. Ein wichtiger Punkt ist das Attribut Blinken. Das Blinken eines Zeichens wird bewirkt, indem ein Bit in einem speziellen Register im Bildschirmadapter gesetzt wird (beim CGA z.B. ist dieses Blink-Bit das Bit 5 des 8-Bit-Registers, das auf den Eingabe-/Ausgabe-Port 3D8H abgebildet wird).

Wenn dieses Bit auf 1 steht, wird das höchste Bit in jedem Attribut-Byte eines Zeichens nicht als Teil der Farbspezifizierung des Zeichenhintergrundes interpretiert. Stattdessen zeigt dieses Bit dann an, ob das Zeichen blinken soll.

Wenn Sie mit dem CGA arbeiten, können Sie ausprobieren, was passiert, wenn Sie das folgende BASIC-Programm laufen lassen:

```
10 DEF SEG = &HB800          ' verweist auf den Startpunkt des
                             ' Bildschirmpuffers
20 POKE 0,ASC("A")           ' speichert den ASCII-Code für A im
                             ' Puffer
30 POKE 1,&H97               ' Vordergrundattribut = 7 (Weiß)
                             ' Hintergrundattribut = 9 (intensives
                             ' Blau)
```

Sie werden einen blinkenden weißen Buchstaben A auf blauem Hintergrund sehen. Wenn Sie dem Programm die folgende Anweisung hinzufügen, setzen Sie das Blink-Bit auf 0 und bewirken, daß der CGA das Hintergrundattribut als intensives Blau interpretiert:

```
40 OUT &H3D8,&H09            ' setzt das Blink-Bit auf 0
```

Standardmäßig wird von DOS und BASIC das Attribut 07H verwendet, also normales Weiß (7) auf Schwarz (0) ohne Blinken. Sie können jedoch jede beliebige Kombination von 4-Bit-Vordergrund- und -Hintergrundattributen für jedes Zeichen verwenden, das im Text-Modus ausgegeben wird. Wenn Sie die Vordergrund- und Hintergrundattribute eines Zeichens vertauschen, wird das Zeichen "invers" dargestellt. Wenn Vordergrund- und Hintergrundattribute dieselben sind, ist das Zeichen "unsichtbar".

Setzen der Attribute im Monochrom-Modus

Der Monochrom-Modus (Modus 7), der vom Monochromadapter verwendet wird, verfügt über eine begrenzte Anzahl von Darstellungseigenschaften, die als Ausgleich für die fehlenden Farben angesehen werden können. Ebenso wie CGA verwendet MDA 4-Bit-Vordergrund- und -Hintergrundattribute, doch ihre Werte werden durch den Chip, der die MDA-Attribute decodiert, unterschiedlich interpretiert.

Nur bestimmte Kombinationen von Vordergrund- und Hintergrundattributen werden durch den MDA erkannt (siehe Abb. 4-8). Andere nützliche Kombinationen wie "Unsichtbarkeit" (weiß-auf-weiß) oder eine Kombination von inverser und unterstrichener Darstellung werden durch die Hardware nicht unterstützt.

Ebenso wie CGA hat MDA ein Blink-Bit, das festlegt, ob das höchste Bit jedes Zeichenattribut-Bytes für das Blinken oder für die Intensität des Hintergrundattributes zuständig ist. Unter MDA ist das Blink-Bit Bit 5 des Registers am Port 3B8H. Wie bei CGA wird das Blink-Bit durch das ROM BIOS gesetzt, wenn der Monochrom-Text-Modus 7 verwendet wird. Sie müssen daher dieses Bit explizit zurücksetzen, wenn Sie kein Blinken benötigen, sondern Zeichen mit einem hellem Hintergrund ausgeben wollen.

Bei EGA, MCGA und VGA arbeiten die Text-Modusattribute ebenso wie unter MDA und CGA. Obwohl das Blink-Bit bei den neueren Adaptern ein anderes Hardware-Register belegt, bietet ROM BIOS eine Service-Routine an, die über den Interrupt 10H das Bit unter EGA, MCGA und VGA umschaltet. (In Kapitel 9 auf Seite 177 finden sie mehr Informationen über diese Routine.)

Attribut	*Beschreibung*
00H	nicht angezeigt
01H	unterstrichen
07H	normal (weiß auf schwarz)
09H	erhellt und unterstrichen
0FH	erhellt
70H	weißer Hintergrund, schwarzer Vordergrund ("inverse Darstellung")
87H*	blinkend weiß auf schwarz (wenn Blinken zur Verfügung steht) gedämpfter Hintergrund, normaler Vordergrund (wenn Blinken nicht zur Verfügung steht)
8FH*	Blinken und erhellt (wenn Blinken zur Verfügung steht) gedämpfter Hintergrund, Vordergrund erhellt (wenn Blinken nicht zur Verfügung steht)
F0H	Blinken "invers" (wenn Blinken zur Verfügung steht) Hintergrund erhellt, schwarzer Vordergrund (wenn Blinken nicht zur Verfügung steht)

*wird nicht auf allen Monochrommonitoren angezeigt

Abb. 4-8 *Die Monochrom-Text-Modusattribute. Einige der Attribute erscheinen nur, wenn das Blink-Bit am E/A-Port 3B8H gesetzt ist.*

Setzen der Farben in den Grafik-Modi

Bisher haben wir gesehen, wie die Farben (und das monochrome Äquivalent) in den Text-Modi gesetzt werden. Die Darstellung von Farben im Grafik-Modus erfolgt nach einem anderen Prinzip. In den Grafik-Modi gehört zu jedem Bildpunkt des Bildschirms eine Farbe. Die Farbe wird genauso gesetzt wie die Attribute im Text-Modus, es gibt aber wichtige Unterschiede. Da erstens jeder Bildpunkt ein einzelner, für sich stehender Farbpunkt ist, gibt es keinen Hintergrund und Vordergrund - ein Bildpunkt hat genau eine Farbe. Zweitens haben die Bildpunktattribute nicht immer eine Größe von 4 Bits - oben wurde bereits erwähnt, daß die Bildpunktattribute in Abhängigkeit von dem verwendeten Bildschirm-Modus zwischen 1 und 8 Bit(s) groß sind. Diese Unterschiede führen dazu, daß Programme im Grafik-Modus anders wirken als in einem Text-Modus. Sowohl Programmierer als auch Anwender können diesen Unterschied bemerken.

Der wichtigste Unterschied zwischen den Attributen im Text-Modus und im Grafik-Modus ist dieser: in den Grafik-Modi können Sie die Farbe jedes Bildpunktes bestimmen. Damit können Sie Farben effektiver verwenden als in Text-Modi. Wenn Sie mit dem CGA arbeiten, wird dies durch seine beschränkten Farbfähigkeiten nicht so sichtbar, doch mit dem MCGA oder VGA wird der Unterschied sehr deutlich.

Beginnen wir mit dem CGA. Die zwei Grafik-Modi des CGA sind in bezug auf Farben relativ begrenzt: im 4-Farben-Modus mit 320 x 200 Auflösung haben die Bildpunktattribute nur eine Größe von 2 Bits, d.h. Sie können nur 4 verschiedene Farben auf einmal ausgeben. Im 2-Farben-Modus mit der Auflösung 640 x 200 haben Sie nur 1 Bit pro Bildpunkt, womit Sie nur 2 verschiedene Farben darstellen können. Auch ist die Bandbreite der Farben, die Sie ausgeben können, in den Grafik-Modi des CGA relativ beschränkt.

Im 4-Farben-Modus mit der Auflösung 320 x 200 können die Bildpunkte die Werte 0, 1, 2 oder 3 annehmen - entsprechend den binären 2-Bit-Werten 00B, 01B, 10B und 11B. Sie können jede der 16 Farb-Kombinationen des CGA den nullwertigen Bildpunkten zuweisen, doch die Farben für nicht nullwertige Bildpunkte werden aus einer der drei eingebauten Paletten genommen (siehe Abb. 4-9). Im 2-Farben-Modus mit der Auflösung 460 x 200 können Sie den nicht nullwertigen Bildpunkten eine der 16 Farbkombinationen zuweisen, aber nullwertige Bildpunkte sind immer schwarz. In beiden Modi können Sie auf die Paletten-Farben zugreifen, indem Sie die Unterroutinen des ROM BIOS-Interrupts 10H verwenden, die in Kapitel 9 beschrieben werden.

EGA, MCGA und VGA sind bei der Farbgebung wesentlich flexibler, da sie jede beliebige Farbkombination einem beliebigen Paletten- oder Bildschirm-DAU-Farbregister zuweisen können. Ebenso wichtig ist die Tatsache, daß Sie einem Bildpunkt größere Werte zuordnen können, und daher mehr Farben auf dem Schirm zur Verfügung stehen.

Bildpunkt-Bits	*Bildpunkt-Wert*	*Bildpunkt-Farbe*
Modus 4, Palette 0:		
0 1	1	grün
1 0	2	rot
1 1	3	gelb oder braun
Modus 4, Palette 1:		
0 1	1	türkis
1 0	2	magentarot
1 1	3	weiß
Modus 5:		
0 1	1	türkis
1 0	2	rot
1 1	3	weiß

Abb. 4-9 *Die Paletten des 4-Farb-Grafik-Modus des CGA mit der Auflösung 320 x 200*

Die am häufigsten verwendeten Grafik-Modi des EGA und VGA sind die 16-Farb-Modi, die mit 4-Bits die Farben definieren. In den meisten Anwendungen reichen 16 Farben aus, da Sie diese 16 Farben aus der gesamten Bandbreite von Farbkombinationen auswählen können, die die Hardware ausgeben kann (64 Farben bei EGA und 262144 Farben unter MCGA und VGA). Auch hier stellt das ROM BIOS Unterroutinen zur Verfügung, mit denen Sie unter EGA, MCGA und VGA den Paletten- und Bildschirm-DAU-

Farbregistern beliebige Farbkombinationen zuweisen können. In Kapitel 9 finden Sie Einzelheiten.

Aufbau des Bildschirmspeichers

Nun wenden wir uns dem internen Aufbau des Bildschirmspeichers zu. Dabei werden Sie wichtige Informationen über den Zusammenhang zwischen Bildschirmspeicher und Bildschirm kennenlernen.

Obwohl die Speicherabbildung des Bildschirmpuffers bei den verschiedenen Bildschirm-Modi unterschiedlich ist, werden Sie feststellen, daß die Bildschirm-Modi auch ganz deutliche Ähnlichkeiten aufweisen, da sie einer Familie entstammen. In den Text-Modi ist die Abbildung des Bildschirmpuffers für alle IBM Bildschirmadapter dieselbe. In den Grafik-Modi findet man zwei unterschiedliche Konzepte, eine *lineare Abbildung*, die auf der Abbildungsmethode beruht, die in den CGA-Grafik-Modi verwendet wird, und eine *parallele Abbildung*, wie sie zuerst in den EGA-Grafik-Modi verwendet wurde.

Bildschirm-Modus	*Adresse des Abschnitts-anfangs (hex)*	*belegter Speicher (Byte)*	*Adapter*
00H,01H	B800H	2000	CGA,EGA,MCGA,VGA
02H,03H	B800H	4000	CGA,EGA,MCGA,VGA
04H,05H	B800H	16000	CGA,EGA,MCGA,VGA
06H	B800H	16000	CGA,EGA,MCGA,VGA
07H	B000H	4000	MDA,EGA,VGA
0DH	A000H	32000	EGA,VGA
0EH	A000H	64000	EGA,VGA
0FH	A000H	56000	EGA,VGA
10H	A000H	112000	EGA,VGA
11H	A000H	38400	MCGA,VGA
12H	A000H	153600	VGA
13H	A000H	64000	MCGA,VGA

Abb. 4-10 *Die Adressen des Bildschirmspeichers in den IBM Bildschirm-Modi*

Bevor wir die eigentliche Abbildung des Bildschirmpuffers behandeln, sollen kurz die Adressen, an denen er steht, vorgestellt werden (siehe Abb. 4-10). Die Aufteilung ist unkompliziert: Farb-Text-Modi beginnen an der Abschnittsadresse B800H und Monochromtext-Modi bei B000H. CGA-kompatible Grafik-Modi beginnen bei B800H. Alle anderen Grafik-Modi beginnen bei A000H. Wieviel RAM benötigt wird, um die Datenmenge eines Bildschirms zu speichern, hängt von der Anzahl der Zeichen oder Bildpunkte ab, die ausgegeben werden, und im Fall der Grafik-Modi von der Anzahl der Bits, die einen Bildpunkt darstellen.

Anzeigeseiten in den Text-Modi

In den verschiedenen Bildschirmadaptern ist häufig ein wesentlich größerer RAM-Speicher eingebaut, als er physisch benötigt wird, um einen Bildschirm voller Daten abzuspeichern. In den Bildschirm-Modi, in denen dies zutrifft, unterstützen alle IBM Bildschirmadapter mehrere Anzeigeseiten. Wenn Sie Seiten auf den Schirm ausgeben, wird der Bildschirmpuffer in zwei oder mehr Bereiche aufgeteilt und die Bildschirm-Hardware gibt einen dieser Bereiche aus.

Da zu jedem Zeitpunkt nur eine Seite dargestellt wird, können Sie Information in die gerade nicht angezeigten Seiten schreiben oder auch auf die angezeigte Seite. Wenn Sie diese Technik verwenden, können Sie auf dem Bildschirm eine unsichtbare Seite aufbauen, während eine andere Seite sichtbar ausgegeben wird. Zu gegebener Zeit können Sie dann auf die neue Seite umschalten. Wenn Sie auf diese Art zwischen den einzelnen Bildschirmseiten hin- und herschalten, erreichen Sie ein sofortiges Erscheinen der neuen Bildschirmseite.

Die angezeigten Seiten sind durchnumeriert von 0 bis 7, wobei die Seite 0 am Anfang des Bildschirmpuffers steht. Natürlich reicht der verfügbare RAM-Speicher möglicherweise nicht aus, um acht volle Seiten zu unterstützen; die tatsächliche Anzahl der Seiten, die Sie verwenden können, hängt davon ab, wieviel Bildschirm-RAM zur Verfügung steht und wieviel Speicher für einen Bildschirm voller Daten benötigt wird (siehe Abb. 4-11). Jede Seite beginnt an einer geraden KB-Speichergrenze. Die Offset-Adressen der Bildschirmseiten werden in Abbildung 4-12 aufgeführt.

Um eine Anzeigeseite auszuwählen, sollten Sie den ROM BIOS-Interrupt 10H, Unterroutine 05H, verwenden. Um zu bestimmen, welche Seite gerade dargestellt wird, verwenden Sie den Interrupt 10H, Unterroutine 0FH. (In Kapitel 9 werden diese ROM BIOS-Unterroutinen näher erläutert.)

In jedem dieser Modi können Sie, wenn die Seiten gerade nicht angezeigt werden, den zur Zeit nicht benutzten Teil des Bildschirmspeichers für andere Daten als Textzeichen oder Bildpunkte verwenden. Diese Verwendung ist jedoch nicht üblich und auch nicht anzuraten. Tut man es doch, kann dies zu Problemen führen.

Bildschirm-Modus	*Adapter*	*Anzahl der Seiten*	*Anmerkung*
00H,01H	CGA, EGA, MCGA, VGA	8	
02H,03H	CGA	4	
	EGA, MCGA, VGA	8	
04H,05H	CGA, MCGA	1	
	EGA, VGA	2	durch ROM BIOS nicht voll unterstützt
06H	CGA, EGA, MCGA, VGA	1	
07H	MDA	1	

(weiter nächste Seite)

(Fortsetzung)

Bildschirm-Modus	*Adapter*	*Anzahl der Seiten*	*Anmerkung*
	EGA, VGA	8	
0DH	EGA, VGA	8	
0EH	EGA, VGA	4	
0FH	EGA, VGA	2	
10H	EGA, VGA	2	
11H	MCGA, VGA	1	
12H	VGA	1	
13H	MCGA, VGA	1	

Abb. 4-11 *Die Anzeigeseiten, die in den IBM Bildschirmadaptern zur Verfügung stehen*

Seite	*16-Farb-Modus, 40 x 25*	*16-Farb-Modus, 80 x 25*	*Mono, 80 x 25*
0	B800:0000H	B800:0000H	B000:0000H
1	B800:0800H	B800:1000H	B000:1000H*
2	B800:1000H	B800:2000H	B000:2000H*
3	B800:1800H	B800:3000H	B000:3000H*
4	B800:2000H	B800.4000H*	B000:4000H*
5	B800:2800H	B800:5000H*	B000:5000H*
6	B800:3000H	B800:6000H*	B000:6000H*
7	B800:3800H	B800:7000H*	B000:7000H*

*nur für EGA und VGA

Abb. 4-12 *Die Startadressen der Anzeigeseiten im Text-Modus in den IBM Bildschirmadaptern*

Anzeigeseiten in den Grafik-Modi

Für EGA, MCGA und VGA gilt, daß das Seitenkonzept sowohl in den Grafik-Modi als auch in den Text-Modi zur Verfügung steht. Es gibt ja offensichtlich keinen Grund dafür, Grafik-Seiten nicht einzurichten, wenn man genügend Speicher dafür zu Verfügung hat.

Der Hauptvorteil der Verwendung mehrerer Seiten sowohl für Grafiken und Texte ist der, daß man sofort von einer Bildschirmseite auf eine andere umschalten kann und dabei die Zeit spart, die sonst benötigt wird, um die Bildschirmseite ganz neu aufzubauen. Theoretisch könnte man diese Fähigkeit im Grafik-Modus verwenden, um weiche und feinkörnige Animationseffekte zu erzeugen, doch stehen für eine richtige Animation zu wenige Bildschirmseiten zur Verfügung.

Zeichendarstellung in den Text- und Grafik-Modi

Wie Sie nunmehr wissen, werden in den Text-Modi keine Abbildungen der Zeichen im Bildschirmspeicher gespeichert. Stattdessen wird jedes Zeichen im Bildschirmpuffer durch ein Byte-Paar repräsentiert, welches den ASCII-Wert und die Ausgabeattribute enthält. Die Bildpunkte, aus denen das Zeichen aufgebaut wird, werden durch einen Zeichengenerator, der ein Teil der Adapterplatine ist, auf den Schirm geschrieben. Der Farbgrafikadapter hat einen Zeichengenerator, der seine Zeichen in einem 8 x 8-Bildpunkt-Block erzeugt, während der Monochromadapter mit einem Zeichengenerator des Blockformates 9 x 14 Bildpunkte arbeitet. Das größere Zeichenformat ist einer der Faktoren, die für die bessere Lesbarkeit der Monochromdarstellung verantwortlich sind.

Die Standard-ASCII-Zeichen (01H bis 7FH [dezimal 1 bis 127]) repräsentieren nur die Hälfte der ASCII-Zeichen, die in den Text-Modi zur Verfügung stehen. Durch denselben Zeichengenerator können zusätzliche 128 Grafikzeichen (80H bis FFH [dezimal 128 bis 255]) zur Verfügung gestellt werden. Über die Hälfte davon kann für das Entwerfen einfacher Strichzeichnungen benutzt werden. Eine komplette Liste sowohl der Standard-ASCII-Zeichen als auch der Grafikzeichen, die von IBM verwendet werden, finden Sie in Anhang C.

Die Grafik-Modi können auch Zeichen darstellen, die aber anders erzeugt werden. Zeichen der Grafik-Modi werden Bildpunkt für Bildpunkt von einem ROM BIOS-Software-Zeichengenerator anstelle des Hardware-Zeichengenerators gezeichnet. (Diese Aufgabe erfüllt der ROM BIOS-Interrupt 10H; siehe Kapitel 9.) Der Software-Zeichengenerator arbeitet mit einer Tabelle von Bitmustern, die festlegt, welche Bildpunkte jedes einzelne Zeichen darstellen. Im ROM jedes PC und PS/2 ist eine solche Tabelle von Zeichen-Bitmustern vorhanden. Sie können aber auch eine spezielle Bitmuster-Tabelle im RAM speichern und das BIOS anweisen, diese zu verwenden, um Ihren eigenen Zeichensatz darzustellen.

In den CGA-kompatiblen Grafik-Modi (2-Farb-Modus mit 640 x 200 Bildpunkten und 4-Farb-Modus mit 320 x 200 Bildpunkten) stehen die Bit-Muster für die zweiten 128 ASCII-Zeichen immer an der Adresse, die in dem Interrupt-Vektor 1FH ab der Speicherstelle 0000:007CH gespeichert ist. Wenn Sie eine Tabelle mit Bit-Mustern in einen Puffer speichern und dann die Segment- und Offset-Adresse des Puffers in Speicherzelle 0000:007CH speichern, verwendet das ROM BIOS die Bit-Muster im Puffer für die ASCII-Zeichen 80H bis FFH (dezimal 128 bis 255). In den anderen Grafik-Modi des EGA, MCGA und VGA stellt das ROM BIOS über den Interrupt 10H eine Unterroutine zur Verfügung, mit deren Hilfe Sie die Adresse einer im RAM stehenden Tabelle von Zeichen-Bitmustern für alle 256 Zeichen übergeben können.

Abbildung von Zeichen in den Text-Modi

Die Speicherabbildung beginnt im Text-Modus in der linken oberen Ecke des Schirms. Für jede Bildschirmposition werden 2 Bytes benötigt. Die Speicher-Bytes für nachfolgende Zeichen stehen direkt hintereinander, in der Reihenfolge, in der Sie sie auch lesen würden - von links nach rechts und von oben nach unten.

Die Modi 0 und 1 sind Text-Modi mit einem Bildschirmformat von 40 Spalten und 25 Zeilen. Jede Zeile besteht aus 40 x 2 = 80 Bytes. In den Modi 0 und 1 belegt ein Schirm nur 2 KB, d.h. daß der CGA-Speicher mit seinen 16 KB für 8 Bildschirmseiten ausreicht. Wenn man die Zeilen mit 0 bis 24 und die Spalten mit 0 bis 39 durchnumeriert, kann man den Offset eines beliebigen Zeichens auf dem Schirm auf der ersten Bildschirmseite durch den folgenden BASIC-Ausdruck angeben:

```
ZEICHEN.OFFSET = (ZEILE.NUMMER * 80) + (SPALTE.NUMMER * 2)
```

Da das Attribut-Byte jedes einzelnen Zeichens in dem Speicherplatz direkt neben dem Wert des ASCII-Zeichens steht, können Sie einfach darauf zugreifen, indem Sie eine 1 zu dem Offset des Zeichens addieren.

Die Modi 2, 3 und 7 sind auch Text-Modi, sie haben jedoch 80 Spalten statt nur 40 in jeder Zeile. Die Aufteilung der Bytes ist dieselbe, jedoch werden für jede Zeile doppelt soviele Bytes benötigt. Daraus folgt, daß das 80 x 25 Bildschirmformat 4 KB braucht und der 16 KB-Speicher für 4 auszugebende Seiten ausreicht. Der Offset einer beliebigen Position auf dem Schirm in der ersten Seite wird durch den folgenden BASIC-Ausdruck angegeben:

```
ZEICHEN.OFFSET = (ZEILE.NUMMER * 160) + (SPALTE.NUMMER * 2)
```

Jede Text-Bildschirmseite beginnt traditionell an einer geraden KB-Grenze. Da jede Bildschirmseite in den Text-Modi nur 2000 oder 4000 Bytes benötigt, stehen dahinter bei jeder Seite einige nicht benötigte Bytes: je nach Größe der Seite 48 oder 96 Bytes. Um eine beliebige Position auf dem Schirm auf irgendeiner Seite im Text-Modus zu bestimmen, können Sie die folgende allgemeine Formel verwenden.

```
POSITION = (SEGMENT.ABSCHNITT* 16)
           + (SEITE.NUMMER * SEITE.GRÖSSE)
           + (ZEILE.NUMMER * ZEILE.LÄNGE * 2)
           + (SPALTE.NUMMER * 2) + SCHALTER
```

`POSITION` ist die 20-Bit-Adresse der Bildschirminformation.
`SEGMENT.ABSCHNITT` ist der Beginn des Speicherbereichs im Bildschirmspeicher (z.B. B000H oder B800H).
`SEITE.NUMMER` liegt zwischen 0 und 3 oder zwischen 0 und 7.
`SEITE.GRÖSSE` ist 2000 oder 4000.
`ZEILE.NUMMER` liegt zwischen 0 und 24.
`ZEILE.LÄNGE` ist 40 oder 80.
`SPALTE.NUMMER` liegt zwischen 0 und 39 oder zwischen 0 und 79.
`SCHALTER` ist 0 für das auszugebende Zeichen oder 1 für das Ausgabeattribut.

Abbildung von Bildpunkten in den Grafik-Modi

Wenn Sie mit einem Grafik-Modus arbeiten, werden Bildpunkte als eine Folge von Bit-Feldern gespeichert, wobei eine 1 : 1-Korrelation zwischen den Bit-Feldern im Speicher und den Bildpunkten auf dem Schirm besteht. Die tatsächliche Lage der Bit-Felder im Bildschirmspeicher hängt von dem Bildschirm-Modus ab.

In CGA-kompatiblen Grafik-Modi wird der Bildschirm in 200 Zeilen, die von 0 bis 199 durchnumeriert sind, aufgeteilt. Jede Bildpunkt-Zeile wird im Bildschirmpuffer in 80 Datenbytes dargestellt. Im 2-Byte-Modus mit der Auflösung 640 x 200 stellt jedes Bit einen Bildpunkt auf dem Schirm dar, während im 4-Farb-Modus mit der Auflösung

320 x 200 jeder Bildpunkt durch ein Bit-Paar im Puffer dargestellt wird (siehe Abb. 4-13). Folglich werden im 2-Farb-Modus mit der Auflösung 640 x 200 durch jedes Byte 8 Bildpunkte dargestellt und 80 x 8 oder 640 Bildpunkte pro Zeile. Im 4-Farb-Modus mit der Auflösung 320 x 200 werden durch ein Byte 4 Bildpunkte repräsentiert, d.h. 80 x 4 oder 320 Bildpunkte pro Zeile.

Der Speicherbereich für die Bildpunkt-Zeilen ist unterteilt:

- Die Bildpunkte der Zeilen mit einer geraden Nummer werden in der ersten Hälfte des Bildschirmspeichers ab B800:0000H gespeichert.
- Die Bildpunkte der Zeilen mit ungerader Nummer sind ab B800:2000H gespeichert.

Im 2-Farb-Modus mit der Auflösung 640 x 200 zum Beispiel wird der erste Bildpunkt in der ersten Zeile (in der linken oberen Bildschirmecke) als das ganz links stehende Bit (Bit 7) in dem Byte an der Adresse B800:0000H dargestellt. Der zweite Bildpunkt in dieser Zeile wird durch Bit 6 desselben Bytes dargestellt. Aufgrund der unterteilten Pufferabbildung wird jedoch der Bildpunkt, der direkt unter dem ersten Bildpunkt steht, in Bit 7 des Bytes an der Adresse B800:2000H repräsentiert.

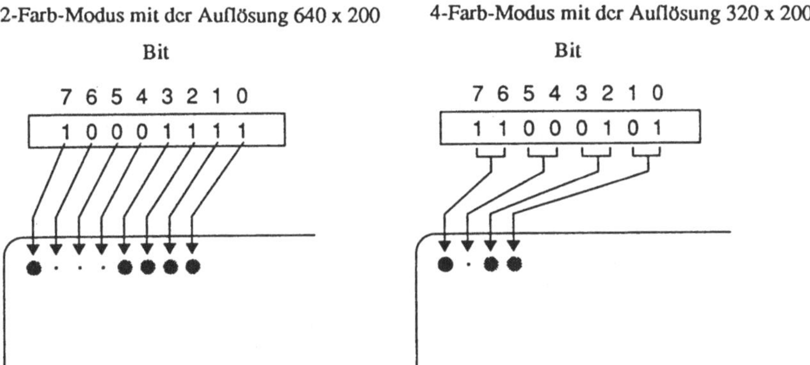

Abb. 4-13 *Die Abbildung der Bildpunkte in den CGA-kompatiblen Grafik-Modi*

In den übrigen Grafik-Modi ist die Pufferabbildung ebenso wie in den Text-Modi linear. Die Bildpunkte werden von links nach rechts in den Bytes gespeichert, und zwei aufeinanderfolgende Bildschirmzeilen stehen direkt hintereinander im Bildschirmpuffer. Beim MCGA und VGA zum Beispiel werden die 1-Bit-Bildpunkte im 2-Farb-Modus mit der Auflösung 640 x 480 und die 8-Bit-Bildpunkte des 256-Farb-Modus mit der Auflösung 320 x 200 ab der Adresse A000:0000H linear gespeichert.

Problematisch ist, daß die Bildpunkt-Bitfelder nicht in allen Bildschirm-Modi linear abgebildet werden. Unter EGA und VGA wird der Bildschirmpuffer in den 16-Farb-Grafik-Modi wie eine Gruppe von 4 parallelen Speichern behandelt. In der Praxis sieht das so aus, daß der Bildschirmspeicher so konfiguriert ist, daß er über vier 64-KB-Speicherbereiche verfügt, die alle denselben Adreßbereich ab A000:0000H belegen. EGA und VGA haben spezielle Schaltkreise, die auf alle 4 Speicher parallel zugreifen können. In den EGA- und VGA-16-Farb-Grafik-Modi wird jeder 4-Bit-Bildpunkt als je 1 Bit in jedem dieser Speicher abgelegt (siehe Abb. 4-14). Sie können sich dies auch auf andere Art anschaulich machen: jeder 4-Bildpunkt-Wert wird durch miteinander verkettete entsprechende Bits derselben Adresse aus jedem dieser 4 Speicher gebildet.

Es hat natürlich seinen Grund, daß EGA und VGA dieses parallele Speicherkonzept in den Grafik-Modi verwenden. Stellen Sie sich die Situation in einem 16-Farb-Modus mit der Auflösung 640 x 350 einmal vor: mit 4 Bits pro Bildpunkt brauchen Sie 640 x 350 x 4 = 896000 Bits, um die Bildpunkte eines einzigen Bildschirms abzuspeichern. Das ergibt 112000 Bytes, also wesentlich mehr, als in ein 8086-Segment mit einer maximalen Größe von 64 KB passen. Wenn Sie die Bildpunkt-Daten parallel organisieren, benötigen Sie dagegen nur 112000 : 4 = 28000 Bytes pro Bildschirmseite.

Aufgrund dieser Vielfalt von Speicherkonzepten und Bildpunkt-Größen sind die ROM BIOS-Unterroutinen sehr nützlich, die Ihnen erlauben, einzelne Bildpunkte unabhängig vom Bildschirm-Modus zu lesen und zu setzen. (In Kapitel 9 werden diese Unterroutinen beschrieben.) Leider ist die Bildpunkt-Manipulation durch diese ROM BIOS-Unterroutinen ziemlich langsam. Wenn Sie in den Grafik-Modi arbeiten, sind eventuell die Zeichen-Funktionen Ihrer Programmiersprache (wie etwa PSET, LINE und CIRCLE-Funktionen in BASIC) die besten Werkzeuge, um Grafiken auf dem Bildschirm zu erstellen.

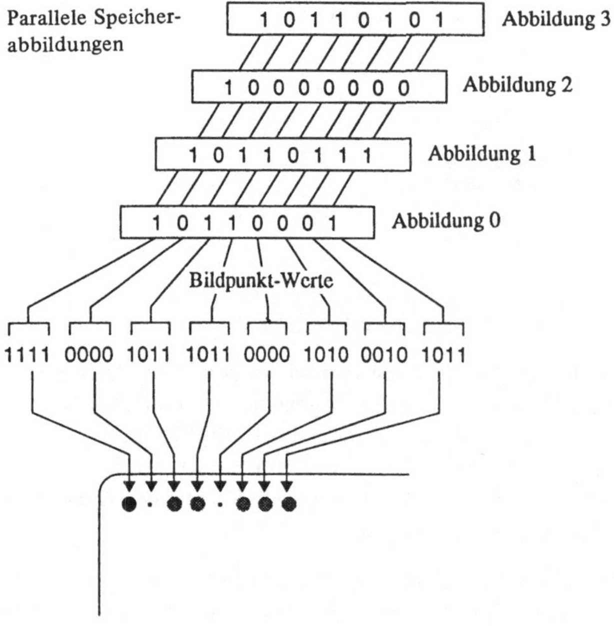

Abb. 4-14 *Die Bildpunkt-Abbildungen der 16-Farb-Grafik-Modi des EGA und VGA*

Bildschirmsteuerung

Im allgemeinen gibt es vier Möglichkeiten für die Steuerung der Bildschirmausgabe wie auch für die meisten anderen Operationen des Computers:

- Verwendung der entsprechenden Befehle einer Programmiersprache (z.B. der SCREEN-Anweisung von BASIC)
- Verwendung der DOS-Routinen (siehe Kapitel 16 und 17)
- Verwendung der ROM BIOS-Bildschirm-Routinen (siehe Kapitel 9)
- direkte Hardware-Steuerung über den Speicher oder die E/A-Ports

Die Bildschirm-Unterroutinen, die von den Programmiersprachen, von DOS und vom ROM BIOS zur Verfügung gestellt werden, schreiben die Ausgabedaten für den Schirm automatisch in den Bildschirmpuffer. Jede Routinenart bietet dabei andere Kontrollmöglichkeiten. Die ROM BIOS-Routinen sind teilweise sehr leistungsfähig und bieten nahezu alle Funktionen, die man benötigt, um die Ausgabe auf den Bildschirm zu generieren, den Cursor zu steuern und Informationen auf dem Bildschirm zu ändern. (Die Bildschirm-Unterroutinen werden in Kapitel 9 vollständig beschrieben.) Um den Bildschirm optimal zu steuern, steht es Ihnen frei, die Software-Routinen zu umgehen und Daten direkt in den Bildschirmpuffer zu schreiben, falls Ihnen das günstiger erscheint.

Bevor Sie sich für die direkte Bildschirmausgabe entscheiden, sollten Sie wissen, daß diese unter Betriebsystemen, die Fenstertechnik oder Multitasking unterstützen, nicht unbedingt fehlerfrei funktioniert. Trotzdem erzeugen viele wichtige PC-Programme eine direkte Bildschirmausgabe; dies kommt sogar so häufig vor, daß diese Ausgabemethode als eine der Standardmethoden gilt. Obwohl es auf lange Sicht problematisch sein wird, die Bildschirmausgabe direkt in den Bildschirmpuffer zu schreiben, scheint dies doch jeder zu tun.

Grundsätzlich kann man jedoch sagen, daß Sie Programme, die direkt in den Bildschirmspeicher schreiben, nicht zusammen mit Fenstertechnik-Systemen benutzen können, da beide Programme die Steuerung über denselben Speicherbereich beanspruchen und sich daher gegenseitig die Daten zerstören würden. Da jedoch bereits soviele Programme eine direkte Bildschirmausgabe generieren, sind nun auch Multitasking-Betriebssysteme wie z.B. OS/2 weitgehend in der Lage, Programme auszuführen, die direkt in den Bildschirmspeicher schreiben. Ein System wie OS/2 arbeitet dann so, daß eine Kopie des Bildschirmspeichers des Benutzerprogramms erstellt wird; wenn das Programm abläuft, wird diese Kopie in den Bildschirmspeicher geschrieben; bei Programmende wird der Bildschirmspeicher erneut kopiert. Mit Hilfe dieser Technik kann OS/2 Programme ausführen, die direkt mit dem Bildschirmspeicher arbeiten. Einen Nachteil hat dies jedoch: erstens steigen Rechenzeit und Speicherbedarf; zweitens kann das Programm nicht simultan mit anderen Programmen im Hintergrund ablaufen, und drittens stehen bei der Ausgabe auf dem Schirm keine "Fenster" zur Verfügung. Das heißt, die Ausgabe kann also weder hin- und herbewegt noch in der Größe verändert werden.

Programmierer werden hier mit einem Problem konfrontiert: die direkte Ausgabe auf den Schirm hat normalerweise einen Gewinn an Geschwindigkeit zur Folge, wenn man jedoch für die Ausgabe auf den Schirm ROM BIOS-Routinen oder höhere Routinen verwendet, erhält man eine größere Flexibilität bei der Anpassung des Programms an Fenstertechnik-Systeme, neuere Bildschirm-Hardware etc. Die beste Lösung wäre also, beide Techniken zu verwenden und nur dann auf Portabilität zu verzichten, wenn es darum geht, eine optimale Leistung zu erreichen.

Direkte Hardware-Steuerung

Viele der Informationen dieses Kapitels, vor allem diejenigen über das interne Konzept des Bildschirmspeichers, sollen Sie in erster Linie dabei unterstützen, wenn Sie auszuge-

Der Cursor

Der blinkende Cursor dient im Text-Modus dazu, die aktive Position auf dem Schirm anzuzeigen. Der Cursor ist eine Figur aus einzelnen Rasterzeilen, die genau das für ein Zeichen vorgesehene Viereck ausfüllen. Die Größe dieses Zeichenvierecks ist je nach Bildschirm-Hardware und Bildschirm-Modus unterschiedlich: der Monochromadapter verwendet das Format 9 Bildpunkte breit mal 14 Rasterzeilen hoch; der Farbgrafikadapter verwendet ein Format von 8 Bildpunkten mal 8 Rasterzeilen; das standardmäßige Zeichenviereck im EGA-Text-Modus hat eine Breite von 8 Bildpunkten mal einer Höhe von 14 Rasterzeilen, und der VGA-Cursor ist 9 mal 16 groß. Die Bildschirmadapter mit einer höheren Auflösung verwenden für ein Zeichen mehr Rasterzeilen, daher erscheint die Zeichendarstellung im Text-Modus schärfer und detaillierter, wie Sie in Anhang C sehen können.

Das übliche Cursor-Format verwendet zwei Rasterzeilen am unteren Rand des Zeichenvierecks, Sie können es jedoch so ändern, daß eine beliebige Anzahl von Rasterzeilen in dem Zeichenviereck ausgegeben wird. Da der blinkende Cursor, der in den Text-Modi verwendet wird, durch die Hardware erzeugt wird, kann er nur bedingt durch Software gesteuert werden.

Sie können die Größe des Cursors genauso wie seine Position auf dem Bildschirm ändern, wenn Sie die Unterroutinen verwenden, die ROM BIOS zur Verfügung stellt. Mit dem Interrupt 10H, Routine 01H, können Sie die Größe des Cursors festlegen. Mit der Routine 02H kann der Cursor an eine beliebige Zeichenposition auf dem Schirm bewegt werden. Eine weitere Unterroutine (Interrupt 10H, Routine 03H), die von ROM BIOS zur Verfügung gestellt wird, gibt die aktuelle Größe und Position des Cursors aus.

Bisher ging es nur um den Text-Modus-Cursor. Im Grafik-Modus existiert kein hardware-generierter Cursor, doch die ROM BIOS-Routinen protokollieren die Position eines logischen Cursors, der die momentane Bildschirmposition angibt. Ebenso wie im Text-Modus können Sie die ROM BIOS-Routinen 02H und 03H verwenden, um die aktuelle Position des Cursors im Grafik-Modus zu erfahren.

Um im Grafik-Modus einen sichtbaren Cursor zu erzeugen, simulieren viele Programme und auch BASIC das Cursor-Rechteck, indem sie an der Cursor-Position eine besonders gut sichtbare Hintergrundfarbe ausgeben oder indem sie das ASCII-Zeichen für einen Block verwenden.

bende Informationen direkt in den Bildschirmspeicher schreiben wollen. Wenn Sie jedoch daran denken, daß die direkte Programmierung Risiken mit sich bringt, werden Sie es sowohl einfacher als auch sicherer finden, die Bildschirmausgabe von der höchstmöglichen Ebene aus zu steuern. Der Zugriff von einer niedrigeren Ebenen, insbesondere die direkte Programmierung der Hardware, kann leicht zu•Schwierigkeiten führen.

Sie sollten nicht unterschätzen, daß es keineswegs leicht ist, "gute" Programme zu entwickeln, die auf Bildschirm-Hardware direkt zugreifen. Dafür gibt es verschiedene Gründe. Einer ist ganz einfach der, daß es sehr viel unterschiedliche Bildschirm-Hardware gibt. Außer den fünf Bildschirmadaptern von IBM, die wir hier vorgestellt haben, gibt es in den Computern anderer Hersteller viele nicht-IBM-Bildschirmadapter. Wenn Sie ein Programm schreiben, das einen bestimmten IBM-Bildschirmadapter direkt programmiert, kann dieses Programm möglicherweise nicht auf einen anderen IBM-Adapter oder auf nicht-IBM-Hardware portiert werden.

Einen anderen Grund, warum Sie die direkte Programmierung der Bildschirm-Hardware vermeiden sollten, haben wir bereits erwähnt: Multitasking- oder Fenstertechnik-Betriebssysteme benötigen sehr viel zusätzliche Rechenzeit, wenn Sie Programme ablaufen lassen, die direkt auf die Bildschirm-Hardware zugreifen. Natürlich ist den Entwicklern der neueren PC- und PS/2-Betriebssystemumgebungen die Wichtigkeit einer guten Bildschirmausgabe klar; daher verfügen moderne Betriebssysteme im allgemeinen über schnellere und flexiblere Bildschirmausgabe-Routinen als die älteren Systeme wie z.B. DOS. Das direkte Programmieren der Hardware bietet daher nur wenig Vorteile, wenn die Bildschirm-E/A-Routinen des Betriebssystems schnell genug sind.

Wenn Sie die Bildschirm-Hardware direkt steuern und dabei nicht sehr sorgfältig sind, kann dies auch zu Problemen mit dem ROM BIOS führen. Das ROM BIOS protokolliert den Bildschirm-Hardware-Status in einer Reihe von Variablen, die im Datenbereich des Segments 40H stehen. (In Kapitel 3 finden Sie eine Auflistung der ROM BIOS-Bildschirm-Status-Variablen.) Wenn Sie die Bildschirm-Hardware direkt programmieren, müssen Sie darauf achten, diese ROM BIOS-Status-Variablen auf den jeweils aktuellen Wert zu setzen.

Die kleine Routine, die wir weiter oben als Beispiel für das Zurücksetzen des CGA-Blink-Bits abgedruckt haben, umgeht eine der ROM BIOS-Status-Variablen. Wenn Sie dem Blink-Bit den aktuellen Wert zuweisen wollen, ohne daß das ROM BIOS den aktuellen Stand der Bildschirm-Hardware aus den Augen verliert, müssen Sie der ROM BIOS-Status-Variablen an der Adresse 0040:0065H den aktuellen Wert zuweisen:

```
10 DEF SEG = &HB800                 ' (wie bisher)
20 POKE 0,ASC("A")
30 POKE 1,&H97
40 DEF SEG = &H0040                 ' die Adresse des BIOS-
                                    ' Datenbereichs
50 POKE &H0065,(PEEK(&H0065) AND NOT &H20) ' BIOS-Status-Variablen
                                    ' ändern
60 OUT &H3D8,PEEK(&H0065)           ' Hardware-Register ändern
```

Wenn Sie beim Programmieren auf diese Punkte achten, kann sich die direkte Steuerung der Bildschirm-Hardware sehr lohnen. Sie können sowohl die Geschwindigkeit Ihrer Bildschirmausgabe maximieren als auch die Möglichkeiten, die die Hardware bietet, wie das allmähliche, bildpunktweise Verschieben einer Abbildung über den Bildschirm oder auch hardware-generierte Interrupts. Wenn Sie ein solches Programm schreiben, vermeiden Sie doch nach Möglichkeit die erwähnten Fußangeln.

Kompatibilitätsbetrachtungen

Wenn Ihr Programm auf der gesamten Palette der PCs und PS/2-Geräte laufen soll, müssen Sie schon beim Entwurf des Programms auf Kompatibilität achten. Seitdem die verschiedenen IBM Bildschirmadapter auf den Markt kamen, haben Programmierer verschiedene Ansätze zur Kompatibilität entwickelt. Diese beinhalten

- Programme, die installiert werden müssen
- sich selbst installierende Programme
- hardwareunabhängige Programmierumgebungen

Oben wurde bereits erwähnt, daß viele Software-Anbieter die Kompatibilität einer Bildschirmausgabe erreichen, indem sie Software vertreiben, die die Bildschirmausgabe-Routinen in separaten Modulen bereithält: bevor die Software verwendet werden kann, müssen die Bildschirm-Routinen an das restliche Anwendungsprogramm angebunden werden. So wird es möglich, Anwender-Programme zu schreiben, die die Fähigkeiten jedes Bildschirmadapters voll ausnutzen, ohne daß die Kompatibilität beeinträchtigt wird.

Die Installierung selbst kann dadurch jedoch sowohl für den Programmierer, der das Installationsprogramm schreiben muß, als auch für den Endanwender, der die Bildschirm-Routinen korrekt installieren muß, mühsam werden. Wenn Sie Ihr Anwendungsprogramm so entwickeln, daß es sich selbst installiert, vermeiden Sie diese zusätzliche Arbeit. Wichtig ist dabei, daß Sie in Ihr Programm eine Routine einbauen, die erkennt, auf welchem Bildschirmadapter das Programm läuft. Das Programm kann dann seine Bildschirmausgabe auf die Fähigkeiten und Grenzen der Bildschirm-Hardware zuschneiden.

Es gibt die unterschiedlichsten Programmiertechniken, um einen Bildschirmadapter zu identifizieren. In einem PS/2-Gerät bietet das ROM BIOS eine Routine, die die Konfiguration der Bildschirm-Hardware ausgibt (siehe Kapitel 9), doch in der PC/XT/AT-Familie müssen Sie auf behelfsmäßige Techniken zur Hardware-Identifikation zurückgreifen, die in den Hardware-Handbüchern dokumentiert sind.

Wenn ein Programm die Konfiguration der Bildschirm-Hardware bestimmt hat, kann es seine Ausgabe dementsprechend einrichten. Beispielsweise kann ein Programm, das auf einem Monochromadapter läuft, nur einen einzigen Bildschirm-Modus mit Monochromattributen verwenden. Wenn dasselbe Programm auf einem Farbadapter läuft, kann es auch die Farbattribute im Text-Modus verwenden. Wenn ein Programm Grafiken ausgeben soll, so kann es aufgrund seiner Kenntnis des Bildschirmadapters den Grafik-Modus mit der höchsten Auflösung auswählen.

Im einfachsten Fall kann Ihr Programm nach seinem Start den gerade aktiven Bildschirm-Modus verwenden. Der ROM BIOS-Interrupt 10H, Routine 0FH, gibt die aktuelle Bildschirm-Modusnummer aus. Wenn Sie nicht gerade eine Assembler-Schnittstelle für das ROM BIOS zur Verfügung haben, kann das folgende Programm dabei helfen, die ROM BIOS-Status-Variable, die die Nummer des Bildschirm-Modus enthält, an der Adresse 0040:0049H zu lesen.

```
10 DEF SEG = &H0040
20 VIDEO.MODE = PEEK(&H0049)
```

Wenn Sie ein Programm schreiben wollen, das unabhängig ist von der Bildschirm-Hardware, können Sie eine Betriebssystem-Umgebung wie GEM von Digital Research oder Microsoft Windows verwenden. Diese Umgebungen stellen eine Menge konstanter, hardwareunabhängiger Unterroutinen zur Verfügung, die die Bildschirm-Ein-/Ausgabe durchführen, so daß Ihr Programm sich nicht um die Besonderheiten der Bildschirm-Hardware kümmern muß. Das Problem dabei ist natürlich, daß der Endbenutzer ebenfalls mit diesem Betriebssystem arbeiten muß, damit Ihr Programm ablaufen kann.

Welchen Ansatz Sie auch machen, um Kompatibilität zu erreichen, Sie sollten immer einige wichtige Kriterien beachten. Diese Kriterien lassen sich nicht ganz unter einen Hut bringen. Das kommt von der internen Inkonsistenz des PC-Designs von IBM sowie der Vielzahl der verwendbaren Bildschirmformate. Es gibt jedoch einige allgemeingültige Richtlinien für Kompatibilität, die im folgenden aufgezählt werden.

Erstens gilt, daß die Kompatibilität steigt, wenn nur Text ausgegeben wird. Immer noch sind viele PCs mit dem Monochromadapter ausgestattet, der keine Grafik ausgeben kann. Wenn Sie bei Ihrem Programmentwurf zwischen Text und Grafik entscheiden, gibt es dabei zwei Faktoren zu beachten. Auf der einen Seite können Sie, wie viele Programme auf beeindruckende Weise demonstrieren, gelungene Zeichnungen mit Hilfe der standardmäßigen Textzeichen von IBM erzeugen. Auf der anderen Seite verfügen immer mehr Computer über Grafikfähigkeiten. Daher wird in der Zukunft die reine Textausgabe wahrscheinlich an Bedeutung verlieren, und Sie werden dann wahrscheinlich Grafik in Ihren Programmen verwenden können, ohne sich über die Kompatibilität Gedanken machen zu müssen.

Zweitens gilt, daß Ihr Programm für wesentlich mehr Computer geeignet ist, wenn es nicht auf Farbausgabe angewiesen ist. Das heißt nicht, daß Sie aus Kompatibilitätsgründen auf Farbe verzichten müssen; es bedeutet nur, daß Programme Farbe eher als eine Erweiterung ihrer Möglichkeiten als einen grundlegenden Bestandteil nutzen sollten, damit maximale Kompatibilität erreicht wird. Wenn Programme auch ohne Farbe laufen können, sind sie kompatibel mit Computern, die über Monochrombildschirme verfügen, also PCs mit Monochromadapter ebenso wie tragbare Compaq-Rechner mit eingebautem Monochrombildschirm.

Allgemein gilt, daß Sie die Vorteile einer weitgehenden Kompatibilität abwägen müssen gegen die Bequemlichkeit und Einfachheit einer Programmentwicklung für nur wenige Bildschirmadapter. Aufgrund eigener Erfahrung kann man sagen, daß Programmierer sich sehr oft irren, wenn sie sich auf wenige Adapter beschränken, da sie damit ganz wesentlich die Computertypen einschränken, auf denen ihr Programm laufen kann. Seien Sie also vorsichtig.

Kapitel 5 Grundlegendes über Disketten und Festplatten

Die meisten Computersysteme können Information permanent speichern, entweder auf Lochstreifen, auf Magnetplatten oder -bändern oder auf Laserplatten. Doch das am weitaus häufigsten verwendete Medium in der PC- und PS/2-Familie sind *Disketten* (floppy disks) und *Festplatten* (hard disks). Disketten und Festplatten gibt es in den verschiedensten Größen und Variationen, sie arbeiten aber im Grunde alle nach dem gleichen Prinzip: die Information befindet sich magnetisch verschlüsselt auf ihrer Oberfläche. Das Muster der Verschlüsselung wird durch das Laufwerk und die zugehörige Steuerungssoftware bestimmt.

Als der erste PC im Jahre 1981 auf den Markt kam, wurde nur ein einziger Speichermediumtyp verwendet: die 5,25 Zoll-Diskette mit doppelter Speicherdichte, einseitig und softsektoriert, die nur 160 Kilobytes (KB) speichern konnte. Seitdem wurden 5,25 Zoll- und 3,5 Zoll-Disketten mit einer höheren Kapazität zur Standardausstattung von PC und PS/2, und die moderneren Festplatten verfügen über eine Speichergröße von 10 Megabytes (MB) auf dem PC/XT bis hin zu 314 MB für das PS/2-Modell 80.

Obwohl der Typ des Speichermediums eine große Rolle spielt, ist für den Programmierer die Art und Weise, in der die Daten abgelegt werden, wesentlich interessanter. In diesem Kapitel beschäftigen wir uns vor allem damit, wie die Daten bei der Verwendung von Disketten und Festplatten gespeichert und verwaltet werden. Viele der Informationen in diesem Kapitel gelten für RAM-Disks - d.h. die Simulation eines Laufwerks im RAM-Speicher - genauso wie für die konventionellen Disketten, Festplatten und Wechselplatten.

Die physikalische Struktur

Wenn man verstehen will, wie Daten auf einer Platte ("Platte" bedeutet im folgenden immer Festplatte und Diskette) verwaltet werden, dann muß man die physikalische Struktur der Platte selbst kennen sowie die Art und Weise, wie Daten gelesen oder geschrieben werden. Zunächst kommen wir auf Disketten zu sprechen; doch sowohl Disketten als auch Festplatten haben die gleiche grundlegende Geometrie.

In der quadratischen Plastikhülle einer Diskette befindet sich eine Plastikscheibe, die mit einem magnetischen Material beschichtet ist. Das Diskettenlaufwerk speichert die Daten auf der Diskette, indem es die magnetisch codierten Muster, die die digitale Information darstellen, schreibt oder liest. Da beide Seiten einer Diskette beschichtet sind, können beide Seiten benutzt werden, um Daten abzuspeichern.

Das Diskettenlaufwerk hat einen Motor, der die Diskette mit einer konstanten Geschwindigkeit dreht. Es besitzt zwei Lese/Schreib-Köpfe, je einen für jede Seite der Diskette. Diese Köpfe sind auf einer Schiene befestigt, auf der sie sich beide gleichzeitig an eine beliebige Position in Richtung Diskettenmitte oder nach außen hin bewegen. (Der Original-PC von IBM verfügte über ein Diskettenlaufwerk mit nur einem einzigen Lese/Schreib-Kopf. Dieser konnte daher nur auf eine Diskettenseite zugreifen. Die meisten PC-Benutzer empfanden dies als Verschwendung, daher wurden die einseitigen Diskettenlaufwerke langsam aus dem Verkehr gezogen.)

Ebenso wie ein Tonkopf in einem normalen Tonbandgerät kann ein Lese/Schreib-Kopf eines Diskettenlaufwerks die Oberfläche der Diskette magnetisieren, um Daten darauf abzuspeichern; durch das Decodieren der magnetisch verschlüsselten Informationen auf der Diskette erhält man die abgespeicherten Daten wieder.

Der Aufbau einer Festplatte ist dem einer Diskette sehr ähnlich. Festplatten drehen sich sehr viel schneller als Disketten, daher bestehen die Scheiben der Festplatte aus magnetisch beschichtetem Metall oder Glas, nicht aus flexiblem Kunststoff. Ein anderer Unterschied ist, daß eine Festplatte normalerweise aus einem Stapel übereinander liegender Platten besteht, die zusammen rotieren. Daher haben Festplattenlaufwerke mehrere Lese/Schreib-Köpfe, nämlich einen für jede Plattenoberfläche.

Datenspeicherung

Die Art, wie die Daten auf Disketten und Festplatten abgelegt werden, resultiert direkt aus der Geometrie der Hardware. Wenn ein bestimmter Lese/Schreib-Kopf stillsteht, dann bewegt sich beim Drehen der Platte ein "Kreis" auf dem magnetischen Medium an ihm vorbei. Für jede Position des Lese/Schreib-Kopfes, relativ zur Mitte der Platte, gibt es einen entsprechenden Kreis auf der Platte, auf welchem Daten gespeichert werden können. Diese Kreise werden *Spuren* (*Tracks*) genannt (siehe Abb. 5-1).

Da auf jeder dieser Spuren 4 KB oder sogar noch mehr Daten gespeichert werden können, ist jede Datenspur wiederum unterteilt in eine Anzahl kleinerer Einheiten, die *Sektoren* genannt werden. Alle Sektoren können dieselbe Datenmenge speichern - auf Disketten und auf den meisten Festplatten sind dies 512 Bytes. Die Sektoren und Spuren sind aufeinanderfolgend numeriert, Sie können also ein bestimmtes Datenbyte auf der Plattenoberfläche finden, wenn Sie seine Spurnummer und seine Sektornummer spezifizieren.

Da zweiseitige Disketten und Festplatten mehr als eine Plattenoberfläche haben, müssen Sie sogar dreidimensional denken, um ein bestimmtes Datenbyte zu adressieren. Daher wird die Position der Lese/Schreib-Köpfe dieser Platten durch eine *Zylinder*nummer beschrieben. Ebenso wie die Spuren werden Zylinder aufeinanderfolgend numeriert. Wenn Sie sich einen Zylinder als einen Stapel von Spuren an einer bestimmten Position der Lese/Schreib-Köpfe vorstellen, dann werden Sie sehen, daß die Position einer bestimmten Spur durch die Nummer des Zylinders und eines bestimmten Lese/Schreib-Kopfes angegeben wird.

Wenn Sie dies im Gedächtnis behalten, dann werden Sie die verschiedenen Diskettenformate, die von PC- und PS/2-Laufwerken verwendet werden, leichter verstehen (siehe Abb. 5-2). Die einseitigen Laufwerke des Original-PC konnten Disketten verwenden, die mit 40 Spuren formatiert waren, von denen wiederum jede 8 Datensektoren enthielt; damit betrug die Kapazität der Diskette 40 x 8 x 512 oder 160 KB. Mit den heutigen Diskettenlaufwerken und den verbesserten Disketten, die über eine höhere Dichte verfügen, so daß mehr Daten auf eine Spur passen, können Sie Disketten mit Formaten höherer Kapazität verwenden. Festplattenlaufwerke sind schon von der Mechanik her genauer als die Diskettenlaufwerke, und auch ihre Magnetbeschichtung ist von einer vergleichsweise höheren Dichte, daher ist die Anzahl der Spuren und der Sektoren pro Spur höher als die einer Diskette.

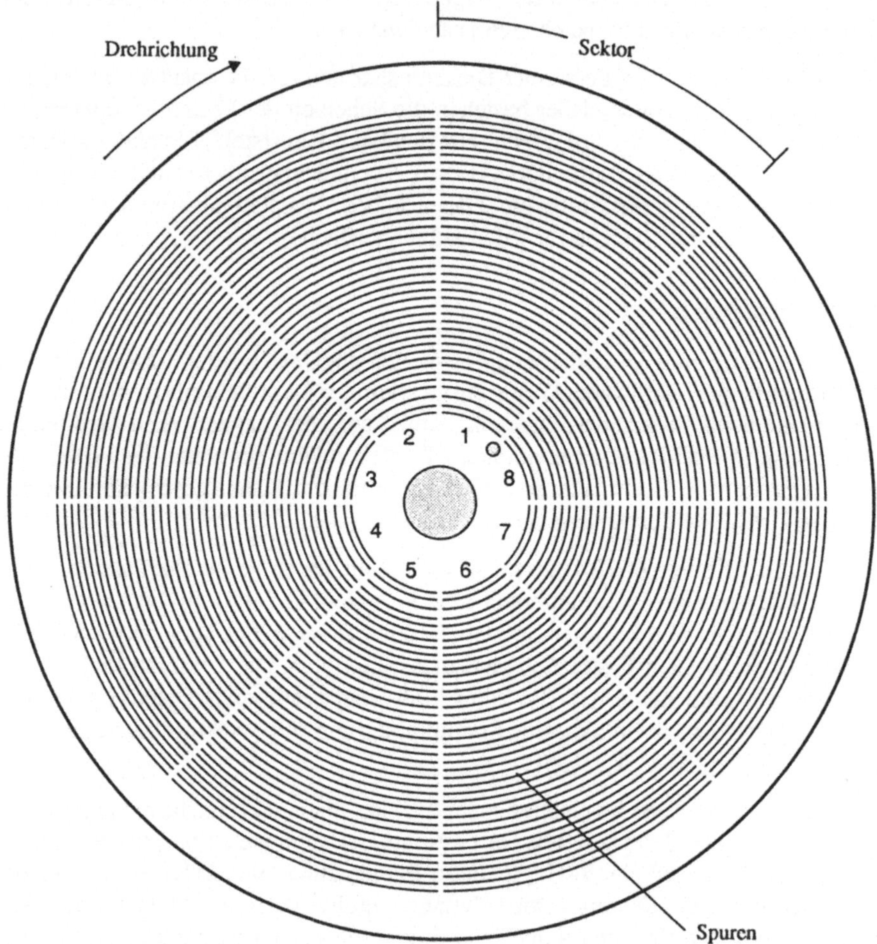

Abb. 5-1 *Eine Diskettenseite, die mit 40 konzentrischen Spuren und 8 Sektoren pro Spur formatiert ist*

Die Terminologie der Hersteller und der Vertreiber ist sehr verwirrend, was diese Varianten von Diskettenformat und Speicherkapazität betrifft. "Vierfache Dichte" (Quad-density) bezeichnet Disketten oder Laufwerke, die ein 80-Spuren-Diskettenformat verwendet. "Hohe Dichte" (High Density, HD) und "Hohe Kapazität" (High Capacity) bezeichnen im allgemeinen das 1,2 MB-Format des PC/AT oder das 1,44 MB-Diskettenformat der PS/2-Geräte. Disketten mit "doppelter Dichte" (Double Density, 2D oder DD) können mit 8 oder 9 Sektoren pro Spur formatiert werden; wenn sie jedoch mit Formaten höherer Kapazität verwendet werden, dann sind sie nicht mehr zuverlässig.

Diskette	*Kapazität*	*Zylinder*	*Sektoren pro Spur*	*Köpfe*
5,25 Zoll-Diskette	160 KB	40	8	1
	180 KB	40	9	1
	320 KB	40	8	2
	360 KB	40	9	2
	1,2 MB	80	15	2
3,5 Zoll-Diskette	720 KB	80	9	2
	1,44 MB	80	18	2

Abb. 5-2 *Die Diskettenformate für PC und PS/2*

Bootfähige Platten und Disketten

Alle Disketten und Platten sind unabhängig von ihren Datenformaten potentiell bootfähig; d.h. sie können die Information enthalten, die nötig ist, damit das Betriebssystem starten kann, wenn der Computer angeschaltet wird. Das Format einer Platte, die gebootet werden kann, hat eigentlich nichts Besonderes; es enthält einfach nur die Informationen, die das ROM BIOS benötigt, um das Betriebssystem aufzubauen. Im folgenden wird gezeigt, wie das funktioniert.

Auf allen Disketten und Festplatten für einen PC oder einen PS/2 ist der erste Sektor einer Platte - Zylinder 0, Kopf 0, Sektor 1 - für ein kurzes Bootstrap-Programm reserviert. (Dieses Programm muß kurz sein, da die Größe des Sektors nur 512 Bytes beträgt.) Die Aufgabe dieses Bootstrap-Programmes ist es, das sich irgendwo auf der Platte befindliche Betriebssystem, in seinem gesamten Umfang in den Speicher zu lesen und dann die Kontrolle an das Betriebssystem zu übergeben.

Wenn Sie den Computer anschalten oder neu starten, dann wird als letzte Aufgabe von den ROM BIOS-Startroutinen der Inhalt dieses Platten-Boot-Sektors in den Speicher gelesen und dieser daraufhin geprüft, ob ein Bootstrap-Programm vorhanden ist. BIOS führt diesen Check durch, indem es überprüft, ob die letzten beiden Bytes des Boot-Sektors einen bestimmten Code (55H und AAH) enthalten, der anzeigt, daß die Daten des Boot-Sektors ein Bootstrap-Programm darstellen. Wenn BIOS hier nicht den korrekten Wert vorfindet, dann nimmt das System an, daß in dem Boot-Sektor kein Bootstrap-Programm enthalten ist und daß daher die Platte nicht bootfähig ist.

Die Aufgabe des Bootstrap-Programms ist es, die Startroutine des Betriebssystems von der Platte in den Speicher zu laden. Es gibt für das Startprogramm des Betriebssystems keine Beschränkungen hinsichtlich Größe und Adresse im Speicher, daher kann diese schrittweise Übertragung der Steuerung - vom ROM BIOS an den Boot-Sektor, dann an das Betriebssystem - verwendet werden, um DOS, XENIX, OS/2 oder eine Benutzeranwendung zu starten.

DOS-Formate

Die Diskettenformate, die in Abbildung 5-2 aufgeführt wurden, sind nicht die einzigen, die Sie für Disketten verwenden können. Doch da Disketten portierbar bleiben sollen, erkennt DOS nur diejenigen Diskettenformate, die in dieser Liste stehen. In früheren DOS-Versionen konnte man nur die Formate 160 KB und 320 KB verwenden. Spätere DOS-Versionen können zusätzlich auch mit Diskettenformaten höherer Kapazität sowie mit Festplatten arbeiten (Abb. 5-3).

Platte/Diskette	*Kapazität*	*DOS-Version*	*Medien-Deskriptor*
5,25 Zoll-Diskette	160 KB	1.0	FEH
	320 KB	1.1	FFH
	180 KB	2.0	FCH
	360 KB	2.0	FDH
	1,2 MB	3.0	F9H
3,5 Zoll-Diskette	720 KB	3.2	F9H
	1,44 MB	3.3	F0H
Festplatte		2.0	F8H

Abb. 5-3 *Die Standardformate von DOS. Der Wert des Medien-Deskriptors wird von DOS verwendet, um die unterschiedlichen Plattenformate zu identifizieren.*

Diskettenformate

Ab Version 2.0 verfügt DOS über die Möglichkeit, ein beliebiges physikalisches Plattenformat virtuell zu bestimmen. Dies wurde möglich, weil die DOS-Versionen ab 2.0 die nötigen Hilfsmittel zur Verfügung stellen, um einen Gerätetreiber ins Betriebssystem einzubinden. Ein Gerätetreiber ist eine Routine in Maschinensprache, die z.B. ein Laufwerk so konfigurieren kann, daß es verschiedene Formate liest oder schreibt, oder es auch ermöglicht, daß ein nicht-IBM-Laufwerk in Ihr System einzubauen. (In Anhang A finden Sie mehr Informationen über diese installierbaren Gerätetreiber.)

Die Tatsache, daß installierbare Diskettentreiber existieren, hat glücklicherweise nicht dazu geführt, daß neue Diskettenformate entstanden, die nicht standardmäßig und somit inkompatibel sind. Die Anbieter und Programmierer von Software beschränken sich auf die Standard-DOS-Formate, die in Abb. 5-3 aufgeführt sind. Am weitesten verbreitet ist bei 5,25 Zoll-Disketten das 360 KB-Format mit 9 Sektoren, bei den 3,5 Zoll-Disketten ist dagegen das 720 KB-Format am meisten verbreitet. Diese Formate stellen nicht die maximale Kapazität zur Verfügung; man kann sie jedoch ebenso auf Computern verwenden, die nicht über Hochkapazitäts-Diskettenlaufwerke verfügen, wie auf Computern, die mit diesen arbeiten.

Wenn Sie Ihre eigenen Diskettenformate erzeugen oder tiefer in das Verständnis der Diskettenformate von DOS einsteigen wollen, dann sollten Sie sich in Kapitel 10 über die ROM BIOS-Plattenroutinen informieren.

Festplattenformate

Festplattensysteme mit hoher Kapazität haben ihre spezifischen Probleme, bieten aber auch diverse Möglichkeiten. Die Formate der Festplatten unterscheiden sich wesentlich stärker als die Diskettenformate (Abb. 5-4). Ebenso wie bei den Disketten werden die Daten auf Festplatten durch Zylinder-, Kopf- und Sektornummer verwaltet.

Platte	*Kapazität*	*Zylinder*	*Sektoren pro Spur*	*Köpfe*
Typische Festplatte des PC/XT	10 MB	306	17	4
Festplatte Typ 20 des PC/AT	30 MB	733	17	5
Festplatte Typ 26 des PS/2-Modells 30	20 MB	612	17	4
Festplatte Typ 31 des PS/2-Modells 60	44 MB	732	17	7

Abb. 5-4 *Einige typische Festplattenformate. Alle verwenden 512 Bytes pro Sektor.*

Da die Speicherkapazität einer Festplatte relativ groß ist, verwenden einige PC-Benutzer nur einen Teil des Plattenplatzes für DOS. Auf den noch freien Platz auf der Platte speichern sie andere Betriebssysteme. Um dies zu erleichtern, kann man den verfügbaren Platz auf einer Festplatte in vier logische Teile, Partitionen genannt, unterteilen, auf die jeweils separat zugegriffen werden kann. Die Daten auf einer solchen Partition sind vollkommen unabhängig von den Daten in anderen Partitionen. Jede kann ihren eigenen Boot-Sektor sowie ihr eigenes Betriebssystem enthalten.

Der erste Sektor auf einer Festplatte enthält eine 64 Bytes lange Partitions-Tabelle (Abb. 5-5) sowie ein Platten-Bootstrap-Programm. Die Tabelle zeigt an, wo die einzelnen Partitionen auf der Platte liegen. Außerdem legt die Tabelle eine Partition fest, die bootfähig ist. Der erste Sektor dieser Partition, ist ein Boot-Sektor, den ROM BIOS verwenden kann, um ein Betriebssystem zu laden.

Das Bootstrap-Programm untersucht diese Tabelle, um festzustellen, welche der Partitionen bootfähig ist. Das Programm liest dann den zugehörigen Boot-Sektor von der Platte in den Speicher. Der Boot-Sektor dieses Plattenteils enthält ein Bootstrap-Programm, welches das Betriebssystem von der Platte in den Speicher liest und die Steuerung an dieses übergibt.

Da die bootfähigen Partitionen in einer Tabelle als solche vermerkt sind, können Sie die verschiedenen Teile der Festplatte auswählen, indem Sie einfach die Tabelleneinträge ändern und den Computer neu starten. Alle Betriebssysteme, die auch Festplatten unterstützen, stellen ein Utility-Programm zur Verfügung, mit dem Sie die Partitions-Tabelle ändern können. (Die DOS-Utility FDISK ist ein solches Programm.)

Offset ab Beginn des Eintrags	*Größe (Bytes)*	*Bedeutung*
00H	1	Boot-Indikator (80H = bootfähig, 0 = nicht bootfähig)
01H	1	Niedrigste Kopfnummer
02H	2	Niedrigste Zylinder- (10 Bit) und Sektornummer (6 Bit)
04H	1	System-Indikator: 1 = DOS, 12-Bit FAT 2 = XENIX 4 = DOS, 16-Bit FAT 5 = DOS, erweitert 8 = andere Betriebssysteme außer DOS
05H	1	Höchste Kopfnummer
06H	2	Höchste Zylinder- und Sektornummer
08H	4	Startsektor (relativ zum Plattenanfang)
0CH	4	Anzahl der Sektoren in der Partition

Abb. 5-5 *Das Format eines Eintrags in der Partitions-Tabelle einer Festplatte. Die Tabelle besteht aus vier solchen 16-Byte-Einträgen, die beim Offset 1BEH im Boot-Sektor der Platte beginnen.*

❑ HINWEIS: *Wenn Sie auf den Boot-Sektor einer Festplatte zugreifen, dann müssen sie sehr exakt arbeiten. Die Information, die hier gespeichert ist, ist nur zur Verwendung durch den ROM BIOS-Bootstrap-Lader gedacht. Wenn die Daten im Boot-Sektor einer Platte gelöscht oder zerstört werden, kann man möglicherweise auf den gesamten Inhalt dieser Platte nicht mehr zugreifen.*

Die logische Struktur

Unabhängig vom Typ der Platte, die Sie verwenden, werden alle DOS-Platten logisch auf dieselbe Art formatiert: Seiten, Spuren und Sektoren einer Platte werden auf dieselbe Art durchnumeriert. Spezielle Sektoren sind immer für spezielle Programme sowie Indices reserviert, die DOS verwendet, um die Plattenoperationen zu verwalten. Bevor wir untersuchen, wie DOS den Platz auf einer Platte verwaltet, wird im folgenden ein kurzer Einblick in die Bezeichnungskonventionen gegeben, die bei der Adressierung von Informationen für DOS und ROM BIOS gelten.

Die Zylindernummern beginnen bei 0 an der äußeren Spur der Plattenoberfläche. In Richtung der Plattenmitte nehmen sie um je 1 zu. Die Lese/Schreib-Köpfe werden ebenfalls von 0 an durchnumeriert, aber die Sektornummern beginnen mit 1. Jede beliebige Position auf der Platte kann daher durch eine bestimmte Kombination von Zylinder-, Kopf- und Sektornummer beschrieben werden. Genauso greifen auch die ROM BIOS-Routinen auf die Daten der Platte zu.

DOS kennt jedoch keine Zylinder, Köpfe und Sektoren. Stattdessen unterteilt DOS eine Platte in eine lineare Folge von logischen Sektoren. Diese Folge *logischer Sektoren* beginnt mit dem ersten Sektor auf der Platte: Sektor 1, Zylinder 0, Kopf 0 (der Boot-Sektor) ist der logische Sektor 0 von DOS.

Die logischen Sektoren in einem Zylinder werden zunächst von Spur zu Spur und dann von Zylinder zu Zylinder durchnumeriert. Daher folgt dem letzten Sektor in Zylinder 0, Kopf 0 direkt der erste Sektor in Zylinder 0, Kopf 1; hinter dem letzten Sektor eines Zylinders steht direkt der erste Sektor im nächsten Zylinder. Auf Seite 300 finden Sie genauere Informationen, wie man die DOS-Notation in die Notation des ROM BIOS konvertiert und umgekehrt.

Indem DOS logische Sektornummern verwendet, vermeidet das Betriebssystem, mit den Zylinder-, Kopf- und Sektornummern zu arbeiten, die sich bei den verschiedenen Typen der Laufwerks-Hardware sehr unterscheiden. Mit dieser Methode schränkt DOS jedoch auch die Byte-Menge ein, auf die es zugreifen kann. Da DOS die logischen Sektornummern als 16-Bit Ganzzahl ablegt, können auf einer Platte maximal 65536 logische Sektoren Platz finden. Da die Standardgröße eines Plattensektors 512 Bytes beträgt, kann DOS maximal eine Platte verwalten, die 65536 x 512 oder 32 MB-Speicherplatz besitzt. Bei Disketten ist es sicherlich kein Problem, doch viele PC/AT- und PS/2-Besitzer, die Festplatten haben, die größer als 32 MB sind, sehen dies als unwillkommene Einschränkung.

Um diese Beschränkung zu umgehen, wurden unter DOS 3.3 die *erweiterten* DOS-Partitionen eingeführt. Unter DOS 3.3 können Sie mit dem DOS-Utility-Programm FDISK eine Partition auf der Festplatte einrichten, die als erweiterte DOS-Partition angesehen wird. Sie können diese erweiterte Partition als ein oder mehrere separate logische Laufwerke formatieren. Zum Beispiel können Sie so auf einer Festplatte beides verwenden, eine normale Partition sowie eine erweiterte DOS-Partition, wobei die erste als Laufwerk C und die zweite als Laufwerke D und E angesprochen wird.

Die Plattenverwaltung unter DOS

Wenn DOS eine Diskette formatiert, dann löscht und überprüft es jeden Sektor. Auf einer Festplatten-Partition prüft DOS jeden Sektor, wobei die bestehenden Daten nicht gelöscht werden. (Daher kann ein Programm wie das Norton-Hilfsprogramm "Format Recover" Daten auf einer Festplatte zurückholen, wenn Sie diese aus Versehen neu formatiert haben.) Sowohl auf Disketten wie auch auf Festplatten reserviert das Format-Programm eine bestimmte Menge an Speicherplatz, um Steuerinformationen sowie Indices abzulegen, die DOS für die Verwaltung der Daten braucht, die Sie auf der Platte speichern.

Jede DOS-Diskette oder -Festplatte ist in vier separate Bereiche unterteilt. Diese Bereiche sind in der Reihenfolge, wie sie abgelegt werden, der *reservierte Bereich*, die *Dateizuordnungstabelle* (*file allocation table*, FAT), das *Stammverzeichnis* (*root directory*) und der *Dateibereich* (siehe Abb. 5-6). Die Größe jedes dieser Bereiche unterscheidet sich von Format zu Format, jedoch ändern sich Struktur und Reihenfolge dieser Bereiche nicht.

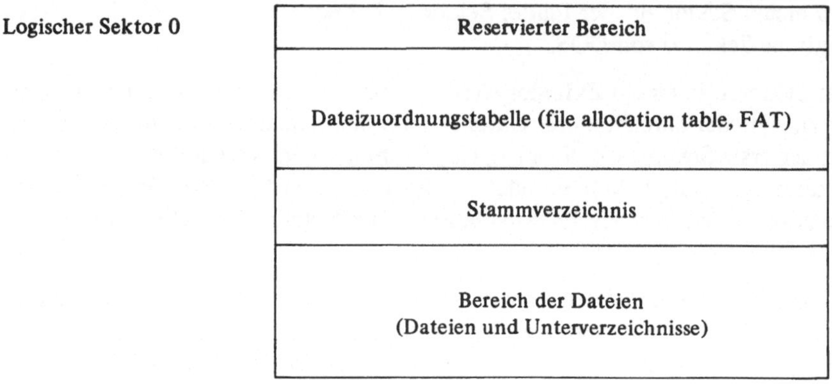

Logischer Sektor 0	Reservierter Bereich
	Dateizuordnungstabelle (file allocation table, FAT)
	Stammverzeichnis
	Bereich der Dateien (Dateien und Unterverzeichnisse)

Abb. 5-6 *Die Aufteilung einer Platte durch DOS*

Der reservierte Bereich kann ein oder mehrere Sektoren lang sein; der erste Sektor ist immer der *Boot-Sektor* (logischer Sektor 0). Eine Tabelle in diesem Boot-Sektor spezifiziert die Größe des reservierten Bereiches, die Größe (und die Anzahl der Kopien) der FAT sowie die Anzahl der Einträge im Stammverzeichnis. Alle Disketten haben einen reservierten Bereich, der mindestens einen Sektor lang ist, auch wenn sie nicht bootfähig sind.

Die Dateizuordnungstabelle, die FAT, steht direkt hinter dem reservierten Bereich. In dieser Tabelle wird der gesamte Platz im Dateibereich der Platte verwaltet. Dies sind im einzelnen: der Platz, der für die Dateien gebraucht wird, der Platz, der freigeblieben ist, sowie Plattenbereiche, die man wegen Hardware-Defekten nicht verwenden kann. Da in dieser Tabelle die Verwendung des gesamten verfügbaren Datenspeichers einer Platte vermerkt ist, werden zwei identische Kopien der Tabelle aufbewahrt, für den Fall, daß eine zerstört wird. Die Größe der Tabelle hängt von der Größe der Platte (bzw. der Partition) ab: größere Platten benötigen normalerweise größere Tabellen. Abbildung 5-7 zeigt, wie groß die FAT für verschiedene Plattengrößen ist.

Diskette	*Kapazität*	*reservierter Bereich*	*FAT*	*Stamm-verzeichnis*
5,25 Zoll-Diskette	360 KB	1 Sektor	4 Sektoren	7 Sektoren
	1,2 MB	1	14	14
3,5 Zoll-Diskette	720 KB	1	6	7
	1,44 MB	1	18	14

Abb. 5-7 *Der Speicherplatz, den der reservierte Bereich, die FAT und das Stammverzeichnis auf einigen üblichen DOS-Diskettenformaten benötigen*

Das Stammverzeichnis folgt auf einer DOS-Platte als nächstes. Dieses Dateiverzeichnis ist als Tabelle realisiert, deren Einträge Verweise auf einzelne Dateien auf der Platte sind. Die Einträge in dem Dateiverzeichnis enthalten Informationen wie z.B. den Dateinamen, die Dateigröße und wo die Datei auf der Platte abgelegt ist. Die Größe des Dateiverzeichnisses hängt vom Plattenformat ab (siehe Abb. 5-7).

Der Dateibereich, der den weitaus größten Teil des verfügbaren Plattenplatzes belegt, wird verwendet, um Dateien zu speichern; in den DOS-Versionen ab 2.0 kann dieser Bereich außer Dateien auch Unterverzeichnisse enthalten. Sowohl für Dateien als auch für Unterverzeichnisse gilt, daß der Platz in dem Dateibereich dann, wenn er benötigt wird, zugeordnet wird, und zwar in Blöcken von zusammenhängenden Sektoren, die man *Cluster* nennt. Ebenso wie die Größe der FAT und des Stammverzeichnisses ist auch die Cluster-Größe einer DOS-Platte je nach Format unterschiedlich (siehe Abb. 5-8). Die Anzahl der Sektoren in einem Cluster ist immer eine Potenz von 2. Allgemein kann man sagen, daß die Cluster-Größe auf einer einseitigen Diskette einen Sektor groß ist, auf einer doppelseitigen Diskette zwei Sektoren und auf Festplatten vier oder mehr Sektoren.

Platte/Diskette	*Kapazität*	*Cluster-Größe*
5,25 Zoll-Diskette	360 KB	2 Sektoren
	1,2 MB	1
3,5 Zoll-Diskette	720 KB	2
	1,44 MB	1
Typische Festplatte des PC/XT	10 MB	8
Festplatte Typ 20 des PC/AT	30 MB	4
Festplatte Typ 26 des PS/2 Modells 30	20 MB	4
PS/2-Modell 60, Typ 31	44 MB	4

Abb. 5-8 *Cluster-Größe für einige der verbreitetsten DOS-Plattenformate*

Die logische Struktur im Detail

Nun wird es Zeit, die vier Bereiche einer Platte genauer zu untersuchen: den Boot-Sektor, das Stammverzeichnis, den Dateibereich und die FAT.

Der Boot-Sektor

Der Boot-Sektor auf einer DOS-Diskette oder einer DOS-Festplatten-Partition besteht im wesentlichen aus einem kurzen Programm in Maschinensprache, das DOS in den Speicher laden soll. Wie oben schon erwähnt, überprüft das ROM BIOS vor Durchführung dieser Aufgabe, ob die Platte gebootet werden kann, und geht dann dementsprechend vor.

❑ HINWEIS: *Eine bootfähige Platte enthält die Startprogramme für ein Betriebssystem oder für eine Benutzeranwendung, die ohne eine Betriebssystemumgebung ablaufen kann. Wenn es sich hierbei um DOS handelt, dann stehen auf der bootfähigen Platte zwei verborgene Dateien, die einerseits die Startroutinen und andererseits wichtige DOS-Funktionen auf einer niedrigen*

Ebene bereitstellen. In Kapitel 3 finden Sie auf Seite 45 Einzelheiten über diese Dateien.

Sie können das Boot-Programm ansehen, wenn Sie das DOS-Dienstprogramm DEBUG verwenden, das einerseits Daten von einem beliebigen Sektor auf der Platte lesen kann und diese auch disassemblieren - also den Maschinencode in ein Assemblerprogramm zurückübersetzen - kann. Wenn Sie mehr über das Boot-Programm erfahren wollen, Sie aber nicht mit dem knappen Befehlsformat von DEBUG vertraut sind, dann schieben Sie eine bootfähige Diskette in Laufwerk A und geben dann die folgenden Befehle ein, die das Boot-Programm der Diskette auf dem Schirm ausgeben:

```
DEBUG
L 0 0 0 1  ; lädt den ersten logischen Sektor
U 0 L 3    ; disassembliert und gibt das erste und zweite Byte aus
```

An dieser Stelle wird DEBUG den ersten Befehl des Boot-Programms ausgeben, ein JMP zu der Adresse, die den Rest des Programms enthält. Verwenden Sie den U-Befehl von DEBUG mit der Adresse, die im JMP spezifiziert wurde, dann können Sie den Rest des Boot-Programms lesen. Wenn z.B. die erste Instruktion JMP 0036 heißt, dann geben Sie ein

```
U 0036     ; disassembliert und gibt den nächsten Teil des Boot-
           ; Programms aus
```

Im Boot-Sektor werden Sie für jedes Plattenformat (außer Disketten, die mit 8 Sektoren pro Spur formatiert sind) spezifische Schlüsselparameter finden, die mit dem elften Byte beginnen (siehe Abb. 5-9). Diese Parameter sind ein Teil des BIOS-Parameterblocks, der von DOS verwendet wird, um ein Laufwerk zu steuern. Wenn Sie mit DEBUG arbeiten und den Boot-Sektor einer Diskette in Laufwerk A untersuchen wollen, dann können Sie ein hexadezimales Protokoll des BIOS-Parameterblocks sehen, wenn Sie den folgenden Befehl eingeben:

```
D 0B L 1B
```

Offset	*Länge*	*Beschreibung*
03H	8 Bytes	ID des Systems
0BH	1 Wort	Anzahl der Bytes pro Sektor
0DH	1 Byte	Anzahl der Sektoren pro Cluster
0EH	1 Wort	Anzahl der Sektoren im reservierten Bereich
10H	1 Byte	Anzahl der Kopien von FAT
11H	1 Wort	Anzahl der Einträge im Stammverzeichnis
13H	1 Wort	Gesamtanzahl der Sektoren
15H	1 Byte	DOS-Medien-Deskriptor
16H	1 Wort	Anzahl der Sektoren pro FAT
18H	1 Wort	Anzahl der Sektoren pro Spur
1AH	1 Wort	Anzahl der Köpfe (Seiten)
1CH	1 Wort	Anzahl der verborgenen Sektoren

Abb. 5-9 *Der BIOS-Parameterblock im Boot-Sektor*

Das Stammverzeichnis

Das Stammverzeichnis einer Diskette oder einer Festplatten-Partition wird durch das DOS-Programm FORMAT erzeugt. Die Größe des Stammverzeichnisses wird durch FORMAT festgelegt, daher ist die Anzahl der Einträge im Stammverzeichnis begrenzt (siehe Abb. 5-10).

Platte/Diskette	*Kapazität*	*Größe*	*Anzahl der Einträge*
5,25 Zoll-Diskette	180 KB	4 Sektoren	64
	360 KB	7	112
	1,2 MB	14	224
3,5 Zoll-Diskette	720 KB	7	112
	1,44 MB	14	224
Typische Festplatte des PC/XT	10 MB	32	512
Festplatte Typ 20 des PC/AT	30 MB	32	512
Festplatte Typ 26 des PS/2-Modells 30	20 MB	32	512
Festplatte Typ 31 des PS/2-Modells 60	44 MB	32	512

Abb. 5-10 *Die Größen des Stammverzeichnisses für einige Plattenformate von DOS*

In den DOS-Versionen bis 2.0, die keine Unterverzeichnisse unterstützen, wird durch die Größe des Stammverzeichnisses die Anzahl der Dateien beschränkt, die auf einer Diskette gespeichert werden können. Diese Einschränkung gilt nicht mehr für die DOS-Versionen ab 2.0, in denen man die Dateinamen sowohl in Unterverzeichnisse als auch in das übergeordnete Stammverzeichnis eintragen kann.

Das Stammverzeichnis enthält eine Folge von 32-Byte-Einträgen. Jeder dieser Einträge ist entweder der Name einer Datei, der eines Unterverzeichnisses oder der Name der Platte selbst. Verweist ein Eintrag im Stammverzeichnis auf eine Datei, dann enthält er so grundlegende Informationen wie die Größe der Datei, ihre Position auf der Platte sowie die Zeit und das Datum, wann sie zuletzt geändert wurde. Diese Information steht in den acht Feldern, die in Abbildung 5-11 aufgeführt sind.

Offset	*Beschreibung*	*Größe (Bytes)*	*Format*
00H	Dateiname	8	ASCII-Zeichen
08H	Dateinamen-Erweiterung	3	ASCII-Zeichen
0BH	Attribut	1	Bit-Code
0CH	Reserviert	10	wird nicht gebraucht; Bits stehen auf Null
16H	Zeit	2	Wort, codiert
18H	Datum	2	Wort, codiert
1AH	Nummer des Start-Clusters	2	Wort
1CH	Größe der Datei	4	Ganzzahl

Abb. 5-11 *Die acht Teile eines Verzeichnis-Eintrags*

Offset 00H: Der Dateiname

Die ersten acht Bytes eines Verzeichnis-Eintrags beinhalten den Dateinamen, der im ASCII-Format abgespeichert wird. Wenn der Dateiname aus weniger als acht Zeichen besteht, dann wird er nach rechts hin mit Leerzeichen aufgefüllt (CHR$(32)). Buchstaben sollten groß geschrieben werden, da kleingeschriebene Buchstaben nicht exakt erkannt werden. Normalerweise sollten in dem Dateinamen keine Leerzeichen stehen, wie z.B. in *AA BB*. Die meisten DOS-Befehle, wie z.B. DEL und COPY, erkennen keine Dateinamen, die Leerzeichen enthalten. BASIC hat im Gegensatz dazu keine Probleme mit solchen Dateinamen, ebensowenig wie die DOS-Routinen (siehe Kapitel 16 und 17). Aufgrund dieser Fähigkeit kann man einige sehr nützliche Tricks erfinden, wie z.B. das Erzeugen von Dateien, die nicht ohne weiteres gelöscht werden können.

Im ersten Byte des Feldes für den Dateinamen können zwei Werte auftauchen, die verwendet werden, um spezielle Situationen anzuzeigen. Wenn eine Datei gelöscht ist, dann setzt DOS das erste Byte des Dateinamen-Feldes in seinem Dateiverzeichnis-Eintrag auf E5H, um anzuzeigen, daß der Eintrag in das Stammverzeichnis wieder für einen anderen Dateinamen verwendet werden kann. In den DOS-Versionen ab 2.0 kann das erste Byte eines Dateiverzeichnis-Eintrags auch auf 00H gesetzt werden, womit angezeigt wird, daß dies das Listenende der Dateiverzeichnis-Einträge ist.

Wenn eine Datei gelöscht wird, dann ändern sich nur zwei Dinge auf der Platte: das erste Byte des Dateiverzeichnis-Eintrags wird auf E5H gesetzt, und der Eintrag in der FAT, welcher dieser Datei Platz zugewiesen hat, wird gelöscht (mehr darüber in dem Abschnitt über die FAT). Alle anderen Informationen über die Datei bleiben erhalten, d.h. der Rest des Namens, die Größe und sogar die Nummer des Start-Clusters der Datei. Man kann durch Anwendung geeigneter Programmiertricks die verlorengegangenen Informationen wiedergewinnen, wenn der Eintrag im Verzeichnis nicht inzwischen von einer anderen Datei überschrieben wurde. Seien Sie jedoch vorgewarnt: DOS verwendet den ersten verfügbaren Eintrag, wenn ein neuer Eintrag in ein Dateiverzeichnis gemacht werden soll. So werden die Informationen über eine gelöschte Datei im Dateiverzeichnis schnell gelöscht. Damit ist ein Zurückholen der Datei noch problematischer geworden.

Offset 08H: Die Dateinamen-Erweiterung

Direkt hinter dem Dateinamen steht die Standarderweiterung des Dateinamens, die im ASCII-Format abgespeichert ist. Sie ist drei Bytes lang und wird ebenso wie der Dateiname mit Leerzeichen aufgefüllt, wenn Ihre Länge weniger als drei Zeichen beträgt. Ein Dateiname muß aus mindestens einem normalen Buchstaben bestehen, die Erweiterung kann auch nur mit Leerzeichen bezeichnet werden. Im allgemeinen sind die Regeln, die für einen Dateinamen gelten, auch für die Erweiterung gültig.

> ❑ HINWEIS: *Enthält das Dateiverzeichnis einen Eintrag, der den Plattennamen darstellt, dann werden Dateiname und Erweiterung als ein kombiniertes Feld mit 11 Byte angesehen. In diesem Fall sind eingeschlossene Leerstellen erlaubt.*

Offset 0BH: Das Datei-Attribut

Das dritte Feld des Verzeichnisses hat eine Länge von einem Byte. Die einzelnen Bits dieses Attribut-Bytes werden individuell als Bits 0 bis 7 codiert, wie in Abbildung 5-12 gezeigt wird. Jedes einzelne dieser Bits wird verwendet, um einen Eintrag im Dateiverzeichnis zu kategorisieren.

Bit 0, das niedrigste Bit, wird gesetzt, um zu kennzeichnen, daß eine Datei nur gelesen werden darf. In diesem Zustand ist die Datei davor geschützt, von irgendeiner DOS-Operation geändert oder gelöscht zu werden. Hierbei ist zu erwähnen, daß einige DOS-Routinen dieses Attribut ignorieren; daher stellt das Bit 0 eine zwar wertvolle Datenschutzmethode dar, die jedoch nicht narrensicher ist.

Bit 1 kennzeichnet eine Datei als verborgen, und Bit 2 zeigt an, daß diese Datei eine Systemdatei ist. Beide, als verborgen gekennzeichnete Dateien und die Systemdateien sind für die normalen DOS-Befehle wie z.B. den DIR-Befehl nicht sichtbar. Programme können auf diese Dateien nur zugreifen, wenn sie spezielle DOS-Routinen verwenden, die nach verborgenen oder Systemdateien suchen. Das Systemattribut hat keine bestimmte Bedeutung; es stammt noch aus dem Betriebssystem CP/M und hat absolut nichts mit DOS zu tun.

Bit 3 kennzeichnet einen Eintrag im Dateiverzeichnis als den Namen eines Datenträgers (Diskette oder Platte). Ein solcher Eintrag wird nur im Stammverzeichnis korrekt erkannt. Die Bezeichnung eines Datenträgers benötigt nur einige der acht Felder, die in dem Stammverzeichnis-Eintrag zur Verfügung stehen: der Name wird in den Feldern für den Dateinamen und seine Erweiterung abgespeichert, diese werden für diesen Zweck als ein einziges Feld behandelt; die Felder für die Größe und den Start-Cluster werden nicht benötigt, Datum- und Zeitfeld sind jedoch belegt.

Bit 4, das Unterverzeichnis-Attribut, identifiziert einen Eintrag in einem Verzeichnis als Unterverzeichnis. Da Unterverzeichnisse ebenso wie Dateien abgespeichert werden, benötigen sie einen eigenen Verzeichnis-Eintrag. Alle Felder im Verzeichnis werden mit Einträgen versehen, außer dem Feld für die Dateigröße, das auf Null steht. Die aktuelle Größe eines Unterverzeichnisses kann man leicht feststellen, indem man in der FAT feststellt, wieviel Platz ihm insgesamt zugewiesen wurden.

Bit 7	6	5	4	3	2	1	0	*Bedeutung*
.	.	.	.	.	.	.	1	Nur zu lesen
.	.	.	.	.	.	1	.	Verborgen
.	.	.	.	.	1	.	.	System
.	.	.	.	1	.	.	.	Plattenname
.	.	.	1	.	.	.	.	Unterverzeichnis
.	.	1	.	.	.	.	.	Archiv
.	1	.	.	.	.	.	.	frei
1	.	.	.	.	.	.	.	frei

Abb. 5-12 *Die acht Bits des Datei-Attributes*

Bit 5, das Archivattribut, ist als Unterstützung gedacht, wenn Sicherungskopien (*backups*) der zahlreichen Dateien gemacht werden, die auf einer Festplatte gespeichert werden können. Dieses Bit hat den Wert 0 für alle diejenigen Dateien, an denen seit der letzten Sicherungskopie nichts geändert wurde; DOS setzt dieses Bit auf 1, wenn eine Datei neu erzeugt oder geändert wird.

Offset 0CH: Reserviert

Dieser 10 Byte große Bereich steht für zukünftige Erweiterungen zur Verfügung. Alle 10 Bytes sind normalerweise auf Null gesetzt.

Offset 16H: Die Zeit

Dieses Feld enthält einen 2-Byte Wert, der die Zeit angibt, zu der die Datei erzeugt oder das letzte Mal geändert wurde. Dieses Feld wird in Verbindung mit dem Datenfeld verwendet, man kann diese beiden zusammen als eine einzige, 4 Bytes lange Ganzzahl ohne Vorzeichen ansehen. Diese 4-Byte Ganzzahl kann mit den Einträgen in anderen Datei-

Unterverzeichnisse

Es gibt zwei Arten von Dateiverzeichnissen: Das *Stammverzeichnis* (*root directory*) und die *Unterverzeichnisse* (*subdirectories*). Inhalt und Verwendung dieser beiden Arten sind im Grunde gleich (beide speichern die Namen und Positionen von Dateien auf einer Platte ab), doch ihre Charakteristika sind unterschiedlich. Das Stammverzeichnis hat eine feste Größe und steht an einer bestimmten Position auf der Platte. Ein Unterverzeichnis hat keine feststehende Größe und kann an einer beliebigen Stelle auf der Platte abgespeichert werden. Jede Version von DOS ab Version 2.0 kann Unterverzeichnisse verwenden.

Ein Unterverzeichnis wird im Dateibereich einer Platte, ebenso wie jede andere Datei abgelegt. Einträge im Unterverzeichnis sind vom Format her identisch mit Einträgen im Stammverzeichnis, doch ein Unterverzeichnis ist bezüglich seiner Größe nicht be-

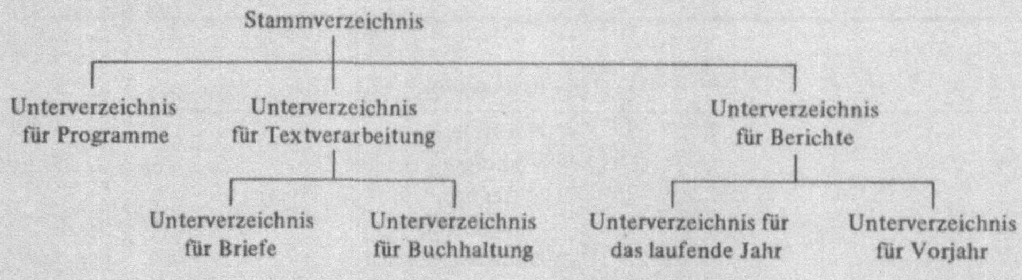

verzeichnissen verglichen werden durch größer-als, kleiner-als oder gleich. Die Zeit selbst wird als ein Ganzzahl-Wort ohne Vorzeichen behandelt. Sie wird auf der Grundlage einer 24-Stunden-Uhr berechnet, und sie ist nach der folgenden Formel aus den Stunden, den Minuten und Sekunden zusammengesetzt:

```
Zeit=(StundenX2048)+(MinutenX32)+(Sekunden:2)
```

Dieses 2-Byte-Wort, in dem die Zeit abgelegt ist, ist ein Bit zu kurz, um alle Sekunden aufzunehmen, daher werden Sekunden in Einheiten von 2 Sekunden von 0 bis 29 gespeichert; der Wert 5 z.B. steht dann für 10 Sekunden. Die Zeit 11:32:10 wird dann als der Wert 5C05H (dezimal 23557) gespeichert.

Offset 18H: Das Datum

Dieses Feld beinhaltet einen 2-Byte-Wert, der das Datum angibt, zu dem die Datei erzeugt oder zuletzt geändert wurde. Dieses wird in Verbindung mit dem Zeitfeld verwendet, und beide zusammen können als eine einzige, 4 Bytes lange Ganzzahl ohne Vorzeichen angesehen werden, die mit entsprechenden Zahlen in anderen Einträgen des Dateiverzeichnisses durch größer-als, kleiner-als oder gleich verglichen werden kann.

schränkt. Ebenso wie jede andere Datei kann sich ein Unterverzeichnis solange vergrößern, wie Plattenplatz zur Verfügung steht.

Jedes Unterverzeichnis ist einem übergeordnetem Verzeichnis untergeordnet, das entweder das Stammverzeichnis selbst oder ein weiteres Unterverzeichnis sein kann. Man kann auf diese Weise durch Verzweigen in verschiedene Verzeichnisebenen eine baumartige Struktur aufbauen.

Ein übergeordnetes Verzeichnis hat nur einen einzigen Eintrag für jedes seiner Unterverzeichnisse. Ein Unterverzeichnis-Eintrag hat dieselbe Form wie der Eintrag eines Dateinamens, das Attribut-Byte zeigt jedoch an, daß der Eintrag ein Unterverzeichnis ist, und das Feld Dateigröße steht auf Null. Die aktuelle Größe des Unterverzeichnisses ergibt sich durch den in der FAT vermerkten zugeordneten Speicherplatz.

Wenn DOS ein Unterverzeichnis erzeugt, so erhält dieses von vornherein zwei spezielle Einträge, deren Dateinamen . und .. sind. Diese erscheinen wie Einträge für weitere Unterverzeichnisse, doch verweist . auf das aktuelle Unterverzeichnis und .. auf das zugehörige übergeordnete Verzeichnis. Die Nummer des Start-Clusters in jedem dieser Verzeichnis-Einträge gibt die Position des Unterverzeichnisses selbst oder die seines Stammverzeichnisses an. Wenn die Nummer des Start-Clusters Null ist, dann ist das Stammverzeichnis dieses Unterverzeichnisses ein Stammverzeichnis.

Wenn sich die Größe einer "normalen" Datei verringert, dann kann man davon ausgehen, daß DOS den Speicherplatz freigibt, der nicht mehr verwendet wird. Im Falle eines Unterverzeichnisses jedoch werden die Speicherplatz-Cluster, die nicht mehr benötigt werden (da die Einträge im Dateiverzeichnis, die diesen Platz belegt haben, gelöscht wurden), nicht freigegeben, bevor nicht das gesamte Unterverzeichnis gelöscht wird.

Das Datum selbst wird als Ganzzahl-Wort ohne Vorzeichen angesehen, das sich aus dem Jahr, dem Monat und dem Tag nach der folgenden Formel zusammensetzt:

```
Datum=((Jahr-1980)X512)+(MonatX32)+Tag
```

Diese Formel verringert die Jahreszahl um 1980. Das Jahr 1988 wird demnach als der Wert 8 dargestellt. Wenn man diese Formel verwendet, dann wird ein Datum wie der 12. Dezember 1988 als 118CH (dezimal 4492) gespeichert:

```
(1988-1980)X512+12X32+12=4492
```

Obwohl man mit diesem Schema die Jahre bis 2107 darstellen kann, stehen unter DOS nur die Jahre bis 2099 zur Verfügung.

Offset 1AH: Die Nummer des Start-Clusters

Das siebte Feld eines Eintrags im Dateiverzeichnis gibt die Nummer des Start-Clusters für den Platz an, den die Daten einer Datei belegen. Diese Cluster-Nummer bildet auch den Anfang einer Speicherzuordnungskette in der FAT. Bei Dateien ohne Platzzuweisung und bei Einträgen für einen Datenträgernamen ist die Nummer des Start-Clusters gleich 0.

Offset 1CH: Die Größe einer Datei

Das letzte Feld in einem Eintrag eines Dateiverzeichnisses gibt die Größe der Datei in Bytes an. Es ist als eine 4 Byte lange Ganzzahl ohne Vorzeichen codiert, so daß die Dateien sehr groß werden können - 4.294.967.295 Bytes, um es genau zu sagen - groß genug für alle Vorhaben, die in der Praxis vorkommen.

DOS verwendet die Dateigröße, die in dem Eintrag dieser Datei im Dateiverzeichnis steht, um die *exakte* Größe der Datei zu bestimmen. Da der Plattenplatz einer Datei in der Form von Clustern der Größe 512 Bytes oder mehr verteilt wird ist, beträgt der Platz, der durch eine Datei auf der Platte belegt wird, normalerweise mehr als der Wert im Dateiverzeichnis-Eintrag. Auf einer Platte wird daher der Platz zwischen dem Ende der Datei und dem Ende des letzten Clusters dieser Datei nicht verwendet.

Der Dateibereich

Alle Dateien und Unterverzeichnisse werden im Dateibereich gespeichert, der den letzten und größten Teil jeder Platte belegt.

Der Platz für die Dateien wird Cluster für Cluster, so wie er benötigt wird, zugewiesen. (Erinnern Sie sich, daß ein Cluster aus einem oder mehreren hintereinanderliegenden Sektoren besteht; die Anzahl der Sektoren pro Cluster wird durch das jeweilige Plattenformat festgelegt.) Wenn eine Datei angelegt oder eine bereits existierende Datei erweitert wird, dann wächst der zugewiesene Platz dieser Datei. Wenn mehr Platz gebraucht wird, dann weist DOS dieser Datei einen weiteren Cluster zu. In den DOS-Versionen 1 und 2 wird der erste zur Verfügung stehende Cluster der Datei zugewiesen. In den späteren DOS-Versionen wählt das Betriebssystem die Cluster nach komplizierteren Regeln aus, die hier nicht erwähnt werden sollen.

Unter idealen Bedingungen wird eine Datei in einem zusammenhängenden Block auf der Platte abgelegt. Oft ist jedoch eine Datei in nicht zusammenhängende Bereiche unterteilt. Dies gilt besonders dann, wenn Informationen einer bereits existierenden Datei hinzugefügt werden oder eine neue Datei an dem Platz gespeichert wird, der durch eine gelöschte Datei freigemacht wurde. Es ist also normal, daß die Daten einer einzigen Datei an verschiedenen Stellen auf der Platte stehen.

Diese Zerstückelung einer Datei verlangsamt den Zugriff auf die Daten dieser Datei. Es ist auch wesentlich schwieriger, eine versehentlich gelöschte Datei wiederzuholen, wenn diese zerstückelt ist. Das kommt daher, daß Sie wesentlich mehr zu tun haben, die einzelnen Cluster wiederzufinden, die zusammen die kompletten Daten der Datei enthalten. Doch diese Zerstückelung fällt selten negativ auf. Programme kümmern sich normalerweise nicht weiter darum, an welcher Stelle auf der Platte ihre Daten abgespeichert sind. Um zu bestimmen, ob eine Datei aufgeteilt ist, verwenden Sie CHKDSK oder ein Programm wie die Norton Utilities.

Wenn Sie die Aufteilung von Dateien auf einer Diskette stört, so können Sie mit dem COPY-Befehl von DOS diese Dateien auf eine neu formatierte Diskette übertragen. DOS weist dann den kopierten Dateien jeweils einen zusammenhängenden Platz zu. Diese einfache Technik funktioniert auch für Dateien auf einer Festplatte, doch hier wird sie selten verwendet, es sei denn, Sie haben eine neu formatierte Festplatte zur Verfügung. Wenn Sie befürchten, daß die Dateizerstückelung auf der Festplatte eine bestimmte Benutzeranwendung verlangsamt, dann können Sie eines der käuflichen Hilfsprogramme anwenden, mit denen zerstückelte Dateien einer Festplatte auf einen zusammenhängenden Speicherplatz geschrieben werden. Meistens jedoch hat die Dateizerstückelung nur wenig Einfluß auf die Geschwindigkeit Ihrer Programme.

Unabhängig davon, ob Sie sich mit der Zerstückelung von Dateien beschäftigen wollen oder nicht, sollten Sie dennoch wissen, wie DOS die Dateizuordnungstabelle - FAT - einsetzt, um den Plattenplatz zu verteilen, und wie die FAT eine Kette des zugewiesenen Speicherplatzes erstellt, durch die alle Cluster, die zu einer Datei gehören, verbunden werden.

Die Dateizuordnungstabelle (FAT)

Die Dateizuordnungstabelle FAT zeigt auf, wie DOS den Speicherplatz im Dateibereich einer Platte verwendet. Wir haben oben schon beschrieben, wie der Platz für diese Tabelle auf einer Diskette oder auf einer Festplatten-Partition reserviert wird. Nun soll beschrieben werden, wie die FAT aufgebaut ist und verwendet wird.

Für die meisten Plattenformate gilt, daß DOS zwei Exemplare dieser Tabelle erstellt für den Fall, daß eine davon zerstört oder unlesbar wird. Kurioserweise bemerkt das CHKDSK-Programm, das die Tests für die meisten Fehler durchführt, die in der Tabelle oder in den Dateiverzeichnissen auftreten können, nicht, daß zwei verschiedene Tabellen existieren.

Die Organisation der FAT ist einfach: Für jeden Cluster im Dateibereich gibt es einen eigenen Eintrag in der Tabelle. Ein FAT-Eintrag kann jeden der Werte, die in Abbildung

5-13 aufgeführt sind, enthalten. Wenn der Wert in einem Tabelleneintrag einen bestimmten Cluster nicht als nicht-belegt, reserviert oder defekt kennzeichnet, dann ist der Cluster, der dem Tabelleneintrag entspricht, ein Teil einer Datei, und der Wert, der in dem Dateieintrag steht, zeigt auf den nächsten Cluster dieser Datei.

Das bedeutet, daß der Platz, der zu einer bestimmten Datei gehört, durch eine Kette von Tabelleneinträgen bestimmt wird. Jeder dieser Einträge zeigt auf den nächsten Eintrag in der Kette (siehe Abb. 5-14). Die erste Cluster-Nummer in der Kette ist die Nummer des Start-Clusters im Eintrag des Dateiverzeichnisses. Wenn eine Datei erzeugt oder erweitert wird, dann weist DOS dieser Datei Cluster zu, indem es die FAT nach freien Clustern durchsucht (das heißt, nach solchen Clustern, deren Tabelleneintrag gleich 0 ist) und hängt diese Cluster an die Kette an. Entsprechend gibt DOS auch die Cluster wieder frei, die einer Datei zugewiesen waren, wenn diese Datei gekürzt oder gelöscht wird. Dann werden einfach die entsprechenden FAT-Einträge gelöscht.

12-Bit-Wert	*16-Bit-Wert*	*Bedeutung*
0	0	Freier Cluster
FF0-FF6H	FFF0-FFF6H	Reservierter Cluster
FF7H	FFF7H	Defekter Cluster
FF8-FFFH	FFF8-FFFFH	Letzter Cluster einer Datei
(andere Werte)		Nächster Cluster der Datei

Abb. 5-13 *Werte der FAT*

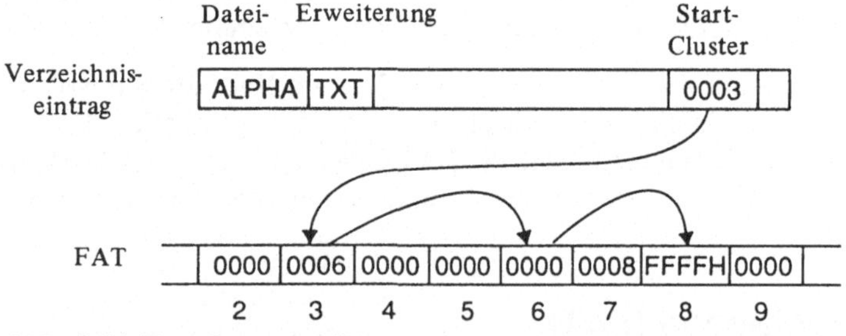

Abb. 5-14 *Zuordnung von Plattenplatz unter Verwendung der FAT*

Die Einträge in der Tabelle sind entweder 12 Bits oder 16 Bits lang. Das 12-Bit-Format wird für Disketten verwendet sowie für Festplattenpartitionen, die nicht größer als 4078 Cluster sind. (In der Partitionstabelle einer Festplatte wird vermerkt, ob die FAT einer DOS-Partition mit 12-Bit- oder 16-Bit-Einträgen arbeitet.) Auf die Einträge in einer 12-Bit-FAT kann man schwerer zugreifen, da sie nicht genau in die 16-Bit-Wortgröße der 8086 Mikroprozessorfamilie passen, doch benötigt eine 12-Bit-FAT weniger Platz auf einer Diskette, wo der Platz knapper bemessen ist.

Die ersten beiden Einträge in der FAT sind für die Verwendung durch DOS reserviert. Das erste Byte der FAT enthält für den Medien-Deskriptor denselben Wert wie der im BIOS-Parameterblock im Boot-Sektor stehende. Die übrigen Bytes der ersten beiden Einträge sind mit dem Wert 0FFH belegt. Da die ersten beiden Cluster-Nummern (0 und

1) reserviert sind, gibt die Cluster-Nummer 2 den ersten Cluster des verfügbaren Plattenplatzes im Dateibereich an.

Handelt es sich um eine 16-Bit-FAT, so ist es einfach, die Tabellenwerte zu lesen: Multiplizieren Sie die gegebene Cluster-Nummer mit 2, dann erhalten Sie das Offset-Byte des entsprechenden FAT-Eintrags. In der 16-Bit-FAT in Abbildung 5-15a zum Beispiel ist das Offset-Byte des Tabelleneintrags für Cluster 2 der Wert 04H, und der Wert in dem Eintrag ist 0003; das Offset-Byte des Tabelleneintrags für Cluster 3 ist 06H und der Wert ist 0004 usw.

In einer 12-Bit-FAT ist diese Berechnung etwas schwieriger, da jedes Paar von Tabelleneinträgen drei Bytes belegt (0 und 1 belegen die ersten 3 Bytes, 2 und 3 belegen die nächsten 3 Bytes usw.). Wenn die Cluster-Nummer bekannt ist, dann können Sie die Position des zugehörigen Tabelleneintrags errechnen, indem Sie die Cluster-Nummer mit 3 multiplizieren und dann durch 2 dividieren. Verwenden dann Sie den ganzzahligen Anteil des Ergebnisses als Positionsangabe in der FAT. Das Wort an dieser Adresse ergibt die drei hexadezimalen Zahlen des Tabelleneintrags sowie eine weitere hexadezimale Zahl, die durch eine der zahlreichen Instruktionen in Maschinensprache gelöscht werden kann. Wenn die Cluster-Nummer gerade ist, dann streichen Sie die höherwertige Zahl; wenn sie ungerade ist, streichen Sie die niederwertige Zahl. Probieren Sie das mit der 12-Bit-FAT in Abbildung 5-15b aus. Sie werden feststellen, daß die Einträge dieselben wie in der 16-Bit-FAT in Abbildung 5-15a sind.

(a) 16-Bit-FAT

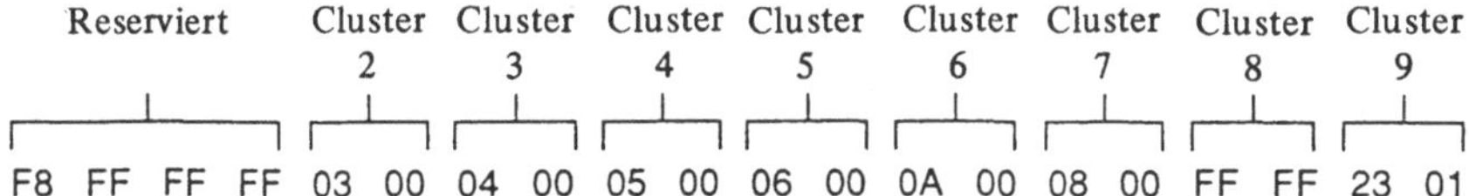

(b) 12-Bit-FAT

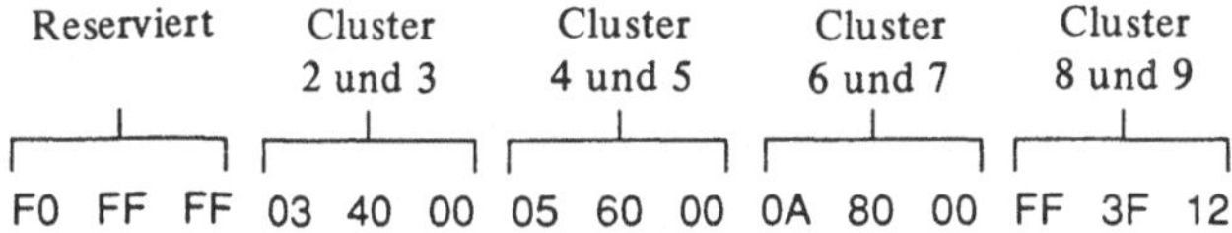

Abb. 5-15 *Die ersten Einträge in einer 16-Bit-FAT (a) und in einer 12-Bit-FAT (b)*

Wie bereits erwähnt werden die ersten beiden Tabelleneinträge - sowohl im 12-Bit- als auch im 16-Bit-Format - nicht zur Angabe eines Cluster-Status verwendet, sondern bleiben stattdessen frei. Daher läßt sich das allererste Byte der FAT für den Medien-Deskriptor verwenden, der das Format der Platte angibt (siehe Abb. 5-16). Sie identifizieren jedoch leider das Plattenformat nicht immer eindeutig. Wenn Sie an die vielen verwendeten Plattenformate denken, können Sie sich vielleicht vorstellen, daß die in der Tabelle aufgeführten Medien-Deskriptoren dafür nicht ausreichen.

Platte/Diskette	*Kapazität*	*Köpfe*	*Sektoren pro Spur*	*Medien-Deskriptor*
5,25 Zoll-Diskette	160 KB	1	8	FEH
	320 KB	2	8	FFH
	180 KB	1	9	FCH
	360 KB	2	9	FDH
	1,2 MB	2	15	F9H
3,5 Zoll-Diskette	720 KB	2	9	F9H
	1,44 MB	2	18	F0H
Festplatte				F8H

Abb. 5-16 *DOS-Medien-Deskriptoren*

Ihre Programme können das Format einer Platte durch Lesen und Überprüfen des Medien-Deskriptor-Bytes der FAT ermitteln. Der einfachste Weg führt über die DOS-Funktion 1BH (dezimal 27). Weitere Informationen über diese Funktion finden Sie auf Seite 335.

Besondere Hinweise zur FAT

Normalerweise nehmen Programme nicht in die FAT einer Platte Einsicht oder ändern sie; sie lassen die FAT völlig unter der Kontrolle von DOS. Die einzigen Ausnahmen stellen Programme dar, die nicht von DOS unterstützte Plattenspeicher-Zuordnungen durchführen - z.B. Programme, die gelöschte Dateien wiederherstellen, wie es das UnErase-Programm aus der Norton-Utility-Sammlung tut.

Bedenken Sie, daß eine FAT auch logisch beschädigt werden kann; zum Beispiel kann eine Zuordnungskette kreisförmig sein, d.h. auf ein weiter zurückliegendes Glied der Kette verweisen. Oder zwei Ketten münden in einem einzigen Cluster oder ein Cluster ist als verwendet gekennzeichnet, obwohl er nicht zu einer gültigen Zuordnungskette gehört. Manchmal fehlt auch die Dateiendemarke (FFFH oder FFFFH). Die DOS-Programme CHKDSK und RECOVER sind dazu gedacht, die meisten dieser Probleme zu finden und zu beheben, soweit dies in einem vernünftigen Maße möglich ist.

Besondere Hinweise zur Zuordnungskette der FAT und der Aufzeichnung der Dateigröße durch DOS finden Sie auf Seite 116.

Anmerkungen

Sie haben im Laufe dieses Kapitels eine Vielzahl detaillierter Informationen über die direkte Verwendung der logischen Struktur von Disketten/Festplatten inklusive des Boot-Sektors, der FAT und der Verzeichnisse erhalten. Hüten Sie sich aber davor, Ihr neuerworbenes Wissen sogleich in die Tat umzusetzen. Dazu besteht nämlich im allgemeinen überhaupt kein Grund. Außer in Fällen, wo dies unabdingbar ist, wie z.B. in einem Kopierschutzprogramm, ist die Anwendung der Kenntnisse über das Plattenformat in Programmen nicht anzuraten. Vielmehr sollten Sie stets auf der höchstmöglichen Ebene arbeiten, die Ihren Ansprüchen genügt:

- Erste Wahl: Routinen höherer Programmiersprachen (z.B. die Anweisungen OPEN und CLOSE von BASIC);
- Zweite Wahl: DOS-Routinen (siehe Kapitel 16 und 17);
- Dritte Wahl: ROM BIOS-Plattenroutinen (siehe Kapitel10);
- Letzte Wahl: Direkte Kontrolle (z.B. das direkte Programmieren des Laufwerks-Controllers über E/A-Ports).

Die meisten Disketten-/Platten-Operationen können sehr bequem auf der Ebene der Programmiersprache erledigt werden. Unter zwei Bedingungen scheidet diese Möglichkeit allerdings aus. Zum einen läßt sich auf Sprachebene kein Programm schreiben, das die Laufwerkssteuerung in derselben Weise wie DOS durchführt. Das wäre der Fall, wenn Sie ein Programm ähnlich dem CHKDSK von DOS oder den Norton Utilities entwickeln wollten. Zum anderen ist es für Kopierschutzzwecke im allgemeinen unerläßlich, unkonventionelle Laufwerkssteuerungen zum Einsatz zu bringen. Hierzu werden häufig die ROM BIOS-Routinen verwendet, manchmal wird sogar direkt der Laufwerks-Controller programmiert.

Kopierschutz

Auf dem Markt findet sich eine Vielzahl von Kopierschutzverfahren, die sich in ihrer Komplexität unterscheiden. Falls Sie Ihr eigenes Verfahren entwickeln wollen, finden Sie im folgenden einige Punkte, die es zu beachten gilt.

Es gibt Dutzende von Möglichkeiten, eine Diskette davor zu schützen, daß sie kopiert wird. Die vielleicht am meisten verbreitete Methode besteht in der Neuformatierung bestimmter Spuren auf der Diskette durch die ROM BIOS-Formatierungsroutinen. Da DOS Sektoren, die mit dem eigenen Format nicht übereinstimmen, auch nicht lesen kann, können Disketten, bei denen zwischen normalen Sektoren solche mit ungerader Sektorgröße eingestreut sind, mit dem DOS-Befehl COPY nicht kopiert werden. Diese Beschränkung des DOS hat schon viele Firmen veranlaßt, Programme herauszubringen, die Sektoren jeder Länge lesen und kopieren können. Ein solcher Schutz ist also nicht sehr wirkungsvoll.

Auf einer höheren Ebene gibt es zwei Dinge in bezug auf das Kopieren von Disketten, die man wissen sollte. Das erste ist, daß die meisten der exotischen und schwer zu durchbrechenden Schutzverfahren auf nicht dokumentierten Möglichkeiten des Diskettenlaufwerks-Controllers basieren. Zweitens sind manche Verfahren gewollt oder ungewollt von speziellen Eigenheiten der verschiedenen Diskettenlaufwerke abhängig. Das heißt, daß ein kopiergeschütztes Programm auf dem einen Computermodell läuft, auf dem anderen jedoch nicht, und das, obwohl niemand die Diskette unberechtigt kopiert hat. Denken Sie daran, wenn Sie Ihr Kopierschutzverfahren verwenden.

Viele in Verbindung mit Disketten verwendete Kopierschutztechniken eignen sich nicht für Festplatten, weil nämlich Festplattenbenutzer in der Lage sein müssen, Sicherungskopien Ihrer Programme auf der Festplatte zu machen. Das heißt, Sie sollten Kopierschutzverfahren vermeiden, die das Sichern der Festplatte unterbinden, indem sie es DOS oder dem ROM BIOS unmöglich machen, Teile der Platte zu lesen. Die meisten heutzutage verwendeten Kopierschutzverfahren für Festplatten beruhen auf Datenverschlüsselungstechniken, die Software-Piraten entmutigen, ohne das legitime Kopieren zu verhindern.

In einem verschlüsselten Programm werden der ausführbare Code des Programms und die Daten auf der Platte in einem verschlüsselten, schwer aufzulösenden Format gespeichert. Bei Ausführung des Programms entschlüsselt ein besonderes Startprogramm die verschlüsselten Codes und Daten, so daß sie sich verwenden lassen. Manchmal arbeitet das Startprogramm zur Entschlüsselung auch mit in versteckten Dateien oder Unterverzeichnissen gespeicherten Daten.

Wir können Ihnen hier keine weitergehende Anleitung geben; wenn Sie eigene Kopierschutzverfahren entwickeln möchten, führen Einfallsreichtum und das Verlassen ausgetretener Pfade zum Erfolg.

Kapitel 6
Grundlegendes über die Tastatur

In diesem Kapitel geht es um die IBM PC- und PS/2-Tastaturen. Im ersten Teil dieses Kapitels wird erklärt, wie die Tastatur mit dem Computer auf Hard- und Software-Ebene zusammenarbeitet. Im zweiten Teil beschreiben wir, wie das ROM BIOS Tastaturinformationen behandelt und Programmen zugänglich macht.

❑ HINWEIS: *Falls Sie Experimente mit der Tastaturkontrolle machen wollen, raten wir dringend, zuerst die Bemerkungen auf Seite 140 zu lesen und die Informationen dieses Kapitels nur dann in Ihren Programmen zu verwenden, wenn dies wirklich nötig ist (um z.B. ein Programm zur erweiterten Nutzung der Tastatur zu schreiben, das die Funktionsweise der Tastatur ändert; weitere Informationen über solche Programme finden Sie im Kasten auf Seite 133). Falls Sie so etwas vorhaben, schauen Sie sich die ROM BIOS-Routinen in Kapitel 11 an.*

Die Tastatur wurde seit dem Erscheinen des IBM PC mehrmals modifiziert. Die ursprüngliche IBM PC-Tastatur hatte 83 Tasten. Der PC/AT hatte anfangs eine Tastatur mit 84 Tasten, wobei die Anordnung einiger Tasten anders als auf der Tastatur mit 83 Tasten war. Eine neue Taste, Sys Req, kam hinzu.

IBM stattete den AT später mit einer Tastatur mit 101/102 Tasten aus. Sie wies zusätzliche Funktionstasten und ein neues Layout auf. Die Tastatur mit 101/102 Tasten wurde für die PS/2-Reihe zum Standard. Zum 101/102 Tasten-Layout gehören zwei zusätzliche Funktionstasten (F11 und F12), eine Reihe doppelter Umschalt- (bzw. Shift-) und Kontrolltasten sowie Änderungen an den Tastenkombinationen, die auf den Tastaturen mit 83 und 84 Tasten zu finden waren (Pause, Alt-Sys Req und Print Screen).

Als Trend läßt sich beim Design der IBM-Tastaturen der Wunsch ausmachen, die PC- und PS/2-Tastaturen den Tastaturen der Mainframe-Terminals anzugleichen. Zum Beispiel erinnern die 12 Funktionstasten (F1 bis F12) der Tastatur mit 101/102 Tasten an die Programmfunktionstasten (PF) auf IBM Mainframe-Terminals. In ähnlicher Weise entspricht die Sys Req-Taste der Sys Req-Taste auf IBM Mainframe-Terminals: ein Mainframe-Terminal-Emulationsprogramm, das auf einem IBM PC oder PS/2 abläuft, könnte diese Taste für denselben Zweck wie das Mainframe-Terminal verwenden - zum Umschalten zwischen Terminal-Sessions oder zum Einleiten einer Tastatur-Reset-Funktion.

Ein weiterer Trend im Tastaturdesign von IBM ist die Anpassung des Tastaturlayouts an nicht-englische Alphabete. Die englischsprachige Version der Tastatur mit 101/102 Tasten, wie sie in den U.S.A. und Großbritannien verkauft wird, verfügt über 101 Tasten. Für andere Sprachen verfügt dieselbe Tastatur über eine zusätzliche Taste neben der linken Umschalttaste, eine andere Anordnung der Tasten um die Eingabetaste sowie eine andere Umwandlung der ASCII-Zeichen in bezug auf die Tastenplazierungen. Vom Gesichtspunkt des Programmierers aus sind sich diese Tastaturen jedoch so ähnlich, daß IBM sie in seiner technischen Dokumentation zusammen beschreibt. Genauso verfahren wir in diesem Kapitel.

Tastaturbetrieb

Die Tastatur enthält einen besonderen Mikroprozessor, der eine Reihe von Aufgaben zur Entlastung des Zentralprozessors erfüllt. Die Hauptaufgabe des Tastatur-Mikroprozessors ist die Überwachung der Tasten und die Meldung an den Zentralprozessor, wenn eine Taste gedrückt oder freigegeben wurde. Wird eine Taste ständig gedrückt, sendet der Tastatur-Mikroprozessor in bestimmten Intervallen ein Wiederholungszeichen. Der Tastatur-Mikroprozessor-Controller verfügt auch über eingeschränkte Diagnose- und Fehlerprüfungsmöglichkeiten. Sein Puffer kann Tastendrücke speichern, falls der seltene Fall eintritt, daß der Computer sie vorübergehend nicht annehmen kann.

Die PC/AT und PS/2 haben ausgeklügelte Tastatur-Kontrollschaltkreise, die zahlreiche Funktionen ausführen können, die mit der ursprünglichen IBM PC- und PC/XT-Tastatur nicht möglich waren. Dazu zählen eine programmierbare Dauerfunktionskontrolle, programmierbare Tastaturauswahlcode-Sätze und verbesserte Hardware zum Aufspüren von Fehlern.

Auf der 83-Tasten-Tastatur sind die Dauerfunktionsverzögerungs- und -wiederholungsrate hardwaremäßig festgelegt: eine Taste muß 0,5 Sekunden gedrückt werden, bevor die automatische Wiederholung einsetzt, und die Wiederholungsrate liegt bei 10 Zeichen pro Sekunde. Bei den PC/AT-und PS/2-Tastaturen können Sie die Dauerfunktionsverzögerungs- und -wiederholungsrate durch Programmieren des Tastatur-Controllers verändern. Der einfachste Weg führt über die ROM BIOS-Routinen in Kapitel 11.

Der Tastatur-Controller der PC/AT und PS/2 kann den Tasten der Layouts mit 84 oder 101/102 Tasten auch einen von drei unterschiedlichen Tastaturauswahlcode-Sätzen zuweisen. Standardmäßig verwendet das ROM BIOS jedoch einen Tastaturauswahlcode-Satz, der kompatibel zu dem bei den 83-Tasten-Tastaturen verwendeten ist. Die alternativen Tastaturauswahlcode-Sätze haben normalerweise nur dann einen Sinn, wenn Ihr Programm das ROM BIOS umgeht und Auswahlcodes direkt verarbeitet. (Details finden Sie in den Technischen Handbüchern für PC/AT und PS/2.)

Die verbesserte Fehlerentdeckungsmöglichkeit der AT- und PS/2-Tastatur-Controller hat auf Ihre Programme nahezu keinen Einfluß; die Tastaturhardware- und ROM BIOS-Routinen sind äußerst zuverlässig. Die am häufigsten auftretenden Fehler sind ein voller ROM BIOS-Tastaturpuffer oder eine Tastenkombination, die das PS/2-ROM BIOS nicht verarbeiten kann. In beiden Fällen erzeugt das ROM BIOS einen Warnton, um Sie darauf hinzuweisen, daß etwas nicht in Ordnung war (wenn Sie z.B. beide Paare der Ctrl- und Alt-Tasten auf einer PS/2-Tastatur niederhalten).

Tastenbetätigung und Auswahlcode

Bei jedem Drücken oder Loslassen einer der Tasten übertragen die Tastaturschaltkreise über das Verbindungskabel eine Folge von einer oder mehreren 8-Bit-Zahlen an den Computer. Diese Folge, Auswahlcode (Scan Code) genannt, identifiziert die von Ihnen betätigte Taste eindeutig. Die Tastatur erzeugt je nachdem, ob die Taste gedrückt oder losgelassen wurde, unterschiedliche Auswahlcodes. Bei jedem Drücken einer Taste enthält der Auswahlcode eine Zahl zwischen 01H und 58H. Beim Loslassen der Taste erzeugt die Tastatur einen um 80H höheren Auswahlcode als beim Drücken derselben Taste, indem Bit 7 des Auswahlcode-Bytes auf 1 gesetzt wird. Wenn Sie zum Beispiel auf den Buchstaben Z drücken, erzeugt die Tastatur den Auswahlcode 2CH; lassen Sie die Taste los, erzeugt die Tastatur den Auswahlcode ACH (2CH + 80H). Die Tastaturlayouts der Abbildungen 6-1, 6-2 und 6-3 zeigen die Standardtasten der Tastaturen und ihre zugehörigen Auswahlcodes.

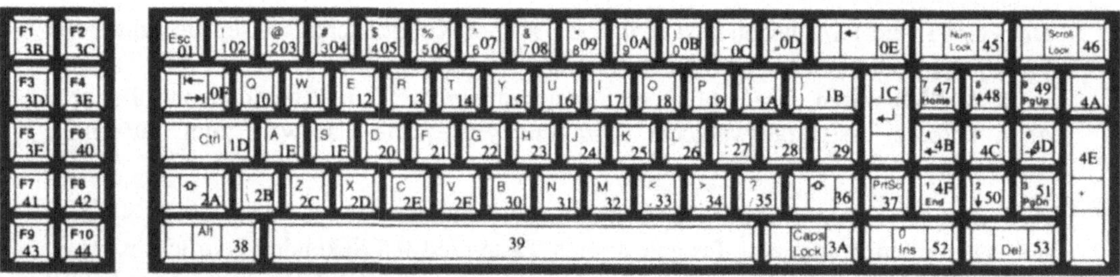

Abb. 6-1 *Auswahlcodes für die 83-Tasten-Tastatur (PC, PC/XT). Die Auswahlcodes sind in Hexadezimalschreibweise angegeben.*

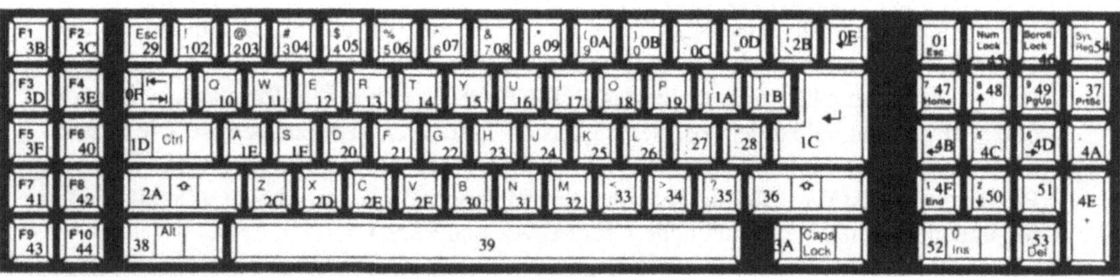

Abb. 6-2 *Auswahlcodes für die 84-Tasten-Tastatur (PC/AT). Die Auswahlcodes sind in Hexadezimalschreibweise angegeben.*

Wenn Sie die Auswahlcodes der 83-, 84- und 101/102-Tasten-Tastatur vergleichen, werden Sie feststellen, daß eine Taste unabhängig von ihrer Position auf der Tastatur denselben Auswahlcode erzeugt. Zum Beispiel hat die Esc-Taste den Auswahlcode 01H, ob sie sich nun bei der Taste 1, bei der Taste Num Lock oder ganz separat in der oberen linken Ecke befindet. (Die Tastatur mit 101/102 Tasten kann in Wirklichkeit unterschiedliche Auswahlcodes erzeugen, doch unterdrückt dies das Start-ROM BIOS, indem es die Tastatur so konfiguriert, daß sie zur 83-Tasten-Tastatur kompatibel ist.)

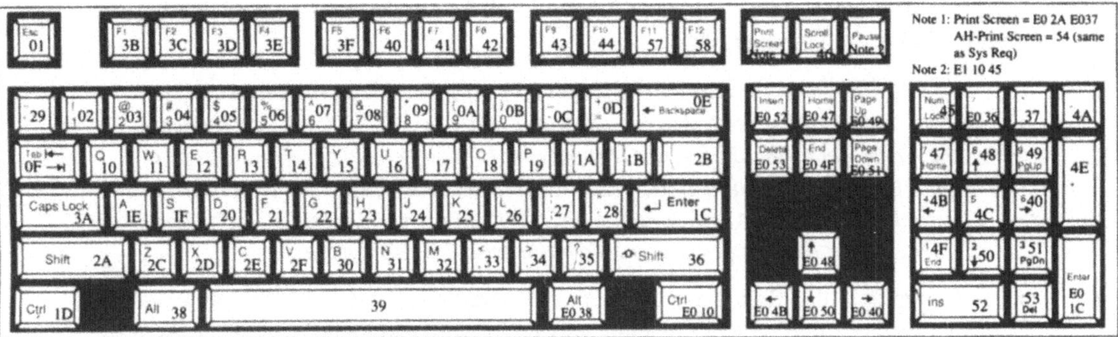

Abb. 6-3 *Auswahlcodes für die 101/102-Tasten-Tastatur (PC/AT und PS/2). Die Auswahlcodes sind in Hexadezimalschreibweise angegeben.*

Das 101/102-Tasten-Layout enthält doppelte Umschalt- und Kontrolltasten, die auf den anderen Tastaturen nicht existieren. Die Tastaturen mit 101/102 Tasten unterscheiden zwischen diesen doppelten Tasten, indem sie Auswahlcodes senden, die aus mehreren Bytes bestehen. Die Auswahlcodes der zwei Alt-Tasten lauten zum Beispiel: 38H für die linke und der 2-Byte-Code E0H 38H für die rechte.

❑ HINWEIS: *Die aus mehreren Bytes bestehenden Auswahlcodes für Umschalt- und Kontrolltasten können anders ausfallen, wenn eine der Umschalttasten (Ctrl, Alt, Umschalt) gleichzeitig mit Num Lock oder Caps Lock betätigt wird. In IBMs PS/2 technical reference manuals finden Sie Details dazu.*

Tastenkombination auf Tastatur mit 101/102 Tasten	*Äquivalent auf 84-Tasten-Tastatur*	*Übermittelter Auswahlcode*
Alt-Sys Req	Sys Req	54H
Print Screen	Umschalt-Print Screen	E0H 2AH E0H 37H
Ctrl-Break	Ctrl-Break	E0H 46H E0H C6H

Abb. 6-4 *Auswahlcodes für spezielle Tastenkombinationen auf Tastaturen mit 101/102 Tasten*

Die Tastatur mit 101/102 Tasten weist außerdem bestimmten Tastenkombinationen besondere Auswahlcodes zu. Die Kombination Alt-Sys Req soll dieselbe Wirkung wie die Taste Sys Req im 84-Tasten-Layout haben. Die Tastatur mit 101/102 Tasten übermittelt daher denselben Auswahlcode, nämlich 54H. Da die Taste Print Screen dieselbe Funktion wie die Kombination Umschalt-Print Screen der anderen Tastaturen hat, übermittelt die Tastatur mit 101/102 Tasten den Auswahlcode der Umschalttaste (E0H 2AH), auf den der Auswahlcode für PrtSc (E0H 37H) folgt. Der Auswahlcode der Pause-Taste, E1H 1DH 45H, gleicht der Auswahlcodefolge für die Kombination Ctrl-Num Lock, falls Sie jedoch Ctrl-Pause (d.h. Ctrl-Break) betätigen, übermittelt die Tastatur E0H 46H E0H

C6H, was sich aus dem Auswahlcode für die Scroll Lock-(Break-)Taste auf den Tastaturen mit 83 oder 84 Tasten ergibt.

❑ HINWEIS: *Die für das PS/2-Modell 25 verfügbare "Kompakttastatur" ist nichts anderes als eine verkappte Tastatur mit 101/102 Tasten. Das numerische Tastenfeld wird auf eine Gruppe von 14 Tasten auf der Haupttastatur abgebildet, und die Num Lock-Taste ist der Umschaltstatus der Scroll Lock-Taste. Die Tastatur-Auswahlcodes für die Kompaktversion sind jedoch dieselben wie für die ausgewachsene Tastatur mit 101/102 Tasten.*

Jedes Programm, das Tastatur-Auswahlcodes verarbeitet, muß wissen, auf welchem Computer es läuft und welche Tastatur verwendet wird. Glücklicherweise müssen nur wenige Programme direkt auf die Auswahlcodes reagieren - die ROM BIOS Tastaturroutinen setzen Auswahlcodes in Informationen um, die ein Programm sinnvoll verwerten kann. Die folgenden Abschnitte beschreiben diesen Umwandlungsprozess detaillierter.

Kommunikation mit dem ROM BIOS

Der Tastatur-Controllerschaltkreis auf der Hauptplatine des Computers prüft, ob eine Eingabe über die Tastatur erfolgt. Bei jedem Empfang eines Daten-Bytes von der Tastatur generiert er den Interrupt 09H. Das ROM BIOS enthält eine Routine zur Behandlung des Interrupts 09H, die das Byte vom Tastatur-Controller liest und verarbeitet (E/A-Port 60H enthält das Tastatur-Datenbyte). Diese Routine setzt Auswahlcodes in 2-Byte-Werte um, die für ein Programm generell nützlicher sind als die ursprünglichen Auswahlcodes.

Das niederwertige Byte jedes 2-Byte-Tastaturwerts enthält den ASCII-Wert der jeweils gedrückten Taste. Das höherwertige Byte enthält normalerweise den entsprechenden Tastatur-Auswahlcode.

Bei den Sondertasten wie z.B. den Funktionstasten und den Tasten des numerischen Tastenfeldes steht im niederwertigen Byte eine 0 und im höherwertigen der Tastatur-Auswahlcode (mehr darüber finden Sie auf den Seiten 133/134).

Die ROM BIOS-Routinen setzen die umgewandelten Byte-Paare in eine Warteschlange, die im unteren Speicherbereich an der Adresse 0040:001EH gespeichert wird. Die Byte-Paare werden hier abgelegt, bis sie von einem Programm abgerufen werden (z.B. DOS oder einem Interpreter-BASIC), das Eingaben von der Tastatur erwartet.

Umwandeln der Auswahlcodes

Die Umwandlung der Auswahlcodes ist etwas kompliziert, da die IBM-Tastatur zwei Arten von Tasten kennt, die die Bedeutung eines Tastenanschlags ändern: *Umschalttasten* und *Festumschaltungstasten.*

Die Umschalttasten

Die drei Tasten, Ctrl, Umschalt und Alt, nennt man *Umschalttasten*: sie ändern den Umschaltstatus und dadurch die Bedeutung jeder Taste, die zusammen mit ihr verwendet wird. Wenn Sie z.B. Umschalt-C betätigen, erhalten Sie ein großes C; bei Betätigung von Ctrl-C erzeugen Sie das Break-Signal (Unterbrechung). Das ROM BIOS sorgt dafür, daß bei gedrückter Umschalttaste alle nachfolgenden Tastenbetätigungen entsprechend andere Reaktionen auslösen.

Die Festumschaltungstasten

Neben den Umschalttasten beeinflussen noch zwei Festumschaltungstasten den Umschaltstatus der Tastatur: die Tasten Caps Lock und Num Lock. Wurde Caps Lock aktiviert, kehrt es den Umschaltstatus der alphabetischen Tasten um; es wirkt sich jedoch nicht auf die anderen Tasten aus. Wurde Num Lock aktiviert, sind die Cursor-Steuerungsfunktionen im numerischen Tastenfeld ohne Wirkung. Festumschaltungstasten werden mit einem einzigen Tastenanschlag aktiviert und bleiben aktiv, bis man sie durch einen zweiten Anschlag wieder ausschaltet.

Informationen über den Status der Umschalt- oder Festumschaltungstasten werden vom ROM BIOS an einer niedrigen Speicheradresse (0040:0017H) abgelegt. Dort können sie abgerufen oder geändert werden. Beim Drücken einer Umschalt- oder Festumschaltungstaste setzt das ROM BIOS ein bestimmtes Bit in einem der beiden Bytes. Liest das ROM BIOS den Auswahlcode einer losgelassenen Umschalttaste, setzt es das Status-Bit wieder auf seinen ursprünglichen Umschaltstatus.

Wenn das ROM BIOS den Auswahlcode einer normalen Tastatureingabe erhält, z.B. den Buchstaben z oder die Taste Cursor rechts, überprüft es zuerst den Umschaltstatus und übersetzt die Eingabe danach in den entsprechenden 2-Byte-Code (die Status-Bytes werden detaillierter auf Seite 133 behandelt).

Tastenkombinationen

Solange die ROM BIOS-Routine mit der Umwandlung von Auswahlcodes beschäftigt ist, prüft sie, ob die Taste Sys Req oder bestimmte Tastenkombinationen betätigt wurden; insbesondere überprüft sie die Kombinationen Ctrl-Alt-Del, Umschalt-PrtSc, Ctrl-Num Lock und Ctrl-Break. Diese fünf befehlsähnlichen Tastatureingaben bewirken, daß das ROM BIOS eine spezielle Aufgabe sofort ausführt.

Ctrl-Alt-Del bewirkt einen Neustart des Computers. Ctrl-Alt-Del ist wohl die am häufigsten verwendete Tastenkombination. Sie arbeitet verläßlich, solange auch die Tastatur-Interrupt-Routine arbeitet. Ist dies nicht mehr der Fall, schalten Sie den Computer aus, warten kurze Zeit und schalten ihn wieder an; das Startprogramm setzt alle Interrupt-Vektoren und -Routinen auf ihren Anfangswert.

Shift-PrtSc (Print Screen auf der Tastatur mit 101/102 Tasten) bewirkt, daß die Routine zur Behandlung des ROM BIOS-Interrupts 05H den Software-Interrupt 05H auslöst. Zum ROM BIOS gehört auch eine standardmäßige Routine zur Behandlung des Interrupts 05H; sie druckt einen "Schnappschuß" des aktuellen Bildschirminhalts aus.

Ctrl-Num Lock (Pause auf der Tastatur mit 101/102 Tasten) hält die Operationen des Programmes an, bis eine andere Taste betätigt wird.

Ctrl-Break bewirkt, daß das ROM BIOS den Software-Interrupt 1BH auslöst und Bit 7 des Bytes an 0040:0071H auf 1 setzt. Die standardmäßige DOS-Routine zur Behandlung des Interrupts 1BH setzt einfach eine DOS-interne Marke, so daß DOS Ctrl-Break als Ctrl-C interpretiert. Sie können die standardmäßige DOS-Reaktion auf Ctrl-Break überschreiben, indem Sie den Vektor des Interrupts 1BH (der sich bei 000:006CH befindet) auf Ihre Routine zeigen lassen.

Sys Req (auf der Tastatur mit 84 Tasten) und Alt-Sys Req (auf der Tastatur mit 101/102 Tasten) veranlassen das ROM BIOS, den Interrupt 15H mit AH = 85H auszulösen. Ihr Programm kann eine eigene Routine zur Behandlung des Interrupts 15H bereitstellen, die die Taste Sys Req abfängt und verarbeitet (Einzelheiten siehe Kapitel 12).

Dies sind die einzigen wirklich bedeutungsvollen Kombinationen für das ROM BIOS. Ungültige Kombinationen, die von der Tastatur kommen, werden einfach ignoriert, und das ROM BIOS reagiert beim nächsten gültigen Tastendruck.

Nun gibt es aber noch zwei Dinge, die Sie über die Tastatur wissen müssen, bevor wir die Codierung im Detail betrachten. Die Rede ist von den *Tastenwiederholungen* und den *doppelt vorhandenen Tasten.*

Tastenwiederholung

Die PC-Tastatur stellt eine automatische Tastenwiederholung bereit. Die Tastaturelektronik bemerkt, wie lange eine Taste gedrückt wird. Erfolgt dies über eine definierte Zeitspanne hinaus, veranlaßt die Elektronik Tastenwiederholungen. Diese werden als aufeinanderfolgendes "Tastendrücken" gemeldet, das nicht von Tastenfreigaben unterbrochen wird. Dies ermöglicht es einer Routine zur Behandlung des Interrupts 09H, einen normalen Tastendruck vom Wiederholungsprozeß zu unterscheiden. Das ROM-BIOS differenziert hier allerdings nicht immer. Die ROM-BIOS-Tastaturroutine behandelt jeden automatisch wiederkehrenden Tastendruck so, als ob die Taste tatsächlich jedesmal gedrückt worden wäre.

Drücken und halten Sie z.B. die Taste A lange genug, so daß die automatische Wiederholung beginnt, erzeugt das ROM BIOS eine Serie des Buchstabens A, die jedem Programm übermittelt wird, das Tastatureingaben anfordert. Wird andererseits eine Umschalttaste gedrückt und niedergehalten, setzt das ROM BIOS in seinen Status-Bytes im Segment 40H Bits. Während Sie die Umschalttaste niederhalten, setzt das ROM BIOS dieselben Bits immer wieder auf 1.

Doppelt vorhandene Tasten

Wir haben bereits gesehen, wie die Tastatur zwischen doppelt vorhandenen Tasten unterscheidet, indem sie ihnen unterschiedliche Auswahlcodes zuweist. Das ROM BIOS wandelt die Auswahlcodes dieser doppelt vorhandenen Tasten in dieselben ASCII-Zeichencodes um. Das Sternchen (*) hat also z.B. immer den ASCII-Code 2AH; wenn

Sie auf der Tastatur mit 101/102 Tasten eine der beiden Ctrl-Tasten betätigen, setzt das ROM BIOS in seinem Umschalt-Status-Byte das entsprechende Bit.

In einigen Fällen kann ein Programm feststellen, welche der beiden Tasten betätigt wurde. Wie wir uns erinnern, wandelt das ROM BIOS jeden Tastenanschlag sowohl in einen Auswahlcode als auch in einen ASCII-Code um. Ein Programm, das vom ROM BIOS eine Taste lesen will, braucht daher nur den Auswahlcode zu prüfen, um zu wissen, welche Taste gedrückt wurde. Für die beiden Umschalttasten kann das Programm die BIOS-Umschalt-Status-Bytes an 0040:0017H und 0040:0018H untersuchen, um zu erfahren, welche Umschalttaste betätigt wurde. (Die Umschalt-Status-Bytes werden auf den Seiten 133 und 134 behandelt.)

Beim Freigeben der Taste setzt das ROM BIOS die Status-Bits zurück. Alles läuft also auf die simple Tatsache hinaus, daß das ROM BIOS die Wiederholungssignale ggf. erkennt oder ignoriert.

Tastaturerweiterungsprogramme

Dank der flexiblen Software-Architektur des PC lassen sich Programme erstellen, die die Tastaturfunktion spezifischen Bedürfnissen anpassen. Solche Programme werden *Tastaturerweiterungsprogramme* genannt.

Tastaturerweiterungsprogramme überwachen die von der Tastatur eingehenden Auswahlcodes und beantworten sie in einer Weise, die vom ROM BIOS oder von DOS nicht vorgesehen sind. In der Regel bestehen diese Programme aus Anweisungen, *Tastaturmakros* genannt, die sie davon unterrichten, auf welche Tastenanschläge zu achten ist und welche Änderungen vorzunehmen sind. Eine Änderung kann z.B. die Unterdrückung eines Tastenanschlags sein (so tun, wie wenn er niemals auftrat), einen Tastenanschlag durch einen einzigen anderen oder durch eine Vielzahl anderer ersetzen. Das gebräuchlichste Einsatzfeld für Tastaturmakros ist die Abkürzung häufig verwendeter Sätze; zum Beispiel kann man ein Tastaturerweiterungsprogramm anweisen, die Tastenkombination Ctrl-G in die Grußformel *Mit freundlichen Grüßen* umzuwandeln, die Sie in Ihrer Korrespondenz verwenden. Tastaturmakros lassen sich auch verwenden, um lange Programmbefehle in einen einzigen Tastenanschlag zu komprimieren.

Tastaturerweiterungsprogramme funktionieren durch die Kombination zweier besonderer Fähigkeiten - eine davon ist Teil von DOS, die andere Teil des PC-ROM BIOS. DOS ermöglicht es dem Erweiterungsprogramm, im Computerspeicher resident zu bleiben und den Betrieb des Computers in aller Stille zu überwachen, während dieser mit der Abarbeitung eines normalen Programms, z.B. eines Textverarbeitungsprogramms beschäftigt ist. Das ROM BIOS gestattet die Umleitung der von der Tastatur kommenden Daten, so daß diese vor der Weitergabe an ein Programm überprüft und geändert werden können. Diese Programme nutzen die DOS-Routine "Beenden und im Speicher bleiben", um im Speicher aktiv zu bleiben, während andere Programme ablaufen; anschließend verwenden sie die Tastaturüberwachungsfunktion des ROM BIOS, um die Tastaturdaten zu überprüfen und ggf. zu ändern.

Direkte Eingabe von ASCII-Zeichen

Die PC-Tastatur bietet in Verbindung mit dem ROM BIOS eine weitere Möglichkeit, nahezu jeden ASCII-Code einzugeben. Zu diesem Zweck drücken Sie die Alt-Taste und tippen dann auf dem rechts liegenden numerischen Tastenfeld die dezimalen ASCII-Zeichencodes ein. So können Sie alle ASCII-Codes von 01H bis FFH (dezimal 1 bis 255) eingeben.

Tastaturdatenformat

Eine umgesetzte Tastaturbewegung (Drücken oder Loslassen) wird als Byte-Paar im Puffer des ROM BIOS gespeichert. Zur Vereinfachung nennen wir das höherwertige Byte *Haupt-Byte*, das niederwertige Byte bezeichnen wir als *Hilfs-Byte*. Der Inhalt dieser Bytes ändert sich je nachdem, ob eine ASCII-Taste oder eine Sondertaste betätigt wurde.

ASCII-Tasten

Beinhaltet das Haupt-Byte einen ASCII-Zeichenwert von 01H bis FFH, so wurde eine Standardtaste gedrückt oder aber ein ASCII-Zeichen mit Hilfe der gerade geschilderten Alt-Methode eingegeben (in Anhang C finden Sie den kompletten ASCII-Zeichensatz). In diesem Fall enthält das Hilfs-Byte den Auswahlcode der gedrückten Taste (für Zeichen, die mit Hilfe von Alt-Zahl eingegeben wurden, ist der Auswahlcode 0). Normalerweise benötigt man diesen Code nicht. Weder DOS noch Funktionen höherer Programmiersprachen wie *getch()* in C oder INKEY$ in BASIC fragen Auswahlcodes ab. Dennoch kann anhand des Hilfs-Bytes (Auswahlcodes) eine Unterscheidung der doppelt vorhandenen Tasten getroffen werden.

Sondertasten

Ist das Haupt-Byte Null (00H), bedeutet dies, daß eine besondere, Nicht-ASCII-Taste gedrückt wurde. Zu den Sondertasten gehören die Funktionstasten (auch umgeschaltet), die Cursor-Steuertasten einschließlich Home und End und einige der Ctrl- und Alt-Tastenkombinationen. Wird eine dieser Tasten allein oder in einer Kombination gedrückt, enthält das Hilfs-Byte einen Wert, der die gedrückte Taste anzeigt. Abbildung 6-5 führt diese Werte auf (eine ausführliche Abhandlung der ROM BIOS-Tastencodes finden Sie im *IBM BIOS Interface Technical Reference Manual*).

❑ HINWEIS: *Auf der Tastatur mit 101/102 Tasten hat das Haupt-Byte für die grauen Cursorsteuertasten den Wert E0H. Dieser Wert unterscheidet diese Tasten von ihren Gegenstücken im numerischen Tastenfeld, deren Haupt-Byte 00H enthält.*

Wert			*Wert*			*Wert*		
(hex)	*(dez)*	*Taste(n)*	*(hex)*	*(dez)*	*Taste(n)*	*(hex)*	*(dez)*	*Taste(n)*
3BH	59	F1	69H	105	Alt-F2	22H	34	Alt-G
3CH	60	F2	6AH	106	Alt-F3	23H	35	Alt-H
3DH	61	F3	6BH	107	Alt-F4	24H	36	Alt-J
3EH	62	F4	6CH	108	Alt-F5	25H	37	Alt-K
3FH	63	F5	6DH	109	Alt-F6	26H	38	Alt-L
40H	64	F6	6EH	110	Alt-F7			
41H	65	F7	6FH	111	Alt-F8	2CH	44	Alt-Z
42H	66	F8	70H	112	Alt-F9	2DH	45	Alt-X
43H	67	F9	71H	113	Alt-F10	2EH	46	Alt-C
44H	68	F10	8BH	139	Alt-F11	2FH	47	Alt-V
85H	133	F11	8CH	140	Alt-F12	30H	48	Alt-B
86H	134	F12				31H	49	Alt-N
			78H	120	Alt-1	32H	50	Alt-M
54H	84	Shift-F1	79H	121	Alt-2	0FH	15	Shift-Tab
55H	85	Shift-F2	7AH	122	Alt-3			
56H	86	Shift-F3	7BH	123	Alt-4	47H	71	Home
57H	87	Shift-F4	7CH	124	Alt-5	48H	72	Pfeil nach oben
58H	88	Shift-F5	7DH	125	Alt-6	49H	73	PgUp
59H	89	Shift-F6	7EH	126	Alt-7			
5AH	90	Shift-F7	7FH	127	Alt-8	4BH	75	Pfeil nach links
5BH	91	Shift-F8	80H	128	Alt-9	4DH	77	Pfeil nach
5CH	92	Shift-F9	81H	129	Alt-0			rechts
5DH	93	Shift-F10	82H	130	Alt-Bindestrich			
87H	135	Shift-F11	83H	131	Alt-=	4FH	79	End
88H	136	Shift-F12						
			10H	16	Alt-Q	50H	80	Pfeil nach
5EH	94	Ctrl-F1	11H	17	Alt-W			unten
5FH	95	Ctrl-F2	12H	18	Alt-E	51H	81	PgDn
60H	96	Ctrl-F3	13H	19	Alt-R	52H	82	Ins
61H	97	Ctrl-F4	14H	20	Alt-T	53H	83	Del
62H	98	Ctrl-F5	15H	21	Alt-Y			
63H	99	Ctrl-F6	16H	22	Alt-U	72H	114	Ctrl-PrtSc
64H	100	Ctrl-F7	17H	23	Alt-I	73H	115	Ctrl-Pfeil nach links
65H	101	Ctrl-F8	18H	24	Alt-O	74H	116	Ctrl-Pfeil
66H	102	Ctrl-F9	19H	25	Alt-P			nach rechts
67H	103	Ctrl-F10				75H	117	Ctrl-End
89H	137	Ctrl-F11	1EH	30	Alt-A	76H	118	Ctrl-PgDn
8AH	138	Ctrl-F12	1FH	31	Alt-S	77H	119	Ctrl-Home
			20H	32	Alt-D			
68H	104	Alt-F1	21H	33	Alt-F	84H	132	Ctrl-PgUp

Abb. 6-5 *Hilfs-Byte-Werte des ROM BIOS für die Sondertasten*

Unterschiedliche Programmiersprachen behandeln die vom ROM BIOS generierten Codes verschiedenartig. BASIC z.B. interpretiert die Sondertasten je nach Art des Befehls unterschiedlich. Bei den regulären Eingabeanweisungen übergibt BASIC die

ASCII-Zeichen an das BIOS und filtert Sondertastenanschläge aus. Einige dieser Tasten können jedoch mit der Anweisung ON KEY erkannt werden. Man kann aber auch die BASIC-Funktion INKEY$ verwenden und damit direkt auf die ROM BIOS-Codierung der Tastaturzeichen zugreifen, um herauszufinden, welche Sondertaste gedrückt wurde. Wird von der INKEY$-Funktion eine Zeichenfolge, die nur aus einem Byte besteht, als Antwort zurückgegeben, enthält diese ein normales ASCII-Zeichen oder ein ASCII-Zeichen der erweiterten Tastatur. Hat INKEY$ hingegen eine Zeichenfolge aus zwei Bytes zurückgegeben, so ist das erste Byte das Haupt-Byte des ROM BIOS (immer 00H); das zweite Byte ist das Hilfs-Byte und zeigt an, welche Taste gedrückt wurde.

ROM BIOS-Tastaturkontrolle

Das ROM BIOS speichert Daten über den Tastaturstatus in mehreren Abschnitten des ROM BIOS-Datenbereichs im unteren Speicherbereich im Segment 40H. Programme können einige der ROM BIOS-Statusvariablen verwenden, um den Tastaturstatus festzustellen oder die Verarbeitung der Tastaturoperationen durch das ROM BIOS zu modifizieren.

Die zwei Tastatur-Status-Bytes an den Adressen 0040:0017H (in Abb. 6-6 gezeigt) und 0040:0018H (in Abb. 6-7 gezeigt) sind mit voneinander verschiedenen Bits so codiert, daß bekannt ist, welche der Umschalt- und Festumschaltungstasten aktiv sind. Alle Standardmodelle der PC-Serie verfügen über diese Bytes, obwohl die Bits, die die Tasten Sys Req, Alt links und Ctrl links darstellen, nur bei Tastaturen verändert werden, die diese Tasten auch unterstützen.

Das Status-Byte an der Adresse 0040:0017H ist besonders nützlich, da es bestimmt, wie das ROM BIOS die Tastenanschläge verarbeitet. Änderungen an diesem Statusbyte wirken sich auf den nächsten vom ROM BIOS verarbeiteten Tastenanschlag aus.

			Bit					
7	*6*	*5*	*4*	*3*	*2*	*1*	*0*	***Bedeutung***
x	.	.	.	.	.	.	.	Einfügemodus: 1 = aktiv; 0 = inaktiv
.	x	.	.	.	.	.	.	Caps Lock: 1 = aktiv; 0 = inaktiv
.	.	x	.	.	.	.	.	Num Lock: 1 = aktiv; 0 = inaktiv
.	.	.	x	.	.	.	.	Scroll Lock: 1 = aktiv; 0 = inaktiv
.	.	.	.	x	.	.	.	1 = Alt-Taste gedrückt
.	.	.	.	.	x	.	.	1 = Ctrl-Taste gedrückt
.	.	.	.	.	.	x	.	1 = Linke Umschalttaste gedrückt
.	.	.	.	.	.	.	x	1 = Rechte Umschalttaste gedrückt

Abb. 6-6 *Codierung des Tastatur-Status-Bytes an Speicherstelle 0040:0017H. Die Bits 4-7 sind Wechselschalter; ihr Wert ändert sich bei jedem Betätigen der Taste. Die Bits 0-3 werden nur gesetzt, während man die entsprechende Taste drückt.*

Bit								
7	*6*	*5*	*4*	*3*	*2*	*1*	*0*	*Bedeutung*
x	.	.	.	.	.	.	.	1 = Ins gedrückt
.	x	.	.	.	.	.	.	1 = Caps Lock gedrückt
.	.	x	.	.	.	.	.	1 = Num Lock gedrückt
.	.	.	x	.	.	.	.	1 = Scroll Lock gedrückt
.	.	.	.	x	.	.	.	1 = Haltestatus aktiv (Ctrl-Num Lock oder Pause)
.	.	.	.	.	x	.	.	1 = Sys Req gedrückt
.	.	.	.	.	.	X	.	1 = Linke Alt-Taste gedrückt
.	.	.	.	.	.	.	X	1 = Linke Ctrl-Taste gedrückt

Abb. 6-7 *Codierung des Tastatur-Status-Bytes an Speicherstelle 0040:0018H. Diese Bits werden nur gesetzt, während man die entsprechende Taste drückt.*

Einfügemodus

Das ROM BIOS überwacht den Einfügemodus in Bit 7 des Bytes an Adresse 0040:0017H. Unserer Erfahrung nach ignorieren jedoch alle Programme dieses Bit und merken sich den Einfügemodus auf andere Weise. Das heißt, man kann sich nicht darauf verlassen, daß dieses Status-Bit tatsächlich den wahren Stand der Dinge widerspiegelt.

Caps Lock-Modus

Einige Programmierer erzwingen den Caps Lock-Modus, indem sie Bit 6 des Bytes an 0040:0017H auf 1 setzen. Manche Benutzer mag dies verwirren, weshalb wir diese Methode nicht unbedingt empfehlen. Andererseits arbeitet dieser Trick zuverlässig und es gibt eine Menge guter Gründe, sich seiner zu bedienen. Wenn Sie so vorgehen, werden Sie augenblicklich sehen, daß das ROM BIOS die Leuchtdioden auf den Tastaturen mit 84 oder 101/102 Tasten entsprechend ein- oder ausschaltet. Das gilt auch für den Fall, daß man die Num Lock- oder Scroll Lock-Status-Bits verändert.

Num Lock-Modus

Da die Num Lock-Taste auf der Tastatur so angeordnet ist, daß die Gefahr einer unabsichtlichen Betätigung besteht, setzen manche Programmierer zu Beginn eines Programms das Num Lock-Statusbit (Bit 5 von Byte 0040:0017H) auf einen festgelegten Wert. Zum Beispiel erzwingt das Löschen des Num Lock-Statusbits vor Anforderung einer Tastatureingabe durch den Benutzer, daß Tastenanschläge als Richtungsanweisungen und nicht als Zahlen verarbeitet werden, und dies selbst dann, wenn die Num Lock-Taste versehentlich gedrückt wurde. Das kann auf der Tastatur mit 83 Tasten des IBM PC und PC/XT besonders hilfreich sein, da diese keine Status-LEDs besitzt und somit den Num Lock-Modus nicht visuell anzeigt.

Tastaturhaltestatus

Das ROM BIOS geht in den Tastaturhalte(Pause)-status über, sobald Ctrl-Num-Lock oder Pause betätigt wird. In diesem Haltestatus durchläuft das ROM BIOS eine leere Schleife, bis eine Taste betätigt wird, die ein darstellbares Zeichen erzeugt; vorher ist es keinem Programm möglich, die Kontrolle über den Computer zu erlangen. Diese Eigenschaft dient dazu, den Betrieb des Computers vorübergehend zu unterbrechen.

Interrupts werden in diesem Modus normal verarbeitet. Wird beispielsweise von einem Diskettenlaufwerk ein Interrupt erzeugt (der die Beendigung einer Diskettenoperation meldet), erhält ihn die entsprechende Interrupt-Routine zur normalen Verarbeitung. Nach Beendigung der Verarbeitung kehrt die Kontrolle jedoch dorthin zurück, wo sie vor dem Interrupt war: in die Warteschleife des ROM BIOS. In diesem Haltemodus kann der Computer also auf Anforderungen externer Geräte reagieren, die laufende Programmabarbeitung ist aber im allgemeinen unterbunden. Die Tastaturroutine des BIOS wartet weiter auf Tastatur-Interrupts. Sobald ein normaler Tastenanschlag auftaucht (einschließlich der Leertaste oder einer Funktionstaste, nicht jedoch der Umschalttasten), wird der Haltemodus verlassen, und das aktuelle Programm läuft weiter.

Der Haltemodus ist beim Programmieren ohne praktische Bedeutung. Sein eigentlicher Zweck liegt darin, daß er dem Anwender eine einheitliche und einfache Möglichkeit in die Hand gibt, das Programm pausieren zu lassen.

Leider ist diese Methode nicht ganz sicher. Es ist nämlich für ein Programm durchaus möglich weiterzuarbeiten, indem es auf einen externen Interrupt, z.B. den Zeitgeber-Interrupt, reagiert. Soll ein Programm unter allen Umständen ablaufen, so kann es eine Routine anwählen, die während des Haltemodus weiterarbeitet oder aber einfach den Haltemodus wieder ausschalten, sobald er eingeschaltet wurde.

Festumschaltungsstatus

Die Bits 4 bis 7 der Bytes an 0040H:0017H und 0040H:0018H beziehen sich auf identische Tasten. Im ersten Byte kennzeichnen die Bits den Status der Festumschaltungstasten, im zweiten Byte zeigen sie an, ob die entsprechende Festumschaltungstaste in diesem Moment gedrückt ist.

Sie können die Bits nach Belieben lesen, doch erweisen sich nur wenige für Ihre Programme als nützlich. Außer der manchmal sinnvollen Kontrolle des Festumschaltungsstatus von Caps Lock halten wir es für nicht sehr ratsam, eines der Umschaltstatus-Bits (Bits 4 bis 6 von Byte 0040H:0017H) zu ändern. Die Taste-gedrückt-Bits (Bits 0 bis 3 von Byte 0040H:0017H und alle Bits von Byte 0040H: 0018H) sollten wegen der möglichen schwerwiegenden Folgen niemals geändert werden.

Anmerkungen

Möchten Sie einen tieferen Einblick in die Tastaturoperationen des PC gewinnen, sollten Sie das ROM BIOS-Programm-Listing in den Handbüchern von IBM zum PC, PC/XT oder PC/AT studieren. Nehmen Sie sich aber gleich vor einer häufigen Fehlerquelle in acht, die für ROM BIOS-Neulinge oft in Zusammenhang mit den vom ROM BIOS verwendeten Interrupts auftritt. Das ROM BIOS bietet zwei unterschiedliche Tastatur-Interrupts: der eine reagiert auf Interrupts, die von der Tastatur kommen (Interrupt 09H) und legt die Tastaturdaten im unteren Speicherbereich ab, der andere reagiert auf einen Interrupt, der Tastaturroutinen verlangt (Interrupt 16H, dezimal 22) und die Daten aus dem unteren Speicherbereich an DOS und Ihre Programme übergibt. Es passiert leicht, daß diese beiden Interrupts verwechselt werden. Weiterhin gibt es viel Verwirrung mit den Interrupts 1BH und 23H (dezimal 27 und 35), die für die Unterbrechungstastenkombination verantwortlich sind. Die folgende Tabelle listet die Tastatur-Interrupts auf.

Interrupt			
Hex	***Dez***	***Herkunft***	***Verwendung***
09H	9	Tastatur	Signalisiert Tastenbetätigung
16H	22	Benutzer-programm	Ruft Standard-BIOS-Tastaturroutinen (siehe Kapitel 11) auf.
1BH	27	ROM BIOS	Tritt auf, wenn unter der Kontrolle von BIOS Ctrl-Break gedrückt wurde ; eine vom Benutzer geschriebene Routine wird ggf. aufgerufen.
23H	35	DOS	Ruft eine vom Benutzer geschriebene Routine auf (sofern vorhanden), wenn unter der Kontrolle von DOS eine Unterbrechungstastenkombination gedrückt wurde

Abb. 6-8 *Interrupts zur Tastaturkontrolle*

Wie ein roter Faden zieht sich der Ratschlag durch dieses Buch, nicht "wild drauflos" zu programmieren, sondern alle Regeln zu beachten. Das bedeutet, daß Ihre Programme auf allen IBM PC-Modellen lauffähig sein sollten und nicht nur auf die Eigenheiten eines bestimmten Rechners abgestimmt sind. Schreiben Sie außerdem nur Programme, die zur Handhabung der Daten portable Mittel (wie z.B. DOS oder ROM BIOS-Routinen) verwenden, statt direkt auf Hardware-Ebene zu programmieren. Diese Regeln gelten für die Programmierung der Tastatur genauso wie für jede andere Art von Programmierung.

Kapitel 7
Uhren, Zeitgeber und Tonerzeugung

Uhren und Zeitgeber werden als Herzschlag eines Computers bezeichnet. Die wesentlichen Computerfunktionen - Rechenoperationen und Datentransfer - werden durch die von elektronischen Uhren erzeugten Zeitimpulse gesteuert. PC und PS/2 beherbergen mehrere Uhren und Zeitgeber, über die Sie Bescheid wissen sollten:

- Der *Systemzeitgeber* erzeugt ein "Uhrticken" und andere zeitgebende Impulse nach genau bestimmten Intervallen.
- Der *Tongenerator* erzeugt über einen Lautsprecher Töne in einem weiten Frequenzbereich und von unterschiedlichster Dauer.
- Die *Echtzeituhr* bzw. der *Echtzeitkalender* sind ständig über Datum und Uhrzeit informiert und können auch als "Wecker" dienen (nur in PC/AT und PS/2).

Um zu verstehen, wie man den Systemzeitgeber, den Tongenerator und die Echtzeituhr bzw. den Echtzeitkalender verwendet, muß man einiges über die grundlegenden Uhren- und Zeitgebungsmechanismen der PC und PS/2 wissen. Dies geschieht in diesem Kapitel.

Uhren und Zeitgeber

Die IBM PC und PS/2 besitzen mehrere Uhren und Zeitgeber, die mit unterschiedlichen Geschwindigkeiten laufen und unterschiedliche Funktionen erfüllen. Einige davon sind Teil des Schaltkreisentwurfs dieser Computer; die Software hat keinen Einfluß auf ihren Betrieb. Andere dienen zur Unterstützung von Zeitgebungsfunktionen der Software; ihr Betrieb läßt sich durch die Software mit Hilfe der ROM BIOS-Routinen oder direkter Hardware-Programmierung kontrollieren.

Die Uhr der CPU

Das wohl grundlegendste zeitgesteuerte Ereignis in einem PC oder PS/2 ist die schrittweise Arbeitsweise der CPU-Uhr des Computers, deren Geschwindigkeit durch die Frequenz eines speziellen Oszillatorschaltkreises, der in regelmäßigen Intervallen Hochfrequenzimpulse erzeugt, bestimmt wird. Diese Frequenz nennt man die *Taktrate* der CPU. Sie bestimmt, wie schnell die CPU ihre Funktionen ausführen kann.

Der CPU-Oszillator teilt der CPU die Zeit praktisch so zu, wie dies ein Metronom für einen Musiker tut. Bei jedem Schlag der CPU-Uhr (d.h. jedem Impuls im CPU-Oszillatorsignal) führt die CPU einen Teil einer Maschineninstruktion aus. Alle Instruktionen benötigen zwei oder mehr Uhrzyklen (Schwingungen) zu ihrer vollständigen Ausführung. Zum Beispiel benötigt die Registerinstruktion INC zur Ausführung zwei Zyklen; kompliziertere Instruktionen wie CALL und MUL benötigen eine längere Zeitspanne.

In IBM PC und PC/XT beträgt die Taktrate der CPU 4.772.727 Schwingungen pro Sekunde, d.h. ca. 4,77 Megahertz (ein *Megahertz* oder MHz sind eine Million Schwingungen pro Sekunde). Ein CPU-Uhrzyklus dauert daher etwa 1/4.772.727 Sekunden, d.h. ca. 210 *Nanosekunden* (Milliardstel Sekunden). Bei dieser Taktrate wird eine 2 Zyklen benötigende INC-Instruktion in etwa 420 Nanosekunden (= 0,42 *Mikrosekunden* oder Millionstel Sekunden) ausgeführt.

Die eigenartige Taktrate von 4,77 Megahertz war für die Konstukteure des Original-IBM PC in Wirklichkeit eine sehr praktische Frequenz. Die Taktfrequenz der CPU leitet sich nämlich von der in Fernsehgeräten häufig verwendeten Oszillatorfrequenz von 14,31818 MHz ab. Bei Division durch 3 ergibt sich die CPU-Taktrate. Bei Division durch 4 erhält man die Frequenz des Farberkennungssignals von Farbfernsehgeräten und des PC-Farb-Grafikadapters. Bei Division durch 12 ergeben sich 1,19318 MHz. Dies ist die von den Systemzeitgebern des PC verwendete Taktfrequenz.

In jüngeren und schnelleren Mitgliedern der PC-und PS/2-Modellreihe ist die CPU-Taktfrequenz höher, so daß auch die gesamte Rechengeschwindigkeit dieser Computer höher ist. Die 80286- und 80386-Prozessoren können außerdem viele Maschineninstruktionen in weniger Zyklen ausführen, als dies dem im PC und PC/XT verwendeten 8088 möglich war. Zum Beispiel benötigt die Registerinstruktion PUSH mit dem 8088 15 Uhrzyklen; im 80286 benötigt dieselbe Instruktion 3 Zyklen und im 80386 nur 2. Die Kombination einer höheren Taktrate mit schnelleren Maschineninstruktionen bedeutet, daß die auf dem 80286 oder 80386 basierenden Modelle der PC-Serie Programme bedeutend schneller als die mit 8088- und 8086-CPUs bestückten ausführen.

Modell	*CPU*	*CPU-Taktfrequenz*	*Ungefähre Geschwindigkeitssteigerung gegenüber IBM PC mit 4,77 MHz*
PC	8088	4,77 MHz	1,0
PC/XT	8088	4,77 MHz	1,0
PC/AT	80286	6 MHz	3,4
		8 MHz	4,8
PS/2-Modelle 25 und 30	8086	8 MHz	2,5
PS/2-Modelle 50 und 60	80286	10 MHz	6,1
PS/2-Modell 80	80386	16 MHz	12,5
		20 MHz	15,5

Abb 7-1 *CPU-Taktfrequenzen und relative Rechengeschwindigkeit für PCs und PS/2*

Systemzeitgeber

Abgesehen vom Betrieb der CPU erfolgen andere grundlegende Hardware- und Software-Funktionen auf der Basis einer voreingestellten Taktfrequenz. Zum Beispiel müssen die dynamischen RAM-Chips, die den Hauptspeicher des Computers bilden, in regelmäßigen Abständen aufgefrischt werden, damit sie die in ihnen gespeicherten Informationen nicht verlieren. Auch andere ROM BIOS- und Betriebssystemfunktionen wie z.B. die laufende Überwachung der Uhrzeit erfordern, daß der Computer in vorbestimmten Abständen "tickt". Alle PCs und PS/2 verfügen über Schaltkreise, die die notwendigen Zeitgebungssignale erzeugen.

In den PCs und PC/XTs liefert der programmierbare Zeitgebungs-/Zählerchip Intel 8253-5 die Signale zur RAM-Auffrischung und zur Zeitgebung. Im PC/AT erfüllt ein Intel 8254-2 denselben Zweck. Die PS/2-Modelle 25 und 30 verwenden als Zeitgeber einen 8253-5, doch bleibt die RAM-Auffrischungszeit einem besonderen IC überlassen. In den PS/2-Modellen 50, 60 und 80 sind alle Zeitgebungsfunktionen in einen besonderen Chip eingebaut. Trotz dieser Hardware-Unterschiede ist die Programmierschnittstelle für den Zeitgeber für PCs und PS/2 gleich.

In der PC/XT/AT-Modellreihe hat der Zeitgeber-Chip drei Ausgabekanäle, von denen jeder eine besondere Funktion erfüllt:

- *Kanal 0* ist der Systemzeitgeber. Beim Kaltstart des Computers programmiert das ROM BIOS den Zeitgeber so, daß er mit etwa 18,2 Schlägen pro Sekunde schwingt. Dieses Signal ist so mit dem Interrupt-Controller des Computers verbunden, daß bei jedem Uhrenschlag der Interrupt 08H ausgelöst wird.
- *Kanal 1* dient immer zur Erzeugung des Signals zur RAM-Auffrischung; er ist nicht zur Verwendung in selbst geschriebenen Programmen bestimmt.
- *Kanal 2* wird zur Kontrolle des im Computer eingebauten Lautsprechers verwendet: die Frequenz auf Kanal 2 des Zeitgebers bestimmt die Frequenz des vom Lautsprecher abgegebenen Tons (wir kommen später darauf zurück).

Bei den PS/2-Modellen 50, 60 und 80 gibt es noch einen Zeitgebungskanal 3. Das hier erzeugte Signal dient zur Steuerung des nicht maskierbaren Interrupts des Computers (02H) und kann von einem Betriebssystem als "Wachhund" verwendet werden, um sicherzustellen, daß gewisse andere kritische Funktionen wie z.B. die Verarbeitung eines Taktgebungs-Interrupts den Computer nicht zum Absturz bringen, wenn ihre Ausführung zu lange dauert.

Verwendung der Signale des Systemzeitgebers

In allen PCs und PS/2 liefert der Eingabeoszillator des Systemzeitgeber-Schaltkreises die Frequenz 1,19318 MHz. Bei jeder Schwingung dekrementiert der Zeitgeber-Chip die Werte einer Reihe interner 16-Bit-Zähler, von denen es pro Ausgabekanal einen gibt. Erreicht der Wert eines Zählers 0, erzeugt der Zeitgeber im entsprechenden Ausgabekanal einen einzigen Ausgabeimpuls, setzt den Zähler zurück und beginnt wieder mit dem Herunterzählen.

Wenn das ROM BIOS den Systemzeitgeber initialisiert, speichert es im Zählerregister für Kanal 0 den Zählerwert 0. Das heißt, daß der Zeitgeber-Chip den Zähler auf Kanal 0 zwischen zwei Ausgabeimpulsen 2^{16} mal dekrementiert, so daß diese 1.193.180/65.536 oder ca. 18,2 mal pro Sekunde auftreten. Der Ausgang des Zeitgeberkanals 0 wird als Signal auf der Interrupt-Anforderungsstufe 0 (IRQ0) verwendet, so daß Interrupt 08H immer auftritt, wenn der Kanal 0 den Zählerwert 0 aufweist, d.h. 18,2 mal pro Sekunde.

Das ROM BIOS enthält eine Routine zur Behandlung des Interrupts 08H, die einen stets mitlaufenden Zähler der Signale des Systemzeitgebers an 0040:006CH im BIOS-Datenbereich inkrementiert. Dieselbe Interrupt-Routine dekrementiert auch das Byte an

0040:0040H; erreicht der Wert des Bytes 0, erteilt sie dem Controller des Diskettenlaufwerks den Befehl, den Motor des Laufwerks abzuschalten (falls dieser eingeschaltet ist).

Die ROM BIOS-Routine zur Behandlung des Interrupts 08H erzeugt außerdem den Software-Interrupt 1CH, der zur Verwendung in Programmen gedacht ist, die wissen wollen, wann ein Zeitgebersignal auftrat. Das geschieht, indem das Programm lediglich den InterruptVektor 1CH an 0000:0070H auf seine eigene Routine zur Behandlung dieses Interrupts zeigen läßt. Man muß jedoch bei Verwendung einer Routine zur Behandlung des Interrupts 1CH beachten, daß die ROM BIOS-Routine zur Behandlung des Interrupts 08H weitere Zeitgebersignal-Interrupts auf IRQ0 erst wieder zuläßt, wenn Ihre 1CH-Routine beendet ist. Bei der Installation einer eigenen Routine zur Behandlung des Interrupts 1CH muß sichergestellt sein, daß diese die IRQ0 nicht zu lange blockiert, da das System sonst abstürzen kann.

Die Signale des Systemzeitgebers und seine Interrupts sind besonders nützlich in Programmen, die ungeachtet dessen, was sonst noch im Computer vor sich gehen mag, eine bestimmte einfache Aufgabe in regelmäßigen Abständen erfüllen müssen. Der Zeitgebersignal-Interrupt hat die höchste Priorität aller Hardware-Interrupts (mit Ausnahme des nicht maskierbaren Interrupts), so daß der Code in den entsprechenden Routinen zur Behandlung der Interrupts 08H und 1CH den Vorrang vor aller anderen System-Software hat.

Aus diesem Grund wird das Zeitgebersignal in erster Linie in Betriebssystem-Software und speicherresidenten "Pop-Up"-Programmen wie SideKick oder Norton Guides eingesetzt. Solche Programme haben ihre eigenen Routinen zur Behandlung der Zeitgebersignale, um zu prüfen, wann es an der Zeit ist, auf dem Schirm zu erscheinen. Sie verlassen sich generell darauf, daß das Zeitgebersignal mit der Standardfrequenz von 18,2 Impulsen pro Sekunde auftritt.

Da die Zeitgeberfunktion für den eigentlichen Betrieb des Computers von so wesentlicher Bedeutung ist, dürfen Sie die Ausgabefrequenz des Systemzeitgeberkanals 0 nur ändern, wenn Sie darauf achten, daß die Funktionalität der ROM BIOS-Routine zur Behandlung des Interrupts 08H erhalten bleibt. BASIC z.B. verwendet die Zeitgebersignale zur Messung der Dauer der Töne, die mit dem Befehl PLAY oder SOUND erzeugt wurden. Da die Standardfrequenz von 18,2 Impulsen pro Sekunde oft nicht ausreicht, um die geforderte Musik zu erzeugen, wird der Zeitgeber von BASIC umprogrammiert. Er ist dann viermal schneller und sendet seinen Interrupt 08H 72,8 mal statt 18,2 mal pro Sekunde aus. Da BASIC mit der vierfachen Geschwindigkeit zählt, läßt sich das Tempo von Musikstücken akkurater reproduzieren.

BASIC besitzt daher eine besondere Routine zur Behandlung des Interrupts 08H, die die standardmäßige Routine zur Behandlung des Interrupts 08H bei jedem vierten Zeitgebersignal aufruft. Dies stellt sicher, daß die gewöhnlichen Funktionen des Interrupts 08H weiterhin 18,2mal pro Sekunde ausgeführt werden. Falls Sie den Systemzeitgeberkanal 0 auf eine nicht standardmäßige Geschwindigkeit umprogrammieren, sollten Ihre Programme dieselbe Technik zur Beibehaltung der Funktionalität des Interrupts 08H verwenden.

Die Programmierung des Systemzeitgeberkanals 2, dem Tongenerator, verlangt nicht soviel Aufmerksamkeit, da von ihm keine ROM BIOS- oder Betriebssystemfunktionen abhängen. Bevor wir uns jedoch mit den Details seiner Programmierung beschäftigen, geht es im folgenden Abschnitt um die Grundlagen der Tonerzeugung mit Hilfe des Computers.

Physikalische Betrachtung des Tones

Töne sind einfach regelmäßige Luftdruckimpulse oder -vibrationen. Sie entstehen, indem eine vibrierende Quelle Luftpartikel in Bewegung versetzt. Dehnt sich die Quelle aus, so wird die umgebende Luft komprimiert, zieht sie sich zusammen, so reißt der Druckabfall die Teilchen auseinander. Eine Schwingung, die aus Zusammenziehen und Ausdehnen besteht, verursacht den Zusammenstoß vieler Luftpartikel. Diese Bewegung setzt sich als Kettenreaktion in alle möglichen Richtungen fort. Eine solche Fortbewegung wird Welle genannt.

Der Lautsprecher der IBM PCs und PS/2s vibriert durch die an ihn gesendeten elektrischen Impulse des Computers. Da Computer normalerweise nur mit Binärzahlen arbeiten, sind die produzierten Spannungen entweder hoch oder niedrig. Jede Spannungsänderung zieht die Lautsprechermembran zusammen oder entspannt sie. Ein Ton wird erzeugt, wenn die anliegende Spannung von niedrig zu hoch und wieder zu niedrig verändert wird. Eine einzige Vibration, bestehend aus einem Hinaus- und einem Hineinimpuls, wird Schwingung genannt. Durch den Lautsprecher wird eine einzelne Schwingung als Klick wahrnehmbar. Ein kontinuierlicher Ton entsteht, wenn mehrere Schwingungen pro Sekunde an den Lautsprecher geschickt werden. Wächst die Anzahl der Schwingungen pro Sekunde, steigt auch die Tonhöhe. Erhält der Lautsprecher beispielsweise 523 Schwingungen in der Sekunde, was einer Frequenz von 523 *Hertz* entspricht, hören wir einen Ton, der der Note "eingestrichenes C" entspricht. Abbildung 7-2 führt die zur Erzeugung anderer Musiknoten erforderlichen Frequenzen auf.

Note	*Frequenz*	*Note*	*Frequenz*	*Note*	*Frequenz*	*Note*	*Frequenz*
C_0	16,35	C_2	65,41	C_4	261,63	C_6	1046,50
$C_{\#0}$	17,32	$C_{\#2}$	69,30	$C_{\#4}$	277,18	$C_{\#6}$	1108,73
D_0	18,35	D_2	73,42	D_4	293,66	D_6	1174,66
$D_{\#0}$	19,45	$D_{\#2}$	77,78	$D_{\#4}$	311,13	$D_{\#6}$	1244,51
E_0	20,60	E_2	82,41	E_4	329,63	E_6	1328,51
F_0	21,83	F_2	87,31	F_4	349,23	F_6	1396,91
$F_{\#0}$	23,12	$F_{\#2}$	92,50	$F_{\#4}$	369,99	$F_{\#6}$	1479,98
G_0	24,50	G_2	98,00	G_4	392,00	G_6	1567,98
$G_{\#0}$	25,96	$G_{\#2}$	101,83	$G_{\#4}$	415,30	$G_{\#6}$	1661,22
A_0	27,50	A_2	110,00	A_4	440,00	A_6	1760,00
$A_{\#0}$	29,14	$A_{\#2}$	116,54	$A_{\#4}$	466,16	$A_{\#6}$	1864,66
B_0	30,87	B_2	123,47	B_4	493,88	B_6	1975,53
C_1	32,70	C_3	130,81	C_5	523,25	C_7	2093,00

Abb. 7-2

(weiter nächste Seite)

(Fortsetzung)

Note	*Frequenz*	*Note*	*Frequenz*	*Note*	*Frequenz*	*Note*	*Frequenz*
$C_{\#1}$	34,65	$C_{\#3}$	138,59	$C_{\#5}$	554,37	$C_{\#7}$	2217,46
D_1	36,17	D_3	146,83	D_5	587,33	D_7	2349,32
$D_{\#1}$	38,89	$D_{\#3}$	155,56	$D_{\#5}$	622,25	$D_{\#7}$	2489,02
E_1	41,20	E_3	164,81	E_5	659,26	E_7	2637,02
F_1	43,65	F_3	174,61	F_5	698,46	F_7	2793,83
$F_{\#1}$	46,25	$F_{\#3}$	185,00	$F_{\#5}$	739,99	$F_{\#7}$	2959,96
G_1	49,00	G_3	196,00	G_5	783,99	G_7	3135,96
$G_{\#1}$	51,91	$G_{\#3}$	207,65	$G_{\#5}$	830,61	$G_{\#7}$	3322,44
A_1	55,00	A_3	220,00	A_5	880,00	A_7	3520,00
$A_{\#1}$	58,27	$A_{\#3}$	233,08	$A_{\#5}$	932,33	$A_{\#7}$	3729,31
B_1	61,74	B_3	246,94	B_5	987,77	B_7	3951,07
						C_8	4186,01

Hinweis: Wohltemperierte chromatische Tonskala; $A_4 = 440$

Abb. 7-2 *Notentabelle über acht Oktaven mit Frequenzangaben*

Der Durchschnittsmensch kann Töne in einer Tonhöhe von ungefähr 20 bis 20.000 Hertz wahrnehmen. Der Lautsprecher des PC kann theoretisch Frequenzen von 18 bis über eine Million Hertz erzeugen; der Tonbereich erstreckt sich weit über den des menschlichen Gehörs. Wie enorm diese Frequenzspanne ist, wird deutlich, wenn man sie mit der Stimme eines normalen Menschen vergleicht, die zwischen 125 und 1.000 Hertz liegt.

Der eingebaute Lautsprecher des Standard-IBM PC bietet keine Lautstärkekontrolle und ist auch keineswegs für musikalische Darbietungen vorgesehen. Das führt dazu, daß unterschiedliche Frequenzen verschiedene Effekte haben: manche ertönen lauter als andere, wieder andere besitzen eine wirklichkeitsgetreuere Tonhöhe. Diese Unregelmäßigkeiten sind durch die Konstruktion des Lautsprechers bedingt und lassen sich nicht steuern.

Wie der Computer Töne erzeugt

Dem PC lassen sich auf zwei verschiedenen Wegen Töne entlocken. Die erste Methode besteht darin, ein Programm den Lautsprecher an- und ausschalten zu lassen, indem zwei Lausprecherbits des E/A-Ports, der den Zugang zu den Schaltkreisen der Lautsprecherkontrolle darstellt, verändert werden. Bei Anwendung dieser Methode steuert das Programm den Takt der Impulse, die zum Lautsprecher gelangen und damit die resultierende Frequenz. Die andere Methode liegt in der Verwendung von Kanal 2 des Zeitgeber-Chips, um dem Lautsprecher die Impulse mit einer präzisen Frequenz zu senden. Dieser zweiten Möglichkeit ist der Vorrang zu geben, da sie zwei nicht zu übersehende Vorteile mit sich bringt: zum einen werden die Lautsprecherimpulse vom Zeitgeber-Chip und nicht von einem Programm überwacht, die CPU ist also frei für andere Zwecke. Zum anderen ist der Zeitgeber von der Arbeitsgeschwindigkeit des Prozessors unabhängig, die je nach verwendetem PC- oder PS/2-Modell variiert. Beide Methoden können sowohl miteinander als auch jede für sich eingesetzt werden, um eine Vielzahl einfacher und komplexer Klänge zu erzeugen.

Tonsteuerung durch Zeitgeber

Der programmierbare Zeitgeber-Chip ist das Herzstück der Standard-PC-Modelle zur Tonerzeugung. Wie bereits gesagt, dient Kanal 2 des Zeitgeber-Chips der Tonerzeugung. Zur Tonerzeugung müssen Sie also Kanal 2 korrekt programmieren und danach die von ihm ausgehenden Impulse zur Ansteuerung des Lautsprechers verwenden.

Der Zeitgeber kann auf das Aussenden von Impulsen beliebiger Frequenz programmiert werden. Da er jedoch nicht darauf achtet, wie lange ein Ton erklingt, ertönt der Ton solange, bis er ausdrücklich abgeschaltet wird. Ihre Programme müssen daher mit Hilfe einer Zeitgebungsanweisung über die Beendigung eines Tons entscheiden können.

Programmieren des Zeitgeber-Chips

Zur Programmierung des Zeitgeberkanals 2 laden wir den Zeitgeber-Chip mit einem geeigneten Ausgangswert für den Zähler dieses Kanals. (Der Zeitgeber speichert diesen Wert in einem internen Register, so daß er den Zähler jedesmal wieder darauf einstellen kann, wenn dieser Null erreicht.) Der Ausgangswert gilt unmittelbar nach dem Ladevorgang. Der Zeitgeber dekrementiert den Zähler bei jeder Schwingung seiner 1,193 MHz-Uhr, bis der Zähler Null erreicht hat. Danach sendet er über Kanal 2 einen Impuls an den Tongeneratorschaltkreis und beginnt den Zählvorgang von neuem.

Dabei "dividiert" der Zeitgeber den Ausgangswert durch die Systemfrequenz, um seine Ausgabefrequenz zu erhalten. Das Endergebnis ist eine Impulsserie, die einen Ton bestimmter Frequenz erzeugt, wenn der Lautsprecher angeschaltet wird.

Der Kontrollzähler und die resultierende Frequenz stehen in reziprokem Verhältnis zueinander:

Zähler = 1.193.180 : Frequenz

Frequenz = 1.193.180 : Zähler

Aus den beiden Formeln kann man ersehen, daß ein tiefer Ton mit einem hohen Zähler erzeugt wird, hochfrequente Töne hingegen durch niedrige Zähler. Ein Wert von 100 ergäbe z.B. eine hohe Frequenz von ca. 11.931 Schwingungen pro Sekunde, ein Wert von 10.000 eine niedrige Frequenz von ca. 119 Schwingungen pro Sekunde.

Man kann nahezu jede Frequenz innerhalb der Grenzen der 16-Bit-Arithmetik erzeugen. Die niedrigste liegt bei 18,2 Hertz mit einem Teiler von 65.535 (FFFFH) und die höchste bei 1.193.180 Hertz mit einem Teiler von 1. BASIC beschränkt sich aus praktischen Gründen auf Frequenzen von 37 bis 32.767 Hertz. Das folgende Programm zeigt, daß der interne Lautsprecher einen kleineren Frequenzbereich als BASIC abdeckt.

Ist der Wert für die gewünschte Frequenz erst einmal bekannt, muß er nur noch an die Zeitgeberregister des Kanals 2 geschickt werden. Dies geschieht über drei Portausgaben. Die erste Ausgabe, die Zahl B6H (dezimal 182), geht an Port (Anschluß) 43H (dezimal

67) und signalisiert dem Zeitgeber, daß nun der Ausgangswert kommt. Nun folgen das nieder- und das höherwertige Byte (in dieser Reihenfolge) des Zählers. Diese zwei Ausgaben, die zusammen ein 16-Bit-Wort ohne Vorzeichen bilden, werden zum Port 43H (dezimal 66) gesendet. Das folgende BASIC-Programm zeigt Ihnen diesen Ablauf.

```
10 ZAEHLER = 1193180! / 3000        ' 3000 ist die gewünschte
                                    ' Frequenz
20 NI.WERT = ZAEHLER MOD 256        ' Wert des niederwertigen Bytes
                                    ' errechnen
30 HO.WERT = ZAEHLER / 256          ' Wert des höherwertigen Bytes
                                    ' errechnen
40 OUT &H43, &HB6                   ' Zeitgeber initialisieren
50 OUT &H42, NI.WERT                ' niederwertiges Byte laden
60 OUT &H42, HO.WERT                ' höherwertiges Byte laden
```

Aktivierung des Lautsprechers

Nachdem der Zeitgeber programmiert ist, muß der Lautsprecher aktiviert werden, um das vom Zeitgeber ausgesendete Signal verwenden zu können. Wie die meisten anderen Teile der PCs und PS/2 wird der Lautsprecher durch das Senden bestimmter Werte an einen bestimmten Port angesprochen. Dies geht aus Abbildung 7-3 hervor. Der Lautsprecher wird durch Änderung der Werte der Bits 0 und 1 am E/A-Port 61H (dezimal 97) gesteuert. Nur die zwei niederwertigen Bits der 8 Bits des Ports werden vom Lautsprecher benutzt. Die verbleibenden 6 dienen anderen Zwecken und müssen daher in diesem Zusammenhang unangetastet bleiben.

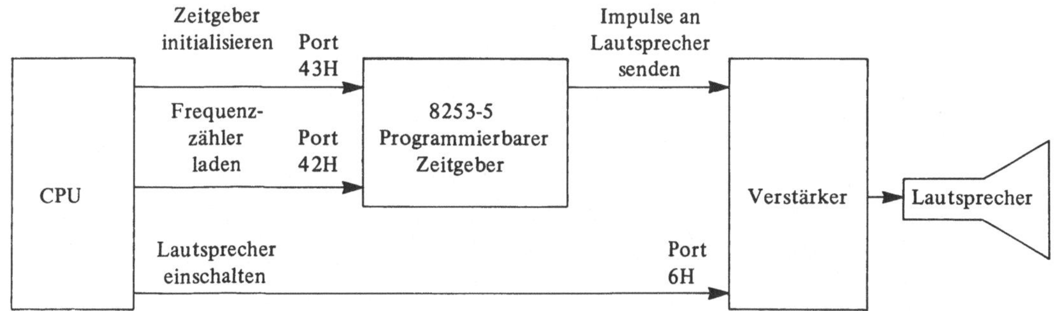

Abb. 7-3 *Erzeugung von Tonfrequenzen mit Zeitgeber und Lautsprecher*

Das niederwertigste Bit, Bit 0, kontrolliert die Übertragung des Ausgabesignals des Zeitgebers an den Lautsprecher. Das nächste Bit, Bit 1, kontrolliert das Schwingen des Lautsprechers. Beide Bits müssen auf 1 gesetzt werden, damit der Lautsprecher auf das Zeitgebersignal reagiert. Die Bits werden z.B. durch folgendes Programm auf 1 gesetzt, ohne die anderen Bits des angesprochenen Bytes zu verändern:

```
70 WERT.ALT = INP (&H61)             ' Wert von Port &H61 WERT.ALT
                                     ' zuweisen
80 WERT.NEU = (WERT.ALT OR &H03)     ' Bits 0 und 1 auf 1 setzen
90 OUT &H61, WERT.NEU                ' Lautsprecher einschalten
```

Direkte Lautsprecherkontrolle

Der Zeitgeber steuert den Lautsprecher, indem er periodisch Impulse aussendet, die den Lautsprecher in Schwingung versetzen. Dasselbe kann auch ein Programm durchführen. Dazu setzt man Bit 0 von Port 61H (dezimal 97) auf 0, um den Lautsprecher abzuschalten, und setzt Bit 1 abwechselnd auf 0 oder 1, um ihn in Schwingung zu versetzen. Je schneller das Programm abläuft, desto höher ist der resultierende Ton. Das folgende Beispielprogramm in BASIC illustriert diese Methode:

```
10 X = INP (&H61) AND &HFC       'Wert am Port lesen, Bits 1 und 0
                                 ' auf 0 setzen
20 OUT &H61, X                   ' Lautsprechermembran anziehen
30 OUT &H61, X OR 2              ' Lautsprechermembran wegdrücken
40 GOTO 20
```

Die Befehle in den Zeilen 20 und 30 lassen den Lautsprecher hin und her schwingen. Jeder für sich ergibt eine halbe Schwingung; zusammen bewirken sie eine volle Tonschwingung.

Das Beispiel erzeugt den höchstmöglichen Ton, der unter BASIC erreichbar ist. Um einen weiteren Tonhöhenbereich zu erhalten, muß man eine andere Programmiersprache, die schneller als BASIC arbeitet, verwenden und zwischen jeder vollen Schwingung gewollte Pausen von der Länge einer halben Schwingungszeit (da jedes Ein- oder Ausschalten eine halbe Schwingung ist) einbauen. Unabhängig von der verwendeten Programmiersprache muß man einen Zähler einbauen, der die Dauer des Tons mißt, damit man ihn beenden kann. Zur Erzeugung von klickenden oder summenden Tönen einer bestimmten Frequenz braucht man lediglich die Pausen zwischen den Impulsen verändern.

Ungeachtet dieser vielfältigen Möglichkeiten ist die Tonerzeugung mit Hilfe von Programmen nicht die optimale Lösung. Gegenüber der Verwendung des Zeitgebers hat sie drei entscheidende Nachteile:

- Ein Programm belastet die CPU, so daß diese andere Aufgaben schwerlich durchführen kann.
- Die Frequenz ist von der Verarbeitungsgeschwindigkeit des Prozessors abhängig. Ein Programm läuft also auf unterschiedlich schnellen Modellen mit einer jeweils anderen Tonhöhe.
- Die Zeitgeber-Interrupts beeinträchtigen die "Weichheit" des Tones, es entstehen trillernde Töne. Lediglich durch Anhalten der Zeitgebersignale durch Unterdrücken dieser Interrupts kann ein klarer Ton erzeugt werden. Leider verliert der Prozessor dann auch seinen "Zeitsinn".

Es gibt wohl nur einen einzigen Vorteil der direkten Lautsprechersteuerung gegenüber der Zeitgebermethode: bei direkter Steuerung lassen sich (mit viel Mühe) tatsächlich polyphone Töne erzeugen. Der damit verbundene Aufwand wird sich jedoch nur in seltenen Fällen lohnen.

Lautstärke und Tonqualität

Für den internen Lautsprecher des Computers gibt es keine Lautstärkeregelung. Wie alle Lautsprecher spricht er auch auf bestimmte Frequenzen besser an als auf andere. Aus diesem einfachen Grund hören Sie manche Töne lauter, andere leiser. Bei solch einfachen Lautsprechern wie den in den meisten PCs und PS/2 eingebauten variiert die Lautstärke je Frequenz in großem Maße. Mit dem folgenden Programm testen Sie, welche Tonhöhe für Ihre Zwecke die günstigste ist.

```
10 PLAY "MF"                            ' jeden Ton separat spielen
20 FREQUENZ = 37
30 WHILE FREQUENZ < 32000               ' alle Frequenzen bis 32000
                                        ' Hertz verwenden
40   PRINT USING "##,###";FREQUENZ      ' Frequenz anzeigen
50   SOUND FREQUENZ, 5                  ' Tondauer mit 5 festlegen
60   FREQUENZ = FREQUENZ * 1.1          ' Frequenz um 1/10 erhöhen
70 WEND
```

Man muß sich auch der Tatsache bewußt sein, daß die Lautsprecher der verschiedenen PC- und PS/2-Modelle sich auch im Klang unterscheiden können. Ein Grund liegt im Gehäuse des Computers, das je nach Resonanzeigenschaften seines Materials den Ton verändert. Probieren Sie das folgende Beispiel auf zwei unterschiedlichen Modellen aus, und Sie werden den Klangunterschied erkennen:

```
100 ' Klangbeispiele
110 '
120 ' Triller (zwei sich schnell abwechselnde Töne)
130 FOR N% = 0 TO 5
140  SOUND 440, .7
150  SOUND 466.16, .5
160 NEXT
170 WHILE (INKEY$="") : WEND       ' Warten auf Tastenbetätigung
180 '
190 ' Zwei schnell gespielte Töne
200 SOUND 900, .1
210 SOUND 760, 1
220 WHILE (INKEY$="") : WEND
230 '
240 ' Zufällige Geräusche
250 X = INP(&H61) AND &HFC
260 I=20                           ' Änderung von I ändert Geräusch
270 FOR N% = 0 TO 500
```

```
280  IF (RND * 100 < I) THEN OUT &H61,X OR 2 : OUT &H61,X
290 NEXT
```

Die Echtzeituhr

Die PC/AT und PS/2 verfügen alle über eine Echtzeituhr, die das aktuelle Datum und die aktuelle Uhrzeit verwalten. Im PC/AT gehört die Echtzeituhr zum Motorola-Chip MC146818, der das nicht-flüchtige CMOS RAM des PC/AT unterstützt. In den PS/2 steckt die Uhr in einem separaten Chip. In all diesen Maschinen werden die Echtzeituhren von einer Batterie gespeist, so daß Datum und Zeit auch beim Ausschalten des Computers verwaltet werden.

Verwendung von Datum und Zeit

Beim Neustarten eines PC/ATs oder PS/2s lesen die ROM BIOS-Startroutinen die Tageszeit von der Echtzeituhr und wandeln sie in die entsprechende Anzahl von Zeitgeberimpulsen um. Dieser Wert dient zur Initialisierung des an Adresse 0040:006CH im ROM BIOS-Datenbereich gespeicherten 4 Bytes langen Zählers. Alle DOS-Versionen benutzen diesen Zähler zur Bestimmung der aktuellen Tageszeit. Ab Version 3.0 kann DOS auch das Tagesdatum von der Echtzeituhr lesen. Beim Startvorgang initialisiert es seinen eigenen internen Kalender.

Zur Arbeit mit dem Tagesdatum und der Tageszeit in einem Programm empfehlen wir die Verwendung der DOS-Datums- und Zeitroutinen (siehe Kapitel 16) zum Lesen und Setzen der aktuellen Werte. Man könnte dazu auch die ROM BIOS-Routinen verwenden (Kapitel 10). In diesem Fall kann es jedoch passieren, daß DOS die Änderung nicht bemerkt und weiterhin die alten Werte annimmt.

Einstellen des Weckers

Der Wecker der Echtzeituhr erzeugt zu einer bestimmten Zeit einen Interrupt. Um dies auszunützen, müssen Sie eine Routine zur Behandlung des Interrupts schreiben, die beim Auftreten des Wecker-Interrupts eine bestimmte Aufgabe durchführt. Man kann diese Aufgabe sogar unabhängig von anderen Programmen machen, indem man die Routine zur Behandlung des Interrupts mit Hilfe einer DOS-Routine zum Beenden und im Speicher bleiben (siehe Kapitel 16 und 17) im Speicher behält.

Das ROM BIOS bietet über den Interrupt 1AH eine Reihe von Routinen, die Ihnen den Zugriff auf die Weckerfunktionen geben. Weitere Details dazu finden Sie in Kapitel 12.

Kapitel 8
Grundlagen des ROM BIOS

Ein Geheimnis des erfolgreichen Programmierens eines Modells der PC-Familie liegt in der effizienten Nutzung der eingebauten Software: den ROM BIOS-Routinen. Diese liegen zwischen der Hardware-Ebene und der Ebene der höheren Programmiersprachen (inklusive des Betriebssystems). Die ROM BIOS-Routinen arbeiten direkt mit der Hardware des Computers und den Peripheriegeräten zusammen und führen einige der grundlegendsten Aufgaben wie z.B. das Lesen und Schreiben einzelner Daten-Bytes vom bzw. auf den Bildschirm oder von bzw. auf Diskette aus. DOS-Routinen und Routinen höherer Programmiersprachen sind oft aus diesen Grundfunktionen aufgebaut, gehen aber entsprechend der jeweiligen Aufgabenstellung darüber hinaus. Auch Sie können die Leistung Ihrer Programme steigern, indem Sie auf diese Routinen zurückgreifen. Sie erhalten damit einen gut sortierten "Werkzeugkasten", mit dem Sie Ihre Computer so verwenden können, wie sich das die Entwickler des IBM PC vorgestellt hatten.

Der letzte Aspekt verdient es, herausgestellt zu werden. IBM hat beträchtliche Anstrengungen unternommen, eine saubere und klar definierte Methode zur Ansteuerung der Computeroperationen über das ROM BIOS zu entwickeln. Beim Entwurf aller neuen PC-Modelle stellt IBM (und alle anderen Hersteller kompatibler Computer) sicher, daß seine ROM BIOS-Routinen mit denen der anderen Modelle der Familie kompatibel sind. Solange Sie Ihre Computer über das ROM BIOS steuern (ob direkt oder indirekt), sind Sie vor Kompatibilitätsproblemen geschützt. Programmieren Sie die Hardware direkt unter Umgehung des ROM BIOS, fordern Sie Ärger nicht nur geradezu heraus, sondern schränken außerdem die Portabilität und Entwicklungsfähigkeit Ihrer Programme ein.

Das soll nicht heißen, daß Sie immer die ROM BIOS-Routinen verwenden müssen, sofern entsprechende existieren. Die unter DOS und den höheren Programmiersprachen gebotenen Ein-/Ausgabefunktionen enthalten oft dieselben Routinen wie das ROM BIOS, doch in einer Form, die sich in Ihren Programmen leichter einsetzen läßt. Benötigt Ihr Programm jedoch einen direkteren Zugriff auf die Ein-/Ausgabebausteine des Computers, als ihn DOS oder diese höheren Programmiersprachen ermöglichen, sind in der Regel die ROM BIOS-Routinen die Lösung.

Die folgenden fünf Kapitel behandeln die ROM BIOS-Routinen. Sie lassen sich je nach Art der unterstützten Peripherie in mehrere Gruppen einteilen. Dadurch können die Bildschirm-Routinen, die Platten-Routinen und die Tastatur-Routinen jeweils getrennt betrachtet werden. Bevor wir uns jedoch mit den einzelnen Routinen beschäftigen, soll erläutert werden, wie man sie in Programme einbaut. Dieses Kapitel erläutert grundsätzlich, wie ein *Schnittstellenprogramm* als Brücke zwischen Programmiersprachen einerseits und den ROM BIOS-Routinen andererseits aufgebaut sein muß. Doch zunächst ein Wort über die Funktionsweise des ROM BIOS.

Konzeption des ROM BIOS

Alle ROM BIOS-Routinen werden durch Interrupts aufgerufen. Jede Interrupt-Anweisung greift auf einen bestimmten Eintrag aus der Interrupt-Vektortabelle im unteren Speicherbereich zu. In dieser Tabelle sind die Adressen aller ROM BIOS-Routinen gespeichert. Dieses Konzept ermöglicht es einem Programm, eine Routine anzufordern, ohne die spezifische Adresse der ROM BIOS-Routine zu kennen. Es läßt außerdem zu, im Zuge der Weiterentwicklung die Adressen der Routinen zu verändern, sie zu erweitern oder anzupassen, ohne die Programme negativ zu beeinflussen, die diese Routinen verwenden. Zwar hat sich IBM bemüht, die absoluten Speicheradressen einiger ROM BIOS-Teile beizubehalten, doch wäre es nicht klug, sie zu verwenden, da sie sich in der Zukunft ändern können. Der normale, verläßlichste und daher vorzuziehende Weg zum Aufruf einer ROM BIOS-Routine ist die Verwendung ihres Interrupts und nicht ihrer absoluten Adresse.

Die ROM BIOS-Routinen ließen sich zwar durch einen einzigen Haupt-Interrupt überwachen, doch wurden sie in aufgabenspezifische Kategorien eingeteilt, wobei jede ihren eigenen Kontroll-Interrupt besitzt. So läßt sich jede Routine zur Behandlung eines Interrupts problemlos ersetzen. Wenn z.B. ein Hardware-Hersteller einen völlig anderen Bildschirm entwickelt, der unter einem völlig neu gestalteten ROM BIOS-Programm arbeitet, kann der Hersteller das neue ROM BIOS-Programm mit dem Bildschirm ausliefern. Das neue ROM BIOS wird dann im RAM gespeichert und ersetzt den Teil des IBM ROM BIOS, der in Verbindung mit der alten Hardware gebraucht wurde. Durch diesen modularen Aufbau des ROM BIOS machte IBM die Verbesserung und Erweiterung der Fähigkeiten seiner Computer einfacher.

Die ROM BIOS-Interrupts

Die 12 ROM BIOS-Interrupts zerfallen in fünf Kategorien (Abb. 8-1):

- Sechs Interrupts bedienen bestimmte Peripheriegeräte.
- Zwei Interrupts melden die Konfiguration des Computers.
- Ein Interrupt arbeitet mit dem Datum/Zeit-Baustein zusammen.
- Ein Interrupt führt die Bildschirmausdrucke (mit Hilfe von PrtSc) durch.
- Zwei Interrupts bringen den Computer durch Aktivieren des ROM BASIC und der Systemstartroutinen in jeweils grundverschiedene Arbeitsmodi.

Interrupt		
Hex	***Dez***	***Verwendung***
Peripherieroutinen		
10H	16	Bildschirm-Routinen (siehe Kapitel 9)
13H	19	Diskettenroutinen (siehe Kapitel 10)
14H	20	Kommunikationsroutinen (siehe Kapitel 12)
15H	21	Systemroutinen (siehe Kapitel 12)
16H	22	Standardtastaturroutinen (siehe Kapitel 11)
17H	23	Druckerroutinen (siehe Kapitel 12)

Abb. 8-1 *(weiter nächste Seite)*

(Fortsetzung)

Interrupt Hex	Dez	*Verwendung*
Konfigurationsstatus-Routinen		
11H	17	Konfigurationsauflistung (siehe Kapitel 12)
12H	18	Hauptspeichergröße (siehe Kapitel 12)
Zeit/Datum-Routine		
1AH	26	Zeit- und Datum-Routinen (siehe Kapitel 12)
Routine zum Bildschirmausdruck		
5H	5	Routine zum Bildschirmausdruck (siehe Kapitel 12)
Spezialroutinen		
18H	24	ROM BASIC aktivieren (siehe Kapitel 12)
19H	25	Systemstart- (Bootstrap-) Routine aktivieren (siehe Kapitel 12)

Abb. 8-1 *Die 12 ROM BIOS-Routinen*

Sie werden sehen, daß die meisten der Routinen Zugriff auf eine Vielzahl von Unterroutinen nehmen, die die eigentlichen Aufgaben ausführen. Zum Beispiel verfügt der Bildschirm-Interrupt 10H (dezimal 16) über 25 Unterroutinen, die alles vom Einstellen des Bildschirm-Modus bis hin zur Änderung der Cursorgröße, erledigen. Sie rufen eine Unterroutine auf indem Sie Ihren übergeordneten Interrupt aufrufen und in Register AH die Nummer der Unterroutine angeben. Dieser Vorgang wird im Beispiel am Ende des Kapitels erläutert.

Grundlegende Eigenschaften der ROM BIOS-Routinen

Die ROM BIOS-Routinen folgen einer Reihe von standardisierten Aufrufkonventionen, um eine weitgehende Konsistenz im Gebrauch der Register, Flaggen, Stapel und des Speichers zu garantieren. Im folgenden werden diese Festlegungen erläutert. Wir beginnen mit den Segmentregistern.

Das *Code-Segmentregister* (CS) wird automatisch als Teil des Interrupt-Prozesses reserviert, geladen und in den Ausgangsstatus zurückgesetzt. Wir brauchen uns über dieses Register also keine Gedanken zu machen. Die Register DS und ES werden von den ROM BIOS-Routinen geschützt, außer in den wenigen Fällen, wo sie explizit benutzt werden. Das *Stapel-Segmentregister* (SS) bleibt unverändert. Die ROM BIOS-Routinen verlassen sich darauf, daß Sie einen Arbeitsstapel bereitstellen!

Die Anforderungen der einzelnen ROM BIOS-Routinen in Bezug auf den Stapel können beträchtlich variieren, besonders deshalb, weil einige Routinen weitere Routinen aufrufen. Generell läßt sich sagen, daß man für die meisten Programme einen wesentlich größeren Stapel festlegen sollte, als ihn die ROM BIOS-Routinen benötigen.

Das ROM BIOS verwendet die anderen 8086-Register unterschiedlich. Der *Anweisungszeiger* (IP) bleibt mit Hilfe desselben Mechanismus erhalten wie das Code-Segmentregister. Der *Stapelzeiger* (SP) wird insofern geschützt, als alle ROM BIOS-Routinen den Stapel nach Ausführung wieder in den Status zurücksetzen, den er vorher innehatte.

Die Allzweckregister AX bis DX werden meistens geändert. Im Normalfall darf man nicht erwarten, daß bei Übergabe der Kontrolle an eine andere Routine der Inhalt eines dieser Register unverändert bleibt. Das gilt auch für die ROM BIOS-Routinen. Wenn man die Codierung der Routinen in den Handbüchern von IBM genau untersucht, stellt man fest, daß in der einen oder anderen Routine das eine oder andere Register unberührt bleibt, doch wäre es nicht klug, daraus einen Nutzen zu ziehen. Eine allgemeine Regel läßt sich immerhin aufstellen: wird von einer Unterroutine ein Ergebnis geliefert, findet man es im Register AX wieder; dies gilt sowohl für das ROM BIOS als auch für alle Programmiersprachen. Bei der detaillierten Behandlung der ROM BIOS-Routinen werden wir sehen, wie oft dies wirklich erfolgt.

Für die *Indexregister* (SI und DI) gilt das gleiche wie für die Register AX bis DX. Einige wenige ROM BIOS-Routinen verändern evtl. auch das *Stapelrahmenregister* (BP).

Die verschiedenen Flaggen in den Flaggenregistern werden als Nebenwirkungen der Befehle in den ROM BIOS-Routinen ständig verändert. Man darf nicht erwarten, daß einige unverändert bleiben. In seltenen Fällen wird die *Übertragsflagge* (CF für Carry Flag) oder die *Nullflagge* (ZF für Zero Flag) zur Meldung verwendet, ob eine Funktion erfolgreich aufgerufen wurde oder nicht.

Diese Einzelheiten sind wichtig; es gibt jedoch in diesem Zusammenhang keinen Grund, ihnen viel Aufmerksamkeit zu schenken. Wenn Sie bei der Programmierung den Regeln folgen, die im nächsten Abschnitt aufgestellt werde, und sich an die Standards der verwendeten Programmiersprache (in den Kapiteln 19 und 20 abgehandelt) halten, sollten Sie gut zurechtkommen.

> ❑ HINWEIS: *Falls Sie die ROM BIOS-Routinen in Ihren Programmen einsetzen wollen, müssen Sie sich nicht den Kopf zerbrechen über mögliche Konflikte zwischen den Routinen und den Ablaufregeln, denen Ihre Programmiersprache folgt. Sie werden sehen, daß man keine besonderen Vorkehrungen treffen muß, um Ihre Programmiersprache vor dem ROM BIOS zu schützen und umgekehrt.*

Erstellen einer Assembler-Schnittstellenroutine

Um die ROM BIOS-Routinen aus einem Programm heraus direkt nutzen zu können, brauchen wir generell eine Assembler-Schnittstellenroutine zwischen Programmiersprache und ROM BIOS. Wenn wir von "Schnittstellenroutine" sprechen, meinen wir damit die herkömmlichen Unterroutinen bei der Programmentwicklung - Unterroutinen, die zu Objektmodulen (.OBJ-Dateien) zusammengefaßt (assembliert) und danach in lauffähige Programme (.EXE- oder .COM-Dateien unter DOS) eingebunden (gelinkt) werden. Weitere Informationen zu diesem Thema finden Sie in Kapitel 19.

Das Arbeiten mit Assemblersprache kann für jemanden, der damit nicht vertraut ist, eine abschreckende Sache sein. Das ist verständlich, da es sich hierbei um die schwierigste und anspruchvollste Programmiertechnik handelt. Die Erstellung einer Assembler-Schnittstellenroutine ist allerdings recht einfach.

Um Ihre eigenen Schnittstellen zu erstellen, benötigen Sie einen Assembler, der mit den DOS-Standards für Objektdateien kompatibel ist. Alle Beispiele in diesem Buch gelten für den Microsoft-Macro-Assembler.

> ❑ HINWEIS: *Das interpretierte BASIC kann mit Unterroutinen arbeiten, die direkt in den Speicher geladen werden. Das Vorbereiten einer solchen Assembler-Unterroutine, die mit BASIC arbeitet, kann mit dem DEBUG-Befehl A (Assemble) oder mit Hilfe eines normalen Assemblers erfolgen. Mehr dazu in Kapitel 20.*

Grundform einer Schnittstellenroutine

Die Form einer Schnittstellenroutine variiert je nach beabsichtigter Verwendung. Eine Assemblerschnittstelle ist das Verbindungsstück zwischen Ihrer Programmiersprache und einer ROM BIOS-Routine und muß daher auf beide Teile zugeschnitten sein. *Es ist von Bedeutung*, welche Programmiersprache man benutzt, welche ROM BIOS-Routine

ROM BIOS-Interrupt-Konflikte

Bei der 8086-Mikroprozessorserie reservierte Intel die Interrupt-Nummern 00H bis 1FH für die Verwendung durch den Prozessor selbst (siehe Abb. 8-2). Unglücklicherweise hatte IBM einige dieser reservierten Interrupt-Nummern bei der Entwicklung des IBM PC für eigene Zwecke belegt. Beim PC und PC/XT, die den 8088 verwendeten, führte dies nicht zu Problemen, da der 8088 lediglich Interrupts zwischen 00H und 04H beansprucht.

Beim Erscheinen des PC/AT führte die Verwendung der von Intel reservierten Interrupt-Nummern jedoch zu einem Konflikt. Grund: Der 80286-Chip des AT beansprucht einige der vom IBM-ROM BIOS verwendeten Interrupt-Nummern. Der Konflikt kommt zum Tragen, wenn Sie die 80286-Anweisung BOUND zur Prüfung eines Matrixindexes verwenden, da der 80286 einen außerhalb des zulässigen Bereichs liegenden Matrixindexes durch Ausführen des Interrupts 05H meldet - den IBM vorher der ROM BIOS-Bildschirmausdruckfunktion zugewiesen hatte. Falls Sie nicht aufpassen, kann es also sein, daß ein Programm, das die BOUND-Anweisung ausführt, überraschenderweise den Bildschirminhalt ausdruckt.

Um den Konflikt zu lösen, müssen Sie eine Routine zur Behandlung des Interrupts 05H installieren, die den Code überprüft, der ihn auslöste: diese Routine kann bestimmen, ob der Interrupt in einem Programm oder von der CPU ausgelöst wurde. Man kann das Problem auch durch Verwendung eines im geschützten Modus (protected mode) arbeitenden Betriebssystems wie OS/2 vermeiden, das das ROM BIOS umgeht. Falls Sie unter DOS arbeiten, müssen Sie sich jedoch der Tatsache bewußt sein, daß ein Program-

aufgerufen wird und ob Daten in die eine oder andere Richtung weitergegeben werden. Doch bleibt der allgemeine Aufbau einer Assembler-Schnittstelle grundsätzlich gleich.

Man kann sich die Codierung einer Assembler-Schnittstelle gut vorstellen, wenn man sie als fünf ineinander verschachtelte Teile betrachtet:

Ebene 1: Allgemeiner Kopf der Assembler-Routine

Ebene 2: Kopf der Assembler-Unterroutine

Ebene 3: Eingangscode

Ebene 4: Parameter von aufrufender Routine lesen

Ebene 5: ROM BIOS-Routine aufrufen

Ebene 4: Ergebnisse der aufrufenden Routine übergeben

Ebene 3: Ausgangscode

Ebene 2: Nachspann der Assembler-Unterroutine

Ebene 1: Allgemeiner Nachspann der Assembler-Routine

mierfehler gelegentlich zur unerwarteten Ausführung einer ROM BIOS-Routine führen kann.

Interrupt	*CPU*	*Funktion*
00H	8088,8086,80286,80386	Divisionsfehler
01H	8088,8086,80286,80386	Schrittweise Ausführung
02H	8088,8086,80286,80386	NMI (nicht maskierbarer Interrupt)
03H	8088,8086,80286,80386	Unterbrechung (Breakpoint, INT 3)
04H	8088,8086,80286,80386	Überlauf (INTO)
05H	80286,80386	BOUND außerhalb des zuläss. Bereichs
06H	80286,80386	Ungültiger Opcode
07H	80286,80386	Coprozessor nicht vorhanden
08H	80286,80386	Doppelte Ausführung (Doppelfehler)
09H	80286,80386	Überlauf des Coprozessor-Segments
0AH	80386	Ungültiges Taskstatus-Segment
0BH	80386	Segment nicht vorhanden
0CH	80386	Stapelfehler
0DH	80286,80386	Ausnahme vom allgemeinen Schutz
0EH	80386	Seitenfehler
10H	80286,80386	Coprozessorfehler

Abb. 8-2 *Vordefinierte Hardware-Interrupts in den Intel-Mikroprozessoren*

In dieser Gliederung geben die Ebenen 1 und 2 dem Assembler allgemeine Informationen über die durchzuführende Aufgabe; Befehle zur Durchführung der Aufgabe sind darin noch nicht enthalten. Die Ebenen 3 bis 5 erzeugen die eigentlichen Maschinenspracheanweisungen.

Wir untersuchen im folgenden alle Ebenen, um Ihnen die Regeln zu zeigen und zu erläutern. Beachten Sie bitte, daß sich der Code je nach Aufgabe der Schnittstellenroutine ändert. Wir stellen jedoch die wenigen Elemente heraus, die allen Routinen gemein sind.

Dies ist eine einfache ROM BIOS-Schnittstellenroutine. Sie wurde zum Aufruf aus einem C-Programm heraus entworfen, doch sind die Elemente des Schnittstellenaufbaus dieselben, ob Sie sie nun unverändert lassen oder an eine andere Programmiersprache anpassen.

```
_TEXT           SEGMENT     byte public 'CODE'
                ASSUME      cs:_TEXT

                PUBLIC      _Spchgroesse
_Spchgroesse     PROC        near

                push        bp
                mov         bp,sp

                int         12H
                pop         bp
                ret

_Spchgroesse    ENDP

_TEXT           ENDS

                END
```

Auf den nächsten Seiten untersuchen wir den Aufbau dieser Routine.

Ebene 1: Allgemeiner Kopf der Assembler-Routine

Hier sehen Sie den Aufbau eines typischen Abschnitts einer Schnittstellenroutine der Ebene 1. Aus didaktischen Gründen sind die Zeilen numeriert:

```
1-1     _TEXT       SEGMENT     byte public 'CODE'
1-2                 ASSUME      cs:_TEXT
```

(Hier stehen die Ebenen 2 bis 5)

```
1-3     _TEXT       ENDS
1-4                 END
```

Zeile 1-1 ist eine SEGMENT-Direktive, die den Namen einer logischen Gruppe ausführbarer Maschinenanweisungen deklariert und den Assembler (oder jeden, der den Quellcode liest) darüber informiert, daß die folgenden Zeilen ausführbaren Code enthalten. Zeile 1-2, die ASSUME-Direktive, weist den Assembler an, das Register CS mit allen Adreßmarken im Segment _TEXT zu verbinden. Dies hat seinen Grund darin, daß das Register CS vom 8086 zur Adressierung ausführbaren Codes verwendet wird.

Zeile 1-3 beendet das in Zeile 1-1 begonnene Segment, und Zeile 1-4 markiert das Ende des Quellcodes dieser Routine.

Die Namen _TEXT und CODE entsprechen ebenso wie die Attribute BYTE und PUBLIC den von nahezu allen C-Compilern für PC und PS/2 verwendeten Regeln. Fortgeschrittenen Programmierern stehen alternative Namen und Attribute zur Verfügung. Fürs erste beschränken wir uns jedoch auf die genannten.

Ebene 2: Kopf der Assembler-Unterroutine

Nun betrachten wir den Aufbau einer typischen Ebene 2, den Kopf einer Assembler-Unterroutine (im Assemblerjargon *Prozedur* genannt). Das Beispiel auf der folgenden Seite zeigt typischen Ebene 2-Code.

```
2-1                          PUBLIC      _Spchgroesse
2-2       _Spchgroesse       PROC        near
```

(Hier stehen die Ebenen 3 bis 5)

```
2-3       _Spchgroesse            ENDP
```

Zeile 2-1 weist den Assembler an, den Namen der Prozedur, _Spchgroesse, allgemein zugänglich zu machen, d.h. das Link-Programm kann sie dann mit anderen Routinen verbinden, die sie mit ihrem Namen ansprechen.

Die Zeilen 2-2 und 2-3 klammern die Prozedur _Spchgroesse ein. PROC und ENDP sind vorgeschrieben und stehen um jede Prozedur, wobei PROC ihren Beginn definiert, und ENDP ihr Ende signalisiert. Das Attribut near der Anweisung PROC folgt wiederum den zum Linken von Assembler-Routinen mit C-Programmen aufgestellten Regeln. In fortgeschritteneren C-Programmen und Routinen, die in Sprachen wie FORTRAN und BASIC geschrieben sind, muß man manchmal ein anderes Attribut, far, verwenden (Näheres in Kapitel 20).

Ebene 3: Eingangs- und Ausgangscode

Die Ebenen 3, 4 und 5 enthalten die eigentlichen ausführbaren Anweisungen. Auf Ebene 3 kümmert sich die Assembler-Routine um die Speicherverwaltung, wenn eine Unterroutine mit dem aufrufenden Programm zusammenarbeiten soll. Der Schlüssel zu dieser Zusammenarbeit ist der Stapel.

Das aufrufende Programm übergibt der Unterroutine die Kontrolle über eine CALL-Anweisung (in diesem Beispiel hieße die Anweisung CALL _Spchgroesse). Bei Ausführung dieser Anweisung legt der 8086 eine Rücksprungadresse - die Adresse der Anweisung nach dem CALL - auf den Stapel. Später kann die Assembler-Routine dem Programm die Kontrolle zurückgeben, indem sie eine RET-Anweisung ausführt. Dadurch wird die Rücksprungadresse vom Stapel genommen und die Kontrolle der Anweisung an dieser Adresse übergeben.

Sollen der Assembler-Routine Parameter übergeben werden, legt sie das aufrufende Programm auf den Stapel, bevor es die CALL-Anweisung ausführt. Wenn die Routine dann die Kontrolle übernimmt, ist der Wert ganz oben auf dem Stapel die Rücksprungadresse; Parameter finden sich auf dem Stapel unterhalb der Rücksprungadresse. Wenn man sich erinnert, daß der Stapel von höheren zu niedrigeren Adressen wächst und jeder Wert auf dem Stapel 2 Bytes umfaßt, kommt man auf die Darstellung in Abbildung 8-3.

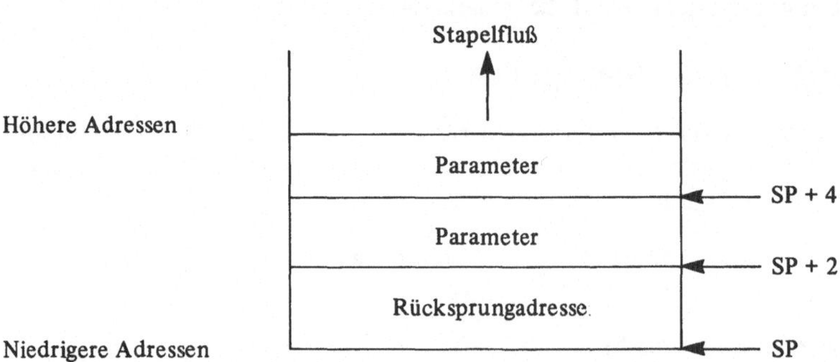

Abb. 8-3 *Stapel beim Aufruf einer Unterroutine*

Zum Zugriff auf die Parameter auf dem Stapel kopieren die meisten Compiler und Assembler-Programmierer den Wert in SP in das Register BP. So kann man auf die Stapelwerte selbst innerhalb einer Routine zugreifen, die SP durch Ablegen von Parametern oder Aufruf einer Unterroutine verändert. Das dazu gebräuchliche Verfahren zeigt die nächste Seite.

```
3-1     push    bp          ; aktuellen Inhalt von BP sichern
3-2     mov     bp,sp       ; SP in BP kopieren
```

(Hier stehen die Ebenen 4 und 5)

```
3-3     pop     bp
3-4     ret
```

Nach Ausführung der Zeilen 3-1 und 3-2 ist der Stapel wie in Abbildung 8-4 gezeigt adressierbar (Sie werden gleich sehen, wie nützlich das ist). Wenn es an der Zeit ist, die Kontrolle an das aufrufende Programm zurückzugeben, stellt die Routine den Wert des Registers BP des Aufrufers wieder her (Zeile 3-3) und führt anschließend eine RET-Anweisung aus Zeile 3-4).

Wenn man das bisher Gesagte überdenkt, sieht man, daß es Schlimmeres gibt. Zum Beispiel könnte zur Übertragung der Kontrolle an eine Unterroutine ein aufrufendes Programm eine near- oder far-CALL-Anweisung verwenden. Verwendet Ihr Programm ausdrücklich far-Aufrufe von Unterroutinen (statt der standardmäßig in C verwendeten near-Aufrufe), benötigte die PROC-Direktive (Zeile 2-2) das Attribut far statt near. Dadurch würde der Assembler eine far-RET-Anweisung statt eines near-RET erzeugen.

Außerdem ist bei einem far-Aufruf die Rücksprungadresse 4 statt 2 Bytes lang, so daß der erste Parameter an Adresse [BP + 6] anstelle von [BP + 4] steht (siehe Abb. 8-4). In diesem Buch gehen wir jedoch vom einfachsten Fall aus: near-PROCs und 2-Byte-Rücksprungadressen.

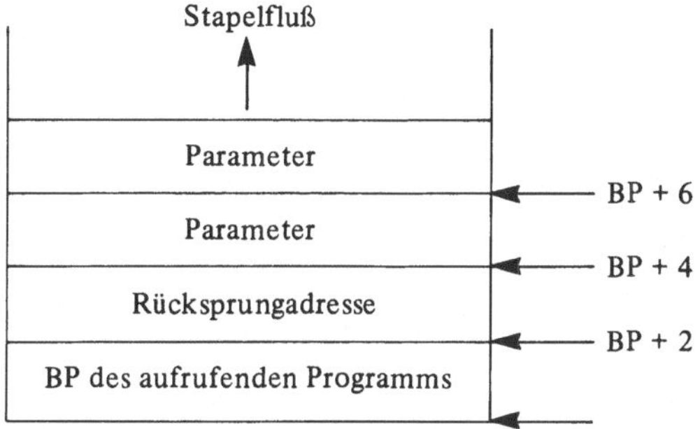

Abb. 8-4 *Stapel nach Initialisierung von Register BP*

Ebene 4: Parameter von aufrufender Routine lesen

Die Ebene 4 kümmert sich um die Weitergabe der Parameter vom aufrufenden Programm an das ROM BIOS und umgekehrt um die Rückgabe der Ergebnisse vom ROM BIOS an die aufrufende Routine (wobei im Beispielprogramm diese keine Parameter übergibt). Die Parameter des Aufrufers liegen in Form von Adressen oder Daten auf dem Stapel (siehe auch Kapitel 20). Die Register, meistens AX bis DX, werden zur ROM BIOS-Ein- und Ausgabe verwendet. Der Trick dabei - und man kann das wirklich trickreich machen - liegt in der Verwendung der richtigen Stapeloffsets, um die Parameter zu finden. Wir lösen dieses Problem in mehreren Schritten.

Einmal kommen Sie zu den auf dem Stapel liegenden Parametern, indem Sie relativ zu der in den Zeilen 3-1 und 3-2 in BP gespeicherten Adresse adressieren (betrachten Sie Abbildung 8-2, um zu bestimmen, wo die Elemente in bezug auf den Wert in BP stehen). Liegt mehr als ein Parameter auf dem Stapel, müssen Sie herausfinden, welcher Parameter wozu gehört. Die meisten Programme legen ihre Parameter in der Reihenfolge auf dem Stapel ab, in der sie geschrieben wurden. Das heißt, der letzte Parameter ist der am weitesten oben stehende an [BP + 4]. C verwendet jedoch die umgekehrte Reihenfolge, so daß der Parameter an [BP + 4] der im aufrufenden Programm *zuerst* geschriebene ist.

Parameter belegen auf dem Stapel normalerweise 2 oder 4 Bytes, wobei 2 Bytes häufiger sind. Ist einer dieser Parameter 4 Bytes lang, müssen Sie die folgenden Verweise entsprechend anpassen.

Wurden *Daten* auf dem Stapel abgelegt, können Sie sie unmittelbar lesen, indem Sie sie mit [BP + 4] adressieren. Wurde eine *Adresse* abgelegt, sind zwei Schritte erforderlich: zuerst liest man die Adresse, danach verwendet man sie zum Lesen der Daten. Auf der folgenden Seite finden Sie ein Beispiel der Ebene 4, das sowohl die Auffindung von Daten ([BP + 4]) als auch die von Adressen ([BP + 6]) zeigt.

```
4-1      mov      ax,[bp+4]      ; Wert von Parameter 1
4-2      mov      bx,[bp+6]      ; Adresse von Parameter 2
4-3      mov      dx,[bx]        ; Wert von Parameter 2
```

(Hier steht Ebene 5)

```
4-4      mov      bx,[bp+6]      ; Adresse von Parameter 2
                                 ; (nochmals)
4-5      mov      [bx],dx        ; Neuen Wert an Adresse von
                                 ; Parameter 2 speichern
```

All diese MOV-Befehle transferieren Daten vom zweiten in den ersten Operanden. Zeile 4-1 holt die Daten vom Stapel und speichert sie im Register AX. Die Zeilen 4-2 und 4-3 erhalten die Daten mit Hilfe einer Adresse auf dem Stapel: Zeile 4-2 liest die Adresse (legt sie in BX ab), woraufhin Zeile 4-3 die Adresse benutzt, um die eigentlichen Daten zu finden, die in DX gespeichert werden. Die Zeilen 4-4 und 4-5 kehren diesen Vorgang um: Zeile 4-4 liest die Adresse nochmals, und Zeile 4-5 bringt den Inhalt von DX anschließend an diese Speicherstelle.

> ❑ HINWEIS: *In diesem Beispiel wird zugleich ein grundlegender Aspekt der Assemblernotation angesprochen: BX bezieht sich auf das, was in BX steht, und [BX] auf eine Speicherstelle, deren Adresse sich in BX befindet. Ein Verweis wie [BX + 6] bezeichnet eine Speicherstelle, die 6 Bytes hinter der in Register BP gespeicherten Adresse liegt.*

Obwohl es nicht ganz einfach sein mag, diese Beziehungen auseinanderzuhalten, wird man damit arbeiten können, wenn man sie sorgfältig überdenkt.

Ebene 5: ROM BIOS-Routine aufrufen

Ebene 5 ist unser letzter Schritt: er ruft lediglich die ROM BIOS-Routine auf.

Sobald alle Register die entsprechenden Werte enthalten (in der Regel vom aufrufenden Programm übergeben und mit Hilfe des Stapels in die Register kopiert), kann die Routine die Kontrolle an das ROM BIOS mit Hilfe eines Interrupts übergeben:

```
5-1     int     12h
```

In diesem Beispiel erledigt allein die Anweisung INT die ganze Arbeit. Das ROM BIOS gibt die Speichergröße des Computers in AX zurück. Dort erwartet C den von der Routine zurückgegeben Wert, sobald die Kontrolle wieder an das aufrufende Programm zurückgeht. In anderen Fällen muß das Ergebnis evtl. an anderer Stelle hinterlassen werden, wie dies z.B. in den Zeilen 4-4 und 4-5 von oben geschah.

Die meisten ROM BIOS-Interrupts ermöglichen jedoch den Zugriff auf mehrere unterschiedliche Routinen. In solchen Fällen müssen Sie vor Ausführung des Interrupts in Register AH eine Routinennummer angeben. Um z.B. die erste Bildschirm-Routine zu benutzen, müssen Sie die auf der folgenden Seite aufgeführten Befehle verwenden.

```
mov     ah,0        ; AH=Routinennummer 0
int     10h         ; Interrupt der ROM BIOS-Bildschirm-Routinen
```

Dieser in fünf Schritten ablaufende Vorgang umreißt die Grundprinzipien nahezu aller Aspekte einer Assemblerschnittstelle. In den folgenden Kapiteln zeigen wir ihren Einsatz anhand spezifischer Beispiele.

Advanced BIOS Interface

Zum Abschluß dieses Kapitels soll die alternative BIOS-Schnittstelle, die IBM in den PS/2-Modellen 50, 60 und 80 einführte, nicht unerwähnt bleiben. Dieses Advanced BIOS (ABIOS) Interface beseitigt einige der hauptsächlichen Mängel der auf Interrupts basierenden Schnittstelle, wie sie in diesem Kapitel beschrieben wurde.

Die traditionelle, auf Interrupts basierende ROM BIOS-Schnittstelle kennt zwei entscheidende Einschränkungen:

- Sie läßt sich in den PS/2-Modellen 50, 60 und 80 im geschützten Modus nicht einsetzen.
- Sie bietet kaum Unterstützung eines Multitasking-Betriebs, so daß sich ein Betriebssystem, das Multitasking bietet, nicht auf die herkömmliche ROM BIOS-Schnittstelle stützen kann.

IBMs Antwort auf diese Probleme ist das Advanced BIOS Interface der PS/2-Modelle 50, 60 und 80. Über diese Schnittstelle wird auf die BIOS-Routinen über eine Reihe von Adreßtabellen und gemeinsamen Datenbereichen zugegriffen, wobei diese sowohl im geschützten Modus als auch in Verbindung mit einem Multitasking-Betriebssystem einsetzbar sind. Die Komplexität des Advanced BIOS Interface macht diese Schnittstelle jedoch geeigneter zur Unterstützung von Betriebssystemen als von Anwendungsprogrammen. Solange Sie also kein im geschützten Modus arbeitendes Multitasking-Betriebssystem erstellen, empfehlen wir, daß Sie weiterhin die traditionelle ROM BIOS-Schnittstelle verwenden, die allen Computern der PC-Modellreihe gemeinsam ist.

Kapitel 9 Bildschirm-Routinen im ROM BIOS

In diesem Kapitel werden alle Video- oder Bildschirm-Steuerungsroutinen des ROM BIOS behandelt. Der größte Teil des Kapitels ist der detaillierten Beschreibung der einzelnen Routinen gewidmet. Ab Seite 194 folgen einige Programmierhinweise und eine Assembler-Routine, die einige der Bildschirm-Routinen verwendet. Eine allgemeiner gehaltene Beschreibung der Bildschirm-Hardware der PCs befindet sich in Kapitel 4. Die vom ROM BIOS für Bildschirm-Statusinformationen verwendeten niedrigen Speicher-Adressen finden Sie auf Seite 53.

Zugriff auf die Bildschirm-Routinen

Die Bildschirm-Routinen des ROM BIOS werden alle durch Erzeugen des Interrupts 10H (dezimal 16) aufgerufen. Unter diesem Interrupt stehen im wesentlichen 25 Routinen zur Auswahl (siehe Abb. 9-1). Wie alle anderen ROM BIOS-Routinen sind die BildschirmRoutinen von 00H ausgehend durchnumeriert, und man wählt sie aus, indem man die Routinennummer ins Register AH setzt. Die Routinen erfordern im Normalfall die Angabe weiterer Parameter in den Registern AL, BX, CX oder DX. Zweck und Speicherort der Parameter behandeln wir bei der Beschreibung der einzelnen Routine.

Routine		
Hex	***Dez***	***Beschreibung***
00H	0	Bildschirm-Modus festlegen
01H	1	Cursorgröße festlegen
02H	2	Cursorposition setzen
03H	3	Cursorposition abfragen
04H	4	Lichtgriffelposition abfragen
05H	5	Aktive Anzeigeseite festlegen
06H	6	Fenster nach oben rollen
07H	7	Fenster nach unten rollen
08H	8	Zeichen und Attribut lesen
09H	9	Zeichen und Attribut schreiben
0AH	10	Zeichen schreiben
0BH	11	4-Farben-Palette festlegen
0CH	12	Bildpunkt setzen
0DH	13	Bildpunkt lesen
0EH	14	TTY-Zeichen schreiben
0FH	15	Aktuellen Bildschirm-Modus bestimmen
10H	16	Farbpaletten-Schnittstelle
11H	17	Schnittstelle zum Zeichengenerator
12H	18	"Alternativauswahl"
13H	19	Zeichenfolge (String) schreiben
14H	20	(nur PC convertible)
15H	21	(nur PC convertible)
1AH	26	Verwendeter Bildschirm/Bildschirmadapter

(weiter nächste Seite)

(Fortsetzung)

Routine		
Hex	*Dez*	*Beschreibung*
1BH	27	Informationen über Bildschirm-Hardware/- Status
1CH	28	Bildschirm-Status sichern/wiederherstellen

Abb. 9-1 *Die 25 Bildschirm-Routinen*

Routine 00H (dezimal 0): Bildschirm-Modus festlegen

Die Routine 00H (dezimal 0) dient zur Einstellung Ihrer Bildschirm-Hardware auf einen der 20 in Abbildung 9-2 aufgeführten Bildschirm-Modi, wie sie auf Seite 70 detailliert besprochen wurden.

Wie Sie den Erläuterungen in Kapitel 4 entnehmen konnten, gelten die Modi 00H bis 06H für den standardmäßigen Farbgrafikadapter und Modus 07H für den Monochromadapter. Für den hochauflösenden Grafikadapter (EGA) wurden die Modi 0DH bis 10H hinzugefügt, während die Modi 11H bis 13H mit dem Multi-Color Graphics Array (MCGA) (PS/2-Modelle 25 und 30) und dem Video Graphics Array (VGA) (PS/2-Modelle 50, 60 und 80) eingeführt wurden.

Modus	*Art*	*Auflösung*	*Farben*	*Adapter*
00H, 01H	Text	40 x 25	16	CGA, EGA, MCGA, VGA
02H, 03H	Text	80 x 25	16	CGA, EGA, MCGA, VGA
04H, 05H	Grafik	320 x 200	4	CGA, EGA, MCGA, VGA
06H	Grafik	640 x 200	2	CGA, EGA, MCGA, VGA
07H	Text	80 x 25	Mono	MDA, EGA, VGA
08H, 09H, 0AH				(nur PCjr)
0BH, 0CH				(vom EGA BIOS intern verwendet)
0DH	Grafik	320 x 200	16	EGA, VGA
0EH	Grafik	640 x 200	16	EGA, VGA
0FH	Grafik	640 x 350	Mono	EGA, VGA
10H	Grafik	640 x 350	16	EGA, VGA
11H	Grafik	640 x 480	2	MCGA, VGA
12H	Grafik	640 x 480	16	VGA
13H	Grafik	320 x 200	256	MCGA, VGA

Abb. 9-2 *Die über die Bildschirm-Routine 00H des ROM BIOS verfügbaren Bildschirm-Modi*

Normalerweise löscht das ROM BIOS den Bildschirmpufferspeicher beim Festlegen des Modus, auch wenn er immer wieder auf denselben Wert gesetzt wird. Das nochmalige Setzen desselben Bildschirm-Modus stellt tatsächlich eine einfache Möglichkeit zum Löschen des Bildschirms dar. In einigen DOS-Versionen löscht denn auch der DOS-Befehl auf diese Weise den Bildschirm. Das Festlegen des Bildschirm-Modus setzt jedoch auch die Farbpalette auf die standardmäßigen Farben zurück, so daß Sie bei der

Arbeit in Farbe die Routine 00H nicht einsetzen sollten; verwenden Sie stattdessen die Bildschirm-Routine 06H.

Bei eingebautem EGA, MCGA und VGA können Sie das ROM BIOS auch anweisen, beim Einstellen des Bildschirm-Modus den Bildschirm nicht zu löschen. Dazu muß man zu der in AL angegebenen Bildschirm-Modusnummer 80H (dezimal 128) addieren. Um z.B. in den Modus 640 x 200 bei zwei Farben zu wechseln, ohne dabei den Bildschirm zu löschen, rufen Sie die Routine 00H mit AL = 86H auf. Wenden Sie diese Möglichkeit jedoch mit Vorsicht an. In den verschiedenen Bildschirm-Modi werden anzeigbare Daten unterschiedlich formatiert, so daß ein ganzer Bildschirm voller nützlicher Daten im anderen Modus unleserlich werden kann, wenn Sie den Bildschirm nicht vorher löschen.

Mehr über Bildschirm-Modi finden Sie in Kapitel 4, Seite 70. Auf Seite 56 finden Sie unter der Speicherstelle 0040:0049H genauere Informationen darüber, wie der Wert des Bildschirm-Modus im Speicher festgehalten wird. Bei der Beschreibung der Routine 0FH (dezimal 15) wird gezeigt, wie man den aktuellen Bildschirm-Modus feststellen kann.

Routine 01H (dezimal 1): Cursorgröße festlegen

Die Routine 01H (dezimal 1) beeinflußt Form und Größe des in den Textmodi auftretenden blinkenden Cursors. Der standardmäßige Cursor erscheint für gewöhnlich ein oder zwei Rasterzeilen stark am unteren Rand der Position zur Zeichenausgabe. Man kann die standardmäßige Cursorgröße durch eine Neudefinition der Anzahl der angezeigten Rasterzeilen ändern.

Der Farbgrafikadapter (CGA) kann einen Cursor anzeigen, der aus 8 Rasterzeilen besteht. Diese sind von 0 oben bis 7 unten durchnumeriert. Der Monochromadapter (MDA) sowie der hochauflösende Grafikadapter (EGA) können einen aus 14 Rasterzeilen bestehenden Cursor anzeigen. Diese sind von 0 oben bis 13 unten durchnumeriert. Sowohl der MCGA als auch der VGA stellen Textzeichen dar, die 16 Rasterzeilen hoch sind, so daß die maximale Cursorgröße in den standardmäßigen PS/2-Textmodi 16 Rasterzeilen beträgt. Die Cursorgröße wird durch Angabe der Anfangs- und Endrasterzeilen festgelegt (es handelt sich hier um dieselben Parameter wie Start und Stop in der BASIC-Anweisung LOCATE). Die Nummer der Anfangsrasterzeile wird in Register CH und die der Endrasterzeile in Register CL geladen. Standardmäßige Cursorwerte sind für CGA CH = 6, CL = 7, für MDA und EGA CH = 11, CL = 12 und für MCGA und VGA CH = 13, CL = 14.

Man sieht, daß die gültigen Rasterzeilennummern nur vier der in diesen Registern gespeicherten Bits belegen (Bits 0 bis 3). Wird durch Angabe von 20H (dezimal 32) Bit 5 von CH auf eins gesetzt, verschwindet der Cursor. Dies ist eine von zwei Möglichkeiten, den Cursor im Textmodus zu entfernen. Die andere Möglichkeit besteht darin, ihn einfach außerhalb des Bildschirms zu positionieren, z.B. in Zeile 26, Spalte 1. Im Grafikmodus wird Bit 5 automatisch gesetzt, damit der Cursor nicht erscheint. Da es also im Grafikmodus keinen "echten" Cursor gibt, müssen Sie ihn mit dem Blockzeichen DFH (dezimal 223) oder mit Hilfe einer Änderung der Hintergrundattribute simulieren.

Routine 02H (dezimal 2): Cursorposition setzen

Routine 02H (dezimal 2) setzt die Position des Cursors mit Hilfe eines Koordinatensystems aus Zeilen und Spalten. In den Textmodi, in denen der Speicher in mehrere Seiten aufgeteilt sein kann, wird für jede Seite eine eigene Cursorposition gespeichert. Obwohl die Grafikmodi keinen sichtbaren Cursor haben, wird auch bei ihnen eine logische Cursorposition auf dieselbe Weise wie in den Textmodi gespeichert. Diese logische Cursorposition findet zur Steuerung der Ein- und Ausgabe von Zeichen Verwendung.

Die Cursorposition wird durch das Setzen der gewünschten Zeile in Register DH, der Spalte in DL und der Seite in BH bestimmt. Die Numerierung der Zeilen und Spalten beginnt in der linken oberen Ecke mit den Koordinaten (0,0). Auch der Grafikmodus verwendet zur Kennzeichnung der Cursorposition das Koordinatensystem aus Zeilen und Spalten statt Bildpunktkoordinaten. Im CGA-kompatiblen Grafikmodus muß die Seitennummer auf 0 gesetzt werden, obwohl EGA und VGA sowohl im 16-Farben-Grafikmodus als auch in den Textmodi mehrere Anzeigeseiten unterstützen.

Abbildung 9-3 ist eine Zusammenfassung der Registerwerte. Auf Seite 86 steht mehr über Anzeigeseiten. Der umgekehrte Vorgang, das Abfragen der Cursorposition, wird unter der Routine 03H beschrieben.

Nummer der Routine	*Parameter*
AH=02H	DH = Zeilennummer DL = Spaltennummer BH = Seitennummer

Abb. 9-3 *Registerwerte zum Festlegen der Cursorposition mit Hilfe der Routine 02H*

Routine 03H (dezimal 3): Cursorposition abfragen

Die Routine 03H (dezimal 3) ist die Umkehrung der Routinen 01H und 02H. Bei Angabe der Seitennummer in BH meldet das ROM BIOS die Cursorgröße durch Rückgabe der Anfangsrasterzeile in CH und der Endrasterzeile in CL. Außerdem meldet es die Cursorposition durch Rückgabe der Zeile in DH und der Spalte in DL (siehe Abb. 9-4).

Nummer der Routine	*Rückgabe*
AH=03H	BH = Seitennummer (im Grafikmodus 0) DH = Zeilennummer DL = Spaltennummer CH = Anfangsrasterzeile des Cursors CL = Endrasterzeile des Cursors

Abb. 9-4 *Von Bildschirm-Routine 03H zurückgegebene Werte*

Routine 04H (dezimal 4): Lichtgriffelposition abfragen

Die Routine 04H (dezimal 4) meldet den Status eines an den CGA oder EGA angeschlossenen Lichtgriffels. Insbesondere wird gemeldet, ob er ausgelöst wurde oder nicht, und wo er bei erfolgter Auslösung auf dem Bildschirm steht.

Register AH enthält einen Wert, der die Auslösung anzeigt: bei AH = 01H wurde der Lichtgriffel ausgelöst, bei AH 00H nicht. Wurde er ausgelöst, bestimmt das ROM BIOS über die Bildschirm-Hardware die Zeichenspalte und Bildpunktzeile (y-Koordinate) des Lichtgriffels. Aus diesen berechnet das ROM BIOS die Zeichenzeile und Bildpunktspalte (x-Koordinate). Die Ergebnisse werden in den Registern BX, CX und DX zurückgegeben (siehe Abb. 9-5).

Nummer der Routine	*Rückgabe*
AH=04H	DH = Zeilennummer des Zeichens DL = Spaltennummer des Zeichens CH = Bildpunkt-Zeilennummer (CGA und EGA in den Bildschirm-Modi 04H, 05H und 06H) CX = Bildpunkt-Zeilennummer (alle anderen EGA-Bildschirm-Modi) BX = Bildpunkt-Spaltennummer

Abb.9-5 *Von Routine 04H zurückgegebene Lichtgriffelpositionswerte*

Routine 05H (dezimal 5): Aktive Anzeigeseite festlegen

Die Routine 05H (dezimal 5) bestimmt die aktive Anzeigeseite für die Textmodi 0 bis 3 sowie für 16-Farben-EGA- und VGA-Grafikmodi. Die Seitennummer wird in Register AL angegeben (siehe Abb. 9-6). In den Textmodi gehen die Seitennummern von 0 bis 7. Denken Sie jedoch daran, daß die CGA-Hardware nur vier verschiedene 80-Spalten-Seiten anzeigen kann, so daß die CGA-Seiten 4 bis 7 im 80 x 25 Textmodus die Seiten 0 bis 3 überlagern. Mit den EGA- oder PS/2-Bildschirmadaptern können Sie auch im 16-Farben-Grafikmodus zwischen mehreren Anzeigeseiten auswählen.

Nummer der Routine	*Parameter*
AH=05H	AL = Nummer der neuen Anzeigeseite

Abb. 9-6 *Die von Routine 05H zur Festlegung der aktiven Anzeigeseite verwendeten Register*

In allen Bildschirm-Modi wird standardmäßig Seite 0 verwendet. Seite 0 befindet sich am Anfang des Bildschirmspeichers, wobei sich die Seiten mit höheren Nummern an höheren Speicherstellen befinden. Mehr über Anzeigeseiten siehe Seite 86.

Routine 06H (dezimal 6): Fenster nach oben rollen

Die Routinen 06H (dezimal 6) und 07H dienen zur Definition von rechteckigen Textfenstern auf dem Bildschirm, deren Inhalte eine oder mehrere Zeilen nach oben oder unten gerollt werden können (Scrolling). Um diesen Rolleffekt zu erzeugen, werden bei Routine 06H am unteren Rand (bei Routine 07H am oberen Rand) Leerzeilen eingeschoben. Die obersten (bei Routine 07H die untersten) Zeilen werden dabei sozusagen aus dem Bild gerollt und verschwinden.

Die Anzahl der zu rollenden Zeilen wird im Register AL angegeben. Ist AL = 0, wird das ganze Fenster geleert (dasselbe passiert, wenn man um mehr Zeilen rollt als das Fenster groß ist). Die Position bzw. die Größe des Fensters wird in den Registern CX und DX gespeichert: CH enthält die oberste Zeile, DH die unterste. CL beinhaltet die linke Spalte, DL die rechte. Das Anzeigeattribut für die Leerzeilen, die eingeschoben werden sollen, wird dem Register BH entnommen. Abbildung 9-7 faßt die Registerwerte für die zwei Routinen 06H und 07H zusammen.

Nummer der Routine	*Parameter*
AH = 06H (nach oben rollen)	AL = Anzahl der zu rollenden Zeilen
AH = 07H (nach unten rollen)	CH = Zeilennummer der oberen linken Ecke
	CL = Spaltennummer der oberen linken Ecke
	DH = Zeilennummer der unteren rechten Ecke
	DL = Spaltennummer der unteren rechten Ecke
	BH = Anzeigeattribut für Leerzeilen

Abb. 9-7 *Die von den Routinen 06H und 07H zum Rollen verwendeten Register*

Beim Füllen eines Fensters mit Text stellt man fest, daß das Fensterrollen normalerweise ein in zwei Schritten ablaufender Vorgang ist: steht eine neue Zeile zum Schreiben ins Fenster bereit, rollt Routine 06H (bzw. 07H) den aktuellen Bildschirminhalt. Danach wird die neue Zeile unter Heranziehung der Routinen zur Zeichenpositionierung und Zeichenausgabe mit Text gefüllt. Das folgende Beispiel zeigt diese Fensteraktion.

```
DEBUG           ; Das DOS-Dienstprogramm DEBUG aufrufen
A               ; Assemblieren von Anweisungen anfordern
INT10           ; Interrupt 10H-Anweisung
[Return]        ; Assemblieren beenden
R AX            ; Betrachten und Ändern des Inhalts von AX
                ; anfordern
0603            ; Routine 06H (hochrollen) angeben, wobei ein
                ; 3-zeiliges Fenster verwendet werden soll
R CX            ; Betrachten und Ändern des Inhalts von CX
                ; anfordern
050A            ; Obere linke Ecke angeben: Zeile 5, Spalte 10
R DX            ; Betrachten und Ändern des Inhalts von DX
                ; anfordern
1020            ; Untere rechte Ecke angeben: Zeile 16, Spalte
```

```
                        ; 32
D 0 L 180               ; Bildschirm wahllos auffüllen
G =100 102              ; INT 10H ausführen, danach anhalten
```

Mehr über Assemblerroutinen finden Sie in Kapitel 8. DEBUG ist ausführlich im *IBM DOS Technical Reference Manual* beschrieben.

Routine 07H (dezimal 7): Fenster nach unten rollen

Die Routine 07H (dezimal 7) ist wie bereits erwähnt das Spiegelbild der Routine 07H. Der Unterschied zwischen den beiden Routinen liegt im Ablauf des Rollens. Bei Routine 07H erscheinen die neuen Leerzeilen oben im Fenster, und die alten Zeilen verschwinden nach unten. Die umgekehrte Aktion findet in Routine 06H statt. In Abbildung 9-7 unter der Beschreibung der Routine 06H finden Sie die Werte der Registerparameter.

Routine 08H (dezimal 8): Zeichen und Attribut lesen

Die Routine 08H (dezimal 8) dient zum Lesen von Zeichen "aus dem Bildschirm", d.h. direkt aus dem Bildschirmspeicher. Diese Routine ist äußerst praktisch, da sie sowohl im Text- als auch im Grafikmodus arbeitet.

In den Grafikmodi werden dieselben Zeichenformtabellen, die in den Textmodi zur Ausgabe von Zeichen dienen, zur Zeichenerkennung benutzt, indem der Bildschirminhalt mit den Zeichenmustern verglichen wird. Sogar selbst definierte Grafikzeichen werden mit dieser Routine erkannt. In den Textmodi sind die ASCII-Zeichencodes natürlich direkt aus dem Bildschirmspeicher lesbar.

Die Routine 08H gibt den ASCII-Code des Zeichens in Register AL zurück (siehe Abb. 9-8). Wird im Grafikmodus ein Zeichen erkannt, das keinem Zeichen des graphischen Zeichensatzes entspricht, gibt das ROM BIOS den ASCII-Code 0 zurück. In den Textmodi gibt die Routine außerdem in Register AH die Farbattribute des Zeichens zurück. Denken Sie daran, in BH die Nummer einer Anzeigeseite anzugeben, wenn Sie diese Routine aufrufen.

Nummer der Routine	*Parameter*	*Rückgabe*
AH = 08H	BH = Nummer der aktiven Anzeigeseite	AL = an Cursorposition gelesenes ASCII-Zeichen AH = Attribut des Textzeichens (nur Textmodi)

Abb. 9-8 *Die von Routine 08H zum Lesen von Zeichen und Attributen verwendeten Register*

Auf Seite 82 finden Sie mehr über Textzeichen und Attributbytes. Auf Seite 86 werden die im Text- und Grafikmodus verfügbaren Zeichen ausführlich beschrieben. In Anhang C erfahren Sie mehr über ASCII-Zeichen.

Routine 09H (dezimal 9): Zeichen und Attribut schreiben

Die Routine 09H (dezimal 9) schreibt ein oder mehrere identische Zeichen mit seinen Farbattributen auf den Bildschirm. Das Zeichen wird in AL spezifiziert, das Attribut im Textmodus oder die Farbe im Grafikmodus in BL. Wie oft das Zeichen geschrieben werden soll (einmal oder öfter), wird in Register CX gespeichert. BH enthält die Nummer der Anzeigeseite (siehe Abb. 9-9).

Nummer der Routine	*Parameter*
AH = 09H	AL = auf Bildschirm zu schreibendes ASCII-Zeichen BL = Attribut (Textmodi) oder Vordergrundfarbe (Grafikmodi) BH = Hintergrundfarbe (nur Bildschirm-Modus 13H) oder Nummer der Anzeigeseite (alle anderen Modi) CX = Anzahl der Wiederholungen von Zeichen und Attribut

Abb. 9-9 *Die von Routine 09H zum Schreiben von Zeichen und Attributen verwendeten Register*

Das ROM BIOS schreibt das Zeichen mit seinen Farbattributen ab der aktuellen Cursorposition so oft wie gewünscht auf den Bildschirm. Obwohl der Cursor dabei nicht bewegt wird, erscheinen die wiederholten Zeichen an aufeinanderfolgenden Bildschirmpositionen. Im Textmodus wird die Ausgabe beim Erreichen des Zeilenendes in der nächsten Zeile fortgesetzt. Im Grafikmodus geschieht dies nicht.

Die Routine eignet sich sowohl zum Schreiben einzelner Zeichen als auch zur Wiederholung von Zeichen. Die Wiederholmöglichkeit wird meist zum schnellen Zeichnen von Leerzeichen oder anderen wiederholt vorkommenden Zeichen wie z.B. den zu Rahmen gehörenden horizontalen Linien verwendet (siehe Anhang C). Wenn Sie das Zeichen nur einmal schreiben wollen, muß der Zähler in CX auf 1 stehen. Der Wert 0 in diesem Register führt zu unendlich vielen Zeichen!

Die Routine 09H hat einen Vorteil gegenüber der Routine 0EH: man kann die Farbattribute steuern. Leider ist auch ein Nachteil zu verzeichnen: der Cursor wird nicht automatisch mitbewegt.

In den Grafikmodi ist der in BL angegebene Wert die Vordergrundfarbe - die Farbe der Bildpunkte, die das Zeichen darstellen. Normalerweise zeigt das ROM BIOS das Zeichen in der angegebenen Vordergrundfarbe vor einem schwarzen Hintergrund. Ist Bit 7 des Farbwerts in BL auf 1 gesetzt, erzeugt das ROM BIOS die neue Vordergrundfarbe, indem mit Hilfe einer exklusiven ODER-Operation (XOR) alle momentan gültigen Vordergrundbildpunkte mit dem Wert in BL verknüpft werden. Dies gilt auch für die Zeichen- und Bildpunktschreibroutinen 0AH und 0CH.

Ein Beispiel: man stelle sich vor, daß im 4-Farben-Grafikmodus mit der Auflösung 320 x 400 der Bildschirm völlig mit weißen Bildpunkten ausgefüllt ist. Schreibt man nun ganz normal ein weißes Zeichen (Farbwert 03H (weiß) in Register BL), zeigt das ROM BIOS ein weißes Zeichen vor einem schwarzen Hintergrund an. Schreiben Sie jedoch dasselbe Zeichen mit dem Farbwert 83H (Bit 7 auf 1 gesetzt), verwendet das ROM

BIOS die XOR-Operation zur Ausgabe eines schwarzen Zeichens vor einem weißen Hintergrund.

Auf Seite 80 finden Sie mehr über Anzeigeattribute in den Textmodi. Mehr über Farbattribute in den Grafikmodi erfahren Sie auf Seite 82.

Routine 0AH (dezimal 10): Zeichen schreiben

Die Routine 0AH (dezimal 10) entspricht der Routine 09H (Zeichen und Attribut an Cursorposition schreiben) mit einer Ausnahme: sie gestattet im Gegensatz zur Routine 09H nicht die Änderung der aktuellen Farbattribute im Textmodus.

Im Grafikmodus muß jedoch in BL eine Farbe angegeben werden (siehe Abb. 9-10), was dem Charakter einer reinen Zeichenroutine widerspricht. Für die Benutzung von Farbe in den Grafikmodi gelten dieselben Regeln wie für die Routinen 09H und 0CH: die Farbe kann direkt oder mit der XOR-Operation definiert werden (siehe Routine 09H).

Auf Seite 80 finden Sie mehr über Anzeigeattribute in den Textmodi. Mehr über Farbattribute in den Grafikmodi erfahren Sie auf Seite 82.

Nummer der Routine	*Parameter*
AH = 0AH	AL = auf Bildschirm zu schreibendes ASCII-Zeichen BL = Vordergrundfarbe (nur Grafikmodi) BH = Hintergrundfarbe (nur Bildschirm-Modus 13H) oder Nummer der Anzeigeseite (alle anderen Modi) CX = Anzahl der Wiederholungen des Zeichens

Abb. 9-10 *Die von Routine 0AH zum Schreiben von Zeichen verwendeten Register*

Routine 0BH (dezimal 11): 4-Farben-Palette festlegen

Die Routine 0BH (dezimal 11) besteht aus den beiden Unterroutinen 00H und 01H. Man wählt die gewünschte durch Speichern des entsprechenden Wertes in Register BH aus (siehe Abb. 9-11). Mit der Unterroutine 00H wählen Sie in CGA-Textmodi die Farbe der Umrandung oder im CGA-4-Farben-Grafikmodus mit der Auflösung 320 x 200 die Hintergrundfarbe. Die Farbe der Umrandung wird durch einen Wert in BL zwischen 00H und 0FH bestimmt.

Mit der Unterroutine 01H wählen Sie eine der zwei im CGA-4-Farben-Grafikmodus mit der Auflösung 320 x 200 verwendeten 4-Farben-Paletten aus. Der Wert in BL gibt an, welche der zwei von der Hardware festgelegten Paletten zu verwenden ist. Der Wert 0 bezeichnet die Palette Rot-Grün-Braun, der Wert 1 die Palette Kobaltblau-Magenta-Weiß (mehr über Farbpaletten siehe Seite 77).

Diese Routine ist in erster Linie für den CGA gedacht. Zur Steuerung der Farben in anderen Bildschirm-Modi (mit EGA, MCGA und VGA) verwendet man Routine 10H.

Nummer der Routine	*Unterroutine*	*Parameter*
AH = 0BH	BH = 00H	BL = Rand- oder Vordergrundfarbe
	BH = 01H	BL = Palettennummer (0 oder 1)

Abb. 9-11 *Farbsteuerung in CGA-kompatiblen Bildschirm-Modi durch Routine 0BH*

Routine 0CH (dezimal 12): Bildpunkt setzen

Die Routine 0CH (dezimal 12) erzeugt einen einzelnen Bildpunkt. Die Position des Bildpunkts auf dem Bildschirm wird angegebenen, indem man seine Spalte (x-Koordinate) in Register CX und seine Zeile (y-Koordinate) in DX ablegt. Man beachte, daß Bildpunktzeilen und -spalten nicht dasselbe wie die in den anderen Routinen zur Positionierung des Cursors oder zum Anzeigen eines Zeichens verwendeten Zeilen und Spalten sind. Bildpunkt-Koordinaten entsprechen einzelnen Punkten, nicht Zeichen.

Falls Sie einen Grafikmodus wählen, der mehrere Anzeigeseiten unterstützt, müssen Sie die Nummer der betreffenden Seite in Register BH angeben (siehe Abb. 9-12). Wiederum haben Sie bei der Festlegung der Bildschirmfarbe in Register AL die Möglichkeit, Bit 7 des Farbwerts auf 1 zu setzen. Wie in Routine 09H wird dadurch das BIOS angewiesen, den Bildpunkt mit einem durch XOR erzeugten Farbwert anzuzeigen (siehe Routine 09H).

Nummer der Routine	*Parameter*
AH = 0CH	AL = Bildpunktfarbe
	BH = Nummer der Anzeigeseite
	CX = Zeilennummer des Bildpunkts
	DX = Spaltennummer des Bildpunkts

Abb. 9-12 *Die von Routine 0CH zum Setzen eines Bildpunkts verwendeten Register*

Siehe Seite 88 zu weiteren Informationen über Bildpunkte in Grafikmodi.

Routine 0DH (dezimal 13): Bildpunkt lesen

Die Routine 0DH (dezimal 13) ist die Umkehrung der Routine 0CH: sie liest den Farbwert eines Bildpunkts anstatt ihn zu setzen. Jeder Bildpunkt hat nur ein Farbattribut, das von Routine 0DH zurückgegeben wird (die Routine 08H zum Lesen von Zeichen gibt sowohl eine Farbe als auch den ASCII-Code zurück). Die Angabe der Zeile erfolgt in DX, der Spalte in CX und der Anzeigeseite in BH. Der Farbwert des Bildpunkts wird in AL zurückgegeben (siehe Abb. 9-13). Alle höherwertigen Bits des in AL zurückgegebenen Wertes stehen erwartungsgemäß auf 0.

Nummer der Routine	*Parameter*	*Rückgabe*
AH = 0DH	BH = Nummer der Anzeigeseite DX = Zeilennummer des Bildpunkts CX = Spaltennummer des Bildpunkts	AL = Farbwert des Bildpunkts

Abb. 9-13 *Die von Routine 0DH zum Lesen eines Bildpunkts verwendeten Register*

Routine 0EH (dezimal 14): TTY-Zeichen schreiben

Die Routine 0EH (dezimal 14) dient zur reinen Zeichenausgabe auf dem Bildschirm. Diese Art von Ausgabe wird als *Fernschreiber-* oder *TTY-Modus (TTY = Teletype)* bezeichnet. Der Bildschirm verhält sich dabei wie ein einfacher Drucker, der genauso viel kann, wie für eine Textausgabe nötig ist. Feinheiten wie Farbe, blinkende Zeichen oder Cursorsteuerung sind hier nicht zu finden.

Bei Benutzung dieser Routine wird das Zeichen an die momentane Cursorposition gesetzt und der Cursor anschließend um eine Position weiterbewegt, wobei er am Zeilenende an den Anfang der nächsten Zeile springt oder, falls nötig, den Bildschirm rollt. Das zu schreibende Zeichen steht in AL.

In den Textmodi erfolgt die Anzeige des Zeichens wie mit Routine 0AH, d.h. mit den an der Schreibposition bereits geltenden Farbattributen. In den Grafikmodi müssen Sie jedoch auch die für das Zeichen zu verwendende Vordergrundfarbe angeben (siehe Abb. 9-14).

Es gibt vier Zeichen, auf die die Routine 0EH entsprechend ihrer Bedeutung im ASCII-Zeichensatz reagiert: 07H (dezimal 7) - Lautsprecherton, 08H (dezimal 8) - Rückschritt, 0AH (dezimal 10) - Zeilenschaltung und 0DH (dezimal 13) - Wagenrücklauf. Alle anderen Zeichen werden normal angezeigt.

Der herausragende Vorteil dieser Routine gegenüber der Routine 09H ist, daß der Cursor sich beim Schreiben des Zeichens automatisch weiterbewegt; dem steht der Nachteil gegenüber, daß man die Farbattribute nicht wie in Routine 09H steuern kann. Wenn man nur die beiden Routinen verknüpfen könnte...

Nummer der Routine	*Parameter*
AH = 0EH	AL = Zu schreibendes ASCII-Zeichen BL = Vordergrundfarbe (nur im Grafikmodus) BH = Anzeigeseite (IBM PC BIOS mit Datum vom 19.10.81 oder früher)

Abb. 9-14 *Die von Routine 0EH zum Schreiben eines Zeichens im TTY-Modus verwendeten Register*

Routine 0FH (dezimal 15): Aktuellen Bildschirm-Modus bestimmen

Die Routine 0FH (dezimal 15) meldet den aktuellen Bildschirm-Modus und liefert zwei weitere sehr nützliche Informationen: die Breite des Bildschirms in Zeichen (80 oder 40) und die Nummer der angezeigten Seite.

Die Nummer des Bildschirm-Modus wird, wie bei Routine 00H erklärt, im Register AL abgelegt, die Breite des Bildschirms als Anzahl von Zeichen pro Zeile in AH. Die Nummer der angezeigten Seite findet man in BH (siehe Abb. 9-15).

Nummer der Routine	*Rückgabewert*
AH = 0FH	AL = Aktueller Bildschirm-Modus
	AH = Anzahl von Zeichen pro Zeile
	BH = aktive Anzeigeseite

Abb. 9-15 *Von Routine 0FH zurückgegebene Informationen*

Auf Seite 70 finden Sie mehr über Bildschirm-Modi. Auf Seite 58 wird unter der Speicherstelle 0040:0049H erklärt, wie der Modus abgespeichert wird.

Routine 10H (dezimal 16): Farbpaletten-Schnittstelle

Die Routine 10H (dezimal 16) kam mit dem PCjr auf und wurde im EGA- und PS/2-BIOS weiterentwickelt. Sie besteht aus einer Reihe von Unterroutinen (Abb. 9-16), die Sie Palettenfarben, Blinken und (mit dem MCGA und dem VGA) Video-DAU (Digital-Analogumsetzer) steuern lassen. Bedenken Sie, daß die unterstützten Unterroutinen von der verwendeten Hardware abhängen. Bevor Sie diese Unterroutinen in einem Programm verwenden, muß Ihr Programm "wissen", mit welchem Adapter es zusammenarbeitet (die Bildschirm-Routine 1AH kann diese Informationen liefern).

Nummer der Unterroutine	*Beschreibung*
AL = 00H	Angegebenes Palettenregister aktualisieren
AL = 01H	Randfarbe bestimmen
AL = 02H	Alle 16 Palettenregister plus Randfarbe aktualisieren
AL = 03H	Hintergrundhelligkeit oder Attribut Blinken wählen
AL = 07H	Lesen eines bestimmten Palettenregisters
AL = 08H	Lesen des Randfarbenregisters
AL = 09H	Alle 16 Palettenregister plus Randfarbe lesen
AL = 10H	Angegebenes Video-DAU-Farbregister aktualisieren
AL = 12H	Einen Block von Video-DAU-Farbregistern aktualisieren
AL = 13H	Video-DAU-Seitenwechsel festlegen
AL = 15H	Angegebenes Video-DAU-Farbregister lesen
AL = 17H	Einen Block von Video-DAU-Farbregistern lesen
AL = 1AH	Video-DAU-Seitenwechselstatus ermitteln

(weiter nächste Seite)

(Fortsetzung)

Nummer der Unterroutine	*Beschreibung*
AL = 1BH	Ersetzen eines Blocks von Video-DAU-Farbregistern durch Grauschattierungen

Abb. 9-16 *Von der BIOS-Bildschirm-Routine 10H zur Verfügung gestellte Unterroutinen*

Die Unterroutine 00H (dezimal 0) aktualisiert eines der 16 Palettenregister einer EGA oder VGA. Beim Aufruf dieser Unterroutine geben Sie die Nummer des alten Palettenregisters in BL und die Nummer des neuen in BH an. Das VGA BIOS unterstützt zusätzlich **die Unterroutine 07H (dezimal 7)**, die das Gegenteil leistet: beim Aufruf der Unterroutine 07H mit der Nummer des Palettenregisters in BL gibt das ROM BIOS den momentanen Inhalt dieses Registers in BH zurück (die Unterroutine 07H funktioniert mit dem EGA BIOS nicht, da der EGA nur beschreibbare Palettenregister aufweist).

Die Unterroutine 01H (dezimal 1) legt bei einer EGA oder VGA die Randfarbe fest. Beim Aufruf dieser Unterroutine übergeben Sie dem BIOS den Farbwert in BL. Das VGA BIOS unterstützt zusätzlich die **Unterroutine 08H (dezimal 8)**, die die momentane Randfarbe in BH zurückgibt. Beim EGA ist diese Umkehrfunktion leider wiederum nicht verfügbar.

Zwei Tips zum Setzen der Randfarbe mit EGA oder VGA: in den meisten EGA-Bildschirm-Modi ist der Randbereich sehr klein. Die Wahl einer anderen Farbe als Schwarz resultiert in einem schmalen, verwischten Rand. Auf dem VGA sieht der Rand besser aus. Falls die Kompatibilität mit dem CGA eine Rolle spielt, kommt auch die Bildschirm-Routine 0BH (Seite 173) zum Festlegen der Randfarbe in Frage.

Die Unterroutine 02H (dezimal 2) aktualisiert alle 16 Palettenregister sowie die Randfarbe mit einem einzigen ROM BIOS-Aufruf. Vor dem Aufruf dieser Unterroutine müssen Sie alle 16 Palettenregisterwerte sowie den Wert der Randfarbe in einer 17-Byte-Tabelle speichern. Beim Aufruf der Unterroutine übergeben Sie dann dem BIOS die Adresse (Segment und Offset) dieser Tabelle in den Registern ES und DX. Der VGA bietet noch eine Unterroutine, mit der Sie die Palettenregister in einer Tabelle speichern können: wenn Sie die **Unterroutine 09H (dezimal 9)** aufrufen, während ES:DX auf eine 17-Byte-Tabelle zeigt, füllt das ROM BIOS diese Tabelle mit dem aktuellen Inhalt der 16 Palettenregister sowie dem Wert der Randfarbe aus.

Die Unterroutine 03H (dezimal 3) läßt Ihnen die Wahl, ob das Attribut Blinken ein- oder ausgeschaltet sein soll. Standardmäßig schaltet das ROM BIOS das Blinken ein. Falls Sie jedoch 16 maximal mögliche Hintergrundfarben anstelle von lediglich 8 nutzen wollen, können Sie die Unterroutine 03H zum Ausschalten des Blinkens verwenden. Der dem Register BL übergebene Wert bestimmt, ob das Blinken ein- (BL = 01H) oder ausgeschaltet (BL = 00H) ist.

Die Unterroutinen 10H (dezimal 16) und **15H (dezimal 21)** werden nur vom MCGA- und VGA-BIOS unterstützt. Diese zwei Unterroutinen ermöglichen Ihnen den direkten Zugriff auf eines der 256 Farbregister im Digital-Analogumsetzer (DAU). Zur Änderung eines Video-DAU-Farbregisters rufen Sie die Unterroutine 10H auf, indem Sie die Nummer des Farbregisters in BX und 6 Bits lange Rot-Grün-Blauwerte (RGB) in den Registern DH, CH und CL ablegen. Zum Lesen eines bestimmten Farbregisters setzen Sie seine Nummer in BX und verwenden die Unterroutine 15H, die die RGB-Werte in DH, CH und CL zurückgibt.

Die zugehörigen **Unterroutinen 12H (dezimal 18)** und **17H (dezimal 23)** operieren auf einem ganzen Block von Video-DAU-Farbregistern statt nur auf einem Register. Wenn Sie die Unterroutine 12H verwenden wollen, erzeugen Sie eine Tabelle 3 Bytes langer Rot-Grün-Blau-Werte. Setzen Sie dann die Segment-Offset-Adresse der Tabelle in ES und DX, die Nummer des ersten zu ändernden Farbregisters in BX und die Anzahl der zu ändernden Register in CX. Beim Aufruf der Unterroutine 12H speichert das ROM BIOS nacheinander jeden RGB-Wert in dem von Ihnen in BX und CX angegebenen Farbregisterblock.

Die komplementäre Unterroutine 17H erfordert, daß Sie ihr in ES:DX die Adresse einer Tabelle, in BX die Nummer des ersten Farbregisters und in CX die Anzahl der Register übergeben. Das ROM BIOS füllt die Tabelle mit den RGB-Werten aus, die es in dem von Ihnen angegebenen Farbregisterblock gelesen hat.

Mit dem VGA, der sowohl über Palettenregister als auch über Video-DAU-Farbregister verfügt, können Sie die **Unterroutinen 13H (dezimal 19)** und **1AH (dezimal 26)** verwenden, um rasch zwischen unterschiedlichen Paletten umzuschalten. Standardmäßig konfiguriert das ROM BIOS die VGA-Hardware so, daß die Farbdecodierung so wie bei der EGA erfolgt: jedes der 16 Palettenregister enthält einen 6-Bit-Wert, der eines der ersten 64 Video-DAU-Register identifiziert. Diese 64 Farbregister bestimmen die 64 in der EGA-Palette verfügbaren Farben.

Die Unterroutine 13H ermöglicht die Verwendung der drei verbleibenden, aus je 64 Video-DAU-Farbregistern bestehenden Farbseiten oder Gruppen (siehe Abb. 9-17). Beim Aufruf der Unterroutine 13H mit BH = 01H und BL = 01H, konfiguriert das ROM BIOS die VGA-Hardware z.B. so, daß sie Farben aus der zweiten 64er Gruppe von Video-DAU-Farbregistern (Farbseite 1) anzeigt. Um wieder die erste Gruppe (Farbseite 0) zu verwenden, können Sie dieselbe Unterroutine mit BH = 00H und BL = 01H aufrufen. Falls Sie z.B. auf Farbseite 0 die standardmäßigen EGA-kompatiblen Farben und auf Farbseite 1 ihre grauschattierten Äquivalente verwenden, können Sie mit einem einzigen Aufruf der Unterroutine 13H rasch zwischen den beiden umschalten.

Wenn Sie so zwischen mehr als vier Paletten umschalten müssen, können Sie die Unterroutine 13H mit BH = 01H und BL = 00H verwenden und damit die VGA-Farbdecodierungs-Hardware so konfigurieren, daß sie 4-Bit-Werte statt 6-Bit-Werte verwendet. In diesem Fall kann jeder Palettenregisterwert eines von lediglich 16 verschiedenen Video-DAU-Registern bezeichnen. Dadurch stehen aber 16 Farbseiten zur Verfügung, wovon jede 16 Farbregister umfaßt. Sie können eine beliebige davon auswählen, indem Sie die Unterroutine 13H mit BL = 01H aufrufen.

Parameter		*Beschreibung*
BL = 00H	BH = 00H	Vier 64-Register-Seiten verwenden.
	BH = 01H	Sechzehn 16-Register-Seiten verwenden.
BL = 01H	BH = *n*	Nummer der Farbseite. (*n* = 00H-03H bei Verwendung von 64-Register-Seiten *n* = 00H-0FH bei Verwendung von 16-Register-Seiten)

Abb. 9-17 *Wechsel zwischen Video-DAU-Farbseiten mit Hilfe der Routine 10H, Unterroutine 13H*

Das VGA-ROM-BIOS ergänzt die Unterroutine 13H mit einer Komplementärfunktion: die Unterroutine 1AH. Diese Unterroutine gibt den Status der Farbseite in BL zurück (16- oder 64-Register-Farbseiten) und die aktuelle Nummer der Farbseite in BH.

Mit Hilfe der **Unterroutine 1BH (dezimal 27)** können Sie bei einem MCGA und VGA die Farbwerte in einem Block aufeinanderfolgender Video-DAU-Farbregister in entsprechende Grauschattierungen umwandeln. Beim Aufruf dieser Unterroutine muß in BX die Nummer des ersten umzuwandelnden Video-DAU-Registers stehen und in CX die Anzahl der zu ändernden Register.

Routine 11H (dezimal 17): Schnittstelle zum Zeichengenerator

Die Routine 11H (dezimal 17) erschien zuerst im EGA-ROM BIOS. Die vielen in dieser Unterroutine verfügbaren Unterroutinen wurden im PS/2-ROM BIOS noch ergänzt und verbessert, um volle Unterstützung für die neuen Bildschirmadapter (MCGA und VGA), die mit den PS/2s eingeführt wurden, zu bieten.

Man kann die zahlreichen Unterroutinen der Routine 11H in vier Gruppen einteilen (Abb. 9-18):

- Unterroutinen der ersten Gruppe (00H bis 04H) ändern den in Textmodi verwendeten Zeichensatz.
- Unterroutinen der zweiten Gruppe (10H bis 14H) ändern sowohl den Zeichensatz im Textmodus als auch die im Textmodus dargestellte Höhe der Zeichen.
- Unterroutinen der dritten Gruppe (20H bis 24H) ändern die Zeichensätze im Grafikmodus.
- Die Unterroutine der vierten Gruppe (30H) liefert Informationen über die momentan angezeigten und die dem ROM BIOS zur Verfügung stehenden Zeichensätze.

Die Unterroutinen 00H (dezimal 0), 01H (dezimal 1), 02H (dezimal 2) und **04H (dezimal 4)** ändern beim EGA, MCGA oder VGA allesamt den zur Anzeige von Zeichen im Textmodus verwendeten Zeichensatz. Diese Unterroutinen sind die am einfachsten anzuwendenden. Sie müssen nur angeben, welche der im Zeichengenerator-RAM vorhandenen Tabellen den Zeichensatz enthalten soll. So weist z.B. ein Aufruf der Routine

11H mit AH = 02H und BL = 00H das ROM BIOS an, seine 8 x 8-Zeichen in der ersten (Standard-)Tabelle im Zeichengenerator-RAM zu verwenden.

Falls Sie Ihre eigenen Zeichen definieren möchten, müssen Sie die Unterroutine 00H folgendermaßen einsetzen: Legen Sie eine Tabelle mit Bit-Mustern für die Zeichendefinition in einem Puffer an. Prüfen Sie dann die Unterroutine 00H mit der Adresse der Tabelle in ES : BP, die anzahl der Zeichen in CX, den ASCII-Code des ersten Zeichens in der Tabelle in DX sowie die Anzahl der Bytes im Bit-Muster jedes Zeichens in BH.

Mit der **Unterroutine 03H (dezimal 3)** können Sie zwischen verschiedenen Zeichensätzen für Textmodi umschalten, falls diese vorher in den Zeichengenerator-RAM geladen wurden. EGA und MCGA haben vier solcher Tabellen, der VGA acht. Der Wert in BL gibt an, welche von bis zu zwei Tabellen zur Anzeige von Zeichen im Textmodus verwendet werden soll. Beim EGA und MCGA legen die Bits 0 und 1 von BL eine Tabelle fest, und die Bits 2 und 3 eine zweite. Bezeichnen beide Bit-Paare dieselbe Tabelle, handelt es sich um die zur Darstellung aller Zeichen im Textmodus verwendete.

Nummer der Unterroutine	*Beschreibung*
Laden eines Zeichensatzes für Textmodi:	
AL = 00H	Laden eines benutzerdefinierten Zeichensatzes
AL = 01H	Laden des ROM BIOS-8 x 14-Zeichensatzes
AL = 02H	Laden des ROM BIOS-8 x 8-Zeichensatzes
AL = 03H	Angezeigten Zeichensatz auswählen
AL = 04H	Laden des ROM BIOS-8 x 16-Zeichensatzes (nur MCGA, VGA)
Laden eines Zeichensatzes für Textmodi mit Anpassen der Zeichenhöhe:	
AL = 10H	Laden eines benutzerdefinierten Zeichensatzes
AL = 11H	Laden des ROM BIOS-8 x 14-Zeichensatzes
AL = 12H	Laden des ROM BIOS-8 x 8-Zeichensatzes
AL = 14H	Laden des ROM BIOS-8 x 16-Zeichensatzes (nur MCGA, VGA)
Laden eines Grafikzeichensatzes:	
AL = 20H	Laden eines CGA-kompatiblen, benutzerdefinierten Zeichensatzes
AL = 21H	Laden eines benutzerdefinierten Zeichensatzes
AL = 22H	Laden des ROM BIOS-8 x 14-Zeichensatzes
AL = 23H	Laden des ROM BIOS-8 x 8-Zeichensatzes
AL = 24H	Laden des ROM BIOS-8 x 16-Zeichensatzes (nur MCGA, VGA)
Informationen über Zeichensatzgenerator einholen:	
AL = 30H	Informationen über Zeichensatzgenerator einholen

Abb. 9-18 *Von der BIOS-Bildschirm-Routine 11H zur Verfügung gestellte Unterroutinen*

Die Unterroutinen 10H (dezimal 16), 11H (dezimal 17), 12H (dezimal 18) und 14H (dezimal 20) erfüllen ähnliche Aufgaben wie die Unterroutinen 00H, 01H, 02H und 04H. Der Unterschied liegt darin, daß bei den Unterroutinen mit der höheren Nummer das ROM BIOS nicht nur einen Zeichensatz lädt, sondern auch die Höhe der angezeigten Zeichen entsprechend ändert. Dieser Effekt wird deutlich, wenn Sie z.B. die Unterroutinen 02H und 12H zum Laden des ROM BIOS-8 x 8-Zeichensatzes vergleichen. Mit der Unterroutine 02H werden die 8 x 8-Zeichen ohne Korrektur der Zeichenhöhe angezeigt, so daß Sie im Standard-Textmodus 25 Textzeilen sehen. Mit der Unterroutine 12H korrigiert das ROM BIOS die Zeichenhöhe, so daß im Standard-Textmodus mit einem EGA 43 Zeilen und mit einem VGA 50 Zeilen Text auf diesem Bildschirm stehen.

Die Unterroutinen 20H bis 24H (dezimal 32 bis dezimal 36) haben insofern etwas mit den Unterroutinen 00H bis 04H zu tun, als daß sie ebenfalls Zeichensätze in den Speicher laden. Doch ist diese dritte Unterroutinengruppe nur zur Verwendung im Grafikmodus geeignet. Die Unterroutine 20H lädt einen CGA-kompatiblen Satz von 8 x 8-Zeichen in den RAM-Speicher. Falls Sie diese Unterroutine verwenden wollen, setzen Sie eine Tabelle, die die Bit-Buster der ASCII-Zeichen 80H bis FFH enthält, in den Speicher und übergeben dem ROM BIOS die Adresse dieser Tabelle in ES:BP. Die Unterroutinen 21H bis 24H sind den Unterroutinen 00H, 01H, 02H und 04H ähnlich. Man ruft sie durch 00H in BL, der Anzahl der anzuzeigenden Zeilen in DL und (für Unterroutine 21H) der Anzahl der Bytes pro Bit-Muster in CX auf.

Die Unterroutine 30H (dezimal 48) liefert einige nützliche Informationen über den ROM BIOS-Zeichensatzgenerator. Diese Unterroutine übergibt die Höhe der Matrix der angezeigten Zeichen in CX und die Nummer der untersten Zeile in DL zurück. Wenn Sie die Unterroutine 30H z.B. im standardmäßigen EGA-Textmodus (80 x 25) aufrufen, gibt das BIOS in CX 14 und in DL 24 zurück.

Parameter	*Rückgabewert*
BH = 00H	CGA-kompatible 8 x 8-Grafikzeichen (Inhalt des Vektors von Interrupt 1FH)
BH = 01H	Aktuelle Grafikzeichen (Inhalt des Vektors von Interrupt 43H)
BH = 02H	ROM BIOS-8 x 14-Zeichen
BH = 03H	ROM BIOS-8 x 8-Zeichen
BH = 04H	Zweite Hälfte der ROM BIOS-8 x 8-Zeichentabelle
BH = 05H	Alternative ROM BIOS-9 x 14-Zeichen
BH = 06H	Alternative ROM BIOS-8 x 16-Zeichen (nur MCGA und VGA)
BH = 07H	Alternative ROM BIOS-9 x 16-Zeichen (nur VGA)

Abb. 9-19 *Von der Unterroutine 30H der ROM BIOS- Bildschirm-Routine 11H in ES:BP zurückgegebene Adressen von Zeichen-Bit-Muster-Tabellen*

Die Unterroutine 30H gibt auch die Adresse einer beliebigen Bit-Muster-Tabelle der Standard-ROM BIOS-Zeichensätze zurück. Der Wert, den Sie beim Aufruf dieser Unterroutine in BH übergeben, bestimmt, welche Adresse das ROM BIOS in ES:BP zurückgibt (siehe Abb. 9-19).

Routine 12H (dezimal 18): Alternativauswahl

Die Routine 12H (dezimal 18) trat zum ersten Mal zusammen mit der Routine 11H im EGA-BIOS auf. Auch sie wird vom ROM BIOS in allen PS/2-Adaptern unterstützt. Die von IBM gewählte Bezeichnung für diese Routine leitet sich von der Aufgabe einer der Unterroutinen der Routine 12H ab: derjenigen zur Auswahl einer alternativen Bildschirmausdruck-Routine für die ROM BIOS-Funktion Umschalt-PrtSc. Der Name wurde beibehalten, obwohl die Routine 12H seither um eine Reihe damit nicht in Zusammenhang stehender Unterroutinen erweitert wurde (siehe Abb. 9-20).

Die Unterroutine 10H (dezimal 16) meldet die Konfiguration eines EGA oder VGA. Der in BH zurückgegebene Wert gibt an, ob der aktuelle Bildschirm-Modus Farbe (BH = 00H) oder monochrom (BH = 01H) ist. BL enthält eine Zahl zwischen 0 und 3, die die Größe des auf einer EGA installierten Speichers repräsentiert (0 heißt 64 KB, 1 128 KB, 2 192 KB und 3 256 KB). Der Wert in CL gibt den Eingabestatus am Zusatzanschluß des EGA an, und CL enthält die Einstellungen der EGA-Konfigurationsschalter.

Die Unterroutine 20H (dezimal 32) dient zur Erhöhung des Komforts für Benutzer eines EGA oder VGA. Sie ersetzt die auf der Hauptplatine gespeicherte Bildschirmausdruck-Routine des ROM BIOS durch eine flexiblere Routine im ROM BIOS des Adapters. Im Gegensatz zur ROM BIOS-Routine auf der Hauptplatine kann die BIOS-Routine des Adapters einen "Schnappschuß" eines Textbildschirms drucken, der mehr als 25 Zeilen Text enthält. Bei den PS/2s kann dies natürlich auch die Hauptplatinenroutine, so daß diese Unterroutine ihre Berechtigung verliert.

Nummer der Unterroutine	*Beschreibung*
BL = 10H	Informationen über Bildschirmkonfiguration liefern
BL = 20H	Alternative Bildschirmausdruck-Routine wählen
BL = 30H	Rasterzeilen für VGA-Textmodi bestimmen
BL = 31H	Laden der Standardpalette ermöglichen/unterbinden
BL = 32H	CPU-Zugriff auf Bildschirmspeicher ermöglichen/unterbinden
BL = 33H	Grauskalaumsetzung ermöglichen/unterbinden
BL = 34H	ROM BIOS-Cursoremulation ermöglichen/unterbinden
BL = 35H	Umschalter zwischen Bildschirmadaptern bei PS/2
BL = 36H	Bildschirmauffrischung ermöglichen/unterbinden

Abb. 9-20 *Von der BIOS-Bildschirm-Routine 12H zur Verfügung gestellte Unterroutinen*

Die Unterroutine 30H (dezimal 48) läßt Sie bestimmen, wieviele Rasterzeilen in den VGA-Textmodi angezeigt werden sollen. Die standardmäßigen ROM BIOS-Textmodi enthalten 400 Rasterzeilen. Beim Aufruf der Unterroutine 30H weist der in Register AL übergebene Wert das ROM BIOS an, eine andere vertikale Auflösung zu verwenden: bei AL = 00H werden wie mit einem CGA 200 Rasterzeilen angezeigt, und bei AL = 01H 350 EGA-kompatible Rasterzeilen. Bei AL = 02H schließlich verwendet das ROM BIOS seine Standardauflösung von 400 Rasterzeilen.

Wenn Sie die Unterroutine 30H verwenden, ändert sich die vertikale Auflösung erst, wenn das nächste Programm die ROM BIOS-Bildschirm-Routine 00H zur Auswahl eines Textmodus aufruft. Die Änderung der vertikalen Auflösung erfordert daher in der Praxis zwei unterschiedliche ROM BIOS-Aufrufe: einen zur Angabe der Auflösung und einen weiteren zur Bestimmung des Textmodus.

Die Unterroutine 31H (dezimal 49) ermöglicht zu bestimmen, ob beim Einrichten eines neuen MCGA- oder VGA-Bildschirm-Modus das ROM BIOS eine Palette lädt oder nicht. Der Aufruf der Unterroutine 31H mit AL = 01H unterbindet das Laden einer Palette, so daß man anschließend die Bildschirm-Modi ändern kann, ohne die Farben einer zuvor geladenen Palette zu ändern. Ein Aufruf mit AL = 00H bewirkt das standardmäßige Laden einer Palette.

Die Unterroutinen 32H (dezimal 50) und **35H (dezimal 53)** sind für Programmierer gedacht, die in ein und demselben PS/2-Computer zwei unterschiedliche Adapter verwenden wollen. Insbesondere unterstützen diese Routinen in einem PS/2-Modell 30 außer dem eingebauten MCGA-Adapter den Einsatz eines VGA.

Die Unterroutine 32H ermöglicht oder unterbindet je nach dem in AL stehenden Wert die Puffer- und Portadressierung (AL = 00H bedeutet ermöglichen, AL = 01H unterbinden). Diese Möglichkeit ist wichtig, falls in den zwei Bildschirmadaptern irgendwelche Adressen zusammenfallen: bevor Sie auf einen Adapter zugreifen, müssen Sie die Adressierung des anderen unterbinden.

Die Unterroutine 35H bietet eine komplette Schaltschnittstelle, mit der Sie selektiv auf einen im selben Computer eingebauten MCGA und VGA zugreifen können. Diese Unterroutine baut auf der Fähigkeit der Unterroutine 32H auf, jeden Bildschirmadapter einzeln adressierbar/nicht adressierbar zu machen. Details finden Sie in Kapitel 13 und dem *IBM BIOS Interface Technical Reference* Handbuch.

Die Unterroutine 33H (dezimal 51) teilt dem ROM BIOS mit, ob es beim Einrichten eines neuen Bildschirm-Modus mit einem MCGA oder VGA Farben in Grauwerte umsetzen soll oder nicht. Ein Aufruf dieser Unterroutine mit AL = 01H unterbindet die Grauumsetzung, ein Aufruf mit AL = 00H ermöglicht sie. Sie können das ROM BIOS mit dieser Routine auch zwingen, eine Grauwertpalette zu verwenden, obwohl Sie über einen Farbmonitor verfügen.

Die Unterroutine 34H (dezimal 52) ermöglicht oder unterbindet die Textmodus-Cursor-Emulation mit einem VGA. Beim Aufruf dieser Unterroutine mit AL = 00H zeigt das ROM BIOS bei jedem Wechsel des Bildschirm-Modus oder jeder Änderung der Cursorgröße den Cursor in derselben Größe wie mit einem CGA an. Beim Aufruf mit AL = 01H erfolgt diese Cursor-Emulation nicht.

Mit der **Unterroutine 36H (dezimal 54)** läßt sich bestimmen, ob der VGA den Bildschirm auffrischen soll oder nicht. Der Aufruf dieser Unterroutine mit AL = 01H unterbindet die Auffrischung, der Aufruf mit AL = 00H ermöglicht sie. Ist das Auffrischen unterbunden, wird der Bildschirm zwar gelöscht, doch erfolgen Lese- und Schreibvorgänge aus dem bzw. in den Bildschirmpuffer etwas schneller. Falls Sie ein Programm erstellen, das möglichst schnell ablaufen soll, und es Ihnen gleichgültig ist, daß der Bildschirm leer ist, während Sie auf den Bildschirmpuffer zugreifen, können Sie zum vorübergehenden Löschen des Bildschirms beim Aktualisieren des Bildschirminhalts die Unterroutine 36H heranziehen.

Routine 13H (dezimal 19): Zeichenfolge schreiben

Die Routine 13H (dezimal 19) erlaubt es, eine Zeichenfolge (String) auf den Bildschirm zu schreiben. Über die vier zu dieser Routine gehörenden Unterroutinen können Sie die Zeichenattribute einzeln oder gruppenweise angeben. Sie können auch je nach gewählter Unterroutine den Cursor an das Ende der Zeichenfolge bewegen oder an Ort und Stelle belassen.

Die Nummer der Unterroutine wird in AL gesetzt, der Zeiger auf die Zeichenfolge in ES:BP, die Länge der Zeichenfolge in CX, die Position, ab der die Zeichenfolge geschrieben werden soll, in DX und die Nummer der Anzeigeseite in BH.

Die **Unterroutinen 00H (dezimal 0)** und **01H (dezimal 1)** schreiben eine Folge von Zeichen unter Verwendung der in Register BL angegebenen Attribute auf den Bildschirm. Mit der Unterroutine 00H verläßt der Cursor die in Register DX angegebene Position nicht; mit der Unterroutine 01H bewegt er sich hinter das letzte Zeichen der Zeichenfolge.

Die **Unterroutinen 02H (dezimal 2)** und **03H (dezimal 3)** schreiben eine Folge von Zeichen und Attributen auf den Bildschirm, wobei sie zuerst das Zeichen schreiben und danach das Attribut. Mit der Unterroutine 02H verläßt der Cursor die in Register DX angegebene Position nicht; mit der Unterroutine 03H bewegt er sich hinter das letzte Zeichen der Zeichenfolge.

Die Routine 13H steht nur in Verbindung mit dem PC/AT, dem EGA, den PS/2 und späteren Versionen des PC/XT-ROM BIOS zur Verfügung.

Routine 1AH (dezimal 26): Verwendeter Bildschirm /Bildschirmadapter

Die Routine 1AH (dezimal 26) wurde im ROM BIOS der PS/2 eingeführt, ist jedoch auch Teil des ROM BIOS des VGA. Diese Routine gibt einen 2-Byte-Code zurück, der angibt, welche Kombination aus Bildschirmadapter und Bildschirm in Ihrem Computer Verwendung findet. Die Codes dieser von der ROM BIOS-Routine erkannten Kombination sind in Abbildung 9-21 aufgeführt. Die Routine 1AH läßt Ihnen durch Angabe des entsprechenden Wertes in Register AL die Wahl zwischen zwei Unterroutinen: Unterroutine 00H oder 01H.

Die Unterroutine 00H (dezimal 0) gibt in Register BX einen 2-Byte-Code zurück, der die Kombination bezeichnet. Sind in Ihrem Computer zwei unterschiedliche Adapter installiert, gibt der Wert in BL an, welcher davon *aktiv* ist, d.h. gerade vom Bildschirm-ROM BIOS aktualisiert wird. Der Wert in BH bezeichnet den inaktiven Adapter. Ist nur ein Bildschirmadapter installiert, steht in BH der Wert Null.

Code	*Adapter*
00H	(Kein Bildschirm)
01H	MDA
02H	CGA
03H	(Reserviert)
04H	EGA mit Farbbildschirm
05H	EGA mit Monochrombildschirm
06H	Professional Graphics Controller
07H	VGA mit Monochrombildschirm
08H	VGA mit Farbbildschirm
09H, 0AH	(Reserviert)
0BH	MCGA mit Monochrombildschirm
0CH	MCGA mit Farbbildschirm
0FFH	(Unbekannt)

Abb. 9-21 *Von der BIOS-Bildschirm-Routine 1AH zurückgegebene Codes für die verwendete Bildschirm/Bildschirmadapterkombination*

Die Unterroutine 01H (dezimal 1) vollführt die umgekehrte Funktion wie Unterroutine 00H. Mit ihr können Sie den dem ROM BIOS bekannten Code für die Kombination aus Bildschirmadapter und Bildschirm ändern. Verwenden Sie diese Unterroutine jedoch nur, wenn Sie sich über ihren Einsatz voll im klaren sind. Es dürfte wohl äußerst selten vorkommen, daß Sie dem ROM BIOS einen anderen Code als den ihm bekannten übermitteln müssen.

Routine 1BH (dezimal 27): Informationen über Bildschirm-Hardware/-Status

Die Routine 1BH (dezimal 27) ist auf allen PS/2 und mit dem VGA verfügbar. Sie liefert eine Menge detaillierter Informationen über die Leistungsfähigkeit des ROM BIOS sowie den aktuellen ROM BIOS- und Bildschirm-Hardwarestatus.

Die Routine 1BH gibt diese Daten in einem 64-Byte-Puffer zurück, dessen Adresse in die Register ES:DI geschrieben wird. Außer dieser Adresse müssen Sie in Register BX noch den Wert 0 für den "Implementationstyp" angeben (es ist zu vermuten, daß künftige IBM-Bildschirm-Hardware andere Implementationstypen als 0 erkennen werden).

Das BIOS füllt den Puffer mit Informationen über den aktuellen Bildschirm-Modus (Modusnummer, Zeichenspalten und -zeilen, Anzahl der verfügbaren Farben) sowie über die Bildschirm-Hardware-Konfiguration (insgesamt verfügbarer Bildschirmspeicher, Code für die verwendete Bildschirm/Bildschirmadapterkombination, etc.). Nähere Einzelheiten über das Pufferformat finden Sie im *IBM BIOS Interface Technical Reference* Handbuch.

In den ersten 4 Bytes des Puffers gibt das ROM BIOS einen Zeiger auf eine Tabelle mit Informationen über "statische" Eigenschaften des Bildschirmsystems zurück. Diese Tabelle listet nahezu alle Funktionen auf, die das ROM BIOS und die Bildschirm-

Hardware unterstützen können: verfügbare Bildschirm-Modi, Unterstützung der Palettenumschaltung, RAM-ladbare Zeichensätze, Lichtgriffelunterstützung und viele weitere Details.

Wenn Sie für ein PS/2 oder ein System mit VGA-Adapter ein Programm entwickeln, bietet die Routine 1BH eine einfache und zuverlässige Möglichkeit zu bestimmen, wo die aktuellen und möglichen Kapazitäten des Bildschirmadapters liegen. Leider können Sie diese Routine nicht benutzen, falls Sie Programme für Systeme schreiben, die nicht PS/2-kompatibel sind. Weder das ROM BIOS der PC-Hauptplatine noch das EGA-BIOS unterstützen diese Routine. Ein Programm kann bestimmen, ob die Routine 1BH unterstützt wird, indem es den von dieser Routine in AL zurückgegebenen Wert untersucht: dieser Wert ist im positiven Fall 1BH.

Routine 1CH (dezimal 28): Bildschirm-Status sichern/ wiederherstellen

Die Routine 1CH (dezimal 28) wird vom ROM BIOS nur mit den PS/2-Modellen 50, 60 und 80 und mit VGA-Adaptern bereitgestellt (d.h. bei Anwesenheit eines VGA gibt es auch die Routine 1CH). Mit dieser BIOS-Routine können Sie alle Informationen sichern, die den Status von Bildschirm-BIOS und -Hardware betreffen. Dabei handelt es sich um drei Gruppen von Informationen: den Status des Video-DAU, den BIOS-Datenbereich im RAM und die aktuellen Werte in allen Bildschirmsteuerungsregistern.

Mit dem in Register AL übergebenen Wert können Sie drei verschiedene Unterroutinen anfordern: 00H, 01H und 02H.

Die Unterroutine 00H (dezimal 0) ist zum Aufruf vor den Unterroutinen 01H und 02H bestimmt. Sie verlangt von Ihnen durch Setzen eines oder mehrerer der niederwertigen Bits des Wertes in CX die Angabe, welche der drei Informationsarten Sie sichern wollen. Nach Beendigung der Routine enthält BX die Größe des Puffers, der zum Speichern der Informationen notwendig ist.

Die Unterroutine 01H (dezimal 1) sichert Informationen über den aktuellen Videostatus in dem Puffer, dessen Adresse Sie in ES:BX übergeben. Nun können Sie nach Belieben die Bildschirm-Modi wechseln, die Palette verändern oder das ROM BIOS oder die Video-Hardware in sonstiger Weise umprogrammieren.

Mit der **Unterroutine 02H (dezimal 2)** können Sie den alten Videostatus wiederherstellen.

Anmerkungen und Beispiel

Nach der Lektüre dieses Kapitels stellt sich Ihnen vermutlich die Frage, ob der direkte Zugriff auf die ROM BIOS-Bildschirm-Routinen sinnvoller ist als der Umweg über Routinen einer höheren Ebene, wie sie z.B. DOS oder Ihre Programmiersprache bereitstellen. Die Antwort kennen Sie schon: benutzen Sie die höchste Ebene, die Ihren Ansprüchen gerecht wird! Im Falle der ROM BIOS-Bildschirm-Routinen gibt es auch keinen Grund, sie zu meiden - Sie können keinen größeren Schaden anrichten, wenn Sie

sie einsetzen. Im nächsten Kapitel jedoch, in dem es um die Diskettenroutinen geht, gilt die gegenteilige Argumentation: wir raten von der Verwendung der ROM BIOS-Diskettenroutinen ab, da sie ein erhöhtes Risiko darstellen.

Die Leistungspalette der Bildschirm-Routinen des PC ist bemerkenswert und das ROM BIOS läßt Sie vollen Nutzen daraus ziehen. Wie Sie in den Kapiteln 14 bis 18 bemerken werden, sind im Vergleich dazu die DOS-Routinen recht dürftig und unterstützen nur einfachste Zeichenroutinen. Auch die meisten Programmiersprachen (z.B. Pascal und C) bieten lediglich leicht aufgemöbelte Versionen der DOS-Routinen. Falls Sie daher die vielen Möglichkeiten der Bildschirmgestaltung auf dem PC voll ausnützen müssen und nicht eine Sprache wie z.B. BASIC einsetzen, die die benötigten Routinen zur Verfügung stellt, müssen Sie die ROM BIOS-Routinen verwenden. Einer der einleuchtendsten Gründe für die Verwendung der ROM BIOS-Routinen ist in der Tat die Bildschirmsteuerung.

Der direkte Aufruf der ROM BIOS-Routinen verlangt im allgemeinen eine Assemblerschnittstelle zwischen Programmiersprache und BIOS. Sie finden nachstehend ein Beispiel in einem Format, das sich zum Aufruf durch C eignet. Das Modul setzt den Bildschirm-Modus 1 (40-Spalten-Text in Farbe) und definiert die Hintergrundfarbe als blau.

Hier das Assemblermodul (allgemeine Hinweise zum Format siehe Kapitel 8, Seite 161):

```
_TEXT       SEGMENT     byte public 'CODE'
            ASSUME      cs:_TEXT

            PUBLIC      _Blau40
_Blau40     PROC        near

            push        bp          ; alten BP-Wert sichern
            mov         bp,sp       ; BP zum Zugriff auf Stapel
                                    ; verwenden
; Bildschirm-Modus setzen
            mov         ah, 0       ; Nummer der BIOS-Routine
            mov         al, 1       ; Nummer des Bildschirm-Modus
            int         10H         ; BIOS-Aufruf zum Setzen des
                                    ; 40x25-Textmodus
; Randfarbe setzen
            mov         ah, 0Bh     ; Nummer der BIOS-Routine
            mov         bh, 0       ; Nummer der Unterroutine
            mov         bl, 1       ; Farbwert (blau)
            int         10H         ; BIOS-Aufruf zum Setzen der
                                    ; Randfarbe
            pop         bp          ; alten Wert von BP
                                    ; wiederherstellen
            ret
_Blue40     ENDP

_TEXT       ENDS
```

Kapitel 10 Disketten- und Festplattenroutinen im ROM BIOS

In diesem Kapitel werden die Disketten- und Festplattenroutinen, die das ROM-BIOS bereitstellt, ausführlich beschrieben. Um den logischen Aufbau einer Diskette/Festplatte zu verstehen, lesen Sie bitte in Kapitel 5, insbesondere auf den Seiten 104 bis 120, nach. Informationen über Disketten- und Festplattenroutinen auf höherer Ebene (DOS) finden Sie in den Kapiteln 15 bis 18.

Um es gleich am Anfang zu sagen: die Disketten-/Plattenoperationen bleiben am besten dem Disketten-/Plattenbetriebssystem (DOS) vorbehalten. Sollten Sie dennoch eine der nachfolgend beschriebenen Routinen direkt benutzen wollen, lesen Sie bitte zuerst den Abschnitt "Anmerkungen und Beispiele" auf Seite 204 dieses Kapitels.

Disketten- und Festplattenroutinen im ROM BIOS

Das ursprüngliche ROM BIOS des IBM PC bot nur sechs Disketten-/Plattenroutinen. Mit der ständigen Weiterentwicklung der Disketten- und Festplattenlaufwerke der PC- und PS/2-Familie stieg auch die Anzahl der ROM BIOS-Routinen zur Unterstützung der Disketten-/Festplatten-E/A. Um die ROM BIOS-Software modular und flexibel zu gestalten, trennte IBM die Routinen zur Unterstützung der Festplattenlaufwerke von denen der Diskettenlaufwerke. Dennoch wuchs die Zahl der BIOS-Disketten-/Festplattenroutinen von den sechs des ersten PCs auf 22 in den PS/2 (siehe Abb. 10-1).

Routine	*Beschreibung*	*Diskette*	*Festplatte*
00H	Reset des Laufwerks	x	x
01H	Laufwerksstatus feststellen	x	x
02H	Sektoren lesen	x	x
03H	Sektoren schreiben	x	x
04H	Sektoren prüfen	x	x
05H	Spur formatieren	x	x
06H	PC/XT-Festplattenspur formatieren		x
07H	PC/XT-Festplatte formatieren		x
08H	Laufwerksparameter lesen	x	x
09H	Festplatten-Parametertabellen initialisieren		x
0AH	Langen Sektor lesen		x
0BH	Langen Sektor schreiben		x
0CH	Auf Zylinder positionieren		x
0DH	Alternativer Festplatten-Reset		x
10H	Laufwerk bereit?		x
11H	Laufwerk neu kalibrieren		x
15H	Laufwerkstyp ermitteln	x	x
16H	Diskettenwechsel erkennen	x	
17H	Diskettentyp festlegen	x	
18H	Datenträgertyp zum Formatieren festlegen	x	
19H	Köpfe parken		x
1AH	ESDI-Laufwerk formatieren		x

Abb. 10-1 *Die ROM BIOS-Disketten-/Festplattenroutinen*

Alle Laufwerksroutinen werden durch den Interrupt 13 (dezimal 19) aufgerufen, wobei die Nummer der BIOS-Routine in das Register AH geladen wird. Laufwerke werden durch Übergabe einer Zahl ab Null in DL bezeichnet. Steht das höchstwertige Bit auf 1, zeigt dies eine Festplatte an. Das erste Diskettenlaufwerk eines Computers wird also durch die Laufwerksnummer 00H identifiziert und die erste Festplatte durch die Laufwerksnummer 80H.

Das ROM BIOS verwendet eine Reihe von Parametertabellen, *Laufwerks-Parametertabellen* (*disk base tables*) genannt, um Informationen über die technischen Eigenschaften der Laufwerks-Controller-Hardware und des Datenträgers zu gewinnen. Das ROM BIOS verwaltet die segmentierten Adressen der verwendeten Laufwerks-Parametertabellen in Interruptvektoren: die Adresse der Tabelle des aktuellen Diskettenlaufwerks steht im Interruptvektor 1EH (0000:0074H) und die Adressen der Tabellen für das erste und zweite Festplattenlaufwerk in den Interruptvektoren 41H (0000:0104H) und 46H (0000:0118H).

Für die meisten Programmierer sind die Laufwerks-Parametertabellen ein unsichtbarer Bestandteil der Disketten-/Festplattenroutinen. Einige spezielle Anwendungen können jedoch die Änderung der Laufwerks-Parametertabelle erfordern. Aus diesem Grund finden Sie am Ende des Kapitels eine kurze Beschreibung der Tabelle.

Die folgenden Abschnitte behandeln jede einzelne ROM BIOS-Routine.

Routine 00H (dezimal 0): Reset des Disketten-/Festplattensystems

Die Routine 00H versetzt den Disketten-/Festplatten-Controller und das Laufwerk in den Einschaltzustand. Dieser sogenannte Reset (Zurücksetzen) hat keinen Einfluß auf die Diskette/Festplatte selbst. Ein Reset mit Hilfe der Routine 00H zwingt die entsprechenden ROM BIOS-Routinen, mit der nächsten Disketten-/Festplattenoperation sozusagen ganz von vorne anzufangen. Durch das Zurücksetzen wird der Schreib-/Lesekopf auf eine festgelegte Spur gesetzt (neu kalibriert). Programme verwenden die Routine meist, wenn ein Fehler bei einer Plattenoperation aufgetreten ist.

Wenn Sie die Routine 00H für ein Festplattenlaufwerk aufrufen, setzt das ROM BIOS auch den Disketten-Controller zurück. Falls Sie nur den Festplatten-Controller zurücksetzen wollen, können Sie dazu die Routine 0DH verwenden (siehe Seite 207).

Routine 01H (dezimal 1): Laufwerksstatus feststellen

Die Routine 01H (dezimal 1) meldet den Laufwerksstatus in Register 0AH. Der Status jeder Laufwerksoperation wird auf diese Weise festgehalten, unabhängig davon, ob es sich um Lesen, Schreiben, Prüfen oder Formatieren handelt. Die Speicherung des Status macht es z.B. einer Fehlerbearbeitungsroutine möglich, unabhängig von den Routinen, die auf dem Laufwerk operieren, zu arbeiten. Das kann sehr nützlich sein. Unter gewissen Umständen ist es nämlich möglich, DOS oder einer Programmiersprache die Steuerung des Laufwerks zu überlassen (dies sei Ihnen sowieso empfohlen; siehe "Anmerkungen und Beispiele" auf Seite 204), während gleichzeitig ein Programm abläuft, das

Fehler aufdeckt und meldet. Einzelheiten über das Status-Byte gehen aus Abbildung 10-2 hervor.

Wert (hex)	*Bedeutung*
00H	Kein Fehler
01H	Falscher Befehl
02H	Adreßmarkierung nicht gefunden
03H	Schreibversuch auf schreibgeschützter Diskette (D)
04H	Sektor nicht gefunden
05H	Reset nicht möglich (F)
06H	Diskette entfernt (D)
07H	Fehlerhafte Parametertabelle (F)
08H	DMA-Überlauf
09H	DMA über 64 KB-Grenze
0AH	Fehlerhafte Sektorflagge (F)
0BH	Fehlerhafter Zylinder (F)
0CH	Falscher Datenträgertyp (D)
0DH	Ungültige Sektoranzahl im Format (F)
0EH	Kontrolldaten-Adreßmarkierung gefunden (F)
0FH	DMA-Level außerhalb des gültigen Bereichs (F)
10H	CRC- oder ECC-Fehler
11H	Fehler in ECC-korrigierten Daten (F)
20H	Controllerdefekt
40H	Positionierungsfehler
80H	Zeitüberschreitung (Time out)
AAH	Laufwerk nicht bereit (F)
BBH	Unbekannter Fehler (F)
CCH	Schreibfehler (F)
E0H	Statusfehler (F)
FFH	Prüfoperation nicht möglich

(F) = nur Festplatte
(D) = nur Diskette

Abb. 10-2 *Mögliche Werte des von Routine 01H in Register AH für den Laufwerksstatus abgelegten Bytes*

Routine 02H (dezimal 2): Sektoren lesen

Die Routine 02H (dezimal 2) liest einen oder mehrere Plattensektoren in den Speicher. Sollen mehrere Sektoren gelesen werden, müssen diese auf einer Spur und unter demselben Schreib-/Lesekopf sein, da das ROM-BIOS nicht überprüfen kann, wieviele Sektoren auf einer Spur untergebracht sind und daher nicht im richtigen Augenblick den Kopf bzw. die Spur wechseln kann. Im allgemeinen wird die Routine zum Lesen einzelner Sektoren oder einer ganzen Spur von Sektoren bei umfangreicheren Datenbewegungen wie z.B. mit dem DOS-Befehl DISKCOPY verwendet. Für Kontrollinformationen bei einer Leseoperation finden verschiedene Register Verwendung (siehe Abb. 10-3).

Parameter	*Resultierender Status*
DL = Laufwerksnummer DH = Kopfnummer	Falls CF = 0, wird AH auch 0; kein Fehler Falls CF = 1, enthält AH die Status-Bits der Routine 01H; Fehler
CH = Zylindernummer (D) Die 8 niederwertigsten Bits der Zylindernummer (F) CL = Sektornummer (D) Die 2 höchstwertigen Bits der Zylindernummer plus 6-Bit-Sektornummer (F) AL = Anzahl der zu lesenden Sektoren ES:BX = Adresse des Puffers	

(F) = nur Festplatte
(D) = nur Diskette

Abb. 10-3 *Die Register für die Kontrolldaten der Routinen zum Lesen, Schreiben, Prüfen und Formatieren*

DL enthält die Nummer des Laufwerkes und **DH** die angesprochene Diskettenseite oder die Nummer des Schreib-/Lesekopfes der Festplatte.

CH und **CL** identifizieren bei Disketten die Nummer des zu lesenden Zylinders und Sektors. CH enthält die Zylindernummer, die kleiner als die Gesamtzahl der Zylinder auf der formatierten Diskette sein muß. (In Kapitel 5 finden Sie eine Tabelle der Standard-IBM-Formate.) Natürlich kann die Zylindernummer bei Nicht-IBM-Formaten oder auch für manche Kopierschutzverfahren höher sein. CL enthält die Sektornummer.

Bei Festplatten kann es mehr als 256 Zylinder geben; das ROM BIOS verlangt daher die Angabe einer 10-Bit-Zylindernummer in CH und CL: die 8 niederwertigsten Bits der Zylindernummer müssen in CH gesetzt werden. Die 2 höchstwertigen Bits von CL enthalten die 2 höchstwertigen Bits der Zylindernummer. Die 6 niederwertigsten Bits von CL bezeichnen die Nummer des zu lesenden Sektors. Beachten Sie, daß die Numerierung der Sektoren bei 1 und nicht bei 0 (wie bei Laufwerken, Zylindern oder Köpfen (Seiten)) beginnt.

AL enthält die Anzahl der zu lesenden Sektoren. Für Disketten beträgt der Wert meistens 1, 8, 9, 15 oder 18. IBM warnt vor der Eingabe einer 0.

ES:BX enthält die Position des Puffers. Der Speicherbereich, in den die Daten geschrieben werden, ist durch die segmentierte Adresse im Registerpaar bezeichnet.

Der Speicherbereich sollte groß genug sein, um alle gelesenen Daten aufnehmen zu können. Beachten Sie, daß normale DOS-Sektoren zwar nur eine Länge von 512 Bytes aufweisen, generell Sektoren aber bis zu 1.024 Bytes lang sein können (sehen Sie sich hierzu auch die noch folgende Formatroutinen an). Mehrere gelesene Sektoren werden nacheinander im Speicher abgelegt.

CF (die Übertragsflagge, Carry Flag) enthält den Fehlerstatus der Operation. Genaugenommen wird das Resultat durch eine Kombination der Übertragsflagge mit dem AH-

Register ausgedrückt. Ist CF gleich 0, trat kein Fehler auf, und AH ist folglich ebenfalls 0. Bei einer Diskette wird gleichzeitig in AL die Anzahl der gelesenen Sektoren zurückgegeben. Bei CF gleich 1 war ein Fehler zu verzeichnen, und AH enthält das Status-Byte, das schon bei Routine 01H, der Status-Routine, erläutert wurde.

Bei der Benutzung der Routine 02H zur Ansteuerung eines Diskettenlaufwerks oder einer anderen Routine, die aktiv auf das Laufwerk zugreift, müssen Sie beachten, daß der Laufwerksmotor eine gewisse Zeit braucht, um seine Arbeitsgeschwindigkeit zu erreichen. Keine der Routinen wartet mit der Ausführung, bis der Motor die richtige Geschwindigkeit erreicht hat. Das führt allerdings selten zu Problemen, wenn man folgenden Ratschlag von IBM befolgt: ein Programm soll eine Routine dreimal aufrufen, bevor eine Fehlermeldung erfolgt. Zwischen jedem Versuch soll die Reset-Routine aufgerufen werden. Das Prinzip können Sie aus folgendem Beispiel ersehen, das teilweise in BASIC gehalten ist:

```
10 FEHLERZAHL = 0
20 WHILE FEHLERZAHL < 3
30 ' Lese-, Schreib-, Prüf- oder Formatier-Operation durchführen
40 ' Fehlerabfrage: falls kein Fehler: weiter bei 90
50   FEHLERZAHL = FEHLERZAHL + 1
60 ' Reset wird ausgeführt
70 WEND
80 ' Auf Fehler reagieren
90 ' Wenn erfolgreich, im Programm fortfahren
```

Die Auswirkungen der Laufwerks-Parametertabelle auf die Reset-Operation ist auf Seite 209 nachzulesen.

Routine 03H (dezimal 3): Sektoren schreiben

Die Routine 03H (dezimal 3) schreibt einen oder mehrere Sektoren auf eine Diskette/Festplatte - sie ist das Gegenstück zu Routine 02H. Alle Angaben zu Routine 02H gelten auch für diese Routine. Die Disketten-/Festplattensektoren müssen formatiert sein, bevor in sie geschrieben werden kann.

Routine 04H (dezimal 4): Sektoren prüfen

Die Routine 04H (dezimal 4) prüft den Inhalt einer oder mehrerer Sektoren einer Diskette/Festplatte. Viele PC-Benutzer machen sich von diesem Prüfprozeß eine falsche Vorstellung: es werden nicht die Daten auf der Diskette/Festplatte mit denen im Hauptspeicher des Computers verglichen, sondern es wird lediglich geprüft, ob alle Sektoren der Diskette/Festplatte lesbar sind und eine korrekte Prüfsumme aufweisen. Der CRC-Prüfsummentest (Cyclical Redundancy Check) ist ein ausgeklügelter Paritätstest für die Daten jedes Sektors, der sehr zuverlässig die meisten Fehler findet.

Diese Prüfroutine wird häufig aufgerufen, um das Ergebnis des mit Hilfe der Routine 03H durchgeführten Schreibvorganges zu prüfen. Prinzipiell kann die Routine jederzeit jeden Disketten-/Festplattenbereich überprüfen. Zum Beispiel prüft das DOS-Programm

FORMAT nach dem Formatieren jeden Sektor. Da die Laufwerke relativ zuverlässig arbeiten und die normalen Fehlermeldungen sehr gut funktionieren, erachten viele Programmierer die Prüfung durch Routine 04H als überflüssig. DOS ruft sie noch nicht einmal nach der Operation Sektoren schreiben auf, es sei denn, dies wird mit VERIFY ON spezifiziert.

❑ HINWEIS: *An dieser Stelle muß auch gesagt werden, daß auf einer Platte, insbesondere einer Festplatte, als fehlerhaft markierte Sektoren (bad tracks) absolut nichts Ungewöhnliches oder Beunruhigendes sind. Es ist sogar ganz normal, daß auf einer Festplatte einige fehlerhafte Stellen vorhanden sind. Das DOS-Programm FORMAT bemerkt fehlerhafte Sektoren und kennzeichnet sie als solche in der Dateizuordnungstabelle. Später weisen diese Markierungen DOS an, diese Bereiche zu überspringen. Fehlerhafte Sektoren sind auch auf Disketten gang und gäbe; nur haben Sie in diesem Fall die Möglichkeit, die defekte Scheibe wegzuwerfen und nur einwandfreie Disketten zu verwenden.*

Die Prüfroutine arbeitet genau wie die zwei zuvor besprochenen Lese- und Schreibroutionen, mit der Ausnahme, daß sie keinen Speicherbereich benötigt und daher das Register-Paar ES:BX nicht verwendet.

Routine 05H (dezimal 5): Spur formatieren

Die Routine 05H (dezimal 5) formatiert eine Spur. Sie arbeitet wie die Lese- und Schreibroutinen, mit der Ausnahme, daß Sie in CL keine Sektornummer angeben müssen. Alle anderen Parameter entsprechen den in Abbildung 10-3 aufgeführten.

Formatiert wird stets die ganze Spur; die Formatierung eines einzelnen Sektors ist nicht möglich. Auf einer Diskette kann man jedoch für die einzelnen Sektoren einer Spur individuelle Merkmale spezifizieren.

Jeder Sektor einer Diskettenspur hat vier Bytes, die den Sektor beschreiben. Sie legen für jeden zu formatierenden Sektor diese vier Bytes fest, indem Sie eine Tabelle mit 4-Byte-Gruppen anlegen und die Adresse der Tabelle im Registerpaar ES:BX übergeben. Beim Formatieren einer Diskettenspur werden die 4-Byte-Gruppen auf die Diskette unmittelbar vor die einzelnen Sektoren auf der Spur geschrieben. Man nennt die zu jedem Diskettensektor gehörenden vier Datenbytes *Adreßmarken*. Der Disketten-Controller verwendet sie zur Sektorerkennung für Prozesse wie Lesen, Schreiben und Prüfen. Man spricht von den vier Adreßbytes als C für Zylinder (Cylinder), H für Kopf, R für Satz (Record) oder Sektornummer und N (Number) für die Anzahl der Bytes pro Sektor (auch als *Längencode* (*size code*) bezeichnet).

Wenn ein Sektor gelesen oder geschrieben wird, sucht der Disketten-Controller die Diskettenspur nach den vier Sektorbytes ab, von denen R, die Satz- oder Sektornummer, am wichtigsten ist. Zylinder- und Kopfparameter werden nicht unbedingt benötigt, da die Spur auf mechanischem und die Seite auf elektronischem Wege korrekt ausgewählt wird. Die Sektorbytes C und H werden dennoch aufgezeichnet, um eine doppelte Sicherheit zu haben.

Der Längencode (N) kann einen der vier in Abbildung 10-4 gezeigten Standardwerte annehmen; der normale Wert ist 2 (512 Bytes).

Die Sektoren werden in der Reihenfolge auf die Diskette geschrieben, wie sie R festlegt. Auf Disketten stehen die Sektoren normalerweise in aufsteigender numerischer Reihenfolge (falls sie nicht durch ein Kopierschutzverfahren umgeordnet wurden). Auf Festplatten läßt sich die Anordnung der Sektoren so verändern, daß eine kürzere Zugriffszeit oder ein Kopierschutz erreicht wird. Die tatsächliche, auf einer Festplatte verwendete Verschiebung (Interleave) hängt vom Festplatten-Controller ab. Zum Beispiel sind auf der Festplatte des PC/XT logisch aufeinanderfolgende Sektoren um je sechs Sektoren physisch verschoben.

N	*Sektorlänge (Bytes)*	*Sektorlänge (KB)*
0	128	1/8
1	256	1/4
2	512	1/2
3	1024	1

Abb. 10-4 *Die vier Standardwerte des Längencodes N*

Zur Formatierung einer Diskettenspur mit Hilfe der Routine 05H sind folgende Schritte durchzuführen:

1. Rufen Sie Routine 17H auf, um dem ROM BIOS mitzuteilen, welcher Diskettentyp zu formatieren ist (mehr über Routine 17H finden Sie auf Seite 201). Diese Routine muß nur einmal aufgerufen werden.

2. Rufen Sie Routine 18H auf, um dem ROM BIOS die Anzahl Spuren/Sektoren mitzuteilen (siehe Seite 201).

3. Legen Sie eine Tabelle mit Adreßmarken für die Spur an. Für jeden Sektor muß in der Tabelle ein 4-Byte-Eintrag existieren. Zum Beispiel enthält die Tabelle für Spur 0 auf Seite 1 einer normalen 9-Sektoren-Diskette neun Einträge:

   0 1 1 2 0 1 2 2 0 1 3 2 ... 0 1 9 2

4. Rufen Sie Routine 05H zum Formatieren der Spur auf.

Die Methode zum Formatieren einer Festplattenspur ist etwas unterschiedlich. Die Aufrufe der Routinen 17H und 18H (Schritte 1 und 2 von oben) können entfallen, da dem ROM BIOS der Datenträger nicht beschrieben werden muß. Bei einem PC/AT oder PS/2 hat außerdem die Tabelle, deren Adresse Sie in Schritt 3 übergeben, ein Format, das nur aus Wechselflaggenbytes (00H = guter Sektor, 80H = schlechter Sektor) und Sektorennummern-Bytes (R) besteht. Bei einem PC/XT brauchen Sie überhaupt keine Tabelle. Sie können stattdessen die Routine 05H mit einem Interleave-Wert in AL aufrufen, wonach das ROM BIOS den Rest erledigt.

Man kann den Formatierungsvorgang nach jedem Aufruf der Routine 05H durch einen Aufruf der Routine 04H prüfen.

Wenn eine Diskettenspur formatiert wird, orientiert sich das Laufwerk am Indexloch und benutzt es als Startmarkierung. Bei allen anderen Operationen (Lesen, Schreiben oder Prüfen) ist das Indexloch ohne Bedeutung. Spuren werden dabei nur über ihre Adreßmarken gesucht.

Die Formatierungsroutine legt nicht fest, welcher Anfangswert in die formatierten Sektoren einer Diskette zu schreiben ist. Diese Aufgabe kommt der Laufwerks-Parametertabelle zu (siehe Seite 203).

> ❑ HINWEIS: *Die Routine 05H sollte nicht in PS/2s verwendet werden, in denen ESDI-Laufwerke eingebaut sind. Verwenden Sie stattdessen die Routine 1AH.*

Verwendung der Routine 05H als Kopierschutz

Spuren lassen sich auf jedes beliebige Format formatieren, DOS kann allerdings nur bestimmte Formate lesen. Die Konsequenz ist, daß viele Kopierschutzverfahren auf exotischen Formaten basieren, die dem ROM BIOS oder dem Betriebssystem das Lesen und Kopieren der Daten unmöglich machen. Man hat verschiedene Methoden zu unterscheiden:

- Man kann die Sektoren umstellen, wodurch die Zugriffszeit in einer Weise verändert wird, die das Kopierschutzverfahren erkennt.
- Man kann mehr Sektoren auf einer Spur unterbringen (10 ist auf einer 360 KB-Diskette die maximale Anzahl an Sektoren bei einer Länge von 512 Bytes).
- Man kann eine Sektornummer weglassen.
- Man kann Sektoren mit ungewöhnlichen Sektornummern hinzufügen (z.B. C = 45 oder R = 22).
- Man kann einem oder mehreren Sektoren eine ungewöhnliche Länge geben.

All diese Techniken lassen sich sowohl zum Kopierschutz als auch zur Änderung der Betriebscharakteristika einer Diskette verwenden. Je nachdem, welche Möglichkeit zum Einsatz kommt, kann eine normal formatierte Diskette kopiergeschützt sein, ohne daß dies DOS überhaupt erkennt.

Routine 06H (dezimal 6): PC/XT-Festplattenspur formatieren

Diese Routine gibt es nur im Festplatten-ROM BIOS des PC/XT. Sie weist den Festplatten-Controller des XT an, eine Spur zu formatieren, in der der Datenträger defekt ist. Der Festplatten-Controller speichert die Nummern der defekten Sektoren in einer Tabelle, die sich in einem reservierten Zylinder befindet. Die Registerparameter sind dieselben wie die in Abbildung 10-3 gezeigten, mit der Ausnahme, daß Register AL einen Sektor-Interleave-Wert enthält und in ES:BX keine Adresse anzugeben ist.

Routine 07H (dezimal 7): PC/XT-Festplatte formatieren

Wie die Routine 06H wird auch diese Routine nur im Festplatten-ROM BIOS des PC/XT unterstützt. Sie formatiert die gesamte Festplatte, wobei sie mit der in CH und CL angegebenen Zylindernummer beginnt. Die Registerparameter für Routine 07H sind dieselben wie für Routine 05H (Abb. 10-3), mit der Ausnahme, daß Register AL einen Sektor-Interleave-Wert enthält und in DH keine Kopfnummer anzugeben ist.

Routine 08H (dezimal 8): Laufwerksparameter lesen

Im BIOS des PC/AT und der PS/2 gibt die Routine 08H (dezimal 8) für das Laufwerk, dessen Nummer Sie in DL angeben, die Laufwerksparameter zurück. DL meldet die Anzahl der an den Laufwerks-Controller angeschlossenen Laufwerke. Die Anzahl der Disketten- und Festplattenlaufwerke läßt sich so getrennt ermitteln. DH meldet die höchste Kopfnummer, CH die höchste Zylindernummer und CL die höchste gültige Sektornummer plus den 2 höchstwertigen Bits der höchsten Zylindernummer.

Für Diskettenlaufwerke meldet das PC/AT-ROM BIOS (ab 10.1.84) und das und PS/2-ROM BIOS in BL auch den Laufwerkstyp: 01H = 360 KB, 5,25 Zoll; 02H = 1,2 MB, 5,25 Zoll; 03H = 720 KB, 3,5 Zoll; 04H = 1,44 MB, 3,5 Zoll.

Routine 09H (dezimal 9): Festplatten-Parametertabellen initialisieren

Die Routine 09H (dezimal 9) richtet für das PC/AT und PS/2-ROM BIOS zwei Festplatten-Parametertabellen für zwei Festplattenlaufwerke ein. Rufen Sie diese Routine mit einer gültigen Festplattenlaufwerksnummer in DL auf, wobei die Interruptvektoren 41H und 46H die Adressen von Festplatten-Parametertabellen für zwei verschiedene Festplattenlaufwerke enthalten. Da Festplatten nicht entfernbar sind, sollte diese Routine nur zur Installation einer "fremden" Festplatte, die vom ROM BIOS oder dem Betriebssystem nicht erkannt wird, verwendet werden. Weitere Details finden Sie im *IBM BIOS Interface Technical Reference Manual.*

> ❑ HINWEIS: *Verwenden Sie die Routine 09H nicht für PS/2-ESDI-Laufwerke.*

Routine 0AH und 0BH (dezimal 10 und 11): Lange Sektoren lesen und schreiben

Routine 0AH liest und Routine 0BH schreibt "lange" Sektoren auf PC/AT- und PS/2-Festplatten. Ein langer Sektor besteht aus einem Sektor mit Daten und 4 oder 6 Bytes langen Fehlerkorrekturcode (ECC), den der Festplatten-Controller zur Fehlerprüfung und -korrektur der Sektordaten verwendet. Diese Routine benutzt dieselben Registerparameter wie die Parallelroutinen 02H und 03H.

> ❑ HINWEIS: *Das IBM BIOS Interface Technical Reference Manual weist darauf hin, daß die Routinen 0AH und 0BH für "Diagnosezwecke" reserviert sind; verwenden Sie diese Routinen also nur bei echtem Bedarf.*

Routine 0CH (dezimal 12): Auf Zylinder positionieren

Die Routine 0CH (dezimal 12) führt eine Suchoperation durch, die die Schreib-/Leseköpfe über einem bestimmten Zylinder einer Festplatte positioniert. Register DL enthält die Laufwerksnummer, DH die Nummer des Kopfes und CH und CL die 10-Bit-Nummer des Zylinders.

Routine 0DH (dezimal 13): Alternativer Festplatten-Reset

Diese Routine arbeitet wie Routine 00H (Laufwerks-Reset), mit der Ausnahme, daß das ROM BIOS den Diskettenlaufwerks-Controller nicht automatisch zurücksetzt. Diese Routine gibt es nur im ROM BIOS des PC/AT und PS/2; man sollte sie nicht in Verbindung mit den PS/2-ESDI-Laufwerken verwenden.

Routine 10H (dezimal 16): Laufwerk bereit?

Die Routine 10H (dezimal 16) testet, ob ein Festplattenlaufwerk bereit ist. Das Laufwerk wird in Register DL spezifiziert, der Status wird in AH zurückgegeben.

Routine 11H (dezimal 17): Laufwerk neu kalibrieren

Routine 11H (dezimal 17) kalibriert ein Festplattenlaufwerk neu. Das Laufwerk wird in Register DL spezifiziert und das Ergebnis, der Status, in Register AH zurückgegeben.

Routine 15H (dezimal 21): Laufwerkstyp ermitteln

Die Routine 15H (dezimal 21) liefert Informationen über den Typ des in einem PC/AT oder PS/2 eingebauten Plattenlaufwerks. Bei Angabe der Laufwerksnummer in Register DL gibt sie in Register AH einen von vier Plattentypindikatoren zurück. AH = 00H sagt aus, daß es kein Laufwerk mit der angegebenen Nummer gibt; bei AH = 01H ist ein Diskettenlaufwerk eingebaut, das einen Diskettenwechsel nicht erkennen kann, (trifft für viele PC- und PC/XT-Laufwerke zu), AH = 02H bezeichnet ein Diskettenlaufwerk, das einen Diskettenwechsel erkennen kann (wie z.B. die Hochkapazitätslaufwerke des AT), und bei AH = 03H schließlich ist eine Festplatte installiert. Beim Laufwerkstyp 3 enthält das Registerpaar CX:DX eine 4-Byte-Ganzzahl, die die Gesamtzahl der Plattensektoren der Festplatte angibt.

Routine 16H (dezimal 22): Diskettenwechsel erkennen

Die im ROM BIOS des PC/AT und PS/2 vorhandene Routine 16H (dezimal 22) meldet, ob die Diskette in dem Laufwerk, das in DL angegeben ist, gewechselt wurde. Der Status wird in AH zurückgegeben (siehe Abb. 10-5).

Bei der Routine 16H gibt es einige wichtige Punkte zu beachten. Zum einen müssen Sie vor Verwendung dieser ROM BIOS-Routine die Routine 15H aufrufen, um sicherzustellen, daß die Laufwerks-Hardware einen Diskettenwechsel erkennen kann. Weiterhin sollte bei erfolgtem Wechsel der Diskette auf den Aufruf der Routine 16H ein Aufruf der Routine 17H (Diskettentyp festlegen) folgen.

Beachten Sie, daß die Hardware nur erkennen kann, ob die Laufwerksklappe geöffnet wurde; sie kann nicht erkennen, ob tatsächlich eine andere Diskette eingelegt wurde. Sie müssen daher außerdem Daten von der Diskette lesen, um festzustellen, ob tatsächlich eine andere Diskette im Laufwerk steckt. Daten wie z.B. ein Datenträgername, das Wurzelverzeichnis oder eine Dateizuordnungstabelle können helfen, eine Diskette eindeutig zu identifizieren.

Wert	*Bedeutung*
AH = 00H	Kein Diskettenwechsel
AH = 01H	Routine mit ungültigen Parametern aufgerufen
AH = 06H	Diskette wurde gewechselt
AH = 80H	Diskettenlaufwerk nicht bereit

Abb. 10-5 *Von Diskettenroutine 16H in AH zurückgegebene Statuswerte*

Routine 17H (dezimal 23): Diskettentyp festlegen

Die im ROM BIOS des PC/AT und PS/2 vorhandene Routine 17H (dezimal 23) beschreibt den Typ einer in einem bestimmten Laufwerk benutzten Diskette. Rufen Sie diese Routine mit einer Laufwerksnummer in Register DL und einem Diskettentyp in AL (siehe Abb. 10-6) auf. Das ROM BIOS setzt den Diskettenwechsel-Status zurück, falls er bereits gesetzt war. Es speichert danach den Diskettentyp in einer internen Status-Variablen, auf die von anderen ROM BIOS-Routinen Bezug genommen werden kann.

Wert	*Bedeutung*
AL = 01H	320/360 KB-Diskette in 360 KB-Laufwerk
AL = 02H	360 KB-Diskette in 1,2 MB-Laufwerk
AL = 03H	1,2 MB-Diskette in 1,2 MB-Laufwerk
AL = 04H	720 KB-Diskette in 720 KB-Laufwerk (PC/AT oder PS/2) oder 720 KB- oder 1,44 MB-Diskette in 1,44 MB-Laufwerk (PS/2)

Abb. 10-6 *Diskettentypnummern für Diskettenroutine 17H*

Routine 18H (dezimal 24): Datenträgertyp zum Formatieren festlegen

Die Routine 18H (dezimal 24) teilt dem ROM BIOS die Anzahl der Spuren und Sektoren pro Spur mit, bevor dieses eine Diskette in einem bestimmten Laufwerk formatiert. Diese Angaben werden beim Aufruf dieser Routine in die Register CH, CL und DL gesetzt (siehe Abb. 10-3). Diese Routine steht nur in den PC/ATs und PS/2 zur Verfügung.

Routine 19H (dezimal 25): Köpfe parken

Die Routine 19H (dezimal 25) parkt die Köpfe der PS/2-Festplatte, deren Nummer in Register DL angegeben ist. Der Aufruf dieser Funktion bewirkt, daß der Platten-Controller die Laufwerksköpfe aus dem Bereich des Datenträgers fortbewegt, in dem die Daten gespeichert sind. Das Parken ist vor allem anzuraten, falls der Rechner transportiert werden soll, da so eine mechanische Beschädigung der Köpfe oder der Plattenoberfläche vermieden wird. Auf einer dem PS/2 beiliegenden Diskette liefert IBM ein Hilfsprogramm, das diese ROM BIOS-Routine zum Parken der Köpfe verwendet.

Routine 1AH (dezimal 26): ESDI-Laufwerk formatieren

Diese Routine ist nur im ROM BIOS des ESDI-Adapters der PS/2-Festplatten mit hoher Kapazität vorhanden (ESDI = Enhanced Small Device Interface). Sie formatiert eine an diesen Adapter angeschlossene Festplatte. Weitere Details finden Sie im *IBM BIOS Interface Technical Reference Manual.*

Laufwerks-Parametertabellen

Wie bereits zu Beginn dieses Kapitels erwähnt, verwaltet das ROM BIOS eine Reihe von Laufwerks-Parametertabellen, die die Eigenschaften aller im Computer installierten Disketten- und Festplattenlaufwerke beschreibt. Beim Starten des Systems verbindet das ROM BIOS jedes Festplattenlaufwerk mit der entsprechenden Parametertabelle (in den PC/ATs und PS/2s sagt ein Datenbyte im nicht flüchtigen CMOS RAM aus, welche von mehreren ROM-Tabellen verwendet werden soll). Zum Ändern der Parameter in der Laufwerks-Parametertabelle besteht nach ihrer Einrichtung durch das ROM BIOS kein Grund. Falls dies dennoch geschieht, können die Daten auf der Festplatte durcheinandergeraten.

Anders bei Diskettenlaufwerken. Die in der Laufwerks-Parametertabelle abgelegten Parameter müssen evtl. geändert werden, um sich an unterschiedliche Diskettenformate anzupassen. Auf den folgenden Seiten ist daher die Struktur der Laufwerks-Parametertabelle für ein Diskettenlaufwerk beschrieben; ebenso wird gezeigt, welchen Nutzen eine modifizierte Tabelle bringen kann.

Die Laufwerks-Parametertabelle setzt sich aus den in Abbildung 10-7 gezeigten elf Bytes zusammen.

Die Bytes 0 und 1 (*specify bytes* genannt) sind Teil der Befehlszeichenfolgen, die an den Diskettenlaufwerks-Controller übermittelt werden. Dieser ist in IBM-Handbüchern auch häufig als *NEC-Controller* (*NEC* = Nippon Electric Company) bezeichnet. Die ersten vier Bits von Byte 0 enthalten die *Schrittzeit* (*Step-Rate Time* oder SRT), das ist die Zeit, die der Laufwerks-Controller den Schreib-/ Leseköpfen zum Springen von Spur zu Spur einräumt. Der standardmäßige ROM BIOS-Wert für die Schrittzeit ist vorsichtig bemessen; für einige Laufwerke verkürzt DOS diese Zeit, wodurch die Diskettenoperationen schneller ablaufen.

Byte 2 gibt an, wie lange der Motor des Diskettenlaufwerks in Betrieb bleibt, nachdem eine Diskettenoperation abgeschlossen wurde. Der Motor wird nicht sofort abgeschaltet, da ein weiterer Zugriff unmittelbar folgen könnte. Der Wert wird in Systemtakteinheiten (ca. 18,2 Einheiten pro Sekunde) bestimmt. Alle Versionen der Tabelle haben hier den Wert 37 (25H), was einer Nachlaufzeit von ungefähr 2 Sekunden entspricht.

Offset	*Verwendung*
00H	Specify Byte 1: Schrittzeit, Kopfschreibzeit
01H	Specify Byte 2: Kopfladezeit, DMA-Modus
02H	Wartezeit bis Motor ausgeschaltet ist
03H	Bytes pro Sektor: 0 = 128; 1 = 256; 2 = 512; 3 = 1024
04H	Letzte Sektornummer
05H	Abstand zwischen Sektoren für Schreib-/Lese-Operationen
06H	Datenlänge, falls Sektorenlänge nicht spezifiziert
07H	Abstand zwischen Sektoren für Formatierungsoperationen
08H	Datenwert für formatierte Sektoren
09H	Kopfruhezeit
0AH	Anlaufzeit des Motors

Abb. 10-7 *Verwendung der elf Bytes der Laufwerks-Parametertabelle für ein Diskettenlaufwerk*

Byte 3 gibt den Längencode der Sektoren an - das ist derselbe Code N, der bei der Formatierungsroutine verwendet wird (siehe Seite 203 unter Routine 05H). Für gewöhnlich enthält Byte 3 den Wert 2, der die übliche Länge von 512 Bytes pro Sektor spezifiziert. Für jede Lese-, Schreib- und Prüfoperation muß der Code auf den richtigen Wert gesetzt werden; dies gilt insbesondere dann, wenn wir es mit Sektoren ungewöhnlicher Länge zu tun haben.

Byte 4 gibt die Nummer des letzten Sektors einer Spur an.

Byte 5 spezifiziert den Abstand zwischen den Sektoren, der zu berücksichtigen ist, wenn Daten gelesen oder geschrieben werden. Es zeigt dem ROM BIOS an, wie lange es warten muß, bevor es die Adreßmarke des nächsten Sektors liest. Auf diese Weise wird das Schreiben oder Lesen unsinniger Stellen auf der Diskette verhindert. Man bezeichnet diese Zeitspanne auch als *Suchabstand.*

Byte 6 wird *Datentransferlänge* (DTL) genannt und hat den Wert FFH (dezimal 255). Das Byte bestimmt die maximale Datenlänge, wenn die Sektorlänge nicht spezifiziert ist.

Byte 7 bestimmt beim Formatieren einer Spur den Abstand von Sektoren. Diese Lücke ist natürlich größer als der Suchabstand, der in Byte 5 festgelegt wird. Der Formatierungsabstand variiert je nach Diskettenlaufwerk. Er beträgt z.B. für das 1,2 MB-Laufwerk des AT 54H und die 3,5 Zoll-Laufwerke des PS/2 6CH.

Byte 8 stellt den Datenwert bereit, der in jedem Byte eines formatierten Sektors gespeichert wird. Der Standardwert ist F6H, das Divisionssymbol. Sie können jedes andere Zeichen in Byte 8 speichern.

Byte 9 setzt die *Kopfruhezeit* fest. Das ist die Zeit, die das Laufwerk dem Schreib-/Lesekopf nach dem Anfahren einer neuen Spur gewährt, damit die Vibrationen abklingen können. Dieser Wert hängt auch von der Laufwerkshardware ab. Auf dem Original-PC betrug dieser Wert 19H (25 Millisekunden), der ROM BIOS-Standardwert für die Laufwerke der PC/ATs und PS/2 liegt bei lediglich 0FH (15 Millisekunden).

Byte 0AH, das letzte Byte der Laufwerks-Parametertabelle, bestimmt die Zeit, die dem Laufwerksmotor bleibt, um auf seine Betriebsgeschwindigkeit zu kommen. Sie wird in 1/8 Sekunden gemessen.

Da in der Laufwerks-Parametertabelle genügend Parameter stehen, die wir verändern können, steht uns bei Experimenten eine Vielzahl von "Aufregungen" und "Gefahren" bevor. Dazu müssen Sie nur ein Programm schreiben, das Ihre spezielle Laufwerks-Parametertabelle in einem Speicherpuffer aufbaut. Anschließend weisen Sie das ROM BIOS folgendermaßen an, Ihre Tabelle zu verwenden:

1. Sichern Sie die segmentierte Adresse der aktuellen Laufwerks-Parametertabelle (das ist der im Interruptvektor 1EH an 000:0078H stehende Wert).
2. Speichern Sie die segmentierte Adresse Ihrer modifizierten Tabelle im Interruptvektor 1EH.
3. Rufen Sie die ROM BIOS-Laufwerksroutine 00H auf, um das Plattensystem zurückzusetzen. Das ROM BIOS initialisiert nun den Controller des Diskettenlaufwerks mit Parametern Ihrer Tabelle.

Nach Beendigung Ihrer Experimente müssen Sie unbedingt die Adresse der alten Laufwerks-Parametertabelle wiederherstellen und das System erneut zurücksetzen.

Anmerkungen und Beispiele

Während der direkte Zugriff auf die im letzten Kapitel behandelten BIOS-Bildschirm-Routinen gefahrlos ist, sollten die in diesem Kapitel besprochenen ROM BIOS-Routinen aus Sicherheitsgründen nur in Ausnahmefällen benutzt werden.

Die normalen Disketten-/Festplattenoperationen sollten Sie DOS oder einer Programmiersprache überlassen (siehe Kapitel 14 bis 18). Dafür gibt es mehrere Gründe. Der Hauptgrund ist der, daß es viel einfacher ist, DOS diese Arbeit erledigen zu lassen. DOS kümmert sich um alle fundamentalen Plattenoperationen wie Formatieren und Bezeichnen von Disketten/Festplatten, Katalogisierung von Dateien und grundlegende Lese- und Schreibvorgänge. Meistens ist es nicht nötig, tiefer in die Materie einzudringen. Es gibt aber Situationen, in denen es nicht zu vermeiden ist, z.B. zum Schutz gegen das Kopieren. Das ist einer der Fälle, in denen wir ROM BIOS-Routinen verwenden müssen.

Im folgenden Beispiel wird C zum Aufruf einiger Unterroutinen verwendet, die mit Hilfe der ROM BIOS-Funktionen 02H und 03H absolute Plattensektoren lesen und schreiben können. Wir beginnen mit der Seite der Schnittstelle, die C betrifft. Sollten Sie im Umgang mit C nicht geübt sein und wollen die Routine auch nicht mühsam entziffern, überspringen Sie sie und studieren das danach folgende Beispiel in Assembler.

```
main()
{
      unsigned char Puffer[512];  /* ein 512-Byte-Puffer zum */
                                  /* Lesen oder Schreiben */
                                  /* eines Sektors */

      int    Laufwerk;
      int    C,H,R;               /* Adreßmarken-Parameter */
      int    StatusCode;          /* Vom BIOS zurückgegebener */
                                  /* Status */

      StatusCode = LiesSektor (Laufwerk, C, H, R,
                   (char far *)Puffer );
      StatusCode = SchreibSektor (Laufwerk, C, H, R,
                   (char far *)Puffer );
}
```

Dieses C-Fragment zeigt, wie Sie die Schreib- und Leseroutinen des ROM BIOS aus einer höheren Programmiersprache heraus aufrufen können. Die Funktionen *LiesSektor()* und *SchreibSektor()* sind zwei Assemblerroutinen, die Interrupt 13H als Schnittstelle zu den ROM BIOS-Plattenroutinen verwenden. Die Parameter sind bekannt: C, H und R sind die Zylinder-, Kopf- und Sektornummern, wie wir sie bereits behandelt haben. Der C-Compiler übergibt wegen der expliziten Typumwandlung (char far *) die Puffer-Adresse als Segment und Offset.

Das Format der Assemblerschnittstelle sollte Ihnen bereits vertraut sein, wenn Sie die allgemeinen Anmerkungen dazu in Kapitel 8 auf Seite 153 gelesen oder das Beispiel in Kapitel 9 auf Seite 192 studiert haben. Die Assemblerroutinen selbst kopieren die Parameter vom Stapel in die Register. Das Besondere daran ist die Verarbeitung der Zylindernummer: die 2 höchstwertigen Bits der 10-Bit-Zylindernummer werden in CL mit der 6-Bit-Sektornummer kombiniert.

```
_TEXT           SEGMENT byte public 'CODE'
                ASSUME  cs:_TEXT

                PUBLIC  _LiesSektor
_LiesSektor     PROC    near            ; Routine zum Lesen eines
                                        ; Sektors

                push    bp
                mov     bp,sp           ; Stapel über BP adressie-
                                        ; ren

                mov     ah,2            ; AH = Nummer der ROM BIOS-
                                        ; Routine 02H
                call    PlattenRoutine

                pop     bp              ; Alten BP wiederherstel-
                                        ; len
                ret
```

```
_LiesSektor     ENDP

                PUBLIC  _SchreibSektor
_SchreibSektor PROC    near              ; Routine zum Schreiben
                                         ; eines Sektors

                push    bp
                mov     bp,sp

                mov     ah,3              ; AH = Nummer der ROM
                                          ; BIOS-Routine 03H
                call    PlattenRoutine

                pop     bp
                ret

_SchreibSektor ENDP

PlattenRoutine PROC    near              ; Aufruf mit AH = Nummer
                                          ; der ROM BIOS-Routine

                push    ax                ; Nummer der Routine auf
                                          ; Stapel sichern

                mov     dl,[bp+4]         ; DL = Laufwerksnummer
                mov     ax,[bp+6]         ; AX = Zylindernummer
                mov     dh,[bp+8]         ; DH = Kopfnummer
                mov     cl,[bp+10]        ; CL = Sektornummer
                and     cl,00111111b      ; Sektornummer auf 6 Bits
                                            beschränken
                les     bx,[bp+12]        ; ES:BX -> Puffer

                ror     ah,1              ; Bits 8 und 9 der Zylin-
                                          ; dernummer
                ror     ah,1              ; in Bits 6 und 7 von AH
                                          ; bewegen
                and     ah,11000000b
                mov     ch,al             ; CH = Bits 0-7 der
                                          ; Zylindernummer
                or      cl,ah             ; Bits 8 und 9 der Zylin-
                                          ; dernummer in Bits 6
                                          ; und 7 von CL kopieren

                pop     ax                ; AH = Nummer der ROM
                                          ; BIOS-Routine
                mov     al,1              ; AL = 1 (Anzahl zu le-
                                          ; sende/schreibende Sek-
                                          ; toren)
                int     13h               ; ROM BIOS-Routine auf-
                                          ; rufen
```

```
                mov     al,ah              ; Rückkehrstatusnummer
                xor     ah,ah              ; in AX lassen

                ret

PlattenRoutine ENDP

_TEXT          ENDS
```

Sie sehen, daß der Code zum Kopieren der Parameter vom Stapel in die Register in der Unterroutine *PlattenRoutine* zusammengefaßt ist. Bei der Arbeit mit den Plattenroutinen des ROM BIOS kann man häufig ähnliche Unterroutinen verwenden, da die meisten ROM BIOS-*Plattenroutinen* ähnliche Parameter-Register-Zuweisungen vornehmen.

Kapitel 11 Tastaturroutinen im ROM BIOS

Obwohl die Tastaturroutinen des ROM BIOS nicht so zahlreich und auch nicht so kompliziert sind wie die Bildschirm- (Kapitel 9) oder Disketten-/Festplatten-Routinen (Kapitel 10), sind sie doch wichtig genug, um ihnen ein eigenes Kapitel zu widmen. Die restlichen ROM BIOS-Routinen sind in Kapitel 12 zusammengefaßt.

Zugriff auf die Tastaturroutinen

Die Tastaturroutinen werden mit Interrupt 16H (dezimal 22) aufgerufen. Wie alle ROM BIOS-Routinen werden auch sie über die Routinennummer im Register AH ausgewählt. Abbildung 11-1 führt die ROM BIOS-Tastaturroutinen auf.

Routine	*Beschreibung*
00H	Nächstes Zeichen von Tastatur lesen
01H	Meldung, ob Zeichen bereit
02H	Umschaltstatus feststellen
03H	Wiederholrate und -verzögerung festlegen
05H	Tastaturschreiben
10H	Lesen der erweiterten Tastatur
11H	Status einer Taste der erweiterten Tastatur feststellen
12H	Umschaltstatus der erweiterten Tastatur feststellen

Abb. 11-1 *Die Tastaturroutinen des ROM BIOS*

Routine 00H (dezimal 0): Nächstes Zeichen von Tastatur lesen

Die Routine 00H (dezimal 0) liest das nächste über die Tastatur eingegebene Zeichen. Liegt bereits ein Zeichen im ROM BIOS-Tastaturpuffer vor, erfolgt die Meldung augenblicklich, andernfalls wartet die Routine, bis ein Zeichen in den Tastaturpuffer geschrieben wird. Wie Sie auf Seite 134 gesehen haben, erfolgt die Übermittlung der einzelnen Zeichen durch ein Byte-Paar, das sich aus Haupt- und Hilfs-Byte zusammensetzt. Das Haupt-Byte, das in AL steht, ist entweder 0 für Sonderzeichen (z.B. Funktionstasten) oder ein ASCII-Code für normale ASCII-Zeichen. Das in AH zurückgegebene Hilfs-Byte ist entweder ein Kennzeichen für Sonderzeichen oder der standardmäßige Auswahlcode der PC-Tastatur, der aussagt, welche Taste betätigt wurde.

Steht beim Aufruf der Routine 00H im Tastaturpuffer kein Zeichen bereit, wartet sie, bis ein Zeichen eintrifft. Dadurch wird der Programmablauf quasi eingefroren. Die folgende Routine 01H ermöglicht es einem Programm zu prüfen, ob eine Tastatureingabe erfolgte, ohne die Programmausführung dabei zu unterbrechen.

Im Gegensatz zu dem, was einigen Versionen des *IBM BIOS Interface Technical Reference Manual* zu entnehmen ist, können die Routinen 00H und 01H sowohl für ASCII-Zeichen als auch für Sonderzeichen, z.B. Funktionstasten, eingesetzt werden.

Routine 01H (dezimal 1): Meldung, ob Zeichen bereit

Die Routine 01H (dezimal 1) meldet, ob ein Zeichen im Tastaturpuffer zum Lesen bereitsteht. Es wird nur festgestellt, ob ein Zeichen ansteht oder nicht; das Zeichen bleibt jedoch im Puffer des ROM BIOS, bis es mit Routine 00H entfernt wird. Die Null-Flagge (ZF) dient als Signal: bei ZF gleich 1 steht kein Zeichen im Puffer, bei ZF gleich 0 steht ein Zeichen bereit. Beachten Sie bitte, daß die Statusmeldung hier verdreht ist: 0 bedeutet ja, 1 steht für nein. Ist ein Zeichen vorhanden (ZF = 0), erhalten die Register AH und AL dieselben Werte zugewiesen wie durch die Routine 00H.

Diese Routine ist insbesondere für zwei häufig benötigte Programmoperationen gut einsetzbar. Bei der ersten überprüft ein Programm, ob eine Taste betätigt wurde und reagiert darauf bzw. setzt die Programmausführung anderenfalls fort. Üblicherweise kann man mit dieser Methode eine Programmabarbeitung mit einem Tastendruck anhalten. Die andere Operation ist das Löschen des Tastaturpuffers. Meistens ist es für den Benutzer angenehm, wenn er schneller eintippen kann als das Programm Tastenanschläge verarbeitet. Bei bestimmten Anwendungen ist diese Methode allerdings nicht angebracht, etwa bei der Abfrage "Programm beenden?". Unter diesen Umständen müssen die Programme eine Möglichkeit haben, den Tastaturpuffer zu leeren, d.h. alle Eingaben zu löschen. Der übliche Weg führt über die Routinen 00H und 01H. Hier sehen Sie ein Programmgerüst zum Löschen des Tastaturpuffers:

```
Aufruf von Routine 01H um festzustellen, ob ein Zeichen im
Tastaturpuffer vorliegt
WHILE ZF = 0
       BEGIN
       Routine 00H aufrufen, um Zeichen aus Tastaturpuffer zu
       löschen
       Aufruf von Routine 01H, um festzustellen, ob ein weiteres
       Zeichen bereitsteht
       END
```

Im Gegensatz zu dem, was einigen technischen Handbüchern zu entnehmen ist, können die Routinen 00H und 01H sowohl für ASCII-Zeichen als auch für Sonderzeichen, z.B. Funktionstasten, eingesetzt werden.

Routine 02H (dezimal 2): Umschaltstatus feststellen

Die Routine 02H (dezimal 2) meldet den Umschaltungsstatus der Tastatur in Register AL. Der Umschaltstatus wird Bit für Bit dem ersten Tastaturstatus-Byte entnommen, das an der Speicheradresse 0040:0017H zu finden ist. (Informationen über das andere Tastaturstatus-Byte an 0040:0018H finden Sie auf Seite 134.)

Die Routine 02H und die Status-Bits sind im allgemeinen nicht besonders nützlich, es sei denn, Sie wollen die Tastatur mit einer neuen Tastenbelegung versehen. Die Routine wird z.B. häufig eingesetzt, um zwischen der linken und der rechten Umschalttaste zu unterscheiden.

Bit 7	6	5	4	3	2	1	0	Bedeutung
x	.	.	.	.	.	.	.	Einfügemodus: 1 = aktiv
.	x	.	.	.	.	.	.	Caps-Lock-Modus: 1 = aktiv
.	.	x	.	.	.	.	.	Num-Lock-Modus: 1 = aktiv
.	.	.	x	.	.	.	.	Scroll-Lock-Modus: 1 = aktiv
.	.	.	.	x	.	.	.	1 = Alt-Taste gedrückt
.	.	.	.	.	x	.	.	1 = Ctrl-Taste gedrückt
.	.	.	.	.	.	x	.	1 = Linke Umschalttaste gedrückt
.	.	.	.	.	.	.	x	1 = Rechte Umschalttaste gedrückt

Abb. 11-2 *Die von Tastaturroutine 02H im Register AL zurückgegebenen Tastaturstatus-Bits*

Routine 03H (dezimal 3): Wiederholrate und -verzögerung festlegen

Die Routine 03H (dezimal 3) wurde für den PCjr eingeführt, wird jedoch auch sowohl in den PC/ATs (in ROM BIOS-Versionen ab dem 15.11.85) als auch in allen PS/2 unterstützt. Mit ihr können Sie die Geschwindigkeit (Rate) bestimmen, mit der die Wiederholfunktion der Tastatur arbeitet, d.h. die Geschwindigkeit, mit der ein Tastenanschlag automatisch wiederholt wird, während Sie eine Taste gedrückt halten. Die Routine läßt Sie auch die *Wiederholverzögerung* festlegen (die Zeitspanne, in der Sie eine Taste drücken können, bevor sich der Wiederholeffekt zeigt).

00H = 30,0	0BH = 10,9	16H = 4,3
01H = 26,7	0CH = 10,0	17H = 4,0
02H = 24,0	0DH = 9,2	18H = 3,7
03H = 21,8	0EH = 8,6	19H = 3,3
04H = 20,0	0FH = 8,0	1AH = 3,0
05H = 18,5	10H = 7,5	1BH = 2,7
06H = 17,1	11H = 6,7	1CH = 2,5
07H = 16,0	12H = 6,0	1DH = 2,3
08H = 15,0	13H = 5,5	1EH = 2,1
09H = 13,3	14H = 5,0	1FH = 2,0
0AH = 12,0	15H = 4,6	20H bis FFH - reserviert

Abb. 11-3 *Werte für Register BL in der Tastaturroutine 03H. Die Geschwindigkeiten sind in Zeichen pro Sekunde angegeben.*

Falls Sie diese Routine verwenden wollen, rufen Sie den Interrupt 16H mit AH = 03H und AL = 05H auf. BL muß einen Wert zwischen 00H und 1FH (dezimal 31) enthalten, der die gewünschte Wiederholrate angibt (Abb. 11-3). Der Wert in BH legt die Wiederholverzögerung fest (Abb. 11-4). Die standardmäßige Wiederholrate beträgt für den PC/AT 10 Zeichen pro Sekunde, für die PS/2 10,9 Zeichen pro Sekunde. Die Standardverzögerung für PC/ATs und PS/2 beträgt 500 ms.

00H = 250

01H = 500

02H = 750

03H = 1000

04H bis FFH - reserviert

Abb. 11-4 *Werte für Register BH in der Tastaturroutine 03H. Die Verzögerungsraten sind in Millisekunden angegeben.*

Routine 05H (dezimal 5): Tastaturschreiben

Die Routine 05H (dezimal 5) ist praktisch, da sie mit ihr Daten in den Tastaturpuffer so schreiben können, als wäre eine Taste gedrückt worden. Sie müssen in Register CL einen ASCII-Code und in CH einen Tastatur-Auswahlcode angeben. Das ROM BIOS setzt diese Codes in den Tastaturpuffer hinter evtl. sich bereits darin befindliche Tastaturdaten.

Die Routine 05H ermöglicht es einem Programm, die Eingabe so zu verarbeiten, als käme sie von der Tastatur. Wenn Sie z.B. die Routine 05H mit den folgenden Daten aufrufen, führt das zum selben Ergebnis, wie wenn die Tasten R-U-N-Enter betätigt worden wären:

```
CH=13H, CL=52H, Routine 05H aufrufen (Taste R)
CH=16H, CL=55H, Routine 05H aufrufen (Taste U)
CH=31H, CL=4EH, Routine 05H aufrufen (Taste N)
CH=1CH, CL=0DH, Routine 05H aufrufen (Enter-Taste)
```

Falls Ihr Programm diese Schritte durchführt und die Funktionstaste F2 betätigt wird, ist die Wirkung dieselbe, als wäre das Wort RUN vor der Eingabe-Taste eingegeben worden (für BASIC gilt ähnliches).

Vorsicht: der Tastaturpuffer kann nur 15 Zeichencodes speichern; man kann daher die Routine 05H maximal 15 mal hintereinander aufrufen, bevor der Puffer überläuft und die Funktion versagt.

Routine 10H (dezimal 16): Lesen der erweiterten Tastatur

Die Routine 10H (dezimal 16) erfüllt dieselbe Funktion wie Routine 00H, läßt Sie jedoch vollen Nutzen aus der Tastatur mit 101/102 Tasten ziehen: sie gibt für Tasten, die auf der älteren Tastatur mit 84 Tasten nicht existieren, die ASCII-Zeichencodes sowie die Tastatur-Auswahlcodes zurück. Zum Beispiel werden die auf der Tastatur mit

101/102 Tasten zusätzlich vorhandenen Tasten F11 und F12 von Routine 00H ignoriert, lassen sich mit Routine 10H jedoch lesen.

Ein weiteres Beispiel: auf der Tastatur mit 101/102 Tasten gibt es rechts vom numerischen Tastenfeld eine zweite Enter-Taste. Wird diese betätigt, gibt Routine 00H denselben Zeichencode (0DH) und Auswahlcode (1CH) zurück wie für die standardmäßige Enter-Taste. Mit Routine 10H können Sie zwischen den beiden Tasten unterscheiden, da sie für die zweite Enter-Taste einen anderen Auswahlcode (E0H) zurückgibt.

Routine 11H (dezimal 17): Status einer Taste der erweiterten Tastatur feststellen

Die Routine 11H (dezimal 17) ist analog zur Routine 01H, doch ermöglicht auch sie die volle Ausnutzung der Tastatur mit 101/102 Tasten. Die in Register AH von dieser Routine zurückgegebenen Auswahlcodes unterscheiden zwischen unterschiedlichen Tasten auf der Tastatur mit 101/102 Tasten.

Routine 12H (dezimal 18): Umschaltstatus der erweiterten Tastatur feststellen

Wie die Routinen 10H und 11H bietet auch die Routine 12H zusätzliche Unterstützung für die Tastatur mit 101/102 Tasten. Die Routine 12H geht über die Funktion der Routine 02H hinaus, indem sie zusätzliche Informationen über die auf der Tastatur mit 101/102 Tasten vorhandenen doppelten Umschalttasten liefert. Diese Routine gibt in Register AL denselben Wert wie Routine 02H zurück (siehe Abb. 11-2), doch speichert sie in Register AH ein weiteres Flaggenbyte (Abb. 11-5).

Dieses zusätzliche Byte zeigt den Status jeder einzelnen Ctrl- und Alt-Taste an. Es zeigt auch an, ob die Tasten Sys Req, Caps Lock, Num Lock oder Scroll Lock gerade betätigt wurden. Mit diesen Informationen kann man feststellen, ob ein Benutzer eine beliebige Kombination aus diesen Tasten gleichzeitig betätigt.

Bit								
7	*6*	*5*	*4*	*3*	*2*	*1*	*0*	*Bedeutung*
x	.	.	.	.	.	.	.	Sys Req betätigt
.	x	.	.	.	.	.	.	Caps Lock betätigt
.	.	x	.	.	.	.	.	Num Lock betätigt
.	.	.	x	.	.	.	.	Scroll Lock betätigt
.	.	.	.	x	.	.	.	Alt rechts betätigt
.	.	.	.	.	x	.	.	Ctrl rechts betätigt
.	.	.	.	.	.	x	.	Alt links betätigt
.	.	.	.	.	.	.	x	Ctrl links betätigt

Abb. 11-5 *Die von Tastaturroutine 12H im Register AH zurückgegebenen Status-Bits der erweiterten Tastatur*

Anmerkungen und Beispiel

Auf die Frage, welche Routinen sich besser zur Tastaturabfrage eignen (DOS oder ROM BIOS), gibt es keine eindeutige Antwort. In manchen Fällen gibt es zwar Argumente, die gegen die direkte Verwendung der ROM BIOS-Routinen sprechen, wie z.B. bei den Disketten-/Festplattenroutinen, doch gelten diese nicht so sehr für die Tastaturroutinen. Wie immer sollten Sie erst alle Möglichkeiten der DOS-Routinen ausloten, bevor Sie zu den ROM BIOS-Routinen übergehen; die DOS-Routinen bieten eigentlich alle notwendigen Funktionen und sind außerdem in der sich stetig ändernden Personal Computerwelt langlebiger als die ROM BIOS-Routinen.

Die meisten Programmiersprachen greifen auf die DOS-Routinen zurück, um Tastaturoperationen durchzuführen. Der wichtigste Vorteil der DOS- gegenüber den BIOS-Routinen besteht darin, daß DOS bei der Eingabe von Zeichenfolgen die Verwendung der standardmäßigen DOS-Editierfunktionen zuläßt (solange die Eingabe noch nicht mit der Enter-Taste abgeschlossen ist). Vorausgesetzt, ein Programm muß die Eingaben nicht Zeichen für Zeichen überwachen, sparen Sie sich viel Programmieraufwand, wenn Ihr Programm Zeichenfolge-Eingaben von DOS direkt oder indirekt über die Programmiersprache übernimmt. Wenn Sie eine vollständige Kontrolle über die Eingabe benötigen, liegt es nahe, die BIOS-Routinen anstelle der DOS-Routinen zu verwenden. Die Wahl liegt bei Ihnen.

Ein weiterer Vorteil der Verwendung der DOS-Tastaturroutinen ist der, daß DOS die Tastatureingabe umleiten kann, so daß Zeichen aus einer Datei statt über die Tastatur gelesen werden. Wenn Sie sich auf die ROM BIOS-Tastaturroutinen verlassen, ist das nicht möglich (die Kapitel 16 und 17 informieren über die Ein-/Ausgabe-Umleitung).

Das Beispielprogramm in Assembler dieses Kapitels ist etwas phantasievoller als die Beispiele der vorangegangenen Kapitel ausgefallen. Es geht um das komplette Löschen des Tastaturpuffers. Das Programm erledigt die nur angedeutete Löschung des Puffers unter Routine 01H (Meldung, ob Zeichen bereit).

```
_TEXT           SEGMENT byte public 'CODE'
                ASSUME  cs:_TEXT

                PUBLIC  _tploesch
_tploesch       PROC    near

                push    bp
                mov     bp,sp

L01:            mov     ah,1            ; Test, ob Puffer leer
                int     16H
                jz      L02             ; wenn ja, Ende

                mov     AH,0
                int     16h              ; anderenfalls Daten ent-
                                         ; fernen
                jmp     L01              ; und wieder zurück
```

```
LO2:                pop     bp
                    ret

_tploesch           ENDP

_TEXT               ENDS
```

Die Routine arbeitet unter Verwendung von Interrupt 16H, Unterroutine 01H, um zu prüfen, ob der Tastaturpuffer leer ist. Ist dies der Fall, setzt Routine 01H die Null-Flagge. Bei Ausführung der Anweisung JZ LO2 endet die Routine durch Verzweigen zur Anweisung mit der Marke (Label) LO2. Enthält der Puffer jedoch noch Zeichen, löscht Routine 01H die Null-Flagge, und die Anweisung JZ LO2 springt nicht. In diesem Fall macht die Routine mit den Anweisungen weiter, die die Routine 00H zum Lesen eines Zeichens aus dem Puffer aufrufen. Dieser Vorgang wiederholt sich, da die Anweisung JMP LO1 die Kontrolle wieder an die Marke LO1 zurückgibt. Früher oder später leeren natürlich die fortwährenden Aufrufe der Routine 00H den Puffer, Routine 01H setzt die Null-Flagge, und die Routine endet.

In unserem Programm ist der Gebrauch von Marken und Verzweigungen für Sie neu. In der Erläuterung der Grundregeln der Assemblerschnittstellen in Kapitel 8, wurde eine Anweisung, ASSUME CS, erwähnt, die unter bestimmten Umständen nötig ist. Hier sehen Sie nun ein Beispiel dafür.

Die ASSUME-Direktive teilt dem Assembler mit, daß die Marken des Code-Segments (d.h. die Marken, die normalerweise über das CS-Register adressiert würden), tatsächlich in dem Segment mit Namen _TEXT liegen. Dies mag als überflüssig erscheinen, da in der Routine keine anderen Segmente auftreten.

Man kann jedoch Assemblerroutinen schreiben, in denen Marken des einen Segments relativ zu einem anderen Segment adressiert werden; in diesem Fall verweist die ASSUME-Direktive nicht notwendigerweise auf das Segment, in dem die Marken stehen. Im Verlauf dieses Buches finden Sie Beispiele zu dieser Technik. In diesem Beispiel jedoch ist in der Tat das Segment _TEXT das einzige, und die ASSUME-Direktive konstatiert diese Tatsache lediglich ausdrücklich.

Kapitel 12 Verschiedene BIOS-Routinen

In diesem Kapitel werden alle ROM BIOS-Routinen behandelt, die entweder nicht wichtig oder nicht komplex genug sind, um ein eigenes Kapitel zu füllen. Das sind die Routinen für die serielle RS-232-Kommunikation, Systemroutinen, ROM BIOS-Abfangroutinen und die Druckerroutinen. Einige weitere, ausgefallene Routinen sind am Ende des Kapitels kurz aufgeführt.

Routinen für serielle RS-232-Kommunikation

Dieser Abschnitt behandelt ROM BIOS-Routinen zur asynchronen seriellen Kommunikation über den RS-232-Port. Bevor wir die Routinen detailliert behandeln, müssen wichtige Informationen über den seriellen Kommunikationsport gegeben sowie einige Begriffe erläutert werden. Es wird vorausgesetzt, daß Sie die Grundlagen der Datenkommunikation beherrschen. Falls Sie im Verlauf des Kapitels Verständnisschwierigkeiten haben, sollten Sie eines der zahlreichen Fachbücher über Datenkommunikation zur Hand nehmen.

Für den RS-232-Kommunikationsweg gibt es eine ganze Reihe von Begriffen, einer der gebräuchlichsten ist *Port* (*Anschluß*). In diesem Zusammenhang hat das Wort Port eine andere Bedeutung als bislang. In diesem Buch wird von Ports meist als adressierbaren Pfaden gesprochen, die vom Mikroprozessor verwendet werden, um *innerhalb des Computers Daten zu transferieren*. Die BASIC-Befehle INP und OUT beziehen sich ebenso auf diese Art von Ports wie die Assemblerbefehle IN und OUT. Der RS-232-Port für asynchrone serielle Kommunikation unterscheidet sich davon, da er ein Mehrzweck-E/A-Pfad ist, der zum Anschluß verschiedener informationsverarbeitender Geräte *außerhalb des Computers* an den Computer verwendet werden kann. Typischerweise werden die seriellen Ports zur Telekommunikation (d.h. eine Telefonverbindung über ein Modem) oder zum Senden von Daten an einen Drucker verwendet.

Es gibt vier Routinen, die in allen IBM-Modellen vorhanden sind. Diese Routinen werden durch Interrupt 14H (dezimal 20) aufgerufen und sind von 00H bis 03H durchnumeriert (siehe Abb. 12-1). Das PS/2-ROM BIOS enthält zwei weitere Routinen, die für den leistungsfähigeren seriellen PS/2-Port weitergehende Unterstützung bieten.

Routine	*Beschreibung*
00H	Seriellen Port initialisieren
01H	Ein Zeichen senden
02H	Ein Zeichen empfangen
03H	Status des seriellen Ports feststellen
04H	Erweiterten seriellen Port initialisieren
05H	Erweiterten Kommunikationsport ansteuern

Abb. 12-1 *Die Routinen für den seriellen RS-232-Kommunikationsport, die über Interrupt 14H (dezimal 20) aufgerufen werden*

Das ursprüngliche Konzept der IBM Personal Computer erlaubte den Anschluß von bis zu sieben seriellen Ports, obwohl ein Computer selten mehr als ein oder zwei verwendet.

Das PS/2-ROM BIOS unterstützt ausdrücklich nur vier serielle Ports. Unabhängig davon, wieviele serielle Ports vorhanden sind, wird die Nummer des seriellen Ports für alle ROM BIOS-Routinen zur seriellen Kommunikation in Register DX angegeben. Der erste serielle Port wird durch 00H in DX angezeigt.

Routine 00H (dezimal 0): Seriellen Port initialisieren

Die Routine 00H (dezimal 0) setzt die verschiedenen RS-232-Parameter und initialisiert den seriellen Port. Es werden vier Parameter festgelegt: die Übertragungsgeschwindigkeit (Baud), die Parität, die Anzahl der Stop-Bits und die Zeichenlänge (auch *Wortlänge* genannt). Die Parameter werden in einem 8-Bit-Code kombiniert, der in Register AL abgelegt wird. Sein Format geht aus Abbildung 12-2 hervor. Ist die Routine beendet, wird der Kommunikationsstatus genau wie bei Routine 03H (siehe dort) in AX geschrieben.

7	*6*	*5*	*4*	*3*	*2*	*1*	*0*	*Verwendung*
x	x	x	.	.	.	.	.	Baudrate
.	.	.	x	x	.	.	.	Parität
.	.	.	.	.	x	.	.	Stop-Bits
.	.	.	.	.	.	x	x	Zeichenlänge

Abb. 12-2 *Die Bitfolge der seriellen Port-Parameter im Register AL für Routine 00H*

❑ HINWEIS: *300 Baud war lange Zeit die normale Übertragungsgeschwindigkeit für PCs mit angeschlossenem Modem. Heutzutage werden im allgemeinen 1200 Baud verwendet, vor allem bei professionellen Anwendungen. Eine Erhöhung auf einen Standard von mindestens 2400 Baud ist jedoch unvermeidlich.*

ÜBERTRAGUNGS-GESCHWINDIGKEIT IN BAUD

7	*6*	*5*	*Wert*	*Bits pro Sekunde*
0	0	0	0	110
0	0	1	1	150
0	1	0	2	300
0	1	1	3	600
1	0	0	4	1.200
1	0	1	5	2.400
1	1	0	6	4.800
1	1	1	7	9.600

PARITÄT

4	*3*	*Wert*	*Bedeutung*
0	0	0	keine
0	1	1	ungerade Parität
1	0	2	keine
1	1	3	gerade Parität

Abb. 12-3

(weiter nächste Seite)

(Fortsetzung)

STOP-BITS

Bit 2	*Wert*	*Bedeutung*
0	0	Eins
1	1	Zwei

ZEICHENLÄNGE

Bit 1	*Bit* 0	*Wert*	*Bedeutung*
0	0	0	unbenutzt
0	1	1	unbenutzt
1	0	2	7-Bit-Format*
1	1	3	8-Bit-Format

* Es gibt nur 128 Standard-ASCII-Zeichen. Diese können im 7-Bit-Format übertragen werden, so daß das 8-Bit-Format nicht benötigt wird.

Abb. 12-3 *Die Bit-Codierung der vier seriellen Port-Parameter für Routine 00H*

Routine 01H (dezimal 1): Ein Zeichen senden

Routine 01H (dezimal 1) gibt ein Zeichen an dem in DX angegebenen seriellen Port aus. Das Zeichen wird in das Register AL geladen, nach Beendigung der Routine steht das Ergebnis der Operation in AH. Ist AH gleich 00H, war der Prozeß erfolgreich, andernfalls wird Bit 7 dieses Registers auf 1 gesetzt. Die anderen Bits in AH melden die Art des Fehlers. Die Codierung finden Sie bei den Erklärungen zu Routine 03H (Statusroutine).

Die Fehlermeldung von Routine 01H (gilt auch für Routine 02H) hat einen Nachteil: da Bit 7 zur Anzeige eines Fehler dient, steht es zur Anzeige eines Time-out nicht zur Verfügung. Daher ist es zur Fehlerprüfung am besten, Routine 03H zu verwenden, um den Status vollständig abzufragen.

Routine 02H (dezimal 2): Ein Zeichen empfangen

Die Routine 02H (dezimal 2) empfängt ein Zeichen von der in DX angegebenen Kommunikationsleitung und legt es in Register AL ab. Die Routine wartet, bis ein Zeichen oder Signal ankommt, das eine Beendigung veranlaßt. Das kann auch ein Time-out sein. AH meldet den Erfolg des Prozesses in Bit 7. Lesen Sie hierzu bitte die Erklärung zu Routine 01H und berücksichtigen Sie den Rat bezüglich der Fehlerbehandlung. Die Fehlercodes finden Sie unter Routine 03H.

Routine 03H (dezimal 3): Status des seriellen Ports feststellen

Die Routine 03H (dezimal 3) meldet den vollständigen Status des seriellen Kommunikationsports in Register AX. Die 16 Status-Bits in AX sind in zwei Gruppen unterteilt: AH meldet den Leitungsstatus (der auch gemeldet wird, wenn bei den Routinen 01H und 02H Fehler auftreten) und AL den Modemstatus, soweit zutreffend. Abbildung 12-4 zeigt die Codierung der Status-Bits. Einige Bits signalisieren Fehler, andere nur bestimmte Zustände.

❑ HINWEIS: *Eine Anmerkung zum Time-out-Fehler (AH, Bit 7) ist an dieser Stelle fällig: die erste Version des ROM BIOS hatte einen Programmierfehler, der in allen weiteren Versionen nicht mehr auftaucht: ein Time-out am seriellen Port wurde mit der Bit-Folge 01010000 (Transfer-Shift-Register leer und Unterbrechungsfehler) statt 10000000 gemeldet. Viele Kommunikationsprogramme behandeln daher diese Fehlercodes mit Vorsicht. Auf Seite 62 wird beschrieben, wie man die ROM BIOS-Versionsdaten und Modellkennungen herausfindet.*

Bits 7 6 5 4 3 2 1 0	*Bedeutung (wenn Bit auf 1)*	*Bits* 7 6 5 4 3 2 1 0	*Bedeutung (wenn Bit auf 1)*
AH-Register (Leitungsstatus)		AL-Register (Modemstatus)	
1	Time-out-Fehler	1	Empfangsleitungssignal (RLSD, CD)
. 1	Transfer-Shift-Register leer	. 1	Anrufsignal
. . 1	Transfer-Halte-Register leer	. . 1	Datenendgerät bereit (DSR)
. . . 1	Unterbrechungsfehler	. . . 1	Sendebereit (CTS)
. . . . 1 . . .	Framing-Fehler	. . . . 1 . . .	Delta-Empfangsleitungssignal (DRLSD)
. . . . . 1 . .	Paritätsfehler	. . . . . 1 . .	Abschließende Flanke (TERD)
. . . . . . 1 .	Überlauffehler	. . . . . . 1 .	Delta-Datenendgerät bereit (DDSR)
. . . . 1	Daten bereit	 1	Delta-Sendebereit (DCTS)

Abb. 12-4 *Die von Routine 03H in Register AX zurückgegebene Bit-Codierung der Status-Bytes*

Routine 04H (dezimal 4): Erweiterten seriellen Port initialisieren

Die Routine 04H (dezimal 4) gibt es nur im PS/2-ROM BIOS. Sie erweitert den Funktionsumfang der Routine 00H, um die verbesserten Eigenschaften der seriellen Ports der PS/2 zu unterstützen. Beim Vergleich von Routine 04H mit Routine 00H werden Sie feststellen, daß die in Routine 00H in AL übergebenen vier Initialisierungsparameter in Routine 04H in vier Register aufgeteilt sind (Abb. 12-5). Außerdem gibt Routine 04H genau wie Routine 03H Modem- und Leitungsstatus in Register AX zurück. Da Routine 04H diesen erweiterten Funktionsumfang aufweist, sollten Sie sie generell anstelle der Routine 00H zur Initialisierung der seriellen PS/2-Ports verwenden.

UNTERBRECHUNG (Register AL)

Wert	*Bedeutung*
00H	Keine Unterbrechung (Break)
01H	Unterbrechung

STOP-BITS (Register BL)

Wert	*Bedeutung*
00H	Eins
01H	Zwei (für Wortlänge = 6, 7 oder 8) 1,5 (für Wortlänge = 5)

Abb. 12-5

(weiter nächste Seite)

(Fortsetzung)

PARITÄT (Register BH)

Wert	*Bedeutung*
00H	keine
01H	ungerade Parität
02H	gerade Parität
03H	ungerade Stick-Parität
04H	gerade Stick-Parität

WORTLÄNGE (Register CH)

Wert	*Bedeutung*
00H	5 Bits
01H	6 Bits
02H	7 Bits
03H	8 Bits

ÜBERTRAGUNGS-GESCHWINDIGKEIT (Register CL)

Wert	*Baud*	*Wert*	*Baud*
00H	110	05H	2.400
01H	150	06H	4.800
02H	300	07H	9.600
03H	600	08H	19.200
04H	1.200		

Abb. 12-5 *Registerwerte zur Initialisierung der seriellen Ports mit Hilfe von Interrupt 14H, Routine 04H (Register DX enthält die Nummer eines seriellen Ports zwischen 0 und 3)*

Routine 05H (dezimal 5): Erweiterten Kommunikationsport ansteuern

Diese nur im PS/2-ROM BIOS vorhandene Routine läßt Sie das Modem-Kontrollregister eines bestimmten seriellen Kommunikationsports lesen oder einen Wert hineinschreiben. Wenn Sie Routine 05H mit AL = 00H und der Nummer eines seriellen Ports in DX aufrufen, gibt sie in Register BL den Wert zurück, den das Modem-Kontrollregister des angegebenen seriellen Kommunikationsports enthält. Beim Aufruf der Routine 05H mit AL = 01H kopiert Routine 05H den Wert, den Sie in Register BL übergeben, in das Modem-Kontrollregister des angegebenen Ports. In beiden Fällen gibt Routine 05H genau wie Routine 03H Modemstatus und Leitungsstatus in den Registern AL und AH zurück.

Verschiedene Systemroutinen

Die über den Interrupt 15H zugänglichen diversen Systemroutinen sind in der Tat bunt gemischt (siehe Abb. 12-6). Viele sind in erster Linie den Autoren von Betriebssystem-Software zugedacht. Viele Anwendungsprogrammierer werden in ihren Programmen wenig Verwendung dafür sehen, da die gebotenen Funktionen besser durch Aufrufe des Betriebssystems als über das ROM BIOS angefordert werden. Einige dieser Routinen, z.B. die Zeigegeräte-Schnittstelle (Unterroutine C2H) bieten eine Funktion, die weder anderswo im ROM BIOS noch in DOS verfügbar ist; andere sind überflüssig und nahezu nicht zu gebrauchen.

Routine	Beschreibung
00H	Kassettenrecordermotor einschalten
01H	Kassettenrecordermotor ausschalten
02H	Datenblöcke auf Kassette lesen
03H	Datenblöcke auf Kassette schreiben
21H	Fehleraufzeichnung des PS/2-Einschalt-Selbsttests lesen oder veranlassen
4FH	Tastatur abfangen
80H	Gerät verfügbar
81H	Verbindung zum Gerät beendet
82H	Programm beendet
83H	Timer starten oder anhalten
84H	Joystick-Eingabe lesen
85H	Sys Req betätigt
86H	Warten
87H	Datenverschiebung im geschützten Modus
88H	Größe des erweiterten Speichers ermitteln
89H	In geschützten Modus wechseln
90H	Gerät beschäftigt
91H	Interrupt beendet
C0H	Systemkonfigurations-Parameter lesen
C1H	Erweitertes BIOS-Datensegment lesen
C2H	Zeigegerät-Schnittstelle
C3H	Überwachungs-Timer aktivieren/deaktivieren
C4H	Programmierbare Optionsauswahl

Abb. 12-6 *Verschiedene unter dem Interrupt 15H verfügbare Systemroutinen*

Die vier Kassettenrecorderroutinen werden benötigt, um mit dem Recorderanschluß zu arbeiten, der nur bei zwei PC-Modellen vorhanden ist: dem Original-PC und dem schon vom Markt genommenen PCjr. Ursprünglich war IBM von der Annahme ausgegangen, daß die Nachfrage danach groß sei, was sich als falsch herausgestellt hat. Dennoch wird der Kassettenrecorderport von ROM BIOS-Routinen und BASIC unterstützt. Mit BASIC können Sie Daten oder BASIC-Programme auf handelsüblichen Musikkassetten speichern und wieder davon lesen.

Der Kassettenrecorderport hat sich jedoch nie als wertvoll erwiesen. Niemand verkauft PC-Programme auf Kassetten und niemand konnte sich bei der bequemen Handhabung der Disketten und Festplatten für den Kassettenrecorderanschluß erwärmen.

Routine 00H (dezimal 0): Kassettenrecordermotor einschalten

Die Routine 00H (dezimal 0) schaltet den Kassettenrecordermotor ein. Dies geschieht bei einem Recorder im Unterschied zu einem Diskettenlaufwerk nicht vollautomatisch. Ein Programm, das diese Routine verwendet, sollte mit einer Verzögerung arbeiten, um den Start des Motors abzuwarten, bevor Zugriffe erfolgen.

Routine 01H (dezimal 1): Kassettenrecordermotor ausschalten

Die Routine 01H (dezimal 1) schaltet den Motor wieder aus; auch hier existiert keine automatische ROM BIOS-Funktion wie bei den Disketten-Routinen.

Routine 02H (dezimal 2): Datenblöcke von Kassette lesen

Die Routine 02H (dezimal 2) liest einen oder mehrere *Datenblöcke* von Kassette. Ein Datenblock auf einer Kassette hat eine Standardlänge von 256 Bytes, ähnlich wie Disketten 512 Bytes pro Sektor verwenden. Die Anzahl der zu lesenden Bytes wird im CX-Register angegeben. Obwohl die Daten in 256-Byte-Blöcken untergebracht sind, kann jede beliebige Byteanzahl auf Band geschrieben oder von Band gelesen werden. Daher braucht der Wert im CX-Register kein Vielfaches von 256 zu sein. Das Registerpaar ES:BX wird als Zeiger verwendet. Es deutet auf die Stelle im Speicher, an der die Daten abgelegt werden sollen.

Ist die Routine beendet, enthält das DX-Register die Anzahl der tatsächlich gelesenen Bytes. ES:BX zeigt auf das Byte, das unmittelbar hinter dem zuletzt transferierten Byte liegt. Die Übertrags-Flagge (CF) ist auf 1 oder 0 gesetzt und zeigt somit Erfolg oder Mißerfolg der Operation an. Im Falle einer Störung ist in Register AH die Fehlerart abgelegt (siehe Abb. 12-7).

Code	*Bedeutung*
01H	Prüfsummenfehler ("Cyclical Redundancy Check" oder CRC)
02H	Datenübergänge verloren: Bit-Signale beschädigt
04H	Keine Daten auf Kassette gefunden

Abb. 12-7 *Der im Register AH zurückgegebene Fehlercode, wenn CF einen Fehler beim Lesen der Datenblöcke meldet*

Routine 03H (dezimal 3): Datenblöcke auf Kassette schreiben

Routine 03H (dezimal 3) schreibt einen oder mehrere Datenblöcke mit einer Länge von je 256 Bytes auf Band (siehe Routine 02H). Analog zu Routine 02H steht die Anzahl der zu schreibenden Bytes im CX-Register, und das Paar ES:BX zeigt auf den Datenbereich im Speicher. Falls die Anzahl der Datenbytes kein Vielfaches von 256 ist, wird der letzte Block bis auf die volle Länge aufgefüllt.

Ist die Routine beendet, muß das Register CX 00H enthalten und das Registerpaar ES:BX direkt auf die Speicherstelle hinter dem zuletzt geschriebenen Byte zeigen.

Bei dieser Routine ist kein Fehlerstatus abfragbar, weil normale Kassettenrecorder keine Fehlermeldungen übermitteln können. Alle geschriebenen Daten sollten daher noch einmal gelesen werden, um eventuelle Fehler zu entdecken.

Routine 21H (dezimal 33): Fehleraufzeichnung des PS/2-Einschalt-Selbsttests lesen oder veranlassen

Routine 21H (dezimal 33) wird intern vom Einschalt-Selbsttest (POST = Power-On-Self-Test) des ROM BIOS in PS/2 mit Micro Channel-Bus verwendet, um Fehler beim Initialisieren der Hardware zu lokalisieren. In Ihren eigenen Anwendungen werden Sie diese Routine wohl nie benötigen.

Routine 83H (dezimal 131): Timer starten oder anhalten

Mit dieser Routine kann ein Programm eine bestimmte Zeitspanne einstellen und mit Hilfe einer Flagge prüfen, ob die Zeit abgelaufen ist. Das Programm muß diese Routine mit AL = 00H, der Adresse eines Flaggenbytes in den Registern ES und BX und der Zeitspanne in Mikrosekunden in den Registern CX und DX aufrufen. Die höherwertigen 16 Bits der Zeitspanne müssen in CX stehen, die niederwertigen in DX.

Anfangs muß das Flaggenbyte 00H sein. Nach Verstreichen der Zeitspanne setzt das ROM BIOS diese Flagge auf 80H. Das Programm kann so die Flagge nach eigenem Gutdünken inspizieren, um zu bestimmen, ob die Zeit abgelaufen ist:

```
Flaggenbyte löschen
Routine 83H zum Starten des Timers aufrufen
WHILE     (Flaggenbyte = 00H)
          BEGIN
          (Anweisungen)
          END
```

Der ROM BIOS-Timer verwendet die Tageszeituhr des Systems, die etwa 1024 mal pro Sekunden tickt. Die Auflösung des Timers liegt daher bei etwa 976 Mikrosekunden.

Routine 84H (dezimal 132): Joystick-Eingabe lesen

Die Routine 84H (dezimal 132) bietet Programmen, die einen Joystick oder vergleichbare an den IBM Spieladapter angeschlossene Geräte verwenden, eine einheitliche Schnittstelle. Beim Aufruf dieser Routine mit DX = 00H meldet das ROM BIOS in den Bits 4 bis 7 von Register AL die vier Eingabewerte des digitalen Schalters des Adapters. Ein Aufruf der Routine 84H mit DX = 01H weist das BIOS an, in den Registern AX, BX, CX und DX die vier Widerstandseingabewerte des Adapters abzulegen.

Routine 84H wird vom IBM PC oder vom ersten PC/XT-BIOS (Datum vom 8.11.82) nicht unterstützt. Bevor Sie diese Routine also in Ihrem Programm einsetzen, müssen Sie die Modellkennung des Computers und das ROM BIOS-Datum prüfen.

Routine 86H (dezimal 134): Warten

Wie Routine 83H ermöglicht es die Routine 86H (dezimal 134) einem Programm, eine bestimmte Zeitspanne festzulegen, nach der etwas geschehen soll. Im Gegensatz zu Routine 83H hält jedoch Routine 86H das aufrufende Programm an, bis die angegebene

Zeitspanne verstrichen ist. Die Kontrolle geht an das Programm erst zurück, wenn die Wartezeit abgelaufen oder der Hardware-Timer nicht verfügbar ist.

Routine 87H (dezimal 135): Datenverschiebung im geschützten Modus

Ein im realen Modus ablaufendes Programm kann Routine 87H verwenden, um auf einem PC/AT oder PS/2-Modell 50, 60 oder 80 Daten in den oder aus dem erweiterten Speicher (geschützter Modus) zu übertragen. Diese Routine wurde zur Verwendung durch ein im geschützten Modus arbeitendes Betriebssystem geschaffen. Das von IBM stammende Dienstprogramm VDISK verwendet diese Funktion ebenfalls, um Daten auf eine oder von einer virtuellen Platte im erweiterten Speicher zu kopieren. Details finden Sie im *IBM BIOS Interface Technical Reference Manual.*

Routine 88H (dezimal 136): Größe des erweiterten Speichers ermitteln

Die Routine 88H (dezimal 136) ermittelt die Größe des in einem PC/AT oder PS/2-Modell 50, 60 oder 80 installierten erweiterten Speichers (geschützter Modus). Der Wert (in Kilobytes) wird in Register AX zurückgegeben.

Die Größe des erweiterten Speichers wird von den ROM BIOS-Einschalt-Testroutinen festgelegt. Sie umfaßt Speicher, der oberhalb des ersten Megabytes existiert, d.h. Speicher, der an der Adresse 10000:0000H beginnt. Der "expanded" Speicher nach Lotus/Intel/Microsoft-Spezifikation ist in dem von Routine 88H zurückgegebenen Wert nicht enthalten.

Routine 89H (dezimal 137): In geschützten Modus wechseln

Die Routine 89H (dezimal 137) wird vom ROM BIOS als Hilfe zur Konfiguration eines auf dem 80286 (PC/AT, PS/2-Modelle 50 oder 60) oder auf dem 80386 basierenden Computers (PS/2-Modell 80) zum Betrieb im geschützten Modus angeboten. Diese Routine wurde zur Verwendung durch im geschützten Modus arbeitende Betriebssysteme geschaffen. Wenn Sie diese verwenden wollen, müssen Sie mit den Programmiertechniken, die für den geschützten Modus gelten, völlig vertraut sein. Details finden Sie im *IBM BIOS Interface Technical Reference Manual.*

Routine C0H (dezimal 192): Systemkonfigurations-Parameter lesen

Die Routine C0H (dezimal 192) gibt die Adresse einer Tabelle zurück, die eine Beschreibung der Hardware und der BIOS-Konfiguration eines PC/AT (nur ROM BIOS-Versionen ab 10.6.85) oder PS/2 enthält. Abbildung 12-8 zeigt die Tabellenstruktur. Die Bedeutung der Modell- und Untermodellbytes finden Sie in Kapitel 3 auf Seite 64 erklärt.

Offset	*Länge*	*Inhalt*
0	2 Bytes	Größe der Konfigurationstabelle
2	1 Byte	Modellbyte
3	1 Byte	Untermodellbyte
4	1 Byte	ROM BIOS-Datum
5	1 Byte	Informationen über technische Ausstattung:
		Bit 7: Festplatten-BIOS verwendet DMA-Kanal 3
		Bit 6: Kaskadeninterrupt-Stufe 2 (IRQ2)
		Bit 5: Echtzeituhr vorhanden
		Bit 4: BIOS-Tastaturabfangen implementiert
		Bit 3: Warten auf externes Ereignis unterstützt
		Bit 2: Erweiterter BIOS-Datenbereich zugeordnet
		Bit 1: Micro Channel-Bus vorhanden
		Bit 0: (Reserviert)

Abb. 12-8 *Von Routine C0H zurückgegebene Informationen über die Systemkonfiguration*

Routine C1H (dezimal 193): Erweitertes ROM BIOS-Datensegment lesen

Die Routine C1H (dezimal 193) gibt die Segmentadresse des erweiterten ROM BIOS-Datenbereichs zurück. Falls ein erweitertes ROM BIOS-Datensegment verwendet wird, löscht das ROM BIOS die Übertragsflagge und speichert den Segmentwert in Register ES. Anderenfalls kehrt Routine C1H mit gesetzter Übertragsflagge zurück.

Das ROM BIOS verwendet den erweiterten Datenbereich zur übergangsweisen Speicherung von Daten. Wenn Sie z.B. dem BIOS die Adresse der Unterroutine einer Zeigegerät-Schnittstelle übergeben, speichert es diese Adresse in seinem erweiterten Datenbereich.

Routine C2H (dezimal 194): Zeigegerät-Schnittstelle

Die Routine C2H (dezimal 194) ist die ROM BIOS-Schnittstelle zum in die PS/2 eingebauten Zeigegerät-Controller. Diese Schnittstelle macht die Verwendung einer IBM PS/2-Maus problemlos.

Um die Schnittstelle zu verwenden, müssen Sie eine kurze Unterroutine schreiben, der das ROM BIOS-Pakete mit Statusinformationen über das Zeigegerät übergeben kann. Ihre Unterroutine muß dann die Daten jedes Pakets untersuchen und entsprechend reagieren, z.B. durch Bewegen des Cursors auf dem Bildschirm. Die Unterroutine muß mit einem far-Rücksprung enden, der den Stapel nicht verändert.

Führen Sie dazu folgende Schrittfolge aus:

1. Übergeben Sie dem BIOS die Adresse Ihres Unterprogramms (Unterroutine 07H).
2. Initialisieren Sie die Schnittstelle (Unterroutine 05H).

3. Aktivieren Sie das Zeigegerät (Unterroutine 00H).

Nun beginnt das BIOS mit dem Senden von Statusinformationspaketen an Ihr Unterprogramm. Das BIOS legt jedes Paket auf den Stapel und ruft Ihre Unterroutine mit einem far-CALL auf, so daß der Stapel bei Übernahme der Kontrolle durch die Unterroutine wie in Abbildung 12-9 formatiert ist. Das niederwertigste Byte der X- und Y-Datenwörter enthält die Anzahl der Einheiten, um die sich das Zeigegerät seit dem Senden des letzten Datenpakets bewegt hat (Das Datenbyte Z ist immer 0). Das Status-Byte enthält Vorzeichen, Überlauf und Tasteninformationen (siehe Abb. 12-10).

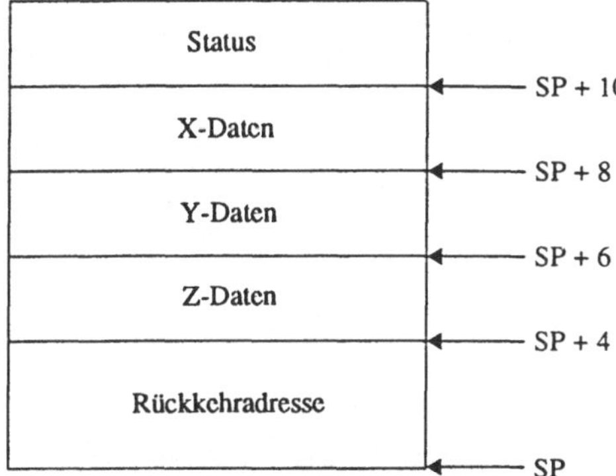

Abb. 12-9 *Datenpaket für ein Zeigegerät*

Bit	*Bedeutung*
0	Gesetzt, wenn linke Taste betätigt
1	Gesetzt, wenn rechte Taste betätigt
2-3	(Reserviert)
4	Gesetzt, wenn X negativ
5	Gesetzt, wenn Y negativ
6	Gesetzt, wenn X überläuft
7	Gesetzt, wenn Y überläuft

Abb. 12-10 *Status-Byte im Datenpaket für ein Zeigegerät*

Mit Routine C2H wählt der in Register AL übergebene Wert eine von acht verfügbaren Unterroutinen aus (siehe Abb. 12-11). Die für jede Unterroutine einzusetzenden Registerwerte finden Sie in Kapitel 13, Seite 248 ff.

Unterroutine	*Beschreibung*
00H	Zeigegerät aktivieren/deaktivieren
01H	Zeigegerät zurücksetzen
02H	Meßrate festlegen
03H	Auflösung festlegen
04H	Art des Zeigegeräts ermitteln

Abb. 12-11 *(weiter nächste Seite)*

(Fortsetzung)

Unterroutine	*Beschreibung*
05H	Zeigegerät initialisieren
06H	Erweiterte Befehle
07H	Adresse des Gerätetreibers an ROM BIOS übergeben

Abb. 12-11 *Für die BIOS-Zeigegerät-Schnittstelle verfügbare Unterroutinen (Interrupt 15H, Routine C2H)*

Routine C3H (dezimal 195): Überwachungs-Timer aktivieren/deaktivieren

Die Routine C3H (dezimal 195) bietet eine übereinstimmende Schnittstelle zum Überwachungs-Timer der PS/2-Modelle 50, 60 und 80. Sie ermöglicht es dem Betriebssystem, den Überwachungs-Timer auf einen bestimmten Wert einzustellen oder ihn abzuschalten. Da der Überwachungs-Timer in erster Linie zum Einsatz in Betriebssystem-Software gedacht ist, dürfte diese ROM BIOS-Routine für Ihre Anwendungen kaum in Betracht kommen.

Routine C4H (dezimal 196): Programmierbare Optionsauswahl

Wie viele Interrupt 15H-Routinen ist auch Routine C4H (dezimal 196) zum Einsatz in Betriebssystem-Software gedacht. Diese Routine bietet eine einheitliche Schnittstelle zur Programmierbaren Optionsauswahl der Mikrokanal-Architektur der PS/2-Modelle 50, 60 und 80.

ROM BIOS-Abfangroutinen

Das ROM BIOS der PC/ATs und PS/2 beinhaltet eine Reihe von Abfangroutinen. Diese sind zwar als Interrupt 15H-"Routinen" implementiert, doch müssen Sie zu ihrer Verwendung eine Interrupt-Bearbeitungsroutine schreiben, die nur diese Routinen verarbeitet und alle anderen Anfragen nach Interrupt 15H-Routinen an das ROM BIOS weiterleitet (siehe Abb. 12-12). Mit Hilfe dieser Technik können verschiedene Komponenten des ROM BIOS untereinander oder mit Betriebssystem- oder Anwenderprogrammen in übereinstimmender Art und Weise kommunizieren.

Die ROM BIOS-Abfangroutinen sind vor allem zur Verwendung in Betriebssystemen und Programmen gedacht, die zur Erweiterung von Betriebssystem- oder ROM BIOS-Funktionen entwickelt werden. Doch verwenden weder DOS noch OS/2 (BS/2) diese Abfangroutinen, und es besteht auch wenig Grund, sie in Anwendungsprogrammen einzusetzen. Doch interessiert es Sie vielleicht, was die ROM BIOS-Abfangroutinen tun, und sei es nur, um einen Einblick zu gewinnen, wie das ROM BIOS aufgebaut ist und wie ein Betriebssystem mit ihm in Kontakt treten kann.

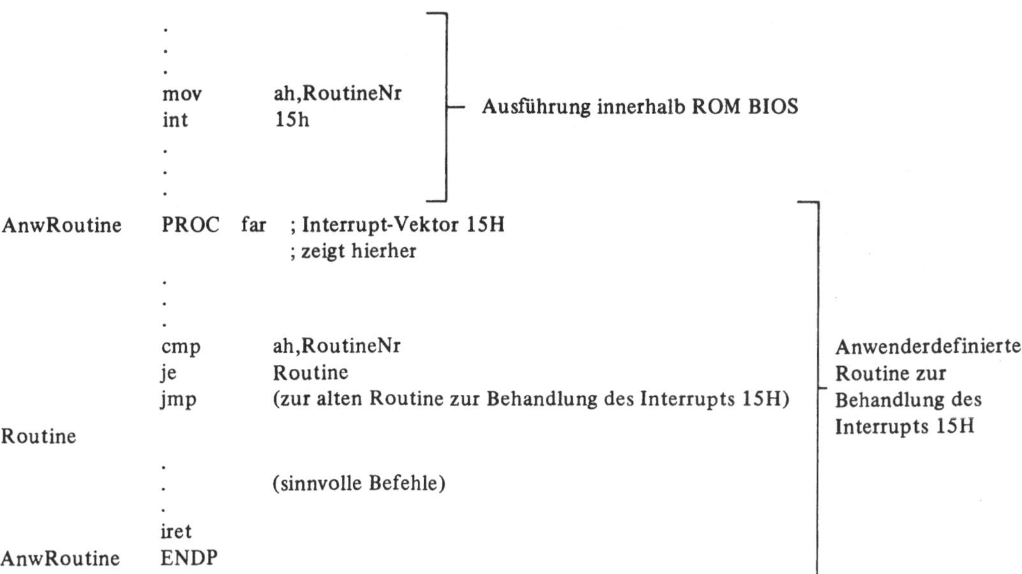

Abb. 12-12 *Verwendung der ROM BIOS-Abfangroutinen*

Routine 4FH (dezimal 79): Tastatur abfangen

Im ROM BIOS der PC/ATs (ab 10.6.85) und der PS/2 führt die Tastatur-Interrupt-Bearbeitungsroutine (d.h. die Routine zur Behandlung des Interrupts 09H) den Interrupt 15H mit AH = 4FH und AL gleich dem Tastatur-Auswahlcode aus. Diese Aktion zeigt wenig Wirkung: die Routine zur Behandlung des ROM BIOS-Interrupts 15H, Routine 4FH (dezimal 79), kehrt mit gesetzter Übertragsflagge zurück, und die Routine zur Behandlung des Interrupts 09H fährt mit der Verarbeitung des Tastenanschlags fort.

Falls Sie jedoch eine eigene Bearbeitungsroutine für Interrupt 15H schreiben, können Sie die Routine 4FH aufrufen und Tastenanschläge unter Ihrer Kontrolle verarbeiten. Installieren Sie Ihre Routine, indem Sie ihre segmentierte Adresse im Interrupt-Vektor 15H speichern (achten Sie darauf, den alten Inhalt des Interrupt-Vektors zu sichern). Ihre Routine zur Behandlung des ROM BIOS-Interrupts 15H tut dann folgendes:

```
IF (AH<>4FH)
        Sprung auf standardmäßige Bearbeitungsroutine für
        Interrupt 15H
ELSE
        Tastatur-Auswahlcode in AL verarbeiten
```

Übertragsflagge setzen oder zurücksetzen
Interrupt-Bearbeitungsroutine verlassen

Wenn Ihre Routine den Auswahlcode in AL verarbeitet, muß sie vor Rückgabe der Kontrolle an die Routine zur Behandlung des ROM BIOS-Interrupts 09H die Übertragsflagge setzen oder zurücksetzen. Eine gesetzte Übertragsflagge zeigt an, daß Interrupt-Bearbeitungsroutine 09H den Auswahlcode in AL weiterverarbeiten soll, eine gelöschte Übertragsflagge bewirkt das Verlassen der BIOS-Interrupt-Bearbeitungsroutine ohne Verarbeitung des Auswahlcodes.

Der Haken bei der Verwendung der Tastatur-Abfangroutine des ROM BIOS ist der, daß andere Programme, inklusive DOS, Tastenanschläge oft verarbeiten, bevor die Routine zur Behandlung des ROM BIOS-Interrupts 09H eine Chance hat, den Interrupt 15H auszulösen. (Diese Programme erreichen das, indem sie den Interrupt-Vektor 09H auf ihre eigenen Routinen anstelle der standardmäßigen ROM BIOS-Routine zeigen lassen.) Da Ihr Programm keine Möglichkeit hat, dies zu erkennen, können Sie sich nicht darauf verlassen, daß die ROM BIOS-Tastatur-Abfangroutine bei jedem Tastenanschlag aufgerufen wird.

Routine 80H (dezimal 128): Gerät verfügbar

Diese Routine ermöglicht es Programmen festzustellen, ob ein bestimmtes Gerät zur Ein- oder Ausgabe verfügbar ist. Ein installierbarer Gerätetreiber kann Interrupt 15H mit AH = 80H auslösen, um ein Betriebssystem davon zu unterrichten, daß das Gerät nun zur Verfügung steht (open). Die Betriebssystem-Routine zur Behandlung des Interrupts 15H findet in BX die Kennung des Geräts und in CX die Kennung des Programms, das das Gerät aktivierte.

Routine 81H (dezimal 129): Verbindung zum Gerät beendet

Wie Routine 80H dient diese Routine den Programmen, die Ein-/Ausgabeverbindungen von Geräten zur Kommunikation mit einem Betriebssystem herzustellen. Routine 81H (dezimal 129) wird von solch einem Programm mit einer Gerätekennung in Register BX und einer Programmkennung in CX aufgerufen. Eine Betriebssystem-Routine zur Behandlung des Interrupts 15H kann diese Werte untersuchen, um festzustellen, ob ein bestimmtes Programm die Verbindung zu einem bestimmten Gerät beendet hat.

Routine 82H (dezimal 130): Programm beendet

Die Routine 82H (dezimal 130) ermöglicht es einem Programm, dem Betriebssystem seine eigene Beendigung zu melden. Führt ein Programm Interrupt 15H mit AH = 82H und seiner Kennung in BX aus, kann das Betriebssystem den Interrupt bearbeiten und somit über seine Beendigung informiert werden.

Routine 85H (dezimal 133): Sys Req betätigt

Wenn Sie die Taste Sys Req auf einer Tastatur mit 84 Tasten bzw. Alt-Sys Req auf einer Tastatur mit 101/102 Tasten betätigen, führt die Tastatur-Interrupt-Bearbeitungsroutine des ROM BIOS Interrupt 15H mit AH = 85H aus. Sie können das Betätigen dieser Taste also erkennen, indem Sie Interrupt 15H abfangen und den Wert in AH inspizieren.

Beim ersten Drücken der Sys Req-Taste löst das ROM BIOS Interrupt 15H mit AH = 85H und AL = 00H aus. Wird die Taste freigelassen, führt das ROM BIOS Interrupt 15H mit AH = 85H und AL = 01H aus. Das Gerüst einer Interrupt-Bearbeitungsroutine 15H, die SysReq-Tastenanschläge erkennt, sieht daher folgendermaßen aus:

```
IF (AH<>85H)
                    Sprung auf vorherige Bearbeitungsroutine für
                    Interrupt 15H
ELSE IF (AL = 00H)
                    Sys Req-Tastenanschlag verarbeiten
    ELSE
                    Loslassen der SysReq-Taste verarbeiten
    Interrupt-Bearbeitungsroutine verlassen
```

Routine 90H (dezimal 144): Gerät in Betrieb

Diese Routine ermöglicht es einem Gerätetreiber, das Betriebssystem zu Beginn einer Ein- oder Ausgabeoperation vorzuwarnen. Eine Betriebssystem-Routine zur Behandlung des Interrupts 15H verarbeitet diese Information beispielsweise, indem sie die weitere Ein-/Ausgabe an dieses Gerät unterbindet, bis das Gerät mit Hilfe von Routine 91H meldet, daß es nicht länger beschäftigt ist.

Die ROM BIOS-Treiber für Disketten/Festplatten, Tastatur und Drucker lösen alle die entsprechenden Routine 90H-Interrupts aus. Jedes Gerät ist durch einen Wert in Register AL identifiziert (siehe Abb. 12-13). Diese Kennungen werden anhand folgender Richtlinien ausgewählt:

- 00H-7FH: Nicht simultan benutzbare Geräte (non-reentrant), die immer nur eine E/A-Anforderung bearbeiten können.
- 80H-BFH: Simultan benutzbare Geräte (reentrant), die mehrere E/A-Anforderungen gleichzeitig bearbeiten können
- C0H-FFH: Geräte, die vom Betriebssystem erwarten, daß es eine bestimmte Zeitspanne wartet, bevor es die Kontrolle wieder an das Gerät übergibt. Die Betriebssystem-Routine zur Behandlung des Interrupts 15H muß die Übertragsflagge setzen, um anzuzeigen, daß gewartet wurde.

Routine 91H (dezimal 145): Interrupt beendet

Geräte, die Routine 90H verwenden, um einem Betriebssystem mitzuteilen, daß sie beschäftigt sind, können mit Routine 91H (dezimal 145) signalisieren, daß eine Ein-/ Ausgabeoperation abgeschlossen ist. Der Wert zur Identifikation des Geräts in AL muß derselbe wie in Routine 90H sein.

Wert	*Bedeutung*
00H	Festplatte
01H	Diskette
02H	Tastatur
03H	Zeigegerät
80H	Netzwerk
FCH	PS/2-Festplatten-Reset
FDH	Start des Diskettenlaufwerksmotors
FEH	Drucker

Abb. 12-13 *Gerätekennungen für die Routinen 90H und 91H des Interrupts 15H*

Druckerroutinen

Die Druckerroutinen des ROM BIOS unterstützen die Ausgabe von Daten auf den Drucker über den Paralleldruckeradapter. Die drei Druckerroutinen werden über den Interrupt 17H (dezimal 23) aufgerufen. Sie werden durch Angabe ihrer Nummer (00H bis 02H) in Register AH ausgewählt (siehe Abb. 12-14). Die Architektur des PC erlaubt den Anschluß mehrerer Drucker, so daß die Nummer des jeweils aktuellen Druckers für alle Routinen in Register DX spezifiziert werden muß.

Routine	*Beschreibung*
00H	Ein Byte an den Drucker senden
01H	Drucker initialisieren
02H	Druckerstatus feststellen

Abb. 12-14 *Die drei Druckerroutinen des ROM BIOS, die mit Interrupt 17H (dezimal 23) aufgerufen werden*

Routine 00H (dezimal 0): Ein Byte an den Drucker senden

Routine 00H (dezimal 0) sendet das von Ihnen angegebene Byte an den Drucker. Ist die Routine beendet, wird in AH der Druckerstatus gesetzt (siehe Routine 02H), der sich zur Bestimmung von Erfolg oder Mißerfolg dieses Vorgangs verwenden läßt. Hinweise zum Drucker-Time-out finden Sie bei der Erläuterung der Routine 2.

Routine 01H (dezimal 1): Drucker initialisieren

Routine 01H (dezimal 1) initialisiert den Drucker, indem zwei Kontrollcodes (08H und 0CH) an den Druckerkontroll-Port gesendet werden. Wie bei den anderen beiden Druckerroutinen wird der Status in Register AH gemeldet.

Routine 02H (dezimal 2): Druckerstatus feststellen

Routine 02H (dezimal 2) meldet den Druckerstatus im Register AH. Die Codierung der einzelnen Bits geht aus Abbildung 12-15 hervor.

Der Drucker-Time-out-Fehler führte in den IBM Personal Computern zu einigen Schwierigkeiten. Jeder E/A-Treiber muß ein Zeitlimit für die Antwort des kontrollierten Geräts setzen. Die Zeitspanne sollte nicht übermäßig lang sein, damit ein nicht antwortendes Gerät sofort gemeldet werden kann. Unglücklicherweise gibt es aber eine Druckerfunktion, die eine längere Zeitspanne umfaßt: der *Seitenvorschub*. Die dafür bereitgestellte Zeit variiert bei den verschiedenen BIOS-Versionen. Behandeln Sie daher ein Time-out-Signal mit Vorsicht.

			Bit					
7	*6*	*5*	*4*	*3*	*2*	*1*	*0*	***Bedeutung (wenn auf 1 gesetzt)***
1	.	.	.	.	.	.	.	Drucker *nicht* beschäftigt (0 = beschäftigt)
.	1	.	.	.	.	.	.	Bestätigung vom Drucker
.	.	1	.	.	.	.	.	Papierzufuhr gestört
.	.	.	1	.	.	.	.	Drucker ausgewählt
.	.	.	.	1	.	.	.	E/A-Fehler
.	.	.	.	.	1	.	.	unbenutzt
.	.	.	.	.	.	1	.	unbenutzt
.	.	.	.	.	.	.	1	Time-out

Abb. 12-15 *Die von den Routinen 00H, 01H und 02H gemeldeten Druckerstatus-Bits im Register AH*

Sonstige Routinen

Das ROM BIOS enthält einige Routinen, die sich in keine Kategorie einordnen lassen (siehe Abb. 12-16). Einige dieser Routinen sind zur Verwendung in Anwendungsprogrammen gedacht, einige mehr in Betriebssystem-Software. Die folgenden Abschnitte beschreiben diese Interrupt-Routinen.

Interrupt		
Hex	***Dez***	***Beschreibung***
05H	5	Bildschirm-Druckroutine (Bildschirminhalt ausdrucken)
11H	17	Ausstattung feststellen
12H	18	Speicherkapazität feststellen
18H	24	ROM-BASIC aktivieren
19H	25	Bootstrap-Startroutine aktivieren
1AH	26	Tageszeitroutinen

Abb. 12-16 *Sechs ROM BIOS-Routinen für unterschiedliche Zwecke und die jeweiligen Interrupts*

Interrupt 05H (dezimal 5): Bildschirm-Druckroutine

Der Interrupt 05H (dezimal 5) aktiviert die Bildschirm-Druckroutine: Die TastaturunterstützungsRoutinen lösen als Reaktion auf die Betätigung der Taste PrtSc (Print Screen) zusammen mit einer Umschalttaste den Interrupt 05H aus; jedes Programm, das den Bildschirminhalt ausdrucken will, kann dies sicher und bequem durch Erzeugen des Interrupts 05H tun.

Die Routine läßt die Cursorposition auf dem Bildschirm unverändert und druckt alle sichtbaren Zeichen des Bildschirms sowohl in den Text- als auch in den Grafik-Modi aus. Sie greift dabei sowohl auf die StandardbildschirmRoutinen (zum Bewegen des Cursors über den Bildschirm und zum Lesen der Daten aus dem Bildschirmpuffer) als auch auf die Standarddruckerroutinen zurück.

Alle Ausgaben der Routine erfolgen über den Standarddrucker 0. Ein- und Ausgaberegister gibt es bei der Routine nicht, an der Speicherstelle 0050:0000H im unteren Speicherbereich (siehe Seite 59) wird jedoch ein Statuscode abgelegt. Steht dort ein Wert von FFH (dezimal 255), bedeutet das, daß eine frühere Bildschirm-Druckoperation nicht erfolgreich ausgeführt werden konnte. Der Wert 00H zeigt an, daß kein Fehler aufgetreten ist und die Bildschirm-Druckoperation gestartet werden kann. Der Wert 01H sagt aus, daß gerade ein Bildschirmausdruck erfolgt. Während des Druckvorganges kann keine zweite Druckoperation eingeleitet werden.

Die ROM BIOS-Bildschirm-Druckroutine kann keine in den Grafikmodi auf dem Bildschirm gezeichneten Bilder ausdrucken. Falls Sie in CGA-kompatiblen Grafikmodi Bildschirmschnappschüsse ausdrucken wollen, verwenden Sie dazu das DOS-Dienstprogramm GRAPHICS. Dieses Programm installiert eine speicherresidente Grafikmodus-Bildschirm-Druckroutine, die den Interrupt 05H abfängt. Sobald GRAPHICS aufgerufen wurde, bewirkt das Betätigen von Umschalt-PrtSc oder die Ausführung des Interrupts 05H im Grafikmodus den Ablauf der Grafikmodus-Bildschirm-Druckroutine.

Interrupt 11H (dezimal 17): Konfiguration feststellen

Interrupt 11H (dezimal 17) meldet, welche Hardware im Computer installiert ist. Die gleichen Informationen finden Sie auch im unteren Speicherbereich bei Speicherstelle 0040:0010H (siehe Kapitel 3, Seite 54). Die Auflistung ist, wie in Abbildung 12-17 gezeigt, in den Bits eines 16-Bit-Wortes codiert, das in Register AX gesetzt wird. Die Routine ist eine Ergänzung zu Interrupt 12H.

Die Informationen über die Konfiguration sind nicht notwendigerweise exakt. Zur Beschaffung der Informationen werden in den unterschiedlichen Modellen verschiedene Methoden angewandt.

Die Konfigurationsliste wird nur beim Startprozeß einmal in den Speicher geladen und bleibt dann unverändert. Die Liste läßt sich daher mit Software manipulieren. Man kann z.B. einige Peripheriegeräte durch Entfernen aus der Liste abhängen, so daß sie nicht verwendet werden können. Veränderungen der Konfigurationsliste wirken nicht in jedem Fall so, wie man es erwarten würde. Unter Interrupt 19H finden Sie Informationen, wie Sie die Konfigurationsliste modifizieren müssen, um verläßliche Ergebnisse zu erhalten.

Das Format der Konfigurationsliste wurde mit dem Erscheinen des Original-PC festgelegt. Das hat zur Folge, daß einige Teile der Liste für andere Modelle keine oder eine abweichende Bedeutung haben.

Bit																*Bedeutung*
15	*14*	*13*	*12*	*11*	*10*	*9*	*8*	*7*	*6*	*5*	*4*	*3*	*2*	*1*	*0*	
x	x	.	.	.	.	.	.	.	.	.	.	.	.	.	.	Anzahl der installierten Drucker
.	.	x	.	.	.	.	.	.	.	.	.	.	.	.	.	(Reserviert)
.	.	.	x	.	.	.	.	.	.	.	.	.	.	.	.	Spieladapter: 1 = vorhanden
.	.	.	.	x	x	x	.	.	.	.	.	.	.	.	.	Anzahl der RS-232 Ports
.	.	.	.	.	.	.	x	.	.	.	.	.	.	.	.	(Nicht verwendet)
.	.	.	.	.	.	.	.	x	x	.	.	.	.	.	.	Anzahl der Diskettenlaufwerke -1
.	.	.	.	.	.	.	.	.	.	x	x	.	.	.	.	Anfangs-Bildschirm-Modus: 11 = monochrom; 10 = 80-Spalten-Farbe; 01 = 40-Spalten-Farbe;
.	.	.	.	.	.	.	.	.	.	.	.	x	x	.	.	PC mit 64 KB-Hauptplatine: RAM-Speicher auf Hauptplatine (11 = 64 KB; 10 = 48 KB; 01 = 32 KB; 00 = 16 KB) PC/AT: (Nicht verwendet) PS/2: Bit 3 = (nicht verwendet); Bit 2: 1 =Zeigegerät installiert
.	.	.	.	.	.	.	.	.	.	.	.	.	.	x	.	1 = Math. Coprozessor installiert
.	.	.	.	.	.	.	.	.	.	.	.	.	.	.	x	1, falls Diskettenlaufwerk vorhanden (Ja: siehe Bits 6 und 7)

Abb. 12-17 *Die Bit-Codierung der Konfigurationsliste, die von Interrupt 11H (dezimal 17) in Register AX geladen wird*

Das Format der Konfigurationsliste wurde für den Original-IBM PC definiert. Daher variieren einige Teile der Liste je nach PC-Modell. Zum Beispiel gaben die Bits 2 und 3 ursprünglich die Größe des auf der Mutterplatine installierten RAM an (man konnte damals tatsächlich einen PC mit nur 16 KB RAM kaufen). In den PS/2s haben diese Bits eine andere Bedeutung (siehe hierzu Abb. 12-17).

Interrupt 12H (dezimal 18): Speicherkapazität feststellen

Interrupt 12H (dezimal 18) ruft eine Routine auf, die die verfügbare Speicherkapazität in KByte meldet. Dieselbe Information finden wir an Speicherstelle 0040:0013H im unteren Speicherbereich (siehe Seite 54). Der Wert wird in AX gemeldet. Der Wert spiegelt lediglich die Kapazität des verfügbaren Basisspeichers wieder. In einem PC/AT oder PS/2 mit erweitertem Speicher (geschützter Modus) müssen Sie Interrupt 15H, Routine 88H (Größe des erweiterten Speichers ermitteln) zur Bestimmung seiner Kapazität verwenden.

In den Standard-PC-Modellen wird die Speicherkapazität aus den entsprechenden Schalterstellungen auf der Platine abgelesen. Diese Schalter sollten normalerweise den tatsächlich vorhandenen Speicherplatz wiedergeben, doch sind sie unter gewissen Umständen auf einen geringeren Wert eingestellt. In den PC/ATs und PS/2 bestimmt die Einschalt-Testroutine des ROM BIOS die im System vorhandene Speicherkapazität, indem sie den verfügbaren RAM-Speicher durchsucht. Falls das BIOS einen erweiterten Datenbereich verwendet, wird dieser an der höchsten verfügbaren Speicheradresse zugeordnet, so daß der von dieser Routine zurückgegebene Wert den für den erweiterten Datenbereich reservierten Speicherplatz nicht enthält.

Interrupt 18H (dezimal 24): ROM-BASIC aktivieren

Mit Interrupt 18H (dezimal 24) wird im allgemeinen das ROM-BASIC aktiviert. Jedes Programm kann BASIC (oder jede Programmiersprache, die es ersetzt) durch Generieren des Interrupts 18H aktivieren. Man kann auf diese Weise sowohl ROM-BASIC tatsächlich aufrufen als auch ein Programm *abrupt abbrechen*. Für letzteres ist allerdings der als nächstes behandelte Interrupt 19H vorzuziehen.

Interrupt 19H (dezimal 25): Bootstrap-Startroutine aktivieren

Interrupt 19H (dezimal 25) aktiviert die standardmäßige Startroutine des Computers und führt zu einem ähnlichen Resultat wie das Einschalten des Computers sowie zu fast demselben wie die Tastenkombination Ctrl-Alt-Del. Der Bootstrap-Interrupt übergeht aber ebenso wie Ctrl-Alt-Del den lange währenden Speichertest der Einschaltroutinen.

Die Bootstrap-Startroutine liest den ersten Sektor der ersten Spur (den *Bootsektor*) von der Diskette in Laufwerk A an die Speicheradresse 0000:7C00H. Falls

das ROM BIOS nicht von einer Diskette lesen kann, liest es stattdessen den Bootsektor der Festplatte in Laufwerk C. Schlagen beide Versuche fehl, löst das BIOS Interrupt 18H aus, um ROM-BASIC zu laden. Liest das BIOS einen Sektor von der Platte und enthält dieser keine Daten zum Booten des Betriebssystems, gibt es eine Fehlermeldung aus und wartet darauf, daß Sie neu booten oder die fehlerhafte Diskette ersetzen.

Es gibt zwei Anwendungen für diese Interrupt-Routine, die bekannt sind. Die eine ist die Herbeiführung eines "*Abstürzens*" des Computers, wenn eine nicht tolerierbare Situation eintritt, wie z.B. die offensichtliche Verletzung des Kopierschutzes.

Die andere Anwendung liegt im Neustarten des Computers, ohne die Reset- und Neustart-Operationen nochmals zu durchlaufen. Man erspart sich dabei also z.B. die Neuberechnung der Speichergröße und die Erstellung der Konfigurationsliste mit Hilfe der Routinen 11H und 12H. Der Interrupt ist besonders für Programme nützlich, die eines der beiden Elemente modifizieren wollen. Der Grund dafür ist einfach: falls Sie die Konfigurationsliste oder die Speichergröße (z.B. zum Reservieren eines Speicherbereiches für eine RAM-Disk) ändern wollen, können Sie sich nicht bei allen Programmen - inklusive DOS - darauf verlassen, daß die Speicher- und Konfigurationsdaten ständig neu kontrolliert werden. Ein Programm kann einen Teil des Speicherbereichs reservieren, die Kapazitätsangabe verändern und dann diesen Interrupt aufrufen, um das System erneut zu starten. Wird diese Prozedur durchlaufen und DOS aktiviert, nimmt DOS die von Ihrem Programm festgelegte Speicherkapazität als gegeben an. Weder DOS noch die normalen DOS-Programme erkennen, daß ihnen Speicherplatz vorenthalten wurde, Störungen treten nicht auf.

Hier ein kurzes Beispiel, ein Auszug aus einem Assemblerprogramm, mit dem der BIOS-Eintrag der Speichergröße verändert und anschließend Interrupt 19H aufgerufen wird, um das System neu zu starten:

```
mov     ax,40H                  ; BIOS-Datensegment von hex 40 ...
mov     es,ax                   ; ... in Segmentregister ES bringen
mov     word ptr es:[13h],256   ; Speicher auf 256 Kbyte setzen
int     19h                     ; System neu starten
```

Interrupt 1AH (dezimal 26): Tageszeitroutinen

Interrupt 1AH (dezimal 26) stellt Tageszeitroutinen zur Verfügung. Im Gegensatz zu den in diesem Abschnitt behandelten Routinen, aber im Einklang mit allen anderen, lassen sich über diesen Interrupt mehrere Routinen aktivieren. Beim Aufruf des Interrupts 1AH geben Sie die Nummer der Routine wie gewohnt in Register AH an (siehe Abb. 12-18).

Routine	*Beschreibung*
00H	Aktuellen Zählerstand lesen
01H	Aktuellen Zählerstand setzen
02H	Uhrzeit von Echtzeituhr lesen
03H	Uhrzeit der Echtzeituhr setzen
04H	Datum von Echtzeituhr lesen
05H	Datum der Echtzeituhr setzen
06H	Wecker der Echtzeituhr einstellen
07H	Wecker der Echtzeituhr zurücksetzen
09H	Weckzeit und Status des Echtzeitweckers lesen

Abb. 12-18 *Die Tageszeitroutinen des Interrupts 1AH*

Das ROM BIOS berechnet die aktuelle Tageszeit, indem es von einem Anfangswert ausgehend die Impulse zählt, die durch den Systemtakt erzeugt werden. Die Zählung beginnt bei Mitternacht. Bei jedem Impuls zählt die ROM BIOS-Routine den Zähler um eins hoch. Wenn der Wert für 24 Stunden erreicht ist, wird vermerkt, daß das Ereignis "Mitternacht" stattgefunden hat und der Zählerstand auf 0 zurückgesetzt. Es gibt keine Möglichkeit festzustellen, ob das Ereignis "Mitternacht" mehrere Male aufgetreten ist.

Die Uhr "tickt" mit einer Frequenz von fast genau 1.193.180 : 64 KByte oder ungefähr 18,2 mal in der Sekunde. Der Zählerstand wird als 4-Byte-Ganzzahlwort in der unteren Speicherstelle 0040:006CH gespeichert. Der Wert, der bei Mitternacht erreicht ist, beträgt 1800B0H oder 1.573.040. Er wird zum Vergleich mit dem laufenden Zählerstand benötigt. Erreicht die Uhr den Wert dieses Zählers, werden das Byte an Adresse 0040:0070H auf 01H und der Zähler auf 0 gesetzt. Wenn DOS die aktuelle Zeit benötigt, liest es mit Hilfe der Tageszeitroutine den Zählerstand und errechnet die Zeit aus diesem Wert. Entdeckt es, daß Mitternacht verstrichen ist, erhöht es auch das Datum.

Die Tageszeit kann mit folgenden BASIC-Formeln aus dem Zählerstand errechnet werden:

```
STUNDEN = INT(ZAEHLER / 65543)
ZAEHLER = ZAEHLER - (STUNDEN * 65543)
MINUTEN = INT(ZAEHLER / 1092)
ZAEHLER = ZAEHLER - (MINUTEN * 1092)
SEKUNDEN = ZAEHLER / 18,2
```

Mit folgender Formel läßt sich der Zählerstand aus der Zeit hinreichend genau berechnen:

```
ZAEHLER = (STUNDEN * 65543) + (MINUTEN * 1092) + (SEKUNDEN * 18.2)
```

Die ROM BIOS-Routinen der PC/ATs und PS/2 enthalten Tageszeit- und Datumsroutinen, die einige dieser Aufgaben automatisch durchführen.

Routine 00H (dezimal 0): Aktuellen Zählerstand lesen

Die Routine 00H (dezimal 0) übergibt den Zählerstand an zwei Register: der höherwertige Teil wird in CX, der niederwertige in DX abgelegt. Ist das Register AL gleich 0, trat seit dem letzten Lesen oder Setzen des Zählerstandes das Ereignis "Mitternacht" nicht ein. Andernfalls ist AL gleich 1. Das Mitternachtssignal wird beim Lesen der Uhr immer zurückgesetzt (auf 0). Jedes Programm, das die Routine verwendet, muß das Mitternachtssignal lesen und gegebenenfalls das Datum aktualisieren. In DOS-Programmen sollte die Routine nicht direkt verwendet werden, um den mit der Datumsberechnung und -einstellung verbundenen Aufwand zu vermeiden.

> ❑ HINWEIS: *Seltsamerweise aktualisierte die DOS-Version 2.0 das Datum beim Auftreten des Mitternachtssignals nicht immer. Die späteren Versionen tun es jedoch.*

Routine 01H (dezimal 1): Aktuellen Zählerstand setzen

Routine 01H (dezimal 1) setzt den Zählerstand an der Speicherstelle 0040:006CH. Der Wert wird dem Registerpaar CX:DX entnommen. Diese Routine löscht automatisch das Mitternachtssignal an 0040:0070H.

Routine 02H (dezimal 2): Uhrzeit von Echtzeituhr lesen

PC/ATs und PS/2 verfügen über eine Echtzeituhr, die die aktuelle Uhrzeit und das Tagesdatum in einem nicht flüchtigen Speicher verwalten. Diese Uhr läuft parallel zu dem von den Routinen 00H und 01H angesprochenen Systemzeitgeber. Wenn Sie einen PC/AT oder PS/2 booten, initialisiert das ROM BIOS den Zähler des Systemzeitgebers mit der von der Echtzeituhr angegebenen Zeit.

Sie können auf die Echtzeituhr mit Hilfe der Routine 02H (dezimal 2) direkt zugreifen. Diese Routine gibt die Zeit in den Registern CH (Stunden), CL (Minuten) und DH (Sekunden) im BCD-Format (binär codiertes Dezimal-Format) zurück. Bei einer Störung der Echtzeituhr setzt das ROM BIOS die Übertragsflagge.

Routine 03H (dezimal 3): Uhrzeit der Echtzeituhr setzen

Diese Routine ergänzt Routine 02H, indem sie das Einstellen der Echtzeituhr in PC/ATs oder PS/2 mit Hilfe derselben Registerzuweisungen wie Routine 02H ermöglicht. Auch hier stehen die Stunden-, Minuten- und Sekundenwerte im BCD-Format.

Routine 04H (dezimal 4): Datum von Echtzeituhr lesen

Die Routine 04H (dezimal 4) gibt das Tagesdatum zurück, wie es von der Echtzeituhr in PC/ATs oder PS/2 verwaltet wird. Das ROM BIOS gibt das Jahrhundert (19 oder 20) in Register CH, das Jahr in CL, den Monat in DH und den Tag in DL zurück. Diese Werte sind ebenfalls im BCD-Format. Wie in Routine 02H setzt das ROM BIOS bei einer Störung der Echtzeituhr die Übertragsflagge.

Routine 05H (dezimal 5): Datum der Echtzeituhr setzen

Diese Routine ergänzt Routine 04H, indem sie das Einstellen des Tagesdatums der Echtzeituhr in den PC/ATs oder PS/2 mit Hilfe derselben Registerzuweisungen wie Routine 04H ermöglicht.

Routine 06H (dezimal 6): Wecker der Echtzeituhr einstellen

Die Routine 06H (dezimal 6) ermöglicht Ihnen das Erstellen eines "Weckprogramms", das zu einer bestimmten Zeit abläuft. Dieses Programm muß zu dem Zeitpunkt, zu dem der Wecker "klingelt", speicherresident sein. Machen Sie daher vor Verwendung dieser Routine Ihr Weckprogramm mit Hilfe der DOS-Routine "Beenden und im Speicher bleiben" (siehe Seite 302) speicherresident. Vergewissern Sie sich auch, daß der Interrupt-Vektor 4AH (000:0128H) auf den Beginn Ihres Programms zeigt. Rufen Sie nun Routine 06H auf, um den Weckzeitpunkt einzustellen.

Die Routine 06H verwendet dieselben Register wie Routine 03H: CH enthält die Stunden im BCD-Format, CL die Minuten und DH die Sekunden. Das ROM BIOS setzt die Übertragsflagge, falls die Echtzeituhr nicht funktioniert oder der Wecker bereits verwendet wird.

Stimmt die Uhrzeit der Echtzeituhr mit der Weckzeit überein, führt das BIOS Interrupt 4AH aus, der die Kontrolle Ihrem Weckprogramm überträgt. Ihr Programm kann nun die entsprechende Handlung ausführen (zum Beispiel eine Meldung ausgeben). Da das ROM BIOS Ihr Weckprogramm durch Ausführung einer INT 4AH-Anweisung aktiviert, muß das Programm mit einer IRET-Anweisung enden.

Routine 07H (dezimal 7): Wecker der Echtzeituhr zurücksetzen

Verwenden Sie Routine 07H (dezimal 7), um den Echtzeitwecker auszuschalten, falls er durch einen vorausgegangenen Aufruf von Routine 06H eingestellt wurde.

Routine 09H (dezimal 9): Weckzeit und Status des Echtzeitweckers lesen

Bei den PS/2-Modellen 25 und 30 kann man den aktuellen Status des Echtzeitweckers durch Ausführung von Interrupt 1AH, Routine 09H, ermitteln. Diese Routine meldet den Weckstatus in Register DL. Bei DL = 01H ist der Wecker aktiv, und die Weckzeit wird in CH, CL und DH zurückgegeben. Anderenfalls (DL = 00H) ist der Wecker nicht aktiv.

Kapitel 13
Zusammenfassung der ROM BIOS-Routinen

In diesem Kapitel finden Sie alle ROM BIOS-Routinen systematisch aufgelistet, die in den Kapiteln 8 bis 12 beschrieben sind.

Sie können damit die benötigten ROM BIOS-Funktionen ausfindig machen und problemlos feststellen, welche Register sie verwenden. Ist eine bestimmte Routine sehr umfangreich oder kompliziert anzuwenden, finden Sie einen Verweis auf das entsprechende Kapitel oder die *IBM Technical Reference Manuals.*

Kurzübersicht

In diesem Abschnitt sind alle ROM BIOS-Routinen kurz aufgelistet, so daß man sie auf einen Blick betrachten kann.

Kategorie	*Interrupt* *Hex*	*Dez*	*Routine*	*Beschreibung*	*Hinweise*
PrtScr	05H	5	---	Bildschirminhalt an Drucker senden	
Bildschirm	10H	16	00H	Bildschirmmodus festlegen	
Bildschirm	10H	16	01H	Cursorgröße festlegen	
Bildschirm	10H	16	02H	Cursorposition setzen	
Bildschirm	10H	16	03H	Cursorposition abfragen	
Bildschirm	10H	16	04H	Lichtgriffelposition abfragen	
Bildschirm	10H	16	05H	aktive Anzeigeseite festlegen	
Bildschirm	10H	16	06H	Fenster nach oben rollen	
Bildschirm	10H	16	07H	Fenster nach unten rollen	
Bildschirm	10H	16	08H	Zeichen und Attribut lesen	
Bildschirm	10H	16	09H	Zeichen und Attribut schreiben	
Bildschirm	10H	16	0AH	Zeichen schreiben	
Bildschirm	10H	16	0BH	4-Farben-Palette festlegen	
Bildschirm	10H	16	0CH	Bildpunkt setzen	
Bildschirm	10H	16	0DH	Bildpunkt lesen	
Bildschirm	10H	16	0EH	TTY-Zeichen schreiben	
Bildschirm	10H	16	0FH	Aktuellen Bildschirmmodus bestimmen	
Bildschirm	10H	16	10H	EGA/VGA-Farbpaletten-Schnittstelle	
Bildschirm	10H	16	11H	Schnittstelle zum EGA/VGA-Zeichengenerator	
Bildschirm	10H	16	12H	EGA/VGA-"Alternativauswahl"	
Bildschirm	10H	16	13H	Zeichenfolge schreiben	nur PC/AT, PS/2, EGA, VGA
Bildschirm	10H	16	1AH	Verwendeter Bildschirm/ Bildschirmadapter	nur PS/2
Bildschirm	10H	16	1BH	Informationen über Bildschirmhardware/-status	nur PS/2

Abb. 13-1

(weiter nächste Seite)

(Fortsetzung)

Kategorie	Interrupt Hex	Dez	Routine	Beschreibung	Hinweise
Bildschirm	10H	16	1CH	Bildschirmstatus sichern/ wiederherstellen	nur VGA
Konfiguration	11H	17	--	Liste der Peripheriegeräte lesen	
Speicher	12H	18	--	Basisspeichergröße (in KB) ermitteln	
Platte	13H	19	00H	Reset des Disketten-/Fest-platten-Controllers	
Platte	13H	19	01H	Laufwerksstatus feststellen	
Platte	13H	19	02H	Sektoren lesen	
Platte	13H	19	03H	Sektoren schreiben	
Platte	13H	19	04H	Sektoren prüfen	
Platte	13H	19	05H	Spur formatieren	
Platte	13H	19	06H	PC/XT-Festplattenspur for-matieren	nur PX/XT-Festplatte
Platte	13H	19	07H	PC/XT-Festplatte forma-tieren	nur PX/XT-Festplatte
Platte	13H	19	08H	Laufwerksparameter lesen	
Platte	13H	19	09H	Festplattenparameterta-bellen initialisieren	
Platte	13H	19	0AH	Lange Sektoren lesen	
Platte	13H	19	0BH	Lange Sektoren schreiben	
Platte	13H	19	0CH	Auf Zylinder positionieren	
Platte	13H	19	0DH	Alternativer Festplatten-Reset	
Platte	13H	19	10H	Laufwerk bereit?	
Platte	13H	19	11H	Laufwerk neu kalibrieren	
Platte	13H	19	14H	Controller-Diagnose	
Platte	13H	19	15H	Laufwerkstyp ermitteln	
Platte	13H	19	16H	Diskettenstatus ändern	
Platte	13H	19	17H	Diskettentyp festlegen	
Platte	13H	19	18H	Datenträgertyp zum Forma-tieren festlegen	
Platte	13H	19	19H	Köpfe parken	nur PS/2
Platte	13H	19	1AH	ESDI-Laufwerk formatieren	nur PS/2-Modelle 50, 60, 80
Serieller Port	14H	20	00H	Seriellen Port initialisieren	
Serieller Port	14H	20	01H	Ein Zeichen senden	
Serieller Port	14H	20	02H	Ein Zeichen empfangen	
Serieller Port	14H	20	03H	Status des seriellen Ports feststellen	
Serieller Port	14H	20	04H	Erweiterten seriellen Port initialisieren	nur PS/2

Abb. 13-1 *(weiter nächste Seite)*

(Fortsetzung)

Kategorie	*Interrupt* *Hex*	*Dez*	*Routine*	*Beschreibung*	*Hinweise*
Serieller Port	14H	20	05H	Erweiterten Kommunikations-port ansteuern	nur PS/2
System	15H	21	00H	Kassettenrecordermotor einschalten	
System	15H	21	01H	Kassettenrecordermotor ausschalten	
System	15H	21	02H	Datenblöcke von Kassette lesen	
System	15H	21	03H	Datenblöcke auf Kassette schreiben	
System	15H	21	21H	Fehleraufzeichnung des PS/2-Einschalt-Selbsttests lesen oder veranlassen	nur PS/2-Modelle 50, 60, 80
System	15H	21	4FH	Tastatur abfangen	nur PC/AT, PS/2
System	15H	21	80H	Gerät verfügbar	nur PC/AT, PS/2
System	15H	21	81H	Verbindung zum Gerät been-det	nur PC/AT, PS/2
System	15H	21	82H	Programm beendet	nur PC/AT, PS/2
System	15H	21	83H	Timer starten oder anhalten	nur PC/AT, PS/2
System	15H	21	84H	Joystick-Eingabe lesen	nur PC/AT, PS/2
System	15H	21	85H	Sys Req betätigt	nur PC/AT, PS/2
System	15H	21	86H	Warten	nur PC/AT, PS/2
System	15H	21	87H	Datenverschiebung im ge-schützten Modus	nur PC/AT, PS/2-Modelle 50, 60, 80
System	15H	21	88H	Größe des erweiterten (exten-ded) Speichers ermitteln	nur PC/AT, PS/2-Modelle 50, 60, 80
System	15H	21	89H	In geschützten Modus wech-seln	nur PC/AT, PS/2-Modelle 50, 60, 80
System	15H	21	90H	Gerät beschäftigt	nur PC/AT, PS/2
System	15H	21	91H	Interrupt beendet	nur PC/AT, PS/2
System	15H	21	C0H	Systemkonfigurations-Para-meter lesen	
System	15H	21	C1H	Erweitertes BIOS-Datenseg-ment lesen	nur PS/2
System	15H	21	C2H	Zeigegerät-Schnittstelle	nur PS/2
System	15H	21	C3H	Überwachungs-Timer akti-vieren/deaktivieren	nur PS/2-Modelle 50, 60, 80
System	15H	21	C4H	Schnittstelle zur program-mierbaren Optionsauswahl	nur PS/2-Modelle 50, 60, 80
Tastatur	16H	22	00H	nächstes Zeichen von Tastatur lesen	
Tastatur	16H	22	01H	Meldung, ob Zeichen bereit	

Abb. 13-1

(weiter nächste Seite)

(Fortsetzung)

Kategorie	Interrupt Hex	Dez	Routine	Beschreibung	Hinweise
Tastatur	16H	22	02H	Umschaltstatus feststellen	
Tastatur	16H	22	03H	Wiederholrate und -verzögerung feststellen	nur PC/AT, PS/2
Tastatur	16H	22	05H	Tastaturschreiben	nur PC/AT, PS/2
Tastatur	16H	22	10H	Lesen der erweiterten Tastatur	nur PC/AT, PS/2
Tastatur	16H	22	11H	Status der erweiterten Tastatur	nur PC/AT, PS/2
Tastatur	16H	22	12H	Umschaltstatus der erweiterten Tastatur	nur PC/AT, PS/2
Drucker	17H	23	00H	Ein Byte an den Drucker senden	
Drucker	17H	23	01H	Drucker initialisieren	
Drucker	17H	23	02H	Druckerstatus feststellen	
BASIC	18H	24	--	ROM-BASIC aktivieren	
Bootstrap	19H	25	--	Computer neu starten	
Zeit	1AH	26	00H	Aktuellen Zählerstand lesen	
Zeit	1AH	26	01H	Aktuellen Zählerstand setzen	
Zeit	1AH	26	02H	Uhrzeit von Echtzeituhr lesen	nur PC/AT, PS/2
Zeit	1AH	26	03H	Uhrzeit der Echtzeituhr setzen	nur PC/AT, PS/2
Zeit	1AH	26	04H	Datum von Echtzeituhr lesen	nur PC/AT, PS/2
Zeit	1AH	26	05H	Datum der Echtzeituhr setzen	nur PC/AT, PS/2
Zeit	1AH	26	06H	Wecker der Echtzeituhr einstellen	nur PC/AT, PS/2
Zeit	1AH	26	07H	Wecker der Echtzeituhr zurücksetzen	nur PC/AT, PS/2
Zeit	1AH	26	09H	Weckzeit und Status des Echtzeitweckers lesen	nur PS/2-Modell 30

Abb. 13-1 *Kurzübersicht der ROM BIOS-Routinen*

Ausführliche Zusammenfassung

In diesem Abschnitt erweitern wir die vorausgehende Übersichtstabelle, so daß man auch die Verwendung der Register für Eingabe- und Ausgabeparameter sieht. Der vorausgehende Abschnitt ist besonders dazu geeignet, rasch herauszufinden, welche Routine man braucht, während dieser Abschnitt sich bestens dafür eignet, herauszufinden, wie die jeweilige Routine zu verwenden ist.

		Register		
Routine	***Interrupt***	***Eingabe***	***Ausgabe***	***Hinweise***
PrtScr	05H	---	---	Sendet Bildschirminhalt an Drucker. Status- und Ergebnis-Byte an 0050:0000H.
Bildschirmroutinen				
Bildschirm-modus fest-legen	10H	AH = 00H AL = Bild-schirmmodus	Keine	*Bildschirmmodi in AL:* 00H: 40 x 25 16 Farben, Text (grauschattiert auf Composite-Monitoren). 01H: 40 x 25 16 Farben, Text. 02H: 80 x 25 16 Farben, Text. (grauschattiert auf Composite-Monitoren). 03H: 80 x 25 16 Farben, Text. 04H: 320 x 200 4 Farben, Grafik. 05H: 320 x 200 4 Farben, Grafik, (grauschattiert auf Composite-Monitoren). 06H: 640 x 200 2 Farben, Grafik. 07H: 80 x 25 monochrom, Text (MDA, EGA, VGA). 0DH: 320 x 200 16 Farben, Grafik (EGA, VGA). 0EH: 640 x 200 16 Farben Grafik (EGA, VGA). 0FH: 640 x 350 monochrom, Grafik (EGA, VGA). 10H: 640 x 350 16 Farben, Grafik (EGA, VGA). 11H: 640 x 480 2 Farben, Grafik (MCGA, VGA). 12H: 640 x 480 16 Farben, Grafik (VGA). 13H: 320 x 200 256 Farben, Grafik (MCGA, VGA).

Abb. 13-2

(weiter nächste Seite)

(Fortsetzung)

Routine	Interrupt	Register Eingabe	Register Ausgabe	Hinweise
Cursorgröße festlegen	10H	AH = 01H CH = Startrasterzeile CL = Endrasterzeile	Keine	Sinnvolle Werte für CH und CL hängen vom Bildschirmmodus ab.
Cursorposition setzen	10H	AH = 02H BH = Anzeigeseite DH =Zeile DL = Spalte	Keine	
Cursorposition abfragen	10H	AH = 03H BH=Anzeigeseite	CH = Startrasterzeile CL = Endrasterzeile DH = Zeile DL = Spalte	
Lichtgriffelposition abfragen	10H	AH = 04H	AH = Stifttriggersignal BX=Bildpunktspalte CH = Bildpunktzeile (CGA- und EGA-Bildschirmmodi 4, 5 und 6) CX = Bildpunktzeile (EGA außer Modi 4, 5 und 6) DH = Zeichenzeile DL = Zeichenspalte	
Aktive Anzeigeseite festlegen	10H	AH = 05H AL = Seitennummer	Keine	
Fenster nach oben rollen	10H	AH = 06H AL = Anzahl zu rollender Zeilen BH = Füllattribut CH = obere Zeile CL = linke Spalte DH = untere Zeile DL = rechte Spalte	Keine	
Fenster nach unten rollen	10H	AH = 07H AL = Anzahl zu rollender Zeilen BH = Füllattribut CH = obere Zeile CL = linke Spalte	Keine	

Abb. 13-2

(weiter nächste Seite)

(Fortsetzung)

Routine	*Interrupt*	*Register* *Eingabe*	*Register* *Ausgabe*	*Hinweise*
Fenster nach unten rollen *(Fortsetzung)*		DH = untere Zeile DL = rechte Spalte		
Zeichen und Attribut lesen	10H	AH = 08H BH = Anzeigeseite	AH = Attribut AL = Zeichen	
Zeichen und Attribut schreiben	10H	AH = 09H AL = Zeichen BH = Anzeigeseite BL = Attribut CX = Anzahl zu wiederholender Zeichen	Keine	
Zeichen schreiben	10H	AH = 0AH AL = Zeichen BH = Anzeigeseite BL = Farbe im Grafikmodus CX = Anzahl zu wiederholender Zeichen	Keine	
Farbpalette festlegen	10H	AH = 0BH BH = Palettenfarbnummer BL = mit Palettennummer zu verwendende Farbe	Keine	
Bildpunkt setzen	10H	AH = 0CH AL = Farbe BH = Anzeigeseite CX = Bildpunktspalte DX = Bildpunktzeile	Keine	
Bildpunkt lesen	10H	AH = 0DH BH = Anzeigeseite CX = Bildpunktspalte DX = Bildpunktzeile	AL = Bildpunktwert	
Zeichen im TTY-Modus schreiben	10H	AH = 0EH AL = Zeichen BH = Anzeigeseite	Keine	Nummer der Anzeigeseite nur für IBM PC-ROM BIOS mit Datum vom 19.10.81 und früher erforderlich.

Abb. 13-2

(weiter nächste Seite)

(Fortsetzung)

Routine	Interrupt	Register Eingabe	Register Ausgabe	Hinweise
Zeichen im TTY-Modus schreiben *(Fortsetzung)*		BL = Farbe für Grafikmodus		
Aktuellen Bildschirm-modus be-stimmen	10H	AH = 0FH	AH = Breite in Zeichen AL = Bildschirm-modus BH = Anzeigeseite	
Ein Palet-tenregister setzen	10H	AH = 10H AL = 00H BH = Paletten-registerwert BL = Paletten-registernummer	Keine	EGA, VGA.
Randregister setzen	10H	AH = 10H AL = 01H BH = Randfarbe	Keine	EGA, VGA.
Alle Palet-tenregister setzen	10H	AH = 10H AL = 02H ES:DX → Ta-belle von Pa-lettenwerten	Keine	EGA, VGA.
Hintergrund-helligkeit oder Blink-attribut wäh-len	10H	AH = 10H AL = 03H *Hintergrund-helligkeit aktivieren:* BL = 00H *Blinken aktivieren:* BL = 01H	Keine	EGA, VGA.
Ein Paletten-register le-sen	10H	AH = 10H AL = 07H BL = Paletten-registernummer	BH = Paletten-registerwert	Nur VGA.
Randregister lesen	10H	AH = 10H AL = 08H	BH = Wert der Randfarbe	Nur VGA.

Abb. 13-2 *(weiter nächste Seite)*

(Fortsetzung)

Routine	Interrupt	Register Eingabe	Ausgabe	Hinweise
Alle Palettenregister lesen	10H	AH = 10H AL = 09H	ES:DX → Tabelle von Palettenregisterwerten	Nur VGA.
Ein Video-DAU-Register ändern	10H	AH = 10H AL = 10H BX = Farbregisternummer DH = Rot-Wert CH = Grün-Wert CL = Blau-Wert	Keine	MCGA, VGA.
Video-DAU-Registerblock ändern	10H	AH = 10H AL = 12H BX = erstes zu änderndes Register CX = Anzahl der zu ändernden Register ES:DX → Tabelle mit RGB-Werten		MCGA, VGA.
Video-DAU-Farbseite setzen	10H	AH = 10H AL = 13H *Auswahl des Seitenmodus:* BL = 00H BH = 00H wählt 4 Seiten aus 64 Registern *oder* BH = 01H wählt 16 Seiten aus 16 Registern *Auswahl der Seite:* BL = 01H BH = Seitennummer	Keine	Nur VGA.
Ein Video-DAU-Register lesen	10H	AH = 10H AL = 15H BX = Farbregisternummer	DH = Rot-Wert CH = Grün-Wert CL = Blau-Wert	MCGA, VGA.
Video-DAU-Registerblock lesen	10H	AH = 10H AL = 17H BX = Nummer des ersten Registers	Aktualisierte Tabelle an ES:DX	MCGA, VGA.

Abb. 13-2

(weiter nächste Seite)

(Fortsetzung)

Routine	*Interrupt*	*Register* *Eingabe*	*Ausgabe*	*Hinweise*
Video-DAU-Register-block lesen *(Fortsetzung)*		CX = Anzahl Register ES:DX → Tabelle mit RGB-Werten		
Video-DAU-Farbseite lesen	10H	AH = 10H AL = 1AH BH = aktuelle Seite BL = aktueller Seitenmodus	Keine	Nur VGA.
Video-DAU-Farbwerte zu Grauwerten addieren	10H	AH = 10H AL = 1BH BX = erstes Farbregister CX = Anzahl Farbregister	Keine	MCGA, VGA.
Benutzer-spezifischen alphanumerischen Zeichensatz laden	10H	AH = 11H AL = 00H BH = Bytes pro Zeichen in Tabelle BL = Zeichengenerator-RAM-Block CX = Anzahl Zeichen DX = erstes Zeichen ES:BP → Zeichen-definitionstabelle	Keine	EGA, MCGA, VGA.
Alphanumerischen ROM BIOS-8 x 14-Zeichen-satz laden	10H	AH = 11H AL = 01H BL = Zeichengenerator-RAM-Block	Keine	EGA, VGA.
Alphanumerischen ROM BIOS-8 x 8-Zeichen-satz laden	10H	AH = 11H AL = 02H BL = Zeichengenerator-RAM-Block	Keine	EGA, MCGA, VGA.

Abb. 13-2

(weiter nächste Seite)

(Fortsetzung)

Routine	Interrupt	Register Eingabe	Register Ausgabe	Hinweise
Alphanumerische Zeichensätze zur Anzeige auswählen	10H	AH = 11H AL = 03H BL = Zeichengenerator-RAM-Block	Keine	EGA, MCGA, VGA.
Alphanumerischen ROM BIOS-8 x 16-Zeichensatz laden	10H	AH = 11H AL = 04H BL = Zeichengenerator-RAM-Block	Keine	MCGA, VGA.
Benutzerdefinierten alphanumerischen Zeichensatz laden und Höhe der angezeigten Zeichen anpassen	10H	AH = 11H AL = 10H BH = Definition Bytes pro Zeichen BL = Zeichengenerator-RAM-Block CX = Anzahl Zeichen DX = erstes Zeichen ES:BP → Zeichendefinitionstabelle	Keine	EGA, MCGA, VGA.
Alphanumerischen ROM BIOS-8 x 14-Zeichensatz laden und Höhe der angezeigten Zeichen anpassen	10H	AH = 11H AL = 11H BL = Zeichengenerator-RAM-Block	Keine	EGA, VGA.
Alphanumerischen ROM BIOS-8 x 8-Zeichensatz laden und Höhe der angezeigten Zeichen anpassen	10H	AH = 11H AL = 12H BL = Zeichengenerator-RAM-Block	Keine	EGA, VGA.

Abb. 13-2 *(weiter nächste Seite)*

(Fortsetzung)

Routine	Interrupt	Register Eingabe	Register Ausgabe	Hinweise
Alphanumerischen ROM BIOS-8 x 16-Zeichensatz laden und Höhe der angezeigten Zeichen anpassen	10H	AH = 11H AL = 14H BL = Zeichengenerator-RAM-Block	Keine	Nur VGA.
Benutzerspezifischen 8 x 8-Grafikzeichensatz laden	10H	AH = 11H AL = 20H ES:BP → Zeichendefinitionstabelle	Keine	EGA, MCGA, VGA. Kopiert ES:BP in den Interruptvektor 1FH. Nur Zeichen 80H bis FFH sollten definiert werden.
Benutzerspezifischen Grafikzeichensatz laden	10H	AH = 11H AL = 21H CX = Bytes pro Zeichen ES:BP → Zeichendefinitionstabelle *Benutzerspezifische Anzahl Zeichenzeilen:* BL = 00H DL = Anzahl Zeichenzeilen *14 Zeichenzeilen:* BL = 01H *25 Zeichenzeilen:* BL = 02H *43 Zeichenzeilen:* BL = 03H	Keine	EGA, MCGA, VGA.
ROM BIOS-8 x 14-Grafikzeichensatz laden	10H	AH = 11H AL = 22H BL = (wie für AL = 21H) DL = (wie für AL = 21H)	Keine	EGA, VGA.

Abb. 13-2

(weiter nächste Seite)

(Fortsetzung)

Routine	*Interrupt*	*Register* *Eingabe*	*Ausgabe*	*Hinweise*
ROM BIOS-8 x 8-Grafikzeichensatz laden	10H	AH = 11H AL = 23H BL = (wie für AL = 21H) DL = (wie für AL = 21H)	Keine	EGA, MCGA, VGA.
ROM BIOS-8 x 16-Grafikzeichensatz laden	10H	AH = 11H AL = 24H BL = (wie für AL = 21H) DL = (wie für AL = 21H)	Keine	MCGA, VGA.
Informationen über Zeichensatz lesen	10H	AH = 11H AL = 30H *Inhalt von Interruptvektor* 1FH: BH = 00H *Inhalt von Interruptvektor* 43H: BH = 01H *Adresse der ROM-8 x 14-Zeichen:* BH = 02H *Adresse der ROM-8 x 8-Zeichen:* 1BH = 03H *Adresse der zweiten Hälfte der ROM-8 x 8-Tabelle:* BH = 04H *Adresse der ROM-9 x 14-Alternativzeichen:* BH = 05H *Adresse der ROM-8 x 16-Zeichen:* BH = 06H	CX = Höhe der Zeichenmatrix DL = angezeigte Zeichenzeilen - 1 ES:BP → Zeichentabelle	EGA, MCGA, VGA.

Abb. 13-2

(weiter nächste Seite)

(Fortsetzung)

Routine	Interrupt	Register Eingabe	Register Ausgabe	Hinweise
Informationen über Zeichensatz lesen *(Fortsetzung)*		*Adresse der ROM-9 x 16-Alternativzeichen:* BH = 07H		
Informationen über Bildschirmkonfiguration ermitteln	10H	AH = 12H BL = 10H	BH = Standard-BIOS-Bildschirmmodus (00H = Farbe, 01H = monochrom) BL = Größe des Bildschirm-RAM (00H = 64 KB, 01H = 128 KB 02H = 192 KB 03H = 256 KB) CH = Leistungs-Bits CL = Konfigurationsschalter	EGA, VGA.
Alternative Bildschirmausdruckroutine wählen	10H	AH = 12H BL = 20H	Keine	EGA, MCGA, VGA. Ändert INT 05H-Vektor.
Rasterzeilen für alphanumerische Modi wählen	10H	AH = 12H BL = 30H *200 Rasterzeilen:* AL = 00H *350 Rasterzeilen:* AL = 01H *400 Rasterzeilen:* AL = 02H	AL = 12H	Nur VGA.
Auswahl der Standardpalette	10H	AH = 12H BL = 31H *Laden der Standardpalette ermöglichen:* AL = 00H	AL = 12H	MCGA, VGA.

Abb. 13-2 *(weiter nächste Seite)*

(Fortsetzung)

Routine	**Interrupt**	***Register*** **Eingabe**	**Ausgabe**	**Hinweise**
Auswahl der Standard-palette *(Fortsetzung)*		*Laden der Standardpalette unterbinden:* AL = 01H		
Videoadressierung ermöglichen/ unterbinden	10H	AH = 12H BL = 32H *Videoadressierung ermöglichen:* AL = 00H *Videoadressierung unterbinden:* AL = 01H	AL = 12H	MCGA, VGA.
Grauskalensummierung ermöglichen/ unterbinden	10H	AH = 12H BL = 33H *Grauskalensummierung ermöglichen:* AL = 00H *Grauskalensummierung unterbinden:* AL = 01H	AL = 12H	MCGA, VGA.
BIOS-Cursoremulation ermöglichen/ unterbinden	10H	AH = 12H BL = 34H *BIOS-Cursoremulation ermöglichen:* AL = 00H *BIOS-Cursoremulation unterbinden:* AL = 01H	AL = 12H	Nur VGA.
Schnittstelle Anzeige-umschaltung	10H	AH = 12H BL = 35H *Erstadapter-Video aus:* AL = 00H *Erstplanar-Video ein:* AL = 01H	AL = 12H	MCGA, VGA.

Abb. 13-2 *(weiter nächste Seite)*

(Fortsetzung)

Routine	*Interrupt*	*Register* Eingabe	Ausgabe	*Hinweise*
Schnittstelle Anzeige-umschaltung *(Fortsetzung)*		*Aktives Video ausschalten:* AL = 02H *Inaktives Video einschalten:* AL = 03H ES:DX → 128-Byte-Sicherungsbereich		
Bildschirm-auffrischung ermöglichen/ unterbinden	10H	AH = 12H BL = 36H *Bildschirm-auffrischung ermöglichen:* AL = 00H *Bildschirm-auffrischung unterbinden:* AL = 01H	AL = 12H	Nur VGA.
Zeichenfolge schreiben; Cursor nicht bewegen	10H	AH = 13H AL = 00H BL = Attribut BH = Anzeige-seite DX = Anfangs-cursorposition CX = Länge der Zeichenfolge ES:BP → Beginn der Zeichenfolge	Keine	PC/AT, EGA, MCGA, VGA.
Zeichenfolge schreiben; Cursor hinter Zeichenfolge bewegen	10H	AH = 13H AL = 01H BL = Attribut BH = Anzeige-seite DX = Anfangscur-sorposition CX = Länge der Zeichenfolge ES:BP → Beginn der Zeichenfolge	Keine	PC/AT, EGA, MCGA, VGA.

Abb. 13-2 *(weiter nächste Seite)*

(Fortsetzung)

Routine	*Interrupt*	*Register* *Eingabe*	*Register* *Ausgabe*	*Hinweise*
Folge aus sich abwechselnden Zeichen und Attributen schreiben; Cursor nicht bewegen	10H	AH = 13H AL = 02H BH = Anzeigeseite DX = Anfangscursorposition CX = Länge der Zeichenfolge ES:BP → Beginn der Zeichenfolge	Keine	PC/AT, EGA, MCGA, VGA.
Folge aus sich abwechselnden Zeichen und Attributen schreiben; Cursor bewegen	10H	AH = 13H AL = 03H BH = Anzeigeseite DX = Anfangscursorposition CX = Länge der Zeichenfolge ES:BP → Beginn der Zeichenfolge	Keine	PC/AT, EGA, MCGA, VGA.
Verwendeten Bildschirm/ Bildschirmadapter ermitteln	10H	AH = 1AH AL = 00H	AL = 1AH BL = Aktiver Bildschirm BH = Inaktiver Bildschirm	MCGA, VGA. *In BL und BH zurückgegebene Werte:* 00H: Kein Bildschirm 01H: MDA oder kompatibler 02H: CGA oder kompatibler 04H: EGA mit Farbbildschirm 05H: EGA mit Monochrombildschirm 06H: Professional Graphics Controller 07H: VGA mit Monochrombildschirm 08H: VGA mit Farbbildschirm 0BH: MCGA mit Monochrombildschirm 0CH: MCGA mit Farbbildschirm FFH: unbekannt

Abb. 13-2

(weiter nächste Seite)

(Fortsetzung)

		Register		
Routine	***Interrupt***	***Eingabe***	***Ausgabe***	***Hinweise***
Verwendeten Bildschirm/ Bildschirm-adapter festlegen	10H	AH = 1AH AL = 01H BL = Aktiver Bildschirm BH = Inaktiver Bildschirm	AL = 1AH	MCGA, VGA. Wert in BL und BH siehe obige Tabelle.
Informationen über Bildschirm-hardware-status	10H	AH = 1BH BX = 00H ES:DI → 64-Byte-Puffer	AL = 1BH Puffer an ES:DI aktualisiert	MCGA, VGA. Tabellenformat siehe *IBM BIOS Interface Technical Reference Manual.*
Größe des Sicherungs-/ Wiederher-stellungs-puffers ermitteln	10H	AH = 1CH AL = 00H CX = angeforderte Zustände (Bit 0 = Bild-schirmhard-warestatus; Bit 1 = Video-BIOS-Datenbe-reich; Bit 2 = Video-DAU und Farbre-gister)	AL = 1CH (wenn Funktion unterstützt) BX = Größe des Sicherungs-/Wieder-herstellungspuffers in 64-Byte-Blöcken	Nur VGA. Verwenden Sie diese Routine vor dem Sichern des aktuellen Bildschirm-status.
Sichern des aktuellen Bildschirm-status	10H	AH = 1CH AL = 01H CX = angeforderte Zustände ES:BX → Sicherungs-/ Wiederher-stellungs-puffer		Nur VGA. Kann aktuellen Bild-schirmstatus durcheinanderbrin-gen; lassen Sie daher auf den Aufruf dieser Routine den Aufruf der Routine "Aktuellen Bildschirm-status wiederherstellen" folgen.
Aktuellen Bildschirm-status wie-derherstellen	10H	AH = 1CH AL = 02H CX = angeforderte Zustände	Keine	Nur VGA.

Abb. 13-2

(weiter nächste Seite)

(Fortsetzung)

Routine	*Interrupt*	*Register* *Eingabe*	*Register* *Ausgabe*	*Hinweise*
Aktuellen Bildschirmstatus wiederherstellen *(Fortsetzung)*		ES:BX → Sicherungs-/Wiederherstellungspuffer		
Ausstattungsliste				
Liste der angeschlossenen Peripheriegeräte lesen	11H	Keine	AX = bitcodierte Ausstattungsliste	*Bitcodierung in AX:* 00 = Diskettenlaufwerk installiert. 01 = arithmetischer Coprozessor installiert. 02, 03 = RAM auf Systemplatine in 16 KB-Blöcken (nur PCs mit 64 KB-Mutterplatine). 02 = Zeigegerät installiert (nur PS/2). 04, 05 = Anfangs-Bildschirmmodus: 00 = nicht benutzt; 01 = 40 x 25 Farbe 10 = 80 x 25 Farbe 11 = 80 x 25 monochrom. 06,07 = Anzahl der Diskettenlaufwerke -1. 08 = (nicht benutzt). 09, 10, 11 = Anzahl der RS-232-Adapter im System. 12 = Spieladapter vorhanden (nur PC und PC/XT). 13 = Internes Modem installiert. 14,15 = Anzahl der installierten Paralleldrucker.
Speicherroutine				
Basisspeicherkapazität feststellen	12H	Keine	AX = Speichergröße (KB)	Siehe auch "Größe des erweiterten Speichers feststellen" (INT 15H, AH = 88H).

Abb. 13-2

(weiter nächste Seite)

(Fortsetzung)

Routine	*Interrupt*	*Register* *Eingabe*	*Register* *Ausgabe*	*Hinweise*
Disketten-/Festplattenroutinen				
Reset des Laufwerks	13H	AH = 00H DL = Laufwerksnummer	CF = Erfolg/ Fehlerflagge AH = Statuscode	Werte für den Statuscode siehe INT 13H, Routine 01H.
Laufwerksstatus feststellen	13H	AH = 01H DL = Laufwerksnummer	AH = Statuscode Statuswerte (hex): AH = 00H: Kein Fehler AH = 01H: Falscher Befehl AH = 02H: Adreßmarkierung nicht gefunden AH = 03H: Schreibversuch auf schreibgeschützter Diskette (D) AH = 04H: Sektor nicht gefunden AH = 05H: Reset nicht möglich (F) AH = 06H: Diskette entfernt (D) AH = 07H: Fehlerhafte Parametertabelle (F) AH = 08H: DMA-Überlauf AH = 09H: DMA über 64 KB-Grenze AH = 0AH: Fehlerhafte Sektorflagge (F) AH = 0BH: Fehlerhafter Zylinder (F) AH = 0CH: Falscher Datenträgertyp (D) AH = 0DH: Ungültige Sektoranzahl im Format (F)	(F) = Nur Festplatte. (D) = Nur Diskette.

Abb. 13-2 *(weiter nächste Seite)*

(Fortsetzung)

Routine	*Interrupt*	*Register* *Eingabe*	*Register* *Ausgabe*	*Hinweise*
Laufwerks-status fest-stellen *(Fortsetzung)*			AH = 0EH: Kontroll-daten-Adreßmarkierung gefunden (F) AH = 0FH: DMA-Level außerhalb des gül-tigen Bereichs (F) AH = 10H: CRC- oder ECC-Fehler AH = 11H: Fehler in ECC-korrigierten Daten (F) AH = 20H: Controller defekt AH = 40H: Positionie-rungsfehler AH = 80H: Zeitsperre (Time out) (F) oder Laufwerk nicht bereit (D) AH = AAH: Laufwerk nicht bereit (F) AH = BBH: Unbekannter Fehler (F) AH = CCH: Schreib-fehler (F) AH = E0H: Status-fehler (F) AH = FFH: Prüfopera-tion nicht möglich (F)	
Sektoren lesen	13H	AH = 02H AL = Anzahl Sektoren CH = Spur-nummer CL = Sektor-nummer DH = Kopfnummer DL = Laufwerks-nummer ES:BX = Zeiger auf Puffer	CF = Erfolgs-/Fehlerflagge AH = Statuscode AL = Anzahl ge-lesener Sektoren	*Statuscodes in AH:* Siehe INT 13H, Routine 01H.

Abb. 13-2 *(weiter nächste Seite)*

(Fortsetzung)

		Register		
Routine	***Interrupt***	***Eingabe***	***Ausgabe***	***Hinweise***
Sektoren schreiben	13H	AH = 03H AL = Anzahl Sektoren CH = Spur-nummer CL = Sektor-nummer DH = Kopfnummer DL = Laufwerks-nummer ES:BX = Zeiger auf Puffer	CF = Erfolgs-/Fehlerflagge AH = Statuscode AL = Anzahl geschriebener Sektoren	*Statuscodes in AH:* Siehe INT 13H, Routine 01H.
Sektoren prüfen	13H	AH = 04H AL = Anzahl Sektoren CH = Spur-nummer CL = Sektor-nummer DH = Kopf-nummer DL = Laufwerks-nummer	CF = Erfolgs-/Fehlerflagge AH = Status-code AL = Anzahl geprüfter Sektoren	*Statuscodes in AH:* Siehe INT 13H, Routine 01H.
Spur for-matieren (Zylinder)	13H	AH = 05H AL = Verschie-bungsfaktor (Interleave) (nur PC/XT) CH = Zylinder-nummer (Bits 0-7) CL = Zylinder-nummer (Bits 8-9) DH = Kopfnummer DL = Laufwerks-nummer ES:BX → Tabelle mit Informationen über Sektorformat	CF = Erfolgs-/Fehlerflagge AH = Statuscode	*Statuscodes in AH:* Siehe INT 13H, Routine 01H. Tabelleninhalt siehe Kapitel 10.

Abb. 13-2

(weiter nächste Seite)

(Fortsetzung)

Routine	Interrupt	Register Eingabe	Register Ausgabe	Hinweise
Festplatten-spur formatieren und Flaggen für fehlerhafte Sektoren setzen	13H	AH = 06H AL = Verschiebungsfaktor CH = Zylindernummer (Bits 0-7) CL = Zylindernummer (Bits 8-9) DH = Kopfnummer DL = Laufwerksnummer	CF = Erfolgs-/ Fehlerflagge AH = Statuscode	Nur PC/XT-Festplatte
Festplatte ab bestimmtem Zylinder formatieren	13H	AH = 07H AL = Verschiebungsfaktor CH = Zylindernummer (Bits 0-7) CL = Zylindernummer (Bits 8-9) DH = Kopfnummer DL = Laufwerksnummer	CF = Erfolgs-/ Fehlerflagge AH = Statuscode	Nur PC/XT-Festplatte
Parameter des aktuellen Laufwerks lesen	13H	AH = 08H	CF = Erfolgs-/ Fehlerflagge AH = Statuscode DL = Anzahl Laufwerke DH = max. Schreib-/ Lesekopfnummer CL (Bits 6-7) = max. Zylindernummer (Bits 8-9) CL (Bits 0-5) = max. Sektornummer CH = max. Zylindernummer (Bits 0-7)	*Statuscodes in AH:* Siehe INT 13H, Routine 01H.
Festplattenparametertabellen initialisieren	13H	AH = 09H DL = Laufwerksnummer	CF = Erfolgs-/ Fehlerflagge AH = Statuscode	Interrupt 41H zeigt auf Tabelle für Laufwerk 0. Interrupt 46H zeigt auf Tabelle für Laufwerk 1. *Statuscodes in AH:* siehe INT 13H, Routine 01H.

Abb. 13-2

(weiter nächste Seite)

(Fortsetzung)

Routine	***Interrupt***	***Register*** ***Eingabe***	***Ausgabe***	***Hinweise***
Langen Sektor lesen	13H	AH = 0AH DL = Laufwerksnummer DH = Kopfnummer CH = Zylindernummer CL = Sektornummer ES:BX → Puffer	CF = Erfolgs-/ Fehlerflagge AH = Statuscode	*Statuscodes in AH:* Siehe INT 13H, Routine 01H.
Langen Sektor schreiben	13H	AH = 0BH DL = Laufwerksnummer DH = Kopfnummer CH = Zylindernummer CL = Sektornummer ES:BX → Puffer	CF = Erfolgs-/ Fehlerflagge AH = Statuscode	*Statuscodes in AH:* Siehe INT 13H, Routine 01H.
Auf Zylinder positionieren	13H	AH = 0CH DL = Laufwerksnummer DH = Kopfnummer CH = Zylindernummer	CF = Erfolgs-/ Fehlerflagge AH = Statuscode	*Statuscodes in AH:* Siehe INT 13H, Routine 01H.
Alternativer Festplatten-Reset	13H	AH = 0DH DL = Laufwerksnummer	CF = Erfolgs-/ Fehlerflagge AH = Statuscode	*Statuscodes in AH:* Siehe INT 13H, Routine 01H.
Laufwerk bereit?	13H	AH = 10H DL = Laufwerksnummer	CF = Erfolgs-/ Fehlerflagge AH = Statuscode	*Statuscodes in AH:* Siehe INT 13H, Routine 01H.
Laufwerk neu kalibrieren	13H	AH = 11H DL = Laufwerksnummer	CF = Erfolgs-/ Fehlerflagge AH = Statuscode	*Statuscodes in AH:* Siehe INT 13H, Routine 01H.
Controller-Diagnose	13H	AH = 14H	CF = Erfolgs-/ Fehlerflagge AH = Statuscode	Statuscodes in AH: Siehe INT 13H, Routine 01H.

Abb. 13-2

(weiter nächste Seite)

(Fortsetzung)

Routine	*Interrupt*	*Register* *Eingabe*	*Ausgabe*	*Hinweise*
Laufwerks-typ ermitteln	13H	AH = 15H DL = Lauf-werksnummer	CF = Erfolgs-/Fehlerflagge AH = Laufwerks-typ CX,DX = Anzahl von 512-Byte-Sektoren (nur Festplatte)	*Laufwerkstypen:* AH = 00H Laufwerk nicht vor-handen AH = 01H Diskettenlaufwerk, Diskettenwechsel wird nicht erkannt AH = 02H Diskettenlaufwerk, Diskettenwechsel wird erkannt AH = 03H Festplatte
Disketten-wechsel erkennen	13H	AH = 16H DL = Lauf-werksnummer	AH = Disketten-wechselstatus: 00H = Kein Disket-tenwechsel 01H = Ungültiger Parameter 06H = Diskette wurde gewechselt 80H = Laufwerk nicht bereit	
Diskettentyp zum Formatie-ren festlegen	13H	AH = 17H AL = Disket-tentyp DL = Lauf-werksnummer	CF = Erfolgs-/Fehlerflagge AH = Statuscode	*In AL gesetzter Diskettentyp:* AL = 01H: 360 KB-Diskette in 360 KB-Laufwerk AL = 02H: 360 KB-Diskette in 1,2 MB-Laufwerk AL = 03H: 1,2 MB-Diskette in 1,2 MB-Laufwerk AL = 04H: 720 KB-Diskette in 720 KB-Laufwerk
Datenträger-typ zum Formatieren festlegen	13H	AH = 18H CH = Anzahl Spuren (Bits 0-7) CL (Bits 6-7) = Anzahl Spu-ren (Bits 8-9) CL (Bits 0-5) = Sektoren pro Spur DL = Laufwerks-nummer	CF = Erfolgs-/Fehlerflagge AH = Statuscode ES:DI --> 11-Byte-Parameter-tabelle (Fest-plattentabelle)	Nur im PC/AT-BIOS ab 15.11.85, im PC/XT-BIOS ab 10.1.86 und in PS/2

Abb. 13-2

(weiter nächste Seite)

(Fortsetzung)

Routine	Interrupt	Register Eingabe	Register Ausgabe	Hinweise
Köpfe parken	13H	AH = 19H DL = Laufwerksnummer	CF = Erfolgs-/ Fehlerflagge AH = Statuscode	Nur PS/2.
ESDI-Laufwerk formatieren	13H	AH = 1AH	Keine	Für PS/2-Festplatten in Verbindung mit dem IBM Enhanced Small Device Interface-(ESDI-) Adapter. Siehe *IBM BIOS Interface Technical Reference Manual.*
Serieller Port				
Seriellen Port initialisieren	14H	AH = 00H AL = Parameter für seriellen Port DX = Nummer des seriellen Ports	AX = Status des seriellen Ports	*Bitcodierung der seriellen Portparameter:* Bits 0-1 = Wortlänge: 10 = 7 Bits; 11 = 8 Bits. Bit 2 = Stoppbits: 0 = 1; 1 = 2. Bits 3-4 = Parität: 00,10 = keine; 01 = ungerade; 11 = gerade. Bits 5-7 = Baudrate: 000 = 110; 001 = 150; 010 = 300; 011 = 600; 100 = 1200; 101 = 2400 110 = 4800; 111 = 9600. Nur für PC/XT/AT-Familie. Verwenden Sie für PS/2 Unterroutine 04H, "Erweiterten seriellen Port initialisieren". Siehe Seite 270.
Ein Zeichen an seriellen Port senden	14H	AH = 01H AL = Zeichen DX = Nummer des seriellen Ports	AH = Statuscode	*Statusbitcodierungen:* Siehe INT 14H, Routine 03H.

Abb. 13-2 *(weiter nächste Seite)*

(Fortsetzung)

Routine	*Interrupt*	*Register* *Eingabe*	*Ausgabe*	*Hinweise*
Ein Zeichen über seriellen Port empfangen	14H	AH = 02H DX = Nummer des seriellen Ports	AH = Statuscode AL = Zeichen	*Statusbitcodierungen:* Siehe INT 14H, Routine 03H.
Status des seriellen Ports feststellen	14H	AH = 03H DX = Nummer des seriellen Ports	AX = Statuscode	Statusbitcodierungen: *Bitcodierungen in AH:* Bit 0 = Daten bereit Bit 1 = Überlauffehler Bit 2 = Paritätsfehler Bit 3 = Framing-Fehler Bit 4 = Unterbrechungsfehler Bit 5 = Transfer-Halte-Register leer Bit 6 = Transfer-Shift-Register leer Bit 7 = Time-out-Fehler *Bitcodierungen in AL:* Bit 0 = Delta-Sendebereit (DCTS) Bit 1 = Delta-Datenendgerät bereit (DDSR) Bit 2 = Abschließende Flanke (TERI) Bit 3 = Delta-Empfangsleitungssignal (DRLSD) Bit 4 = Sendebereit (CTS) Bit 5 = Datenendgerät bereit (DSR) Bit 6 = Anrufsignal Bit 7 = Empfangsleitungssignal (RLSD, CD)
Erweiterten seriellen Port initialisieren	14H	AH = 04H AL = Unterbrechung BH = Parität BL = Stoppbit CH = Wortlänge CL = Baudrate DX = Nummer des seriellen Ports (0-3)	AH = Leitungsstatus AL = Modemstatus	Nur PS/2. Details siehe Kapitel 12.

Abb. 13-2

(weiter nächste Seite)

(Fortsetzung)

Routine	Interrupt	Register Eingabe	Register Ausgabe	Hinweise
Erweiterten Kommunikationsport ansteuern	14H	AH = 05H DX = Nummer des seriellen Ports (0, 1, 2, 3) *Zum Lesen des Modem-Kontrollregisters:* AL = 00H *Zum Schreiben in Modem-Kontrollregister:* AL = 01H BL = Wert für Modem-Kontrollregister	AH = Leitungsstatus AL = Modemstatus Bei Aufruf mit AL = 00H: BL = Modem-Kontrollregisterwert	Nur PS/2. Details siehe Kapitel 12.
Systemroutinen*				
Kassettenrecordermotor einschalten	15H	AH = 00H	AH = 00H CF = 0	Nur IBM PC.
Kassettenrecordermotor ausschalten	15H	AH = 01H	AH = 00H CF = 0	Nur IBM PC.
Datenblöcke auf Kassette lesen	15H	AH = 02H CX = Anzahl Bytes ES:BX → Datenbereich	ES:BX → letztes gelesenes Byte + 1 DX = Anzahl der gelesenen Bytes CF = 0 (Kein Fehler) oder 1 (Fehler)	Nur IBM PC.
Datenblöcke auf Kassette schreiben	15H	AH = 03H CX = Anzahl Bytes ES:BX → Datenbereich	CF = Erfolgs-/Fehlerflagge ES:BX → letztes geschriebenes Byte + 1 CX = 00H	Nur IBM PC.

* Für im ROM BIOS nicht unterstützte Interrupt-15H-Routinen gibt das PC/XT-BIOS AH = 80H und CF = 1 zurück, das AT- oder PS/2-BIOS AH = 86H und CF = 1.

Abb. 13-2

(weiter nächste Seite)

(Fortsetzung)

Routine	*Interrupt*	*Register* *Eingabe*	*Register* *Ausgabe*	*Hinweise*
Fehleraufzeichnung des PS/2-Einschalt-Selbsttests lesen oder veranlassen	15H	AH = 21H *Zum Lesen der Fehleraufzeichnung:* AL = 00H *Zum Schreiben der Fehleraufzeichnung:* AL = 01H BH = Gerätecode BL = Fehlercode	AH = 00H *Bei Aufruf mit AL = 00H:* BX = Anzahl der aufgezeichneten POST-Fehlercodes ES:DI → POST-Fehleraufzeichnung *Bei Aufruf mit AL = 01H:* CF = Status (0: kein Fehler; 1: Aufzeichnung voll)	PS/2-Modelle 50, 60, 80
Tastatur abfangen	15H	AH = 4FH		Details siehe Kapitel 12.
Gerät verfügbar	15H	AH = 80H		Details siehe Kapitel 12.
Verbindung zum Gerät beendet	15H	AH = 81H		Details siehe Kapitel 12.
Programm beendet	15H	AH = 82H		Details siehe Kapitel 12.
Timer starten oder anhalten (auf Ereignis warten)	15H	AH = 83H *Starten des Timers:* AL = 00H CX, DX = Zeit in Mikrosekunden ES:BX → 1-Byte-Flagge *Anhalten des Timers:* AL = 01H	*Bei Aufruf mit AL = 00H:* CF = 0 (wenn Timer gestartet) *oder* CF = 1 (wenn Timer bereits läuft oder Funktion nicht unterstützt wird) *Bei Aufruf mit AL = 01H:* CF = 0 (wenn Timer gestoppt) *oder* CF = 1 (wenn Funktion nicht unterstützt wird)	PC/AT und PS/2-Modelle 50, 60, 80. Bei Erreichen des angegebenen Intervalls wird das höchstwertige Bit des Bytes an ES:BX auf 1 gesetzt.

Abb. 13-2

(weiter nächste Seite)

(Fortsetzung)

Routine	Interrupt	Register Eingabe	Register Ausgabe	Hinweise
Joystick-Eingabe lesen	15H	AH = 84H *Zum Lesen der Schalter:* DX = 00H *Zum Lesen der Widerstands-eingabewerte:* DX = 00H	*Bei Aufruf mit DX = 00H:* AL = Schalter-stellungen (Bits 4-7) CF = 0 (wenn Schalter erfolgreich gelesen) *oder* CF = 1 (falls nicht erfolgreich) *Bei Aufruf mit DX = 01H:* AX = Joystick A x-Wert BX = Joystick A y-Wert CX = Joystick B x-Wert DX = Joystick B y-Wert	Vom PC- oder XT-BIOS vor dem 10.1.86 nicht unterstützt.
Sys Req betätigt	15H	AH = 85H AL = Tastenstatus		Details siehe Kapitel 12.
Bestimmte Zeitspanne warten	15H	AH = 86H CX, DX = Zeit in Microsekunden	CF = 0 (wenn erfolgreich) CF = 1 (wenn Timer bereits läuft oder Funktion nicht unterstützt wird)	Nur PC/AT und PS/2.
Datenverschiebung im geschützten Modus	15H	AH = 87H		PC/AT und PS/2-Modelle 50, 60, 80. Details siehe *IBM BIOS Interface Technical Reference Manual.*
Größe des erweiterten (extended) Speichers ermitteln	15H	AH = 88H	AX = Speichergröße (KB)	PC/AT und PS/2-Modelle 50, 60, 80.

Abb. 13-2

(weiter nächste Seite)

(Fortsetzung)

Routine	*Interrupt*	*Register* *Eingabe*	*Ausgabe*	*Hinweise*
In geschützten Modus wechseln	15H	AH = 89H		PC/AT und PS/2-Modelle 50, 60, 80. Details siehe *IBM BIOS Interface Technical Reference Manual.*
Gerät beschäftigt	15H	AH = 90H		Details siehe Kapitel 12.
Interrupt beendet	15H	AH = 91H		Details siehe Kapitel 12.
Systemkonfigurations-Parameter lesen	15H	AH = C0H	AH = 0 CF = 0 ES:BX → ROM BIOS-Systemkonfigurations-Parameter	Details siehe Kapitel 12. Nicht unterstützt im PC-, XT-BIOS vor dem 10.1.86 oder im AT-BIOS vor dem 10.6.85.
Erweitertes BIOS-Datensegment lesen	15H	AH = C1H	CF = 0 ES = Adresse des erweiterten BIOS-Datensegments	Nur PS/2.
Zeigegerät aktivieren/ deaktivieren	15H	AH = C2H AL = 00H *Aktivieren:* BH = 00H *Deaktivieren:* BH = 01H	CF = 0 bei Erfolg, 1 bei Fehler AH = Status: 00H: Kein Fehler 01H: Ungültiger Funktionsaufruf 02H: Ungültige Eingabe 03H: Schnittstellenfehler 04H: Neu senden 05H: Kein Gerätetreiber installiert	Nur PS/2.
Zeigegerät zurücksetzen	15H	AH = C2H AL = 01H	CF = 0 bei Erfolg, 1 bei Fehler AH = Status (wie oben) BH = 00H (Geräte-ID) BL = nicht definiert	Nur PS/2.

Abb. 13-2

(weiter nächste Seite)

(Fortsetzung)

Routine	Interrupt	Register Eingabe	Register Ausgabe	Hinweise
Meßeinheit des Zeigegeräts festlegen	15H	AH = C2H AL = 02H BH = Meßeinheit: 00H:10/Sekunde 01H:20/Sekunde 02H:40/Sekunde 03H:60/Sekunde 04H:80/Sekunde 05H:100/Sekunde 06H:200/Sekunde	CF = 0 bei Erfolg, 1 bei Fehler AH = Status (wie oben)	Nur PS/2.
Auflösung des Zeigegeräts festlegen	15H	AH = C2H AL = 03H BH = Auflösung: 00H: 1 Zähler/mm 01H: 2 Zähler/mm 02H: 4 Zähler/mm 03H: 8 Zähler/mm	CF = 0 bei Erfolg, 1 bei Fehler AH = Status (wie oben)	Nur PS/2.
Art des Zeigegeräts ermitteln	15H	AH = C2H AL = 04H	CF = 0 bei Erfolg, 1 bei Fehler AH = Status (wie oben) BH = Geräte-ID	Nur PS/2.
Zeigegerät initialisieren	15H	AH = C2H AL = 05H BH = Datenpaketgröße (1-8 Bytes)	CF = 0 bei Erfolg, 1 bei Fehler AH = Status (wie oben)	Nur PS/2.
Erweiterte Zeigegerätbefehle	15H	AH = C2H AL = 06H *Status lesen:* BH = 00H *Skalierung auf 1:1 setzen:* BH = 01H	CF = 0 bei Erfolg, 1 bei Fehler AH = Status (wie oben) *Bei Aufruf mit BH = 00H:* BL = Statusbyte 1	Nur PS/2. Siehe Kapitel 12 für die Inhalte von Statusbytes

Abb. 13-2

(weiter nächste Seite)

(Fortsetzung)

Routine	*Interrupt*	*Register* *Eingabe*	*Ausgabe*	*Hinweise*
Erweiterte Zeigegerät-befehle *(Fortsetzung)*		*Skalierung auf 2:1 setzen:* BH = 02H	CL = Statusbyte 2 DL = Statusbyte 3	
Zeigegerät-Treiber-adresse an BIOS übergeben	15H	AH = C2H AL = 07H ES:BX → Ge-rätetreiber	CF = 0 bei Erfolg, 1 bei Fehler AH = Status (wie oben)	Nur PS/2.
Über-wachungs-Timer aktivieren/ deaktivieren	15H	AH = C3H BX = Timerzäh-ler (01H-FFH) *Aktivieren:* AL = 01H *Deaktivieren:* AL = 00H	CF = 0 bei Erfolg	Nur PS/2-Modelle 50, 60, 80.
Program-mierbare Options-auswahl (POS)	15H	AH = C4H *POS-Register-basisadresse lesen:* AL = 00H *Steckplatz für POS-Einrich-tung aktivieren:* AL = 01H *Adapter aktivieren:* AL = 02H	*Bei Aufruf mit AL = 00H:* AL = 00H DX = POS-Register-basisadresse *Bei Aufruf mit AL = 01H:* AL = 01H BL = Steckplatz-nummer *Bei Aufruf mit AL = 02H:* AL = 02H	Nur PS/2-Modelle 50, 60, 80.
Tastaturroutinen				
Nächstes Zeichen von Tasta-tur lesen	16H	AH = 00H	AH = Auswahlcode AL = ASCII-Zeichen-code	
Meldung, ob Zeichen bereit	16H	AH = 01H	ZF = 0, wenn Zei-chen bereit AH = Auswahlcode (wenn ZF = 0)	

Abb. 13-2

(weiter nächste Seite)

(Fortsetzung)

Routine	Interrupt	Register Eingabe	Register Ausgabe	Hinweise
Meldung, ob Zeichen bereit *(Fortsetzung)*			AL = ASCII-Zeichencode (wenn ZF = 0)	
Umschaltstatus feststellen	16H	AH = 02H	AL = Umschaltstatusbits	*Umschaltstatusbits:* Bit 7 = 1: Einfügemodus aktiv Bit 6 = 1: Caps-Lock-Modus aktiv Bit 5 = 1: Num-Lock-Modus aktiv Bit 4 = 1: Scroll-Lock-Modus aktiv Bit 3 = 1: Alt-Taste gedrückt Bit 2 = 1: Ctrl-Taste gedrückt Bit 1 = 1: Linke Umschalttaste gedrückt Bit 0 = 1: Rechte Umschalttaste gedrückt
Wiederholrate und Verzögerung festlegen	16H	AH = 03H AL = 05H BL = Wiederholrate BH = Verzögerung	Keine	Nur PC/AT (BIOS ab 15.11.85) und PS/2. Werte für Register BL und BH finden Sie in Kapitel 11.
Schreiben in Tastaturpuffer	16H	AH = 05H CH = Auswahlcode CL = ASCII-Zeichencode	AL = 00H (Erfolg); AL = 01H (Tastaturpuffer voll)	Nur PC/XT (BIOS ab 10.1.86), PC/AT (BIOS ab 15.11.85) und PS/2.
Lesen der erweiterten Tastatur	16H	AH = 10H	AH = Auswahlcode AL = ASCII-Zeichencode	Nur PC/XT (BIOS ab 10.1.86), PC/AT (BIOS ab 15.11.85) und PS/2.
Status der erweiterten Tastatur	16H	AH = 11H	*Keine Taste betätigt:* ZF = 1 *Taste betätigt:* ZF = 0 AH = Auswahlcode AL = ASCII-Zeichencode	Nur PC/XT (BIOS ab 10.1.86), PC/AT (BIOS ab 15.11.85) und PS/2.

Abb. 13-2

(weiter nächste Seite)

(Fortsetzung)

		Register		
Routine	***Interrupt***	***Eingabe***	***Ausgabe***	***Hinweise***
Umschalt-status der erweiterten Tastatur	16H	AH = 12H	AL = Umschalt-status (wie oben) AH = erweiterter Umschaltstatus: Bit 7: Sys Req betätigt Bit 6: CapsLock betätigt Bit 5: NumLock betätigt Bit 4: ScrollLock betätigt Bit 3: rechte Alt-Taste betätigt Bit 2: rechte Ctrl-Taste betätigt Bit 1: linke Alt-Taste betätigt Bit 0: linke Ctrl-Taste betätigt	Nur PC/XT (BIOS ab 10.1.86), PC/AT (BIOS ab 15.11.85) und PS/2.
Druckerroutinen				
1 Byte an den Drucker senden	17H	AH = 00H AL = Zeichen DX = Drucker-nummer	AH = Erfolgs-/Fehlerstatus-flaggen	*Status-Bit-Codierungen:* Bit 7 = 1: Drucker nicht be-schäftigt Bit 6 = 1: Bestätigung Bit 5 = 1: Kein Papier Bit 4 = 1: Ausgewählt Bit 3 = 1: E/A-Fehler Bit 2 = 1: nicht benutzt Bit 1 = 1: nicht benutzt Bit 0 = 1: Time-out
Drucker initiali-sieren	17H	AH = 01H DX = Drucker-nummer	AH = Statuscode	Status-Bit-Codierungen wie oben.
Drucker-status feststellen	17H	AH = 02H DX = Drucker-nummer	AH = Statuscode	Status-Bit-Codierungen wie oben.

Abb. 13-2

(weiter nächste Seite)

(Fortsetzung)

Routine	Interrupt	Register Eingabe	Register Ausgabe	Hinweise
Verschiedene Routinen				
Kontrolle an ROM-BASIC übergeben	18H	Keine	---	Keine Rückkehr, daher keine Ausgabe möglich.
Computer neu starten	19H	Keine	---	Keine Rückkehr, daher keine Ausgabe möglich.
Tageszeitroutinen				
Aktuellen Zählerstand der Uhr lesen	1AH	AH = 00H	AL>00H, wenn Mitternacht überschritten wurde CX = Tickzähler, höherwertiges Wort DX = Tickzähler, niederwertiges Wort	Tickfrequenz etwa 18,2 Schläge pro Sekunde oder 65.543 Schläge pro Stunde.
Aktuellen Zählerstand der Uhr setzen	1AH	AH = 01H CX = Tickzähler, höherwertiges Wort DX = Tickzähler, niederwertiges Wort	Keine	
Uhrzeit von Echtzeituhr lesen	1AH	AH = 02H	CH = Stunden (als BCD) CL = Minuten (als BCD) DH = Sekunden (als BCD) CF = 1, falls Uhr nicht funktioniert DL = 01H, falls Sommerzeit gesetzt	Nur PC/AT und PS/2. Sommerzeitoption im PC/AT-BIOS vom 10.1.84 nicht verfügbar.

Abb. 13-2

(weiter nächste Seite)

(Fortsetzung)

Routine	*Interrupt*	*Register* *Eingabe*	*Ausgabe*	*Hinweise*
Uhrzeit der Echtzeituhr setzen	1AH	AH = 03H CH = Stunden CL = Minuten DH = Sekunden DL = 01H zur automatischen Anpassung an Sommerzeit		Eingabewerte im BCD-Format. Nur PC/AT und PS/2. Sommerzeitoption im PC/AT-BIOS vom 10.1.84 nicht verfügbar.
Datum von Echtzeituhr lesen	1AH	AH = 04H	DL = Tag (als BCD) DH = Monat (als BCD) CL = Jahr (als BCD) CH = Jahrhundert 19 oder 20, als BCD) CF = 1, falls Uhr nicht funktioniert	Nur PC/AT und PS/2.
Datum der Echtzeituhr setzen	1AH	AH = 05H DL = Tag (als BCD) DH = Monat (als BCD) CL = Jahr (als BCD) CH = Jahrhundert (19 oder 20, als BCD)		Nur PC/AT und PS/2.
Wecker einstellen	1AH	AH = 06H CH = Stunden (als BCD) CL = Minuten (als BCD) DH = Sekunden (als BCD)	CF = 1, falls Uhr nicht funktioniert oder Wecker bereits eingestellt	Setzen Sie vor Verwendung dieser Routine die Adresse der Weckroutine in den Interruptvektor 4AH.
Wecker zurücksetzen	1AH	AH = 07H	Keine	Schaltet den zuvor mit INT 1AH, Routine 06H eingestellten Wecker aus.

Abb. 13-2 *(weiter nächste Seite)*

(Fortsetzung)

Routine	Interrupt	Register Eingabe	Register Ausgabe	Hinweise
Weckzeit und Status des Weckers lesen	1AH	AH = 09H	CH = Stunden (als BCD) CL = Minuten (als BCD) DH = Sekunden (als BCD) DL = Weckstatus: 00H: Wecker nicht aktiv 01H: Wecker aktiv	Nur PS/2-Modelle 25 und 30.

Abb. 13-2 *Vollständige Zusammenfassung der ROM BIOS-Routinen*

Kapitel 14
DOS-Grundlagen

Die Kapitel 15 bis 18 beschäftigen sich mit den von DOS gebotenen Routinen zur Programmunterstützung. Diese DOS-*Routinen* umfassen alles, was DOS in dieser Beziehung zu bieten hat. Das letzte Kapitel dieser Reihe, Kapitel 18, faßt die technischen Details zusammen. In diesem Kapitel findet man das Wichtigste, was ein Programmierer zur Arbeit mit den DOS-Routinen wissen muß.

Programme greifen auf die DOS-Routinen über eine Reihe von Interrupts zu. Die Interrupt-Nummern 20H bis 3FH (dezimal 32 bis 63) sind zur Verwendung durch DOS reserviert. 10 dieser Interrupts lassen sich zwar in Programmen verwenden, doch werden die meisten DOS-Routinen in ähnlicher Weise wie die ROM BIOS-Routinen über einen Haupt-Interrupt aufgerufen: Interrupt 21H (dezimal 33). Sie können auf eine Vielzahl von DOS-Funktionen zugreifen, indem Sie beim Aufruf des Interrupts 21H die Funktionsnummer in Register AH angeben.

Vor- und Nachteile bei der Verwendung von DOS-Routinen

Bei der Erstellung komplexer Programme tritt fast immer die Frage auf, ob DOS-Routinen verwendet werden sollen oder nicht. Grundsätzlich gilt auch hier der Rat, der Sie durch das gesamte Buch begleitet: verwenden Sie stets die höchste Ebene, auf der Sie ein Programm erstellen können. Das wird im allgemeinen die Ebene der Programmiersprache sein. Greifen Sie nur in Ausnahmefällen direkt auf DOS- oder ROM BIOS-Routinen zurück. Die Programmierung auf der untersten Ebene, der Hardware-Ebene, sollten Sie vermeiden.

Fast immer gilt: Entweder nutzt ein Programm nur die Möglichkeiten der Programmiersprache, oder aber es wickelt die gesamte Ein- und Ausgabe auf einer niedrigeren Ebene ab. Für Disketten- und Festplattenoperationen ist DOS dem BIOS überlegen. Bei der Bedienung der Tastatur und anderer E/A-Geräte sind DOS und BIOS nahezu gleichwertig (je nach konkreter Anwendung). Im Bereich Bildschirmprogrammierung ist die Frage weniger leicht zu beantworten. Eine zufriedenstellende Bildschirmausgabe scheint nahezu stets nach ROM BIOS-Routinen und direkter Hardware-Programmierung zu rufen, auch wenn in manchen Situationen DOS dafür die bessere Lösung ist. Warum, werden wir gleich sehen.

DOS: Eine Fülle von Disketten- und Festplattenroutinen

Wenn Sie den vollen Umfang der von Programmiersprachen, DOS, ROM BIOS und der Hardware des Computers zur Verfügung gestellten Hilfsmittel und Routinen betrachten, wird ganz klar, daß die reichste Auswahl an plattenorientierten Routinen auf DOS-Ebene zu finden ist. Dies muß eigentlich kaum erwähnt werden, da DOS als Plattenbetriebssystem natürlich den Plattenbetrieb besonders wirkungsvoll unterstützt.

Wie Sie in den Kapiteln 16 und 17 erfahren werden, hängt der größte Teil der DOS-Aufgaben in irgendeiner Weise mit der Manipulation von Dateien auf Disketten bzw. Festplatten zusammen. Selbst Routinen, die von ihrer Bezeichnung her programmgesteuert ablaufen, wie das Laden und Ausführen anderer Programme (Interrupt 21H,

Funktion 48H), beinhalten Plattendatei-Operationen. Aus diesem Blickwinkel heraus ist DOS nicht so sehr ein Plattenbetriebssystem als vielmehr ein System von Plattenroutinen, das zur Verwendung durch Ihre Programme gedacht ist. Wenn Sie für die IBM Personal Computer-Familie Programme entwickeln, sollten Sie DOS als Ansammlung von Plattenoperationen betrachten, die Ihnen zur Verfügung stehen.

DOS-Bildschirm-Routinen - ein hartes Los

Leider bietet DOS in bezug auf Routinen zur Bildschirmausgabe nicht viel. Die verfügbaren DOS-Routinen beschränken sich auf eine reine zeichenorientierte, fernschreiberartige Schnittstelle, die in unserer Zeit der hochauflösenden Farbgrafik ein Anachronismus geworden ist.

Um eine attraktive, hochleistungsfähige Bildschirmausgabe zu erzielen, muß man sich auf ROM BIOS-Routinen oder die direkte Bildschirm-Hardware-Programmierung stützen. Wie bereits gesagt, hat IBM stets eine ziemlich einheitliche Programmierschnittstelle zur Bildschirm-Hardware bereitgestellt, so daß viele Programmierer es gewohnt sind, DOS zu umgehen und Bildschirmprogrammiertechniken der unteren Ebene zu verwenden.

Beim Umgehen von DOS stößt man auf ein Problem: zwei unterschiedliche Programme können sich die Bildschirm-Hardware nicht zuverlässig teilen. Gesetzt den Fall, Sie schreiben ein Programm, das die Bildschirm-Hardware so konfiguriert, daß sie mit der von einem speicherresidenten "Pop-Up"-Programm wie SideKick in Konflikt gerät. Wenn Ihr Programm in einem Bildschirm-Modus läuft, den das Pop-Up-Programm nicht erkennt, kann die Bildschirmausgabe des Pop-Up-Programms u.U. unlesbar werden. Schlimmer noch: das Pop-Up-Programm konfiguriert eventuell, den Bildschirmadapter neu, so daß die Bildschirmausgabe Ihres Programms unverständlich wird.

Das Problem verstärkt sich in Multitasking-Betriebssystem-Umgebungen wie Microsoft Windows oder OS/2, in denen sich Programme generell den Bildschirm teilen. In diesen Umgebungen kann ein Programm nur dann das Betriebssystem umgehen und die völlige Bildschirmkontrolle erhalten, wenn das Betriebssystem die Bildschirmausgabe aller anderen gleichzeitig ablaufenden Programme anhält. Ein Programm, das die Bildschirm-Hardware an sich bindet, kann daher die Multitasking-Ausführung von Hintergrundprogrammen verzögern.

Die Entwickler von OS/2 und Microsoft Windows gingen dieses Problem an, indem sie eine Vielzahl ausgeklügelter Bildschirmausgabe-Routinen schufen. Diese Routinen lösen nicht nur die Konflikte zwischen Programmen, die auf den Bildschirm zugreifen wollen, sondern bieten darüber hinaus eine sehr gute Performance. Um jedoch in der DOS-Welt die höchstmögliche Performance zu erzielen, müssen Sie entweder auf ROM BIOS-Aufrufe und die direkte Bildschirm-Hardware-Programmierung oder auf die Routinen zur Bildschirmausgabe Ihrer Programmiersprache (die ihrerseits DOS umgehen) zurückgreifen.

Wenn Sie sich nicht im klaren sind, welcher Methode der Vorzug zu geben ist, sollten Sie die mögliche "Lebensdauer" Ihres Programms und die Bandbreite der Modelle, auf denen es laufen soll, berücksichtigen. Für ein PC-spezifisches Spielprogramm, das wohl nur wenige Monate auf dem Markt sein wird (wie dies für Spiele normal ist), gibt es wenig Grund, sich darüber den Kopf zu zerbrechen. Das gilt nicht für allgemeine professionelle Anwendungen, die viele Jahre lang und in unterschiedlichen Umgebungen verwendbar sein müssen.

Unterschiede der DOS-Versionen

Seit Freigabe der Version 1.0 im Jahre 1981 hat sich DOS weiterentwickelt. Jede neue Version enthielt Erweiterungen und Fehlerverbesserungen. Entscheidend für das Erscheinen neuer DOS-Versionen waren aber immer Hardware-Entwicklungen, zumeist im Bereich der Disketten- und Festplattenlaufwerke (siehe Abb. 14-1).

Version	*Datum*	*Hardware-Änderung*
1.0	August 1981	Original-IBM PC (Diskettenlaufwerk mit einseitiger Aufzeichnung)
1.1	Mai 1982	Diskettenlaufwerk mit beidseitiger Aufzeichnung
2.0	März 1983	PC/XT
2.1	Oktober 1983	PCjr und Tragbarer PC
3.0	August 1984	PC/AT
3.1	März 1985	PC-Netzwerk
3.2	Januar 1986	Unterstützung für 3,5 Zoll-Laufwerke
3.3	April 1987	PS/2

Abb. 14-1 *DOS-Versionen und die damit verbundene Änderung der Hardware*

In allen Versionen außer 2.10 und 3.10 finden wir gravierende Änderungen in der Disketten-/Festplattenunterstützung (einschließlich neuer Speicherungsformate). Die wichtigste Neuerung der Version 2.10 war nur eine Kleinigkeit, hatte aber ebenfalls mit Disketten zu tun: die Zeit zur Kopfpositionierung wurde geändert, so daß die Leistungsunterschiede der halbhohen Laufwerke des PCjr und des tragbaren PC toleriert wurden. Zudem wurden einige Fehler behoben, die in Version 2.0 vorhanden waren. Mit der Version 3.1 wurden Netzwerkfunktionen eingeführt, die ursprünglich schon für Version 3.0 vorgesehen waren, dann aber nicht mehr rechtzeitig zum Freigabedatum fertiggestellt waren. Nachfolgend ein kurzer Überblick über die Unterschiede der DOS-Versionen:

Version 1.0 arbeitete mit 8-Sektoren-Disketten. Alle grundlegenden DOS-Routinen waren hier schon zu finden.

Version 1.1 fügte die Unterstützung zweiseitiger Disketten hinzu. Die DOS-Routinen blieben gleich.

Version 2.0 unterstützte zusätzlich Disketten mit 9 Sektoren (ein- und zweiseitige) und die Festplatte des PC/XT. Die DOS-Routinen wurden umfassend erweitert (siehe Kapitel 17).

Version 2.1 fügte weder neue Diskettenformate noch neue Routinen hinzu, berichtigte aber die Ausführungszeiten einiger Diskettenoperationen zu Gunsten des PCjr und des tragbaren PC.

Version 3.0 stellte die Möglichkeit zur Benutzung der 1,2 MB-Diskettenlaufwerke des PC/AT und weitere Festplattenformate bereit. Die Basis für netzwerkfähige Laufwerke ist hier schon zu finden.

Version 3.1 fügte die Netzwerkfähigkeit endgültig hinzu, die im wesentlichen auf dem Prinzip eines gemeinsamen Dateizugriffs beruht.

Version 3.2 unterstützte zusätzlich 3,5 Zoll-Diskettenlaufwerke.

Version 3.3 wurde gleichzeitig mit der Einführung der PS/2 angekündigt. Sie umfaßt mehrere neue Befehle und Funktionen speziell zur Unterstützung der PS/2-Hardware.

> ❑ HINWEIS: *Jede neue DOS-Version ist bis auf wenige Details abwärtskompatibel zu früheren Versionen (diese Abweichungen im Detail scheinen unvermeidbar zu sein).*

Mit jeder neuen DOS-Version stellt sich für Software-Entwickler die Frage, auf welche man die eigene Software stützen soll.

Insbesondere unterstützten die DOS-Versionen 2.0 und höher eine viel größere Vielfalt an Platten-Hardware und boten bedeutend mehr Programmierroutinen als die Versionen 1.0 und 1.1, so daß Programme, die die fortentwickelten Eigenschaften der späteren Versionen nutzen, mit den Versionen 1.0 und 1.1 überhaupt nicht ablaufen. Glücklicherweise gibt es nur wenige, die noch diese Versionen verwenden. Die meisten Software-Entwickler richten daher ihre Anwendungsprogramme auf die Versionen 2.0 und höher aus. Die Unterschiede zwischen diesen späteren Versionen sind relativ gering, und man kann sie in der Regel durch Software, die prüft, welche DOS-Version abläuft, in den Griff bekommen.

Weitsichtige Programmierer müssen sich auch Gedanken darüber machen, wie sie die Kompatibilität mit künftigen DOS-Versionen gewährleisten. Sowohl IBM als auch Microsoft sehen OS/2 als logischen Nachfolger von DOS. Aus dieser Sicht kann man DOS als "ausgereiftes" Produkt betrachten, d.h. Verbesserungen künftiger Versionen werden existierende DOS-Programme wohl kaum berühren.

Microsoft hat Richtlinien veröffentlicht, um DOS-Software-Entwicklern das Schreiben von Programmen zu erleichtern, die später zur Verwendung unter OS/2 konvertierbar sind. Bei der Behandlung der DOS-Routinen in den nächsten Kapiteln werden wir einige Techniken herausarbeiten, die zur Gewährleistung der künftigen Kompatiblität Ihrer DOS-Programme beitragen.

Ein Programm kann mit Hilfe der DOS-Funktion 30H (dezimal 48) sicher feststellen, unter welcher DOS-Version es läuft. Sofern Sie nicht sicher sind, daß immer die richtige Version verwendet wird, sollten Sie diese Sicherheitsfunktion in Ihre Programme einbauen.

Diskettenformate

Falls Sie Ihre Programme verkaufen oder als Shareware anbieten wollen, müssen Sie sich Gedanken darüber machen, mit welchem Diskettenformat Sie Ihre Software vertreiben. Zu Beginn verwendeten die meisten Software-Anbieter einseitige 5,25 Zoll-Disketten mit acht Sektoren pro Spur, da diese Disketten mit allen DOS-Versionen gelesen werden konnten. Als die einseitig schreibenden Diskettenlaufwerke mit der Zeit fast ausstarben, wurden sie durch das beidseitige 5,25 Zoll-Diskettenformat abgelöst.

Falls Sie jedoch Software sowohl für PC als auch für PS/2 verkaufen, haben Sie es sowohl mit dem 3,5 Zoll- als auch mit dem 5,25 Zoll-Laufwerk zu tun. In diesem Fall sollten Sie bei den 3,5 Zoll-Disketten das 720 KB-Format wählen. Ebenso sollten Sie Ihre Programme auf beiden Diskettenformaten anbieten, da sie weitverbreitet sind und dies auch bleiben.

Anmerkungen

Technische Informationen über DOS sind heutzutage viel einfacher zu erhalten als in den Anfangszeiten, als die einzig verläßlichen Informationsquellen die technischen DOS-Referenzhandbücher waren. Nun behandeln bereits viele PC-Magazine DOS-Programmiertechniken. Es gibt auch verschiedene gute Nachschlagewerke zu zahlreichen Einzelaspekten der DOS-Programmierung zu kaufen, so z.B. über speicherresidente Programme, installierbare Gerätetreiber und Ausnahmebearbeitungsroutinen.

❑ HINWEIS: *Zwei "offizielle" Quellen detaillierter Informationen über DOS sind die von IBM vertriebenen technischen Referenzhandbücher zu DOS und die MS-DOS Encyclopedia (Microsoft Press/Vieweg).*

Kapitel 15
DOS-Interrupts

In diesem Kapitel behandeln wir die Kommunikation mit DOS über Interrupts (siehe Abb. 15-1). DOS reserviert alle 32 Interrupt-Nummern von 20H bis 3FH (dezimal 32 bis dezimal 63) zur eigenen Verwendung. Über fünf dieser Interrupts (20H, 21H, 25H, 26H und 27H) bietet DOS-Systemroutinen. Diese Interrupts lassen sich von einem Programm direkt mit Hilfe der INT-Anweisung aufrufen. DOS verwendet die Vektoren von vier anderen Interrupts (22H, 23H, 24H und 28H) zur Speicherung der Adressen der von DOS selbst aufgerufenen Routinen; Sie können die standardmäßigen DOS-Routinen durch Ihre eigenen ersetzen, indem Sie einen dieser Interrupt-Vektoren ändern. Interrupt 2FH ist für die Kommunikation zwischen speicherresidenten Programmen reserviert. Die anderen 22 von DOS reservierten Interrupts sind nicht zur Verwendung in Ihren Programmen gedacht.

Interrupt-Nummer		
Hex	***Dez***	***Beschreibung***
20H	32	Programm beenden
21H	33	Allgemeine DOS-Routinen
22H	34	Beendigungsadresse
23H	35	Adresse der Routine zur Behandlung von Ctrl-C
24H	36	Adresse der Routine zur Behandlung kritischer Fehler
25H	37	Diskette/Festplatte: absolutes Lesen
26H	38	Diskette/Festplatte: absolutes Schreiben
27H	39	Beenden und im Speicher bleiben (TRS)
28H	40	DOS-Leerschleifen-Interrupt
2FH	47	Multiplex-Interrupt

Abb. 15-1 *DOS-Interrupts*

❑ HINWEIS: *Sie können in Ihren Programmen alle 10 in diesem Kapitel beschriebenen Interrupts verwenden. Es bestehen jedoch einige Überlappungen zwischen den voneinander getrennten Interrupts dieses Kapitels und den über Interrupt 21H verfügbaren Funktionen. Wir raten zur Verwendung der in Kapitel 16 und 17 behandelten Interrupt 21H-Funktionen. Bei der Beschreibung der einzelnen DOS-Routinen wird dies näher begründet.*

Die fünf Haupt-Interrupts von DOS

Von den in diesem Kapitel behandelten DOS-Interrupts sind fünf fest mit einer Routine verbunden, die eine bestimmte Aufgabe erfüllt.

Interrupt 20H (dezimal 32): Programm beenden

Der Interrupt 20H (dezimal 32) wird zum Beenden eines Programmes verwendet, die Kontrolle geht an DOS zurück. Der Interrupt ist mit Interrupt 21H, Funktion 00H vergleichbar (siehe Seite 317). In allen DOS-Versionen können beide Möglichkeiten gleichberechtigt benutzt werden, um ein Programm zu beenden.

Der Interrupt 20H schließt beim Verlassen des Programms nicht automatisch die Dateien, die mit Interrupt 21H, Funktionen 0FH oder 16H geöffnet wurden. Man muß daher vor dem Beenden immer Interrupt 21H, Funktion 10H zum Schließen solcher Dateien verwenden. Wird eine geänderte Datei nicht formal geschlossen, erscheint ihre neue Längenangabe nicht im Dateiverzeichnis.

Ein Programm kann mit Hilfe der DOS-Interrupts 22H, 23H oder 24H drei Arbeitsadressen festlegen (siehe weiter unten). Um einen exakt definierten Einstieg in den Interrupt 20H zu gewährleisten, setzt DOS diese Adressen auf die Werte zurück, die sie vor Ausführung des Programms hatten. Das ist von essentieller Bedeutung, wenn das Programm, das Interrupt 20H aufrief, bereits von einem anderen Programm aus aufgerufen wurde. Nur so läßt sich verhindern, daß das übergeordnete Programm Routinen ausführt, die für das aufgerufene Programm bestimmt waren (siehe auch DOS-Funktion 4BH [dezimal 75] in Kapitel 17).

❑ *HINWEIS: Bevor DOS ein Programm ausgeführt, wird ein Programmsegmentpräfix (PSP), ein 256 Bytes großer Speicherblock, erzeugt. Das PSP enthält unter anderem Kontrollinformationen, die DOS liest, wenn das Programm beendet wird. (Am Ende des Kapitels wird das PSP näher erläutert.) Beim Aufruf des Interrupts 20H "Programm beenden" verläßt sich DOS darauf, daß der Zeiger im CS-Register auf das PSP gerichtet ist. Wurde der Wert im CS-Register geändert, kann das zum Systemabsturz führen.*
Wir empfehlen, Ihre Programme mit Interrupt 21H, Funktion 4CH, zu beenden, der flexibler und weniger restriktiv als Interrupt 20H ist. Der einzige Grund für den Einsatz des Interrupts 20H ist die Wahrung der Kompatibilität mit DOS-Version 1.0.

Interrupt 21H (dezimal 33): Allgemeine DOS-Routinen

Über Interrupt 21H (dezimal 33) können Sie ein breites Spektrum wertvoller DOS-Funktionen nutzen. Jede Funktion hat eine eindeutige Nummer, die Sie beim Aufruf des Interrupts angeben. Die Kapitel 17 und 18 behandeln alle Funktionen detailliert.

Interrupt 25H und 26H (dezimal 37 und 38): Diskette/Diskette/Festplatte: Absolutes Lesen und Schreiben

Die Interrupts 25H und 26H (dezimal 37 und 38) dienen zum Lesen von bzw. Schreiben in spezifische Sektoren auf einer Diskette oder Festplatte. Dies sind die einzigen DOS-Routinen, die die logische Struktur des Datenträgers vollkommen ignorieren und sich direkt auf einzelne Sektoren beziehen. Speicherorte von Dateien, Verzeichnissen oder die der Dateizuordnungstabelle bleiben unbeachtet.

Diese Interrupts sind den entsprechenden ROM BIOS-Routinen sehr ähnlich, mit der Ausnahme, daß die Sektoren anders numeriert sind. Die ROM-BIOS-Routinen wählen die einzelnen Sektoren über ein dreidimensionales Koordinatensystem aus (Zylinder, Kopf und Sektor), während die Interrupts 25H und 26H die Sektoren über eine sequentielle Numerierung bestimmen. (Die DOS-Sektornumerierung wird auf Seite 109 behandelt.)

Mit den folgenden BASIC-Formeln lassen sich die dreidimensionalen BIOS-Koordinaten in die sequentielle DOS-Numerierung umwandeln:

```
DOS.SEKTOR.NUMMER = (BIOS.SEKTOR - 1) +
(BIOS.KOPF * SEKTOREN.PRO.SPUR) +
(BIOS.ZYLINDER * SEKTOREN.PRO.SPUR * KOEPFE.PRO.LAUFWERK)
```

Die Formeln für den umgekehrten Vorgang:

```
BIOS.SEKTOR = 1 + DOS.SEKTOR.NUMMER MOD SEKTOREN.PRO.SPUR
BIOS.KOPF = (DOS.SEKTOR.NUMMER \ SEKTOREN.PRO.SPUR) MOD KOE-
PFE.PRO.LAUFWERK
BIOS.ZYLINDER = DOS.SEKTOR.NUMMER \ (SEKTOREN.PRO.SPUR *
KOEPFE.PRO.LAUFWERK)
```

❑ *HINWEIS: Beachten Sie, daß die Numerierung des ROM BIOS für Köpfe und Zylinder mit 0 beginnt, für Sektoren jedoch mit 1; die logischen DOS-Sektoren sind ab 0 numeriert.*

Um einen ganzen Sektorblock anzusprechen, werden alle benötigten Parameter in die CPU-Register geladen, und der Interrupt wird ausgelöst. Die Anzahl der Sektoren steht im CX-Register, die Nummer des ersten Sektors in DX, die Speicheradresse für den Datentransfer im Registerpaar DS:BX und das Laufwerk im AL-Register (0 für Laufwerk A, 1 für Laufwerk B, etc.).

Während das ROM BIOS mit physisch vorhandenen Laufwerken arbeitet, basieren die DOS-Routinen auf dem Konzept logischer Laufwerke. Dabei geht DOS von mindestens zwei logischen Laufwerken aus. Ist in Wirklichkeit gar kein Laufwerk B angeschlossen, nimmt DOS das eine vorhandene und behandelt es abwechselnd als A oder B, je nachdem, welches gerade benötigt wird. Diese logische Zuordnung kann mit dem DOS-Befehl ASSIGN geändert werden.

Die Ergebnisse der Interrupts 25H und 26H werden durch eine Kombination der Übertragsflagge (CF) und den Registern AL und AH gemeldet. CF ist 0, wenn kein Fehler aufgetreten ist. Anderenfalls (CF = 1) enthalten AL und AH den Fehlercode in zwei verschiedenen, teilweise identischen Codierungen. Die Codes in AL (Abb. 15-2) sind die DOS-eigenen und basieren auf denen der Fehlerbehandlungsroutine, die über Interrupt 24H aufgerufen wird (siehe Seite 303). Die Codes in AH (Abb. 15-3) stützen sich dagegen auf den Fehlercode des ROM BIOS (siehe Seite 201).

Fehlercode		
Hex	***Dez***	***Bedeutung***
00H	0	Schreibschutzfehler: Versuch, auf schreibgeschützte Diskette zu schreiben
01H	1	Unbekanntes Gerät: ungültige Laufwerksnummer
02H	2	Laufwerk nicht bereit (z.B. Diskette nicht eingelegt oder Laufwerksklappe nicht geschlossen)
04H	4	Prüfsummenfehler bei CRC-Prüfung: Paritätsfehler
06H	6	Positionierungsfehler: Anfahren des gewünschten Zylinders nicht möglich
07H	7	Unbekanntes Medium: Diskettenformat nicht erkannt
08H	8	Sektor nicht gefunden
0AH	10	Schreibfehler
0BH	11	Lesefehler
0CH	12	Allgemeiner Fehler
0FH	15	Unzulässiger Diskettenwechsel

Abb. 15-2 *Die im AL-Register zurückgegebenen Fehlercodes und ihre Bedeutung, die aus einem Fehler der Schreib- oder Leseroutinen (durch DOS-Interrupt 25H oder 26H aufgerufen) resultieren*

Fehlercode		
Hex	***Dez***	***Bedeutung***
02H	2	Fehlerhafte Adreßmarke: Sektorkennung ungültig oder nicht auffindbar
03H	3	Schreibschutzfehler: Versuch, auf schreibgeschützte Diskette zu schreiben
04H	4	Falscher Sektor: gefragter Sektor nicht auffindbar
08H	8	DMA-Fehler
10H	16	Prüfsummenfehler bei CRC-Prüfung
20H	32	Fehlfunktion des Disketten-Controllers
40H	64	Anfahren der gewünschten Spur nicht möglich
80H	128	Time-out: Laufwerk reagiert nicht

Abb. 15-3 *Die im AH-Register zurückgegebenen Fehlercodes und ihre Bedeutung, die aus einem Fehler der Schreib- oder Leseroutinen (durch DOS-Interrupt 25H oder 26H aufgerufen) resultieren*

Interrupt-Bearbeitungsroutinen und Funktionsaufrufe stellen im allgemeinen den ursprünglichen Zustand des Stapels wieder her, sobald sie mit der Ausführung ihrer Aufgabe fertig sind. Anders die DOS-Interrupts 25H und 26H: sie enden und lassen ein Wort im Stapel zurück, das den Flaggenstatus des Programms vor dem Aufruf der Routine wiedergibt. Das ist sinnvoll, da die Interrupts 25H und 26H das Flaggen-Register für ihre Ergebnisse verwenden. Andererseits kann ein Programm, das diese Routinen aufruft, Werte, die noch benötigt werden, mit PUSH auf den Stapel retten, wie das üblich ist. Ein besonderer Grund ist für diese Vorsichtsmaßnahme der Interrupts 25H und 26H also nicht ersichtlich. Ein Programm, das diese Interrupts aufruft, sollten die zwei Flaggenstatus-Bytes nach Rückkehr des Interrupts mit POP aus dem Stapel entfernen. Diese Bytes lassen sich entweder mit POPF (nach einem CF-Fehlertest) in das Flaggen-Register transferieren oder durch Inkrementieren des Stapelzeiger-Registers um 2 (ADD SP,2) völlig entfernen.

Interrupt 27H (dezimal 39): Beenden und im Speicher bleiben

Interrupt 27H (dezimal 39) ist eine der interessantesten Routinen überhaupt, die von DOS zur Verfügung gestellt werden.

Genau wie Interrupt 20H beendet auch Interrupt 27H ein Programm, ohne es jedoch aus dem Speicher zu löschen (*terminate and stay resident*, TSR). Vielmehr bleibt ein genau festgelegter Teil des Programmes im Speicher (*speicherresident*). Programm und Daten, die mittels des Interrupt 27H resident wurden, werden zu einer DOS-Erweiterung und können nicht durch andere Programme überschrieben werden.

> ❑ HINWEIS: *Wie bereits für Interrupt 20H bieten die DOS-Versionen ab 2.0 eine flexiblere Alternative zu Interrupt 27H. Dies ist Interrupt 21H, Funktion 31H, den wir anstelle des Interrupts 27H empfehlen, solange Sie sich nicht um Kompatibilität mit DOS-Version 1.0 sorgen müssen. In Kapitel 17 finden Sie Einzelheiten zu diesem Interrupt.*

Interrupt 27H (oder der entsprechende Funktionsaufruf) wird von einer Reihe von "Pop-up"-Programmen wie z.B. SideKick verwendet. TSR-Programme nutzen diese Routine häufig, um Interrupt-Routinen zu installieren, die bis zum Ausschalten des Computers im Speicher bleiben sollen. Sehr oft ersetzen diese Routinen bereits vorhandene DOS- oder ROM BIOS-Routinen, um deren Funktion zu erweitern oder sogar völlig zu ändern. Diese Methode, Teile im Speicher zurückzulassen, ist nicht auf Interrupt-Bearbeitungsroutinen und Programmanweisungen begrenzt, ebensogut können Daten im Speicher bleiben. Beispielsweise ist diese Technik zum Ablegen von Statusinformationen verschiedener Programme in einem gemeinsamen Speicherbereich brauchbar, so daß die Programme indirekt miteinander kommunizieren können.

Im allgemeinen besteht ein TSR-Programm aus zwei Teilen: einem *residenten Teil*, der im Speicher bleibt und einem *Übergangsteil* (*transient*), der den residenten Teil durch Ändern der Interrupt-Vektoren, durch Initialisieren von Daten und Aufruf der Routine "Beenden und im Speicher bleiben" installiert. Dieser Übergangsteil bleibt nach Ausführung des Interrupts 27H nicht im Speicher.

Der residente Teil des TSR-Programms steht am Programmanfang (d.h. an niedrigen Adressen). Der Übergangsteil berechnet die Größe des residenten Teils und setzt das Ergebnis bei Ausführung des Interrupts 27H in Register DX. DOS beläßt den residenten Teil im Speicher, verwendet aber den vom Übergangsteil belegten Speicherplatz zur Ausführung anderer Programme.

Alle Programme und Daten, die mit diesem Interrupt im Speicher abgelegt werden, bleiben dort, solange DOS im Speicher steht. Es ist durchaus nicht ungewöhnlich, daß verschiedene Programme Teile hinterlassen. Programme, die diese Technik verwenden, sind aber meist hochentwickelt und kompliziert; es ist daher ebenfalls nicht ungewöhnlich, daß gegenseitige Störungen auftreten. Um mit mehreren Programmteilen im Speicher erfolgreich arbeiten zu können, müssen die Teile manchmal in einer bestimmten Reihenfolge geladen werden. Die Reihenfolge läßt sich unter Umständen nur durch Experimentieren herausfinden (was für einen unerfahrenen Benutzer eine Zumutung ist).

Genau wie bei Interrupt 20H zum normalen Beenden eines Programmes setzt DOS auch nach Ausführung von Interrupt 27H die Adreßvektoren für die Interrupts 22H bis 24H zurück. Die logische Folge ist, daß sich über Interrupt 27H keine residenten Interrupt-Bearbeitungsroutinen für die Adreß-Interrupts installieren lassen. Obwohl das auf den ersten Blick eine Beschränkung darstellt, gibt es doch einen triftigen Grund dafür. Die Adreß-Interrupts sind nämlich nicht zur allgemeinen Verwendung vorgesehen, sondern nur für einzelne Programme. (Näheres finden Sie im Abschnitt "DOS-Adreß-Interrupts" auf Seite 298.)

Der Multiplex-Interrupt

Der *Multiplex-Interrupt*, Interrupt 2FH (dezimal 47), dient zur Kommunikation mit speicherresidenten Programmen. In DOS-Version 1 wurde er nicht verwendet, doch in Version 2 verwendete ihn der RAM-residente Drucker-Spooler PRINT. In den DOS-Versionen ab 3.0 wurde das Protokoll zu seiner Verwendung standardisiert, damit sich mehrere speicherresidente Programme den Interrupt teilen können (daher der Name Multiplex-Interrupt).

> ❑ HINWEIS: *Ein Großteil der Information, die Sie in diesem Kapitel finden, bezieht sich auf alle DOS-Versionen. Der Interrupt 2FH ist hingegen nur in DOS 3.0 und späteren Versionen vorhanden.*

Zur Verwendung des Multiplex-Interrupts müssen Sie ein speicherresidentes TSR-Programm schreiben, das eine Routine zur Behandlung des Interrupts 2FH enthält (verwenden Sie dazu die DOS-Routine "Beenden und im Speicher bleiben"). Der Übergangsteil des TSR-Programms muß die Adresse der alten Routine zur Behandlung des Interrupts 2FH vom Interrupt-Vektor 2FH (0000:00BCH) in eine Variable im residenten Teil kopieren. Der Übergangsteil ändert nun den Interrupt-Vektor 2FH in die Adresse der Routine zur Behandlung des Interrupts 2FH des residenten Teils, so daß bei der anschließenden Auslösung des Interrupts 27H die TSR-Routine die Kontrolle übernimmt.

Bei Ausführung des Interrupts 2FH macht die residente Interrupt-Bearbeitungsroutine 2FH folgendes:

```
IF      AH=Kennung
THEN    Wert in AL verarbeiten
        von Interrupt zurückkehren (IRET)
ELSE    auf alte Routine zur Behandlung des Interrupts 2FH
        springen
```

Diese einfache Logik ermöglicht mehreren speicherresidenten Programmen die Nutzung des Multiplex-Interrupts, um miteinander zu kommunizieren. Wesentlich ist, daß jedes speicherresidente Programm eine eindeutige Nummer (Kennung) hat. Die Routine zur Behandlung des Interrupts 2FH Ihres Programms sollte einen der 64 Werte zwischen C0H und FFH verwenden (es gibt natürlich 256 mögliche Kennungen, doch reservieren Microsoft und IBM 00H bis BFH zur Verwendung durch DOS-Dienstprogramme).

Wenn die Routine zur Behandlung des Interrupts 2FH Ihres Programms die Kontrolle erhält, muß sie zuerst den Wert in AH prüfen. Stimmt dieser mit der Kennung des Programms überein, schaut die Routine in AL nach, was als nächstes zu tun ist. Stimmen die Werte nicht überein, springt die Routine einfach auf die Adresse der alten Routine zur Behandlung des Interrupts 2FH.

Die Routine zur Behandlung des Interrupts 2FH sieht den Wert in AL als Funktionsnummer an und verarbeitet ihn so, wie es in den nachfolgenden Abschnitten beschrieben wird:

Funktion 00H hat eine besondere Bedeutung. Sie weist die Interrupt-Bearbeitungsroutine an, in AL einen von zwei Werten zurückzugeben:

- FFH zeigt an, daß eine Interrupt-Bearbeitungsroutine für 2FH im Speicher steht und zur Verarbeitung anderer Funktionen bereit ist.
- 01H zeigt an, daß die in AH stehende Kennung in Gebrauch ist.

Um daher zu erkennen, ob ein bestimmtes TSR-Programm im Speicher installiert ist, führt ein Programm Interrupt 2FH mit der TSR-Kennung in AH und AL = 00H aus. Steht das TSR im Speicher, gibt er AL = FFH zurück. Falls ein anderes TSR die Kennung für sich verwendet, gibt er für dieses TSR AL = 01H zurück. Im anderen Fall ignorieren alle residenten Routinen zur Behandlung des Interrupts 2FH den Interrupt, so daß dieser mit AL = 00H zurückkehrt.

Das am besten dokumentierte Beispiel, wie man den Multiplex-Interrupt verwenden kann, ist das mit den DOS-Versionen ab 3.0 gelieferte PRINT-Programm. Indem Sie untersuchen, wie PRINT den Multiplex-Interrupt verwendet, können Sie diesen Interrupt in Ihren Programmen geschickter einsetzen.

Die Multiplex-Kennung von PRINT ist 1. Bei jeder Ausführung des Interrupts 2FH mit dieser Kennung in AH verarbeitet die speicherresidente Routine zur Behandlung des Interrupts 2FH von PRINT den Interrupt. Da durch PRINT sechs unterschiedliche Funktionen definiert sind (siehe Abb. 15-4), besteht ein Aufruf von PRINT in der Ausführung des Interrupts 2FH mit AH = 01H und der Nummer einer Funktion in AL.

Bei jedem Ablauf von PRINT führt das Programm Interrupt 2FH mit AH = 01H und AL = 00H aus. Beim ersten Ablauf ist der vom Interrupt in AL zurückgegebene Wert 00H, so daß sich das Programm selbst im Speicher installiert. Wenn Sie PRINT ein zweites Mal aufrufen, ist der in AL zurückgegebene Wert FFH - als Folge der Ausführung des Multiplex-Interrupts mit AH = 01H. Dieser Wert wird von der speicherresidenten Kopie von PRINT in dieses Register gesetzt; beim zweiten Aufruf weiß das Programm dadurch, daß es sich nicht nochmals installieren muß.

Der zweite Aufruf (und alle folgenden) von PRINT kann eine von fünf Funktionen anfordern, indem der ersten, speicherresidenten Kopie die Funktionsnummer übergeben wird. Sie können diese Funktion aber auch in Ihren eigenen Programmen verwenden, indem Sie den Wert 01H (die Multiplex-Kennung von PRINT) in Register AH und die Funktionsnummer in Register AL setzen und dann den Interrupt 2FH auslösen.

Funktionsnummer	*Beschreibung*
00H	Installationsstatus ermitteln
01H	Zuweisung der zu druckenden Datei
02H	Datei aus Spooler-Warteschlange streichen
03H	Alle Dateien aus Spooler-Warteschlange streichen
04H	Spooler-Warteschlange anhalten
05H	Spooler-Warteschlange wieder aktiv

Abb. 15-4 *Über den Multiplex-Interrupt definierte PRINT-Funktionen*

Funktion 01H weist dem Drucker-Spooler eine Datei zum Ausdruck zu. Dazu wird im Registerpaar DS:DX ein Zeiger auf einen 5-Byte-Bereich, der Zuweisungspaket (submit package) genannt wird, gespeichert. Das erste Byte des Zuweisungspakets ist ein Stufencode (muß 0 sein), die restlichen vier Bytes enthalten die segmentierte Adresse einer ASCIIZ-Zeichenfolge (siehe Seite 343), der den Pfadnamen der zu druckenden Datei enthält. Der Pfadname muß eine einzelne Datei sein. Die Verwendung der Dateigruppenzeichen "*" und "?" ist nicht erlaubt.

Die Datei wird an das Ende der Liste (Warteschlange) der zu druckenden Dateien gestellt. Die darin enthaltenen Dateien werden hintereinander ausgedruckt und nach dem Druck aus der Warteschlange entfernt.

Funktion 02H entfernt einzelne Dateien aus der Spooler-warteschlange. Das Registerpaar DS:DX zeigt auf die ASCIIZ-Zeichenfolge, die die zu entfernende Datei definiert. Die globalen Zeichen "*" und "?" dürfen hier benutzt werden. Beachten Sie, daß das Registerpaar bei Funktion 02H direkt auf die Zeichenfolge mit dem Dateinamen zeigt und nicht, wie bei Funktion 01H, auf das Zuweisungspaket, das auf die Zeichenfolge verweist.

Funktion 03H leert die Spooler-Warteschlange vollständig. Falls die Funktionen 02H und Funktion 03H eine Datei aus der Warteschlange entfernen, die gerade ausgedruckt wird, so stoppt PRINT den laufenden Ausdruck und gibt diesbezüglich eine kurze Meldung aus.

Funktion 04H gewährt Programmen Zugang zur Warteschlange des Spoolers, um sie einzusehen. Während des Zugriffs wird die Warteschlange eingefroren, um Änderungen in der Schlange zu unterbinden. Der Aufruf jeder anderen PRINT-Funktion beendet den Einfrierzustand. Funktion 04H liefert als Ergebnis im Registerpaar DS:SI einen Zeiger, der auf die Namensliste der in der Warteschlange stehenden Dateien deutet. Die Einträge der Liste sind Zeichenfolgen mit einer festen Länge von 64 Bytes. Das Ende der Liste wird durch einen Eintrag angezeigt, der mit einem Null-Byte beginnt.

Durch das von Funktion 04H bewirkte Einfrieren der Warteschlange wird der Druckvorgang nicht unbedingt angehalten. Die Funktion schiebt hingegen das Entfernen einer Datei, die fertiggedruckt ist, aus der Warteschlange auf.

Funktion 05H hat keinen anderen Sinn, als den mit Funktion 04H hervorgerufenen Einfrierzustand aufzuheben. (Die vier anderen Funktionen sind dazu aber ebenfalls geeignet.)

Die drei Adreß-Interrupts des DOS

DOS verwendet die drei Interrupts 22H bis 24H (dezimal 34 bis 36), um außergewöhnliche Situationen zu verarbeiten: das Ende eines Programmes, eine Unterbrechung (Break) per Tastatur (Ctrl-Break oder Ctrl-C auf der Standard-PC-Tastatur) und sogenannte "kritische Fehler" (meistens Laufwerksfehler). Programme können die Reaktionen auf die drei Fälle beeinflussen, indem sie die entsprechenden Interrupt-Vektoren ändern. Die Vektoren dürfen auf jede beliebige Routine zeigen. Daher werden diese drei Interrupts *Adreßinterrupts* genannt.

DOS enthält für jeden dieser Interrupts eine Standardadresse, die zu Beginn einer Programmabarbeitung gesichert und nach Beendigung wiederhergestellt wird. Das erlaubt es Programmen, die Adreßinterrupts frei zu verändern, ohne daß nachfolgende Programme oder DOS selbst damit in Konflikt geraten.

Interrupt 22H (dezimal 34): Beendigungsadresse

Die Adresse, die zu Interrupt 22H (dezimal 34) gehört, legt fest, an welcher Speicherstelle nach Beendigung eines Programmes durch Aufruf des DOS-Interrupts 20H oder 27H oder des Interrupts 21H, Funktion 00H, 31H oder 4CH weitergearbeitet wird. Interrupt 22H ist nicht dazu gedacht, von einem Programm direkt über die INT-Anweisung aufgerufen zu werden. DOS verwendet stattdessen den Interrupt-Vektor 22H, um die Adresse seiner eigenen Routine zur Programmbeendigung zu speichern.

Man sollte die DOS-Beendigungsadresse möglichst nicht ändern. Der interne Ablauf der standardmäßigen DOS-Routine zur Programmbeendigung ist nicht dokumentiert, so daß man nur schwer eine Ersatzroutine schreiben könnte, die ein Programm sauber beendet, ohne DOS durcheinanderzubringen. Falls Ihnen das gelingt, werden Sie diese Dinge bestimmt besser begreifen, als man sie in einem Buch beschreiben kann.

Interrupt 23H (dezimal 35): Adresse der Routine zur Behandlung von Ctrl-C

Die Adresse von Interrupt 23H (dezimal 35) zeigt auf eine Routine, die DOS immer dann aufruft, wenn es auf die Tastenkombination Ctrl-C reagiert. Interrupt 23H ist also zur Verwendung durch DOS und nicht durch ein Anwendungsprogramm gedacht. Einige altmodische Programme wie z.B. der DOS-Editor EDLIN verwenden Ctrl-C als Befehlstastenkombination, doch signalisiert in den meisten Programmen die Tastenkombination Ctrl-C, daß der Benutzer einen gerade ablaufenden Vorgang abbrechen will.

DOS reagiert nicht immer auf diese Tastenkombination. Normalerweise reagiert es auf eine Unterbrechung nur beim Lesen von oder Schreiben auf ein Gerät zur Zeichenein-/ausgabe (Bildschirm, Tastatur, Drucker oder Kommunikations-Port). Mit dem Befehl BREAK ON, der ab der DOS-Version 2.0 zur Verfügung steht, wird eine Unterbrechung bei fast allen anderen DOS-Systemaufrufen bearbeitet.

Die normale DOS-Antwort auf ein Ctrl-C besteht darin, das laufende Programm oder die Batch-Befehlsdatei, die gerade ausgeführt wird, zu beenden. Sie können jedoch jede andere Reaktion herbeiführen, indem Sie die Standard-Interrupt-Routine 23H durch eine eigene Routine ersetzen.

Prinzipiell kann eine Ctrl-C-Routine drei verschiedene Reaktionen zeigen:

- Sie kann etwas Sinnvolles tun, z.B. eine Flagge setzen und dann zu DOS mit Hilfe einer Interrupt-Rückkehr-Anweisung (IRET) zurückkehren. In diesem Fall macht DOS da weiter, wo es aufgehört hat, ohne die Ausführung Ihres Programms zu beenden.
- Sie kann die Übertragsflagge setzen und danach zu DOS mit Hilfe einer far-Rückkehr-Anweisung (RET 2) zurückkehren. Dadurch werden die beim Aufruf der Routine zur Behandlung des Interrupts 23H durch DOS auf den Stapel gelegten Flaggen entfernt. Wenn die Übertragsflagge (CF) gesetzt ist, beendet DOS das unterbrochene Programm. Andernfalls (CF=0) fährt DOS mit der Programmabarbeitung fort.
- Sie kann die Kontrolle behalten, ohne zu DOS zurückzukehren. Diese Möglichkeit ist jedoch etwas komplizierter zu bewältigen, da man normalerweise nicht weiß, was gerade auf dem Stapel lag, als DOS das Ctrl-C bemerkte. Eine Routine zur Behandlung des Interrupts 23H muß daher generell das Stapelzeigerregister (SP) auf einen bestimmten Wert setzen. Außerdem muß sie Interrupt 21H, Funktion 0DH, ausführen, um die DOS-Dateipuffer zu leeren, so daß sich das DOS-Platten-E/A-System in einem definierten Zustand befindet.

Die Möglichkeit, eine eigene Ctrl-C-Routine zu installieren, wird zumeist genutzt, um auf die Unterbrechung über die Tastatur programmgesteuert zu reagieren. Selbst dann, wenn Ihr Programm nach Betätigen von Ctrl-C sofort enden soll, ist es oft nötig, noch einige abschließende Schritte auszuführen. Wenn Sie z.B. Interrupt 21H, Funktionen 0FH oder 16H, zum Öffnen einer Datei verwenden, sollten Sie Ihre eigene Routine zur Behandlung von Ctrl-C schreiben, um die Datei zu schließen, da die standardmäßige DOS-Ctrl-C-Routine dies nicht tut. Die DOS-Ctrl-C-Routine stellt auch ROM BIOS- oder Hardware-Interrupts, für die Sie eigene Interrupt-Bearbeitungsroutinen installiert haben, vor dem Beenden Ihres Programms nicht wieder her. Falls nötig, muß das Ihre Ctrl-C-Routine erledigen.

Denken Sie beim Erstellen Ihrer Ctrl-C-Routine auch an die Beziehung zwischen Ctrl-C und der Tastenkombination Ctrl-Break auf der Tastatur. Wenn Sie Ctrl-Break betätigen, löst die ROM BIOS-Routine zur Behandlung von Tastatur-Interrupts Interrupt 1BH aus. Die DOS-eigene Routine zur Behandlung des Interrupts 1BH setzt den Tastencode von Ctrl-C in den Tastaturpuffer. Wenn DOS das nächste Mal den Tastaturpuffer überprüft, findet es Ctrl-C und löst den Interrupt 23H aus. Das Betätigen von Ctrl-Break hat also dieselbe Wirkung wie das Betätigen von Ctrl-C, mit der Ausnahme, daß DOS die von Ctrl-Break veranlaßte Unterbrechung bemerkt, ohne daß es zuerst die dazwischenliegenden Zeichen im Tastaturpuffer verarbeitet.

Interrupt 24H (dezimal 36): Adresse der Routine zur Behandlung kritischer Fehler

Die zu Interrupt 24H (dezimal 36) gehörende Adresse zeigt auf eine Routine, die aufgerufen wird, wenn DOS einen "kritischen Fehler" (eine Situation, bei der keine normale Fortführung möglich ist) entdeckt. Die meisten kritischen Fehler treten im Zusammenhang mit Disketten- und Festplattenlaufwerken auf. Aber auch andere Fehler werden gemeldet.

Interrupt 24H ist wie Interrupt 23H nur zur Verwendung durch DOS und nicht durch ein Anwendungsprogramm gedacht. Ein Anwendungsprogramm kann jedoch die standardmäßige DOS-Routine zur Behandlung des Interrupts 24H durch seine eigene ersetzen. Die standardmäßige DOS-Routine gibt eine Ihnen vertraute Meldung aus:

```
Abbrechen, Wiederholen, Ignorieren?     in älteren DOS-Versionen
                                        als 3.3
```

oder

```
Abbrechen, Wiederholen, Fehler?         in DOS-Versionen 3.3 und
                                        höher
```

Durch Ihre eigene Routine zur Behandlung des Interrupts 24H können Sie die Art und Weise, wie kritische Fehler behandelt werden, den Bedürfnissen Ihres Programms anpassen.

Wenn DOS einer Fehlerbehandlungsroutine die Kontrolle übergibt, stehen mehrere Informationsquellen über den Fehler selbst und über den Status vor dem Auftauchen des Fehlers zur Verfügung. Diese Quellen sind das Registerpaar BP:SI, der Stapel, das AH- und das DI-Register. Wir werden sie Punkt für Punkt durchgehen, da die Fehlerbehandlung insgesamt eine recht komplexe Angelegenheit ist.

Wenn Sie mit der DOS-Version 2.0 oder einer höheren arbeiten, zeigt das Registerpaar BP:SI auf einen Gerätekontrollblock. Ein Programm kann diesen Block heranziehen, um nähere Angaben über das Gerät (Diskettenlaufwerk, Drucker usw.), das den Fehler verursacht hat, zu erhalten (weitergehende Informationen über den Gerätekontrollblock finden Sie in den technischen DOS-Referenzhandbüchern).

Bei Übernahme der Kontrolle durch die Fehlerbehandlungsroutine enthält der Stapel alle Registerinhalte des Programms, das die DOS-Funktion aufgerufen hat, die zu dem kritischen Fehler führte. Diese Information kann für ein Fehlerbehandlungsprogramm sehr nützlich sein, wenn es eng mit dem aktiven Programm zusammenarbeitet. Normalerweise lassen sich die Informationen auf dem Stapel lesen, indem man ihn über das Register BP adressiert. Auf den in Abbildung 15-5 auf der nächsten Seite gezeigten Stapel können Sie zugreifen, wenn die ersten zwei Zeilen Ihrer Fehlerbehandlungsroutine folgendermaßen lauten:

```
PUSH    BP
MOV     BP,SP
```

DOS zeigt die Art des kritischen Fehlers in erster Linie durch eine Kombination des höchstwertigen Bits des Registers AH und des niederwertigen Bytes des Registers DI an. Ist das höchstwertige Bit (Bit 7) von AH gleich 0, bezieht sich der Fehler auf eine Plattenoperation, anderenfalls handelt es sich um eine andere Fehlerquelle. Welche, werden Sie in Kürze erfahren.

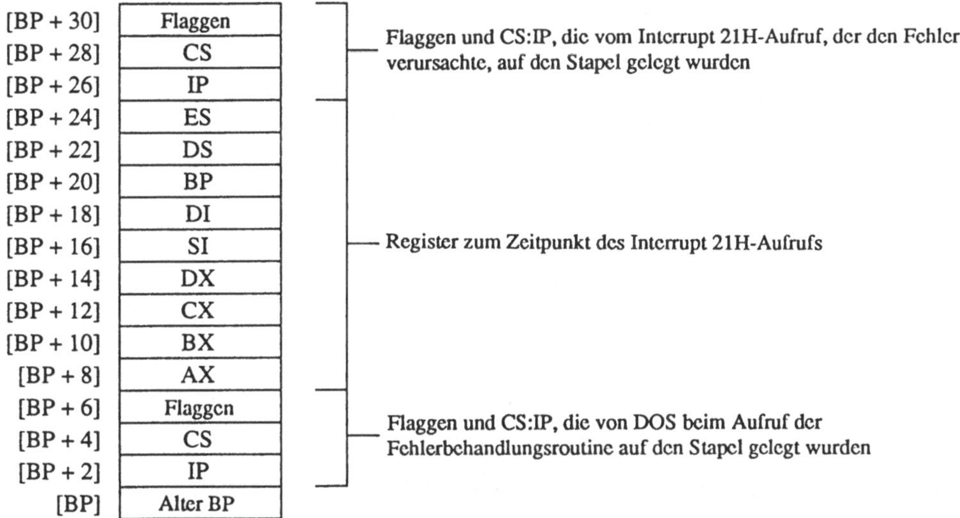

Abb. 15-5 *Die einer Routine zur Behandlung des Interrupts 24H (kritische Fehler) auf dem Stapel übergebenen Informationen*

Liegt ein Disketten-/Festplattenfehler vor (höchstwertiges Bit von AH gleich 0), zeigt das AL-Register das betroffene Laufwerk an (0 ist Laufwerk A, 1 ist Laufwerk B usw.). Die Bits 0 bis 5 des AH-Registers beinhalten weitere Informationen über den Fehler (siehe Abb. 15-6).

		Bit					
5	*4*	*3*	*2*	*1*	*0*	*Wert*	*Bedeutung*
.	.	.	.	.	0	0	Lesefehler
.	.	.	.	.	1	1	Schreibfehler
.	.	.	0	0	.	0	Fehler bei DOS-Systemdateien
.	.	.	0	1	.	1	Fehler in Dateizuordnungstabelle
.	.	.	1	0	.	2	Fehler im Stammverzeichnis
.	.	.	1	1	.	3	Fehler im Datenbereich

Abb. 15-6 *(weiter nächste Seite)*

(Fortsetzung)

		Bit					
5	4	3	2	1	0	Wert	Bedeutung
.	.	1	.	.	.	1	Antwort Fehler zulässig
.	1	.	.	.	.	1	Antwort Wiederholen zulässig
1	.	.	.	.	.	1	Antwort Ignorieren zulässig

Abb. 15-6 *Bitwerte und dazugehörende Fehler, die in den Bits 0 bis 5 des AH-Registers zu finden sind, nachdem von DOS Interrupt 24H aufgerufen wurde*

DOS gibt weitere Informationen über den Fehler im niederwertigen Byte des Registers DI zurück (Abb. 15-7). Die Fehlercodes in DI decken eine Vielzahl von Ein-/ Ausgabegeräten ab, so daß Sie zur Bestimmung der genauen Ursache des kritischen Fehlers eine Kombination der Informationen der Register AH und DI heranziehen müssen.

Ist Bit 7 von AH gesetzt, liegt wahrscheinlich kein Plattenfehler vor, er kann aber damit in Zusammenhang stehen. Ein Fehler, der für gewöhnlich mit Bit 7 von AH gesetzt gemeldet wird, ist ein Fehler in der Dateizuordnungstabelle der Diskette/Festplatte. Bei DOS Version 1 trifft das immer zu, ab Version 2.0 sollte die fehlerbehandelnde Routine Bit 15 des Wortes, dessen Offset 4 Bytes vom Anfang des Gerätekontrollblock entfernt liegt, untersuchen (BP:[SI + 4]). Steht dieses Bit auf 0, handelt es sich um ein Blockgerät (Platte) und der Fehler liegt in der FAT, anderenfalls um ein Zeichengerät. In letzterem Fall identifiziert das niederwertige Byte von DI die genaue Fehlerursache (das höherwertige Byte ist unbeachtet zu lassen). Die Fehlercodes in DI sind im wesentlichen dieselben, die von den Interrupts 25H und 26H (dezimal 37 und 38) im Register AL gemeldet werden.

Folgende Funktionen des Interrupts 21H können Sie in Ihrer Routine zur Behandlung kritischer Fehler verwenden, um dem Programmbenutzer anzuzeigen, was gerade abläuft:

- Funktionen 01H bis 0CH, die einfache Tastatur- und Bildschirm-Routinen bieten,
- Funktion 30H, die die DOS-Versionsnummer zurückgibt,
- Funktion 59H, die in DOS-Versionen ab 3.0 erweiterte Fehlerinformationen zurückgibt.

Fehlercode		
Hex	Dez	Bedeutung
00H	0	Schreibschutzfehler: Versuch, auf eine schreibgeschützte Diskette zu schreiben
01H	1	Unbekanntes Gerät (ungültige Laufwerksnummer)
02H	2	Laufwerk nicht bereit (keine Diskette eingelegt oder die Laufwerksklappe geöffnet)

Abb. 15-7

(weiter nächste Seite)

(Fortsetzung)

Fehlercode		
Hex	***Dez***	***Bedeutung***
03H	3	Ungültiger Befehl
04H	4	Datenfehler (CRC-Prüfung)
05H	5	Falsche Strukturlänge
06H	6	Positionsfehler: Anfahren des Zylinders nicht möglich
07H	7	Unbekanntes Plattenformat
08H	8	Sektor nicht gefunden
09H	9	Papierzufuhr gestört
0AH	10	Schreibfehler
0BH	11	Lesefehler
0CH	12	Allgemeiner Fehler
0FH	15	Unzulässiger Diskettenwechsel (DOS-Version 3.0 und höher)

Abb. 15-7 *Die Fehlercodierung im niederwertigen Byte des Registers DI, wenn DOS Interrupt 24H aufruft*

Rufen Sie jedoch in Ihren Fehlerbearbeitungsroutinen keine anderen DOS-Routinen als die genannten auf, da diese eventuell interne Puffer oder Stapel überschreiben, die DOS nach Rückkehr der Fehlerbearbeitungsroutine benötigt.

Normalerweise wird die Kontrolle nach Beendigung einer Fehlerbearbeitungsroutine an DOS zurückgegeben, das dann vier Dinge tun kann: den Fehler ignorieren, die Operation erneut versuchen, das Programm beenden oder auf die gewünschte Operation verzichten und ins Programm zurückkehren (DOS-Versionen 3.1 und höher). Welche dieser vier Alternativen Sie für richtig halten, erfährt DOS dadurch, daß Sie vor Ausführung eines IRET zur Rückkehr zu DOS einen der Werte aus Abbildung 15-8 in Register AL setzen.

Wenn Sie eine eigene Fehlerbearbeitungsroutine installiert haben, bleibt diese nur so lange wirksam, wie das Programm, das sie installiert hat, abläuft. Danach ersetzt DOS den Inhalt des Interrupt-Vektors 24H durch die Adresse der standardmäßigen Routine zur Behandlung kritischer Fehler.

AL	*Beschreibung*
00H	Fehler ignorieren und fortfahren
01H	Operation erneut versuchen
02H	Programm beenden
03H	Auf Operation verzichten (DOS-Versionen 3.1 und höher)

Abb. 15-8 *Werte, die DOS von einer Routine zur Behandlung des Interrupts 24H (kritische Fehler) übergeben werden können*

Der DOS-Leerschleifen-Interrupt

DOS führt innerhalb der Interrupt 21H-Routinen, die eine Schleife durchlaufen, während sie auf ein bestimmtes Ereignis, z.B. einen Tastenanschlag, warten, den Interrupt 28H aus. Wenn Sie zum Beispiel die DOS-Tastatureingaberoutine (Interrupt 21H, Routine 01H) aufrufen, führt DOS innerhalb einer Leerschleife, die auf den nächsten Tastenanschlag wartet, Interrupt 28H aus.

Die standardmäßige Routine zur Behandlung des Interrupts 28H ist einfach eine IRET-Anweisung, d.h. die Ausführung von Interrupt 28H bewirkt normalerweise gar nichts. Sie können stattdessen Ihre eigene Interrupt-Bearbeitungsroutine liefern, die in der Zeit, in der DOS leer läuft, bestimmte Aufgaben erfüllt. Insbesondere kann ein speicherresidentes Programm eine Routine zur Behandlung des Interrupts 28H enthalten, die wiederholt aufgerufen wird, während DOS auf eine Eingabe von der Tastatur wartet.

Das größte Problem bei der Installation Ihrer Interrupt-Bearbeitungsroutine besteht darin, daß diese Routine Interrupt 21H, der Zugang zu den DOS-Routinen gibt, nur unter genau definierten Bedingungen aufrufen kann. Sie müssen daher leider sehr genau Bescheid wissen, wie DOS intern Interrupt 21H-Anforderungen verarbeitet, um diese gefahrlos in einer Routine zur Behandlung des Interrupts 28H zu verwenden.

Das Programmsegmentpräfix (PSP)

Wenn DOS ein Programm lädt, reserviert es dafür einen Block mit 256 Bytes am Anfang des Code-Segmentes, das *Programmsegmentpräfix* (PSP). Das PSP enthält zahlreiche Informationen, die dabei helfen, ein Programm unter DOS ablaufen zu lassen. Das PSP ist Teil jedes DOS-Programmes ungeachtet der Programmiersprache, in der das Programm verfaßt ist. In bezug auf das Programmieren sind jedoch die dort gespeicherten Informationen eher für in Assembler geschriebene Programme von Bedeutung als für solche in höheren Programmiersprachen, da letztere normalerweise die Betriebsumgebung, den Speicher und die Dateien unter eigener Regie verwalten, so daß sie auf das PSP nicht angewiesen sind. Das Programmsegmentpräfix wird also normalerweise nur dann ausgenützt, wenn Ihr Programm auf Assembler-Sprache basiert.

Bevor wir die einzelnen Elemente des PSP besprechen, wollen wir noch die Verbindung zwischen PSP und zugehörigem Programm erläutern.

DOS bildet das PSP eines Programms im Speicher unmittelbar unterhalb des für das Programm selbst zugeordneten Speichers. Sobald dem Programm von DOS die Kontrolle übergeben wird, zeigen die Segment-Register DS und ES auf das PSP. Da DOS die PSP-Informationen gelegentlich benötigt, bewahrt es intern eine Kopie des PSP-Segmentwerts auf.

Die beste Methode zu erklären, wie das PSP und das Programm zusammenarbeiten, ist der direkte Einstieg in die interne Struktur des PSP. Zweck und möglicher Einsatz jedes Elements werden an Ort und Stelle erläutert.

Die interne Struktur des PSP

Der Inhalt des PSP stellt eine recht "bunte Mischung" verschiedenartiger Daten dar (siehe Abb. 15-9). Das ist nur historisch zu verstehen. Einerseits ist das heutige DOS eine Fortentwicklung des einst führenden Betriebssystems CP/M, andererseits geht die DOS-Entwicklung seit Jahren in Richtung UNIX. Das Ergebnis sehen Sie im PSP, das Elemente beider Betriebssystemkonzeptionen enthält. Diese Elemente werden im folgenden in der Reihenfolge ihres Auftretens behandelt.

Das Feld an Offset 00H (2 Bytes) enthält die Bytes CDH und 20H, die Anweisung zum Aufruf von Interrupt 20H. Wie bei der Besprechung dieses Interrupts in diesem Kapitel bereits gesagt, stellt er lediglich eine von mehreren gängigen Methoden dar, um einen Programmablauf zu beenden. Diese Anweisung steht am Beginn des PSP (Offset 00H), damit ein Programm sich selbst beenden kann, indem es an diese Adresse springt, während CS auf das PSP weist. Der Weg über den entsprechenden Interrupt- oder Funktionsaufruf ist allerdings vorzuziehen. Diese seltsame Methode zur Programmbeendigung ist ein Überbleibsel aus jenen Tagen, als die CP/M-Kompatibilität noch eine Rolle spielte.

Offset			
Hex	***Dez***	***Länge***	***Beschreibung***
00H	0	2	INT 20H-Anweisung
02H	2	2	Speichergröße (in Segmentabschnitten)
04H	4	1	(Reserviert; normalerweise 0)
05H	5	5	Aufruf eines DOS-Funktionsverteilers
0AH	10	4	Interrupt 22H-Adresse (Beenden)
0EH	14	4	Interrupt 23H-Adresse (Ctrl-C)
12H	18	4	Interrupt 24H-Adresse (Kritischer Fehler)
16H	22	22	(Reserviert)
2CH	44	2	Umgebungssegmentadresse
2EH	46	34	(Reserviert)
50H	80	3	INT 21H, RETF-Anweisungen
53H	83	9	(Reserviert)
5CH	92	16	FCB #1
6CH	108	20	FCB #2
80H	128	128	Befehlszeilen-Parameter und Plattentransferbereich (DTA)

Abb. 15-9 *Die Teile des Programmsegmentpräfix (PSP)*

Das Feld an Offset 02H (2 Bytes) enthält die Segmentadresse des letzten Speicherabschnitts, der dem Programm zugeordnet ist. DOS lädt normalerweise ein Programm in den ersten freien Speicherbereich, der zur Aufnahme des Programms ausreicht. Ein Programm kann dieses Feld verwenden, um die ihm tatsächlich zugeordnete Speicherkapazität zu ermitteln.

Praktisch gesehen gibt es eine bessere Möglichkeit, diese Speicherkapazität zu ermitteln. Interrupt 21H, Funktion 4AH, kann die Größe eines beliebigen Speicherblocks bestimmen, nicht nur die des Blockes, in den das Programm geladen wurde (in Kapitel 17 finden Sie mehr über diese DOS-Routine).

Das Feld an Offset 05H (5 Bytes) enthält einen segmentübergreifenden Aufruf des *DOS-Funktionsverteilers* (*dispatcher*), der DOS-internen Routine, die die dem DOS übergebene Funktionsnummer prüft und die entsprechende Unterroutine ausführt. Auch dieses Feld ist ein Relikt aus jenen Tagen, in denen für DOS-Programmierer die CP/M-Kompatibilität noch eine Rolle spielte. Ein Programm kann durch Angabe einer Funktionsnummer in Register CL einen near-CALL des Offset 05H im PSP machen und erhält damit dasselbe Ergebnis, als hätte es AH mit der Funktionsnummer geladen und Interrupt 21H ausgeführt.

Es muß wohl kaum gesagt werden, daß diese Technik in ernsthaften DOS-Programmen nicht sehr sinnvoll ist.

Die Felder an den Offsets 0AH, 0EH und 12H (jeweils 4 Bytes) enthalten die segmentierten Adressen der standardmäßigen Routine zur Behandlung der Interrupts 22H (Beenden), 23H (Ctrl-C) und 24H (Kritischer Fehler). Diese Adressen sind im PSP gespeichert, um Ihnen Arbeit abzunehmen. Wenn Sie eine der DOS-Routinen durch eine eigene Interrupt-Bearbeitungsroutine ersetzen, können Sie nämlich die standardmäßige Interrupt-Bearbeitungsroutine wiederherstellen, indem sie ihre Adresse vom PSP in den entsprechenden Interrupt-Vektor kopieren.

In den DOS-Versionen ab 2.0 enthält das Feld an Offset 2CH (2 Bytes) die Abschnittsadresse des Programm-*Umgebungsblocks*. Dieser Block besteht aus einer Reihe von ASCIIZ-Zeichenfolgen (Zeichenfolgen, die aus ASCII-Zeichen bestehen und mit einem Null-Byte enden) und definiert eine Vielzahl verschiedenartiger Informationen. Das Ende des Umgebungsblocks ist an der Stelle, wo normalerweise das erste Byte der nächsten Zeichenfolge anfängt, durch eine Zeichenfolge der Länge Null (ein einzelnes Null-Byte) markiert. Beginnt eine Umgebungsfestlegung mit einer Zeichenfolge der Länge Null, sind keine Zeichenfolgen darin enthalten.

Jede Umgebungs-Zeichenfolge liegt in der Form *NAME = Wert* vor. NAME muß in Großbuchstaben geschrieben sein und darf jede vernünftige Länge besitzen, und für *Wert* ist nahezu alles erlaubt. Die Umgebung besteht so aus einer Liste globaler Variablen, von denen jede Informationen enthält, die Ihr Programm verwenden kann. Enthält der Umgebungsblock z.B. die Umgebungsvariable PATH (d.h. eine Zeichenfolge, die mit PATH= beginnt), kann jedes Programm - DOS eingeschlossen - seinen Umgebungsblock untersuchen, um zu bestimmen, welche Verzeichnisse es nach ausführbaren Dateien durchsuchen soll (und in welcher Reihenfolge). So kann der Umgebungsblock einem Programm, das ihn liest, problemlos Informationen übermitteln. (Den Inhalt des Umgebungsblocks können Sie über den DOS-Befehl SET ändern.)

Bei jedem Laden eines Programms legt DOS eine Kopie des Umgebungsblocks an und setzt die Abschnittsadresse (Segment) in das PSP des Programms. Um aus dem Umgebungsblock Informationen zu erhalten, muß ein Programm zunächst über das PSP sein Segment feststellen und dann alle mit Null endenden Zeichenfolgen untersuchen. Einige höhere Programmiersprachen erledigen dies automatisch, so z.B. in C die Bibliotheksfunktion *getenv()*.

Viele komplexere Programme verlassen sich auf Informationen aus dem Umgebungsblock. Das Konzept der Umgebung (*environment*) findet sich auch in anderen leistungsfähigen Betriebssystemen wie z.B. UNIX und OS/2. Immer wenn Sie einem Programm vom Anwender konfigurierbare Informationen übermitteln wollen, sollten Sie möglichst den Umgebungsblock dazu verwenden.

Das Feld an Offset 50H enthält zwei ausführbare 8086-Anweisungen: INT 21H und RETF (far-Rücksprung).

Dadurch ist es möglich, DOS-Funktionen gewissermaßen indirekt aufzurufen. Dazu werden alle Parameter für den normalen Aufruf einer Funktion des Interrupts 21H gesetzt (Auswahl der Funktion in Register AH usw.), der Aufruf erfolgt jedoch nicht über Interrupt 21H (eine 2-Byte-Anweisung), sondern über einen far-Aufruf des Offset 50H im PSP (eine 5-Byte-Anweisung).

Sie werden vielleicht vermuten, daß auch das ein Relikt aus der Vergangenheit ist, z.B. aufgrund von Kompatibilitätserwägungen mit CP/M. Erstaunlicherweise wurde dieses Feld aber erst mit der DOS-Version 2.0 eingeführt und arbeitet nicht mit früheren DOS-Versionen zusammen. Falls Sie vorhaben, die Adresse eines anderen Funktionsverteilers in Ihren Code einzubauen, kann für Sie der far-Aufruf des Offset 50H im PSP von praktischem Nutzen sein. In den meisten Fällen reicht jedoch ein simples INT 21H aus.

Die Felder an den Offsets 5CH und 6CH unterstützen die herkömmliche Methode der Dateibehandlung mit Hilfe von Dateikontrollblöcken (File Control Block oder FCB). FCBs können in jeder DOS-Version verwendet werden, aber ab Version 2.0 kann man davon nur noch abraten, da die Dateiein-/ausgabe hier über Dateinummern erfolgt. Mehr über FCBs finden Sie auf Seite 333, mehr über Dateinummern auf Seite 343.

Diese Felder wurden in das PSP aufgenommen, um die Erstellung von Programmen, die ein oder zwei Dateinamen als Parameter erhalten, zu erleichtern. Die dahintersteckende Idee ist, daß DOS die notwendigen FCBs aus den ersten zwei Befehlszeilenparametern (die dem Programmnamen in der Befehlszeile unmittelbar folgen) konstruiert. Wenn ein Programm einen oder beide FCBs benötigt, kann es sie öffnen und verwenden, ohne die Befehlsparameter zu decodieren und die FCBs selbst erstellen zu müssen.

Der Einsatz des PSP zum Aufbau von FCBs ist nicht unproblematisch. Erstens überlappen sich die beiden FCBs in der ursprünglichen Lage. Wenn Sie nur einen der beiden FCBs brauchen - gut! Benötigen Sie aber beide, sollten Sie einen oder sogar beide vor der Verwendung an eine andere Stelle kopieren. Die FCBs können zweitens auch FCB-Erweiterungen aufrufen, eine Tatsache, die in vielen DOS-Dokumentationen im Zusammenhang mit dem PSP übersehen wird. Und wenn Sie schließlich eine DOS-Funktion verwenden, die einen erweiterten FCB benötigt, müssen Sie die Standard-FCBs unbedingt in einen Speicherbereich kopieren, wo die FCB-Erweiterungen nicht andere Daten im PSP überlappen.

Denken Sie an das oben Gesagte: FCBs werden eigentlich nicht mehr verwendet; falls Sie es dennoch vorhaben, sollten Ihnen diese Informationen helfen.

Das Feld an Offset 80H dient zwei Zwecken: wenn DOS das PSP frisch aufbaut, füllt es dieses Feld mit den Befehlszeilenparametern, die der Anwender beim Starten des Programms eingab. Die Länge der Befehlszeile steht im Byte an Offset 80H, eine Zeichenfolge mit den eigentlichen Parametern folgt an Offset 81H.

Bei dieser Zeichenfolge gibt es einige Besonderheiten zu beachten: sie enthält nicht den Namen des aufgerufenen Programms, sondern beginnt mit dem ersten Zeichen unmittelbar hinter den Namen - normalerweise ein Leerzeichen. Trennzeichen wie Leerzeichen oder Kommata bleiben unverändert in der Zeichenfolge enthalten und müssen bei einer Auswertung der Zeichenfolge berücksichtigt werden. Glücklicherweise bieten höhere Programmiersprachen oft Funktionen, die die Zeichenfolge für Sie durchsuchen. In C werden zum Beispiel jeder Routine zum Starten des Hauptprogramms (main) die Werte *argc* und *argv* übergeben. Es ist in der Regel einfacher, sich auf eine höhere Programmiersprache zu stützen, um die Parameter aus der Befehlszeichenfolge zu extrahieren, als dies mit einem selbstgestrickten Assembler-Programm zu tun.

Ab DOS 2.0 werden alle Ein-/Ausgabeumleitungen (z.B. < oder >) von DOS aus der Befehlszeile herausgenommen, und es wird eine neue Befehlszeile ohne diese Elemente aufgebaut. Ein Programm kann somit weder seinen eigenen Namen herausfinden noch feststellen, ob die Standard-E/A umgeleitet wurde.

Ein weiterer Einsatzzweck des Feldes an Offset 80H ist der Standard-Plattentransferbereich (Disk Transfer Area, DTA). Dieser Standard-Pufferbereich wird von DOS für den Fall eingerichtet, daß Sie eine DOS-Routine aufrufen, die einen Plattentransferbereich benötigt und dieser zum Zeitpunkt des Aufrufs noch nicht eingerichtet war. In den Kapiteln 16 und 17 finden Sie Hinweise zur Manipulation des DTA.

Beispiel

Das Schnittstellenbeispiel dieses Kapitels zeigt, wie man eine Interrupt-Bearbeitungsroutine zur Verarbeitung von Ctrl-C verwenden kann. Das Beispiel besteht aus zwei Assembler-Routinen.

Die erste Routine, *INT23Routine*, erhält die Kontrolle, wenn DOS INT23H als Antwort auf das Betätigen von Ctrl-C INT 23H ausführt. Diese Routine inkrementiert lediglich den Wert einer Flagge und kehrt danach zu DOS mit einer IRET-Anweisung zurück.

Beachten Sie, wie die Flagge *_INT23Flagge* über die Segmentgruppe DGROUP adressiert wird. In vielen Programmiersprachen werden Segmente mit unterschiedlichen Namen in einer logischen Gruppe kombiniert, so daß sie sich alle mit demselben Segment-Register adressieren lassen. Im Falle von Microsoft C heißt diese Gruppe DGROUP. Sie enthält das vom kompilierten C-Programm verwendete Datensegment (*_DATA*).

Die zweite Assembler-Routine, *_Install()*, dient zum Aufruf durch ein C-Programm. Diese kurze Routine ruft eine Funktion des DOS-Interrupts 21H auf, die den Interrupt-Vektor 23H durch die Adresse der Interrupt-Bearbeitungsroutine ersetzt. (Die nächsten

Kapitel beinhalten mehr über diese DOS-Funktion und die Interrupt 21H-Routinen im allgemeinen.)

```
DGROUP        GROUP   _DATA

_TEXT         SEGMENT byte public 'CODE'
              ASSUME  cs:_TEXT, ds:DGROUP

;
; Routine zur Behandlung des Interrupts 23H:

INT23Routine PROC     far
              push    ds                    ; alle in dieser Inter-
                                            ; ruptbearbeitungs-
                                            ; routine verwendeten
              push    ax                    ; Register sichern

              mov     ax,seg DGROUP         ; DS auf das Segment
                                            ; setzen, in dem sich
              mov     ds,ax                 ; die Flagge befindet
              inc     word ptr _INT23Flagge ; Flagge inkrementieren

              pop     ax                    ; Register zurückspei-
                                            ; chern und Rücksprung
              pop     ds
              iret
INT23Routine ENDP

;
; die aus C aufrufbare Installationsroutine:

              PUBLIC   _Install
_Install      PROC       near

              push     bp                   ; normaler C-Vorspann
              mov      bp,sp
              push     ds                   ; DS sichern

              push     cs                   ; DS:DX so einrichten,
                                            ; daß es auf die
              pop      ds
              mov      dx,offset            ; Interrupt-Bearbei-
                       INT23Routine         ; tungs-Routine zeigt.
              mov      ax,2523h             ; AH = Nummer der DOS-
                                            ; Funktion
                                            ; AL = Interrupt-Nummer
              int      21h                  ; DOS aufrufen, um den
                                            ; Interrupt-Vektor
                                            ; zu ändern
              pop      ds
```

```
                pop         bp                      ; Register zurück-
                                                    ; speichern und Rück-
                                                    ; sprung
                ret

_Install        ENDP

_TEXT           ENDS

;
; Von Routine zur Behandlung des Interrupts 23H bei Betätigung von
; Ctrl-C gesetzte Flagge:

_DATA           SEGMENT   word public 'DATA'

                PUBLIC    _INT23Flagge
_INT23Flagge DW           0                         ; Flagge (Anfangswert
                                                    ; = 0)
_DATA           ENDS
```

Der folgende Auszug eines C-Programms zeigt, wie Sie diese Routine zur Behandlung des Interrupts 23H in einem Programm verwenden könnten. Dieses Programm tut nichts anderes als darauf zu warten, daß Sie Ctrl-C betätigen. Geschieht das, inkrementiert die Interrupt-Bearbeitungsroutine die Flagge. Sieht die Schleife in dem C-Programm, daß die Flagge ungleich Null ist, gibt sie eine Meldung aus und dekrementiert die Flagge.

```
extern int INT23Flagge;                     /* Setzt Flagge, wenn */
                                            /* Ctrl-C betätigt */

main()
{
        int TastenCode;

     Install();                             /* Installation der /*
                                            /* Routine zur Behand- /*
                                            /* lung des Interrupts /*
                                            /* 23H */

    do
     {
      while( INT23Flagge > 0 )
      {
        printf("\nCtrl-C wurde gedrückt" ); /* ... Meldung aus- /*
                                            /* geben ... */
         --INT23Flagge;                     /* ... und Flagge- /*
                                            /* dekrementieren */
         }

         if( kbhit() )                      /* auf Tastenbetä- /*
                                            /* tigung achten */
           TastenCode = getch();
```

```
      else
        TastenCode = 0;
    }
    while ( TastenCode != 0x0D );          /* Schleife durch- /*
                                           /* laufen, bis Ein- /*
                                           /* gabe-Taste betä- /*
                                           /* tigt wird */
```

Obwohl der C-Code kurz ist, stellt er doch zwei bedeutende Tatsachen heraus: Sie müssen DOS die Chance geben, bei jedem Testen Ihrer Interrupt 23H-Flagge einen Ctrl-C-Tastenanschlag zu bemerken (denken Sie daran, daß DOS nur dann garantiert auf Ctrl-C achtet, wenn es mit einem Gerät zur Zeichenein-/ausgabe zu tun hat). C's Funktion *kbhit()* fordert DOS auf, nach Tastaturaktivitäten zu schauen. Gleichzeitig veranlaßt sie, daß DOS auf Ctrl-C achtet.

Sie sehen auch, wie die Interrupt-Bearbeitungsroutine die Flagge inkrementiert, statt sie einfach auf "wahr" oder "falsch" zu setzen. Dadurch kann die Schleife in dem C-Programm schnell aufeinanderfolgende Interrupts verarbeiten, ohne zu vergessen, wieviele Interrupts aufgetreten sind.

Kapitel 16 DOS-Funktionen: Version 1

Die folgenden drei Kapitel behandeln die DOS-Funktionen, auf die man über den Interrupt 21H zugreift. DOS-Version 1 hatte 42 Interrupt 21H-Funktionen. Diese Vielzahl von Funktionen hatte ihre Ursache in der 8-Bit-Mikrocomputerwelt, die vom Betriebssystem CP/M beherrscht wurde, dessen Routinen vielen der DOS-Funktionen ähnelten.

DOS-Version 1 war diskettenorientierten Mikrocomputern mit Tastatur und Bildschirm angemessen, doch rief das Aufkommen von Festplatten hoher Kapazität und eines breiteren Spektrums von Diskettenformaten nach einer neuen Gattung hochentwickelter Funktionen zur Verwaltung von Plattendateien. Diese kamen mit der DOS-Version 2 und richteten sich an der Art und Weise der Verwaltung von Plattendateien unter UNIX aus. Mit Version 3 entwickelte sich DOS weiter, bot jedoch nur wenige neue Funktionen, die hauptsächlich zur Unterstützung neuer Hardware wie des PC/AT, von Netzwerken und der PS/2 gedacht waren.

Obwohl einige Interrupt 21H-Funktionen, die in späteren DOS-Versionen eingeführt wurden, ähnliche Aufgaben wie die in früheren erfüllen, werden alle Funktionen der Version 1 in den nachfolgenden weiterhin unterstützt. Wenn Sie vor der Wahl zwischen zwei ähnlichen Funktionen stehen, sollten Sie in der Regel die mit der höheren Nummer, also die neueste, verwenden. Wir werden dies im Laufe dieses Buches noch begründen.

Interrupt 21H-Funktionen: DOS-Version 1

Alle DOS-Funktionsaufrufe werden durch Interrupt 21H (dezimal 33) angewählt. Welche Funktion aufgerufen wird, bestimmt die Funktionsnummer in Register AH.

Die Interrupt 21H-Funktionsaufrufe der DOS-Version 1 sind in die in Abbildung 16-1 gezeigten logischen Gruppen unterteilt. Um diese Einteilung so verständlich wie möglich zu machen, sind diese Funktionsaufrufe etwas anders als im DOS technical reference manual organisiert und beschrieben. Abbildung 16-2 führt die einzelnen Funktionsaufrufe auf.

Funktion		
Hex	***Dez***	***Gruppe***
00H	0	Keine Ein- oder Ausgabe
01H-0CH	1-12	Ein- und Ausgabe von Zeichen
0DH-24H	13-36	Dateiverwaltung
25H-26H	37-38	Keine Ein- oder Ausgabe
27H-29H, 2EH	39-41, 46	Dateiverwaltung
2AH-2DH	42-45	Keine Ein- oder Ausgabe

Abb. 16-1 *Logische Einteilung der traditionellen DOS-Funktionsaufrufe*

Funktion Hex	Dez	*Beschreibung*
00H	0	Programm beenden
01H	1	Zeicheneingabe mit Echo
02H	2	Zeichenausgabe
03H	3	Serielle Eingabe
04H	4	Serielle Ausgabe
05H	5	Druckerausgabe
06H	6	Direkte Zeichenein-/ausgabe
07H	7	Direkte Zeicheneingabe ohne Echo
08H	8	Zeicheneingabe ohne Echo
09H	9	Ausgabe einer Zeichenfolge
0AH	10	Gepufferte Tastatureingabe
0BH	11	Tastatureingabestatus prüfen
0CH	12	Tastaturpuffer leeren, Tastatur lesen
0DH	13	Plattenpuffer leeren
0EH	14	Standardlaufwerk bestimmen
0FH	15	Datei öffnen
10H	16	Datei schließen
11H	17	Nach erster passender Datei suchen
12H	18	Nach nächster passender Datei suchen
13H	19	Datei löschen
14H	20	Sequentiell lesen
15H	21	Sequentiell schreiben
16H	22	Datei anlegen
17H	23	Datei umbenennen
19H	25	Standardlaufwerk feststellen
1AH	26	Plattentransferbereich (DTA) festlegen
1BH	27	Informationen über Standardlaufwerk lesen
1CH	28	Informationen über beliebiges Laufwerk lesen
21H	33	Datensatz wahlfrei lesen
22H	34	Datensatz wahlfrei schreiben
23H	35	Dateilänge feststellen
24H	36	FCB-Feld für wahlfreien Zugriff setzen
25H	37	Interrupt-Vektor setzen
26H	38	Programmsegmentpräfix anlegen
27H	39	Datensätze wahlfrei lesen
28H	40	Datensätze wahlfrei schreiben
29H	41	Dateiname extrahieren
2AH	42	Datum lesen
2BH	43	Datum einstellen
2CH	44	Tageszeit lesen
2DH	45	Tageszeit einstellen
2EH	46	Schreibverifikation setzen

Abb. 16-2 *Über Interrupt 21H verfügbare Funktionen der DOS-Version 1*

Einige DOS-Funktionen, insbesondere die Funktionen 01H bis 0CH, weisen zum Teil sehr merkwürdige Aspekte in der Konzeption auf. Das hat historische Gründe. Viele Einzelheiten von DOS und vor allem die Details der DOS-Funktionsaufrufe wurden auf entsprechende CP/M-Routinen abgestimmt. Das war damals eine wohldurchdachte Wahl, denn auf diese Weise war es einfach, die 8-Bit-CP/M-Software für den 16-Bit-PC und DOS zu konvertieren. Der richtige Bruch mit der CP/M-Vergangenheit kam erst mit der DOS-Version 2.0. Lesen Sie hierzu auch Kapitel 17.

Auf den nächsten Seiten werden die 46 ursprünglichen DOS-Funktionsaufrufe, die in allen DOS-Versionen vorhanden sind, ausführlich besprochen.

Funktion 00H (dezimal 0): Programm beenden

Die Funktion 00H (dezimal 0) beendet ein Programm und gibt die Kontrolle an DOS zurück. Sie ist funktionell identisch mit Interrupt 20H, der auf Seite 290 behandelt wurde. Beide Routinen können gleichberechtigt verwendet werden, um ein Programm zu verlassen.

Ab der DOS-Version 2.0 steht mit der Funktion 4CH eine überarbeitete Routine zur Verfügung. Diese hinterläßt einen Rückkehrcode (Fehlercode) im AL-Register, wenn das Programm endet. DOS-Batch-Dateien können über den DOS-Unterbefehl ERRORLEVEL auf den Code zugreifen. Wenn also festgehalten werden soll, welche Fehler bei der Programmbeendigung auftraten, verwenden Sie statt der Funktion 00H die Funktion 4CH (siehe Seite 367).

Genau wie DOS-Interrupt 20H schließt auch Funktion 00H keine mit den Funktionen 0FH oder 16H geöffneten Dateien. Um sicherzustellen, daß im Dateiverzeichnis die korrekte Dateilänge eingetragen wird, müssen Sie vor Aufruf der Funktion 00H die Funktion 10H verwenden. Außerdem ist zu beachten, daß die PSP-Segmentadresse in Register CS stehen muß, bevor das Programm beendet wird.

Funktion 01H (dezimal 1): Zeicheneingabe mit Echo

Funktion 01H (dezimal 1) wartet, bis die Eingabe eines Zeichens auf dem Standardeingabegerät erfolgt und legt das Zeichen im AL-Register ab. Sie sollten diese Funktion mit den anderen Tastatureingabefunktionsaufrufen, insbesondere mit den Funktionen 06H, 07H und 08H, vergleichen.

> ❑ HINWEIS: *In DOS-Version 1 ist das Standardeingabegerät immer die Tastatur und das Standardausgabegerät immer der Bildschirm. In späteren DOS-Versionen lassen sich Standardein- und -ausgabe jedoch auf andere Geräte/Einheiten wie z.B. Dateien umleiten. DOS verarbeitet Zeichen vom Standardeingabegerät, ohne zu unterscheiden, ob die tatsächliche Eingabequelle die Tastatur oder eine Folge von Zeichen aus einer Datei ist.*

So arbeitet Funktion 01H: ein Tastendruck, der ein ASCII-Zeichen erzeugt, wird als einzelnes Byte in AL geladen und sofort gemeldet. Die Tastenanschläge, deren Ergebnis kein ASCII-Zeichen ist (siehe Seite 135), generieren zwei Bytes, die durch zwei aufeinanderfolgende Aufrufe der Funktion gelesen werden müssen.

Üblicherweise wird Funktion 01H verwendet, um zu testen, ob in AL 00H steht. Ist das nicht der Fall, liegt ein ASCII-Zeichen vor. Andernfalls handelt es sich um ein Sonderzeichen (das festgehalten werden sollte), und der Funktionsaufruf muß unmittelbar im Anschluß wiederholt werden, um den Pseudoauswahlcode, der zu der gedrückten Sondertaste gehört, zu erhalten. (Auf Seite 135 finden Sie eine Auflistung der Tastenanschläge und Codes mit Erklärungen.) Wie bei allen DOS-Tastatureingaberoutinen ist der Auswahlcode nicht direkt verfügbar, selbst wenn ihn die entsprechende ROM BIOS-Tastaturroutine ermittelt (siehe Seite 135).

Die verschiedenen DOS-Tastaturfunktionen werden vorrangig nach drei Kriterien unterteilt: ob sie auf eine Eingabe warten (oder melden, wenn keine Eingabe stattgefunden hat); ob sie die Eingabe auf dem Bildschirm darstellen und ob die Unterbrechungstastenkombination abgefragt wird. Die Funktion 01H erfüllt alle drei angeführten Punkte: sie wartet auf eine Eingabe, gibt sie an den Bildschirm weiter (Echofunktion) und läßt beim Betätigen von Ctrl-C DOS den Interrupt 23H ausführen.

Denken Sie daran, daß Funktion 01H immer wartet, bis der Anwender eine Taste betätigt, bevor sie im Programm fortfährt. Soll das Warten auf eine Eingabe unterbunden werden, verwenden Sie entweder vor dem Aufruf von Funktion 01H die Funktion 0BH, die prüft, ob eine Eingabe vorliegt, oder aber Funktion 06H. Variationen der Funktion 01H finden Sie in den Funktionen 08H und 0CH.

Funktion 02H (dezimal 2): Zeichenausgabe

Funktion 02H (dezimal 2) kopiert ein einzelnes ASCII-Zeichen aus Register DL auf das Standardausgabegerät. In DOS-Version 1 ist dieses immer der Bildschirm; in späteren Versionen läßt sich die Ausgabe auch in eine Datei umleiten.

Die Funktion bearbeitet die Mehrzahl der ASCII-Steuerzeichen wie Rückschritt (Backspace) oder Wagenrücklauf als Befehle. Im Falle des Rückschritt-Zeichens wird der Cursor um eine Position zurückbewegt, ohne das davorstehende Zeichen zu löschen.

Funktion 03H (dezimal 3): Serielle Eingabe

Funktion 03H (dezimal 3) liest ein Zeichen vom Standardzusatzgerät (AUX) in das Register AL. Das Standardzusatzgerät ist COM1, der erste serielle RS-232-Kommunikationsport. Mit Hilfe des DOS-Befehls MODE können Sie dem Zusatzgerät jedes andere Gerät zuweisen, z.B. COM2.

> ❑ HINWEIS: *Die Routine wartet auf eine Eingabe. Sie meldet nicht den Fehlerstatus, der bei der Eingabe über einen seriellen Port sehr wichtig sein kann. Um den Status zu ermitteln, müssen die entsprechenden Routinen des ROM-BIOS eingesetzt werden.*

Funktion 04H (dezimal 4): Serielle Ausgabe

Funktion 04H (dezimal 4) gibt das Zeichen, das in Register DL steht, auf dem Standardzusatzgerät aus. Die Anmerkungen unter Funktion 03H gelten sinngemäß.

Funktion 05H (dezimal 5): Druckerausgabe

Funktion 05H (dezimal 5) gibt das Byte aus dem Register DL auf den Standarddrucker (PRN oder LPT1) aus. Mit dem DOS-Befehl MODE kann aber auch ein anderer Drucker bestimmt werden. Erfolgt keine Umleitung der Ausgabe, ist der Standarddrucker immer der erste Paralleldrucker, auch wenn ein serieller Port für die Druckerausgabe verwendet wird.

Funktion 06H (dezimal 6): Direkte Tastatur/Bildschirm-Ein-/Ausgabe

Funktion 6 ist eine komplexe Funktion, die die Tastatureingabe und die Bildschirmausgabe verknüpft. Wie bereits für die anderen Funktionen gesagt, ist ab DOS 2.0 die Ein- und Ausgabe nicht an Tastatur und Bildschirm gebunden, sondern an Standardein- und ausgabegeräte (die allerdings Tastatur und Bildschirm darstellen, wenn keine anderen Angaben gemacht werden).

Das AL-Register wird zur Eingabe verwendet, das DL-Register zur Ausgabe. Beim Aufruf der Funktion 06H mit DL = FFH (dezimal 255) steht sie zur Aufnahme eines Eingabezeichens bereit:

- Wurde eine Taste betätigt, gibt Funktion 06H das entsprechende ASCII-Zeichen in AL zurück und löscht die Nullflagge.
- Anderenfalls setzt die Funktion die Nullflagge.

Beim Aufruf der Funktion 06H mit einem anderen Wert in DL als FFH führt sie Ausgabetätigkeiten durch: das Zeichen in DL wird in das Standardausgabegerät kopiert.

Funktion 06H wartet nicht auf eine Tastatureingabe und gibt das eingegebene Zeichen nicht auf dem Bildschirm aus. Außerdem interpretiert sie Ctrl-C nicht als Tastaturunterbrechung, sondern gibt stattdessen in AL den Wert 03H (ASCII-Wert von Ctrl-C) zurück.

Vergleichen Sie diese Funktion mit den Funktionen 01H, 07H und 08H. Funktion 0CH ist eine Variante von Routine 06H.

Funktion 07H (dezimal 7): Direkte Zeicheneingabe ohne Echo

Die Funktion 07H (dezimal 7) wartet auf die Eingabe eines Zeichens über das Standardeingabegerät und übergibt es, sobald verfügbar, dem Register AL. Das Zeichen wird nicht auf dem Bildschirm dargestellt, die Unterbrechungstastenkombination Ctrl-C bleibt unbeachtet.

Funktion 07H arbeitet genau wie Funktion 01H: ASCII-Zeichen werden als einzelne Bytes nach AL gebracht und sofort gemeldet. Die Sondertastenanschläge (siehe Seite 135) erzeugen zwei Bytes, die man erhält, indem die Funktion 07H zweimal unmittelbar hintereinander aufgerufen wird.

Vergleichen Sie die Routine mit den Funktionen 01H, 06H und 08H. Wenn Sie unnötige Wartezeiten auf Tastatureingaben vermeiden wollen, verwenden Sie Funktion 0BH. Diese meldet, ob ein Zeichen anliegt oder nicht. Funktion 0CH stellt eine abgewandelte Form der Funktion 07H dar.

Funktion 08H (dezimal 8): Zeicheneingabe ohne Echo

Funktion 08H (dezimal 8) wartet auf eine Eingabe, erzeugt kein Zeichen auf dem Bildschirm und bricht bei Ctrl-C ab. Sie arbeitet genau wie Funktion 01H mit dem Unterschied, daß der Bildschirm (oder das Standardausgabegerät) nicht angesprochen wird.

Die Details entnehmen Sie bitte den Erläuterungen zu Funktion 01H. Vergleichen Sie Funktion 08H mit den Funktionen 01H, 06H und 07H. Die Wartezeit auf Tastendrücke können Sie vermeiden, indem Sie vor Funktion 08H erst Funktion 0BH aufrufen. Diese meldet, ob ein Zeichen anliegt oder nicht. Eine Variante von Funktion 08H findet sich in Funktion 0CH wieder.

Funktion 09H (dezimal 9): Ausgabe einer Zeichenfolge

Funktion 09H (dezimal 9) sendet eine Zeichenfolge (String) an das Standardausgabegerät (auf den Bildschirm voreingestellt). Das Registerpaar DS:DX enthält die Adresse der Zeichenfolge. Ein "$"-Zeichen, ASCII 24H (dezimal 36) kennzeichnet das Ende der Zeichenfolge.

Obwohl die Routine grundsätzlich sehr viel einfacher einsetzbar ist als die byteweise arbeitenden Anzeigeroutinen (Funktionen 02H und 06H), wird sie dennoch nicht häufig benutzt. Sie hat nämlich einen großen Nachteil: Die Zeichenfolge muß durch das abbildbare Zeichen "$" abgeschlossen werden. Das ist, wie so vieles im DOS-Bereich, ein Überbleibsel der CP/M-Kompatibilität. In Programmen, bei denen Sie die Ausgabe von Dollarzeichen nicht von vornherein sicher ausschließen können, dürfen Sie die Funktion nie verwenden.

Funktion 0AH (dezimal 10): Gepufferte Tastatureingabe

Funktion 0AH (dezimal 10) stellt Ihren Programmen den vollen Leistungsumfang der DOS-Editiertasten zur Verfügung. Die Routine liest eine komplette Zeichenfolge ein und übergibt sie dem Programm als Ganzes, also nicht Byte für Byte. Vorausgesetzt, daß die Eingabe direkt von der Tastatur kommt und nicht von irgendwoher umgeleitet wird, stehen dem Computerbenutzer alle von DOS unterstützten Editiertasten uneingeschränkt zur Verfügung. Wird die Eingabe-Taste gedrückt (oder tritt in der Eingabedatei ein Wagenrücklauf, ASCII 0DH (dezimal 13) auf), ist die Eingabe beendet und die gesamte Zeichenfolge wird dem Programm übergeben.

Diese Funktion bietet viele Vorteile, vor allem für diejenigen Programme, die vollständige, zusammenhängende Zeichenfolgen über die Tastatur benötigen und nicht eine byteweise Eingabe. Die beiden wichtigsten Vorteile: Sie müssen keine eigenen Routinen schreiben, die die Tastatureingabe überwachen. Und für die Anwender Ihrer Programme ergibt sich der Vorteil, die bekannten DOS-Editierfunktionen zur Verfügung zu haben.

Die Funktion benötigt einen Eingabepuffer, in dem die Zeichenfolge aufgebaut wird. Das Registerpaar DS:DX zeigt beim Aufruf der Funktion auf diesen Puffer. Die ersten 3 Bytes des Puffers erfüllen spezifische Aufgaben:

- Das erste Byte des Puffers gibt seine *Arbeitsgröße* an (die Anzahl der Bytes, die DOS zur Eingabe nutzen kann).
- Im zweiten Byte zeigt DOS die Anzahl der tatsächlich eingegebenen Bytes an.
- Die nur aus ASCII-Zeichen bestehende Eingabezeichenfolge wird ab dem dritten Byte gespeichert. Das Ende der Zeichenfolge wird durch einen Wagenrücklauf, ASCII 0DH, gekennzeichnet. Der Wagenrücklauf steht zwar im Puffer, wird aber vom Zeichenzähler, den DOS im zweiten Byte zurückgibt, nicht mitgezählt.

Aus diesen Regeln ergibt sich, daß der Eingabepuffer aus maximal 255 Bytes und die längste Zeichenfolge, die DOS zurückgeben kann, aus 254 Bytes besteht. Da die ersten zwei Bytes des Puffers für Statusinformationen benötigt werden, ist die tatsächlich nutzbare Arbeitsgröße des Puffers nochmals um zwei Bytes geringer. Das erklärt vielleicht einige Besonderheiten bei den Regeln zur Eingabe sowohl bei DOS als auch in BASIC.

Erfolgt eine Eingabe, die die Länge des Puffers (1 Byte kürzer als seine Arbeitsgröße) übersteigt, werden solange keine weiteren Zeichen akzeptiert (das Gerät piept bei jedem zusätzlichen Tastendruck), bis ein Wagenrücklauf erfolgt.

Funktion 0CH stellt eine Variante dieser Funktion dar.

Funktion 0BH (dezimal 11): Tastatureingabestatus prüfen

Mit Funktion 0BH (dezimal 11) kann festgestellt werden, ob eine Eingabe von der Tastatur (oder vom Standardeingabegerät) anliegt. Ist dies der Fall, ist AL = FFH (dezimal 255), anderenfalls ist AL = 00H.

DOS prüft bei Ausführung der Funktion, ob Ctrl-C betätigt wird, so daß eine Schleife, die einen Aufruf dieser Funktion enthält, über die Tastatur abgebrochen werden kann.

Funktion 0CH (dezimal 12): Tastaturpuffer leeren, Tastatur lesen

Funktion 0CH (dezimal 12) löscht den Tastaturpuffer im RAM und ruft dann eine der folgenden fünf DOS-Funktionen auf: 01H, 06H, 07H, 08H oder 0AH. Der Wert des AL-Registers bestimmt, welche dieser Funktionen nach dem Leeren des Puffers gewählt wird. Da nach dem Aufruf von Funktion 0CH der Eingabepuffer leer ist, muß die Anschlußfunktion warten, bis erneut eine Taste gedrückt wird.

Da auch Funktion 06H unterstützt wird, muß die nachfolgende Funktion nicht notwendigerweise eine Tastatureingabe sein; auch eine Bildschirmausgabe ist möglich.

Funktion 0DH (dezimal 13): Plattenpuffer leeren

Funktion 0DH (dezimal 13) leert (schreibt auf Platte) alle internen DOS-Dateipuffer. Diese Funktion aktualisiert jedoch das Verzeichnis nicht und schließt auch keine geöffneten Dateien. Um sicherzustellen, daß im Dateiverzeichnis die korrekte Länge einer geänderten Datei steht, muß man die Funktionen 10H oder 3EH zum Schließen von Dateien verwenden.

Funktion 0EH (dezimal 14): Standardlaufwerk bestimmen

Funktion 0EH (dezimal 14) legt fest, welches Laufwerk als Standardlaufwerk angesehen werden soll und meldet die Anzahl der angeschlossenen Laufwerke. Das Standardlaufwerk wird durch Register DL ausgewählt, wobei der Wert 00H dem Laufwerk A enspricht, der Wert 01H dem Laufwerk B usw. Die Anzahl der angeschlossenen Laufwerke wird in Register AL gemeldet.

Es gibt einige Dinge, die Sie wissen sollten, wenn sie diese Funktion verwenden wollen:

- Die von DOS verwendeten Laufwerksnummern sind lückenlos durchnumeriert.
- Ist nur ein einziges Laufwerk angeschlossen, simuliert DOS ein zweites mit der Nummer 1 (Laufwerk B). Daher hat das erste Festplattenlaufwerk immer die Nummer 2, was Laufwerk C entspricht.
- Wenn Sie mit dem Wert in AL die Anzahl der Laufwerke Ihres Systems ermitteln wollen, müssen Sie aufpassen: in den DOS-Versionen ab 3.0 ist der kleinste von dieser Funktion zurückgegebene Wert 05H.

Funktion 0FH (dezimal 15): Datei öffnen

Funktion 0FH (dezimal 15) öffnet eine Datei über einen Dateikontrollblock (File Control Block, FCB). Ein FCB ist eine Datenstruktur, die DOS zur Verwaltung der Ein- und Ausgabe für eine bestimmte Datei verwendet. Unter anderem enthält ein FCB den Dateinamen und die Nummer des Laufwerks, wo sie sich befindet. (Auf Seite 333 dieses Kapitels finden Sie Einzelheiten über seinen Inhalt.)

> ❑ HINWEIS: *Funktion 0FH ist eine der 15 DOS-Funktionen, die einen FCB zur Verwaltung der Dateiein- und -Ausgabe verwendet. Solche DOS-Funktionen sollten Sie vermeiden, da sie durch die mit DOS-Version 2.0 eingeführten leistungsfähigere auf Dateinummern basierenden Dateifunktionen veraltet sind. Funktionen auf FCB-Basis werden im geschützten OS/2-Modus nicht unterstützt. Verwenden Sie die Funktionen auf FCB-Basis nur, wenn die Kompatibilität zu Version 1 wichtig ist.*

Um einen FCB zum Öffnen einer Datei zu verwenden, müssen Sie für ihn Speicherplatz reservieren und den Namen der Datei sowie ihre Laufwerksnummer in die entsprechenden Felder der Datenstruktur eintragen. Rufen Sie danach Funktion 0FH mit der segmentierten Adresse des FCB im Registerpaar DS:DX auf. DOS versucht, die Datei mit den oben genannten, im FCB angegebenen Parametern zu öffnen. Gelingt das, steht in AL 00H, anderenfalls FFH.

Ist eine Datei geöffnet, initialisiert DOS mehrere Felder des FCB. Dazu gehören das Feld für die Laufwerksnummer (Laufwerk A erhält die Nummer 1, Laufwerk B die Nummer 2, etc.), die Felder für Datum und Zeit und das Feld für die Länge eines logischen Datensatzes (standardmäßig auf 128 gesetzt). Je nach Anwendung ändert man diesen Wert oder läßt ihn unverändert.

Funktion 10H (dezimal 16): Datei schließen

Funktion 10H (dezimal 16) schließt eine Datei und aktualisiert den Verzeichniseintrag der Datei. Rufen Sie diese Funktion mit der segmentierten Adresse des FCB der Datei im Registerpaar DS:DX auf. Ist die Operation geglückt, wird im Register AL der Wert 00H gemeldet, andernfalls der Wert FFH.

Man sollte immer Funktion 10H verwenden, um Dateien, die mit den Funktionen 0FH oder 16H geöffnet wurden, ausdrücklich zu schließen. Dadurch ist sichergestellt, daß der Inhalt der Dateien durch die DOS-internen Dateipuffer aktualisiert wird und auch die entsprechenden Verzeichniseinträge auf den neuesten Stand gebracht werden.

Funktion 11H (dezimal 17): Nach erster passender Datei suchen

Funktion 11H (dezimal 17) durchsucht das aktuelle Verzeichnis nach einem bestimmten Verzeichniseintrag. Die Funktion 11H gestattet die Verwendung der Dateigruppenzeichen "?" und "*" (auch *wildcards* oder *Joker* genannt). Das Zeichen "?" steht für ein einzelnes ASCII-Zeichen und das "*" für eine Folge von Zeichen, so daß DOS für einen Namen, der ein oder mehrere Dateigruppenzeichen enthält, mehrere verschiedene Verzeichniseinträge finden kann. Paßt mehr als ein Eintrag, meldet DOS nur den zuerst gefundenen. Sie müssen dann Funktion 12H verwenden, um nach weiteren Dateien zu suchen, die in das Muster passen.

Speichern Sie vor dem Aufruf der Funktion 11H die Adresse eines FCB in DS:DX. Das Feld "Dateiname" dieses FCB muß den Namen enthalten, nach dem DOS suchen soll. DOS signalisiert den Erfolg der Suchoperation mit AL = 00H und das Mißlingen mit AL = FFH. Wenn eine passende Datei gefunden wird, legt DOS im aktuellen Plattentransferbereich (DTA) einen neuen FCB an und kopiert den Namen der gefundenen Datei aus dem Verzeichniseintrag in das Feld "Dateiname" des neuen FCB.

Wenn der FCB eine FCB-Erweiterung hat (siehe Seite 335), können Sie Attribute spezifizieren, die in die Suche mit einbezogen werden. Die Attribut-Suche mit einer Kombination aus versteckten, System- oder Verzeichnisattribut-Bits bringt als Ergebnis normale Dateien und solche mit den gewünschten Attributen. Wird ein Datenträgername-Attribut angegeben, werden nur die Verzeichniseinträge mit dieser Spezifikation herausgesucht. In DOS-Versionen vor Version 2.0 können weder das Verzeichnis- noch das

Datenträgerattribut in der Suchoperation genutzt werden. Die Attribute Archiv und nur-Lesen lassen sich in keiner DOS-Version als Suchkriterium verwenden.

Funktion 12H (dezimal 18): Nach nächster passender Datei suchen

Funktion 12H (dezimal 18) findet die nächste einer Serie von Dateien, nachdem Funktion 11H alles Nötige vorbereitet hat. Wie bei Funktion 11H müssen Sie auch Funktion 12H mit der Adresse eines FCB in DS:DX aufrufen. Für Funktion 12H muß der FCB derselbe sein wie der in einem erfolgreichen Aufruf von Funktion 11H verwendete.

DOS meldet den Erfolg einer Suche durch Rückgabe von 00H in Register AL. Anderenfalls ist AL = FFH. Sie können die Funktionen 11H und 12H kombinieren, um eine komplette Verzeichnissuche auszuführen. Der logische Ablauf dazu sieht folgendermaßen aus:

```
FCB initialisieren
Funktion 11H aufrufen
WHILE AL = 0
        Aktuellen Inhalt von DTA verwenden
        Funktion 12H aufrufen
```

Funktion 13H (dezimal 19): Datei löschen

Funktion 13H (dezimal 19) löscht alle Dateien, die dem FCB entsprechen, auf den das Registerpaar DS:DX zeigt. Der Dateiname im FCB darf Gruppenzeichen enthalten, so daß sich mit einem einzigen Aufruf der Funktion mehrere Dateien löschen lassen. AL ist 0, wenn die Operation erfolgreich verlaufen ist und alle zutreffenden Verzeichniseinträge gelöscht wurden. AL gleich FFH signalisiert, daß keine passenden Verzeichniseinträge gefunden wurden.

Funktion 14H (dezimal 20): Sequentiell lesen

Funktion 14H (dezimal 20) liest Datensätze nacheinander (sequentiell) aus einer Datei. Öffnen Sie zunächst die Datei mit Funktion 0FH. Initialisieren Sie anschließend die FCB-Felder "Aktueller Datensatz" und "Satzgröße". Um zum Beispiel den ersten 256-Byte-Datensatz aus einer Datei zu lesen, setzt man vor Aufruf der Funktion 14H das Feld "Satzgröße" auf 100H (dezimal 256) und das Feld "Aktueller Datensatz" auf 00H.

Nach Initialisierung des FCB können Sie für jeden Datensatz, den Sie lesen wollen, Funktion 14H aufrufen. Übergeben Sie mit jedem Aufruf die Adresse des FCBs der Datei in DS:DX. DOS liest den nächsten Satz aus der Datei und speichert die Daten im aktuellen Plattentransferbereich (DTA). Gleichzeitig merkt sich DOS die aktuelle Position in der Datei, indem es die FCB-Felder "Aktueller Block" und "Aktueller Datensatz" erhöht.

Der Erfolg der Funktion ist aus Register AL ersichtlich. Dort befindet sich der Wert 00H, wenn der Lesevorgang komplett erfolgreich war. AL gleich 01H signalisiert das Ende einer Datei (End-of-file, EOF); es wurden keine Daten gelesen. AL gleich 2 bedeutet, daß Daten bei ausreichend großem DTA-Segment übertragen worden wären. Der Wert 03H in Register AL gibt an, daß ein Teil des Datensatzes vor Erreichen des Dateiendes gelesen wurde (in diesem Fall wird der Datensatz mit Nullen aufgefüllt).

Funktion 15H (dezimal 21): Sequentiell schreiben

Funktion 15H (dezimal 21) schreibt sequentiell einen Datensatz in eine Datei und ist das Gegenstück zur eben besprochenen Funktion 14H. Wie bei dieser Funktion merkt sich DOS die aktuelle Position in der Datei, indem es den FCB, dessen Adresse Sie in DS:DX übergeben, aktualisiert. DOS kopiert die Daten aus dem aktuellen DTA in die Datei und meldet den Status der Schreiboperation in AL.

Wurde der Schreibvorgang erfolgreich durchgeführt, steht dort 00H. 01H bedeutet, daß die Diskette/Festplatte voll ist und der Datensatz nicht geschrieben wurde. Der Wert 02H zeigt an, daß im DTA-Segment für den Datensatz nicht genug Platz vorhanden ist; DOS brach daher das Schreiben ab.

Die Routine schreibt die Datensätze in logischer Reihenfolge, die nicht unbedingt mit der physikalischen übereinstimmt. DOS puffert die Ausgabedaten, bis genügend Daten für einen kompletten Plattensektor bereitstehen; erst dann werden die Daten auf den Datenträger geschrieben.

Funktion 16H (dezimal 22): Datei anlegen

Funktion 16H (dezimal 22) öffnet eine leere Datei unter dem angegebenen Namen. Existiert die Datei bereits im aktuellen Verzeichnis, verkürzt Funktion 16H sie auf die Länge Null. Anderenfalls erzeugt sie für die neue Datei einen Verzeichniseintrag. Wie bei den anderen auf dem FCB basierenden Funktionen rufen Sie die Funktion 16H so auf, daß DS:DX auf einen FCB zeigt, in dem der Name der Datei steht. Eine erfolgreiche Ausführung wird durch AL gleich 00H angezeigt. AL gleich FFH signalisiert einen Fehler, der normalerweise dadurch entsteht, daß der im FCB angegebene Dateiname nicht zulässig ist.

Wenn Sie den unbeabsichtigten Verlust des alten Dateiinhalts vermeiden wollen, müssen Sie vor dem Aufruf der Funktion 16H ermitteln, ob die Datei bereits existiert. Dazu dient Funktion 11H.

Funktion 17H (dezimal 23): Datei umbenennen

Funktion 17H (dezimal 23) ändert den Namen einer Datei oder eines Unterverzeichnisses in einem modifizierten FCB, auf den das Registerpaar DS:DX zeigt. Der FCB hat zur Namensänderung ein besonderes Format. Laufwerk und ursprünglicher Dateiname stehen an den normalen Positionen, doch steht der neue Dateiname mit seiner Erweiterung an den Offsets 11H bis 1BH des FCB.

Eine erfolgreiche Durchführung wird durch AL gleich 00H angezeigt; AL gleich FFH bedeutet, daß der alte Dateiname nicht gefunden wurde oder der neue Dateiname bereits verwendet wird.

Wenn der neue Dateiname Dateigruppenzeichen ("*" oder "?") enthält, werden die alten Zeichen an diesen Stellen in den neuen Namen übernommen.

Funktion 19H (dezimal 25): Standardlaufwerk feststellen

Funktion 19H (dezimal 25) meldet die Nummer des Standardlaufwerkes in Register AL. Laufwerk A hat die Nummer 00H, Laufwerk B die Nummer 01H usw.

Funktion 1AH (dezimal 26): Plattentransferbereich (DTA) festlegen

Funktion 1AH (dezimal 26) richtet den Plattentransferbereich (DTA) ein, der von DOS für die Datei-Ein-/Ausgabe verwendet wird. Das Registerpaar DS:DX zeigt auf den Bereich. Sie müssen normalerweise immer eine DTA-Adresse angeben, bevor Sie eine der Interrupt 21H-Funktionen, die auf einen DTA zugreifen, verwenden. Tun Sie das nicht, verwendet DOS den Standard-DTA von 128 Bytes Länge an Offset 80H im Programmsegmentpräfix.

Funktion 1BH (dezimal 27): Informationen über Standardlaufwerk lesen

Funktion 1BH (dezimal 27) liefert Schlüsselinformationen über die Diskette/Festplatte im Standardlaufwerk. Die Funktion 1CH erfüllt dieselbe Aufgabe für ein beliebiges Laufwerk. Die Funktion 36H stellt eine nahezu identische Routine dar (siehe Kapitel 17).

Nach dem Aufruf von Funktion 1BH stehen folgende Informationen zur Verfügung:

- AL enthält die Anzahl der Sektoren pro Cluster.
- CX enthält die Länge der Sektoren in Byte (für alle Standard-PC-Formate 512 Bytes)
- DX enthält die Gesamtzahl der Cluster der Platte.
- DS:BX zeigt auf ein Byte im DOS-Arbeitsbereich, das den DOS-Medienbezeichner enthält. Bis zur DOS-Version 2.0 zeigte das Registerpaar DS:BX auf die komplette FAT der Platte (die damals noch vollständig im Speicher stehen konnte). Deren erstes Byte ist das Kennungs-Byte. In späteren DOS-Versionen zeigt DS:BX nur noch auf das einzeln stehende Kennungs-Byte.

Beachten Sie: Funktion 1BH verwendet das Register DS zur Rückgabe der Adresse des Mediendeskriptorbytes. Falls Ihr Programm sich darauf verläßt, daß dieses Register auf Daten zeigt - was für die meisten in höheren Programmiersprachen oder Assemblersprache geschriebenen Programme gilt - müssen Sie den Inhalt des DS-Registers sichern, bevor Funktion 1BH aufgerufen wird.

Das folgende Beispiel zeigt wie:

```
PUSH    ds          ; DS sichern
MOV     ah,1Bh
INT     21h         ; Funktion 1BH aufrufen; DS:BX -> Medien-
                    ; deskriptor
MOV     ah,[bx]     ; Kopie des Mediendeskriptor-Bytes machen
POP     ds          ; DS zurückspeichern
```

Funktion 1CH (dezimal 28): Informationen über beliebiges Laufwerk lesen

Funktion 1CH arbeitet genau wie Funktion 1BH, liefert Informationen aber nicht nur über das Standardlaufwerk, sondern über ein beliebiges Laufwerk. Welches Laufwerk angesprochen werden soll, wird in DL spezifiziert. Der Wert 00H entspricht dem Standardlaufwerk, 01H dem Laufwerk A, 02H dem Laufwerk B usw.

Funktion 21H (dezimal 33): Datensatz wahlfrei lesen

Funktion 21H (dezimal 33) liest wahlfrei einen Datensatz einer Datei. Öffnen Sie dazu eine Datei mit einem FCB. Speichern Sie danach die Datensatznummer in dem FCB-Feld für wahlfreien Zugriff. Zeigt beim Aufruf der Routine DS:DX auf den FCB, liest DOS den angegebenen Datensatz in den DTA.

AL gibt den Status mit dem gleichen Code wieder, der auch für das sequentielle Lesen gilt: AL gleich 00H bedeutet, daß die Leseoperation erfolgreich durchgeführt wurde, AL gleich 01H zeigt an, daß das Dateiende erreicht und keine Daten gelesen wurden. Nicht ausreichender Platz im DTA-Segment wird durch den Wert 02H signalisiert und 03H bedeutet, daß das Ende einer Datei erreicht wurde und ein Teil der Daten eines Satzes gelesen werden konnte.

Vergleichen Sie diese Funktion mit Funktion 28H, die mehrere Datensätze auf einmal wahlfrei lesen kann, bzw. mit Funktion 14H, die Daten sequentiell liest. Unter Funktion 24H finden Sie Näheres über das FCB-Feld für wahlfreien Zugriff.

Funktion 22H (dezimal 34): Datensatz wahlfrei schreiben

Funktion 22H (dezimal 34) schreibt einen Datensatz an eine beliebige Stelle einer Datei. Wie bei Funktion 21H müssen Sie das Feld für wahlfreien Zugriff im FCB der Datei initialisieren und dann diese Funktion so aufrufen, daß DS:DX auf den FCB zeigt. DOS schreibt dann Daten aus dem DTA in die Datei an die im FCB angegebene Position.

AL enthält den gleichen Statuscode wie beim sequentiellen Schreiben von Datensätzen. Der Wert 00H signalisiert, daß die Operation erfolgreich durchgeführt wurde, der Wert

01H, daß die Diskette/Festplatte voll ist, und der Wert 02H zeigt an, daß zu wenig Platz im DTA-Segment vorhanden ist.

Vergleichen Sie diese Funktion mit Funktion 28H, die mehrere Datensätze wahlfrei schreiben kann bzw. mit Funktion 15H, die für das sequentielle Schreiben von Datensätzen benutzt wird. Mehr über das FCB-Feld für wahlfreien Zugriff finden Sie unter Funktion 24H.

Funktion 23H (dezimal 35): Dateilänge feststellen

Funktion 23H (dezimal 35) meldet die Länge einer Datei, das heißt, die Anzahl der in der Datei enthaltenen Datensätze. DS:DX zeigt auf den FCB der betroffenen Datei. Der FCB darf aber vor dem Funktionsaufruf nicht geöffnet werden. Die Datensatzlänge wird im entsprechenden FCB-Feld spezifiziert. Steht sie auf 1, erscheint als Resultat die Länge der Datei in Byte.

Bei erfolgreicher Durchführung der Operation wird AL auf 00H gesetzt und die Länge der Datei im FCB eingetragen. Wird die Datei nicht gefunden, steht in AL der Wert FFH.

Funktion 24H (dezimal 36): FCB-Feld für wahlfreien Zugriff setzen

Funktion 24H (dezimal 36) setzt das Feld für wahlfreien Zugriff, so daß es mit den Feldern "Aktueller sequentieller Block" und "Aktueller Datensatz" des FCB übereinstimmt. Die Funktion erleichtert das Umschalten von sequentiellem auf wahlfreien Zugriff. Das DS:DX-Registerpaar zeigt auf den FCB einer offenen Datei.

Funktion 25H (dezimal 37): Interrupt-Vektor setzen

Funktion 25H (dezimal 37) legt einen Interrupt-Vektor fest. Setzen Sie die segmentierte Adresse einer Interrupt-Bearbeitungsroutine in DS:DX und die Nummer des Interrupts in AL. DOS speichert Segment und Offset Ihrer Interrupt-Bearbeitungsroutine im korrekten Interrupt-Vektor.

Zum Ändern eines Interrupt-Vektors sollten Sie immer Funktion 25H verwenden, statt einfach die Adresse des Vektors zu berechnen und ihn direkt zu ändern. Außer daß es viel einfacher ist, diese Funktion aufzurufen, statt sich selbst die Mühe zu machen, ermöglicht sie darüberhinaus dem Betriebssystem festzustellen, ob ein Interrupt-Vektor geändert wurde.

Wie der Inhalt eines Interrupt-Vektors eingesehen werden kann, steht im nächsten Kapitel bei Funktion 35H.

Funktion 26H (dezimal 38): Programmsegmentpräfix anlegen

Funktion 26H wird innerhalb eines Programms verwendet, um ein Unterprogramm (oder Overlay-Programm) zu laden und auszuführen. Beim Aufruf der Funktion muß DX die

Abschnittsadresse des Speicherbereichs enthalten, in dem DOS das neue Programmsegmentpräfix aufbauen soll. DOS richtet an der angegebenen Adresse ein neues PSP ein. Sie können nun ein ausführbares Programm aus einer Datei in den Speicherbereich unmittelbar oberhalb des neuen PSP laden und ihm die Kontrolle übertragen.

❑ HINWEIS: *Funktion 26H ist veraltet. Sie sollten zum Laden und Ausführen eines neuen Programms aus einem anderen ablaufenden Programm heraus die Funktion 4BH (Kapitel 17) verwenden.*

Funktion 27H (dezimal 39): Datensätze wahlfrei lesen

Im Unterschied zu Funktion 21H kann die Funktion 27H nicht nur einen, sondern mehrere Datensätze ab einer beliebigen Dateiposition einlesen. DS:DX zeigt auf den FCB der zu lesenden Datei, dem die Datensatznummer entnommen wird, ab der gelesen werden soll. Register CX enthält die Anzahl der zu lesenden Datensätze, deren Wert über Null liegen muß.

Die Rückkehrcodes entsprechen denen von Funktion 21H. AL gleich 00H bedeutet, daß der Lesevorgang erfolgreich beendet wurde; 01H zeigt das Ende der Datei an, es folgen keine Daten mehr (wenn die Datensätze gelesen wurden, ist der letzte Satz komplett). AL = 02H zeigt einen zu kleinen Plattentransferbereich an, und AL gleich 03H meldet das Erreichen des Dateiendes, wobei der letzte Datensatz nicht vollständig gelesen und mit Nullen aufgefüllt wurde.

Unabhängig vom Ergebnis steht in CX die Anzahl der gelesenen Datensätze (einschließlich der teilweise gelesenen), und das FCB-Feld für wahlfreien Zugriff wird auf den als nächstes folgenden Datensatz gerichtet.

Vergleichen Sie die Funktion auch mit Funktion 21H, die nur einen einzelnen Datensatz liest.

Funktion 28H (dezimal 40): Datensätze wahlfrei schreiben

Im Unterschied zu Funktion 22H kann Funktion 28H (dezimal 40) nicht nur einen einzelnen, sondern mehrere Datensätze ab der angegebenen Position in der Datei für wahlfreien Zugriff schreiben. DS:DX zeigt auf den FCB der Datei, dem die wahlfreie Schreibposition entnommen wird. CX enthält die Anzahl der zu schreibenden Datensätze, wobei auch der Wert 00H erlaubt ist. CX gleich 00H weist DOS an, die Dateilänge auf die Position des angegebenen Datensatzes zu korrigieren. Das erleichtert die Verwaltung von wahlfreien Dateien beträchtlich: wenn am Ende einer Datei logisch gelöschte Datensätze stehen, erlaubt es diese Funktion, die Datei auch physikalisch auf die entsprechende neue Länge zurechtzustutzen, indem die neue Dateilänge in das Register CX geschrieben wird. Dadurch wird Speicherplatz auf der Platte freigegeben.

Die Rückkehrcodes sind dieselben wie für Funktion 22H: AL gleich 00H steht für ein erfolgreiches Schreiben, AL = 01H zeigt an, daß auf der Diskette/Festplatte nicht mehr genug Platz vorhanden ist, und AL = 02H meldet einen zu kleinen Plattentransferbereich. Unabhängig vom Ergebnis enthält CX die Anzahl der geschriebenen Datensätze.

Im Zusammenhang mit dieser Funktion sollten Sie sich die Funktion 22H näher ansehen, die nur einen einzigen Datensatz wahlfrei schreibt.

Funktion 29H (dezimal 41): Dateiname extrahieren

Funktion 29H (dezimal 41) durchsucht eine Zeichenfolge nach einem Dateinamen der Form LAUFWERK:DATEINAME.ERWEITERUNG. Das Registerpaar DS:SI muß beim Aufruf auf eine Textzeichenfolge gerichtet sein. ES:DI zeigt auf das Byte mit der Laufwerksnummer in einem ungeöffneten FCB. Funktion 29H versucht, Laufwerk und Dateiname aus der Zeichenfolge zu extrahieren und verwendet diese Informationen zur Initialisierung der entsprechenden Felder des FCB. Falls der Vorgang erfolgreich ablief, steht in AL der Wert 00H, wenn die Zeichenfolge keine Dateigruppenzeichen enthält. AL gleich 01H signalisiert den Erfolg der Operation, wenn die Zeichenfolge mindestens ein Dateigruppenzeichen ("*" oder "?") enthält. AL gleich FFH zeigt ein ungültiges Laufwerk an.

Die Funktion ändert außerdem DS:SI so ab, daß es auf das Byte hinter dem Dateinamen in der Zeichenfolge zeigt. Das erleichtert die Verarbeitung einer Zeichenfolge, die mehrere Dateinamen enthält. Falls die Extraktion erfolglos blieb, enthält der FCB einen leeren Dateinamen.

Die Funktion 29H erlaubt die Kontrolle der Dateinamensextraktion auf vier verschiedene Arten. Beim Aufruf der Funktion bestimmen die 4 niederwertigen Bits des Wertes in AL, wie die Extraktion erfolgt:

- Ist Bit 0 gesetzt, werden Trennzeichen (z.B. führende Leerzeichen) bei der Suche nach dem Dateinamen übergangen. Bei Bit 0 gleich 0 hingegen erwartet die Funktion den Anfang des Dateinamens im ersten Byte der Zeichenfolge.
- Ist Bit 1 gleich 1, wird das Laufwerks-Byte im FCB nur gesetzt, wenn es im gesuchten Dateinamen spezifiziert ist. Das erlaubt es, im FCB ein Laufwerk vorzugeben.
- Bei gesetztem Bit 2 wird der Dateiname im FCB nur dann geändert, wenn in der Zeichenfolge ein gültiger Dateiname gefunden wird. Das gibt Programmen die Möglichkeit, im FCB einen Dateinamen vorzugeben, der vom Dateinamen in der Zeichenfolge überschrieben werden kann.
- Steht Bit 3 auf 1, wird die Erweiterung des Dateinamens im FCB nur geändert, wenn in der Zeichenfolge eine gültige Erweiterung gefunden wird. Dadurch läßt sich im FCB eine Erweiterung vorgeben.

> ❑ HINWEIS: *Obwohl diese Funktion recht praktisch sein kann, ist sie doch nur zur Verwendung in Verbindung mit FCB-orientierten Dateifunktionen gedacht. Sie benötigen die Funktion nicht, wenn Sie die auf Dateinummern basierenden Dateifunktionen verwenden, die in Kapitel 17 beschrieben sind.*

Funktion 2AH (dezimal 42): Datum lesen

Funktion 2AH (dezimal 42) meldet das von DOS gespeicherte Tagesdatum in den Registern CX und DX. DH enthält den Monat (1 bis 12), DL den Tag (1 bis 28, 29, 30 oder 31, je nach Monat) und CX das Jahr (1980 bis 2099).

Der Wochentag findet sich in Register AL als Wert von 0 bis 6 (Sonntag bis Samstag). Die Wochentagsfunktion führt ein Schattendasein. Sie ist zwar im DOS ab Version 1.1 vorhanden, wurde jedoch bis DOS-Version 2.0 nicht einmal erwähnt. Sowohl im Handbuch der Version 2.0 als auch der Version 2.1 ist sie darüberhinaus fälschlicherweise als Teil der Funktion "Zeit lesen" und nicht der Funktion "Datum lesen" aufgeführt. Ab Version 3.0 stimmen die Handbücher. Im Beispiel auf Seite 345 sehen Sie, wie sich die Funktion verwenden läßt.

Funktion 2BH (dezimal 43): Datum einstellen

Funktion 2BH (dezimal 43) setzt das Tagesdatum für DOS, wobei sie dieselben Register wie Funktion 2AH (CX und DX) verwendet. DH enthält den Monat (1 bis 12), DL den Tag (1 bis 28, 29, 30 oder 31, je nach Monat) und CX das Jahr (1980 bis 2099). Diese Funktion gibt in AL 00H zurück, wenn das Datum erfolgreich geändert wurde, bei Angabe eines ungültigen Datums FFH.

Ab DOS-Version 3.3 aktualisiert diese Funktion auch den Echtzeitkalender des PC/AT und PS/2. In vorhergehenden Versionen benötigen Sie zusätzlich die Routinen des ROM BIOS-Interrupts 1AH zur Aktualisierung des Echtzeituhr-Datums.

Funktion 2CH (dezimal 44): Tageszeit lesen

Funktion 2CH (dezimal 44) meldet die Tageszeit. Die Zeit wird aus dem Zählerstand des ROM BIOS errechnet (siehe Seite 59). DOS berücksichtigt das Mitternachtssignal des ROM BIOS und zählt das Datum alle 24 Stunden auf den nächsten Tag weiter.

Der Zählerstand wird in eine Zeitangabe umgewandelt und in den Registern CX und DX gespeichert. CH enthält die Stunde (0 bis 23 bei einer 24-Stunden-Uhr), CL die Minuten (0 bis 59), DH die Sekunden (0 bis 59) und DL die hundertstel Sekunden (0 bis 99). Diese Funktion gibt in AL 00H zurück, wenn die Uhrzeit erfolgreich geändert wurde, bei Angabe einer ungültigen Uhrzeit FFH.

Da der Taktgeber des IBM PC ungefähr 18,2 mal pro Sekunde tickt, kann die Uhrzeit von DOS nur in den vom Taktgeber gesetzten Grenzen bestimmt werden. Die maximale Genauigkeit liegt daher bei ca. 5,4 hundertstel Sekunden. Trotzdem läßt sich die DOS-Funktion 2CH selbst bei dieser relativ geringen Genauigkeit in vielen Anwendungen zur Zeitmessung verwenden.

Funktion 2DH (dezimal 45): Tageszeit einstellen

Funktion 2DH (dezimal 45) setzt die Tageszeit, die in den Registern CX und DX spezifiziert wird. CH enthält die Stunden (0 bis 23 für eine 24-Stunden-Uhr), CL die Minuten (0 bis 59), DH die Sekunden (0 bis 59) und DL die hundertstel Sekunden (0 bis 99).

Ab DOS-Version 3.3 aktualisiert diese Funktion auch die Echtzeituhr des PC/AT und PS/2. In vorhergehenden Versionen benötigen Sie zusätzlich die Routinen des ROM BIOS-Interrupts 1AH zur Aktualisierung der Echtzeituhr-Zeit.

Funktion 2EH (dezimal 46): Schreibverifikation setzen

Funktion 2EH (dezimal 46) bestimmt, ob Schreiboperationen überprüft werden sollen oder nicht. AL wird beim Aufruf auf 01H oder 00H gesetzt, je nachdem, ob die DOS-interne Verifikationsflagge gesetzt (01H) oder nicht gesetzt (00H) sein soll. In den DOS-Versionen 1 und 2 muß DL vor dem Aufruf der Funktion 2EH auf Null gesetzt werden.

Bei aktivierter Schreibverifikation muß der Platten-Controller bei jedem Schreiben von Daten auf Platte eine zyklische Blockprüfung (CRC) durchführen. Dazu gehört, daß er die gerade geschriebenen Daten nochmals liest, was natürlich die Geschwindigkeit der Schreibvorgänge beträchtlich verringert.

Ab DOS-Version 2.0 kann die Funktion 54H verwendet werden, um den aktuellen Stand der Verifikationsflagge zu erfahren (siehe Seite 369).

Der Dateikontrollblock (FCB)

Wie bereits mehrmals in diesem Kapitel gesagt, sind Dateikontrollblöcke und die DOS-Funktionen, die sie verwenden, nicht mehr zeitgemäß. Wir empfehlen stattdessen die Verwendung der auf Dateinummern basierenden Datei-E/A-Funktionen, die mit DOS-Version 2.0 eingeführt wurden und die wir im folgenden Kapitel behandeln. Gewöhnlich ist der einzige Grund zur Verwendung von FCBs das Schreiben von Programmen, die mit DOS-Version 1 kompatibel sein müssen.

Der normale FCB ist eine aus 37 Bytes bestehende Datenstruktur, die eine Vielzahl von Informationen enthält, die DOS zur Kontrolle der Dateiein- und Ausgabe verwenden kann (siehe Abb. 16-3). In manchen DOS-Funktionen wird auch ein erweiterter FCB mit 44 Bytes verwendet: 7 Bytes werden dabei vor den Anfang der normalen FCB-Datenstruktur gesetzt (siehe Abb. 16-4).

Die FCB-Erweiterung wird nur gebraucht, wenn Sie es mit einem Verzeichniseintrag zu tun haben, der mit Attributen (nur-Lesen, versteckt, System, Datenträgername und Unterverzeichnis) versehen ist. Unter normalen Umständen brauchen Sie erweiterte FCBs nur, wenn Sie Verzeichnisse durchsuchen oder allgemein mit den Verzeichniseinträgen und nicht mit den Inhalten von Dateien arbeiten. Alle Funktionen auf FCB-Basis akzeptieren jedoch erforderlichenfalls das erweiterte FCB-Format.

Offset	*Feldlänge*	*Beschreibung*
00H	1	Laufwerksnummer
01H	8	Dateiname
09H	3	Dateinamenserweiterung
0CH	2	Aktuelle Blocknummer
0EH	2	Datensatzlänge in Bytes
10H	4	Dateilänge in Bytes
14H	2	Datum
16H	2	Zeit
18H	8	(Reserviert)
20H	1*	Aktuelle Datensatznummer
21H	4	Datensatznummer für wahlfreien Zugriff

* Nur die niederwertigen 7 Bits werden verwendet.

Abb. 16-3 *Struktur eines Dateikontrollblocks (FCB)*

Offset	*Feldlänge*	*Beschreibung*
00H	1	Flagge "Erweiterung aktiv" (immer FFH)
01H	5	(Reserviert)
06H	1	Attribut
07H	1	Laufwerksnummer
08H	8	Dateiname
10H	3	Dateinamenserweiterung
13H	2	Aktuelle Blocknummer
15H	2	Datensatzlänge in Bytes
17H	4	Dateilänge in Bytes
1BH	2	Datum
1DH	2	Zeit
1FH	8	(Reserviert)
27H	1*	Aktuelle Datensatznummer
28H	4	Datensatznummer für wahlfreien Zugriff

* Nur die niederwertigen 7 Bits werden verwendet.

Abb. 16-4 *Struktur eines erweiterten Dateikontrollblocks. Die ersten drei Felder unterscheiden diese Datenstruktur von der eines normalen FCB.*

Bis auf zwei Ausnahmen sind alle Felder eines erweiterten FCBs mit denen des normalen identisch. Nur die Offsets sind verschieden: in einem erweiterten FCB ist der Offset eines bestimmten Felds 7 Bytes größer als der Offset desselben Felds in einem normalen FCB.

Die folgenden Abschnitte beschreiben die Felder in normalen FCBs.

FCB-Felder

Offset 00H. Das erste Feld eines normalen (nicht erweiterten) FCBs ist die *Laufwerksnummer*. Die Nummern beginnen mit 1; der Wert 1 bedeutet Laufwerk A, 2 Laufwerk B, usw. Enthält das Feld beim Öffnen des FCB eine Null, verwendet DOS das Standardlaufwerk und ändert dieses Feld in die entsprechende Laufwerksnummer.

Offsets 01H und 09H. Die beiden Felder, die bei den Offsets 01H und 09H beginnen, enthalten einen 8-Byte-Dateinamen und eine 3-Byte-Dateinamenserweiterung. Diese Felder sind linksbündig und werden nach rechts mit Leerzeichen aufgefüllt. Laut DOS-Regeln können Groß- oder Kleinbuchstaben verwendet werden. Ist der Dateiname ein Gerätename, den DOS erkennt, wie z.B. CON, AUX, COM1, COM2, LPT1, LPT2, PRN oder NUL, verwendet DOS das Gerät statt der Datei.

> ❑ HINWEIS: *Der FCB kann keine Pfadnamen verarbeiten. Ein Zugriff über den FCB bezieht sich immer auf das aktuelle Verzeichnis des jeweiligen Laufwerks. Pfade und Unterverzeichnisse werden in den neuen erweiterten Funktionen (siehe Kapitel 17) berücksichtigt.*

Offsets 0CH und 20H. Bei sequentiellen Dateioperationen dienen die Felder "Aktueller Block" und "Aktueller Datensatz" dazu, die Position in der Datei zu verfolgen. Die Verwendung der Felder ist ziemlich merkwürdig. Statt daß es eine einzige Datensatznummer gibt, wird sie in zwei Teile aufgespalten. Der höhere Teil wird als *Blocknummer* bezeichnet, der niedere als *Datensatznummer*. Die Datensatznummer ist ein 7-Bit-Wert, so daß die Datensatznummern von 0 bis 127 gehen können. Der erste Datensatz einer Datei ist also Block 0, Satz 0, der 128. Datensatz Block 1, Satz 0.

Bevor Sie die Funktionen 14H und 15H zum sequentiellen Lesen und Schreiben verwenden, müssen Sie unbedingt die Felder "Aktueller Block" und "Aktueller Datensatz" auf die gewünschte Startposition in der Datei setzen.

Offset 0EH. Das Feld "Datensatzlänge" enthält einen 2-Byte-Wert, der die Länge der logischen Datensätze einer Datei in Byte angibt. Wenn ein Programm über eine DOS-Routine einen Datensatz liest oder schreibt, ist die *logische Datensatzlänge* gleich der Anzahl der Bytes, die zwischen den DOS-Plattenpuffern und dem Plattentransferbereich übertragen werden.

Ein und dieselben Daten einer Datei lassen sich mit einer Vielzahl von Datensatzlängen bearbeiten. Wurde eine Datei mit Hilfe der Funktionen 0FH oder 16H geöffnet, setzt DOS die Datensatzlänge standardmäßig auf 128 Bytes. Falls Sie eine andere wünschen, wie z.B. 1 für Einzel-Byte-Operationen, müssen Sie das Feld "Datensatzlänge" *nach* dem Öffnen der Datei ändern.

Offset 10H. Das Feld an Offset 10H enthält die Dateilänge in Byte. Der Wert wird dem Verzeichniseintrag entnommen und in den FCB kopiert, wenn DOS eine Datei öffnet. Bei einer Ausgabedatei ändert DOS das Feld dynamisch mit dem Anwachsen der Datei. Beim Schließen der Datei erhält der Verzeichniseintrag den neuen Wert.

Durch Ändern dieses Feldes haben Sie eine Art Kontrolle in "letzter Minute" über die Größe einer Ausgabedatei, doch seien Sie vorsichtig damit. Sie können zum Beispiel eine Datei, die Sie aktualisiert haben, durch Verringern des Werts für die Dateilänge verkürzen. Und noch etwas ist zu beachten: verwenden Sie zum Umbenennen einer geöffneten Datei nicht die Funktion 17H: diese Funktion erfordert, daß Sie den neuen Namen der Datei in dem Teil des FCBs angeben, der für die Dateilänge verwendet wird.

Offsets 14H und 16H. Die 2-Byte-Felder an Offset 14H (Datum) und 16H (Zeit) vermerken, wann eine Datei zuletzt geändert wurde. Diese Felder benutzen dasselbe Format wie die entsprechenden Felder in einem Verzeichniseintrag (siehe Kapitel 5). Sobald eine Datei geöffnet wird, kopiert DOS die Werte aus dem Dateiverzeichnis als Ausgangswerte in die entsprechenden Felder des FCB. Sie werden anschließend bei jedem Schreiben in die Datei aktualisiert. Wurde die Datei geändert, kopiert DOS beim Schließen der Datei die Werte aus dem FCB in den Verzeichniseintrag.

Offset 21H. Das Feld für wahlfreien Zugriff erfüllt bei wahlfreien Schreib- oder Leseoperationen denselben Zweck wie die aktuellen Datensatz- und Blocknummern bei sequentiellen Operationen. Das Feld besitzt die Form einer 4-Byte-, 32-Bit-Ganzzahl. Die Numerierung der Datensätze beginnt bei 0. Dadurch ist es leicht, den Datei-Offset jedes beliebigen Datensatzes durch Multiplikation der wahlfreien Datensatznummer mit der Datensatzlänge zu errechnen. Das Feld muß vor jedem wahlfreien Zugriff gesetzt werden. DOS verändert es nicht.

Felder des erweiterten FCBs

Ein erweiterter FCB hat zwei zusätzliche Felder, die sich in einem normalen FCB nicht finden:

- Das erste Byte eines erweiterten FCBs ist eine Flagge, deren Inhalt FFH sein muß. DOS unterscheidet zwischen normalen und erweiterten FCBs durch Untersuchen dieses Bytes (in einem normalen FCB ist das erste Feld die Laufwerksnummer, die niemals FFH werden dürfte).
- Offset 06H ist in einem erweiterten FCB ein 1-Byte-Feld, dessen Bits Datei-, Datenträger- und Unterverzeichnisattribute melden. Das Format dieses Bytes ist mit dem des Attributbytes eines Verzeichniseintrags identisch (siehe Kapitel 5).

> ❑ HINWEIS: *Einer der seltenen Fälle, in denen Sie FCB-orientierte Funktionen statt auf Dateinummern basierende verwenden müßten, ist die Arbeit mit dem Namen einer Platte. Die DOS-Versionen 2.0 und höher bieten zur Manipulation des Datenträgernamens keine besonderen Routinen. Sie müssen daher Funktion 16H mit einem erweiterten FCB zur Erstellung eines Datenträgernamens verwenden, Funktion 17H, um ihn umzubenennen, und Funktion 13H, um ihn zu löschen.*

Beispiel

Die folgende Routine aus den Norton Utilities dient zur Berechnung des Wochentages aus einem Datum. Der Zeitraum, den DOS verarbeiten kann, beginnt mit dem 1. Januar 1980, einem Dienstag, und endet am Donnerstag, den 31. Dezember 2099. Gelegentlich ist es für ein Programm wichtig, zu einem Datum den Wochentag angeben zu können, ob es sich nun um das Tagesdatum oder ein beliebiges Datum handelt. Zum Beispiel merkt sich DOS Datum und Uhrzeit aller Dateiänderungen. Da viele Anwender diese Informationen oft dazu verwenden herauszufinden, wann sie das letzte Mal mit einer Datei gearbeitet haben, ist es praktisch, auch den Wochentag zu kennen. In der Praxis ist der Wochentag oft viel aussagekräftiger als das eigentliche Datum.

Es gibt viele interessante und ausgeklügelte Algorithmen, um den Wochentag zu bestimmen, doch ist das eigentliche Schreiben eines Wochentags-Programms eher ermüdend. Ab Version 1.1 ist denn auch in DOS eine Routine eingebaut, die den Wochentag des aktuellen Datums berechnet. Indem man als aktuelles Datum das interessierende Datum angibt, kann man zu jedem beliebigen Datum den Wochentag herausfinden. Das folgende Beispiel zeigt Ihnen, wie das funktioniert.

Das Assemblerprogramm ist nicht nur sehr raffiniert programmiert, sondern zeigt auch, wie drei DOS-Funktionsaufrufe zusammenarbeiten, um ein Resultat zu erzeugen. Außerdem verdeutlicht es die kleinen Schwierigkeiten, die bei der Benutzung des Stapels anfallen, wenn Daten gesichert und wieder zurückgespeichert werden. Wie Sie sehen werden, muß die Verwaltung des Stapels sehr sorgfältig ausgeführt werden, damit sich nicht verschiedene Werte in die Quere kommen.

Die Unterroutine, die *Wochentag* heißt, ist so geschrieben, daß sie mit dem Microsoft C-Compiler genutzt werden kann. Die Routine wird mit drei Ganzzahlvariablen aufgerufen, die Monat, Tag und Jahr des Datums angeben, von dem wir den Wochentag wissen wollen. Die Routine gibt den Wochentag als Ganzzahl von 0 bis 6 (Sonntag bis Samstag) zurück. Das fügt sich sehr günstig in die Konventionen der Sprache C über Matrixfelder ein, indem sie einen Index auf eine Matrix von Zeichenfolgen liefert, die die ausgeschriebenen Wochentage enthält. Deshalb verwenden wir die Unterroutine folgendermaßen:

```
TagName[ Wochentag (Monat,Tag,Jahr) ]
```

Es ist wichtig zu wissen, daß die Routine "blind" mit dem Datum arbeitet; es wird weder auf Gültigkeit geprüft noch wird getestet, ob der Arbeitsbereich von DOS eingehalten wird. Hier die Unterroutine:

```
_TEXT       SEGMENT byte public 'CODE'
            ASSUME  cs:_TEXT

            PUBLIC  _Wochentag
_Wochentag  PROC    near

            push    bp          ; Stapeladressierung über ..
            mov     bp,sp       ; .. BP einrichten

            mov     ah,2Ah      ; Tagesdatum lesen
            int     21h

            push    cx          ; Tagesdatum auf Stapel sichern
            push    dx

            mov     cx,[bp+8]   ; CX = Jahr
            mov     dl,[bp+6]   ; DL = Tag
```

```
            mov     dh,[bp+4]       ; DH = Monat

            mov     ah,2Bh          ; Angegebenes Datum setzen
            int     21h

            mov     ah,2Ah          ; Datum wieder von DOS lesen
            int     21h             ; (AL = Wochentag)

            pop     dx              ; Tagesdatum wieder in ..
            pop     cx              ; .. CX und DX speichern
            push    ax              ; Wochentag im Stapel sichern

            mov     ah,2Bh          ; Tagesdatum setzen
            int     21h

            pop     ax              ; AL = Wochentag
            mov     ah,0            ; AX = Wochentag

            pop     bp              ; BP zurückspeichern und Rücksprung
            ret

_Wochentag ENDP

_TEXT       ENDS
```

Kapitel 17
DOS-Funktionen: Versionen 2.0 und höher

In diesem Kapitel werden die mit der Version 2.0 eingeführten Interrupt 21H-Funktionen behandelt. Diese Funktionen bieten ein breites Spektrum von Betriebssystemroutinen innerhalb eines leistungsfähigeren und flexibleren Rahmens als die in Kapitel 16 beschriebenen 42 ursprünglichen.

Nahezu jede neue DOS-Version hat die Anzahl der dem Programmierer zur Verfügung stehenden Routinen erhöht. DOS 2.0 brachte besonders viele Änderungen mit sich: es fügte den bestehenden 42 Funktionen 33 neue hinzu, änderte als Folge dieser neuen Funktionen die Dateizugriffsmethode und machte es möglich, daß DOS mit Hilfe von besonderen Programmen, *installierbare Gerätetreiber* genannt, mit nahezu jedem Gerät zusammenarbeiten kann. Bevor wir die neueren DOS-Funktionen ausführlich beschreiben, soll kurz gezeigt werden, wie einige dieser Neuerungen Ihre Programmierpraxis beeinflussen können.

Erweiterungen in den DOS-Versionen 2 und 3

Die mit DOS 2 und 3 eingeführten DOS-Routinen bringen drei wichtige Eigenschaften mit sich, die direkten Einfluß auf die Programmierung haben:

- Die meisten neuen Funktionen melden Standardfehlercodes im Register AX.
- Alle Funktionen, die mit Zeichenfolgen arbeiten, erfordern ein spezielles Zeichenfolgeformat, das ASCIIZ-Format, eine Folge von *ASCII-Zeichen*, die mit einem einzelnen Null-Byte endet.
- Die neueren DOS-Funktionen verwenden eine 16-Bit-Nummer, *Dateinummer* (file handle) genannt. Die Dateinummern werden statt der Dateikontrollblöcke (FCBs) verwendet, um Dateien und Ein- und Ausgabegeräte, mit denen ein Programm kommuniziert, zu identifizieren.

All diese Neuerungen werden im folgenden ausführlich beschrieben.

Standardfehlercodes

Beim Aufruf einer Interrupt 21H-Funktion in DOS-Versionen ab 2.0 meldet die Funktion im AX-Register einen Fehlercode. Weiterhin setzen diese Funktionen die Übertragsflagge (CF), um anzuzeigen, daß ein Fehler auftrat. Man sollte grundsätzlich nach dem Aufruf einer dieser Interrupt 21H-Funktionen die Übertragsflagge testen; bei gesetzter Flagge bezeichnet der Wert in AX die Fehlerursache.

In DOS-Versionen ab 3.0 kann man außerdem Interrupt 21H, Funktion 59H, verwenden, um von DOS zusätzliche Informationen über den Fehler zu erhalten. Sie können Funktion 59H immer im Anschluß an eine Fehlermeldung durch eine Interrupt 21H-Funktion aufrufen, aber auch innerhalb einer Routine zur Behandlung eines kritischen Fehlers (Interrupt 24H), um die Ursache eines kritischen DOS-Fehlers zu bestimmen. In beiden Fällen gibt Funktion 59H einen erweiterten Fehlercode zurück und schlägt auch Maßnahmen zur Behebung des Problems vor.

Eine vollständige Auflistung der erweiterten Fehlercodes und ihrer Verwendung finden Sie unter der Funktion 59H auf Seite 371.

ASCIIZ-Zeichenfolgen

Viele der mit den DOS-Versionen 2 und 3 eingeführten Interrupt 21H-Funktionen erfordern es, daß Sie ihnen Datei- und Verzeichnisnamen in Form von *ASCIIZ-Zeichenfolgen* übergeben. Eine ASCIIZ-Zeichenfolge ist einfach eine Folge von ASCII-Zeichen, die in einem einzelnen Null-Byte endet ("Z" steht für "Zero" oder Null). Zum Beispiel besteht die ASCIIZ-Darstellung des Pfadnamens C:\COMMAND.COM aus den folgenden 15 hexadezimalen Bytes:

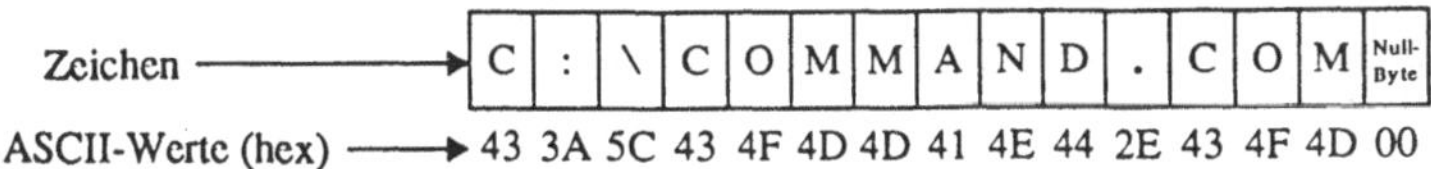

Der ASCIIZ-String wird sowohl im UNIX-Betriebssystem als auch in der Programmiersprache C verwendet. DOS 2.0 zeigt generell eine Orientierung in Richtung UNIX und C.

Dateinummern

Die neueren Interrupt 21H-Funktionen der DOS-Versionen ab 2.0 beruhen auf dem Konzept der Dateinummern. Dateinummern sind 16-Bit-Zahlen, die DOS zur Identifizierung von geöffneten Dateien verwendet. Dateinummern können auch andere Ein- und Ausgabequellen eines Programms identifizieren wie z.B. Tastatur und Bildschirm. (Auch hier macht sich der UNIX-Einfluß bemerkbar: unter UNIX heißen zwar die Dateinummern "Dateideskriptor", doch werden sie im wesentlichen wie in DOS verwendet.)

Die Verwendung von Dateinummern ermöglicht DOS eine größere Flexibilität in seinen Routinen zur Dateiverwaltung als dies mit den FCB-orientierten Dateiroutinen der Fall war. Insbesondere Fähigkeiten wie die Umleitung von Dateien und die Unterstützung hierarchischer Verzeichnisse wären mit der starren Datenstruktur des FCB sehr schwer zu verwirklichen gewesen. Außerdem vereinfacht der Einsatz von Dateinummern tatsächlich die Dateiverwaltung beträchtlich, weil die Mechanik der Dateiein- und -ausgabe - Extrahieren von Dateinamen, Verfolgen der aktuellen Position in der Datei etc. - nun in der Verantwortung von DOS anstelle Ihrer Programme liegt.

DOS weist bei jedem Anlegen oder Öffnen einer Datei eine neue Dateinummer zu. Jedem Programm stehen automatisch fünf Standardnummern, 0 bis 4, zur Verfügung (siehe Abb. 17-1). Weitere Nummern werden von DOS bei Bedarf vergeben.

❑ HINWEIS: *Von den fünf Standarddateinummern von DOS werden im geschützten Modus von OS/2 nur die ersten drei unterstützt. Falls für Sie die Aufwärtskompatibilität eine Rolle spielt, müssen Sie die standardmäßige Verwendung der Nummern 3 und 4 vermeiden. Öffnen Sie stattdessen die Ge-*

räte am seriellen und Druckerport so wie für jede andere Datei oder jedes andere Ein-/Ausgabegerät.

Dateinummer	*Verwendung*	*Standardgerät*
0	Standardeingabe (normalerweise Tastatureingabe)	CON
1	Standardausgabe (normalerweise Bildschirmausgabe)	CON
2	Standardfehlerausgabe (immer Bildschirmausgabe)	CON
3	Standardzusatzgerät (AUX-Gerät)	AUX
4	Standarddrucker (LPT1- oder PRN-Gerät)	PRN

Abb. 17-1 *Die fünf Standarddateinummern von DOS*

DOS beschränkt die Anzahl der Dateien oder Geräte, die ein Programm gleichzeitig öffnen kann:

- DOS verwaltet eine interne Datenstruktur, die für jede Datei oder jedes Ein-/Ausgabegerät, das eine Dateinummer besitzt, die Ein- und Ausgabe steuert. Die Standardgröße dieser Datenstruktur läßt nur 8 Dateinummern zu. Glücklicherweise läßt sich mit dem FILES-Befehl in der CONFIG.SYS-Datei diese maximale Anzahl erhöhen (99 in DOS-Versionen vor 3.0, 255 ab Version 3.0).
- DOS verwendet im PSP jedes Programms einen reservierten Bereich zur Verwaltung einer Tabelle der zu dem Programm gehörenden Dateinummern. Diese Tabelle hat Platz für maximal 20 Dateinummern. Selbst wenn Sie also in Ihrer CONFIG.SYS-Datei die Angabe FILES = 30 machen, kann Ihr Programm weiterhin nur 20 Dateinummern gleichzeitig verwenden. (DOS 3.3 bietet über Interrupt 21H, Funktion 67H, eine Möglichkeit, diese Beschränkung zu umgehen. Auf Seite 381 finden Sie Einzelheiten dazu.) Zum Glück benötigen nur wenige Anwendungsprogramme mehr als 20 gleichzeitig geöffnete Dateien, so daß diese Beschränkungen selten von Bedeutung sind.

Installierbare Gerätetreiber

Unter den DOS-Versionen ab 2.0 kann man eine Routine schreiben, die zwischen den auf Dateinummern basierenden E/A-Funktionen und nahezu jedem E/A-Gerät, das eine Datenfolge einlesen oder ausgeben kann, eine übereinstimmende Schnittstelle zur Verfügung stellt. Solch eine Routine wird *Gerätetreiber* genannt. In DOS ist bereits eine Anzahl von Gerätetreibern für Tastatur, Bildschirm, Drucker, Kommunikationsport und Disketten/Festplatten eingebaut. Sie können Treiber für andere Geräte installieren, indem Sie ihre Namen in DEVICE-Befehle der CONFIG.SYS-Datei aufnehmen.

Die E/A-Gerätetreiber von DOS ermöglichen es, Dateinummern nicht nur Plattendateien zuzuweisen, sondern auch jedem Ein-/Ausgabegerät. Wenn Sie zum Öffnen eines Geräts eine auf Dateinummern basierende DOS-Funktion verwenden, durchsucht DOS seine Liste der Gerätetreiber, bevor es nach einem Dateinamen sucht. Ihnen bekannte Namen wie "CON", "LPT1" und "NUL" gehören alle zur Standardliste der Gerätetreiber. Das Öffnen eines Geräts zur Ein-/Ausgabe besteht lediglich darin, einer DOS-

Funktion einen Namen zu übergeben, woraufhin DOS eine Dateinummer zurückgibt. Das geschieht unabhängig davon, ob das Gerät eine Plattendatei ist oder zu einer anderen Hardware-Sorte zählt.

❑ HINWEIS: *Nun wird auch klar, warum Sie keine Datei namens "CON" oder "PRN" öffnen können: DOS sucht immer zuerst nach Gerätenamen und anschließend nach Dateinamen; es findet daher immer ein Gerät dieses Namens vor einer Datei desselben Namens.*

Sie müssen über die Implementation der Gerätetreiber nicht groß Bescheid wissen, um die auf Dateinummern basierenden DOS-Funktionen zu verwenden. Die eingehende Behandlung der Gerätetreiber erfolgt daher in Anhang A. Das bedeutet aber nicht, daß sie unwichtig sind. Im Gegenteil! Für einen professionellen Programmierer ist es unerläßlich, sich mit der Treiberkonzeption vertraut zu machen.

Interrupt 21H-Funktionen: DOS-Versionen 2.0 und höher

Alle in diesem Kapitel beschriebenen DOS-Funktionsaufrufe werden über Interrupt 21H (dezimal 33) angesprochen. Die einzelnen Funktionen werden durch Angabe ihrer Nummer in Register AH ausgewählt. Alle Programme, die diese Funktionen verwenden, müssen zuerst die DOS-Versionsnummer abfragen, um damit sicherzustellen, daß die Funktion verfügbar ist (dazu dient Funktion 30H).

Die Einteilung der neuen DOS-Funktionen in logisch zusammengehörige Gruppen, wie sie in diesem Buch erfolgt (Abb. 17-2) weicht etwas von der Einteilung in IBMs DOS technical reference manuals ab. Um Mißverständnisse zu vermeiden, empfiehlt sich der Vergleich mit IBMs Einteilung. Abbildung 17-3 führt die Funktionsaufrufe im einzelnen auf.

Funktion		
Hex	*Dez*	*Gruppe*
2FH-38H	47-56	Verschiedene Funktionen
39H-3BH	57-59	Verzeichnisfunktionen
3CH-46H	60-70	Funktionen zur Dateiverwaltung
47H	71	Verzeichnisfunktion
48H-4BH	72-75	Funktionen zur Speicherverwaltung
4CH-5BH	76-91	Verschiedene Funktionen
5CH-5FH	92-95	Netzwerk-Unterstützung
62H-68H	98-104	Verschiedene Funktionen

Abb. 17-2 *Die logische Einteilung der erweiterten DOS-Funktionen*

Funktion Hex	Dez	*Beschreibung*	*DOS-Version*
2FH	47	DTA-Adresse lesen	2.0
30H	48	DOS-Versionsnummer lesen	2.0
31H	49	Beenden und im Speicher bleiben (TSR)	2.0
33H	51	Ctrl-C-Flagge lesen/setzen	2.0
35H	53	Interrupt-Vektor lesen	2.0
36H	54	Freie Plattenkapazität feststellen	2.0
38H	56	Landesspezifische Informationen lesen/setzen	2.0
39H	57	Verzeichnis anlegen	2.0
3AH	58	Verzeichnis löschen	2.0
3BH	59	Aktuelles Verzeichnis wechseln	2.0
3CH	60	Datei anlegen	2.0
3DH	61	Dateinummer öffnen	2.0
3EH	62	Dateinummer schließen	2.0
3FH	63	Lesen (Datei oder Gerät)	2.0
40H	64	Schreiben (Datei oder Gerät)	2.0
41H	65	Datei löschen	2.0
42H	66	Dateizeiger bewegen	2.0
43H	67	Dateiattribute lesen/setzen	2.0
44H	68	IOCTL - Ein-/Ausgabesteuerung für Geräte	2.0
45H	69	Dateinummer duplizieren	2.0
46H	70	Dateinummernduplizierung erzwingen	2.0
47H	71	Aktuelles Verzeichnis ermitteln	2.0
48H	72	Speicherblock zuordnen	2.0
49H	73	Speicherblock freigeben	2.0
4AH	74	Größe eines Speicherblocks verändern	2.0
4BH	75	EXEC - Programm laden und ausführen	2.0
4CH	76	Programm mit Rückkehrcode beenden	2.0
4DH	77	Rückkehrcode ermitteln	2.0
4EH	78	Dateisuche beginnen	2.0
4FH	79	Dateisuche weiterführen	2.0
54H	84	Verifizierflagge lesen	2.0
56H	86	Datei umbenennen	2.0
57H	87	Datum und Zeit für Datei lesen/setzen	2.0
58H	88	Speicherzuordnungsmethode lesen/setzen	3.0
59H	89	Erweiterten Fehlercode melden	3.0
5AH	90	Temporäre Datei anlegen	3.0
5BH	91	Neue Datei anlegen	3.0
5CH	92	Dateibereich sperren/freigeben	3.0
5EH	94	Name des Netzwerk-Rechners und Druckereinrichtung	3.1
5FH	95	Netzwerk-Umleitung	3.1
62H	98	PSP-Adresse lesen	3.0
65H	101	Erweiterte Landesinformationen lesen	3.3
66H	102	Globale Codeseite lesen/setzen	3.3

Abb. 17-3 *(weiter nächste Seite)*

(Fortsetzung)

	Funktion		DOS-
Hex	***Dez***	***Beschreibung***	***Version***
67H	103	Dateinummernzähler setzen	3.3
68H	104	Datei sofort schreiben	3.3

Abb. 17-3 *In DOS-Versionen 2.0 und höher verfügbare Interrupt 21H-Funktionen*

Funktion 2FH (dezimal 47): DTA-Adresse lesen

Nach Aufruf der Funktion 2FH (dezimal 47) steht die Adresse des momentan von DOS verwendeten Plattentransferbereichs (DTA) im Registerpaar ES:BX. Diese Funktion ist vergleichbar mit der auf Seite 326 behandelten Funktion 1AH.

Funktion 30H (dezimal 48): DOS-Versionsnummer lesen

Funktion 30H (dezimal 48) ermittelt die DOS-Versionsnummer in zwei Teilen (Haupt- und Unternummer). Der erste Teil wird in Register AL, der zweite Teil in Register AH übergeben; BX und CX enthalten eine Seriennummer (0 in IBMs DOS-Versionen, andere Werte in DOS-Versionen anderer Hersteller möglich). Wenn Sie z.B. Funktion 30H in DOS 3.3 ausführen, gibt die Funktion AL = 03H (Hauptnummer der Version), AH = 1EH (30, die Unternummer der Version), BX = 00H und CX = 00H zurück. In der OS/2-Kompatibilitätsbox gibt Funktion 30H in AL 0AH zurück, d.h. die Hauptnummer der Version ist 10.

Beim Aufruf der Funktion 30H in DOS-Version 1, wo die Funktion gar nicht implementiert ist, wird in AL immer 00H gemeldet. Ein einfacher Test des in AL zurückgegebenen Wertes reicht also aus, um zwischen Version 1 und späteren Versionen zu unterscheiden:

```
mov ah,30h          ; AH = 30H (Interrupt 21H-Funktionsnummer)
int 21h             ; DOS-Versionsnummer lesen
cmp al,2
jl AlteVersion      ; Sprung falls DOS-Version 1
```

Jedes Programm, das Interrupt 21H-Funktionen mit Nummern über 2EH verwendet, kann mit Hilfe von Funktion 30H bestimmen, ob die geeignete DOS-Version vorliegt.

Funktion 31H (dezimal 49): Beenden und im Speicher bleiben

Funktion 31H (dezimal 49) beendet ein Programm und beläßt Teile des Programms im Speicher. Mit Ausnahme der Tatsache, daß Ihnen Funktion 31H die Möglichkeit gibt, Speicher für ein speicherresidentes Programm zu reservieren, ist die Wirkung dieser Funktion dieselbe wie die der Funktion zum Beenden eines Programms (Funktion 4CH). Funktion 31H wird mit einem Rückkehrcode in AL und der Anzahl der für das Programm zu reservierenden Speicherabschnitte in DX aufgerufen.

Vor Aufruf der Funktion müssen generell folgende Schritte durchgeführt werden:

1. **Rufen Sie Funktion 30H auf, um zu prüfen, ob Sie in DOS 2.0 oder höher arbeiten. Funktion 31H wird in Version 1 nicht unterstützt.**
2. **Rufen Sie Funktion 49H auf, um den Speicher freizugeben, der dem Umgebungsblock des Programms zugeordnet ist (das Wort an Offset 2CH des Programm-PSP enthält seine Adresse).**
3. Bestimmen Sie die Größe des Speichers, der für das residente Programm zu reservieren ist. Dieser Wert muß außer dem für das eigentliche Programm reservierten aneinanderhängenden Speicher auch die 16 für das PSP reservierten Abschnitte umfassen. Der Wert enthält nicht den vom Programm mit Hilfe der Funktion 48H dynamisch zugeordneten Speicher.
4. Rufen Sie Funktion 31H zum Beenden des Programms auf.

Wie Funktion 4CH setzt Funktion 31H die Interrupt-Vektoren der Funktionen 22H (Beendigungsadresse), 23H (Ctrl-C-Routine) und 24H (Kritische Fehler-Routine) auf die Standardwerte von DOS zurück; Sie können diese Funktion daher nicht zur Installation speicherresidenter Routinen zur Behandlung dieser Interrupts verwenden.

Funktion 31H ist viel flexibler als die "Beenden und im Speicher bleiben"-Routine, die über Interrupt 27H geboten wird. In Ihren TSR-Programmen sollten Sie daher immer diese Funktion verwenden, es sei denn, die Kompatibilität mit DOS-Version 1 spielt eine Rolle.

Funktion 33H (dezimal 51): Ctrl-C-Flagge lesen/setzen

Funktion 33H (dezimal 51) läßt Sie die interne DOS-Ctrl-C-Flagge prüfen oder ändern. Wenn Sie Funktion 33H mit AL = 00H aufrufen, meldet DOS den aktuellen Stand der Ctrl-C-Flagge in DL:

- Ist die Flagge gelöscht (DL = 00H), achtet DOS auf die Betätigung von Ctrl-C nur, wenn es ein Zeichen an ein oder von einem Zeichengerät überträgt (Interrupt 21H-Funktionen 00H bis 0CH).
- Ist die Flagge gesetzt (DL = 01H), achtet DOS auf die Betätigung von Ctrl-C auch dann, wenn es andere Aufgaben erfüllt, z.B. Dateiein-/-ausgaben.

Beim Aufruf der Funktion 33H mit AL = 01H erwartet DOS, daß DL den für die Unterbrechungsflagge gewünschten Wert enthält:

- DL = 00H setzt die Unterbrechungsüberwachung außer Kraft.
- DL = 01H aktiviert sie.

Funktion 35H (dezimal 53): Interrupt-Vektor lesen

Nach Aufruf von Funktion 35H (dezimal 53) steht im Registerpaar ES:BX der Interrupt-Vektor, der zu der vor dem Aufruf in AL spezifizierten Interrupt-Nummer gehört.

Funktion 35H ist die Umkehrung von Funktion 25H, die einen Interrupt-Vektor ändert (siehe Kapitel 16).

Funktion 36H (dezimal 54): Freie Plattenkapazität feststellen

Funktion 36H (dezimal 54) ähnelt der Funktion 1CH (die Informationen über eine Diskette/Festplatte liefert), meldet darüberhinaus jedoch den unbenutzten Speicherplatz auf dem Datenträger. Vor dem Aufruf der Funktion wird in Register DL das gefragte Laufwerk ausgewählt: 00H = Standardlaufwerk, 01H = Laufwerk A, 02H = Laufwerk B, usw.

Ein ungültiges Laufwerk wird durch den Wert FFFFH in Register AX angezeigt. Nach einem korrekten Aufruf findet man in Register AX die Sektoren pro Cluster, in CX die Bytes pro Sektor, in BX die Anzahl der verfügbaren Cluster und in DX die Gesamtzahl der Cluster.

Aus diesen Angaben lassen sich weitere Daten errechnen:

CX * AX = Bytes pro Cluster

CX * AX * BX = freie Speicherkapazität (in Byte)

CX * AX * DX = Gesamtspeicherkapazität (in Byte)

(BX * 100) / DX = freier Speicher in Prozent der Gesamtkapazität

Wenn L die Länge einer Datei in Byte ist, kann die Anzahl der belegten Cluster mit folgender Formel errechnet werden:

(L + CX * AX -1) \ (CX * AX)

Mit ähnlichen Formeln lassen sich die Anzahl der Sektoren und Größe und Anteil des einer Datei zugeordneten, aber nicht belegten Speicherplatzes *(slack space)* feststellen.

Funktion 38H (dezimal 56): Landesspezifische Informationen lesen

Funktion 38H (dezimal 56) ermöglicht es DOS, unterschiedliche nationale Währungen und Datumsformate zu berücksichtigen. In DOS-Version 2 stellt diese Funktion nur wenige landesspezifische Daten bereit, während DOS Version 3 außer der Meldung einer größeren Anzahl landesspezifischer Informationen durch einen Aufruf der Funktion 38H auch ihre Änderung ermöglicht.

Um von DOS diese Informationen zu erhalten, setzen Sie die Adresse eines 32-Byte-Puffers in DS:DX und rufen danach Funktion 38H auf. (In den DOS-Versionen ab 3.0 muß der Puffer 34 Bytes umfassen.) Um Informationen über das gerade geltende Land zu erhalten, muß in Register AL der Wert 00H stehen. Ab Version 3.00 kann das Register auf einen vordefinierten *Ländercode* (gleich der 3-stelligen internationalen Telefonvorwahl des Landes) gesetzt werden. Um auf mehr als 255 Ländercodes zugreifen zu können, wird Register AL auf den Wert FFH (dezimal 255) und der Ländercode in Register BX gesetzt.

Ist der Ländercode ungültig, setzt DOS die Übertragsflagge (CF) und der Fehlercode erscheint in Register AX. Andernfalls enthält BX den Ländercode, und der Puffer an DS:DX ist mit den in Abbildungen 17-4 und 17-5 gezeigten landesspezifischen Informationen gefüllt.

Um in DOS-Version 3 den aktuellen Ländercode festzulegen, setzt man DX auf FFFFH und ruft Funktion 38H auf, wobei AL gleich dem Ländercode ist (falls er größer als 254 ist, wird Register AL auf den Wert FFH und Register BX auf den Ländercode gesetzt).

Die landesspezifischen Informationen werden von DOS-Dienstprogrammen wie DATE und TIME verwendet. Ein Programm kann Funktion 38H aufrufen, um diese für DOS bestimmten Daten zu lesen und sich selbst landesspezifisch zu konfigurieren.

Offset		*Größe*	
Hex	*Dez*	*(Bytes)*	*Beschreibung*
00H	0	2	Datumsformat
02H	2	2	Währungssymbol-Zeichenfolge (ASCIIZ-Format)
04H	4	2	Tausendertrennzeichen-Zeichenfolge (ASCIIZ-Format)
06H	6	2	Dezimalzeichen-Zeichenfolge (ASCIIZ-Format)
08H	8	24	(Reserviert)

Abb. 17-4 *Die landesspezifischen Informationen, die von Funktion 38H in DOS-Version 2 gemeldet werden*

Offset		*Größe*	
Hex	*Dez*	*(Bytes)*	*Beschreibung*
00H	0	2	Datumsformat
02H	2	5	Währungssymbol-Zeichenfolge (ASCIIZ-Format)
07H	7	2	Tausendertrennzeichen-Zeichenfolge (ASCIIZ-Format)
09H	9	2	Dezimalzeichen-Zeichenfolge (ASCIIZ-Format)
0BH	11	2	Datumstrennzeichen-Zeichenfolge (ASCIIZ-Format)
0DH	13	2	Zeittrennzeichen-Zeichenfolge (ASCIIZ-Format)
0FH	15	1	Währungssymbolposition
10H	16	1	Dezimalstellen für Währung
11H	17	1	Zeitformat: 1 = 24-Stunden-Uhr; 0 = 12-Stunden-Uhr
12H	18	4	Aufrufadresse der erweiterten ASCII-Abbildung
16H	22	2	Trennzeichen in Aufzählungen (ASCIIZ-Format)
18H	24	10	(Reserviert)

Abb. 17-5 *Die landesspezifischen Informationen, die von Funktion 38H in DOS-Version 3 gemeldet werden*

Das *Datumsformat* ist ein Ganzzahl-Wort, dessen Wert das Anzeigeformat des Datums bestimmt. Dieses Wort hat drei vordefinierte Werte mit den drei entsprechenden Datumsformaten (siehe Abb. 17-6). Für zukünftige Ergänzungen ist Platz reserviert.

Wert	*Verwendung*	*Datum*
00H	Amerika	Monat Tag Jahr
01H	Europa	Tag Monat Jahr
02H	Japan	Jahr Monat Tag

Abb. 17-6 *Die drei von Funktion 38H zurückgegebenen vordefinierten Datumsformate*

Das *Währungssymbol* ist das zur Anzeige eines Geldbetrags verwendete Symbol: in den U.S.A. ist es ein Dollarzeichen ($), in Großbritannien das Pfundsymbol (£) und in Japan das Yensymbol (¥). In den DOS-Versionen 2.0 und 2.1 kann das Währungssymbol nur ein einzelnes Zeichen sein, in Version 3 läßt sich eine Zeichenfolge von bis zu vier Zeichen Länge verwenden. Eine der in DOS-Version 3.3 verwendbaren Währungszeichenfolgen kann z.B. DKR sein, was für dänische Kronen steht.

Das *Tausendertrennzeichen* ist das Symbol, mit dem in großen Zahlen jeweils drei Stellen abgetrennt werden. In Deutschland verwendet man den Punkt (z.B. 1.000.000), in anderen Ländern ein Komma oder Leerzeichen.

Das *Dezimalzeichen* ist in Deutschland ein Komma (z.B. 3,5), in anderen Ländern oft ein Punkt.

Das *Trennzeichen* bei *Datumsangaben* bzw. bei *Zeitangaben* wird bei der Darstellung des Datums (z.B. "." in 4.12.86) bzw. der Uhrzeit verwendet (z.B. ":" in 11:34).

Die *Währungssymbolposition* bestimmt, wo das Symbol stehen soll. 00H setzt es unmittelbar vor den Betrag (¥1500), 01H unmittelbar dahinter (15¢), 02H vor den Betrag mit einem Leerzeichen dazwischen (DM 17,90), 03H hinter den Betrag mit einem Leerzeichen dazwischen (18 DKR), und 04H ersetzt das Trennzeichen durch das Währungssymbol (7 F 80).

Die *Dezimalstellen* für die Währung geben die Anzahl der in der Währung relevanten Nachkommastellen an. Der Wert ist z.B. für DM-Beträge 02H (Mark und Pfennig) und 00H für die italienische Währung (Lire).

Das *Zeitformatfeld* bestimmt, ob die Zeit im 12-Stunden- oder 24-Stunden-Format angezeigt werden soll. Bislang wird nur das erste Bit (Bit 0) verwendet. Ist es gesetzt (1), geht DOS von einer 24-Stunden-Uhr aus, andernfalls (0) von einer 12-Stunden-Uhr.

Die *Aufrufadresse der erweiterten ASCII-Abbildung* ist die segmentierte Adresse einer Routine, die die ASCII-Zeichen 80H bis FFH auf Zeichen im Bereich 00H bis 7FH abbildet. Nicht alle Drucker oder Plotter können die erweiterten ASCII-Zeichen im Bereich 80H bis FFH ausgeben; diese Routine wird daher aufgerufen, um solche Zeichen in den normalen ASCII-Zeichenbereich (00H bis 7FH) abzubilden.

Das *Trennzeichen in Aufzählungen* gibt das zur Trennung von Elementen einer Aufzählung verwendete Symbol an (z.B. die Kommas in der Aufzählung A, B, C, D).

Funktion 39H (dezimal 57): Verzeichnis anlegen

Funktion 39H (dezimal 57) legt wie der DOS-Befehl MKDIR ein Unterverzeichnis an. Das Registerpaar DS:DX muß auf eine ASCIIZ-Zeichenfolge verweisen, die den Pfadnamen des neuen Unterverzeichnisses enthält. Beim Auftreten eines Fehlers setzt Funktion 39H die Übertragsflagge und gibt in AX einen Fehlercode zurück. Die möglichen Fehlercodes sind 03H (Pfad nicht gefunden) und 06H (Zugriff verweigert).

Funktion 3AH (dezimal 58): Verzeichnis löschen

Funktion 3AH (dezimal 58) entfernt (löscht) wie der DOS-Befehl RMDIR ein Unterverzeichnis. Es muß ein Pfadname als ASCIIZ-Zeichenfolge angegeben sein, auf den das Registerpaar DS:DX zeigt. Beim Auftreten eines Fehlers setzt Funktion 3AH die Übertragsflagge und gibt in AX einen Fehlercode zurück. Die möglichen Fehlercodes sind 03H (Pfad nicht gefunden), 06H (Zugriff verweigert) und 10H (Versuch, aktuelles Verzeichnis zu löschen).

Funktion 3BH (dezimal 59): Aktuelles Verzeichnis wechseln

Funktion 3BH (dezimal 59) wechselt analog dem DOS-Befehl CHDIR das aktuelle Verzeichnis. DS:DX muß auf eine Zeichenfolge im ASCIIZ-Format zeigen, die den Pfadnamen des neuen Verzeichnisses enthält. Beim Auftreten eines Fehlers setzt Funktion 3BH die Übertragsflagge und gibt in AX einen Fehlercode zurück. Die einzige hier in Frage kommende Fehlermeldung ist 03H (Pfad nicht gefunden).

Funktion 3CH (dezimal 60): Datei anlegen

Funktion 3CH (dezimal 60) öffnet eine leere Datei unter dem angegebenen Namen. Besteht die Datei bereits, verkürzt die Funktion ihre Länge auf Null. Anderenfalls legt die Funktion eine neue Datei an. Funktion 3CH entspricht der traditionellen DOS-Funktion 16H (siehe Seite 334).

Das Registerpaar DS:DX muß auf eine ASCIIZ-Zeichenfolge zeigen, die den Pfadnamen und den Dateinamen enthält. CX enthält die Dateiattribute (nähere Erläuterungen zu Dateiattributen und zum Setzen der Attribut-Bits finden Sie auf Seite 111). Wenn Funktion 3CH eine neue Datei anlegen konnte, löscht sie die Übertragsflagge und gibt in AX eine Dateinummer zurück. Beim Auftreten eines Fehlers setzt sie die Übertragsflagge und gibt in AX einen Fehlercode zurück. Die möglichen Fehlercodes sind: 03H (Pfad nicht gefunden), 04H (Keine Dateinummer verfügbar) und 05H (Zugriff verweigert). Der Code 05H zeigt, daß entweder kein Platz mehr für einen neuen Verzeichniseintrag vorhanden oder aber die existierende Datei als nur-Lesen-Datei gekennzeichnet ist und nicht für eine Ausgabe geöffnet werden kann.

Vorsicht: mit Funktion 3CH kann die Länge einer bestehenden Datei versehentlich auf Null verkürzt werden! Die beste Möglichkeit, so etwas zu vermeiden, ist der Aufruf der Funktion 4EH zum Durchsuchen des Verzeichnisses nach einer existierenden Datei, bevor Sie Funktion 3CH aufrufen. Falls Sie DOS 3.0 oder höher verwenden, haben Sie zwei weitere Möglichkeiten: Sie rufen Funktion 5BH auf, die wie Funktion 3CH arbeitet, eine existierende Datei aber nicht öffnet, oder Sie verwenden Funktion 5AH, um eine temporäre Datei mit einem unverwechselbaren neuen Dateinamen anzulegen.

Funktion 3DH (dezimal 61): Datei öffnen

Funktion 3DH (dezimal 61) öffnet eine bereits bestehende Datei oder ein Gerät. Pfadname und Dateiname müssen Sie als ASCIIZ-Zeichenfolge bereitstellen. Wie bei allen anderen Datei-E/A-Funktionen zeigt DS:DX auf diese Zeichenfolge. Durch einen Zugriffscode in Register AL wird festgelegt, wozu die Datei verwendet werden soll. Die acht Bits des Registers AL werden in die vier Felder unterteilt, die Sie in Abbildung 17-7 sehen.

			Bit					
7	*6*	*5*	*4*	*3*	*2*	*1*	*0*	*Verwendung*
Ü	.	.	.	.	.	.	.	Übernahmeflagge (nur DOS 3)
.	G	G	G	.	.	.	.	Modus für gemeinsamen Zugriff (nur DOS 3)
.	.	.	.	R	.	.	.	(Reserviert)
.	.	.	.	.	Z	Z	Z	Zugriffscode

Abb. 17-7 *Dateizugriffscodes für Funktion 3DH*

Der Zugriffscode von DOS 2 ist recht einfach: es finden nur die Zugriffs-Bits (Bits 0-2) Verwendung, alle anderen Bits werden auf Null gesetzt. Die drei Einstellungen für den Zugriffscode gehen aus Abbildung 17-8 hervor.

	Bit		
2	*1*	*0*	*Verwendung*
0	0	0	(nur) Lesezugriff
0	0	1	(nur) Schreibzugriff
0	1	0	Schreib- oder Lesezugriff

Abb. 17-8 *Dateizugriffsmodi für Funktion 3DH*

DOS 3 verwendet neben dem **Zugriffscode** noch die **Übernahmecodes** und die Codes für gemeinsamen Zugriff (sharing). Die zwei letzten Codes ermöglichen die Kontrolle darüber, wie mehrere Programme gleichzeitig auf dieselbe Datei zugreifen.

Bit 7, das Übernahme-Bit, zeigt an, ob untergeordnete Prozesse die Datei in gleicher Weise verwenden können. (Mehr zu über- und untergeordneten Prozessen finden Sie unter Funktion 4BH in diesem Kapitel.) Übernimmt (erbt) ein untergeordneter Prozeß eine Dateinummer, übernimmt er gleichzeitig den Zugriffscode und den Code für gemeinsamen Zugriff: ist Bit 7 gleich 0, kann der untergeordnete Prozeß dieselbe Dateinummer wie der übergeordnete verwenden, um auf die Datei zuzugreifen, steht Bit 7 auf 1, muß der untergeordnete Prozeß die Datei selbst öffnen, um eine andere Dateinummer zu erhalten.

Die Bits 4 bis 6, die Bits für den Modus für gemeinsamen Zugriff (GGG in Abb. 17-7) legen den Ablauf fest, wenn mehr als ein Programm versucht, dieselbe Datei zu öffnen. Es gibt fünf Modi für gemeinsamen Zugriff: Kompatibilitätsmodus (GGG=000), ablehnender Schreib-/Lesemodus (GGG=001), ablehnender Schreibmodus (GGG=010), ablehnender Lesemodus (GGG=011) und nicht-ablehnender Modus (GGG=100). Wird ein zweiter Versuch zum Öffnen der Datei unternommen, vergleicht DOS den Code für gemeinsamen Zugriff der Datei mit der in der zweiten Operation angeforderten Zugriffsart. DOS läßt eine Fortführung der Operation nur zu, wenn diese miteinander vereinbar sind.

❑ HINWEIS: *DOS führt diese Prüfung nur durch, wenn es in einem Netzwerk läuft oder das Dienstprogramm SHARE installiert ist. Weitere Details zu Netzwerken und SHARE finden Sie im* DOS Technical Reference Manual.

Bit 3 (in Abb. 17-7 als "reserviert" markiert) muß auf Null stehen.

Wenn Funktion 3DH eine Datei oder ein Gerät öffnen konnte, löscht sie wie Funktion 3CH die Übertragsflagge und gibt in AX eine Dateinummer zurück. Anderenfalls setzt sie die Übertragsflagge und gibt in AX einen Fehlercode zurück. Die möglichen Fehlercodes sind: 02H (Datei nicht gefunden), 03H (Pfad nicht gefunden), 04H (keine Dateinummer verfügbar), 05H (Zugriff verweigert) und 0CH (Ungültiger Zugriffscode).

Wird in DOS-Version 3 gegen SHARE- oder Netzwerkregeln für gemeinsamen Zugriff verstoßen, signalisiert DOS dieses Ereignis durch Ausführung des Interrupts 24H.

Funktion 3EH (dezimal 62): Datei schließen

Funktion 3EH (dezimal 62) schließt eine Datei oder ein Gerät, das mit der in BX spezifizierten Dateinummer verbunden ist. Die Funktion leert alle Dateipuffer und aktualisiert erforderlichenfalls das Verzeichnis. Der einzig mögliche Fehlercode ist 06H (Ungültige Dateinummer).

Funktion 3FH (dezimal 63): Lesen (Datei oder Gerät)

Funktion 3FH (dezimal 63) liest von der Datei oder dem Gerät, das mit der Dateinummer in BX korrespondiert. Die Anzahl der zu lesenden Bytes wird in CX festgelegt, das Registerpaar DS:DX muß auf den Puffer zeigen, in den die Daten eingelesen werden sollen. Nach einem erfolgreichen Aufruf der Funktion löscht Funktion 3FH die Übertragsflagge und gibt die Anzahl der gelesenen Bytes in AX zurück. Ist dieser Wert Null, wurde versucht, am Ende einer Datei zu lesen. Mißlang die Leseoperation, setzt die Funktion die Übertragsflagge und hinterläßt in AX einen Fehlercode. Die möglichen Fehlercodes sind: 05H (Zugriff verweigert) und 06H (Ungültige Dateinummer).

Funktion 40H (dezimal 64): Schreiben (Datei oder Gerät)

Funktion 40H (dezimal 64) schreibt in die Datei oder auf das Gerät, dessen Dateinummer im Register BX spezifiziert ist. CX gibt die Anzahl der zu schreibenden Bytes an, das Registerpaar DS:DX zeigt auf die Adresse der Daten-Bytes.

Nach erfolgtem Schreiben aktualisiert Funktion 40H den Dateizeiger, so daß er hinter die gerade geschriebenen Daten zeigt.

Um den Erfolg der Schreiboperation beurteilen zu können, müssen Sie sowohl die Übertragsflagge als auch den von Funktion 40H in AX zurückgegebenen Wert untersuchen:

- Ist die Übertragsflagge gelöscht und AX = CX, verlief die Operation erfolgreich.
- Ist die Übertragsflagge gelöscht, doch ist AX < CX, wurde die Ausgabe in eine Plattendatei geschrieben, für die auf der Platte nicht genügend Kapazität vorhanden war, um alle Bytes zu schreiben.
- Bei gesetzter Übertragsflagge enthält AX als Fehlercode 05H (Zugriff verweigert) oder 06H (Ungültige Dateinummer).

Die Tatsache, daß Funktion 40H den Dateizeiger aktualisiert, hat einen interessanten Nebeneffekt: Sie können die Größe der Datei auf einen beliebigen Wert setzen, indem Sie Funktion 40H mit CX = 00H aufrufen. Der normale Ablauf sieht so aus: Sie setzen mit Hilfe von Funktion 42H die Position des Dateizeigers und rufen unmittelbar danach Funktion 40H auf, um die Dateigröße zu ändern.

Funktion 41H (dezimal 65): Datei löschen

Funktion 41H (dezimal 65) löscht den Verzeichniseintrag einer Datei. Die Datei wird durch eine ASCIIZ-Zeichenfolge spezifiziert, die Pfadnamen und Dateinamen enthält. Das Registerpaar DS:DX zeigt auf die Zeichenfolge. Im Gegensatz zu Funktion 13H dürfen die Dateigruppenzeichen ("?" und "*") nicht verwendet werden: Funktion 41H kann immer nur eine Datei löschen.

Nur-Lese-Dateien können mit dieser Funktion nicht gelöscht werden. Um eine solche Datei zu löschen, muß dieses Attribut zuerst mit Funktion 43H entfernt werden. Anschließend kann man sie mit Funktion 41H löschen.

Die Funktion kann in AX drei Fehlercodes zurückgeben: 02H (Datei nicht gefunden), 03H (Pfad nicht gefunden) und 05H (Zugriff verweigert).

Funktion 42H (dezimal 66): Dateizeiger bewegen

Funktion 42H (dezimal 66) wird verwendet, um die logische Schreib-/Leseposition in einer Datei zu ändern. Die Dateinummer muß in BX stehen. Die neue Zeigerposition wird festgelegt, indem man die Ausgangsposition des Dateizeigers in AL und die Anzahl der Bytes, um die der Zeiger bewegt werden soll, als Offset relativ zur Ausgangsposition im Registerpaar CX:DX angibt. Der Byte-Offset in CX:DX ist eine lange Ganzzahl mit 32 Bits, wobei CX den höherwertigen Teil (der Null ist, es sei denn, der Offset geht über 65.535 hinaus) und DX den niederwertigen Teil enthält.

Für die Festlegung der Ausgangsposition in Register AL gibt es drei Alternativen. Ist AL gleich 00H, wird der Offset vom Dateianfang aus gerechnet. Bei AL gleich 01H wird der

Offset auf die aktuelle Zeigerposition bezogen. Steht in AL der Wert 02H, wird der Offset vom Dateiende aus gerechnet.

War die Funktion erfolgreich, löscht sie die Übertragsflagge und gibt in Registerpaar DX:AX die momentane Zeigerposition in bezug auf den Beginn der Datei zurück. Der Zeiger wird als 32-Bit-lange Ganzzahl übergeben, mit dem höherwertigen Teil in Register DX und dem niederwertigen Teil in AX. Mißlang die Operation, setzt die Funktion die Übertragsflagge und hinterläßt in AX einen Fehlercode. Mögliche Fehlercodes sind: 01H (Ungültige Funktionsnummer, d.h. AL enthielt weder 00H, noch 01H oder 02H) und 06H (Ungültige Dateinummer).

Sie können Funktion 42H auf mehrere unterschiedliche Arten verwenden:

- Um den Zeiger auf eine beliebige Position in der Datei zu setzen, rufen Sie Funktion 42H mit AL = 00H auf. CX:DX gibt dabei den gewünschten Offset relativ zum Dateianfang an.
- Zum Positionieren des Dateizeigers auf das Dateiende rufen Sie Funktion 42H mit AL = 02H und 00H in CX:DX auf.
- Um die aktuelle Position des Dateizeigers zu ermitteln, verwenden Sie AL = 01H und 00H in CX:DX; der in DX:AX zurückgegebene Wert ist die aktuelle Zeigerposition.

DOS prüft die sich ergebende Position nicht. Unter Umständen ergibt sich ein *negativer Dateizeiger-Offset* (d.h. ein Dateizeiger auf eine Position vor dem logischen Beginn der Datei). Die Verwendung eines negativen Dateizeigers ist jedoch aus zwei Gründen nicht anzuraten: erstens wird ein Fehler gemeldet, falls Sie anschließend eine Schreib- oder Leseoperation ausführen. Zweitens läßt sich Ihr Programm schwerer an OS/2 anpassen, da dort der Versuch, einen Dateizeiger an einen negativen Offset zu bewegen, einen Fehler bewirkt.

> ❑ HINWEIS: *Der Vorgang, einen logischen Dateizeiger auf eine bestimmte Position innerhalb einer Datei zu bewegen, darf nicht mit dem echten Bewegen des Schreib-/Lesekopfes eines Laufwerks verwechselt werden. Diese zwei Operationen sind nicht dieselben.*

Funktion 43H (dezimal 67): Dateiattribute lesen/setzen

Funktion 43H (dezimal 67) setzt oder liest die Attribute einer Datei (auf Seite 113 finden Sie nähere Informationen über Dateiattribute). DS:DX zeigt auf eine ASCIIZ-Zeichenfolge, die den Dateinamen enthält. Die Dateigruppenzeichen "?" und "*" sind nicht erlaubt. Enthält Register AL beim Funktionsaufruf den Wert 00H, werden die Dateiattribute gelesen und in CX abgelegt. Bei AL gleich 01H versieht die Funktion die Datei mit den in CX stehenden Attributen.

Tritt ein Fehler auf, so setzt die Funktion 43H die Übertragsflagge und speichert einen von vier Fehlercodes in AX: 01H (Ungültige Funktion), 02H (Datei nicht gefunden), 03H (Pfad nicht gefunden) und 05H (Zugriff verweigert).

Funktion 44H (dezimal 68): IOCTL - Ein-/Ausgabesteuerung für Geräte

Mit Funktion 44H (dezimal 68) lassen sich diverse Ein- und Ausgabeoperationen durchführen, von denen sich die meisten auf Geräte beziehen (siehe Abb. 17-9). Über AL wird eine von 16 Unterfunktionen angewählt, die von 00H bis 0FH numeriert sind. Einige dieser Unterfunktionen haben ihrerseits Unterfunktionen, deren Nummer in CL anzugeben ist.

Der Hauptzweck der IOCTL-Funktion ist die Bereitstellung einer übereinstimmenden Schnittstelle zwischen DOS-Programmen und Gerätetreibern. Generell sollten Sie daher IOCTL-Aufrufe nur verwenden, wenn Sie sich in der Struktur der Gerätetreiber auskennen - ein Thema, das wir in Anhang A behandeln. Einige wenige IOCTL-Aufrufe sind jedoch bereits an dieser Stelle sinnvoll. Wir weisen in der Zusammenfassung der verschiedenen IOCTL-Aufrufe darauf hin.

❑ HINWEIS: *In älteren DOS-Versionen werden nicht alle Unterfunktionen unterstützt. Abbildung 17-9 zeigt auch, mit welchen DOS-Versionen die zahlreichen IOCTL-Unterfunktionen eingeführt wurden.*

Unterfunktion			*DOS-*
Hex	***Dez***	***Beschreibung***	***Version***
00H	0	Geräteinformationen lesen	2.0
01H	1	Geräteinformationen festlegen	2.0
02H	2	Steuerdaten von Zeichengerät empfangen	2.0
03H	3	Steuerdaten an Zeichengerät senden	2.0
04H	4	Steuerdaten von Blockgerät empfangen	2.0
05H	5	Steuerdaten an Blockgerät senden	2.0
06H	6	Eingabestatus prüfen	2.0
07H	7	Ausgabestatus prüfen	2.0
08H	8	Prüfen, ob Blockgerät austauschbar ist	3.0
09H	9	Prüfen, ob Blockgerät räumlich getrennt ist	3.1
0AH	10	Prüfen, ob Dateinummer räumlich getrennt ist	3.1
0BH	11	Wiederholungszähler für gemeinsamen Zugriff ändern	3.0
0CH	12	Allgemeine E/A-Steuerung für Dateinummern	3.2
0DH	13	Allgemeine E/A-Steuerung für Blockgeräte	3.2
0EH	14	Logische Laufwerksabbildung lesen	3.2
0FH	15	Logische Laufwerksabbildung festlegen	3.2

Abb. 17-9 *Unterfunktionen, die von Interrupt 21H, Funktion 44H (IOCTL) bereitgestellt werden*

Unterfunktionen 00H und 01H. Diese Funktionen setzen und melden die Geräteinformationen, die in DX als komplexe Bit-Codierung enthalten sind. Bit 7 steht für Geräte auf 1, für Dateien auf 0. Wie die Bits 0 bis 5 für Geräte codiert sind, entnehmen Sie bitte der Abbildung 17-10. Bei Dateien stellen diese Bits die Laufwerksnummer dar: 0 bezeichnet Laufwerk A, 1 Laufwerk B usw. Beide Unterfunktionen müssen unter Angabe einer Datei- oder Gerätenummer in BX aufgerufen werden. Unterfunktion 00H läßt sich für Dateien und Geräte verwenden, Unterfunktion 01H nur für Zeichengeräte.

Bit																
15	***14***	***13***	***12***	***11***	***10***	***9***	***8***	***7***	***6***	***5***	***4***	***3***	***2***	***1***	***0***	***Bedeutung***
.	.	.	.	.	.	.	.	.	.	.	.	.	.	.	x	1 = Standardeingabegerät
.	.	.	.	.	.	.	.	.	.	.	.	.	.	x	.	1 = Standardausgabegerät
.	.	.	.	.	.	.	.	.	.	.	.	.	x	.	.	1 = Nullgerät
.	.	.	.	.	.	.	.	.	.	.	.	x	.	.	.	1 = Taktgeber
.	.	.	.	.	.	.	.	.	.	.	x	.	.	.	.	1 = (Reserviert)
.	.	.	.	.	.	.	.	.	.	x	.	.	.	.	.	1 = Keine Prüfung von Daten auf Steuerzeichen 0 = Prüfung von Daten auf Steuerzeichen
.	.	.	.	.	.	.	.	.	x	.	.	.	.	.	.	0 = Dateiende ; 1 = kein Dateiende (für Eingabe)
.	.	.	.	.	.	.	.	x	.	.	.	.	.	.	.	1 = Gerät; 0 = Plattendatei
.	.	.	.	.	.	.	R	.	.	.	.	.	.	.	.	(Reserviert)
.	.	.	.	.	.	R	.	.	.	.	.	.	.	.	.	(Reserviert)
.	.	.	.	.	R	.	.	.	.	.	.	.	.	.	.	(Reserviert)
.	.	.	.	R	.	.	.	.	.	.	.	.	.	.	.	(Reserviert)
.	.	.	R	.	.	.	.	.	.	.	.	.	.	.	.	(Reserviert)
.	.	R	.	.	.	.	.	.	.	.	.	.	.	.	.	(Reserviert)
.	x	.	.	.	.	.	.	.	.	.	.	.	.	.	.	1 =Gerät kann Steuerzeichenfolgen, die von den IOCTL-Unterfunktionen 02H bis 05H übertragen werden, verarbeiten.
R	.	.	.	.	.	.	.	.	.	.	.	.	.	.	.	(Reserviert)

Abb. 17-10 *Die Bit-Codierung des Gerätedatenworts in DX für die Unterfunktionen 00H und 01H von Interrupt 21H, Funktion 44H*

Sie können die Art und Weise, mit der DOS die Ein-/Ausgabe für das CON-Gerät (die Tastatur-/Bildschirmkombination) verarbeitet, bestimmen, indem Sie angeben, daß Daten nicht auf Steuerzeichen geprüft werden sollen. Dazu löschen Sie Bit 5 des Gerätedatenworts in DX und rufen Unterfunktion 01H auf:

```
mov     ax,4400h        ; AH = 44h (Interrupt 21H-Funktionsnummer)
                        ; AL = 0 (Unterfunktionsnummer)
mov     bx,0            ; BX = 0 (Nummer für CON-Gerät)
int     21h             ; Gerätedaten in DX einlesen
or      dx,0020h        ; Bit 5 setzen (Modus ohne Prüfung)
and     dx,00FFh        ; reservierte Bits 8-15 auf Null setzen
mov     ax,4401h        ; Unterfunktion 01H einrichten
mov     bx,0            ; BX = Gerätenummer von CON
int     21h             ; Gerätedaten für CON setzen
```

Nach Ausführung dieser Code-Sequenz reagiert DOS nicht mehr auf Ctrl-P und Ctrl-S; es erweitert auch Tabulatorzeichen bei der Ausgabe nicht mehr.

Unterfunktionen 02H bis 05H. Diese Unterfunktionen übertragen Steuerdaten zwischen Ihrem Programm und einem Gerätetreiber. Die Unterfunktionen 02H und 03H gelten für zeichenorientierte und die Unterfunktionen 04H und 05H für blockorientierte Geräte. In allen vier Funktionen wird in AL die Nummer der Unterfunktion, in DS:DX die Adresse eines Datenpuffers und in CX die Anzahl der zu übertragenden Bytes spezifiziert. Für die Unterfunktionen 02H und 03H müssen Sie in BX eine Gerätenummer angeben; für die Unterfunktionen 04H und 05H enthält BL die Laufwerksnummer (00H = Standardlaufwerk, 01H = Laufwerk A, 02H = Laufwerk B, usw.).

Die zu oder von einem Gerätetreiber übertragenen Steuerdaten sind nicht notwendigerweise Teil des Ein-/Ausgabe-Datenstroms des Geräts: die Steuerdaten werden häufig verwendet, um den Gerätestatus zu ermitteln oder hardwarespezifische Aufgaben wie das Einstellen der Schriftart eines Druckers oder das Zurückspulen eines Bandes zu erfüllen.

Diese Unterfunktionen lassen sich nur verwenden, wenn das Gerät Steuerzeichenfolgen verarbeiten kann. Diese Fähigkeit wird durch Bit 14 des Gerätedatenworts angezeigt, das Unterfunktion 00H zurückgibt.

Unterfunktionen 06H und 07H. Diese Unterfunktionen melden den aktuellen Eingabe- bzw. Ausgabestatus eines Geräts/einer Datei. Man ruft sie mit einer Dateinummer in BX auf: Unterfunktion 06H gibt den aktuellen Eingabe- und Unterfunktion 07H den aktuellen Ausgabestatus zurück.

Beide Unterfunktionen verwenden zur Anzeige eines erfolgreichen Aufrufs die Übertragsflagge. Ist diese gelöscht, enthält AL den Status: AL = 00H bedeutet, daß das Gerät zur Ein-/Ausgabe nicht bereit ist, AL = FFH das Gegenteil (für eine Datei bezeichnet der Eingabestatus AL = 00H das Dateiende (EOF); der Ausgabestatus ist ungeachtet des Wertes in AL immer "bereit"). Bei gesetzter Übertragsflagge enthält AX einen Fehlercode: 01H (Ungültige Funktion), 05H (Zugriff verweigert), 06H (Ungültige Dateinummer) oder 0DH (Ungültige Daten).

Unterfunktion 08H. Diese Unterfunktion, die erst ab DOS 3.0 verfügbar ist, zeigt an, ob ein blockorientiertes Gerät mit austauschbaren Datenträgern arbeitet oder nicht. (Beispiel: die Disketten in einer Diskettenstation kann man herausnehmen, die Festplatte in einer Festplattenstation nicht.) Diese Unterfunktion ist sehr hilfreich, wenn ein Programm je nachdem, ob die Diskette gewechselt wurde oder nicht, verschiedene Maßnahmen durchführen muß. Die Unterfunktion 08H wird mit der Laufwerksnummer in BL aufgerufen (00H = Standardlaufwerk, 01H = Laufwerk A, usw.) Bei einer erfolgreichen Rückkehr löscht die Unterfunktion die Übertragsflagge und hinterläßt in AX 00H, wenn der Datenträger auswechselbar ist bzw. 01H, wenn dies nicht der Fall ist. Bei gesetzter Übertragsflagge enthält AX einen Fehlercode: 01H (Ungültige Funktion) oder 0FH (Ungültiges Laufwerk).

Unterfunktion 09H. In einer Netzwerkkonfiguration bestimmt diese Unterfunktion, ob ein bestimmtes Blockgerät lokal (an den Computer, auf dem das Programm abläuft, angeschlossen) oder entfernt (remote, zu einem Netzwerk-Server umgeleitet) ist. Beim Aufruf dieser Unterfunktion müssen Sie in BL eine Laufwerksnummer angeben.

Die Unterfunktion 09H löscht die Übertragsflagge, um einen erfolgreichen Aufruf anzuzeigen. In diesem Fall sagt Bit 12 des Wertes in DX aus, ob das Gerät entfernt (Bit 12 = 1) oder lokal (Bit 12 = 0) ist. Bei gesetzter Übertragsflagge enthält AX einen Fehlercode: 01H (Ungültige Funktion) oder 0FH (Ungültiges Laufwerk). Unterfunktion 09H steht ab DOS-Version 3.1 zur Verfügung.

Unterfunktion 0AH (dezimal 10). Diese Unterfunktion ist der Unterfunktion 09H ähnlich, doch wird sie mit einer Gerätenummer statt einer Laufwerksnummer verwendet. Geben Sie beim Aufruf dieser Unterfunktion in BL die Gerätenummer an.

Wie Unterfunktion 09H löscht diese Unterfunktion die Übertragsflagge, um einen erfolgreichen Aufruf anzuzeigen und gibt in DX einen Wert zurück, der anzeigt, ob das Gerät lokal oder entfernt ist. Bei Bit 15 des Wertes in DX gleich 1 ist das Gerät entfernt, bei Bit 15 gleich 0 lokal.

Unterfunktion 0BH (dezimal 11). Die Funktion ist erst ab DOS 3.0 vorhanden und erlaubt die Kontrolle darüber, wie Konflikte beim gemeinsamen Zugriff auf Dateien gelöst werden. Da manche Programme Dateien nur kurz sperren, sind solche Konflikte oft nur kurzfristig. Man kann DOS veranlassen, mehr als einmal den Zugriff auf eine gemeinsame Datei zu versuchen, bevor ein Fehler gemeldet wird, in der Hoffnung, daß in der Zwischenzeit die Zugriffsverweigerung aufgehoben wird.

Unterfunktion 0BH kann dabei helfen, ein Netzwerk, in dem Konflikte beim gemeinsamen Zugriff auf Dateien zu erwarten sind, durch Versuche zu optimieren. Geben Sie beim Aufruf der Unterfunktion die Anzahl der Zugriffsversuche auf eine gemeinsame Datei (d.h. die Anzahl, nach der DOS aufgibt und einen Fehler meldet) in DX und das Zeitintervall zwischen den Versuchen in CX an. DOS erzeugt eine Pause, indem es eine leere Schleife 65.536 mal durchläuft; der Wert in CX gibt an, wie oft DOS diese Schleife durchlaufen soll. (Die DOS-Standardwerte sind drei Versuche mit einer dazwischenliegenden Warteschleife.)

Bei erfolgreichem Ablauf dieser Unterfunktion löscht diese die Übertragsflagge. Bei gesetzter Übertragsflagge enthält AX den Fehlercode 01H (Ungültige Funktion).

Unterfunktion 0CH (dezimal 12). Diese Unterfunktion liefert verschiedene Kontrollfunktionen für zeichenorientierte Geräte. Jede Kontrollfunktion ist durch einen Untercode in CL und einen Hauptcode (auch Kategoriecode genannt) in CH gekennzeichnet. Die verschiedenen Haupt- und Untercodes gehen aus Abbildung 17-11 hervor.

Die Untercodes 45H und 65H wurden mit DOS-Version 3.2 eingeführt. Sie gelten nur für Drucker (Hauptcode 05H) und legen fest, wie oft DOS versucht, ein Zeichen an einen Drucker zu senden, bevor es annimmt, daß dieser beschäftigt ist. Die restlichen Untercodes erschienen in DOS-Version 3.3. Sie bieten gezielte Unterstützung zur Definition und zum Laden von Codeseiten für Ausgabegeräte, die mehrere Zeichensätze oder Schriftarten beherrschen.

Details zur Verwendung der in dieser IOCTL-Unterfunktion gebotenen Routinen finden Sie im *DOS Technical Reference Manual.*

Hex	*Dez*	*Beschreibung*
Hauptcode (in CH spezifiziert)		
00H	0	Unbekannt
01H	1	Serieller Port (COM1, COM2, COM3, COM4)
03H	3	Konsole (CON)
05H	5	Drucker (LPT1, LPT2, LPT3)
Untercode (in CL spezifiziert)		
45H	69	Schleifenzähler setzen
4AH	74	Codeseite auswählen
4CH	76	Codeseitenvorbereitung starten
4DH	77	Codeseitenvorbereitung beenden
65H	101	Schleifenzähler lesen
6AH	106	Ausgewählte Codeseite abfragen
6BH	107	Vorbereitungsliste abfragen

Abb. 17-11 *Haupt- und Untercodes für IOCTL-Unterfunktion 0CH (allgemeine E/A-Kontrolle für Dateinummern)*

Unterfunktion 0DH (dezimal 13). Unterfunktion 0DH bietet sechs allgemeine Routinen für blockorientierte Geräte. Jede Routine ist durch einen Hauptcode in CH und einen Untercode in CL gekennzeichnet (siehe Abb. 17-12). Grundsätzlich ähneln diese Routinen den vom ROM BIOS für Disketten und Festplatten gebotenen, doch bieten die IOCTL-Routinen für jedes blockorientierte Gerät in Verbindung mit einem Gerätetreiber, der diese IOCTL-Aufrufe unterstützt, eine übereinstimmende Schnittstelle.

Unterfunktion 0DH ist ab DOS-Version 3.2 verfügbar. Details zur Verwendung der in dieser IOCTL-Unterfunktion angebotenen Routinen finden Sie im *DOS Technical Reference Manual.*

Unterfunktion 0EH und 0FH (dezimal 14 und 15). Diese beiden Unterfunktionen nehmen die Abbildung logischer Laufwerksbuchstaben auf physische Laufwerke vor. In Systemen mit einem einzigen Diskettenlaufwerk bildet DOS z.B. den Laufwerksbuchstaben B auf das physische Laufwerk A ab.

Setzen Sie beim Aufruf dieser Unterfunktionen eine logische Laufwerksnummer in BL (01H steht für Laufwerk A, 02H für Laufwerk B, usw.). Unterfunktion 0EH gibt die logische Laufwerksnummer zurück, auf die das in BL angegebene Laufwerk gerade abgebildet ist. Unterfunktion 0FH ändert die DOS-interne logische Abbildung, so daß die von Ihnen angegebene Laufwerksnummer zur neuen logischen Laufwerksnummer wird. Beide Unterfunktionen verwenden AL zur Rückgabe der logischen Laufwerksnummer; ist AL = 00H, gehört zur in BL angegebenen Laufwerksnummer nur ein logisches Lauf-

werk. Bei einem Fehler wird die Übertragsflagge gesetzt und AX enthält einen Fehlercode: 01H (Ungültige Funktion) oder 0FH (Ungültiges Laufwerk).

Hex	*Dez*	*Beschreibung*
Hauptcode (in CH spezifiziert)		
08H	8	Plattenlaufwerk
Untercode (in CL spezifiziert)		
40H	64	Parameter für Blockgerät setzen
41H	65	Spur auf logischem Laufwerk schreiben
42H	66	Spur auf logischem Laufwerk formatieren und prüfen
60H	96	Parameter für Blockgerät lesen
61H	97	Spur auf logischem Laufwerk lesen
62H	98	Spur auf logischem Laufwerk prüfen

Abb. 17-12 *Haupt- und Untercodes für IOCTL-Unterfunktion 0DH (allgemeine E/A-Kontrolle für Blockgeräte)*

Wenn Sie z.B. auf einem Computer mit nur einem Diskettenlaufwerk die folgenden Anweisungen ausführen, assoziiert DOS Laufwerk B mit diesem Diskettenlaufwerk:

```
mov bl,2                ; BL = logische Laufwerksnummer
mov ax,440Fh            ; logische Laufwerksabbildung festlegen
int 21h                 ; logische Laufwerksnummer ändern
                        ; (DOS gibt AL = 02H zurück)
```

Funktion 45H (dezimal 69): Dateinummer duplizieren

Funktion 45H (dezimal 69) dupliziert die Dateinummer einer geöffneten Datei (Gerät) und ordnet der gleichen Datei eine neue zweite Dateinummer zu. Alle Operationen, die mit der einen Dateinummer durchgeführt werden, wirken sich in gleicher Weise auf die zweite Dateinummer aus - die neue Dateinummer ist also völlig abhängig von der ersten.

Setzen Sie beim Aufruf der Funktion 45H die Nummer einer geöffneten Datei in BX. Falls die Funktion erfolgreich endete, löscht sie die Übertragsflagge und hinterläßt in AX eine neue Dateinummer. Beim Auftreten eines Fehlers wird die Übertragsflagge gesetzt und AX enthält einen Fehlercode: 01H (Ungültige Funktion) oder 06H (Ungültige Dateinummer).

Man kann Funktion 45H in Verbindung mit Funktion 46H verwenden, um eine Ein-/Ausgabeumleitung zu implementieren. Weiterhin läßt sie sich zum sofortigen Schreiben einer offenen Datei auf Platte (*commit*) verwenden, indem man die Dateinummer der geöffneten Datei dupliziert und dann die duplizierte Dateinummer schließt. Dadurch werden die Plattenpuffer der Datei geleert und das Verzeichnis wird aktualisiert, ohne daß die zeitraubenden Funktionen wie Schließen der Datei, erneutes Öffnen (zu dem eine Verzeichnissuche gehört) und Neupositionieren des Dateizeigers erforderlich sind.

```
mov bx,Nummer                ; BX = Nummer der geöffneten Datei
mov ah,45h
int 21h                      ; Dateinummer in AX duplizieren
jc Fehler
mov bx,ax                    ; BX = duplizierte Dateinummer
mov ah,3Eh
int 21h                      ; Duplizierte Dateinummer schließen
                             ;    (Alte Dateinummer bleibt geöffnet)
```

Funktion 46H (dezimal 70): Dateinummern-Duplizierung erzwingen

Funktion 46H (dezimal 70) hat einen etwas irreführenden Namen, da sie eigentlich nicht wie Funktion 45H eine zweite Dateinummer erzeugt. Stattdessen assoziiert sie eine bestehende geöffnete Dateinummer mit einem anderen Gerät. Dies ist eine wesentliche Voraussetzung zum Implementieren der Ein-/Ausgabeumleitung in DOS.

Beim Aufruf der Funktion muß in BX die Nummer einer geöffneten Datei und in CX eine zweite Dateinummer stehen. Bei Rückkehr der Funktion 46H ist die Dateinummer in CX demselben Gerät wie für die geöffnete Datei in BX zugeordnet. Falls die Dateinummer in CX zuvor bereits einem geöffneten Gerät zugeteilt war, schließt Funktion 46H das Gerät (das sonst ohne Dateinummer sein könnte). Treten keine Fehler auf, löscht die Funktion die Übertragsflagge. Anderenfalls wird sie gesetzt, und AX enthält einen Fehlercode: 04H (Keine Dateinummer mehr verfügbar) oder 06H (Ungültige Dateinummer).

Um die Wirkungsweise der Funktion zu verstehen, sehen Sie im folgenden Beispiel die Umleitung der Ausgabe vom Standardausgabegerät (Bildschirm) in eine Datei:

```
mov bx,stdaus                ; BX = Dateinummer des
                             ; Standardausgabegeräts
mov ah,45h                   ; AH = Funktionsnummer ("Dateinummer
                             ; duplizieren")
int 21h                      ; Zweite Dateinummer in AX speichern
jc Fehler                    ; (Fehler abfangen)
mov stdausDup,ax             ; Zweite Dateinummer in Speichervariable
                             ; sichern

mov bx,Dateinummer           ; BX = Nummer der geöffneten Datei
mov cx,stdaus                ; CX = umzuleitende Dateinummer
mov ah,46h                   ; AH = Funktionsnummer ("Dateinummern-
                             ; duplizierung erzwingen")
int 21h                      ; stdaus in Datei umleiten
jc Fehler

                             ; Ab hier geht die gesamte Ausgabe
                             ;   in die Datei
```

Um die Umleitung wieder rückgängig zu machen, assoziiert man das Standardausgabegerät mit dem gesicherten Duplikat:

```
mov bx,stdausDup           ; BX = Duplikat des alten stdaus
mov cx,stdaus              ; CX = umzuleitende Dateinummer
mov ah,46h                 ; AH = Funktionsnummer ("Dateinummern-
                           ; duplizierung erzwingen")
int 21h                    ; stdaus wieder auf Ausgangswert setzen
jc Fehler

mov bx,stdausDup           ; BX = Duplikat
mov ah,3Eh                 ; AH = Funktionsnummer ("Schließen")
int 21h                    ; Zweite Dateinummer entfernen
```

Funktion 47H (dezimal 71): Aktuelles Verzeichnis ermitteln

Funktion 47H (dezimal 71) gibt das aktuelle Verzeichnis in Form einer ASCIIZ-Zeichenfolge bekannt. Die Laufwerksnummer wird in Register DL spezifiziert (00H = Standardlaufwerk, 01H = Laufwerk A, usw.) und in DS:SI muß die Adresse eines 64-Byte-Puffers stehen. Die Funktion löscht normalerweise die Übertragsflagge und füllt den Puffer mit einer ASCIIZ-Zeichenfolge, die den Pfad vom Stamm- bis zum aktuellen Verzeichnis angibt. Bei Angabe einer ungültigen Laufwerksnummer setzt die Funktion die Übertragsflagge und gibt in AX den Fehlercode 0FH zurück.

Da der von dieser Funktion ermittelte Pfad im Stammverzeichnis beginnt, enthält die Zeichenfolge weder den Laufwerksbuchstaben (z.B. A:) noch den ersten umgekehrten Schrägstrich (wie in A:\). Falls es sich bei dem aktuellen Verzeichnis um ein Stammverzeichnis handelt, ist die Ergebniszeichenfolge daher eine Nullzeichenfolge, die kein Zeichen enthält. In Programmen ist es sinnvoll, die Zeichenfolge aufzubereiten, das heißt, Laufwerksbuchstaben, Doppelpunkt und Schrägstrich hinzuzufügen.

Funktion 48H (dezimal 72): Speicherblock zuordnen

Funktion 48H (dezimal 72) dient der dynamischen Speicherzuordnung. In Register BX wird die Anzahl der benötigten Speicherabschnitte (in 16-Byte-Einheiten) festgelegt. Nach Aufruf der Funktion enthält AX die Segment-Adresse des zugeordneten Speicherblocks.

Falls ein Fehler auftritt, wird die Übertragsflagge gesetzt und AX enthält einen Fehlercode: 07H (Speicherkontrollblöcke zerstört) oder 08H (zu wenig Speicherplatz). Steht zur Befriedigung des Bedarfs nicht genügend Speicherplatz zur Verfügung, enthält BX die Größe des längsten verfügbaren freien Speicherblocks (in Abschnitten gemessen).

Mit Hilfe der Funktion 48H einem Programm zugeordnete Speicherblöcke werden von DOS freigegeben, wenn das Programm mit Funktion 00H oder 4CH endet. Einem speicherresidenten Programm, das mit der Funktion 31H "Beenden und im Speicher bleiben" endet, stehen sie jedoch weiterhin zur Verfügung.

Funktion 49H (dezimal 73): Speicherblock freigeben

Mit Funktion 49H (dezimal 73) gibt man einen Speicherblock frei, damit ihn DOS oder ein anderes Programm wieder verwenden kann. Beim Aufruf der Funktion muß das ES-Register die Abschnittsadresse (Segment) des Blockanfangs enthalten. Wurde der Speicher erfolgreich freigegeben, löscht die Funktion die Übertragsflagge. Anderenfalls wird sie gesetzt, und AX enthält einen Fehlercode: 07H (Speicherkontrollblöcke zerstört) oder 09H (Ungültige Speicherblockadresse).

Zwar verwendet man Funktion 49H normalerweise zur Freigabe von Speicher, der zuvor mit Funktion 48H zugeordenet wurde, doch kann sie auch einen beliebigen Speicherblock freigeben. Zum Beispiel kann ein TSR-Programm seinen Umgebungsblock freigeben, indem es Funktion 49H aufruft und ES die Abschnittsadresse des Umgebungsblocks enthält (siehe Funktion 31H in diesem Kapitel).

Funktion 4AH (dezimal 74): Größe eines Speicherblocks verändern

Mit Funktion 4AH (dezimal 74) läßt sich ein Speicherblock, der mit Funktion 48H zugeordnet wurde, vergrößern oder verkleinern. Das ES-Register enthält die Segment-Adresse des Blocks, der verändert werden soll. Register BX enthält die neue Blockgröße in Abschnitten (Einheiten von 16 Bytes).

Konnte der Speicherblock auf die gewünschte Größe gebracht werden, löscht die Funktion die Übertragsflagge. Bei einem Fehler wird sie gesetzt und AX enthält einen Fehlercode: 07H (Speicherkontrollblöcke zerstört), 08H (Nicht genügend Speicherplatz) oder 09H (Ungültige Speicherblockadresse). Ist nicht mehr genügend Platz für eine Vergrößerung vorhanden, zeigt BX die Länge des größten verfügbaren Speicherblocks (in Abschnitten) an.

Funktion 4BH (dezimal 75): EXEC - Programm laden und ausführen

Funktion 4BH (dezimal 75) erlaubt es einem übergeordneten Programm (parent), ein untergeordnetes Programm (child) in den Speicher zu laden und auszuführen. Die Funktion läßt sich auch verwenden, um ausführbaren Code oder Daten in den Speicher zu laden, ohne daß damit sofort etwas geschieht. In beiden Fällen muß das Registerpaar DS:DX auf eine ASCIIZ-Zeichenfolge zeigen, die den Pfadnamen und den Dateinamen der zu ladenden Datei enthält. Das Registerpaar ES:BX verweist auf einen Parameterblock, der alle nötigen Informationen für die Ladeoperation enthält. In AL wird bestimmt, ob das untergeordnete Programm nur geladen oder auch automatisch gestartet werden soll.

Ist AL gleich 00H, ordnet DOS dem untergeordneten Programm Speicher zu, legt am Anfang des neu zugeordneten Speichers ein neues Programmsegmentpräfix (PSP) an, lädt das untergeordnete Programm in den Speicher unmittelbar oberhalb des PSP und übergibt ihm die Kontrolle. Das übergeordnete Programm erhält die Kontrolle erst wieder zurück, wenn das untergeordnete Programm endet. Bei AL gleich 03H führt DOS die Schritte "Speicherzuordnung", "PSP anlegen", "Kontrolle übergeben" nicht durch. Die Variante AL = 03H dient daher normalerweise dazu, ein Programm-Overlay zu laden. Sie ist auch eine wirksame Technik zum Laden von Daten in den Speicher.

Steht in AL 00H, zeigt ES:BX auf einen 14 Bytes langen Block, der die Informationen enthält, die Sie in Abbildung 17-13 aufgelistet finden. Bei AL = 03H ist dieser Block nur vier Bytes lang und enthält die in Abbildung 17-14 auf der folgenden Seite aufgeführten Informationen.

Offset		*Länge*	
Hex	***Dez***	***(Bytes)***	***Beschreibung***
00H	0	2	Segment-Adresse der Umgebungszeichenfolge
02H	2	4	Segmentierter Zeiger auf Befehlszeile
06H	6	4	Segmentierter Zeiger auf ersten Standard-FCB
0AH	10	4	Segmentierter Zeiger auf zweiten Standard-FCB

Abb. 17-13 *Die Informationen des EXEC-Parameterblocks, auf den ES:BX zeigt, bei AL = 00H. DOS baut diese Informationen in den PSP des geladenen Programms ein.*

Offset		*Länge*	
Hex	***Dez***	***(Bytes)***	***Beschreibung***
00H	0	2	Segment-Adresse, an die das Programm geladen werden soll
02H	2	2	Verschiebungsfaktor für Programm (nur für Programme im EXE-Format)

Abb. 17-14 *Die Informationen des EXEC-Parameterblocks, auf den ES:BX zeigt, bei AL = 03H*

Funktion 4BH löscht die Übertragsflagge, wenn sie ein Programm erfolgreich laden konnte. In DOS-Version 2 ändert die Funktion jedoch alle Register inklusive SS:SP. Sie sollten daher vor Aufruf dieser Funktion die aktuellen SS- und SP-Werte sichern.

Beim Mißlingen der Funktion setzt sie die Übertragsflagge und gibt in AX einen der folgenden Fehlercodes zurück: 01H (Ungültige Funktion), 02H (Datei nicht gefunden), 03H (Pfad nicht gefunden), 05H (Zugriff verweigert), 08H (Nicht genügend Speicherplatz) oder 0BH (Ungültiges Format).

Wird ein untergeordnetes Programm geladen und ausgeführt, sind ihm alle vom übergeordneten Programm geöffneten Dateinummern zugänglich (es gibt nur eine Ausnahme: in den DOS-Versionen ab 3.0 kann man das Übernahme-Bit im Dateizugriffscode auf 1 setzen, um diese "Vererbung" zu verhindern). Das übergeordnete Programm hat so die Möglichkeit, die Standardein- und -ausgabedateinummern umzuleiten und dadurch die Arbeitsweise des untergeordneten Programms zu beeinflussen. Ein Beispiel: das übergeordnete Programm kann die Standardein- und -ausgabegeräte in Dateien umleiten und anschließend den DOS-Filter SORT verwenden, um in eine Datei Daten zu sortieren und in eine andere zu kopieren.

Häufiger kommt es jedoch vor, daß ein übergeordnetes Programm EXEC dazu verwendet, eine Kopie des DOS-Befehlsinterpreters COMMAND.COM auszuführen. Das übergeordnete Programm kann jeden DOS-Befehl ausführen, indem es COMMAND.COM den Befehl über den EXEC-Parameterblock übergibt. Man kann COMMAND.COM sogar eine Stapelverarbeitungsdatei (Batch-Datei) ausführen lassen, die das Programm dynamisch angelegt hat. In der Stapelverarbeitungsdatei werden die gewünschten Programme aufgerufen und schließlich mit EXIT die Abarbeitung des Befehlsinterpreters gestoppt. Das übergeordnete Programm hat nun wieder die Kontrolle. Dieser Vorgang ist sehr komplex, eröffnet aber weitreichende Perspektiven.

❑ HINWEIS: *Man kann Funktion 4BH nicht verwenden, um Overlays, die mit der Overlay-Option des DOS-Programms LINK erzeugt wurden, zu laden: LINK baut alle Programm-Overlays in eine einzige ausführbare Datei ein und nicht in getrennte Dateien, wie es für Funktion 4BH nötig wäre.*

Funktion 4CH (dezimal 76): Programm mit Rückkehrcode beenden

Funktion 4CH (dezimal 76) beendet ein Programm und gibt den in AL angegebenen Rückkehrcode zurück. Falls das Programm als untergeordnetes Programm aufgerufen wurde, läßt sich der Rückkehrcode mit Funktion 4DH feststellen. Wurde das Programm als DOS-Befehl aufgerufen, kann der Rückkehrcode in einer Stapelverarbeitungsdatei (Batch-Datei) mit ERRORLEVEL geprüft werden.

Beim Ablauf dieser Funktion räumt DOS etwas auf, falls Ihr Programm es nicht bereits getan hat: es stellt den Standardwert der Interrupt-Vektoren 22H, 23H und 24H wieder her, leert die Dateipuffer, schließt alle geöffneten Dateien und gibt den gesamten dem Programm zugeordneten Speicher frei.

Da Funktion 4CH flexibler und einfacher zu handhaben ist als Interrupt 20H oder Interrupt 21H, Funktion 00H, sollten Sie diese Funktion normalerweise zum Beenden aller Programme verwenden. Nur wenn Sie die Kompatibilität mit DOS-Version 1 wahren müssen, die Funktion 4CH nicht unterstützt, gilt das nicht. In diesem Fall müssen Sie Interrupt 20H oder Funktion 00H von Interrupt 21H verwenden.

Funktion 4DH (dezimal 77): Rückkehrcode ermitteln

Funktion 4DH (dezimal 77) meldet den Rückkehrcode eines untergeordneten Programms, das mit Funktion 4BH aufgerufen und mit Funktion 31H oder 4CH beendet wurde. Es wird eine zweiteilige Information gegeben: in AL befindet sich der vom untergeordneten Programm übermittelte Rückkehrcode. AH zeigt an, wie das Programm beendet wurde. Es sind vier Resultate möglich:

- AH = 00H signalisiert einen normales Programmende.

- Bei AH = 01H wurde das Programm durch eine Tastaturunterbrechung (Ctrl-C) abgebrochen.
- AH = 02H zeigt an, daß DOS das Programm in einer Routine zur Behandlung eines kritischen Fehlers beendete.
- Ist in AH der Wert 03H zu finden, endete das Programm gewollt durch Aufruf einer "Beenden und im Speicher bleiben"-Routine (Interrupt 27H oder Funktion 31H).

Sie sollten diese Funktion erst nach einem Aufruf der Funktion 4BH aufrufen. Die Funktion 4DH zeigt keinen Fehler an, wenn bei ihrem Aufruf ein untergeordnetes Programm noch gar nicht beendet war. Außerdem können Sie diese Funktion für jeden EXEC-Aufruf nur einmal aufrufen. Beim zweiten Aufruf erhalten Sie statt Rückkehrcodes in AH und AL nur sinnlose Werte.

Funktion 4EH (dezimal 78): Dateisuche beginnen

Funktion 4EH (dezimal 78) durchsucht ein Verzeichnis nach einem bestimmten Dateinamen samt zugehörigem Attribut. Pfadname und Dateiname müssen in einer ASCIIZ-Zeichenfolge stehen, auf die DS:DX verweist. Im Dateinamen dürfen die Dateigruppenzeichen "*" und "?" vorkommen. Weiterhin müssen Sie in CX für die Dateisuche ein Verzeichnisattribut setzen. Sie können nach den Einträgen "Versteckt", "System", "Unterverzeichnis" und "Datenträgername" suchen, indem Sie in CX die entsprechenden Bits setzen. (Auf Seite 111 finden Sie eine Tabelle der Attribut-Bits.)

> ❑ HINWEIS: *Vor Aufruf der Funktion 4EH müssen Sie sicherstellen, daß der aktuelle Plattentransferbereich (DTA) mindestens 43 Bytes groß ist.*

Stimmt ein Verzeichniseintrag mit dem von Ihnen angegebenen Namen überein, löscht die Funktion die Übertragsflagge und füllt den DTA mit den in Abbildung 17-15 gezeigten Informationen. Anderenfalls setzt sie die Übertragsflagge und hinterläßt in AX einen Fehlercode: 02H (Datei nicht gefunden), 03H (Pfad nicht gefunden) oder 12H (Keine weiteren Dateien; keine Übereinstimmung).

Offset		*Länge*	
Hex	***Dez***	***(Bytes)***	***Beschreibung***
00H	0	21	Dient DOS zur Fortsetzung der Suche nach der nächsten passenden Datei (Funktion 4FH)
15H	21	1	Attribut der gefundenen Datei
16H	22	2	Zeitangabe der Datei (siehe Seite 112)
18H	24	2	Datumsangabe der Datei (siehe Seite 113)
1AH	26	4	Dateilänge in Bytes
1EH	30	13	Dateiname und Erweiterung (ASCIIZ-Zeichenfolge)

Abb. 17-15 *Die von Funktion 4EH im DTA zurückgegebenen Informationen*

Diese Funktion ist der DOS-Funktion 11H sehr ähnlich. Die Dateiattribute in Funktion 4EH sind dieselben wie beim erweiterten FCB in Funktion 11H (siehe Seite 323).

Die Attributsuche folgt einer besonderen Logik. Spezifizieren Sie eine Kombination der Attribute "Versteckt", "System" oder "Verzeichnis", werden sowohl alle normalen Dateien als auch alle mit den Attributen behafteten gesucht. Spezifizieren Sie einen Datenträgernamen, werden nur Verzeichniseinträge mit diesem Attribut in die Suche einbezogen. Die Attribute "Archiv "und "nur-Lesen" bleiben in jedem Fall unberücksichtigt.

Funktion 4FH (dezimal 79): Dateisuche fortsetzen

Funktion 4FH (dezimal 79) führt die Suche in einem Verzeichnis nach einem Namen fort, wenn dieser Dateigruppenzeichen enthält. Beim Aufruf dieser Funktion muß der DTA die von einem vorausgegangenen Aufruf der Funktion 4EH oder 4FH zurückgegebenen Daten enthalten.

Findet diese Funktion einen übereinstimmenden Verzeichniseintrag, löscht sie die Übertragsflagge und aktualisiert den DTA entsprechend. Anderenfalls setzt sie die Übertragsflagge und gibt in AX Fehlercode 12H (Keine weiteren Dateien) zurück.

Der normale logische Ablauf einer Suche mit Dateigruppenzeichen mit Hilfe der Funktionen 4EH oder 4FH sieht so aus:

```
DTA-Adresse mit Funktion 1AH initialisieren
Funktion 4EH aufrufen
WHILE Übertragsflagge = 0
      Aktuellen Inhalt des DTA verwenden
      Funktion 4FH aufrufen
```

Funktion 54H (dezimal 84): Verifizierflagge lesen

Funktion 54H (dezimal 84) meldet den momentanen Stand der Verifizierflagge, die festlegt, ob DOS Schreibvorgänge auf Diskette/Festplatte automatisch überprüft (verifiziert). AL gleich 00H bedeutet, daß keine Schreibverifikation stattfindet, 01H das Gegenteil. Die Umschaltung geschieht mit Funktion 2EH.

Funktion 54H zeigt eine ärgerliche Inkonsistenz bei den DOS-Funktionen auf. Während viele Operationen zum Lesen und Festlegen in einer Funktion zusammengefaßt sind (z.B. Funktion 57H), existieren andererseits manchmal zwei getrennte Funktionen für diese Aufgaben (z.B. Funktion 54H und 2EH).

Funktion 56H (dezimal 86): Datei umbenennen

Genau wie mit dem DOS-Befehl RENAME läßt sich mit Funktion 56H (dezimal 86) der Name einer Datei ändern. Darüberhinaus kann mit dieser Funktion ein Dateieintrag von einem Verzeichnis in ein anderes verlegt werden. Die Datei selbst wird dabei nicht bewegt, sondern nur der Eintrag. Daraus folgt, daß sich der alte und der neue Verzeichnispfad auf das gleiche Laufwerk beziehen müssen. Es ist bedauerlich, daß der DOS-Befehl RENAME diese Möglichkeit nicht bietet.

Die Funktion benötigt zwei Vorgaben: den alten und den neuen Pfad- und Dateinamen. Die Namen dürfen Laufwerksspezifikationen und Pfadkomponenten beinhalten. Allerdings müssen sich beide Laufwerksangaben auf das gleiche Laufwerk beziehen. Dadurch ist gewährleistet, daß Verzeichniseintrag und dazugehörige Datei stets im selben Laufwerk stehen. Die Dateigruppenzeichen "?" und "*" dürfen nicht verwendet werden, da sich die Funktion immer nur auf eine einzelne Datei bezieht.

Wie gewohnt werden beide Dateinamen in Form einer ASCIIZ-Zeichenfolge angegeben. Das Registerpaar DS:DX zeigt auf die Zeichenfolge des alten, das Registerpaar ES:DI auf die Zeichenfolge des neuen Namens.

Funktion 56H löscht nach dem erfolgreichen Umbenennen einer Datei die Übertragsflagge. Beim Auftreten eines Fehlers wird die Übertragsflagge gesetzt und AX enthält einen Fehlercode: 02H (Pfad nicht gefunden), 05H (Zugriff verweigert) oder 11H (Anderes Laufwerk/Gerät). Ein Fehler, der nicht gemeldet würde, kann entstehen, wenn Sie Funktion 56H zum Umbenennen einer geöffneten Datei verwenden. Schließen Sie eine geöffnete Datei immer mit Hilfe der Funktion 10H oder 3EH, bevor Sie sie mit Funktion 56H umbenennen.

Funktion 57H (dezimal 87): Datum und Zeit für Datei lesen/setzen

Funktion 57H (dezimal 87) setzt oder meldet die Zeit- und Datumsangaben einer Datei. Normalerweise enthält der Verzeichniseintrag einer Datei Datum und Zeit ihrer Anlage oder letzten Änderung. Mit dieser Funktion kann man die gespeicherten Datums- und Zeitangaben einsehen oder gewollt ändern. Über AL wählt man die Operation: AL = 00H liest Datum und Zeit und AL = 01H setzt Datum und Zeit.

Die Datei wird über die Dateinummer in BX ausgewählt. Das bedeutet, daß die Routine nur für Dateien gilt, die mit einer der in diesem Kapitel behandelten, auf Dateinummern basierenden DOS-Funktion geöffnet wurden. Beachten Sie bitte weiterhin, daß die neuen Datums- und Zeitangaben nur dann gültig werden, wenn die Datei erfolgreich geschlossen wird.

Datum und Zeit werden in den Registern CX und DX im gleichen Format wie in den Verzeichniseinträgen abgelegt, allerdings in anderer Reihenfolge. Die Zeitangabe muß in Register DX, die Datumsangabe in Register DX stehen.

Datum und Zeit können mit folgenden Formeln aufgebaut oder zerlegt werden:

CX = STUNDE * 2048 + MINUTE * 32 + SEKUNDE / 2

DX = (JAHR -1980) * 512 + MONAT * 32 + TAG

Falls die Funktion mißlingt, gibt sie in AX einen Fehlercode zurück: 01H (Ungültige Funktionsnummer - bezieht sich auf die Unterfunktion in AL, nicht auf die Hauptfunktionsnummer) oder 06H (Ungültige Dateinummer).

Funktion 58H (dezimal 88): Speicherzuordnungsmethode lesen/setzen

Funktion 58H (dezimal 88) ermittelt oder bestimmt die Methode, die DOS für die Zuordnung freien Speicherplatzes an Programme verwendet. Sie haben die Wahl zwischen drei verschiedenen Speicherzuordnungsmethoden (siehe Abb. 17-16). Alle Methoden gehen davon aus, daß Speicherressourcen in Blöcke verschiedener Größe aufgespalten sind und einem Programm jeder Block je nach spezifischem Bedarf von DOS oder eines Programms beliebig zugeordnet oder entzogen werden kann. Man könnte annehmen, daß der gesamte freie Speicher sich in einem einzigen riesigen Block direkt oberhalb der höchsten Adresse eines Programms befindet. TSR-Programme und Gerätetreiber können jedoch Speicherblöcke reservieren und dadurch den verfügbaren Speicher in zwei oder mehr kleinere Blöcke zerstückeln.

Wert in Funktion 58H	*Methode*
0	Erster passender
1	Am besten passender
2	Letzter passender

Abb. 17-16 *Speicherzuordnungsmethoden von DOS*

Wenn DOS auf die Anforderung nach Speicherzuordnung reagiert, durchsucht es eine Liste freier Speicherblöcke. Dabei beginnt es an der niedrigsten verfügbaren Adresse und arbeitet sich nach oben durch. Bei der Methode "Erster passender" ordnet DOS den ersten freien Speicherblock zu, der die geforderte Größe hat. Bei der Methode "Letzter passender" ordnet DOS den letzten genügend großen freien Speicherblock zu. Bei der Methode "Am besten passender" durchsucht DOS die gesamte Liste und ordnet den kleinstmöglichen Block zu. Standardmäßig verwendet DOS die Methode "Erster passender".

Um die von DOS verwendete Methode zu erfahren, rufen Sie Funktion 58H mit AL = 00H auf. DOS meldet die aktuelle Zuordnungsmethode (00H, 01H oder 02H) in AX. Um die Zuordnungsmethode zu bestimmen, rufen Sie die Funktion mit AL = 01H und der gewünschten Methode (00H, 01H oder 02H) in BX auf. Der einzige von dieser Funktion bemerkte Fehler tritt auf, wenn Sie sie mit AL > 01H aufrufen. In diesem Fall wird die Übertragsflagge gesetzt und AX enthält den Fehlercode 01H (Ungültige Funktion). Die Funktion prüft den in BX übergebenen Wert nicht. Achten Sie daher darauf, einen gültigen Wert (00H, 01H oder 02H) anzugeben, wenn Sie die Zuordnungsmethode festlegen.

Funktion 59H (dezimal 89): Erweiterten Fehlercode melden

Funktion 59H (dezimal 89) kann aufgerufen werden, wenn ein Fehler vorliegt. Sie liefert detaillierte Angaben über einen Fehler, der unter einem der folgenden Umstände aufgetreten ist: in einer Routine zur Behandlung kritischer Fehler (Interrupt 24H), wenn ein DOS-Funktionsaufruf (mit Interrupt 21H aufgerufen) durch Setzen der Übertragsflagge

(CF) einen Fehler gemeldet hat, oder nachdem eine der altmodischen FCB-Dateioperationen den Fehlercode FFH geliefert hat. Die Funktion arbeitet nicht mit DOS-Funktionen, die bei einem Fehler die Übertragsflagge nicht setzen, selbst wenn diese mit einem Fehler beendet wurde.

Die Routine wird wie alle anderen durch die Funktionsnummer (59H) in Register AH angewählt. Darüber hinaus ist in BX ein DOS-Versionscode anzugeben, für DOS 3 ist er 0.

Vier verschiedene Informationen werden nach Ausführung der Funktion gegeben:

- AX enthält den erweiterten Fehlercode.
- BH gibt die Fehlerklasse an.
- BL enthält den Fortführungscode (der vorschlägt, was nach dem Fehler zu tun ist)
- CH enthält den *Fehlerort*, der aufzeigen soll, wo der Fehler auftrat.

Vorsicht: Funktion 59H ändert auch die Register CL, DX, SI, DI, ES und DS. Sichern Sie daher erforderlichenfalls diese Register vor dem Aufruf der Funktion.

Die erweiterten Fehlercodes lassen sich in drei Gruppen unterteilen: die Codes 01H bis 12H werden von Interrupt 21H-Funktionsaufrufen zurückgegeben. Die Codes 13H bis 1FH werden in Routinen zur Behandlung kritischer Fehler verwendet. Die restlichen Fehlercodes wurden in DOS 3.0 eingeführt und melden generell netzwerkbezogene Fehler. Abbildung 17-17 führt die erweiterten Fehlercodes auf, Abbildung 17-18 die Fehlerklassen, Abbildung 17-19 die Fortführungscodes und Abbildung 17-20 die Fehlerorte.

Fehlercode		
Hex	***Dez***	***Bedeutung***
Von Interrupt 21H-Funktionen zurückgegeben:		
00H	0	(Kein Fehler)
01H	1	Ungültige Funktionsnummer
02H	2	Datei nicht gefunden
03H	3	Pfad nicht gefunden
04H	4	Keine Dateinummer verfügbar (zu viele geöffnete Dateien)
05H	5	Zugriff verweigert (z.B. Versuch, in eine nur-Lesen-Datei zu schreiben)
06H	6	Ungültige Dateinummer
07H	7	Speicherkontrollblöcke zerstört
08H	8	Zu wenig Speicherplatz
09H	9	Ungültige Speicherblockadresse
0AH	10	Ungültiger Umgebungsblock
0BH	11	Ungültiges Format

Abb. 17-17 *(weiter nächste Seite)*

(Fortsetzung)

Fehlercode Hex	Dez	Bedeutung
Von Interrupt 21H-Funktionen zurückgegeben: (Fortsetzung)		
0CH	12	Ungültiger Dateizugriffscode
0DH	13	Ungültige Daten
0EH	14	(Reserviert)
0FH	15	Ungültige Laufwerksangabe
10H	16	Versuch, das aktuelle Verzeichnis zu löschen
11H	17	Anderes Gerät
12H	18	Keine weiteren Dateien
In Routine zur Behandlung kritischer Fehler verwendet (Interrupt 24H):		
13H	19	Diskette schreibgeschützt
14H	20	Unbekannte Laufwerksnummer
15H	21	Diskettenlaufwerk nicht bereit
16H	22	Unbekannter Plattenbefehl
17H	23	Datenfehler auf Platte
18H	24	Falsche Strukturlänge
19H	25	Laufwerkspositionierungsfehler
1AH	26	Keine DOS-Diskette/-Platte
1BH	27	Sektor nicht gefunden
1CH	28	Drucker ohne Papier
1DH	29	Schreibfehler
1EH	30	Lesefehler
1FH	31	Allgemeiner Fehler
In DOS-Versionen 3.0 und höher verwendet:		
20H	32	Fehler beim gemeinsamen Zugriff auf Datei
21H	33	Fehler beim Sperren einer Datei
22H	34	Unerlaubter Diskettenwechsel
23H	35	Dateikontrollblock (FCB) nicht verfügbar
24H	36	Überlauf des Puffers für gemeinsamen Zugriff
25H-31H	37-49	(Reserviert)
32H	50	Netzwerk nicht unterstützt
33H	51	Entfernter Computer nicht bereit
34H	52	Doppelter Name im Netzwerk
35H	53	Netzwerkname nicht gefunden
36H	54	Netzwerk beschäftigt
37H	55	Netzwerkgerät abgeschaltet
38H	56	Netzwerk-BIOS-Befehlslimit überschritten
39H	57	Hardwarefehler im Netzwerkadapter
3AH	58	Fehlerhafte Antwort vom Netzwerk

Abb. 17-17 *(weiter nächste Seite)*

(Fortsetzung)

Fehlercode		
Hex	***Dez***	***Bedeutung***
In DOS-Versionen 3.0 und höher verwendet: (Fortsetzung)		
3BH	59	Unerwarteter Netzwerkfehler
3CH	60	Inkompatibler entfernter Adapter
3DH	61	Druckwarteschlange voll
3EH	62	Nicht genügend Speicher für Druckdatei
3FH	63	Druckdatei gelöscht
40H	64	Netzwerkname gelöscht
41H	65	Zugriff verweigert
42H	66	Netzwerkgerätetyp fehlerhaft
43H	67	Netzwerkname nicht gefunden
44H	68	Netzwerknamenslimit überschritten
45H	69	Netzwerk-BIOS-Sessionslimit überschritten
46H	70	Gemeinsamer Zugriff vorübergehend unterbrochen
47H	71	Netzwerkanfrage nicht angenommen
48H	72	Druck- oder Plattenumleitung vorübergehend unterbrochen
49H-4FH	73-79	(Reserviert)
50H	80	Datei existiert bereits
51H	81	(Reserviert)
52H	82	Verzeichniseintrag erstellen nicht möglich
53H	83	Fehler bei Interrupt 24H
54H	84	Außerhalb der Netzwerkstrukturen
55H	85	Netzwerkgerät bereits zugewiesen
56H	86	Ungültiges Paßwort
57H	87	Ungültiger Parameter
58H	88	Netzwerkdatenfehler

Abb. 17-17 *Die erweiterten DOS-Fehlercodes*

Code		
Hex	***Dez***	***Bedeutung***
01H	1	Ressourcenknappheit (welche auch immer)
02H	2	Vorübergehendes Problem; späterer Versuch mag Erfolg haben
03H	3	Autorisierung nicht gegeben
04H	4	Interner DOS-Fehler
05H	5	Hardwarefehler
06H	6	Fehler in Systemsoftware (DOS)
07H	7	Fehler in Anwendungssoftware
08H	8	Gewünschte Sache (z.B. Datei) nicht gefunden

Abb. 17-18

(weiter nächste Seite)

(Fortsetzung)

Code Hex	Dez	Bedeutung
09H	9	Falsches Format (z.B. unbekanntes Diskettenformat)
0AH	10	Gesperrt
0BH	11	Datenträgerfehler (z.B. CRC-Fehler auf einer Diskette)
0CH	12	Existiert bereits
0DH	13	Fehlerklasse unbekannt

Abb. 17-18 *Die von Funktion 59H in Register BH zurückgegebenen Fehlerklassen*

Code Hex	Dez	Bedeutung
01H	1	Mehrmals versuchen, danach Meldung "Abbruch oder Ignorieren" ausgeben
02H	2	Nach Wartezeit nochmals versuchen, danach Meldung "Abbruch oder Ignorieren" ausgeben
03H	3	Benutzer um Korrektur der falschen Informationen bitten (z.B. fehlerhafter Dateiname)
04H	4	Programm "sauber" beenden (mit Dateien schließen usw.)
05H	5	Programm sofort abbrechen
06H	6	Fehler ignorieren: dient nur zur Information
07H	7	Nach Benutzereingriff nochmals versuchen (z.B. Diskette wechseln)

Abb. 17-19 *Die von Funktion 59H in Register BL zurückgegebenen Fortführungscodes*

Code Hex	Dez	Bedeutung
01H	1	Unbekannt
02H	2	Blockgerät (z.B. Diskettenlaufwerk)
03H	3	Netzwerk
04H	4	Serielles Gerät (z.B. Drucker)
05H	5	RAM-Speicher

Abb. 17-20 *Die von Funktion 59H in Register CH zurückgegebenen Fehlerortcodes*

Funktion 5AH (dezimal 90): Temporäre Datei anlegen

Funktion 5AH (dezimal 90) wurde in DOS-Version 3.0 eingeführt. Sie legt eine Datei zur vorübergehenden Verwendung an. Der erzeugte Name dieser Datei ist einmalig im Verzeichnis und wird aus der aktuellen Tageszeit aufgebaut. Zwei Parameter müssen bereitgestellt werden: das Dateiattribut in Register CX und der Pfadname zu dem Verzeichnis, in dem die Datei angelegt werden soll, und zwar als ASCIIZ-Zeichenfolge, auf die das Registerpaar DS:DX zeigt.

Die Zeichenfolge mit dem Pfadnamen muß so ausgelegt sein, daß der von DOS gewählte neue Dateiname angehängt werden kann. Der Pfadname muß daher mit einem umgekehrten Schrägstrich (\) enden, auf den 13 freie Bytes für den neuen Dateinamen folgen. Wird kein Pfad angegeben, nimmt DOS das aktuelle Verzeichnis des Standardlaufwerkes.

Kann Funktion 5AH eine neue Datei anlegen, löscht sie die Übertragsflagge und gibt in DS:DX im Anschluß an den von Ihnen angegebenen Pfadnamen den Namen der Datei zurück. Tritt bei der Operation ein Fehler auf, wird die Übertragsflagge gesetzt und der Fehlercode in Register AX gemeldet: 03H (Pfad nicht gefunden), 04H (Keine weiteren Dateinummern) oder 05H (Zugriff verweigert).

Die Funktion trägt den Namen "Temporäre Datei anlegen" nur wegen des beabsichtigten Effekts. In Wirklichkeit hat die angelegte Datei absolut nichts Temporäres an sich, da sie DOS nicht automatisch löscht. Dies bleibt also Ihrem Programm überlassen.

Funktion 5BH (dezimal 91): Neue Datei anlegen

Auch Funktion 5BH (dezimal 91) wurde in DOS-Version 3.0 eingeführt. Sie arbeitet ähnlich wie Funktion 3CH, die (nicht unbedingt treffend) als die klassische "Datei anlegen"-Funktion bezeichnet wird. Funktion 3CH dient im Grunde dazu, eine bereits existierende Datei zu öffnen und nur wenn noch keine Datei vorhanden ist, eine neue anzulegen. Anders Funktion 5BH: mit ihr lassen sich ausschließlich neue Dateien anlegen. Existiert bereits eine Datei des betreffenden Namens, kommt es zu einer Fehlermeldung.

Wie bei Funktion 3CH werden die Dateiattribute in Register CX spezifiziert, und DS:DX enthält die Adresse der ASCIIZ-Zeichenfolge, die den Pfad- und den Dateinamen enthält. Nach Ablauf der Funktion enthält bei CF = 0 AX die Dateinummer der neuen Datei. Bei CF = 1 enthält AX den Fehlercode: 03H (Pfad nicht gefunden), 04H (Keine weiteren Dateinummern) oder 50H (Datei existiert bereits).

Sie müssen Funktion 3CH verwenden, um entweder eine bereits existierende Datei zu öffnen oder, falls keine passende Datei vorhanden ist, eine neue dieses Namens anzulegen. Wollen Sie jedoch nur eine Datei öffnen, die noch nicht existiert, verwenden Sie Funktion 5BH.

Funktion 5CH (dezimal 92): Dateibereich sperren/freigeben

Funktion 5CH (dezimal 92) sperrt bestimmte Teile einer Datei, so daß sich diese von mehreren Programmen verwenden läßt, ohne daß ein Programm mit dem anderen ins Gehege kommt. Wenn ein Programm einen Teil einer Datei sperrt, kann es in der Zeit der Sperrung diesen Teil ungestört verwenden oder ändern, da ganz bestimmt kein anderes Programm darauf zugreifen kann. Natürlich erfolgt das Sperren einer Datei nur in Verbindung mit Operationen, bei denen gemeinsame Zugriffe erfolgen können, wie dies z.B. in einem Netzwerk der Fall ist.

Beim Aufruf der Funktion 5CH gibt AL an, ob gesperrt (AL = 00H) oder freigegeben (AL = 01H) wird. BX enthält die Dateinummer. CX und DX werden zusammen als 4-Byte-Ganzzahl behandelt, die den Byte-Offset des gesperrten bzw. zu sperrenden Teils der Datei angibt. SI und DI bilden ebenfalls eine 4-Byte-Ganzzahl, die die Länge des gesperrten oder zu sperrenden Teils bestimmt. Das jeweils erste Register der Paare (also CX oder SI) enthält den höherwertigen Teil der Ganzzahl. Falls Funktion 5CH den gewünschten Teil der Datei erfolgreich sperren konnte, löscht sie die Übertragsflagge. Beim Auftreten eines Fehlers setzt sie die Übertragsflagge und meldet den Fehlercode in AX: 01H (Ungültige Funktion), 06H (Ungültige Dateinummer), 21H (Fehler bei Dateisperrung) oder 24H (Überlauf des Puffers für gemeinsamen Zugriff).

Man darf als Ganzes gesperrte Dateibereiche nicht häppchenweise freigeben oder in Kombinationen; Dateiteile müssen auf die gleiche Weise freigegeben werden wie sie gesperrt wurden. Vor dem Schließen einer Datei oder dem Beenden eines Programms, das Dateisperrungen durchgeführt hat, müssen alle Teile ausdrücklich freigegeben werden.

Verwenden Sie Funktion 5CH zum Sperren eines Dateibereichs, bevor Sie eine Datei lesen oder schreiben, die evtl. von anderen Programmen gesperrt wurde. Rufen Sie Funktion 5CH nach Abschluß der Lese- oder Schreiboperation nochmals auf, um den Bereich freizugeben. Der erste Aufruf der Funktion findet heraus, ob der Teil der Datei, auf den Sie zugreifen wollen, bereits gesperrt ist; man kann sich nämlich nicht darauf verlassen, daß die Lese- und Schreibfunktionen einen Fehler melden, wenn sie auf einen bereits gesperrten Bereich zugreifen.

Funktion 5CH wird nur in DOS-Versionen 3.0 und höher unterstützt.

Funktion 5EH (dezimal 94): Name des Netzwerk-Rechners und Druckereinrichtung

Funktion 5EH (dezimal 94) erschien zuerst in DOS-Version 3.1. Sie umfaßt mehrere Unterfunktionen, die nur in Programmen, die in einem Netzwerk ablaufen, von Nutzen sind (siehe Abb. 17-21). Beim Aufruf der Funktion müssen Sie in AL die Nummer einer Unterfunktion angeben.

Unterfunktion		
Hex	***Dez***	***Beschreibung***
00H	0	Name des Netzwerk-Rechners ermitteln
02H	2	Zeichenfolge zur Druckereinrichtung festlegen
03H	3	Zeichenfolge zur Druckereinrichtung lesen

Abb. 17-21 *Über Interrupt 21H, Funktion 5EH zugängliche Unterfunktionen*

Unterfunktion 00H. Diese Unterfunktion ermittelt den Netzwerknamen des Computers, auf dem das Programm abläuft. Man ruft sie auf, indem DS:DX auf einen leeren 16-Byte-Puffer zeigt. Kehrt die Funktion erfolgreich zurück, enthält der Puffer den Namen des Computers als ASCIIZ-Zeichenfolge, CH enthält eine Flagge, die mit einem

Wert ungleich Null anzeigt, daß der Name des Computers ein gültiger Netzwerkname ist, und CL enthält die mit dem Namen des Computers verbundene NETBIOS-Nummer.

Unterfunktion 02H. Diese Unterfunktion übergibt DOS eine Zeichenfolge zur Druckereinrichtung. DOS setzt diese Zeichenfolge an den Beginn jeder Datei, die es an einen Netzwerkdrucker sendet. Rufen Sie diese Funktion mit einem Zuweisungslistenindex in BX, der Länge der Einrichtungszeichenfolge in CX und mit einem Zeiger auf die Zeichenfolge selbst in DS:SI auf. Die Zuweisungslistennummer identifiziert einen bestimmten Drucker im Netzwerk (siehe Funktion 5FH). Die maximale Länge der Zeichenfolge ist 64 Bytes.

Unterfunktion 03H. Diese Unterfunktion ist das Gegenteil der Unterfunktion 02H. Man ruft sie mit einem Zuweisungslistenindex in BX und einem Zeiger auf einen leeren 64-Byte-Puffer in ES:DI auf. Die Unterfunktion setzt die angeforderte Zeichenfolge zur Druckereinrichtung in den Puffer und gibt die Länge der Zeichenfolge in CX zurück.

Funktion 5FH (dezimal 95): Netzwerk-Umleitung

Wie Funktion 5EH besteht Funktion 5FH (dezimal 95) aus Unterfunktionen, die von in einem Netzwerk ablaufenden Programmen verwendet werden (siehe Abb. 17-22). In einer Netzwerkumgebung unterhält DOS eine interne Tabelle von Geräten, die sich im Netzwerk gemeinsam verwenden lassen (*shared*); diese wird Zuweisungsliste oder Umleitungsliste genannt. Die Tabelle assoziiert für solche Geräte die lokalen logischen Namen mit ihren Netzwerknamen. Diese Unterfunktionen geben einem Programm die Möglichkeit, auf die Tabelle zuzugreifen.

Unterfunktion		
Hex	***Dez***	***Beschreibung***
02H	2	Eintrag in Zuweisungsliste lesen
03H	3	Eintrag in Zuweisungsliste machen
04H	4	Eintrag in Zuweisungsliste löschen

Abb. 17-22 *Über Interrupt 21H, Funktion 5FH zugängliche Unterfunktionen*

Unterfunktion 02H. Diese Unterfunktion ermittelt den lokalen Namen und den Netzwerknamen eines der Geräte in der Zuweisungsliste. Beim Aufruf der Funktion muß in BX ein Zuweisungslistenindex, in DS:SI ein Zeiger auf einen leeren 16-Bit-Puffer und in ES:DI ein Zeiger auf einen leeren 128-Byte-Puffer stehen. Die Unterfunktion gibt den lokalen Gerätenamen im 16-Bit-Puffer und den Netzwerknamen im 128-Byte-Puffer zurück. Sie nennt auch in BH den Gerätestatus (00H = gültiges Gerät, 01H = ungültiges Gerät) und in BL den Gerätetyp (03H = Drucker, 04H = Plattenlaufwerk). Außerdem aktualisiert sie CX mit dem Benutzer-Parameter, der dem Gerät mit Hilfe von Unterfunktion 03H zugewiesen wird.

Unterfunktion 02H ist so gestaltet, daß Sie mit ihr die Zuweisungsliste schrittweise durchgehen können. Der Index des ersten Zuweisungslisteneintrags ist 0. Indem Sie diesen Index bei jedem Aufruf der Funktion erhöhen, können Sie nacheinander jeden Tabelleneintrag einsehen. Falls Sie einen Eintrag hinter dem Tabellenende anfordern, setzt die Unterfunktion die Übertragsflagge und gibt in AX den Fehlercode 12H (Keine weiteren Dateien) zurück.

Vorsicht: ein erfolgreicher Aufruf der Unterfunktion 02H ändert DX und BP.

Unterfunktion 03H. Diese Unterfunktion leitet ein lokales Gerät auf ein Netzwerkgerät um. Beim Aufruf der Unterfunktion muß in DS:SI die Adresse eines 16-Byte-Puffers stehen, der den Namen eines lokalen Geräts (z.B. PRN oder E) als ASCIIZ-Zeichenfolge enthält und in ES:DI ein Zeiger auf einen 128-Byte-Puffer, der in Form einer ASCIIZ-Zeichenfolge den Namen eines Netzwerkgeräts plus einem Paßwort enthält. Weiterhin müssen Sie in BL den Gerätetyp (03H = Drucker, 04H = Plattenlaufwerk) angeben und in CX einen Benutzer-Parameter setzen. (Dieser Parameter muß 00H sein, wenn Sie IBMs LAN-Software verwenden.)

Konnte Unterfunktion 03H die Ein-/Ausgabe erfolgreich auf das Netzwerkgerät umleiten, fügt sie seiner Zuweisungsliste einen entsprechenden Eintrag hinzu und löscht die Übertragsflagge. Anderenfalls setzt sie die Übertragsflagge und gibt in AX einen Fehlercode zurück.

Unterfunktion 04H. Diese Unterfunktion hebt die Netzwerk-Umleitung eines Geräts wieder auf und entfernt den entsprechenden Eintrag in der Zuweisungsliste. Beim Aufruf muß in DS:DI ein Zeiger auf eine ASCIIZ-Zeichenfolge stehen, die das lokale Gerät bezeichnet, dessen Umleitung Sie aufheben wollen. Bei erfolgreichem Ablauf der Operation löscht Unterfunktion 04H die Übertragsflagge.

Funktion 5FH wird nur in DOS-Versionen 3.1 und höher unterstützt.

Funktion 62H (dezimal 98): PSP-Adresse lesen

Funktion 62H (dezimal 98) meldet das Segment (Abschnittsadresse) des Programmsegmentpräfixes in BX.

Wenn DOS einem Programm die Kontrolle überträgt, enthalten die Register DS und ES immer das Segment des Programm-PSP. Funktion 62H bietet ab DOS-Version 3.0 eine Alternativmethode zum Bestimmen dieser Adresse.

Funktion 65H (dezimal 101): Erweiterte Landesinformationen lesen

Funktion 65H (dezimal 101) wurde in DOS-Version 3.3 zusammen mit der Unterstützung globaler Codeseiten (anwenderkonfigurierbare Zeichensätze für Ausgabegeräte) eingeführt. Sie gibt eine Obermenge der über Funktion 38H verfügbaren Landesinformationen zurück. Funktion 65H besitzt Unterfunktionen, von denen jede eine andere Art von Information liefert (siehe Abb. 17-23).

Rufen Sie Funktion 65H mit einer Unterfunktionsnummer in AL, einer Codeseitennummer in BX, einer Puffergröße in CX, einer Landeskennung in DX und der Adresse eines leeren Puffers in ES:DI auf. Ein Aufruf mit BX = -1 bezieht sich auf die aktive Codeseite, Aufrufe mit DX = -1 liefern Informationen über die Standard-Landeskennung.

Die Größe des für diese Funktion zur Verfügung gestellten Puffers hängt davon ab, welche Unterfunktion Sie aufrufen. Die Funktion löscht die Übertragsflagge und füllt den Puffer mit den angeforderten Informationen.

Unterfunktion		
Hex	***Dez***	***Beschreibung***
01H	1	Erweiterte Landesinformationen lesen
02H	2	Zeiger auf Zeichenumsetzungstabelle ermitteln
04H	4	Zeiger auf Zeichenumsetzungstabelle für Dateinamen ermitteln
05H	5	(Reserviert)
06H	6	Zeiger auf Sortierreihenfolge ermitteln

Abb. 17-23 *Über Interrupt 21H, Funktion 65H zugängliche Unterfunktionen*

Unterfunktion 01H. Diese Unterfunktion liefert die gleiche Information wie Funktion 38H. Zusätzlich meldet sie jedoch die aktuelle Codeseite sowie die Landesnummer (siehe Abb. 17-24).

Offset		*Länge*	
Hex	***Dez***	*(Bytes)*	***Beschreibung***
00H	0	1	Nummer der Unterfunktion (immer 01H)
01H	1	2	Länge der folgenden Informationen (bis zu 38 Bytes)
03H	3	2	Landesnummer
05H	5	2	Codeseite
07H	7	2	Datumsformat
09H	9	5	Währungssymbol-Zeichenfolge(ASCIIZ-Format)
0EH	14	2	Tausendertrennzeichen-Zeichenfolge (ASCIIZ-Format)
10H	16	2	Dezimalzeichen-Zeichenfolge (ASCIIZ-Format)
12H	18	2	Datumstrennzeichen-Zeichenfolge (ASCIIZ-Format)
14H	20	2	Zeittrennzeichen-Zeichenfolge (ASCIIZ-Format)
16H	22	1	Währungssymbolposition
17H	23	1	Dezimalstellen für Währung
18H	24	1	Zeitformat: 1 = 24-Stunden-Uhr; 0 = 12-Stunden-Uhr
19H	25	4	Aufrufadresse der erweiterten ASCII-Abbildung
1DH	29	2	Trennzeichen in Aufzählungen
1FH	31	10	(Reserviert)

Abb. 17-24 *Format der von Funktion 65H, Unterfunktion 01H zurückgegebenen erweiterten Landesinformationen. Die Informationen ab Offset 7 sind dieselben wie die von Interrupt 21H, Funktion 38H zurückgegebenen.*

Unterfunktion 02H. Diese Unterfunktion setzt in den Puffer an ES:DI 5 Bytes mit Daten. Das erste Byte hat immer den Wert 02H (die Nummer der Unterfunktion). Die 4 restlichen Bytes enthalten die segmentierte Adresse einer Umsetzungstabelle, die zur Konversion der Zeichen des erweiterten ASCII-Zeichensatzes (ASCII-Codes 80H bis FFH) in Zeichen der ASCII-Codes 00H bis 7FH dient. Diese Tabelle wird von einer Zeichenabbildungsroutine verwendet, deren Adresse Unterfunktion 01H ermittelt.

Unterfunktion 04H. Auch diese Unterfunktion füllt den Puffer an ES:DI mit einem Byte, das die Unterfunktion identifiziert, auf das die 4 Bytes umfassende segmentierte Adresse einer Umsetzungstabelle folgt. Diese Tabelle dient demselben Zweck wie die Tabelle, deren Adresse Unterfunktion 02H zurückgibt, doch wird sie für Dateinamen verwendet.

Unterfunktion 06H. Wie die Unterfunktionen 02H und 04H füllt diese Unterfunktion den Puffer an ES:DI mit einem Byte, das die Unterfunktion identifiziert, auf das eine 4 Bytes umfassende segmentierte Adresse folgt. In diesem Fall weist die Adresse auf eine Tabelle, die die Sortierreihenfolge für den in der Codeseite definierten Zeichensatz angibt.

Funktion 66H (dezimal 102): Globale Codeseite lesen/setzen

Funktion 66H (dezimal 102), ebenfalls mit DOS-Version 3.3 eingeführt, besteht aus zwei Unterfunktionen, die das Umschalten zwischen Codeseiten in einem Programm unterstützen. Rufen Sie diese Funktion mit der Nummer einer Unterfunktion (01H oder 02H) in AL auf.

Unterfunktion 01H. Diese Unterfunktion gibt die Nummer der aktiven Codeseite in BX zurück. Sie meldet (in DX) auch die Nummer der Standardcodeseite, die nach dem Einschalten des Computers verwendet wird.

Unterfunktion 02H. Rufen Sie diese Unterfunktion mit einer neuen Codeseitennummer in BX auf. DOS kopiert die Informationen der neuen Codeseite aus der Datei COUNTRY.SYS und verwendet sie zur Aktualisierung aller Geräte, die zur Umschaltung von Codeseiten konfiguriert sind. Damit diese Unterfunktion erfolgreich arbeiten kann, müssen Sie in Ihre CONFIG.SYS-Datei die geeigneten DEVICE- und COUNTRY-Befehle aufnehmen und außerdem die Befehle MODE CP PREPARE und NLSFUNC erteilen. (Nähere Informationen finden Sie im *DOS Reference Manual*.)

Funktion 67H (dezimal 103): Dateinummernzähler setzen

Die in DOS-Version 3.3 eingeführte Funktion 67H (dezimal 103) läßt ein Programm die maximale Anzahl von Dateinummern festlegen, die es gleichzeitig geöffnet haben kann. DOS verwaltet in einem reservierten Bereich des Programm-PSP eine Tabelle der von einem Programm verwendeten Dateinummern. Normalerweise ist die Obergrenze 20 Dateinummern, von denen von DOS automatisch 5 für die Standardeingabe, -ausgabe, -fehler, -zusatzgeräte sowie -drucker geöffnet werden.

Um dieses Maximum zu erhöhen, rufen Sie Funktion 67H mit der gewünschten Anzahl in BX auf. DOS ordnet einen neuen Speicherblock zu und speichert dort eine erweiterte Dateinummerntabelle. Die Funktion löscht die Übertragsflagge, um einen Erfolg anzuzeigen; ist die Übertragsflagge gesetzt, enthält AX einen Fehlercode.

Bei Funktion 67H gibt es zwei Dinge zu beachten:

- Wenn Sie ein COM-Programm ablaufen lassen, das den gesamten verfügbaren Speicher ausnutzt, müssen Sie Funktion 4AH aufrufen, um seine Speicherzuordnung zu verringern, damit DOS der Dateinummerntabelle einen Speicherblock zuordnen kann.
- Die Größe der DOS-internen Dateinummerntabelle stellt für die Anzahl der Dateinummern, die geöffnet werden können, die obere Beschränkung dar. Sie können die Größe dieser Tabelle mit Hilfe des FILES-Befehls in Ihrer CONFIG.SYS-Datei steigern.

Funktion 68H (dezimal 104): Datei sofort schreiben

Funktion 68H (dezimal 104) wurde erstmals in DOS-Version 3.3 unterstützt. Beim Aufruf dieser Funktion mit der Nummer einer geöffneten Datei in BX leert DOS die zu der Datei gehörenden Plattenpuffer und aktualisiert das Verzeichnis entsprechend (commit). Dies stellt sicher, daß Daten, die in den Plattenpuffer gesetzt, aber noch nicht physisch auf eine Platte geschrieben wurden, nicht verlorengehen, falls ein Stromausfall oder sonst ein Unglück auftritt.

Durch die Ausführung der Funktion 68H erzielen Sie dasselbe Ergebnis als wenn Sie Funktion 45H zum Duplizieren der Dateinummer und danach Funktion 3EH verwendeten, um die doppelte Dateinummer zu schließen.

Kapitel 18
Zusammenfassung der DOS-Funktionen

Dieses Kapitel faßt die DOS-Funktionen zusammen und ist als schnelle Nachschlagequelle gedacht. Genauere Erläuterungen über die Arbeitsweise jeder Funktion finden Sie in den Kapiteln 15, 16 und 17. Wenn Sie diese drei Kapitel über DOS durchgearbeitet haben, sollten Ihnen die Tabellen eigentlich die meisten der zum Programmieren notwendigen Informationen liefern.

Kurzübersicht

Abbildung 18-1 listet die fünf Interrupts auf, über die man zahlreiche DOS-Funktionen erreicht. Von diesen ist Interrupt 21H bei weitem der nützlichste - er ist der Funktionsaufruf-Interrupt, der zu nahezu allen DOS-Funktionen führt. Die Interrupts 25H und 26H, die absolute Lese-/Schreibschnittstelle, mögen manchmal nötig sein, um die normale DOS-Dateischnittstelle zu umgehen. Die verbleibenden Interrupts 20H und 27H bieten in DOS-Version 1 Routinen zur Programmbeendigung, die durch die in DOS-Version 2.0 eingeführten Interrupt 21H-Funktionen überflüssig wurden. Kapitel 15 behandelt die DOS-Interrupts detailliert.

Interrupt		
Hex	***Dez***	***Beschreibung***
20H	32	Programm normal beenden
21H	33	Allgemeine DOS-Funktionen
25H	37	Diskette/Festplatte: absolutes Lesen
26H	38	Diskette/Festplatte: absolutes Schreiben
27H	39	Beenden und im Speicher bleiben (TSR)

Abb. 18-1 *Die fünf Hauptinterrupts von DOS*

Abbildung 18-2 führt die mit DOS-Version 1 eingeführten Interrupts auf, die auch in allen späteren Versionen unterstützt werden. Diese Funktionen sind in Kapitel 16 beschrieben.

Abbildung 18-3 führt den erweiterten Satz von Interrupt 21H-Funktionen auf, wie er in DOS-Version 2.0 eingeführt und in späteren Versionen fortentwickelt wurde. Kapitel 17 beschreibt diese Funktionen.

Alle Interrupt 21H-Funktionen werden aufgerufen, indem bei Ausführung des Interrupts 21H die Funktionsnummer in das Register AH und die anderen Parameter nach Bedarf in die anderen 8086-Register gesetzt werden. Die meisten DOS-Funktionen geben im AL- oder AX-Register einen Beendigungscode zurück; die meisten der in den DOS-Versionen ab 2.0 eingeführten Funktionen verwenden auch die Übertragsflagge, um den Erfolg eines Funktionsaufrufs zu melden. In den Kapiteln 16 und 17 finden Sie mehrere Beispiele zu Interrupt 21H-Aufrufen.

Funktion		
Hex	***Dez***	***Beschreibung***
00H	0	Programm beenden
01H	1	Zeicheneingabe mit Echo
02H	2	Zeichenausgabe
03H	3	Serielle Eingabe
04H	4	Serielle Ausgabe
05H	5	Druckerausgabe
06H	6	Direkte Zeichenein-/ausgabe
07H	7	Direkte Zeicheneingabe ohne Echo
08H	8	Zeicheneingabe ohne Echo
09H	9	Ausgabe einer Zeichenfolge
0AH	10	Gepufferte Tastatureingabe
0BH	11	Tastatureingabestatus prüfen
0CH	12	Tastaturpuffer leeren, Tastatur lesen
0DH	13	Plattenpuffer leeren
0EH	14	Standardlaufwerk bestimmen
0FH	15	Datei öffnen
10H	16	Datei schließen
11H	17	Nach erster passender Datei suchen
12H	18	Nach nächster passender Datei suchen
13H	19	Datei löschen
14H	20	Sequentiell lesen
15H	21	Sequentiell schreiben
16H	22	Datei anlegen
17H	23	Datei umbenennen
19H	25	Aktuelles Laufwerk feststellen
1AH	26	Plattentransferbereichsadresse (DTA) festlegen
1BH	27	Informationen über Standardlaufwerk lesen
1CH	28	Informationen über beliebiges Laufwerk lesen
21H	33	Datensatz wahlfrei lesen
22H	34	Datensatz wahlfrei schreiben
23H	35	Dateilänge feststellen
24H	36	FCB-Feld für wahlfreien Zugriff setzen
25H	37	Interrupt-Vektor setzen
26H	38	Programmsegmentpräfix anlegen
27H	39	Datensätze wahlfrei lesen
28H	40	Datensätze wahlfrei schreiben
29H	41	Dateiname extrahieren
2AH	42	Datum lesen
2BH	43	Datum einstellen
2CH	44	Tageszeit lesen
2DH	45	Tageszeit einstellen
2EH	46	Schreibprüfung setzen

Abb. 18-2 *In allen DOS-Versionen über Interrupt 21H verfügbare Funktionen*

Funktion			*DOS-*
Hex	***Dez***	***Beschreibung***	***Version***
2FH	47	DTA-Adresse lesen	2.0
30H	48	DOS-Versionsnummer lesen	2.0
31H	49	Beenden und im Speicher bleiben (TSR)	2.0
33H	51	Ctrl-C-Flagge lesen/setzen	2.0
35H	53	Interrupt-Vektor lesen	2.0
36H	54	Freie Plattenkapazität feststellen	2.0
38H	56	Landesspezifische Informationen lesen/setzen	2.0
39H	57	Verzeichnis anlegen	2.0
3AH	58	Verzeichnis löschen	2.0
3BH	59	Aktuelles Verzeichnis wechseln	2.0
3CH	60	Datei anlegen	2.0
3DH	61	Datei öffnen	2.0
3EH	62	Datei schließen	2.0
3FH	63	Lesen (Datei oder Gerät)	2.0
40H	64	Schreiben (Datei oder Gerät)	2.0
41H	65	Datei löschen	2.0
42H	66	Dateizeiger bewegen	2.0
43H	67	Dateiattribute festlegen/lesen	2.0
44H	68	IOCTL - Ein-/Ausgabesteuerung für Geräte	2.0
45H	69	Dateinummer duplizieren	2.0
46H	70	Dateinummern-Duplizierung erzwingen	2.0
47H	71	Aktuelles Verzeichnis ermitteln	2.0
48H	72	Speicherblock zuordnen	2.0
49H	73	Speicherblock freigeben	2.0
4AH	74	Größe eines Speicherblocks verändern	2.0
4BH	75	EXEC - Programm laden und ausführen	2.0
4CH	76	Programm mit Rückkehrcode beenden	2.0
4DH	77	Rückkehrcode ermitteln	2.0
4EH	78	Dateisuche beginnen	2.0
4FH	79	Dateisuche weiterführen	2.0
54H	84	Verifizierflagge lesen	2.0
56H	86	Datei umbenennen	2.0
57H	87	Datum und Zeit für Datei einstellen/lesen	2.0
58H	88	Speicherzuordnungsmethode ermitteln/setzen	3.0
59H	89	Erweiterten Fehlercode melden	3.0
5AH	90	Temporäre Datei anlegen	3.0
5BH	91	Neue Datei anlegen	3.0
5CH	92	Dateibereich sperren/freigeben	3.0
5EH	94	Name des Netzwerk-Rechners und Druckereinrichtung	3.1
5FH	95	Netzwerk-Umleitung	3.1
62H	98	PSP-Adresse lesen	3.0
65H	101	Erweiterte Landesinformationen lesen	3.3
66H	102	Globale Codeseite ermitteln/setzen	3.3

Abb. 18-3 *(weiter nächste Seite)*

(Fortsetzung)

Funktion			*DOS-*
Hex	*Dez*	*Beschreibung*	*Version*
67H	103	Dateinummernzähler setzen	3.3
68H	104	Datei sofort schreiben	3.3

Abb. 18-3 *In DOS-Versionen 2.0 und höher verfügbare Interrupt 21H-Funktionen*

Ausführliche Zusammenfassung

Im letzten Abschnitt führten wir alle DOS-Funktionen kurz auf, so daß einzelne Funktionen über ihre Funktionsnummer zu finden waren. In diesem Abschnitt haben wir die Übersicht erweitert, um die an Interrupt 21H-Funktionen übergebenen bzw. die von dieser zurückgegebenen Registerwerte aufzunehmen.

Da die meisten neuen DOS-Versionen auch neue Funktionen mit sich brachten, die mit älteren Versionen nicht verwendbar sind, haben wir zusätzlich die Nummer der DOS-Version aufgeführt, in der jede Funktion zuerst erschien.

	Funktion	*Register*		*DOS-*	
Routine	*(Hex)*	*Eingabe*	*Ausgabe*	*Version*	*Hinweise*
Funktionen zur Programmkontrolle					
Programm beenden	00H	AH = 00H CS = Segment des PSP		1.0	Veraltet: verwenden Sie statt dessen Funktion 4CH.
Neues Programmsegment (Präfix) anlegen	26H	AH = 26H DX = Segment, in dem neues PSP beginnt		1.0	Veraltet: verwenden Sie stattdessen Funktion 4BH.
Beenden und im Speicher bleiben (TSR)	31H	AH = 31H AL = Rückkehrcode DX = Anzahl der Abschnitte, die speicherresident bleiben sollen		2.0	
Ctrl-C-Flagge lesen/setzen	33H	AH = 33H *Flagge setzen:* AL = 01H DL = Wert	AL = Ergebniscode *Bei Aufruf mit AL = 01H:*	2.0	

Abb. 18-4 *(weiter nächste Seite)*

(Fortsetzung)

Routine	***Funktion (Hex)***	***Register Eingabe***	***Ausgabe***	***DOS-Version***	***Hinweise***
Ctrl-C-Flagge lesen/setzen *(Fortsetzung)*		*Flagge lesen:* AL = 00H	DL = aktueller Wert der Flagge (0 = aus, 1 = ein)		
EXEC - Programm laden und ausführen	4BH	AH = 4BH DS:DX → ASCIIZ-Befehlszeile ES:BX → Kontrollblock *Zur Ausführung von untergeordnetem Programm:* AL = 00H *Laden ohne Ausführung:* AL = 03H	*Kein Fehler:* CF gelöscht *Fehler:* CF gesetzt AX = Fehlercode	2.0	Ändert alle Register inkl. SS:SP.
Programm mit Rückkehrcode beenden	4CH	AH = 4CH AL = Rückkehrcode		2.0	
Rückkehrcode ermitteln	4DH	AH = 4DH	AL = Rückkehrcode AH = Beendigungsmethode	2.0	Nur einmal nach Aufruf von Funktion 4CH aufrufen.
PSP-Adresse lesen	62H	AH = 62H	BX = PSP-Segment	3.0	
Standardeingabefunktionen					
Zeicheneingabe mit Echo	01H	AH = 01H	AL = 8-Bit-Zeichen	1.0	
Direkte Zeicheneingabe ohne Echo	07H	AH = 07H	AL = 8-Bit-Zeichen	1.0	
Zeicheneingabe ohne Echo	08H	AH = 08H	AL = 8-Bit-Zeichen	1.0	

Abb. 18-4 *(weiter nächste Seite)*

(Fortsetzung)

Routine	*Funktion (Hex)*	*Register Eingabe*	*Ausgabe*	*DOS-Version*	*Hinweise*
Gepufferte Tastatur-eingabe	0AH	AH = 0AH DS:DX → Eingabe-puffer	Puffer enthält Tastatureingabe	1.0	Eingabepuffer-format siehe Kapitel 16.
Tastatur-eingabestatus prüfen	0BH	AH = 0BH	*Falls Zeichen bereit:* AL = FFH *Anderenfalls:* AL = 00H	1.0	
Tastaturpuffer leeren, Tastatur lesen	0CH	AH = 0CH AL = Funktions-nummer (01H, 06H, 07H, 08H oder 0AH)	*(Hängt von in AL angegebener Funktion ab)*	1.0	
Standardausgabefunktionen					
Zeichenaus-gabe	02H	AH = 02H DL = 8-Bit-Zeichen		1.0	
Ausgabe einer Zeichen-folge	09H	AH = 09H DS:DX → mit '$' abgeschlossene Zeichenfolge		1.0	
Konsole-E/A-Funktionen					
Direkte Zeichenein-/ausgabe	06H	AH = 06H *Zur Eingabe eines Zeichens:* DL = FFH *Zur Ausgabe eines Zeichens:* DL = 8-Bit-Zeichen (00H-FEH)	*Bei Aufruf mit DL = FFH:* AL = 8-Bit-Zeichen	1.0	
Verschiedene E/A-Funktionen					
Serielle Eingabe	03H	AH = 03H	AL = 8-Bit-Zeichen	1.0	

Abb. 18-4

(weiter nächste Seite)

(Fortsetzung)

Routine	***Funktion (Hex)***	***Register*** ***Eingabe***	***Ausgabe***	***DOS-Version***	***Hinweise***
Serielle Ausgabe	04H	AH = 04H DL = Zeichen		1.0	
Drucker-ausgabe	05H	AH = 05H DL = Zeichen		1.0	
Disketten-/Festplattenfunktionen					
Plattenpuffer leeren	0DH	AH = 0DH		1.0	Siehe auch Funktion 68H.
Standard-laufwerk wählen	0EH	AH = 0EH DL = Laufwerks-nummer	AL = Anzahl Laufwerke im System	1.0	In DOS 3.0 und höher ist AL> = 05H.
Aktuelles Laufwerk feststellen	19H	AH = 19H	AL = Laufwerks-nummer	1.0	
Plattentrans-ferbereichs-adresse (DTA) festlegen	1AH	AH = 1AH DS:DX → DTA		1.0	
Informationen über Standard-laufwerk lesen	1BH	AH = 1BH	AL = Sektoren pro Cluster CX = Bytes pro Sektor DX = Gesamtzahl der Cluster auf Platte DS:BX → Medien-Deskriptor-Byte	1.0	Veraltet: verwenden Sie stattdessen Funktion 36H.
Informationen über beliebi-ges Laufwerk lesen	1CH	AH = 1CH DL = Laufwerks-nummer	AL = Sektoren pro Cluster CX = Bytes pro Sektor DX = Gesamtzahl der Cluster auf Platte DS:BX → Medien-Deskriptor-Byte	1.0	Veraltet: verwenden Sie stattdessen Funktion 36H.

Abb. 18-4

(weiter nächste Seite)

(Fortsetzung)

Routine	*Funktion (Hex)*	*Register* *Eingabe*	*Ausgabe*	*DOS-Version*	*Hinweise*
Verifizier-flagge setzen	2EH	AH = 2EH AL = Wert für Flagge (0 = aus, 1 = ein) DL = 00H		1.0	In DOS-Versionen vor 3.0 Aufruf mit DL = 00H.
DTA-Adresse lesen	2FH	AH = 2FH	ES:BX → DTA	2.0	
Freie Platten-kapazität feststellen	36H	AH = 36H DL = Laufwerks-nummer	*Fehlerhafte Laufwerksnummer:* AX = FFFFH *Kein Fehler:* AX = Sektoren pro Cluster BX = nicht verwendete Cluster CX = Bytes pro Sektor DX = Gesamtzahl der Cluster auf Platte	2.0	
Verifizier-flagge lesen	54H	AH = 54H	AL = Wert der Flagge (0 = aus, 1 = ein)	2.0	
Funktionen zur Dateiverwaltung					
Datei löschen	13H	AH = 13H DS:DX → FCB	*Bei Fehler:* AL = FFH *Kein Fehler:* AL = 00H	1.0	Veraltet: verwenden Sie stattdessen Funktion 41H.
Datei anlegen	16H	AH = 16H DS:DX → FCB	*Bei Fehler:* AL = FFH *Kein Fehler:* AL = 00H	1.0	Veraltet: verwenden Sie stattdessen Funktionen 3CH, 5AH oder 5BH.
Datei umbenennen	17H	AH = 17H DS:DX → geänderter FCB	*Bei Fehler:* AL = FFH *Kein Fehler:* AL = 00H	1.0	Veraltet: verwenden Sie stattdessen Funktion 56H.

Abb. 18-4

(weiter nächste Seite)

(Fortsetzung)

Routine	Funktion (Hex)	Register Eingabe	Ausgabe	DOS-Version	Hinweise
Dateilänge feststellen	23H	AH = 23H DS:DX → FCB	*Bei Fehler:* AL = FFH *Kein Fehler:* FCB enthält Dateigröße.	1.0	Veraltet: verwenden Sie stattdessen Funktion 42H.
Dateiname extrahieren	29H	AH = 29H AL = Kontroll-bits DS:SI → Zu durchsuchende Zeichenfolge ES:DI → FCB	AL = Fehlercode DS:SI → Byte hinter durch-suchter Zeichenfolge ES:DI → FCB	1.0	Kann keine Pfadnamen extrahieren.
Datei anlegen	3CH	AH = 3CH CX = Attribut DS:DX → ASCIIZ-Dateiangabe	*Bei Fehler:* CF gesetzt AX = Fehlercode *Kein Fehler:* CF gelöscht AX = Dateinummer	2.0	
Datei löschen	41H	AH = 41H DS:DX → ASCIIZ-Dateiangabe	*Bei Fehler:* CF gesetzt AX = Fehlercode *Kein Fehler:* CF gelöscht	2.0	
Dateiattribute festlegen/ lesen	43H	AH = 43H DS:DX → ASCIIZ-Dateiangabe *Attribute lesen:* AL = 00H *Attribute setzen:* AL = 01H CX = Attribute	*Bei Fehler:* CF gesetzt AX = Fehlercode *Kein Fehler:* CF gelöscht (falls mit AL = 00H aufgerufen)	2.0	
Datei umbenennen	56H	AH = 56H DS:DX → alte ASCIIZ-Datei-angabe ES:DI → neue ASCIIZ-Datei-angabe	*Bei Fehler:* CF gesetzt AX = Fehlercode *Kein Fehler:* CF gelöscht	2.0	Läßt sich auch zum Verschieben einer Datei in ein anderes Ver-zeichnis verwen-den.

Abb. 18-4 *(weiter nächste Seite)*

(Fortsetzung)

Routine	Funktion (Hex)	Register Eingabe	Ausgabe	DOS-Version	Hinweise
Datum und Zeit für Datei setzen/lesen	57H	AH = 57H BX = Datei-nummer *Datum und Zeit lesen:* AL = 00H *Datum undZeit einstellen:* AL = 01H CX = Zeit DX = Datum	*Bei Fehler:* CF gesetzt AX = Fehlercode *Kein Fehler:* CF gelöscht *Bei Aufruf mit AL = 00H:* CX = Zeit DX = Datum	2.0	
Temporäre Datei anlegen	5AH	AH = 5AH CX = Attribut DS:DX → ASCIIZ-Pfad, gefolgt von 13 leeren Bytes	*Bei Fehler:* CF gesetzt AX = Fehlercode *Kein Fehler:* CF gelöscht AX = Dateinummer DS:DX → ASCIIZ-Dateiangabe	3.0	
Neue Datei anlegen	5BH	AH = 5BH CX = Attribut DS:DX → ASCIIZ-Dateiangabe	*Bei Fehler:* CF gesetzt AX = Fehlercode *Kein Fehler:* CF gelöscht AX = Dateinummer	3.0	
Datei-E/A-Funktionen					
Datei öffnen	0FH	AH = 0FH DS:DX → FCB	AL = Ergebnis-code	1.0	Veraltet: verwenden Sie stattdessen Funktion 3DH.
Datei schließen	10H	AH = 10H DS:DX → FCB	*Kein Fehler:* AL = Ergebnis-code	1.0	Veraltet: verwenden Sie stattdessen Funktion 3EH.
Sequentiell lesen	14H	AH = 14H DS:DX → FCB	AL = Ergebnis-code DTA enthält gelesene Daten.	1.0	Veraltet: verwenden Sie stattdessen Funktion 3FH.

Abb. 18-4

(weiter nächste Seite)

(Fortsetzung)

Routine	*Funktion (Hex)*	*Register* *Eingabe*	*Ausgabe*	*DOS-Version*	*Hinweise*
Sequentiell schreiben	15H	AH = 15H DS:DX → FCB DTA enthält zu schreibende Daten.	AL = Ergebnis-code	1.0	Veraltet: verwenden Sie stattdessen Funktion 40H.
Datensatz wahlfrei lesen	21H	AH = 21H DS:DX → FCB	AL = Ergebnis-code DTA enthält gelesene Daten.	1.0	Veraltet: verwenden Sie stattdessen Funktion 3FH.
Datensatz wahlfrei schreiben	22H	AH = 22H DS:DX → FCB DTA enthält zu schreibende Daten.	AL = Ergebnis-code	1.0	Veraltet: verwenden Sie stattdessen Funktion 40H.
FCB-Feld für wahlfreien Zugriff setzen	24H	AH = 24H DS:DX → FCB	AL = 00H FCB enthält geändertes Feld für wahlfreien Zugriff	1.0	Veraltet: verwenden Sie stattdessen Funktion 42H.
Datensätze wahlfrei lesen	27H	AH = 27H CX = Satzzähler DS:DX → FCB	AL = Ergebnis-code CX = Anzahl der gelesenen Sätze DTA enthält gelesene Daten.	1.0	Veraltet: verwenden Sie stattdessen Funktion 3FH.
Datensätze wahlfrei schreiben	28H	AH = 28H CX = Satzzähler DS:DX → FCB DTA enthält zu schreibende Daten.	AL = Ergebnis-code CX = Anzahl der geschrie-benen Sätze	1.0	Veraltet: verwenden Sie stattdessen Funktion 40H.
Dateinummer öffnen	3DH	AH = 3DH AL = Datei-zugriffscode DS:DX → ASCIIZ-Dateiangabe	*Bei Fehler:* CF gesetzt AX = Fehlercode *Kein Fehler:* CF gelöscht AX = Dateinummer	2.0	

Abb. 18-4 *(weiter nächste Seite)*

(Fortsetzung)

Routine	*Funktion (Hex)*	*Register Eingabe*	*Ausgabe*	*DOS-Version*	*Hinweise*
Dateinummer schließen	3EH	AH = 3EH BX = Dateinummer	*Bei Fehler:* CF gesetzt AX = Fehlercode *Kein Fehler:* CF gelöscht	2.0	
Lesen (Datei oder Gerät)	3FH	AH = 3FH BX = Dateinummer CX = Anzahl der zu lesenden Bytes DS:DX → Puffer	*Bei Fehler:* CF gesetzt AX = Fehlercode *Kein Fehler:* CF gelöscht AX = Anzahl der gelesenen Bytes DS:DX → Puffer	2.0	
Schreiben (Datei oder Gerät)	40H	AH = 40H BX = Dateinummer CX = Anzahl der zu schreibenden Bytes DS:DX → Puffer	*Bei Fehler:* CF gesetzt AX = Fehlercode *Kein Fehler:* CF gelöscht AX = Anzahl der geschriebenen Bytes	2.0	
Dateizeiger bewegen	42H	AH = 42H BX = Dateinummer CX:DX = Offset zum Bewegen des Zeigers *Relativ zum Dateibeginn bewegen:* AL = 00H *Relativ zur momentanen Position bewegen:* AL = 01H *Relativ zum Dateiende bewegen:* AL = 02H	*Bei Fehler:* CF gesetzt AX = Fehlercode *Kein Fehler:* CF gelöscht DX:AX = Neuer Dateizeiger	2.0	
Dateinummer duplizieren	45H	AH = 45H BX = Dateinummer	*Bei Fehler:* CF gesetzt AX = Fehlercode	2.0	Details siehe Kapitel 17.

Abb. 18-4

(weiter nächste Seite)

(Fortsetzung)

Routine	*Funktion (Hex)*	*Register Eingabe*	*Ausgabe*	*DOS-Version*	*Hinweise*
Dateinummer duplizieren *(Fortsetzung)*			*Kein Fehler:* CF gelöscht AX = Neue Dateinummer		
Dateinummern-Duplizierung erzwingen	46H	AH = 46H BX = Dateinummer CX = zu erzwingende Dateinummer	*Bei Fehler:* CF gesetzt AX = Fehlercode *Kein Fehler:* CF gelöscht	2.0	Details siehe Kapitel 17.
Dateibereich sperren/ freigeben	5CH	AH = 5CH BX = Dateinummer CX:DX = Start des zu sperrenden/freizugebenden Bereichs SI:DI = Größe des zu sperrenden/freizugebenden Bereichs *Bereich sperren:* AL = 00H *Bereich freigeben:* AL = 01H	*Bei Fehler:* CF gesetzt AX = Fehlercode *Kein Fehler:* CF gelöscht	3.0	Verwendung mit SHARE oder in Netzwerkumgebung.
Dateinummern-zähler setzen	67H	AH = 67H BX = Anzahl Dateinummern	*Bei Fehler:* CF gesetzt AX = Fehlercode *Kein Fehler:* CF gelöscht	3.3	
Datei sofort schreiben (commit)	68H	AH = 68H BX = Dateinummer	*Bei Fehler:* CF gesetzt AX = Fehlercode *Kein Fehler:* CF gelöscht	3.3	

Abb. 18-4

(weiter nächste Seite)

(Fortsetzung)

Routine	*Funktion (Hex)*	*Register Eingabe*	*Ausgabe*	*DOS-Version*	*Hinweise*
Verzeichnisfunktionen					
Nach erster passender Datei suchen	11H	AH = 11H DS:DX → FCB	*Bei Fehler:* AL = FFH *Kein Fehler:* AL = 00H DTA enthält Verzeichnis-informationen.	1.0	Veraltet: verwenden Sie stattdessen Funktion 4EH.
Nach nächster passender Datei suchen	12H	AH = 12H DS:DX → FCB	*Bei Fehler:* AL = FFH *Kein Fehler:* AL = 00H DTA enthält Verzeichnis-informationen.	1.0	Veraltet: verwenden Sie stattdessen Funktion 4FH.
Verzeichnis anlegen	39H	AH = 39H DS:DX → ASCIIZ-Pfad	*Bei Fehler:* CF gesetzt AX = Fehlercode *Kein Fehler:* CF gelöscht	2.0	
Verzeichnis löschen	3AH	AH = 3AH DS:DX → ASCIIZ-Pfad	*Bei Fehler:* CF gesetzt AX = Fehlercode *Kein Fehler:* CF gelöscht	2.0	
Aktuelles Verzeichnis wechseln	3BH	AH = 3BH DS:DX → ASCIIZ-Pfad	*Bei Fehler:* CF gesetzt AX = Fehlercode *Kein Fehler:* CF gelöscht	2.0	
Aktuelles Verzeichnis ermitteln	47H	AH = 47H DL = Laufwerks-nummer DS:SI → leerer 64-Byte-Puffer	*Bei Fehler:* CF gesetzt AX = Fehlercode *Kein Fehler:* CF gelöscht DS:SI → ASCIIZ-Pfad	2.0	

Abb. 18-4

(weiter nächste Seite)

(Fortsetzung)

Routine	***Funktion (Hex)***	***Register Eingabe***	***Ausgabe***	***DOS-Version***	***Hinweise***
Dateisuche beginnen	4EH	AH = 4EH CX = Attribut DS:DX → ASCIIZ-Dateiangabe	*Bei Fehler:* CF gesetzt AX = Fehlercode *Kein Fehler:* CF gelöscht DTA enthält Verzeichnisinformation.	2.0	
Dateisuche weiterführen	4FH	AH = 4FH DTA enthält Informationen aus vorausgegangenem Aufruf der Funktion 4EH oder 4FH	*Bei Fehler:* CF gesetzt AX = Fehlercode *Kein Fehler:* CF gelöscht DTA enthält Verzeichnisinformationen.	2.0	
Datum-/Zeitfunktionen					
Datum lesen	2AH	AH = 2AH	AL = Wochentag CX = Jahr DH = Monat DL = Tag	1.0	
Datum einstellen	2BH	AH = 2BH CX = Jahr DH = Monat DL = Tag	*Bei Fehler:* AL = FFH *Kein Fehler:* AL = 00H	1.0	
Tageszeit lesen	2CH	AH = 2CH	CH = Stunden CL = Minuten DH = Sekunden DL = 1/100 Sekunden	1.0	
Tageszeit einstellen	2DH	AH = 2DH CH = Stunden CL = Minuten DH = Sekunden DL = 1/100 Sekunden	*Bei Fehler:* AL = FFH *Kein Fehler:* AL = 00H	1.0	

Abb. 18-4

(weiter nächste Seite)

(Fortsetzung)

Routine	Funktion (Hex)	Register Eingabe	Ausgabe	DOS-Version	Hinweise
Verschiedene Funktionen					
Interrupt-Vektor setzen	25H	AH = 25H AL = Interrupt-Nummer DS:DX = segmentierte Adresse für angegebenen Interrupt-Vektor		1.0	
DOS-Versionsnummer lesen	30H	AH = 30H	AH = Unternummer AL = Hauptnummer BX, CX = Seriennummer	2.0	DOS-Version 1.0 gibt AL = 00H, OS/2-Kompatibilitätsbox AL = 0AH zurück.
Interrupt-Vektor lesen	35H	AH = 35H AL = Interrupt-Nummer	ES:BX = Inhalt des angegebenen Interrupt-Vektors	2.0	
Landesspezifische Informationen lesen/setzen	38H	AH = 38H AL = Landescode *oder* FFH BX = Landescode (wenn AL = FFH) *Landesinformationen lesen:* DS:DX → leerer 34-Byte-Puffer *Landesinformationen setzen:* DX = FFFFH	*Bei Fehler:* CF gesetzt AX = Fehlercode *Kein Fehler:* CF gelöscht *Bei Aufruf mit DX<>FFFFH:* BX = Landescode DS:DX → Landesinformationen	2.0	Aufrufe mit DX = FFFFH oder AL = FFH werden nur in DOS-Versionen 3.0 und höher unterstützt. Siehe auch Funktion 65H.
IOCTL	44H	AH = 44H AL = Nummer der Unterfunktion *(Andere Register je nach Unterfunktion)*	*Bei Fehler:* CF gesetzt AX = Fehlercode *Kein Fehler:* CF gelöscht *(Andere Register je nach Unterfunktion)*	2.0	Details siehe Kapitel 17.

Abb. 18-4

(weiter nächste Seite)

(Fortsetzung)

Routine	*Funktion (Hex)*	*Register Eingabe*	*Ausgabe*	*DOS-Version*	*Hinweise*
Erweiterten Fehlercode melden	59H	AH = 59H BX = 00H	AX = erweiterter Fehlercode BH = Fehlerklasse BL = Maßnahmenvorschlag CH = Fehlerort	3.0	Ändert CL, DX, SI, DI, ES und DS. Details siehe Kapitel 17.
Name des Netzwerk-Rechners und Drucker-einrichtung	5EH	AH = 5EH AL = Nummer der Unterfunktion *(Andere Register je nach Unterfunktion)*	*Bei Fehler:* CF gesetzt AX = Fehlercode *Kein Fehler:* CF gelöscht *(Andere Register je nach Unterfunktion)*	3.1	Verwendung nur in Netzwerkumgebung. Details siehe Kapitel 17.
Netzwerk-Umleitung	5FH	AH = 5FH AL = Unterfunktionsnummer *(Andere Register je nach Unterfunktion)*	*Bei Fehler:* CF gesetzt AX = Fehlercode *Kein Fehler:* CF gelöscht *(Andere Register je nach Unterfunktion)*	3.1	Verwendung nur in Netzwerkumgebung. Details siehe Kapitel 17.
Erweiterte Landes-informationen lesen	65H	AH = 65H AL = Informations-ID-Code BX = Codeseitennummer CX = Pufferlänge DX = Landes-ID ES:DI → Puffer	*Bei Fehler:* CF gesetzt AX = Fehlercode *Kein Fehler:* CF gelöscht ES:DI → erweiterte Landesinformationen	3.3	Details siehe Kapitel 17.
Globale Codeseite ermitteln/ setzen	66H	AH = 66H *Ermitteln der aktuellen Codeseite:* AL = 01H	*Bei Fehler:* CF gesetzt AX = Fehlercode *Kein Fehler:* CF gelöscht	3.3	

Abb. 18-4

(weiter nächste Seite)

(Fortsetzung)

Routine	Funktion (Hex)	Register Eingabe	Ausgabe	DOS-Version	Hinweise
Globale Codeseite ermitteln/ setzen *(Fortsetzung)*		*Festlegen der Codeseite:* AL = 02H BX = Code-seitennummer	*Bei Aufruf mit AL = 01H:* BX = aktuelle Codeseite DX = Standard-codeseite		
Speicherfunktionen					
Speicherblock zuordnen	48H	AH = 48H BX = Block-größe in Abschnitten	*Bei Fehler:* CF gesetzt AX = Fehlercode BX = Länge des größten verfüg-baren Blocks *Kein Fehler:* CF gelöscht AX = Abschnitts-adresse des zu-geordneten Blocks	2.0	
Speicherblock freigeben	49H	AH = 49H ES = Abschnitts-adresse des Speicherblocks	*Bei Fehler:* CF gesetzt AX = Fehlercode *Kein Fehler:* CF gelöscht	2.0	
Größe eines Speicher-blocks verändern	4AH	AH = 4AH BX = neue Blockgröße in Abschnitten ES = Ab-schnittsadresse des Speicher-blocks	*Bei Fehler:* CF gesetzt AX = Fehlercode BX = Länge des größten verfüg-baren Blocks (falls Vergröße-rung angefordert war) *Kein Fehler:* CF gelöscht	2.0	
Speicher-zuordnungs-methode ermitteln/ setzen	58H	AH = 58H *Speicherzu-ordnungsmethode ermitteln:* AL = 00H	*Bei Fehler:* CF gesetzt AX = Fehlercode *Kein Fehler:* CF gelöscht	3.0	Details siehe Kapitel 17.

Abb. 18-4

(weiter nächste Seite)

(Fortsetzung)

Routine	*Funktion (Hex)*	*Register Eingabe*	*Ausgabe*	*DOS-Version*	*Hinweise*
Speicher-zuordnungs-methode ermitteln/ setzen *(Fortsetzung)*		*Speicherzu-ordnungsmethode setzen:* AL = 01H BX = Strategie-code	*Bei Aufruf mit AL = 00H:* AX = Strategie-code		

Abb. 18-4 *Zusammenfassung der DOS-Interrupt 21H-Funktionen*

Kapitel 19 Erstellen eines Programms

Wie bereits erwähnt, ist es am klügsten, zum Schreiben aller Programme für die PC-Familie eine höhere Programmiersprache (wie BASIC, Pascal oder C) zu verwenden. Wenn es sich als nötig erweisen sollte, setzen Sie einzelne DOS- oder BIOS-Routinen ein. Gelegentlich müssen Sie wohl auch Assembler-Routinen schreiben, um spezialisierte Aufgaben zu erfüllen, die weder Ihre Programmiersprache noch Systemroutinen zu bieten haben.

Wenn Sie Programme in den Grenzen einer einzigen Programmiersprache schreiben, genügen die Informationen, die üblicherweise in den Handbüchern zu finden sind, vollkommen. Anders sieht es aus, wenn auf eine DOS- oder ROM BIOS-Routine zugegriffen oder ein Programmteil in einer anderen Programmiersprache eingebunden werden soll. In diesen Fällen müssen Sie einen tieferen Einblick in die technischen Details von DOS (Binden von Programmen) und der Programmiersprachen (Anforderungen an Schnittstellen zur Kommunikation zwischen den verschiedenen Sprachen) haben.

In diesem Kapitel finden Sie allgemeine Anmerkungen zu beiden Aspekten, die für die meisten Programmiersprachen Gültigkeit haben. Wir beginnen mit der Beschreibung der Struktur der von Compilern und Assemblern erzeugten ausführbaren Programme. Anschließend beschäftigen wir uns mit den Details der Kombination getrennter Programmodule in einem einzigen Programm.

Struktur eines ausführbaren Programms

Jeder Sprachübersetzer (Compiler) erlegt einem von ihm erzeugten ausführbaren Programm eine bestimmte Struktur auf. Diese ist zum Teil durch die Struktur des Quellcodes bestimmt, spiegelt jedoch auch wider, wie der 8086 den Speicher adressiert.

Die Speicherabbildung

DOS lädt ein ausführbares Programm durch Einlesen des Inhalts einer .COM- oder .EXE-Datei direkt in einen freien Speicherbereich. Das Layout des ausführbaren Codes und der Daten im Speicher - die *Speicherabbildung* (*memory map*) - spiegelt die Struktur der ausführbaren Datei wider, die wiederum in erster Linie durch den Sprachübersetzer, den Sie zum Kompilieren oder Assemblieren Ihrer Programme verwenden, bestimmt wird. Obwohl sich Sprachübersetzer unterscheiden, erzeugen die meisten doch ausführbare Programme, in denen logisch getrennte Abschnitte des Programms in verschiedene Speicherblöcke abgebildet werden (siehe Abb. 19-1).

Diese Speicherabbildung paßt bestens in die Adressierungsschemata, die dem 8086 eigen sind: der ausführbare Code wird über das Register CS adressiert, auf die Programmdaten wird über die Register DS und ES zugegriffen, und das Register SS zeigt auf den Stapel.

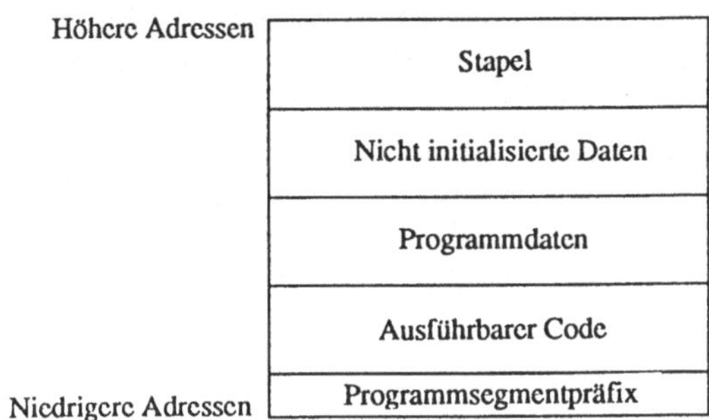

Abb. 19-1 *Speicherverwendung durch typisches DOS-Programm*

❑ HINWEIS: *Diese Speicherabbildung ist auch deshalb praktisch, da sie konform geht mit den Speicherkonventionen für Programme, die in einer Umgebung des geschützten Modus wie OS/2 ablaufen. Im geschützten Modus erfordern der 80286 und der 80386, daß Sie zur Adressierung von ausführbarem Code und Daten ganz bestimmte Segmentregister verwenden. Falls Sie ein Programm für den geschützten Modus schreiben, sollten Sie nie Datenwerte in einem Code-Segment speichern oder in einem Datensegment auf ausführbaren Code verzweigen.*

Die Verwendung von Registern

Ein ausführbares Programm, dessen Code, Daten und Stapel in getrennte Speicherbereiche abgebildet sind, kann die Register des 8086 effizient nutzen. Das kommt daher, daß jedes Segmentregister des 8086 einen anderen Teil der Speicherabbildung adressieren kann:

- Die Register CS und IP zeigen auf die gerade ausgeführte Anweisung.
- Das Register DS dient in Verbindung mit BX, SI oder DI zum Zugriff auf Programmdaten.
- Das Register SS wird in Verbindung mit den Registern SP und BP verwendet, um auf Daten im Programmstapel zu zeigen. Die Kombination SS:SP zeigt auf das Stapelende (Top), und SS:BP läßt sich zum Zugriff auf Daten oberhalb oder unterhalb des Stapelendes verwenden.

Dies sind keine absolut bindenden Regeln zur Verwendung der Register. Sie sind die natürliche Folge der Art und Weise, wie der 8086-Registersatz gestaltet ist.

Speichermodelle

Es gibt verschiedene Methoden zur Erzeugung eines ausführbaren Programms, dessen Speicherabbildung getrennte Code-, Daten- und Stapelsegmente umfaßt. Die Art und Weise, wie ein bestimmtes Programm die verschiedenen Bereiche seiner Speicherabbildung adressiert, wird vom *Speichermodell* des Programms bestimmt.

Ein Speichermodell beschreibt individuell, wie innerhalb eines Programms ausführbarer Code und Daten adressiert werden. Zum Beispiel läßt der 8086 für ein bestimmtes Segment eine Länge von höchstens 64 KB zu; ein Programm mit mehr als 64 KB ausführbaren Codes muß daher in mehr als ein ausführbares Code-Segment abgebildet werden. Oder ein Programm mit mehr als 64 KB Daten muß diese in mindestens zwei verschiedenen Datensegmenten speichern. Das in Abbildung 19-1 gezeigte einfache Speichermodell läßt sich daher in vier unterschiedliche Speichermodelle weiterentwickeln (siehe Abb. 19-2).

Das von Ihnen verwendete Speichermodell bestimmt, wie Ihr Programm Segmentregister benutzt. In einem Programm des kleinen Modells (small) lassen sich die Register CS und DS zu Programmbeginn initialisieren und bleiben die ganze Zeit unverändert. In einem Programm des großen Modells (large) hingegen muß das CS-Register immer geändert werden, wenn das Programm von einem Code-Segment in ein anderes verzweigt. Auch die Register DS oder ES müssen häufig aktualisiert werden, falls auf Daten aus verschiedenen Segmenten zugegriffen werden muß.

Einige Compiler für höhere Programmiersprachen lassen Sie angeben, welches Speichermodell zu verwenden ist (in den Unterlagen zu Ihrem Compiler finden Sie nähere Informationen). Wenn Sie wissen, daß Ihr Programm weniger als 64 KB ausführbaren Code und weniger als 64 KB Daten enthält, können Sie solch einen Compiler ausdrücklich auffordern, ein ausführbares Programm des kleinen Modells zu erzeugen. (Dies ist auch das Speichermodell, das wir in allen Assembler-Sprache-Beispielen der vorausgehenden Kapitel verwendet haben.) Andere Compiler können ungeachtet der Programmgröße ein kompaktes, mittleres oder großes Modell verwenden. Wie auch immer Ihr Fall liegt, sollten Sie wissen, welches Speichermodell Ihr Compiler verwendet, damit Sie verstehen, wie die verschiedenen Teile eines ausführbaren Programms zusammenpassen.

Modell	*Anzahl Code-Segmente*	*Anzahl Datensegmente*
Klein (small)	1	1
Kompakt	1	Mehr als 1
Mittel (medium)	Mehr als 1	1
Groß (large)	Mehr als 1	Mehr als 1

Abb. 19-2 *Vier gebräuchliche Speichermodelle*

Assembler-Schnittstellen

Eine *Assembler-Schnittstelle* ist eine Routine in Assemblersprache, die einem in einer höheren Programmiersprache geschriebenen Programm die Möglichkeit gibt, mit einer in Assembler-Sprache geschriebenen Unterroutine zu kommunizieren. Eine solche Schnittstelle besteht aus zwei Hauptteilen: der Kontrollschnittstelle und der Datenschnittstelle.

Die Kontrollschnittstelle handhabt das *Aufrufen* und *Zurückkehren*, d.h. die Weitergabe der Kontrolle des Computers vom aufrufenden Programm an eine Unterroutine und umgekehrt. Wenn man weiß, wie die Kontrollschnittstelle auszusehen hat, kann sie sehr einfach gehalten sein, der kleinste Programmierfehler führt aber im allgemeinen dazu, daß nichts mehr funktioniert.

Die Datenschnittstelle ermöglicht dem aufrufenden Programm und der Unterroutine die gemeinsame Nutzung von Daten. Damit das funktioniert, müssen Sie wissen, wie jede Seite die Daten findet und mit ihnen arbeitet. Wichtig ist auch zu wissen, welches Format die Daten haben, so daß sie jede Seite gleich interpretieren kann. Einzelheiten dazu finden Sie im nächsten Kapitel.

Alle drei Komponenten - das aufrufende Programm, die aufgerufene Unterroutine und die Schnittstelle - müssen folgende Anforderungen erfüllen (wobei auch die Reihenfolge ausschlaggebend ist):

Das Programm muß in der Lage sein, den Weg zur Unterroutine zu finden. In Systemen auf Basis des Prozessors 8086 werden Unterroutinen über den Befehl CALL aufgerufen. Von der CALL-Anweisung gibt es zwei Arten:

- Der near-CALL findet eine Unterroutine im aktuellen 64 KB-Code-Segment (CS). Der Inhalt des CS-Registers muß nicht geändert werden.
- Der far-CALL findet eine Unterroutine außerhalb des aktuellen CS über eine komplette segmentierte Adresse in der CALL-Anweisung (die den Wert in CS ändert). Da ein near-CALL nur auf ein ausführbares Code-Segment zugreifen muß, verwenden Programme des kleinen oder kompakten Modells zum Aufruf von Unterroutinen den near-CALL. Ein Programm des mittleren oder großen Modells verwendet far-CALLs, um CS ändern und auf mehrere Code-Segmente zugreifen zu können.

Die Unterroutine muß wissen, was nach der Abarbeitung zu tun ist. Meistens kehrt eine Unterroutine zum aufrufenden Programm mit einer Anweisung zurück, die der Art und Weise, wie sie aufgerufen wurde, entspricht (d.h. mit einer near oder far RET-Anweisung). Natürlich kann es z.B. auch vorkommen, daß in einer Unterroutine das Programm abgebrochen und die Kontrolle an DOS zurückgegeben werden soll.

Die Unterroutine muß wissen, welche Betriebsumgebung vom aufrufenden Programm hinterlassen wird. Zur Betriebsumgebung gehören beispielsweise die Inhalte der Segmentregister oder die Verfügbarkeit eines Stapels. Im allgemeinen wird CS das Code-Segment enthalten und DS auf den Datenbereich des aufrufenden Programms zeigen. SS und PS werden üblicherweise vom Stapel des aufrufenden Programms gesteuert.

Die aufgerufene Unterroutine kann zumeist den Stapel des aufrufenden Programms mitverwenden, sofern kein übermäßig großer Stapel, d.h. über 64 Bytes benötigt werden. Grundsätzlich kann die Routine aber auch einen eigenen Stapel einrichten.

Wenn das Programm Informationen (Parameter) an die Unterroutine übergeben soll, müssen Programm und Unterroutine wissen, wo und wieviele Informationen abgelegt werden und von welchem Typ sie sind. Meist arbeiten Programme mit einer festgelegten Anzahl von Parametern. Es gibt aber auch Programmiersprachen (dazu gehört z.B. C), die eine variable Anzahl erlauben. Die Parameter werden in der Regel über den Stapel übergeben, direkt oder indirekt. Bei der direkten Methode, ***Übergabe mit Wert*** genannt, wird der Parameterwert selbst über den Stapel geleitet, bei der indirekten Methode, ***Übergabe mit Verweis*** genannt, steht nur die Adresse des Parameters im Stapel.

Ob man die direkte oder indirekte Übergabe wählt ist hauptsächlich von der Programmiersprache abhängig. Einige Sprachen legen immer Adressen - niemals Parameterwerte - auf den Stapel. Mit Sprachen, die einem die Wahl zwischen direkter und indirekter Parameterübergabe lassen, hat man eine viel größere Kontrolle darüber, was mit den Parametern bei der Übergabe geschieht.

Soll z.B. eine Veränderung der Parameter durch die aufgerufene Routine vermieden werden, legen Sie mit Hilfe der Übergabe mit Wert-Methode, eine Kopie der Parameterwerte auf den Stapel. Sollen aber die Parameter von der Unterroutine geändert werden, übergeben Sie die Adressen der Parameter mit Hilfe der Übergabe mit Verweis-Methode und die Unterroutine kann die Parameterwerte verändern, indem sie die Speicherinhalte an den angegebenen Adressen verändert.

Die Parameterübergabe ist der komplizierteste Teil einer Schnittstellenroutine. Erschwerend kommt hinzu, daß verschiedene Programmiersprachen Daten und Stapel unterschiedlich verwalten. Die Parameterübergabe wird daher der Hauptaspekt beim Vergleich der unterschiedlichen Programmiersprachen im nächsten Kapitel sein.

Die Unterroutine darf bestimmte Informationen nicht überschreiben. Bei aller Flexibilität, die ein Programmierer besitzen sollte, gibt es einige wenige Grundregeln, welche Informationen zu bewahren sind und was beim Aufruf einer Unterroutine zulässig ist.

- Interrupts lassen sich beim Ändern von Segmentregistern vorübergehend unterbinden; vor Rückgabe der Kontrolle an das Hauptprogramm müssen sie jedoch wieder ermöglicht werden (siehe Seite 52).
- Die Inhalte aller vom aufrufenden Programm sowie der Unterroutine verwendeten CPU-Register werden gesichert, indem man sie auf den Stapel legt.
- Falls die Register BP und DS innerhalb einer Unterroutine geändert werden, müssen sie normalerweise gesichert und später wiederhergestellt werden.

Der Gebrauch der Register schwankt: ein Compiler verläßt sich darauf, daß der Inhalt von ES konstant bleibt, ein anderer erfordert die Sicherung von SI und DI, wenn Sie sie in einer Unterroutine verwenden. Spezifische Informationen darüber finden Sie in Ihrem Compiler-Handbuch.

Der Stapel muß "gesäubert" werden, nachdem die Unterroutine abgeschlossen ist. Es gibt vier Dinge, die im Stapel stehen können, nachdem die Unterroutine abgeschlossen ist: einige Parameter, die Rücksprungadresse der CALL-Anweisung, vor dem CALL gesicherte Registerwerte und der Arbeitsspeicherbereich der Unterroutine.

Drei der Überbleibsel stellen kein Problem dar. Es gehört zur Aufgabe der Unterroutine, ihren Arbeitsspeicherbereich aus dem Stapel zu entfernen, vor dem Aufruf gesicherte Register werden mit POP und die Rücksprungadresse durch die RET-Anweisung entfernt. Schwierigkeiten bereiten im allgemeinen nur die Parameter, u.a. deshalb, weil ihre Herausnahme in unterschiedlichen Programmiersprachen variiert. Bei einigen Sprachen muß im RET-Befehl angegeben werden, wieviele Bytes vom Stapel zu entfernen sind, bei anderen muß sie das Hauptprogramm entfernen. Die Unterschiede werden in Kapitel 20 ausführlich erläutert.

Nach diesen Vorüberlegungen lassen Sie uns nun den kompletten Vorgang ansehen - von der Erstellung eines Programms oder einer Routine bis zur Verknüpfung mit anderen Programmen oder Routinen.

Verknüpfen von Programmodulen

In diesem Abschnitt wollen wir einige allgemein gültige Regeln für das Zusammensetzen eines Programms aus Programmodulen aufstellen. Programmiersprachen - und Programmierer - führen diesen Vorgang unterschiedlich durch, doch sind die verwendeten Hilfsmittel und die Abfolge der Operationen für die meisten Sprachübersetzer dieselben (siehe Abb. 19-3).

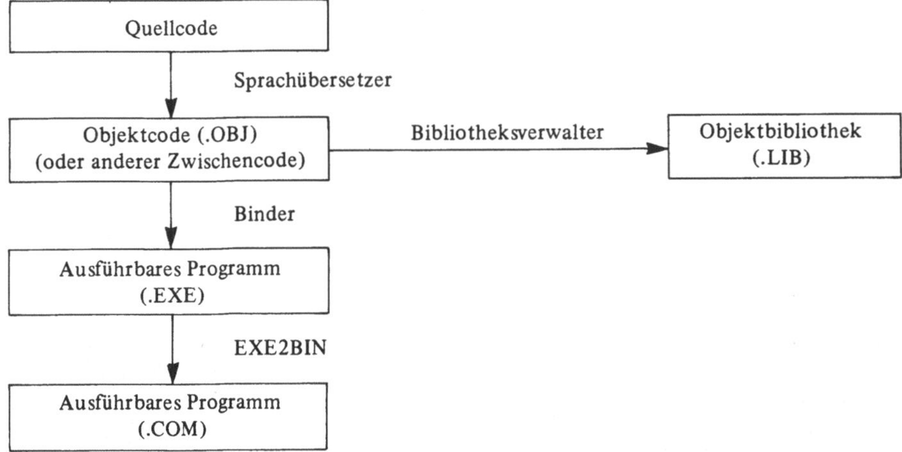

Abb. 19-3 *Aufbau eines ausführbaren Programms. Vereinbarungsgemäß tragen Objektdateinamen die Erweiterung .OBJ, die Objektbibliotheken .LIB und die ausführbaren Dateien .EXE oder .COM.*

Schritt 1: Erstellen des Quellcodes

Der erste Schritt beim Erstellen eines Programmes besteht darin, das Programm entsprechend den Befehlen und den syntaktischen Regeln der Programmiersprache aufzubauen. Der entstehende Programmtext wird *Quellcode* genannt. Für Programmiersprachen, die den DOS-Konventionen entsprechen, muß der Quellcode als ASCII-Textdatei (siehe

Anhang C) vorliegen. Interpretierendes BASIC legt den Quellcode im allgemeinen nicht in einer ASCII-Textdatei ab, stellt diese Möglichkeit aber zur Verfügung (mit Option A des SAVE-Befehls).

Üblicherweise erhalten die Quellcodedateien eine Dateinamenserweiterung, die den Namen der Programmiersprache widerspiegelt, etwa BAS oder C.

Schritt 2: Übersetzen des Quellcodes

Nun muß der Quellcode mit Hilfe eines Sprachübersetzers verarbeitet werden. Der Übersetzer für Assembler-Sprache heißt *Assembler*, für höhere Programmiersprachen wie Pascal und C *Compiler*. Der Übersetzer setzt den Quellcode in Maschinensprachebefehle um; das Ergebnis wird *Objektcode* genannt. Objektcode enthält neben ausführbarem Maschinencode noch Informationen über die Struktur des ausführbaren Programms. Das Objektcodeformat ermöglicht es, mehrere getrennte Objektcodemodule zu einem einzigen größeren Programm zusammenzufassen. Objektcodedateien haben vereinbarungsgemäß die Dateinamenserweiterung OBJ.

Man kann zur Übersetzung eines Programms, das aus mehreren Quellcodemodulen aufgebaut ist, auch einen Interpreter verwenden. Interpreter sind jedoch selten in der Lage, Objektcode zu erzeugen, so daß das Zusammenbinden mehrerer getrennter Programmmodule in der Regel auf einer improvisierten, sprachabhängigen Programmierung beruht (siehe Kapitel 20).

Schritt 3: Binden von Programmen

Der nächste grundlegende Schritt ist das *Binden* (*Linken*) von Programmen. Der Binder (Linker), in DOS LINK genannt, erfüllt zwei Hauptaufgaben: Er verknüpft nach Bedarf einzelne Objektmodule, indem er alle notwendigen Verbindungen zwischen ihnen herstellt, und er wandelt die Module bzw. das Gesamtprogramm vom Objektcode in ein ladbares Programm im .EXE-Format um.

Das eigentliche Verknüpfen der Programmodule zu einer .EXE-Datei ist ein so wichtiger Schritt bei der Programmerstellung, daß ihm ein eigener Abschnitt gewidmet ist (Seite 427). Zuvor sollen jedoch zwei weitere bei der Programmvorbereitung auftretende Schritte behandelt werden.

Schritt 4: Umwandeln von Dateiformaten

Ein Programm, das eines der weiter vorne beschriebenen Speichermodelle verwendet, ist nach der Verwendung von LINK zum Erzeugen einer .EXE-Datei zum Ablauf bereit. Falls es sich jedoch um ein recht einfaches Programm oder um ein CP/M-kompatibles Programm mit einer maximalen Programmgröße von 64 KB handelt, können Sie Ihr .EXE-Programm in eine .COM-Datei umwandeln. Zuvor muß jedoch sichergestellt sein, daß Ihr Programm die vom .COM-Format auferlegten Beschränkungen einhält.

Das in einer .COM-Datei verwendete Speichermodell setzt alles - ausführbaren Code, Programmdaten, nicht initialisierten Speicher, Stapel und PSP - in dasselbe Segment.

Daher ist der Quellcode eines .COM-Programms einfacher als der eines .EXE-Programms. Es gibt nur ein Segment, in dem Code und Daten am unteren Ende (ab Offset 100H) beginnen. Ein .COM-Programm enthält kein Stapelsegment; DOS lädt es stattdessen in 64 KB Speicher und ordnet den Stapel am oberen Ende an.

Falls Ihr Programm im .COM-Format aufgebaut ist, können Sie das DOS-Dienstprogramm EXE2BIN verwenden, um die von LINK erzeugte .EXE-Datei in eine .COM-Datei umzuwandeln. Seien Sie jedoch gewarnt: nur wenige Compiler der höheren Programmiersprachen unterstützen das .COM-Format. Sie können problemlos und sicher herausfinden, ob ein Programm umgewandelt werden kann oder nicht, indem Sie es probieren. Und wenn es klappt - gut!

Schritt 5: Anlegen von Objektbibliotheken

Die meisten höheren Programmiersprachen verwenden Dutzende oder Hunderte von fertigen Unterroutinen zur Unterstützung Ihrer Programme. Natürlich liegen diese Routinen in Objektcodeform vor. Nun ist es aber ärgerlich, wenn diese vielen Objektdateien Speicherplatz auf Ihrer Platte belegen. Zudem ist es sehr unbequem, aus so vielen Routinen diejenigen auszuwählen, die in ein Programm eingebunden werden sollen. Daher faßt man häufig mehrere Objektmodule in einer Datei zusammen und nennt diese Datei *Objektbibliothek* oder englisch *Library*. Die Dateinamenserweiterung lautet vereinbarungsgemäß .LIB.

Zu den meisten Compilern höherer Programmiersprachen erhält man bereits beim Kauf eine gebrauchsfertige Bibliothek mit standardmäßigen Unterroutinen. Manche Compiler verfügen über verschiedene Bibliotheken mit verschiedenen Versionen der standardmäßigen Unterroutinen. So kann es beispielsweise zwei Bibliotheken mit gleichwertigen Gleitkommaroutinen geben: die einen machen Gebrauch vom arithmetischen Coprozessor 8087, die anderen emulieren dieselben Gleitkommaoperationen softwaremäßig.

Der DOS-Binder ist in der Lage, eine Bibliothek zu durchsuchen und die Routinen auszuwählen, die zur Vervollständigung eines Programmes benötigt werden. Ohne Bibliothek müßte der Programmierer selbst die Auswahl treffen. Wird eine Routine vergessen, endet der Bindeprozeß mit einem Fehler, werden zuviele Routinen angegeben, wächst das Programm auf eine unnötige Länge. Bibliotheken vermeiden diese Probleme.

Zur Manipulation des Inhalts einer Objektbibliothek benötigt man ein besonderes Dienstprogramm, *Bibliotheksverwalter* (*library manager*) genannt. (DOS 3.3 wird mit einem Bibliotheksverwalter namens LIB geliefert, frühere Versionen enthielten ihn nicht.) Zum Glück ist im Kaufpreis der meisten Compiler ein Bibliotheksverwalter inbegriffen. Die folgenden Ausführungen beziehen sich auf den Microsoft/IBM Bibliotheksverwalter LIB.

Für LIB gibt es drei hauptsächliche Verwendungen: zum einfachen Studieren des Inhalts einer bestehenden Bibliothek (was sehr nützlich sein kann), zum selektiven Ersetzen von Modulen in bestehenden Bibliotheken oder zur Anlage von neuen.

Die in den IBM- und Microsoft-Handbüchern enthaltenen Informationen zu LIB behandeln seine Verwendung ausführlich, um Ihnen jedoch einen kleinen Vorgeschmack auf die diversen Verwendungsmöglichkeiten zu geben, finden Sie nachfolgend einige kleine Beispiele für den Umgang mit LIB. Um eine neue Bibliothek mit Namen TESTLIB anzulegen, geben Sie folgenden Befehl ein:

```
LIB TESTLIB;
```

Um den Inhalt einer bereits existierenden Bibliothek auf dem Drucker LTP1: auszugeben, geben Sie

```
LIB TESTLIB,LTP1;
```

ein. Wenn Sie der Bibliothek das Objektmodul X.OBJ hinzufügen wollen, geben Sie ein:

```
LIB TESTLIB +X;
```

Soll ein bereits existierendes Modul durch eine neue Version ersetzt werden, schreiben Sie:

```
LIB TESTLIB -+X;
```

Wollen Sie ein Modul aus der Bibliothek extrahieren, um es beispielsweise zu disassemblieren, geben Sie

```
LIB TESTLIB M *X;
```

ein.

Die meisten Programme rufen eine Reihe von Unterroutinen auf. Wie sehr Sie die Vorteile des LIB-Programms nutzen können, hängt davon ab, wie Sie diese organisieren:

- Kombinieren Sie die Quellcodes aller Unterroutinen in einer Quelldatei (wodurch sie zusammen kompiliert werden), so ist das Programm LIB für Sie nur von geringer Bedeutung.
- Wenn Sie andererseits jede Unterroutine in getrennte Objektdateien kompilieren lassen, führt LIB genau die Aufgabe aus, die noch getan werden muß: es faßt die Objektdateien zusammen und organisiert sie. Welche Methode Sie bevorzugen, ist eine Frage des persönlichen Arbeitsstils. Viele Programmierer teilen jedoch ein großes Programm vorzugsweise in mehrere Quelldateien auf, die dann einzeln in getrennte Objektdateien kompiliert und später zusammengebunden werden. Diese modulare Methode ist für ein großes Programm bequemer, da dieses nach Änderung weniger Teile nicht komplett neu kompiliert werden muß.

Das LINK-Programm

In diesem Abschnitt soll nun also erläutert werden, wie Programmodule kombiniert werden und das LINK-Programm eingesetzt wird. Im *DOS Technical Reference Manual* finden Sie eine genaue Beschreibung von LINK inklusive der Vielzahl der Kontrollschalter. Wir fassen hier kurz die wichtigsten und nützlichsten Operationen zusammen, insbesondere soweit sie sich auf die im folgenden Kapitel behandelten Programmiersprachen beziehen.

Das LINK-Programm nimmt vier Parameter in folgender Form an:

```
LINK 1,2,3,4;
```

Der erste Parameter ist eine Liste der Objektmodule (wie PROG1 + PROG2 + PROG3). Es folgt der Name, der dem fertigen Programm gegeben werden soll. Der dritte Parameter spezifiziert die Ausgabeeinheit für Meldungen (z.B. Bildschirm oder Drucker). Eine Liste der Bibliotheken, sofern welche benutzt werden sollen, bildet den vierten Parameter.

Binden eines einzelnen Programms

Um ein vollkommen eigenständiges Programm zu binden, gibt man LINK und den Programmnamen ein. Nehmen wir beispielsweise das BEEP-Programm von Seite 437, so lautet der Befehl

```
LINK BEEP;
```

Das Binden eines solchen Programms erzeugt eine .EXE-Datei.

Binden eines Programms an eine Bibliothek

Nehmen wir den gängigsten Fall an: Sie haben ein Programm in einer höheren Programmiersprache wie Microsoft C geschrieben. Wie Sie wissen, muß jedes kompilierte C-Programm mit einer oder mehreren Standard-Objektbibliotheken, die alle normalen C-Funktionen enthalten, gebunden werden. Am Beispiel eines einfachen C-Programms sollen die dabei ablaufenden Schritte dargestellt werden:

```
main()
{
        printf( "Guten Morgen" );
}
```

Vorausgesetzt, daß sich Ihr Quellcode in der Datei MORGEN.C befindet, erzeugt der Compiler eine Objektdatei namens MORGEN.OBJ. Dieses Objektmodul ist noch nicht ablauffähig. Sie benötigen LINK, um es mit einem anderen Objektmodul zu verbinden, das die *printf()*-Funktion enthält. Das *printf()*-Objektmodul befindet sich in einer der Standardbibliotheken des C-Compilers; falls Sie das kleine Modell des C-Compilers verwenden, ist ihr Name SLIBC.LIB.

Um die zwei Objektmodule zu binden und eine ausführbare Datei zu erzeugen, geben Sie einfach den Namen des Programm-Objektmoduls und den Namen der Bibliothek an, die das *printf()*-Objektmodul enthält:

```
LINK MORGEN,,,SLIBC;
```

LINK durchsucht nun SLIBC.LIB nach *printf()*, bindet *printf()* an MORGEN.OBJ und hinterläßt die daraus resultierende ausführbare Datei in MORGEN.EXE.

Sogar dieses einfache Beispiel ist komplizierter als nötig. Die meisten modernen Compiler, inklusive des Microsoft C-Compilers in diesem Beispiel können in die von ihnen erzeugten Objektmodule die Namen ihrer Standardbibliotheken einfügen. Das heißt, LINK kann arbeiten, ohne daß dem Programm ausdrücklich etwas über die Standardbibliotheken gesagt wurde:

```
LINK MORGEN;
```

Wenn Sie wollen, daß LINK eine nicht standardmäßige Bibliothek verwendet, müssen Sie ihren Namen natürlich angeben.

Binden von Objektdateien

LINK läßt sich außer zur Anbindung von Bibliotheken zur Kombination von zwei oder mehr Objektdateien verwenden. Dazu führt man jeden einzelnen Objektdateinamen auf:

```
LINK ALPHA+BETA+GAMMA;
```

Sie können auch gleichzeitig mehrere Objektdateien und ein oder mehrere Objektbibliotheken binden:

```
LINK MORGEN+ADE,,,MEINEBIB;
```

Die jeweils zum Binden eines Programms verwendete Methode hängt zum einen vom verwendeten Sprachübersetzer ab, zum anderen von der Anzahl der zum Aufbau eines ausführbaren Programms benötigten Objektdateien und Objektbibliotheken.

Kapitel 20
Programmiersprachen

Im letzten Kapitel haben wir uns kurz mit den allgemeinen Prinzipien zum Erstellen und Binden von Programm-Modulen beschäftigt. In diesen Kapitel geht es um einige spezifische Programmiersprachen. Dabei konzentrieren wir uns darauf, wie Module in höheren Programmiersprachen mit Assembler-Routinen verbunden werden können.

Die Kapitelüberschrift läßt vermuten, daß wir uns allgemein mit Programmiersprachen beschäftigen, doch ist dies nicht ganz zutreffend. Es mag zwar Spaß machen, ein Thema abstrakt zu diskutieren, doch muß man ins Detail gehen, um etwas zustandezubringen. Wenn Sie Computerprogramme schreiben wollen, müssen Sie mit einer bestimmten Programmiersprache arbeiten - und eine Programmiersprache ist weit spezifischer, als manche glauben.

Zunächst einmal gibt es nicht so etwas wie eine allgemeine Programmiersprache. Sie können funktionsfähige Programme in einer Programmiersprache nur mit einem Compiler oder Interpreter schreiben, der für einen bestimmten Computer entworfen wurde. Obwohl Theoretiker das Gegenteil behaupten, fehlen den allgemeinen Definitionen der Programmiersprachen viele der wesentlichen Eigenschaften, die man zur Erstellung von Programmen braucht, die auf realen Computern ablaufen. Wenn z.B. ein Compiler oder Interpreter entwickelt wurde, damit eine bestimmte Programmiersprache (wie BASIC) auf einem bestimmten Computer (z.B. dem IBM PC) ablaufen soll, wird der Sprachkern abgeändert und erweitert, um spezielle Fähigkeiten zu bieten. Die Änderungen sind oft beträchtlich; in jedem Fall führen sie jedoch zu einer Programmiersprache, die mit allen anderen Programmiersprachen desselben Namens verwandt ist und sich dennoch unterscheidet.

Damit soll gesagt werden, daß dieses Kapitel nicht alle Programmiersprachen für den PC, die es heutzutage gibt oder in der Zukunft geben könnte, abdecken kann und will. Da jeder Compiler in der Praxis eine eigene Programmiersprache mit sich bringt, entschlossen wir uns, Programmiersprachen nicht allgemein abzuhandeln. Stattdessen betrachten wir einige reale Implementationen: Microsoft/IBM Makro-Assembler, Microsoft C, IBM Interpreter-BASIC, Microsoft QuickBASIC und Borlands Turbo Pascal.

Besonderheiten der einzelnen Programmiersprachen

Die fünf gewählten Programmiersprachen stellen jeweils richtige, eigene Familien dar. Von jeder existieren mehrere Versionen, und die meisten sind von verschiedenen Quellen erhältlich. Glücklicherweise sind die Unterschiede zwischen den einzelnen Versionen aber relativ gering, jedenfalls nicht so groß wie z.B. zwischen BASIC und Pascal, so daß es nicht nötig ist, sie als eigenständige Sprachen zu behandeln.

Assembler-Sprache. Die Erläuterungen zu Assembler stützen sich auf Version 5.0 des Microsoft Makro-Assemblers. Eine Reihe anderer Versionen erhält man von Microsoft, IBM und anderen Computerherstellern, die eine Lizenz für Microsofts Grundprodukt besitzen. Neuere Versionen des Assemblers besitzen viele Eigenschaften, die in den älteren nicht implementiert waren, doch beschränken wir uns hier auf die den meisten, wenn nicht sogar allen Versionen gemeinsamen grundlegenden Eigenschaften.

Die Sprache C. Bei der Behandlung von C verwenden wir die Version 5.0 des Microsoft C-Compilers.

Interpretiertes BASIC. Das interpretierte BASIC, das wir in diesem Kapitel behandeln wollen, gibt es in Tausenden von Varianten. IBM PC-Benutzern ist die Version, die wir hier besprechen, als BASIC oder BASICA bekannt; genauer definiert wird sie durch Versionsnamen, zu denen die DOS-Versionsnummer gehört (z.B. C1.10, A2.10 oder A3.30). Außerhalb der IBM-Welt wird es als BASIC, Microsoft-BASIC oder GW-BASIC bezeichnet. Wir beschäftigen uns nur mit den gemeinsamen Elementen, die Unterschiede zwischen den einzelnen Versionen bleiben unberücksichtigt.

Kompiliertes BASIC. Für die Erklärungen zum kompilierten BASIC haben wir uns auf die Version 4.0 von Microsoft QuickBASIC gestützt.

Pascal. Bei Pascal verwenden wir als Grundlage Borlands Turbo Pascal Version 4.0, einen gängigen Pascal-Compiler.

Assembler-Sprache

Wie für jede andere Programmiersprache, läßt sich auch Assembler-Sprache auf zwei verschiedene Arten einsetzen: zum Schreiben von eigenständigen Programmen und zum Schreiben von Unterroutinen, die von anderen Programmen aufgerufen werden. Unterroutinen sind von der Unterstützung des aufrufenden Programms, das auch ihre Struktur bestimmt, weitgehend abhängig. Eigenständige Assembler-Programme hingegen müssen eine eigene Struktur haben und alle nötigen Operationen völlig selbständig abwickeln. Assembler-Unterroutinen sind relativ einfach zu schreiben, während die Entwicklung eigenständiger Assembler-Programme einiges Kopfzerbrechen bereiten kann. Unterroutinen interessieren vor allem diejenigen, die Schnittstellenroutinen zwischen einer höheren Programmiersprache und ROM BIOS- oder DOS-Systemroutinen schreiben müssen, während eigenständige Assembler-Programme für die Programmierer in Frage kommen, die eine Aufgabe lösen müssen, für die weder ihre höhere Programmiersprache noch Systemroutinen eine Lösung bieten.

Im folgenden erhalten Sie Einblick in einige Programmiertechniken, die für die Entwicklung einer Schnittstellenroutine wichtig sind. Wir werden außerdem den Entstehungsprozeß eines eigenständigen Assembler-Programms durchsprechen, ohne einen Einführungskurs in Assembler geben zu wollen.

Wenn Sie mit Assembler noch nicht so vertraut sind, empfiehlt es sich, Assembler-Auflistungen durchzuarbeiten. Sehr interessant sind beispielsweise die ROM BIOS-Auflistungen, die sie in den *Technical Reference Manuals* von IBM finden. Eine andere, mit den meisten Compilern angebotene Quelle sind die auf Wunsch ausgegebenen Assembler-Auflistungen. Dadurch können Sie zum einen erfahren, wie der Compiler bestimmte Codierungsprobleme handhabt (was Sie über die Auswahl entsprechender Anweisungen in der höheren Programmiersprache steuern können), zum anderen lernen Sie zugleich einiges über die Schnittstellenkonventionen für Unterroutinen, die der Compiler verwendet. Ein anderer, nicht so guter Weg, Assembler-Kenntnisse zu vertiefen, besteht darin, ein existierendes Programm mit dem DOS DEBUG-Programm in den Speicher zu laden und dann den DEBUG-Befehl U (Unassemble) zu verwenden, um Abschnitte des Programms zu betrachten. Jede Methode kann beim Erlernen verschiedener Programmiertechniken und Tricks hilfreich sein.

Logischer Aufbau

Die Elemente einer Unterroutine in Assembler-Sprache sind leicht zu verstehen, wenn man sie in der Reihenfolge ihres Auftretens darstellt. In Kapitel 8 haben wir die logische Struktur einer Schnittstellenroutine als fünf verschachtelte Ebenen dargestellt:

Ebene 1: Allgemeiner Kopf der Assembler-Routine

Ebene 2: Kopf der Assembler-Unterroutine

Ebene 3: Eingangscode

Ebene 4: Parameter von aufrufender Routine lesen

Ebene 5: ROM BIOS-Routine aufrufen

Ebene 4: Ergebnisse der aufrufenden Routine übergeben

Ebene 3: Ausgangscode

Ebene 2: Nachspann der Assembler-Unterroutine

Ebene 1: Allgemeiner Nachspann der Assembler-Routine

Der Aufbau gilt nicht nur für Schnittstellen-, sondern auch für die meisten anderen Assembler-Routinen. Die Codierung ist natürlich von Fall zu Fall verschieden.

Schnittstellenkonventionen

Es reicht nicht aus, die Assembler-Sprache zu beherrschen, um ein Modul in einer höheren Programmiersprache mit einer Assembler-Routine verbinden zu wollen, sondern Sie müssen auch die Schnittstellenkonventionen Ihrer Programmiersprache kennen. Ihre Assembler-Schnittstelle muß u.a. wissen, wie sie auf die vom aufrufenden Programm übergebenen Parameter zugreifen kann, wie sie das Datenformat interpretieren und die Parameter zurücksenden soll. Selbst wenn die Dokumentationen Ihrer Sprache solche Informationen nicht bieten, lassen sie sich doch von der Sprache selbst erhalten.

Um die Konventionen sowohl des aufrufenden als auch des aufgerufenen Programms zu erfahren - d.h. beide Seiten der Schnittstelle zum Programmaufruf zu sehen - können Sie, wie oben erwähnt, die Assembler-Auflistungen Ihres Compilers untersuchen. Sie können außerdem die mit dem Sprac-Compiler gelieferten Assembler-Routinen studieren, um das Ganze aus einem anderen Blickwinkel zu sehen. Diese Technik liefert nicht nur die gewünschten Konventionen, sondern zudem spezifische Programmierbeispiele, die als Modell dienen können.

Den einfachsten Zugriff erhält man meist auf die Routinen, die in den Compiler-Bibliotheken verwendet werden. Suchen Sie sich einen Funktionsbereich aus, z.B. Ein-

/Ausgabe, Arithmetik oder Bildschirmsteuerung, und stellen Sie fest, welche Routinen dazu aufgerufen werden.

Einige wenige Compiler-Hersteller verkaufen auch den Quellcode ihrer Unterroutine-Bibliotheken. Steht der Quellcode nicht zur Verfügung, müssen Sie die eigentlichen Unterroutinen disassemblieren, indem Sie sie aus den Objektbibliotheken Ihres Compilers extrahieren. Eine bestimmte Unterroutine läßt sich in einer Objektbibliothek mit Hilfe eines Bibliotheksverwalters wie LIB finden. Dieser kann das Inhaltsverzeichnis einer Bibliothek auflisten. Angenommen, auf Ihrer Platte befindet sich die Bibliothek SLIBC.LIB. Mit Hilfe der folgenden DOS-Anweisung können Sie die Bibliotheksauflistung in eine andere Datei namens LISTING.TXT umleiten:

```
LIB SLIBC,LISTING.TXT;
```

Wenn Sie die Auflistung durchsehen, finden Sie die Routine, die Sie interessiert und den Namen des Moduls, das die Routine enthält. Wenn z.B. der Name der Unterroutine *_abs* und der Name des Bibliotheksmoduls, das die Routine enthält, ABS ist, können Sie es mit LIB ABS aus der Bibliothek extrahieren und eine getrennte Objektdatei namens ABS.OBJ anlegen:

```
LIB SLIBC *ABS;
```

Nun könnten Sie das Modul ABS.OBJ näher betrachten. Davon ist aber abzuraten, denn es enthält noch Link-Editor-Informationen, die unnötig verwirren. Stattdessen sollten Sie ABS.OBJ in eine ausführbare Datei umwandeln (auch wenn es sich nur um eine Unterroutine und nicht um ein komplettes Programm handelt). Geben Sie dem Modul zunächst mit LINK die Form einer .EXE-Datei:

```
LINK ABS;
```

Es entsteht die ausführbare Datei ABS.EXE. Eventuelle Fehlermeldungen (z.B. "kein Stapel vorhanden") brauchen Sie nicht zu beachten, da es sich ja um kein Programm handelt, sondern Sie nur den ausführbaren Code der Unterroutine einsehen wollen.

Verwenden Sie zum Disassemblieren der Unterroutine DEBUG:

```
DEBUG ABS.EXE
```

Sie können nun mit Hilfe des DEBUG-Befehls U den ausführbaren Code in lesbare Assembler-Sprache-Anweisungen umwandeln. Notieren Sie zunächst die Größe Ihrer .EXE-Datei und ziehen 512 Bytes ab, um die tatsächliche Größe der Unterroutine zu ermitteln (die 512 Bytes enthalten Informationen, die DOS zum Laden eines ausführbaren Programms verwendet; sie sind jedoch nicht Teil der Unterroutine selbst). Beträgt z.B. die Größe von ABS.EXE 535 Bytes, ist die tatsächliche Größe der Unterroutine nur 23 (hexadezimal 17) Bytes. Der zu verwendende DEBUG-Befehl hieße dann

```
U 0 L17
```

Der geschilderte Vorgang mag Ihnen aufwendig und unbequem vorkommen, in der Praxis sind die Schritte aber schnell erledigt. Und das Resultat ist ein Einblick in die Art und Weise, wie Ihre Programmiersprache AssemblerSchnittstellenroutinen verwendet.

Der nächste Abschnitt wiederholt die Hauptschritte des bisher Gesagten anhand eines Beispiels.

Erstellen und Binden von Assembler-Programmen

Wir wollen anhand eines einfachen Programms, das einen Ton auf dem Lautsprecher des Computers erzeugt, besprechen, wie man ein Assembler-Programm erstellt und bindet. Normalerweise können Sie das auf jedem Computer der PC-Familie oder einem beliebigen DOS-Computer tun, indem Sie das Tonzeichen, ASCII 07H, auf den Bildschirm schreiben. In diesem Beispiel geschieht das mit Hilfe von Interrupt 21H, Funktion 02H. Danach beenden wir das Programm und geben mit Hilfe von Interrupt 21H, Funktion 4CH die Kontrolle an DOS zurück. Studieren Sie das Beispiel, und Sie lernen eine Menge über das Schreiben von eigenständigen Assembler-Spracheprogrammen. Der Quellcode dieses kleinen Programms sieht wie folgt aus:

```
; Allgemeines DOS Ton-Programm

CodeSeg          SEGMENT byte
                 ASSUME  cs:CodeSeg

Ton              PROC

                 mov     dl,7        ; Tonzeichen
                 mov     ah,2        ; Nummer der Interrupt 21H-Funktion
                 int     21h         ; DOS zum Schreiben des Zeichens
                                     ; aufrufen

                 mov     ax,4C00h    ; AH = 4CH (Nummer der Interrupt
                                     ; 21H-Funktion)
                                     ; AL = 00H (Rückkehrcode)
                 int     21h         ; DOS aufrufen, um Programm zu
                                     ; beenden

Ton              ENDP

CodeSeg          ENDS

                 END                 Ton
```

Wie Sie sehen, umfaßt das Programm nur fünf Instruktionen und belegt nur elf Bytes. Wenn Sie den Quellcode des Programms in einer Datei namens TON.ASM speichern, können Sie den Assembler verwenden, um es über einen einfachen Befehl in Objektcode zu übersetzen:

```
MASM TON;
```

Die resultierende Objektdatei ist bereit zum Binden. In diesem Fall können Sie das Programm ohne Unterroutinen, Bibliotheken oder andere Objektdateien binden:

```
LINK TON;
```

LINK erwartet normalerweise im zu bindenden Programm ein Stapelsegment. Da das bei unserem einfachen Beispiel entfällt, muß es in eine .COM-Datei konvertiert werden. Der Binder beklagt den fehlenden Stapel, doch können Sie darüber hinweggehen.

Das Binden führt zum ausführbaren Programm TON.EXE. Bei Aufruf dieses Programms weiß DOS jedoch nicht, wo es den Programmstapel plazieren soll. Dieses Problem können Sie lösen, indem Sie TON.EXE mit Hilfe von EXE2BIN in ein .COM-Programm konvertieren:

```
EXE2BIN TON TON.COM
```

Beim Aufruf von TON.COM legt DOS automatisch einen Stapel an. Ihr Programm trägt nun den Namen TON.COM und ist auf jedem PC unter DOS ausführbar. Sie können jetzt bedenkenlos die Zwischendateien TON.OBJ und TON.EXE löschen.

Beachten Sie, wie sich mit den einzelnen Schritten die Länge des Programms beträchtlich verändert. Der Quellcode beträgt ungefähr 400 Bytes (das hängt z.B. von der Länge der Kommentare ab). Beim Assemblieren und Binden des Programms entstehen nur 11 Bytes Maschinencode. Dennoch ist die Objektdatei, in der noch einige Standard-LINK-Informationen mit abgespeichert werden, mit einer Länge von 71 Bytes wesentlich kürzer als die Quelldatei, aber doch mehr als die 11 Bytes des eigentlichen Maschinencodes. Nach dem Binden schwillt die 71 Bytes lange Objektdatei zu einer .EXE-Datei von 523 Bytes Länge an. (Das .EXE-Format enthält einen Vorspann von 512 Bytes, der Informationen darüber enthält, wie das Programm zu laden ist.) Bei der Umwandlung in das .COM-Format wird der Vorspann herausgenommen und es verbleiben die 11 Bytes reiner Maschinencode.

Die Sprache C

Wir beginnen die Behandlung der einzelnen höheren Programmiersprachen mit der Sprache C. In den vorausgegangenen Kapiteln fanden Sie bereits einige Beispiele zur C-Schnittstelle für Unterroutinen. Nun geht es darum zu zeigen, wie man diese Schnittstelle an unterschiedliche Methoden zur Parameterübergabe und Speichermodelle anpaßt. Zwar beziehen sich die hier aufgeführten Beispiele speziell auf den Microsoft C-Compiler, doch werden Sie sehen, daß der grundlegende Aufbau einer Schnittstelle für Unterroutinen nicht nur für Compiler anderer Anbieter sondern auch für andere Programmiersprachen gilt.

Die in den vorausgegangenen Kapiteln vorgestellten C-Routinen verwendeten ein kleines Speichermodell und die "Übergabe mit Wert"-Konvention. Auch die Unterroutine auf der nächsten Seite, die den Absolutwert einer Ganzzahl errechnet, hält sich daran.

Sie enthält eine near-Rückkehranweisung (RET), da das Programm ein kleines Speichermodell mit dem gesamten ausführbaren Code im selben Segment verwendet. Der Wert des Parameters wird der Unterroutine über den Stapel übergeben und auf die übliche Art über BP gelesen. Der Parameterwert steht an [BP + 4], da die ersten 4 Bytes des Stapels durch die Rücksprungadresse (2 Bytes) des aufrufenden Programms und dem gesicherten Wert von BP (2 Bytes) belegt sind.

```
_TEXT           SEGMENT byte public 'CODE'
                ASSUME  cs:_TEXT

                PUBLIC  _AbsWert
_AbsWert        PROC    near              ; Aufruf mit near-Aufruf

                push    bp
                mov     bp,sp

                mov     ax,[bp+4]         ; AX = Wert des 1. Parameters

                cwd
                xor     ax,dx
                sub     ax,dx             ; Ergebnis in AX lassen

                pop     bp
                ret                       ; near-Rücksprung

_AbsWert        ENDP

_TEXT           ENDS
```

Die Unterroutine verwendet zur Rückgabe ihrer Ergebnisse an das aufrufende Programm Register AX. Wäre der Rückkehrwert ein 4-Byte-Wert gewesen, hätte man dafür das Registerpaar DX:AX verwendet, mit dem höherwertigen Wort des Werts in DX.

Hätte diese Unterroutine mehr als einen Parameter zu verarbeiten, wären der zweite und alle weiteren an höheren Stapeladressen zu finden gewesen. Der zweite Parameter hätte sich z.B. an [BP + 6] befunden. (Die Unterroutine *Wochentag()* in Kapitel 16 liefert hierfür ein Beispiel.) Der C-Compiler legt Parameter nicht in der Reihenfolge ihrer Deklaration, sondern in umgekehrter Reihenfolge auf dem Stapel. Daher weiß eine Unterroutine immer, wo sie den ersten Parameter auf dem Stapel findet. Eine C-Funktion wie *printf()* kann sogar eine variable Anzahl von Parametern verwenden, wenn der erste Parameter die Anzahl angibt.

Nach ihrer Rückkehr hinterläßt die Unterroutine den Wert des Parameters auf dem Stapel. In C muß das aufrufende Programm den Stapel nach dem Aufruf einer Unterroutine bereinigen. Betrachten wir einmal, welchen ausführbaren Code ein C-Compiler für eine einfache C-Anweisung, die *AbsWert()* aufruft, erzeugt:

```
x = AbsWert( y );      /* x und y sind Ganzzahlen */
```

Der ausführbare Code für diese Anweisung sieht etwa folgendermaßen aus:

```
push Y              ; Wert an Adresse Y auf Stapel
call _AbsWert       ; Unterroutine aufrufen (near-Aufruf)
add  sp,2           ; Wert vom Stapel entfernen
mov  X,ax           ; Zurückgegebenen Wert an Adresse X speichern
```

Parameterübergabe

Betrachten wir nun den Unterschied zwischen den Methoden zur Parameterübergabe, Übergabe mit Wert und Übergabe mit Verweis. Die Methode Übergabe mit Wert übergibt der Unterroutine eine Kopie des aktuellen Werts des Parameters. Im Gegensatz dazu übergibt die Methode Übergabe mit Verweis die Adresse eines Parameters. Dies beeinflußt die Schnittstelle für Unterroutinen zweifach.

Erstens kann man auf den durch einen Verweis übergebenen Parameter nicht direkt zugreifen. Man muß stattdessen zunächst die Adresse des Parameters vom Stapel kopieren und dann den Wert des Parameters über die Adresse lesen. Beispiel:

```
_TEXT           SEGMENT byte public 'CODE'
                ASSUME  cs:_TEXT

                PUBLIC  _KleinAbs
_KleinAbs       PROC    near                ; Aufruf mit near-Aufruf

                push    bp
                mov     bp,sp

                mov     bx,[bp+4]           ; BX = Adresse des 1. Para-
                                            ; meters
                mov     ax,[bx]             ; AX = Wert des 1. Parameters

                cwd
                xor     ax,dx
                sub     ax,dx

                mov     [bx],ax             ; Ergebnis an Parameter-
                                            ; adresse hinterlassen

                pop     bp
                ret                         ; near-Rücksprung

_KleinAbs       ENDP

_TEXT           ENDS
```

_KleinAbs(), das die Übergabe mit Verweis verwendet, erhält den Wert seines Parameters in zwei Schritten. Zuerst kopiert die Routine die Adresse des Parameters vom Stapel (MOV BX,[BP + 4]). Dann holt es den Wert des Parameters von dieser Adresse (von MOV AX,[BX]). Sobald der Parameterwert in AX steht, geht die Berechnung seines Absolutwerts wie im vorhergehenden Beispiel fort.

Um *KleinAbs()* aus einem C-Programm heraus einen Parameter zu übergeben, müssen Sie seine Adresse statt seines Werts übergeben:

```
KleinAbs( &x );         /* Adresse von x übergeben */
```

Der zugehörige ausführbare Code für diese Anweisung sieht etwa folgendermaßen aus:

```
mov ax,offset X         ; Adresse von X auf Stapel
push ax
```

```
call _KleinAbs          ; Unterroutine aufrufen (near-Aufruf)
add  sp,2               ; Wert vom Stapel entfernen
```

Die Art und Weise, wie *KleinAbs()* sein Ergebnis zurückgibt, zeigt den Hauptgrund für die Verwendung der "Übergabe mit Verweis"-Methode: *KleinAbs()* ändert den Wert seines Parameters. Anstatt einfach in AX ein Ergebnis zurückzugeben, speichert *KleinAbs()* den Rückkehrwert an der Parameteradresse (MOV [BX],AX).

In höheren Programmiersprachen lassen sich beide Methoden zur Parameterübergabe verwenden. Je nach Sprache wird standardmäßig die eine oder die andere verwendet. Zum Beispiel benutzt BASIC standardmäßig die Übergabe mit Verweis und C die Übergabe mit Wert. In vielen Sprachen variiert die Standardmethode je nach Datentyp des Parameters. Normalerweise können Sie festlegen, welche Methode zum Aufruf einer Unterroutine verwendet wird, indem Sie eine solche in Ihrem Quellcode angeben (falls das der Compiler zuläßt) oder einen Datentyp verwenden, der mit einer bestimmten Methode zur Parameterübergabe verbunden ist.

Speichermodellvarianten

Eine einfache Faustregel hilft bei der Ermittlung, wie das Speichermodell eines Programms den Aufbau seiner Unterroutinen beeinflußt: sind mehrere Segmente betroffen, verwenden Sie die far-Adressierung (Intersegment-), bei einem einzelnen Segment die near-Adressierung (Intrasegment-). Die Anwendung dieser einfachen Regel soll anhand zweier "echter" Unterroutinen gezeigt werden.

Die folgende Variante unserer Absolutwert-Unterroutine ist für ein C-Programm des mittleren Modells bestimmt. Ein Programm des mittleren Modells besitzt mehrere Code-Segmente, aber nur ein Datensegment. Auf Unterroutinen in getrennten Segmenten muß man mit Hilfe von far-Sprüngen und far-Rückkehrbefehlen zugreifen, zum Zugriff auf das einzige Datensegment reichen near-Adressen:

```
MITTLABS_TEXT   SEGMENT byte public 'CODE'
                ASSUME  cs:MITTLABS_TEXT

                PUBLIC  _MittlAbs
_MittlAbs       PROC    far             ; Aufruf mit far-CALL

                push    bp
                mov     bp,sp

                mov     bx,[bp+6]       ; BX = Adresse des
                                        ; 1. Parameters
                mov     ax,[bx]

                cwd
                xor     ax,dx
                sub     ax,dx

                mov     [bx],ax         ; Ergebnis an Parameter-
                                        ; adresse hinterlassen
```

```
                pop     bp
                ret                     ; far-Rücksprung

_MittlAbs       ENDP

MITTLABS_TEXT   ENDS
```

Diese Version des mittleren Modells (*MittlAbs()*) ähnelt sehr stark *KleinAbs()*. In *Mittl-Abs()* deklariert die PROC-Anweisung, daß die Routine mit einem far-CALL aufzurufen ist und weist den Assembler an, eine far-Rückkehranweisung statt einer near-Rückkehr-anweisung zu generieren. Da *MittlAbs()* mit einem far-CALL aufgerufen wird, enthält der Stapel neben der segmentierten Rückkehradresse (4 Bytes) noch den gesicherten Wert von BP (2 Bytes), so daß die Unterroutine ihre Parameter an [BP + 6] statt an [BP + 4] sucht.

Ein Programm des großen Modells führt zu einer weiteren Änderung im Aufbau der Unterroutine. Da ein solches Programm mehrere Datensegmente verwendet, sind die Adressen der Parameter der Unterroutine (segmentierte) far-Adressen.

```
GROSSABS_TEXT   SEGMENT byte public 'CODE'
                ASSUME  cs:GROSSABS_TEXT

                PUBLIC  _GrossAbs
_GrossAbs       PROC    far             ; Aufruf mit far-CALL

                push    bp
                mov     bp,sp
                les     bx,[bp+6]       ; ES:BX = Segmentierte
                                        ; Adresse des 1. Parameters
                mov     ax,es:[bx]      ; AX = Wert des 1. Para-
                                        ; meters

                cwd
                xor     ax,dx
                sub     ax,dx

                mov     es:[bx],ax      ; Ergebnis an Parameter-
                                        ; adresse hinterlassen

                pop     bp
                ret                     ; far-Rücksprung

_GrossAbs       ENDP

GROSSABS_TEXT   ENDS
```

Da *GrossAbs()* mit dem großen Speichermodell konform geht, wurde es so gestaltet, daß es Segment und Offset vom Stapel holt (LES BX,[BP + 6]). Der Segmentteil der Parameteradresse kommt in ES, der Offset in BX. Die Unterroutine verwendet dieses Registerpaar, um den Wert des Parameters zu erhalten (MOV AX,ES:[BX]) und ein Ergebnis zurückzugeben (MOV ES:[BX],AX).

Wenn Sie *GrossAbs()* folgendermaßen aufrufen:

```
GrossAbs( &x );
```

sieht der ausführbare Code für diese Anweisung etwa folgendermaßen aus:

```
push ds             ; Segment des Parameters auf Stapel
mov ax,offset X     ; Offset des Parameters auf Stapel
push ax
call _GrossAbs      ; Unterroutine aufrufen (far-Aufruf)
add  sp,4           ; Adresse vom Stapel entfernen
```

Namenskonventionen

Wie bereits erwähnt bestimmen unabhängig vom eingesetzten Compiler die Methoden zur Parameterübergabe und das verwendete Speichermodell, wie eine Schnittstelle für Unterroutinen implementiert ist. Leider können andere Unterschiede in den einzelnen Sprachen und Compilern das Schreiben einer Unterroutine erschweren.

Ein Problem besteht darin, daß verschiedene Sprachen und Compiler für die in den zugehörigen Sprachen auftauchenden Unterroutinen, Segmente, Segmentgruppen und Variablen verschiedene Namen verwenden. Die beispielsweise in Microsoft C verwendeten Namen (_TEXT, _DATA, DGROUP, usw.) unterscheiden sich nicht nur von denen anderer Anbieter von C-Compilern, sondern auch von früheren Versionen des Microsoft C-Compilers.

Weitere Unterschiede in der Namensgebung treten beim Vergleich verschiedener Sprachen auf. C unterscheidet zwischen Groß- und Kleinschreibung, doch konvertieren BASIC und Pascal alle Klein- in Großbuchstaben. C-Compiler setzen generell vor alle in einem C-Programm deklarierten Namen einen Unterstrich, so daß auf einen Namen wie *printf* in C in Assembler-Sprache mit *_printf* verwiesen werden muß. Die sicherste Methode herauszufinden, welche Namenskonventionen Ihr Sprachübersetzer verwendet, ist ein Blick in die Handbücher Ihres Compilers.

Datendarstellung

Zum Abschluß unserer Überlegungen zu C soll noch gezeigt werden, wie C unterschiedliche Datentypen darstellt. Beim Schreiben einer Routine, die sich mit einem C-Programm Daten teilt, müssen Sie wissen, wie der Compiler Daten im Speicher speichert.

Die in C verfügbaren Datentypen fallen in drei Kategorien: *Ganzzahl*, *Gleitkomma* und *sonstige Typen*.

- Ganzzahlige Typen (*char*, *int*, *short* und *long*) werden mit ihren niederwertigen Bytes zuerst im vertrauten "Back-words"-Format des 8086 gespeichert. In C-Implementationen des 8086 beträgt die Länge von *char* 1 Byte, von *int* und *short* 2 Bytes und von *long* 4 Bytes. Die ganzzahligen Datentypen lassen sich als *signed* (*mit Vorzeichen*) oder *unsigned* (*ohne Vorzeichen*) definieren.

- In Microsoft C basieren die Darstellungen von Gleitkomma-Datentypen (*float* und *double*) auf dem IEEE-Standard für Gleitkommadatentypen, wie er im 8087-Coprozessor verwendet wird. Bei dieser Darstellung ist ein *float*-Wert 4 Bytes und ein *double*-Wert 8 Bytes lang. Trotz des Größenunterschieds besteht zwischen *float* und *double* eine einfache Beziehung: Sie können einen *float*-Wert in einen *double*-Wert konvertieren, indem Sie 4 Bytes mit Nullen anhängen.
- Zu den weiteren Datentypen von C gehören *Zeiger* (*pointer*) und *Zeichenfolgen* (*strings*). Zeiger sind Adressenwerte; near-Zeiger haben eine Länge von 2 Bytes und far-Zeiger eine Länge von 4 Bytes. Zeichenfolgen sind als Matrix vom Typ *char* definiert. In C sind jedoch alle Zeichenfolgen als ASCIIZ-Zeichenfolgen gespeichert, d.h. als Folge von Bytes, die mit einem einzelnen Null-Byte endet. In einem C-Programm müssen Sie bei der Deklaration einer Zeichenfolge dieses zusätzliche Byte berücksichtigen. Zum Beispiel reserviert man Speicherplatz für 64 Bytes Zeichenfolgedaten plus dem abschließenden Null-Byte wie folgt:

```
char zf[65];
```

In C ist der Wert des Namens *zf* die Adresse der Zeichenfolgedaten, die damit zusammenhängen. Eine Unterroutine, die mit *zf* als Parameter aufgerufen wird, kann den Wert von *zf* (die Adresse der Zeichenfolgedaten) direkt vom Stapel lesen und auf die Daten unter Bezugnahme auf diese Adresse zugreifen.

Interpretiertes BASIC

Um es vorweg zu sagen: die Programmierung von Schnittstellen zwischen BASIC- und Assembler-Programmen ist ein derart komplexes Thema, daß man damit mühelos mehrere Bücher füllen kann. Das liegt daran, daß BASIC nur sehr unsaubere Schnittstellen anbietet. Die Tatsache, daß es verschiedene BASIC-Versionen für unterschiedliche PC-Modelle gibt, kommt erschwerend hinzu. Die hier beschriebenen spezifischen Techniken gelten für die populärsten interpretierten BASIC-Dialekte: das von IBM mit jedem PC und PS/2 ausgelieferte BASIC und Microsofts GW-BASIC.

In diesem Abschnitt beschreiben wir die Schnittstelle zwischen Assembler-Routinen und interpretiertem BASIC. Es geht dabei nur um solche Routinen, die über den BASIC-Befehl CALL aufgerufen werden.

> ❑ HINWEIS: *Interpretiertes BASIC unterstützt mit dem Befehl USR einen weiteren Unterroutinen-Aufruf. Wir meinen jedoch, daß der Befehl USR lästige und unnötige Komplikationen mit sich bringt und empfehlen, stattdessen den Befehl CALL zu verwenden.*

Schnittstelle zu Unterroutinen

Das interpretierte BASIC benutzt ein mittleres Speichermodell. Dadurch wird auf Unterroutinen über eine Kombination aus far-Aufruf und far-Rückkehr zugegriffen und auf Daten mit near-Adressen. Alle Parameter werden durch Verweis übergeben. Dies vorausgesetzt, lassen sich problemlos Assembler-Routinen schreiben, auf die man innerhalb eines interpretierten BASIC-Programms zugreifen kann.

Das interpretierte BASIC weiß allerdings rein gar nichts über Objektdateien, Objektbibliotheken oder Binder: Sie müssen BASIC ausdrücklich anweisen, Ihre Routine zu laden und zu binden. Es entstanden im Laufe der Zeit viele Ladetechniken; die direkteste verwendet BASICs eigenen BLOAD-Befehl, um einem höherstehenden interpretierten BASIC-Programm eine Unterroutine zugänglich zu machen.

Der BLOAD-Befehl lädt Binärdaten von einer Plattendatei in BASICs Standarddatensegment. Wenn Sie eine Unterroutine in dem von BLOAD akzeptierten Format schreiben, können Sie diesen Befehl verwenden, um sie an eine beliebige Speicherstelle zu setzen. Insbesondere können Sie eine Unterroutine in eine ganzzahlige Matrix laden, deren Adresse Sie mit der CALL-Anweisung von BASIC aufrufen.

BLOAD lädt Dateien, die einen 7 Bytes langen Vorspann aufweisen. Dieser enthält ein Kennungsbyte (FDH), zwei Worte (4 Bytes) voller Nullen und ein Wort, das die Anzahl der zu ladenden Bytes enthält. Indem man einer Unterroutine lediglich diesen Vorspann hinzufügt, wird sie durch BLOAD ladbar:

```
CodeSeg          SEGMENT byte
                 ASSUME  cs:CodeSeg

; Vorspann für BASIC BLOAD
                  DB      0FDh              ; Kennungsbyte
                  DW      2 dup(0)          ; zwei 16-Bit-Nullen
                  DW      UnterroutGroesse  ; Größe dieser Unter-
                                            ; routine

_MittlAbs         PROC    far               ; Aufruf mit far-CALL
                  push    bp
                  mov     bp,sp

                  mov     bx,[bp+6]         ; BX = Adresse des
                                            ; 1. Parameters
                  mov     ax,[bx]
                  cwd
                  xor     ax,dx
                  sub     ax,dx

                  mov     [bx],ax           ; Ergebnis an Parameter-
                                            ; adresse hinterlassen
                  pop     bp
                  ret     2                 ; far-Rücksprung, Para-
                                            ; meteradresse entfernen

_MittlAbs         ENDP

UnterroutGroesse EQU     $-MittlAbs

CodeSeg           ENDS
```

Außer dem BLOAD-Vorspann liegt der einzige Unterschied zwischen dieser Version von *MittlAbs()* und der alten Version in den Namenskonventionen: das interpretierte BASIC verwendet keine symbolischen Namen zum Binden einer Unterroutine, die mit dem BLOAD-Befehl geladen wurde. Sie können daher jeden beliebigen Namen wählen.

Um den Quellcode in Assembler-Sprache in eine von BLOAD lesbare Form zu bringen, nimmt man LINK und EXE2BIN. Falls z.B. die Quelldatei der Unterroutine den Namen MITTLABS.ASM trägt, wandeln sie die folgenden zwei Befehle in MITTLABS.BIN um, eine Datei, die BLOAD verwenden kann:

```
LINK MITTLABS.ASM;
EXE2BIN MITTLABS;
```

Um die Unterroutine in ein BASIC-Programm einzubinden, sind folgende Schritte erforderlich:

1. Ordnen Sie der Routine einen Speicherblock zu, indem die DIM-Anweisung zur Deklaration einer ganzzahligen Variablen verwendet wird.
2. Verwenden Sie die Funktion VARPTR, um die Adresse des Speicherblocks in einer Variablen zu speichern.
3. Kopieren Sie die Unterroutine mit BLOAD in den Speicher.
4. Verwenden Sie die CALL-Anweisung, um die Unterroutine über die Variable, die ihre Adresse enthält, aufzurufen.

Hier ein Beispiel:

```
100 DEFINT A-Z                          ' standardmäßig alle Vari-
                                        ' ablen auf den Typ
                                        ' Ganzzahl setzen
110 '
120 X = 0 : Y = 0                       ' für alle verwendeten Va-
                                        ' riablen RAM reservieren
130 UNTERADR = 0
140 '
150 DIM UNTERBEREICH(16)                ' für die Unterroutine RAM
                                        ' reservieren
160 UNTERADR = VARPTR(UNTERBEREICH(1))  ' Adresse der Unterroutine
                                        ' sichern
170 BLOAD 'mittlabs.bin",UNTERADR
180 '
190 FÜR X=-10 TO 10
200  Y = X
210  CALL UNTERADR(Y)                   ' Unterroutine aufrufen
220  PRINT "ABS(";X;")=";Y
230  NEXT
240 END
```

Beachten Sie, wie die vier Bindeschritte ablaufen. Die Anweisung DIM UNTERBEREICH(16) reserviert 32 Bytes Speicher, was für die Unterroutine mehr als ausreicht. Danach speichert UNTERADR = VARPTR(UNTERBEREICH(1)) die Adresse des Speicherblocks in der Variablen UNTERADR. An dieser Stelle kann BLOAD die Unterroutine aus der Binärdatei laden, und die CALL-Anweisung kann sie über die Variable UNTERADR aufrufen.

Bei diesem Vorgang muß man auf eine Besonderheit achten: das interpretierte BASIC ordnet Variablen und Zeichenfolgen dynamisch zu. Sie müssen daher alle in Ihrem BASIC-Programm verwendeten Variablen definieren, bevor Sie die Unterroutine mit BLOAD laden (in unserem Beispiel erfolgt das in den Zeilen 120 und 130). Anderenfalls werden Sie feststellen müssen, daß die von VARPTR zurückgegebene Adresse nicht die endgültige Position der Unterroutine im Speicher wiedergibt.

Falls Sie mit Hilfe einer CALL-Anweisung einer BASIC-Unterroutine mehr als einen Parameter übergeben, erscheinen diese so, daß der letzte Parameter an [BP + 6], der vorletzte an [BP + 8], etc. steht. Dies ist die umgekehrte Reihenfolge wie in C. Der Vorteil dieser Parameterreihenfolge ist, daß die Unterroutine den Stapel mit einer einzigen RET-Anweisung bereinigen kann. Anstatt eines einfachen far-Rücksprungs verwendet eine BASIC-Unterroutine eine kombinierte Rückkehr-/Pop-Anweisung, um die Parameter zu entfernen. In der BASIC-Version von *MittlAbs()* lautet die Anweisung RET 2; der Wert 2 ist die Anzahl der vom Parameter der Unterroutine auf dem Stapel belegten Bytes.

Datendarstellung

BASIC kennt vier Datenformate: *Ganzzahlen*, *Zeichenfolgen variabler Länge* sowie kurze und lange *Gleitkommazahlen* (in der BASIC-Terminologie auch als Zahlen *einfacher* und *doppelter Genauigkeit* bekannt). Um das Format einer Variablen explizit festzulegen, wird dem Variablennamen ein Zeichen angehängt: % für Ganzzahl, $ für Zeichenfolge, ! für einfache Genauigkeit (kurze Gleitkommazahlen) und # für doppelte Genauigkeit (lange Gleitkommazahlen). Numerische Konstanten können analog klassifiziert werden. Implizite Definitionen sind über DEF möglich; das Standardformat ist einfache Genauigkeit. Hier sind einige einfache Beispiele:

```
A%    Ganzzahlige Variable
A!    Variable einfacher Genauigkeit
A#    Variable doppelter Genauigkeit
A$    Zeichenfolgevariable
1%    Ganzzahlige Konstante
1!    Konstante einfacher Genauigkeit
1#    Konstante doppelter Genauigkeit
"1"   Zeichenfolgekonstante
```

Das interpretierte BASIC unterstützt nur ein ganzzahliges Datenformat: 2-Byte-(16-Bit)-Ganzzahlen. Auf Seite 23 finden Sie nähere Erläuterungen dazu.

Die Unterscheidung zwischen vorzeichenbehafteten (*signed*) und vorzeichenlosen (*unsigned*) Ganzzahlen ist etwas verschwommen. BASIC betrachtet Ganzzahlen als *signed*, wenn es rechnet, Ganzzahlen vergleicht oder sie mit der PRINT-Anweisung ausgibt. BASIC läßt jedoch bei der Ausführung bitweiser logischer Operationen (AND, OR, XOR usw.) und der Verarbeitung von Hexadezimalwerten (Werte mit dem Vorsatz &H oder mit Hilfe der Funktion HEX$ konvertiert) das Vorzeichen unbeachtet.

Wenn Sie dezimale Ganzzahlen ohne Vorzeichen ausgeben wollen, wandeln Sie sie in das Gleitkommaformat um:

```
IF I% < 0 THEN D# = I% + 65536# ELSE D# = I%
```

I% ist eine Ganzzahl, *D#* das doppelt genaue Äquivalent. Um Adressen von doppelter Genauigkeit in ein Ganzzahlformat ohne Vorzeichen umzuwandeln, können Sie diese Methode verwenden:

IF *D#* > 32767 THEN *I%* = *D#* - 65536 ELSE *I%* = *D#*

Im interpretierten BASIC sind Gleitkommazahlen einfacher Genauigkeit 4 Bytes lang, Gleitkommazahlen doppelter Genauigkeit 8 Bytes. BASIC speichert jedoch Gleitkommazahlen in einem Sonderformat. Es ist nicht nur inkompatibel zu den Formaten der meisten anderen Programmiersprachen für die PC-Familie, sondern auch zu den Formaten der arithmetischen Coprozessoren 8087 und 80287.

Zeichenfolgen werden im interpretierten BASIC in zwei Teilen gespeichert: einem Zeichenfolge-Deskriptor, der Länge und Adresse der Zeichenfolge enthält, und der Zeichenfolge selbst, die aus einer Folge von ASCII-Zeichen besteht.

Der Zeichenfolge-Beschreiber hat eine Länge von drei Bytes. Das erste Byte enthält die Länge der Zeichenfolge, die dadurch auf 255 Zeichen begrenzt ist. Die anderen zwei Bytes stellen die near-Adresse der eigentlichen Zeichenfolgedaten dar. Die Zeichenfolgedaten besitzen kein spezielles Format, sie werden einfach als Byte-Folge ab der spezifizierten Adresse gespeichert.

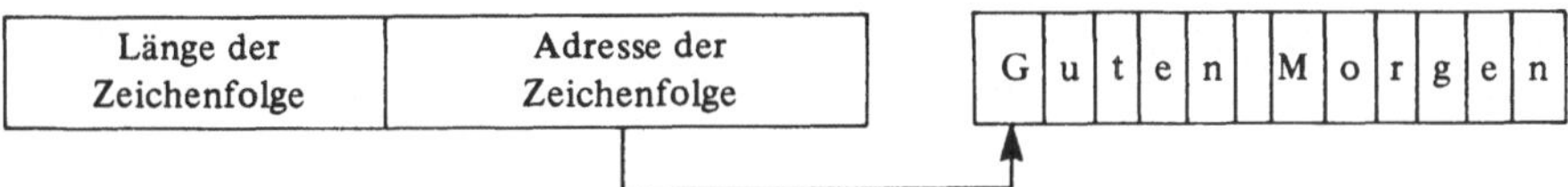

Abb. 20-1 *Darstellung von Zeichenfolgedaten im interpretierten BASIC*

Wird die VARPTR-Funktion auf eine Zeichenfolge angewandt, erhält man die Adresse des Zeichenfolge-Deskriptors. Aus diesem läßt sich die Offsetadresse der Zeichenfolge ersehen. Im folgenden Programm wird eine Zeichenfolge mit dieser Methode gesucht und decodiert:

```
100 INPUT "Beliebige Zeichenfolge eingeben",ZEICHENFOLGE$
110 DESKRIPTOR.ADRESSE = VARPTR (ZEICHENFOLGE$)
```

```
120 PRINT "Der Zeichenfolge-Deskriptor befindet sich an hex ";
130 PRINT HEX$ (DESKRIPTOR.ADRESSE)
140 ZEICHENFOLGE.LAENGE = PEEK (DESKRIPTOR.ADRESSE)
150 PRINT "Die Länge der Zeichenfolge beträgt ";
160 PRINT ZEICHENFOLGE.LAENGE
170 ZEICHENFOLGE.ADRESSE = PEEK (DESKRIPTOR.ADRESSE + 1)
    + 256 * PEEK (DESKRIPTOR.ADRESSE + 2)
180 PRINT "Der Zeichenfolgeinhalt beginnt bei hex ";
190 PRINT HEX$ (ZEICHENFOLGE.ADRESSE)
200 PRINT "Der Zeichenfolgeinhalt ist ";
210 FOR I = 0 TO ZEICHENFOLGE.LAENGE - 1
220   PRINT CHR$ (PEEK (I + ZEICHENFOLGE.ADRESSE));
230 NEXT I
240 PRINT : PRINT
250 GOTO 100
```

Kompiliertes BASIC

Bei Verwendung eines BASIC-Compilers zur Übersetzung Ihres BASIC-Quellcodes in Objektdateien vermeiden Sie all diese improvisierten Programmiertechniken, die zur Einbindung einer Unterroutine in ein interpretiertes BASIC-Programm erforderlich sind. Ein gutes Beispiel für einen BASIC-Compiler, der Objektdateien erzeugt, ist Microsofts QuickBASIC.

Schnittstelle zu Unterroutinen

QuickBASIC benutzt standardmäßig ein mittleres Speichermodell mit mehreren ausführbaren Code-Segmenten und einem Standarddatensegment. Wie im interpretierten BASIC müssen Ihre Unterroutinen daher so gestaltet sein, daß sie eine Kombination aus far-Aufruf und far-Rückkehr verwenden; auf Daten im einzigen Standarddatensegment greifen Sie mit near-Adressen zu. Alle Parameter werden ebenso wie im interpretierten BASIC durch Verweis und in der Reihenfolge ihres Auftretens im BASIC-Quellcode übergeben.

Der BASIC-Quellcode zum Aufrufen einer Unterroutine in Assembler-Sprache ist in QuickBASIC viel einfacher als im interpretierten BASIC. Dies geht aus dem folgenden Beispiel hervor:

```
DEFINT A-Z                    ' standardmäßig alle Variablen auf
                              ' den Typ Ganzzahl setzen
DECLARE SUB MITTLABS (A%)     ' Assembler-Routine deklarieren

FOR X=-10 TO 10
 Y = X
 CALL MITTLABS(Y)             ' Unterroutine aufrufen
 PRINT "ABS(";X;")=";Y
 NEXT
```

```
END
```

Die Unterroutine selbst ist jedoch nahezu mit der aus dem interpretierten BASIC heraus aufgerufenen identisch:

```
MITTLABS_TXT    SEGMENT byte public 'CODE'
                ASSUME  cs:MITTLABS_TXT

                PUBLIC  MITTLABS
MITTLABS        PROC    far                 ; Aufruf mit far-CALL

                push    bp
                mov     bp,sp

                mov     bx,[bp+6]           ; BX = Adresse des
                                            ; 1. Parameters
                mov     ax,[bx]

                cwd
                xor     ax,dx
                sub     ax,dx

                mov     [bx],ax             ; Ergebnis an Parameter-
                                            ; adresse hinterlassen
                pop     bp
                ret     2                   ; far-Rücksprung, Para-
                                            ; meteradresse entfernen

MITTLABS        ENDP

MITTLABS_TXT    ENDS
```

Der einzige Unterschied zwischen dieser Version von *MittlAbs()* und der in Verbindung mit dem interpretierten BASIC verwendeten Version hat mit der Art und Weise zu tun, wie die Unterroutine in das BASIC-Programm eingebunden wird. Die kompilierte BASIC-Version enthält keinen BLOAD-Vorspann, da BLOAD zum Binden der Unterroutine nicht verwendet wird. Stattdessen enthält sie für den Namen der Unterroutine eine PUBLIC-Deklaration. Wenn Sie den Binder zum Erzeugen eines ausführbaren Programms verwenden, assoziiert dieser den PUBLIC-Namen mit demselben Namen in dem BASIC-Programm.

> ❑ HINWEIS: *QuickBASIC bietet zwei Möglichkeiten zum Einbinden einer Unterroutine in Assembler-Sprache in BASIC-Programme. Die eine besteht darin, mit dem BC-Compiler den BASIC-Quellcode zu kompilieren und danach die sich ergebende Objektdatei (.OBJ) mit der Objektdatei der assemblierten Unterroutine zu binden. Die andere Technik besteht darin, LINK und LIB zur Anlage einer Quick-Bibliothek zu verwenden, so daß man auf die Unterroutine innerhalb der QuickBASIC-Umgebung zugreifen kann. Die QuickBASIC-Handbücher beschreiben beide Methoden detailliert.*

Datendarstellung

QuickBASICs Datendarstellung ähnelt der im interpretierten BASIC verwendeten. QuickBASIC unterstützt die 2-Byte-Ganzzahlen des interpretierten BASIC sowie einen weiteren 4-Byte-LONG-Datentyp, der durch einen Variablennamen mit dem Zusatz & dargestellt wird (z.B. X&). Gleitkommawerte haben dieselben Längen wie im interpretierten BASIC (4 Bytes für einfache Genauigkeit, 8 Bytes für doppelte Genauigkeit), doch folgt die Gleitkommadarstellung dem 8087-kompatiblen IEEE-Standard anstelle der besonderen Darstellung im interpretierten BASIC.

Wie im interpretierten BASIC ordnet QuickBASIC den Speicherplatz für Zeichenfolgen dynamisch zu. Zeichenfolgen sind also durch einen zweiteiligen Zeichenfolge-Deskriptor repräsentiert. Der Zeichenfolge-Deskriptor umfaßt in QuickBASIC 4 Bytes und nicht wie im interpretierten BASIC nur 3. Da die Zeichenfolgelänge in 2 Bytes statt in 1 dargestellt wird, beträgt die maximale Länge einer QuickBASIC-Zeichenfolge 65.535 Bytes.

Turbo Pascal

Wir schließen dieses Kapitel mit einem Blick auf Borlands weitverbreiteten Turbo Pascal-Compiler. Die von Turbo Pascal gebotenen Datenformate und die Methoden zur Unterstützung von Assembler-Routinen unterscheiden sich von den in traditionellen Pascal-Compilern wie denen von IBM oder Microsoft. In Turbo Pascal gelten jedoch zum Entwurf der Schnittstelle für Unterroutinen dieselben Prinzipien wie für alle anderen Sprachen.

> ❑ HINWEIS: *Unsere Beschreibung der Schnittstelle für Unterroutinen gilt für Version 4.0 von Turbo Pascal. Die Versionen 3.0 und früher verwendeten eine etwas andere Schnittstelle, die mit der hier behandelten nicht kompatibel ist.*

Schnittstelle zu Unterroutinen

Turbo Pascal Version 4.0 benutzt ein großes Speichermodell mit mehreren ausführbaren Code-Segmenten und mehreren Standarddatensegmenten. Turbo Pascal kompiliert jedoch den gesamten ausführbaren Code im Hauptteils eines Programms in nur ein Segment, so daß Unterroutinen in Assembler-Sprache, die Sie innerhalb des Hauptteil eines Programms deklarieren, eine near-Aufruf/Rückkehr-Kombination verwenden müssen. Im Gegensatz dazu verwendet Turbo Pascal für Unterroutinen, die im INTERFACE-Abschnitt einer Turbo Pascal-UNIT deklariert werden, getrennte Segmente. (Eine *UNIT* ist in Turbo Pascal eine Sammlung vordefinierter Unterroutinen und Datenelemente.) Auf eine solche Unterroutine muß man mit einer far-Aufruf/Rückkehr-Kombination zugreifen; die Daten erhält man über far-Adressen. Beim Schreiben einer Unterroutine in Assembler-Sprache müssen Sie also darauf achten, immer die richtige Aufruf-/Rückkehr-Kombination zu verwenden.

Das folgende Beispiel ist eine Turbo Pascal-Variante unserer Absolutwert-Funktion. Da sie zum Aufruf aus dem Hauptteil des Programms heraus entworfen wurde, verwendet sie eine near-Aufruf/Rückkehr-Kombination .

```
CODE        SEGMENT byte public
            ASSUME  cs:CODE

            PUBLIC  AbsFunk
AbsFunk     PROC    near            ; Aufruf mit near-CALL

            push    bp
            mov     bp,sp

            mov     ax,[bx+4]       ; AX = Wert des Parameters
            cwd
            xor     ax,dx
            sub     ax,dx           ; AX enthält Ergebnis

            pop     bp
            ret     2               ; near-Rücksprung, Parameter-
                                    ; adresse entfernen

AbsFunk     ENDP

CODE        ENDS
```

Wenn Sie diese Unterroutine in die Objektdatei ABSFUNK.OBJ assemblieren, läßt sie sich mit Hilfe der Compiler-Direktive $L und der Deklaration von *AbsFunk()* als EXTERNAL-Funktion in ein Turbo Pascal-Programm einbinden:

```
{$L absfunk}          {Name der Objektdatei}
FUNCTION AbsFunk(x: GANZZAHL): GANZZAHL; EXTERNAL;
```

Da Turbo Pascal ein großes Speichermodell verwendet, werden Datenzeiger Unterroutinen immer als 32-Bit-Adressen übergeben. Man kann das feststellen, indem man dieselbe Unterroutine als PROCEDURE und nicht als FUNCTION schreibt und *x* als ganzzahlige Variable deklariert. Das Schlüsselwort VAR in der Parameterliste weist den Turbo Pascal-Compiler an, den Parameter mit Verweis zu übergeben, d.h. die Adresse des Parameters statt seinem Wert zu übergeben:

```
{$L absproz}              {Name der Objektdatei}
PROCEDURE AbsProz (VAR x:GANZZAHL); EXTERNAL;
```

Die Unterroutine unterscheidet sich von der vorhergehenden dadurch, daß sie die 32-Bit-Adresse von *x* vom Stapel holen muß, um den tatsächlichen Wert von *x* zu erhalten:

```
CODE        SEGMENT byte public
            ASSUME  cs:CODE

            PUBLIC  AbsProz
AbsProz     PROC    near            ; Aufruf mit near-CALL

            push    bp
```

```
                mov     bp,sp

                les     bx,[bx+4]        ; ES:BX = segmentierte
                                         ; Adresse von x
                mov     ax,es:[bx]       ; AX = Wert von x
                cwd
                xor     ax,dx
                sub     ax,dx

                mov     es:[bx],ax       ; AX enthält Ergebnis

                pop     bp
                ret     4                ; near-Rücksprung

AbsProz         ENDP

CODE            ENDS
```

Diese Unterroutine erinnert an *GrossAbs()*, unser Beispiel für das große Speichermodell in Microsoft C. Der wesentliche Unterschied ist, daß Turbo Pascals Regeln zum Aufruf von Unterroutinen einen near-Aufruf verlangen, da die Unterroutine im Hauptteil eines Pascal-Programms deklariert wurde. Bei Deklaration von *AbsProz()* im INTERFACE-Abschnitt einer UNIT hätte die Unterroutine eine far-Aufruf/Rückkehr-Kombination verwendet.

Datendarstellung

Wie die anderen in diesem Kapitel behandelten Sprachen unterstützt Turbo Pascal die Datentypen Ganzzahl, Gleitkomma und Zeichenfolge. Ganzzahlen werden im vertrauten 2-Byte-Format gespeichert, Gleitkomma- und Zeichenfolgedarstellungen bieten jedoch einige Neuigkeiten.

Turbo Pascal Version 4.0 unterstützt fünf Sorten Gleitkommazahlen (auch *real* genannt). Der Typ REAL ist eine Borland-eigene 6-Byte-Gleitkommadarstellung. Die restlichen vier (SINGLE, DOUBLE, EXTENDED und COMP) sind vom arithmetischen Coprozessor verwendete Darstellungen.

Turbo Pascal speichert Zeichenfolgen in einer einfachen Datenstruktur: einem 1-Byte-Zähler, auf den die eigentliche Zeichenfolge folgt (siehe Abb. 20-2). Das Zählerbyte wird als vorzeichenloser Wert behandelt, so daß die maximale Länge einer Zeichenfolge 255 (FFH) Bytes betragen kann.

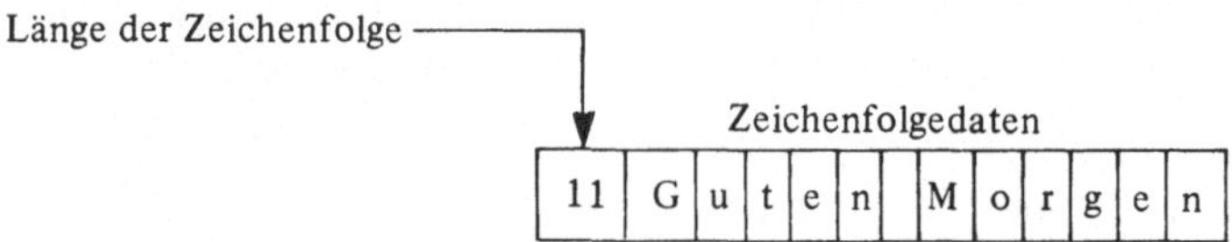

Abb. 20-2 *Darstellung von Zeichenfolgedaten in Turbo Pascal*

Turbo stellt andere Pascal-Datentypen in ähnlich vernünftiger Weise dar. Zum Beispiel werden Boolsche Werte in einem einzigen Byte (01H = wahr, 00H = falsch) dargestellt.

Mengen (*sets*) sind als Bit-Folgen dargestellt, wobei die Position jedes Bits dem Ordinalwert einer Komponente der Menge entspricht (siehe Abb. 20-3). Das niederwertige Bit jedes Bytes entspricht einem Ordinalwert, der ohne Rest durch 8 teilbar ist. Der Compiler speichert nur so viele Bits, wie zur Darstellung der Menge nötig sind.

```
TYPE BUCHSTABEN='a'..'z'; {Ordinalwerte 97 bis 122}
VAR X:SET OF BUCHSTABEN;

X :=['a','b','c','y','z'];
```

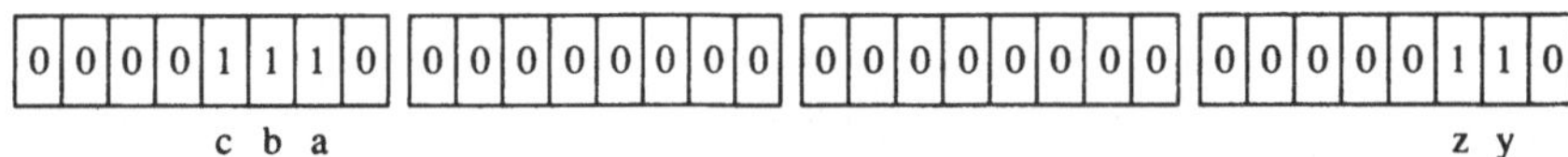

Abb. 20-3 *Darstellung einer Menge (set) in Turbo Pascal. Das Set X ist als 4-Byte-Bitfolge dargestellt, wobei jedes Bit einem der Ordinalwerte 'a' bis 'z' (dezimal 97 bis 122) entspricht. Die Bits sind so ausgerichtet, daß Ordinalwerte, die ohne Rest durch 8 teilbar sind, in Bit 0 jedes Bytes dargestellt werden.*

Schlußbemerkung

In diesem Kapitel wurden fünf Übersetzer für Programmiersprachen untersucht. Wir behandelten die hauptsächlichen Anforderungen an ein ausführbares Programm, das Unterroutinen aufruft. Die Abbildungen 20-4, 20-5 und 20-6 fassen einige der Eigenschaften der besprochenen Sprachübersetzer zusammen.

Sprache	*Standardspeichermodell*
Interpretiertes BASIC	Mittleres
QuickBASIC	Mittleres
Microsoft C	Kleines
Turbo Pascal	Großes

Abb. 20-4 *Standardspeichermodelle verschiedener bekannter Programmiersprachen*

Sprache	*Standardparameter-Übergabemethode*	*Parameter-Reihenfolge*
Interpretiertes BASIC	Verweis	Vorwärts
QuickBASIC	Verweis	Vorwärts
Microsoft C	Wert	Umgekehrt
Turbo Pascal	(Verschieden)	Vorwärts

Abb. 20-5 *Konventionen zur Parameterübergabe verschiedener bekannter Programmiersprachen*

Sprache	*Vom Sprachübersetzer verwendete Register*
Interpretiertes BASIC	DS, ES, SS, BP
QuickBASIC	DS, SS, BP, SI, DI
Microsoft C	DS, SS, BP, SI, DI
Turbo Pascal	DS, SS, BP

Abb. 20-6 *Registerverwendung verschiedener bekannter Programmiersprachen. Diese Register müssen Sie sichern, falls sie in einer Unterroutine geändert werden.*

Selbst wenn Sie nie vorhaben sollten, ein Assembler-Programm zu schreiben oder in verschiedenen Sprachen erstellte Unterroutinen in ein und dasselbe Programm einzubinden, hoffen wir, daß es für Sie dennoch interessant war, zu sehen, wie die verschiedenen Sprachübersetzer ihre Arbeit erledigen.

Anhang A
Installierbare Gerätetreiber

Zwei Neuerungen, die mit DOS-Version 2.0 eingeführt wurden, erfordern eine genauere Betrachtung: die installierbaren Gerätetreiber und der ANSI-Treiber (ANSI.SYS). Wegen ihrer gleichzeitigen Einführung (und dem Umstand, daß der ANSI-Treiber selbst ein installierbarer Gerätetreiber ist) gehören sie oberflächlich gesehen zusammen, doch sind es aus der Sicht des Programmierers völlig getrennte Dinge. Wir betrachten zunächst Gerätetreiber allgemein, untersuchen, wie DOS-Gerätetreiber implementiert werden, und stellen dann vor, wie ein typischer DOS-Gerätetreiber, ANSI.SYS, in DOS-Anwendungsprogrammen eingesetzt werden kann.

Allgemeiner Überblick

DOS kann mit den geläufigsten Peripheriegeräten wie Plattenlaufwerken, seriellen Kommunikationseinrichtungen, Druckern und natürlich Tastatur und Bildschirm zusammenarbeiten. Zusätzlich kann an die PCs und PS/2 eine Vielzahl anderer Geräte angeschlossen werden. Die meisten dieser Geräte erfordern zusätzliche Softwareunterstützung zur Herstellung einer Verbindung zwischen den Geräten einerseits und DOS oder DOS-Programmen andererseits - die *Gerätetreiber*.

Ab Version 2.0 lassen sich Gerätetreiber, die standardisierten Anforderungen entsprechen, in die DOS-Operationen integrieren. Beim Startprozeß teilt eine Plattendatei namens CONFIG.SYS DOS mit, ob ein Gerätetreiber zu laden ist. Name und Fundort des Treibers werden durch die Befehlszeile DEVICE=*Dateiname* in CONFIG.SYS spezifiziert. Zu jeder DEVICE=-Befehlszeile sucht DOS das entsprechende Programm, lädt es in den Speicher und durchläuft eine Reihe von Schritten, die zur Integration des Treibers notwendig sind.

Viele Geräte oder Gerätetreiber arbeiten nach den gleichen Prinzipien wie die DOS-Routinen für die Standardgeräte. Wird z.B. ein neues Disketten- oder Plattenlaufwerk angeschlossen, erfolgt die Unterstützung durch den zugehörigen Treiber im allgemeinen in gleicher Weise wie bei einem Standardlaufwerk, lediglich einige Steuerbefehle werden unterschiedlich sein. Gerätetreiber für eine Maus oder einen Joystick arbeiten zumeist ähnlich wie eine Tastaturunterstützung.

Andererseits können Gerätetreiber aber auch Funktionen erfüllen, die wenig oder gar nichts mit dem Anschluß neuer Geräte zu tun haben. Ein solcher Gerätetreiber ist der im folgenden Abschnitt behandelte ANSI-Gerätetreiber. ANSI.SYS *fügt* dem Computer *nicht* neue Hardware *hinzu*, sondern *verändert* die Betriebseigenschaften vorhandener Standard-Hardware (Tastatur und Bildschirm).

Die zum Schreiben eines Treiberprogramms erforderlichen umfassenden Informationen gehören in ein Werk über die Systemprogrammierung von DOS; die wichtigsten Punkte finden Sie jedoch auf den folgenden Seiten.

Funktionsweise der Gerätetreiber

Es gibt zwei Arten von Gerätetreibern: solche für *zeichenorientierte Geräte*, die wie Tastatur, Bildschirm, Drucker oder Kommunikationsport mit einem seriellen Datenfluß arbeiten, und solche für *blockorientierte Geräte*, die wie ein Laufwerk Datenblöcke über eine Art Blockadresse lesen und schreiben. Zeichenorientierte Geräte werden mit einem Namen bezeichnet (ähnlich den Namen LPT1 oder COM1), während blockorientierte Geräte durch Laufwerksbuchstaben gekennzeichnet werden, die DOS zuweist (D:, E:, F: usw.).

In einem Programm behandeln Sie Zeichengeräte generell wie Dateien. Ein solches Gerät läßt sich unter seinem Namen öffnen, woraufhin man von ihm lesen oder es beschreiben kann. Ihr Programm betrachtet Blockgeräte dagegen so wie Plattendateien. So lassen sich installierbare Gerätetreiber einsetzen - die normale DOS-Interrupt 21H-Funktion für Dateien und Disketten/Festplatten ermöglicht den Zugriff auf jedes Gerät, solange sich der Gerätetreiber an das DOS-Format hält.

DOS verwaltet eine verkettete Liste von Gerätetreibern, in der jeder Treiber die Adresse des nächsten in der Liste enthält. Die Kette beginnt im DOS-Kernel mit dem NUL-Gerät. Wenn Sie eine Interrupt 21H-Funktion zur Identifizierung eines Zeichengeräts verwenden, durchsucht DOS die Liste der Gerätetreibernamen, bevor es Plattenverzeichnisse durchsucht.

Die Struktur jedes installierbaren Gerätetreibers besteht aus drei grundlegenden Elementen: einem *Gerätekopf*, einer *Strategieroutine* und einer *Interrupt-Routine*. Der Gerätekopf ist eine Datenstruktur, die ein Geräteattributwort sowie die Adressen der Strategie- und Interrupt-Routinen enthält. DOS kommuniziert mit einem Gerätetreiber über eine Datenstruktur, die man *Anforderungskopf (request header)* nennt. DOS verwendet den Anforderungskopf, um dem Gerätetreiber E/A-Funktionsnummern und Pufferadressen mitzuteilen. Der Gerätetreiber verwendet dieselbe Datenstruktur zur Rückgabe von Status- und Fehlercodes an DOS.

Zur Einleitung einer E/A-Anforderung baut DOS einen Anforderungskopf auf, ruft die Strategieroutine des Gerätetreibers auf, um ihm die Adresse des Anforderungskopfs zu übergeben, und ruft anschließend die Interrupt-Routine des Treibers auf. Die Interrupt-Routine untersucht den Anforderungskopf, initialisiert die Datenübertragung vom oder zum Gerät, wartet auf den Abschluß der Übertragung und versieht den Anforderungskopf mit einem Statuscode, bevor sie zu DOS zurückkehrt.

> ❑ HINWEIS: *Es mag seltsam erscheinen, daß DOS für jede Ein-/Ausgabeanforderung den Gerätetreiber zweimal aufruft. Diese etwas umständliche Methode ist jedoch ähnlich der in Gerätetreibern für Multitasking-Betriebssysteme wie UNIX (an dem sich die DOS-Methode orientiert) oder OS/2 verwendeten.*
>
> *In einem Multitasking-System hat der zweimalige Aufruf seinen Sinn, da er es E/A-Operationen ermöglicht, parallel zu anderen Systemfunktionen zu erfolgen. Die Strategieroutine startet die E/A-Operation und gibt dann die Kontrolle an das Betriebssystem zurück, das nun andere Aufgaben erfüllen kann, ohne darauf zu warten, daß das Gerät Daten sendet. Nach Abschluß der Übertragung bekommt die Interrupt-Routine erneut die Kontrolle und beendet die Operation korrekt.*

Einen Gerätetreiber zu erstellen, kommt ungefähr der Aufgabe gleich, Ein-/ Ausgaberoutinen für den Kern von DOS oder für das im Computer installierte ROM BIOS zu schreiben. Es gehört zu den schwierigsten Herausforderungen, die einem Programmierer begegnen können.

Der ANSI-Treiber

Ein Beispiel für einen installierbaren Gerätetreiber ist der *ANSI-Treiber*, ein Programm, das die Handhabung von Tastatureingaben und Bildschirmausgaben verbessert. Wie jeder installierbare Gerätetreiber wird der ANSI-Treiber nur aktiviert, wenn Sie ihn über die CONFIG.SYS-Datei in DOS laden. Der CONFIG.SYS-Befehl aktiviert den ANSI-Treiber:

```
DEVICE = ANSI.SYS
```

Der ANSI-Treiber ist für die IBM DOS-Versionen ein wahlweiser Zusatz. Auf einigen Computern, die dem IBM PC ähnlich (doch nicht voll kompatibel) sind, ist er fester Bestandteil von DOS. Auf solchen Computern ist der ANSI-Treiber nicht installierbar - er ist wie die CON- oder PRN-Treiber in DOS eingebaut.

Der ANSI-Treiber überwacht alle Tastatureingaben und Bildschirmausgaben, die über die entsprechenden Standard-DOS-Routinen abgewickelt werden. (Tastatur- oder Bildschirmdaten, die an DOS vorbeigeleitet werden, werden auch niemals vom ANSI-Treiber verarbeitet.)

Wenn Daten über ANSI.SYS auf dem Bildschirm ausgegeben werden, unterscheidet der Treiber zwischen Codes, die dargestellt werden sollen und Codes, die Treiberbefehle sind. Codes, die der Treiber als Befehle erkennt, werden aus dem Datenfluß herausgenommen, so daß sie nicht auf dem Bildschirm erscheinen. Diese Treiberbefehle werden stattdessen an den Befehlsprozessor gesandt.

Die Befehle des Treibers sind durch einen speziellen 2-Byte-Code gekennzeichnet: das erste Byte ist das Zeichen "Escape", ASCII 1BH (dezimal 27), das zweite Byte ist die geöffnete eckige Klammer "[", ASCII 5BH (dezimal 91). Auf diese zwei Bytes folgen die Befehlsparameter und als letztes der Befehlscode. Die Befehlsparameter sind entweder Zahlen (in Form von numerischen ASCII-Zeichen, die als Zahlen interpretiert werden) oder Folgen aus ASCII-Zeichen, die in Anführungszeichen eingeschlossen sein müssen, wie z.B. "ein Zeichenparameter". Mehrere Parameter sind durch ein Semikolon voneinander getrennt. Der eigentliche Befehlscode, der den Befehl abschließt, besteht aus einem einzigen Buchstaben. Die Befehle berücksichtigen die Groß-/Kleinschreibung; *"h"* und *"H"* stellen daher zwei völlig verschiedene Befehlscodes dar.

Nachfolgend finden Sie zwei Beispiele für Treiberbefehle (das Exponentialzeichen steht für das Zeichen "Escape", 1BH):

```
^[1C
^[65;32;66;"Re-mapped B"p
```

Der ANSI-Treiber stellt eine Vielzahl verschiedener Befehle zur Verfügung, die sich in zwei Gruppen einteilen lassen: *Bildschirmsteuerungs-* und *Tastaturumsetzungsbefehle.*

ANSI-Bildschirmsteuerung

Während auf ROM BIOS-Ebene eine komplette Cursor-Steuerung möglich ist, mit der der Cursor auf jede beliebige Bildschirmposition gesetzt werden kann, läßt DOS in dieser Hinsicht sehr zu wünschen übrig. Im Grunde arbeitet die DOS-Bildschirmausgabe wie bei einem Terminal oder einem Drucker. Diese Methode wird dem Leistungspotential des PC-Bildschirms nicht gerecht. Daher sind die meisten Programme gezwungen, die DOS-Routinen zu umgehen und Routinen der unteren Ebenen zu verwenden, wie sie die ROM BIOS-Routinen sind.

Die Bildschirmbefehle des ANSI-Treibers ändern diesen unbefriedigenden Zustand. Mit ihnen läßt sich das Leistungspotential des Bildschirms fast vollständig ausnutzen. Die Befehle ermöglichen z.B. CursorBewegungen, Bildschirm löschen, die Festlegung von Anzeigeattributen (z.B. Farbe, Unterstreichen, Blinken usw.) und das Wechseln zwischen Text- und Grafikmodi. Außerdem kann die Cursor-Position gespeichert werden. Das ermöglicht es, den Cursor zur Anzeige von Informationen zu versetzen und ihn anschließend wieder auf die Ursprungsposition zu bringen.

ANSI-Tastaturkontrolle

Neben den Bildschirmbefehlen stellt ANSI.SYS Tastaturumsetzungsbefehle zur Verfügung. Mit diesen Befehlen läßt sich erreichen, daß ANSI.SYS ständig die Tastatur abfragt und ein ankommendes Zeichen in ein anderes Zeichen oder sogar eine ganze Folge von Zeichen umwandelt. Der ANSI-Treiber arbeitet dabei also als nicht ganz so bequemes, aber effektives Tastaturmakroprogramm.

Die zwei Arten von ANSI-Treiberbefehlen sind zwar von ihrer Zielsetzung und Verwendung her völlig verschieden, doch werden sie dem Treiber genau gleich übermittelt - als Folge von Zeichen zur Ausgabe auf dem Bildschirm.

Vor- und Nachteile des ANSI-Treibers

Der Befehlsumfang des ANSI-Treibers kann von zwei unterschiedlichen Standpunkten aus betrachtet werden: aus der Perspektive des Anwenders und aus der des Programmierers. Aus Anwendersicht ist die Möglichkeit zur Bildung von Tastaturmakros das einzig Nützliche an ANSI.SYS, für den Programmierer ist ANSI.SYS ein Entwicklungswerkzeug.

Der ANSI-Treiber wird von Anwendern meist als Tastaturerweiterung angesehen. Mit den ANSI-Tastaturbefehlen können Sie, wie bereits erwähnt, ähnlich wie in den käuflichen Pendants Makros bilden, so daß mit einem einzigen Tastendruck mehrere Tastenbetätigungen simuliert werden können.

Man kann aber den DOS-ANSI-Treiber auch zur Erweiterung der DOS-Bedieneroberfläche verwenden. Üblicherweise schreibt man die Tastaturbefehle in eine Textdatei und sendet sie mit TYPE zum Bildschirm (und damit zum ANSI-Treiber). Durch Aufnahme von ANSI-Befehlen in die Textdatei kann beispielsweise der Cursor an den oberen Bildschirmrand gesetzt, dort Uhrzeit und Datum in inverser Darstellung angezeigt und anschließend der Cursor wieder auf die Ausgangsposition zurückgesetzt werden. Oder man läßt den Bildschirm löschen und ein neues Menü erscheinen. Die Möglichkeiten sind unbegrenzt.

Aus der Sicht des Programmierers bietet der Treiber zwei besonders wichtige Vorzüge:

- Er stellt jeder Programmiersprache die grundlegendsten BIOS-artigen Routinen zur Verfügung.
- Er ermöglicht das Schreiben von Programmen für jeden DOS-Computer, der den ANSI-Treiber verwendet (und nicht nur für die PC-Familie).

Trotz dieser offensichtlichen Vorteile ist es grundsätzlich nicht ratsam, in Programmen mit den ANSI-Treiberbefehlen zu arbeiten. Der Grund: Die Programme sind nur auf Computern lauffähig, auf denen der Treiber installiert ist. Es ist schon ohne ANSI.SYS schwierig genug, Anwendern zu erklären, wie der Computer und die Software zu benutzen sind. Der ANSI-Treiber kompliziert die Materie zusätzlich.

Ein weiteres Argument gegen den Einsatz von ANSI.SYS in Programmen ist, daß der Treiber nicht unter allen Umständen verwendet werden kann. So verträgt er sich z.B. nicht mit "Topview", dem Fenstersystem von IBM. Programme, die die Anwesenheit des ANSI-Treibers erfordern, können nicht unter "Topview" genutzt werden. Das kann sich für andere Fenstersysteme genausogut als wahr erweisen.

Das gewichtigste Argument gegen ANSI.SYS ist aber wohl die niedrige Geschwindigkeit, mit der der Treiber auf den Bildschirm ausgibt. Die Benutzung der BIOS-Routinen oder direktes Schreiben in den Bildschirmpuffer führen zu wesentlich höheren Ablaufgeschwindigkeiten. Mit dem NU-Programm der Norton Utilities läßt sich ein Geschwindigkeitsvergleich durchführen. Das NU-Programm enthält drei Bildschirmtreiber, die mit den drei genannten unterschiedlichen Methoden arbeiten (ANSI, BIOS, Bildschirmpuffer). Probieren Sie alle drei aus, und Sie werden sehen, um wieviel langsamer der ANSI-Treiber seine Aufgabe erledigt. Für die Ausgabe größerer Datenmengen ist der ANSI-Treiber einfach zu langsam.

Anhang B
Hexadezimale Arithmetik

Die hexadezimalen Zahlen tauchen aus einem sehr einfachen Grunde bei der Arbeit mit Computern immer wieder auf: alle Computer arbeiten mit Binärzahlen, und die Hexadezimalschreibweise ist eine bequeme Möglichkeit zur Darstellung von Binärzahlen.

Hexadezimalzahlen sind auf der Basis 16 aufgebaut, genau wie das dezimale Zahlensystem auf der Zahl 10 basiert. Der Unterschied besteht darin, daß Hexadezimalzahlen durch 16 Symbole ausgedrückt werden, während die dezimalen Zahlen mit zehn Symbolen (0 bis 9) auskommen. In Hexadezimalschreibweise repräsentieren die Symbole 0 bis 9 die Werte 0 bis 9 und die Symbole A bis F entsprechen den Werten 10 bis 15 (siehe Abbildung B-1). Die Hexadezimalziffern A bis F sind normalerweise groß geschrieben; falls sie klein geschrieben sind, ändert das nichts an ihrer Bedeutung.

Das Hexadezimalsystem ist nach demselben Grundschema aufgebaut wie das Dezimalsystem. Schreiben wir die dezimale Zahl 123, meinen wir damit:

	1	x	100	(10 x 10)
+	2	x	10	
+	3	x	1	

Interpretieren wir 123 als Hexadezimalzahl, ergibt sich folgendes:

	1	x	256	(16 x 16)
+	2	x	16	
+	3	x	1	

Es gibt keine allgemein anerkannte Schreibweise, eine Hexadezimalzahl als solche zu kennzeichnen. In BASIC und bei anderen Gelegenheiten wird dafür das Präfix &H verwendet.

Hex	*Dez*	*Hex*	*Dez*	*Hex*	*Dez*	*Hex*	*Dez*
0	Null	4	Vier	8	Acht	C	Zwölf
1	Eins	5	Fünf	9	Neun	D	Dreizehn
2	Zwei	6	Sechs	A	Zehn	E	Vierzehn
3	Drei	7	Sieben	B	Elf	F	Fünfzehn

Abb. B-1 *Die dezimalen Werte der 16 Hex-Ziffern*

In C beginnen Hexadezimalzahlen mit dem Zeichen 0x (Null mit nachfolgendem kleinen x). Bei einigen Notationen muß das Zeichen "#" oder "16#" der Zahl vorangestellt werden. Meist wird jedoch einfach ein großes oder kleines H hinter die Zahl geschrieben, so auch in diesem Buch. Leider ist es auch weitverbreitet, die Hexnotation überhaupt nicht zu kennzeichnen. Es wird dann vom Leser erwartet, daß er aus dem Zusammenhang erkennt, ob eine Zahl in dezimaler oder hexadezimaler Schreibweise zu verstehen ist. Zahlen in technischen Handbüchern sind diesbezüglich mit besonderer Vorsicht zu genießen. Prüfen Sie sorgfältig, ob eine Dezimalzahl oder eine Hexadezimalzahl gemeint ist.

Wenn Sie mit Hexadezimalzahlen umgehen möchten, können Sie sich mit BASIC die Arbeit erleichtern (siehe Seite 437) oder sie von Hand berechnen. Die Umwandlungs- und Rechentabellen gegen Ende dieses Anhangs werden Ihnen jedoch in jedem Falle nützen. Bevor wir dazu kommen, sollen Sie noch erfahren, warum sich Binärzahlen so leicht in Hex-Schreibweise ausdrücken lassen und warum segmentierte Adressen bei der PC- und PS/2-Programmierung praktisch immer in Hex-Notation geschrieben werden.

Bits und Hex

Hexadezimalzahlen werden in erster Linie als "Abkürzungen" der Binärzahlen verwendet, mit denen der Computer arbeitet. Jede Ziffer umfaßt vier Bits einer binären Information (siehe Abb. B-2). Im binären Zahlensystem (auch Dualsystem) mit der Basis 2 kann eine 4-stellige Zahl (vier Bits) 16 verschiedene Werte (Bit-Kombinationen) darstellen. Um eine solche Zahl mit einer Stelle vollständig zu erfassen, braucht man ein Zahlensystem auf der Basis 16 (siehe Abb. B-3).

Wenn Sie mit 2-Byte-Worten arbeiten, erinnern Sie sich bitte, daß das niederwertige Byte vor dem höherwertigen im Speicher abgelegt wird ("Back-Words"-Verfahren). Lesen Sie hierzu auch in Kapitel 2 auf Seite 24 nach.

Hex	*Bits*	*Hex*	*Bits*	*Hex*	*Bits*	*Hex*	*Bits*
0	0000	4	0100	8	1000	C	1100
1	0001	5	0101	9	1001	D	1101
2	0010	6	0110	A	1010	E	1110
3	0011	7	0111	B	1011	F	1111

Abb. B-2 *Die Bit-Muster für die 16 Hex-Ziffern*

Bit	*Wort*	*Byte*	*Wert*	
			Dez	*Hex*
0	 1	 1	1	01H
1	. . . . 1 .	. . . . . . 1 .	2	02H
2	. . . . 1 . .	. . . . . 1 . .	4	04H
3	. . . . 1 . . .	. . . . 1 . . .	8	08H
4	. . . . 1	. . . 1	16	10H
5	. . . . 1	. . 1	32	20H
6	. . . . 1	. 1	64	40H
7	. . . . 1	1	128	80H

Abb. B-3 *(weiter nächste Seite)*

(Fortsetzung)

Bit	*Wort*	*Byte*	*Wert* *Dez*	*Hex*
8	. . . . 1		256	100H
9	. . . . . . 1		512	200H
10	. . . . . 1		1.024	400H
11	. . . . 1		2.048	800H
12	. . . 1		4.096	1000H
13	. . 1		8.192	2000H
14	. 1		16.384	4000H
15	1		32.768	8000H

Abb. B-3 *Die hexadezimalen und dezimalen Äquivalente jedes Bits eines Bytes und eines 2-Byte-Wortes*

Segmentierte Adressen und Hexadezimalschreibweise

Am häufigsten kommt das Hexadezimalsystem im Zusammenhang mit der Speicheradressierung zum Einsatz. Wie Sie vielleicht noch aus den Kapiteln 2 und 3 wissen, besteht eine vollständige 8086-Adresse aus 20 Bits oder 5 Hexziffern. Da der Mikroprozessor 8086 aber nur mit 16-Bit-Zahlen arbeiten kann, werden Adressen in zwei 16-Bit-Worte, Segment und relativer Offset genannt, zerlegt. Die zwei Teile werden zusammen als 1234:ABCD geschrieben, wobei 1234 die Segmentadresse und ABCD den relativen Offset darstellt. Beide Teile sind in Hexadezimalschreibweise anzugeben.

Der 8086 behandelt das Segment einer Adresse, als ob diese mit 16 multipliziert worden wäre. Derselbe Effekt würde erreicht, wenn Sie hinter die Zahl eine zusätzliche Hex-Null schrieben. Durch Addition der zwei Teile erhält man die eigentliche 20-Bit-Adresse. Die segmentierte Adresse 1234:ABCD wird wie folgt in die vollständige Adresse umgewandelt:

```
  1 2 3 4 0    (beachten Sie die rechts hinzugefügte 0)
+   A B C D
-----------
  1 C F 0 D
```

Mit dieser Methode können Sie jede segmentierte Adresse in eine 20-Bit-Adresse umwandeln. Auch die Additionstabellen auf Seite 464 lassen sich dazu gut verwenden.

Auf dem 8086 können mehrere unterschiedliche segmentierte Adressen derselben Speicheradresse entsprechen. Zum Beispiel ist die Adresse 00400H (wo das ROM BIOS seine Statusinformationen aufbewahrt) durch 0000:0400H genausogut dargestellt wie durch 0040:0000H. (Das gilt natürlich nicht für den geschützten Modus auf einem 80286 oder 80386, wie bereits in Kapitel 2 gesagt wurde.)

Es gibt keine allgemein befriedigende Methode zur Konvertierung einer echten 8086-Adresse in eine segmentierte Adresse. Eine einfache Möglichkeit wäre, die erste Stelle der 20-Bit-Adresse mit drei folgenden Nullen als Segmentabschnitteil und die übrigen vier Stellen als relativen Teil zu nehmen. Nach dieser Methode würde die Adresse 1CF0D segmentiert als 1000:CF0D geschrieben. Im ROM BIOS-Listing von IBM im *IBM PC Technical Reference Manual* wird z.B. mit dieser Notation gearbeitet. Alle relativen Adressen, die dort erscheinen, haben das (nicht ausgedruckte) Segment F000.

Bei der Arbeit mit echten segmentierten Adressen stellt das Segment den tatsächlichen Inhalt eines der Segmentregister dar und kann auf nahezu jede Speicheradresse verweisen. Der relative Offset variiert je nach Anwendung. Informationen in ausführbaren Code- und in Datensegmenten beginnen normalerweise an einem niedrigen relativen Offset. Zum Beispiel steht die erste Anweisung eines COM-Programms in seinem Segment immer an Offset 100H. Stapelsegmente hingegen benutzen zumeist hohe Offsets, da Stapel nach unten in Richtung niedrigerer Adressen wachsen.

Um zu sehen, welche segmentierten Adressen bei Ausführung eines Programms verwendet werden, laden Sie das DOS-Programm DEBUG. Sobald das Eingabezeichen "-" erscheint, geben Sie den Befehl D ein. Es wird ein Auszug aus dem Speicher aufgelistet. Die Adressen auf der linken Bildschirmseite sind typische segmentierte Adressen.

Dezimal/Hexadezimal-Umrechnung

Die Tabellen in Abbildung B-4 zeigen das dezimale Äquivalent aller Hexziffern der ersten fünf Stellen einer Hexadezimalzahl. Damit ist der Adreßbereich des 8086 vollständig abgedeckt. Wie noch gezeigt wird, können Sie diese Tabellen zur Umrechnung zwischen Hexadezimal- und Dezimalzahlen verwenden.

Zur Benutzung der Tabellen: um beispielsweise die Hexadezimalzahl A1B2H in ihre Entsprechung umzuwandeln, zerlegen Sie die Zahl in ihre Stellen, lesen die zugehörigen Dezimalwerte aus den Tabellen ab und addieren sie:

2	an der ersten Stelle wird zu	2
B	an der zweiten Stelle wird zu	176
1	an der dritten Stelle wird zu	256
A	an der vierten Stelle wird zu	40.960
	Die Summe beträgt	41.394

Der umgekehrte Vorgang, das Umwandeln von Dezimal- in Hexadezimalzahlen, ist ebensoeinfach durchzuführen, aber etwas schwieriger zu beschreiben. Wir wollen als Beispiel die Dezimalzahl 1.492 verwenden.

Hex	Dez	Hex	Dez	Hex	Dez	Hex	Dez
Erste Position				*Zweite Position*			
. . . . 0	0	 8	8	. . . 0 .	0	. . . 8 .	128
. . . . 1	1	 9	9	. . . 1 .	16	. . . 9 .	144
. . . . 2	2	. . . . A	10	. . . 2 .	32	. . . A .	160
. . . . 3	3	. . . . B	11	. . . 3 .	48	. . . B .	176
. . . . 4	4	 C	12	. . . 4 .	64	. . . C .	192
. . . . 5	5	. . . . D	13	. . . 5 .	80	. . . D .	208
. . . . 6	6	. . . . E	14	. . . 6 .	96	. . . E .	224
. . . . 7	7	. . . . F	15	. . . 7 .	112	. . . F .	240

Hex	Dez	Hex	Dez	Hex	Dez	Hex	Dez
Dritte Position				*Vierte Position*			
. . 0 . .	0	. . 8 . .	2048	. 0 . . .	0	. 8 . . .	32.768
. . 1 . .	256	. . 9 . .	2304	. 1 . . .	4096	. 9 . . .	36.864
. . 2 . .	512	. . A . .	2560	. 2 . . .	8192	. A . . .	40.960
. . 3 . .	768	. . B . .	2816	. 3 . . .	12.288	. B . . .	45.056
. . 4 . .	1024	. . C . .	3072	. 4 . . .	16.384	. C . . .	49.152
. . 5 . .	1280	. . D . .	3328	. 5 . . .	20.480	. D . . .	53.248
. . 6 . .	1536	. . E . .	3584	. 6 . . .	24.576	. E . . .	57.344
. . 7 . .	1792	. . F . .	3840	. 7 . . .	28.672	. F . . .	61.440

Hex	Dez	Hex	Dez
Fünfte Position			
0	0	8	524.288
1	65.536	9	589.824
2	131.072	A	655.360
3	196.608	B	720.896
4	262.144	C	786.432
5	327.680	D	851.968
6	393.216	E	917.504
7	458.752	F	983.040

Abb. B-4 *Das dezimale Äquivalent jeder Stelle einer Hexadezimalzahl*

Man geht von der Tabelle für die fünfte Stelle aus und arbeitet in Richtung der Tabelle mit der ersten weiter. Suchen Sie in der Tabelle für die fünfte Stelle die höchste Hexadezimalzahl heraus, deren Dezimalwert nicht über 1.492 liegt (die 0). Schreiben Sie diese Hexziffer (ebenfalls 0) als höchste Stelle der gesuchten Hexadezimalzahl nieder und subtrahieren die Dezimalentsprechung von 1.492 (1.492 minus 0 ergibt 1.492). Mit dem Ergebnis der Subtraktion gehen Sie in die Abbildung für die nächste Stelle und wiederholen den Vorgang. Gehen Sie so von Tabelle zu Tabelle, bis der Rest 0 wird.

Abbildung B-5 zeigt diesen Vorgang. Das Ergebnis lautet 005D4H oder (ohne führende Nullen) 5D4H.

Stelle	*Größte Hex-Ziffer*	*Dezimaler Wert*	*Verbleibende Dezimalzahl*
Beginn			1.492
5	0	0	1.492
4	0	0	1.492
3	5	1.280	212
2	D	208	4
1	4	4	0
Ergebnis	005D4		

Abb. B-5 *Umwandlung der Dezimalzahl 1.492 in eine Hexadezimalzahl*

Verwendung von BASIC für hexadezimale Arithmetik

Eine einfache Möglichkeit zum Umgang mit Hexadezimalzahlen bietet das interpretierte BASIC. Aktivieren Sie dazu den BASIC-Interpreter und geben die entsprechenden Befehle im Direktmodus (ohne Zeilennummern) ein.

Um das dezimale Äquivalent einer Hexadezimalzahl zu erhalten, geben Sie z.B. für die Zahl 1234H folgendes ein:

```
PRINT &H1234
```

Beachten Sie, daß jede Hexadezimalzahl mit dem Präfix "&H" beginnen muß, um sie für BASIC als Hexadezimalzahl zu kennzeichnen. Um die Dezimalanzeige insbesondere langer Zahlen aufzubereiten, steht PRINT USING zur Verfügung:

```
PRINT USING "###,###,###"; &H1234
```

Wollen Sie eine Dezimalzahl in eine Hexadezimalzahl umwandeln, verwenden Sie die Funktion HEX$:

```
PRINT HEX$( 1234 )
```

Ging es bisher nur um die Umwandlung von konstanten Zahlen, wollen wir uns nun mit Hex-Arithmetik beschäftigen. Der BASIC-Interpreter ist dabei besonders nützlich, da man Dezimal- und Hexadezimalzahlen beliebig mischen kann. Hier zwei Beispiele:

```
PRINT USING "###,###,###"; &H1000 - &H3A2 + 16 * 3
PRINT HEX$(1776 - 1492 + &H1000)
```

Soll das Ergebnis weiterverwendet werden - etwa für weitere Berechnungen - weist man es einer Variablen zu. Man erspart sich dadurch die erneute Eingabe des Wertes. Beachten Sie, daß Variablen, die Hexadezimalzahlen enthalten, als doppeltgenaue Variablen definiert werden sollten (mit einem # am Ende des Variablennamens), um ein Maximum an Genauigkeit zu erreichen. Hier ein Beispiel:

```
X# = 1776 - 1492 + &H100
PRINT USING "###,###,###"; X#, 2 * X#, 3 * X#
```

Hex-Addition

Die Addition von Hexadezimalzahlen erfolgt Stelle für Stelle, genau wie bei Dezimalzahlen. Abbildung B-6 erleichtert das Summieren zweier Hexziffern. Suchen Sie in der Zeile die eine Hexziffer und in der Spalte die andere; im Schnittpunkt steht die Summe der beiden Hexziffern.

	0	1	2	3	4	5	6	7	8	9	A	B	C	D	E	F
0	0	1	2	3	4	5	6	7	8	9	A	B	C	D	E	F
1		2	3	4	5	6	7	8	9	A	B	C	D	E	F	10
2			4	5	6	7	8	9	A	B	C	D	E	F	10	11
3				6	7	8	9	A	B	C	D	E	F	10	11	12
4					8	9	A	B	C	D	E	F	10	11	12	13
5						A	B	C	D	E	F	10	11	12	13	14
6							C	D	E	F	10	11	12	13	14	15
7								E	F	10	11	12	13	14	15	16
8									10	11	12	13	14	15	16	17
9										12	13	14	15	16	17	18
A											14	15	16	17	18	19
B												16	17	18	19	1A
C													18	19	1A	1B
D														1A	1B	1C
E															1C	1D
F																1E

Abb. B-6 *Addition zweier Hexadezimalzahlen*

Hex-Multiplikation

Die Multiplikation von Hexadezimalzahlen wird wie bei dezimalen Zahlen Stelle für Stelle durchgeführt. Mit der untenstehenden Abbildung B-7 können Sie sich die Arbeit erleichtern. Suchen Sie in der Zeile eine der beiden Hexziffern und in der Spalte die andere; das Ergebnis der Multiplikation finden Sie im Schnittpunkt.

	0	1	2	3	4	5	6	7	8	9	A	B	C	D	E	F
0	0	0	0	0	0	0	0	0	0	0	0	0	0	0	0	0
1		1	2	3	4	5	6	7	8	9	A	B	C	D	E	F
2			4	6	8	A	C	E	10	12	14	16	18	1A	1C	1E
3				9	C	F	12	15	18	1B	1E	21	24	27	2A	2D
4					10	14	18	1C	20	24	28	2C	30	34	38	3C
5						19	1E	23	28	2D	32	37	3C	41	46	4B
6							24	2A	30	36	3C	42	48	4E	54	5A
7								31	38	3F	46	4D	54	5B	62	69
8									40	48	50	58	60	68	70	78
9										51	5A	63	6C	75	7E	87
A											64	6E	78	82	8C	96
B												79	84	8F	9A	A5
C													90	9C	A8	B4
D														A9	B6	C3
E															C4	D2
F																E1

Abb. B-7 *Multiplikation zweier Hexadezimalzahlen*

Anhang C
Zeichen

Die IBM Personal Computer-Familie verfügt über 256 verschiedene Zeichen mit numerischen Byte-Codes von 00H bis FFH (dezimal 0 bis 255). Die Zeichen fallen in zwei Klassen:

- Die ersten 128 Zeichen, 00H bis 7FH (dezimal 0 bis 127), sind der Standard-ASCII-Zeichensatz. Die meisten Computer handhaben ihn gleich (mit Ausnahme der ersten 32 Zeichen - siehe Seite 463).
- Die letzten 128 Zeichen, 80H bis FFH (dezimal 128 bis 255) sind Sonderzeichen, die den erweiterten ASCII-Zeichensatz ausmachen. Jeder Computerhersteller entscheidet frei über seine Verwendung.

Alle PC-Modelle von IBM verwenden denselben erweiterten ASCII-Zeichensatz, ebenso solche, die mit ihm nahezu identisch sind. Andere Computer wiederum haben oft ihren eigenen Satz Sonderzeichen. Sie müssen das vor allem bei Programmen beachten, die Sie von anderen Computern auf den PC übertragen, oder wenn Sie PC-Programme schreiben, die auch auf anderen Computern laufen sollen.

Standard- und erweiterter Zeichensatz

Sie sehen nachfolgend ein BASIC-Programm, das alle 256 Zeichen mit den numerischen Codes in Hexadezimal- und Dezimalnotation ausgibt. Sie können die Zeichen aber auch der Tabelle C-1 entnehmen.

```
1000 ' Anzeige des kompletten PC-Zeichensatzes
1010 '
1020 MONOCHROM = 1
1030 IF MONOCHROM THEN WW = 80 : HH = &HB000
     ELSE WW = 40 : HH = &HB800
1040 GOSUB 2000                              ' Register DS
                                             ' initialisieren
1050 FOR I = 0 TO 255                        ' Daten für alle
1060   GOSUB 3000                            ' Zeichencodes ausgeben
1070 NEXT I
1080 PRINT "Fertig!"
1090 GOSUB 6000
1092 COLOR 0,0,0
1095 SYSTEM
1999 '
2000 ' Initialisierung
2010 '
2020 DEF SEG = HH                            ' Register DS für POKE
                                             ' einrichten
2030 KEY OFF: CLS                            ' Bildschirm einrichten
2040 WIDTH WW : COLOR 14,1,1
2050 FOR I = 1 TO 25 : PRINT : NEXT I
2060 PRINT "Auflistung des Zeichensatzes"
```

```
2070 GOSUB 5000                                ' Untertitel
2080 RETURN
2099 '
3000 ' Zeicheninformationen ausgeben
3010 '
3020 PRINT USING " ###      ";I;
3030 IF I< 16 THEN PRINT "0";
3040 PRINT HEX$(I);"          ";
3050 POKE WW * 2 * 23 + 34, I                  ' Zeichen einfügen
3060 GOSUB 4000                                ' Kommentare
                                               ' ausgeben
3070 IF (I MOD 16) < 15 THEN RETURN            ' Pause nach
                                               ' jeweils 16 Zeichen
3080 GOSUB 6000
3090 IF I < 255 THEN GOSUB 5000
3100 RETURN
3997 '
3998 ' Hinweise zu einigen Zeichen
3999 '
4000 IF I =   0 THEN PRINT "Null-/Leerzeichen";
4007 IF I =   7 THEN PRINT "Ton (Glocke)";
4008 IF I =   8 THEN PRINT "Rückschritt";
4009 IF I =   9 THEN PRINT "Tabulator";
4010 IF I =  10 THEN PRINT "Zeilenvorschub";
4012 IF I =  12 THEN PRINT "Seitenvorschub";
4013 IF I =  13 THEN PRINT "Wagenrücklauf";
4026 IF I =  26 THEN PRINT "Textdateiende";
4032 IF I =  32 THEN PRINT "Echtes Leerzeichen";
4255 IF I = 255 THEN PRINT "zeigt Leerzeichen";
4997 PRINT                                      ' Zeile abschließen
4998 RETURN
4999 '
5000 ' Untertitel
5010 '
5020 COLOR 15
5030 PRINT
5040 PRINT
5050 PRINT "Dezimal - Hex - Zeichen - Anmerkung"
5060 PRINT
5070 COLOR 14
5080 RETURN
5999 '
6000 ' Pause
6010 '
6020 IF INKEY$ <> "" THEN GOTO 6020
```

```
6030 PRINT
6040 COLOR 2
6050 PRINT "Weiter: beliebige Taste drücken..."
6060 COLOR 14
6070 IF INKEY$ = "" THEN GOTO 6070
6080 PRINT
6090 RETURN
```

	Zahl				*Zahl*	
Zeichen	***Dez***	***Hex***	***Steuerung***	***Zeichen***	***Dez***	***Hex***
	0	00H	NUL Null	<space>	32	20H
☺	1	01H	SOH Start of heading	!	33	21H
☻	2	02H	STX Start of text	"	34	22H
♥	3	03H	ETX End of text	#	35	23H
♦	4	04H	EOT Ende der Übertragung	$	36	24H
			(End of transmission)	%	37	25H
♣	5	05H	ENQ Enquiry	&	38	26H
♠	6	06H	ACK Bestätigung (Acknowledge)	'	39	27H
•	7	07H	BEL Glocke (Bell)	(	40	28H
◘	8	08H	BS Rückschritt (Backspace)	)	41	29H
○	9	09H	HT Horizontaltabulator (Horizontal tab)	*	42	2AH
◙	10	0AH	LF Zeilenvorschub (Linefeed)	+	43	2BH
♂	11	0BH	VT Vertikaltabulator (Vertical tab)	,	44	2CH
♀	12	0CH	FF Seitenvorschub (Formfeed)	-	45	2DH
♪	13	0DH	CR Wagenrücklauf (Carriage return)	.	46	2EH
♫	14	0EH	SO Shift out	/	47	2FH
☼	15	0FH	SI Shift in	0	48	30H
►	16	10H	DLE Data link escape	1	49	31H
◄	17	11H	DC1 Gerätekontrolle 1 (Device control 1)	2	50	32H
↕	18	12H	DC2 Gerätekontrolle 2 (Device control 2)	3	51	33H
‼	19	13H	DC3 Gerätekontrolle 3 (Device control 3)	4	52	34H
¶	20	14H	DC4 Gerätekontrolle 4 (Device control 4)	5	53	35H
§	21	15H	NAK Negative	6	54	36H
			acknowledge	7	55	37H
▬	22	16H	SYN Synchronisierungsschleife	8	56	38H
			(Synchronous idle)	9	57	39H
↨	23	17H	ETB Ende des Übertragungsblocks	:	58	3AH
	-		(End transmission block)	;	59	3BH
↑	24	18H	CAN Abbruch (Cancel)	<	60	3CH
↓	25	19H	EM End of medium	=	61	3DH
→	26	1AH	SUB Substitute	>	62	3EH
←	27	1BH	ESC Escape	?	63	3FH
∟	28	1CH	FS File separator	@	64	40H
↔	29	1DH	GS Group separator	A	65	41H
▲	30	1EH	RS Record separator	B	66	42H
▼	31	1FH	US Unit separator	C	67	43H

Abb. C-1 *(weiter nächste Seite)*

(Fortsetzung)

	Zahl			Zahl				Zahl	
Zeichen	***Dez***	***Hex***	***Zeichen***	***Dez***	***Hex***	***Steuerung***	***Zeichen***	***Dez***	***Hex***
D	68	44H	o	111	6FH		Ü	154	9AH
E	69	45H	p	112	70H		¢	155	9BH
F	70	46H	q	113	71H		£	156	9CH
G	71	47H	r	114	72H		¥	157	9DH
H	72	48H	s	115	73H		₧	158	9EH
I	73	49H	t	116	74H		ƒ	159	9FH
J	74	4AH	u	117	75H		á	160	A0H
K	75	4BH	v	118	76H		í	161	A1H
L	76	4CH	w	119	77H		ó	162	A2H
M	77	4DH	x	120	78H		ú	163	A3H
N	78	4EH	y	121	79H		ñ	164	A4H
O	79	4FH	z	122	7AH		Ñ	165	A5H
P	80	50H	{	123	7BH		ª	166	A6H
Q	81	51H	¦	124	7CH		º	167	A7H
R	82	52H	}	125	7DH		¿	168	A8H
S	83	53H	~	126	7EH		⌐	169	A9H
T	84	54H	Δ	127	7FH	DEL	¬	170	AAH
U	85	55H	Ç	128	80H		½	171	ABH
V	86	56H	ü	129	81H		¼	172	ACH
W	87	57H	é	130	82H		¡	173	ADH
X	88	58H	â	131	83H		«	174	AEH
Y	89	59H	ä	132	84H		»	175	AFH
Z	90	5AH	à	133	85H		░	176	B0H
[	91	5BH	å	134	86H		▒	177	B1H
\	92	5CH	ç	135	87H		▓	178	B2H
]	93	5DH	ê	136	88H		│	179	B3H
^	94	5EH	ë	137	89H		┤	180	B4H
_	95	5FH	è	138	8AH		╡	181	B5H
`	96	60H	ï	139	8BH		╢	182	B6H
a	97	61H	î	140	8CH		╖	183	B7H
b	98	62H	ì	141	8DH		╕	184	B8H
c	99	63H	Ä	142	8EH		╣	185	B9H
d	100	64H	Å	143	8FH		║	186	BAH
e	101	65H	É	144	90H		╗	187	BBH
f	102	66H	æ	145	91H		╝	188	BCH
g	103	67H	Æ	146	92H		╜	189	BDH
h	104	68H	ô	147	93H		╛	190	BEH
i	105	69H	ö	148	94H		┐	191	BFH
j	106	6AH	ò	149	95H		└	192	C0H
k	107	6BH	û	150	96H		┴	193	C1H
l	108	6CH	ù	151	97H		┬	194	C2H
m	109	6DH	ÿ	152	98H		├	195	C3H
n	110	6EH	Ö	153	99H		─	196	C4H

Abb. C-1

(weiter nächste Seite)

(Fortsetzung)

	Zahl			Zahl				Zahl	
Zeichen	*Dez*	*Hex*	*Zeichen*	*Dez*	*Hex*	*Steuerung*	*Zeichen*	*Dez*	*Hex*
┼	197	C5H	┘	217	D9H		φ	237	EDH
╞	198	C6H	┌	218	DAH		ε	238	EEH
╟	199	C7H	█	219	DBH		∩	239	EFH
╚	200	C8H	▄	220	DCH		≡	240	F0H
╔	201	C9H	▌	221	DDH		±	241	F1H
╩	202	CAH	▐	222	DEH		≥	242	F2H
╦	203	CBH	▀	223	DFH		≤	243	F3H
╠	204	CCH	α	224	E0H		⌠	244	F4H
═	205	CDH	β	225	E1H		⌡	245	F5H
╬	206	CEH	Γ	226	E2H		÷	246	F6H
╧	207	CFH	π	227	E3H		≈	247	F7H
╨	208	D0H	Σ	228	E4H		°	248	F8H
╤	209	D1H	σ	229	E5H		•	249	F9H
╥	210	D2H	μ	230	E6H		·	250	FAH
╙	211	D3H	τ	231	E7H		√	251	FBH
╘	212	D4H	Φ	232	E8H		η	252	FCH
╒	213	D5H	Θ	233	E9H		^{2}	253	FDH
╓	214	D6H	Ω	234	EAH		•	254	FEH
╫	215	D7H	δ	235	EBH			255	FFH
╪	216	D8H	∞	236	ECH				

Abb. C-1 *Zeichensatz der IBM PC- und PS/2-Familie*

Das BASIC-Programm paßt sich selbsttätig an einen Monochrom- oder Farbbildschirm an. In Zeile 1020 wird festgestellt, was für ein Bildschirm-Adapter angeschlossen ist: 1 steht für Monochrom (wie es im Programm festgeschrieben ist), 0 für Farbe. Abhängig vom Wert in Zeile 1020 setzt das Programm zwei Werte:

- Die Adresse im Bildschirmspeicher, an die der POKE-Befehl die angezeigten Informationen schreibt,
- Die Bildschirmbreite (40 oder 80 Spalten).

Die POKE-Anweisung in Zeile 3050 bewirkt, daß die Zeichen auf dem Bildschirm dargestellt werden. Es muß POKE verwendet werden, weil einige Zeichen mit dem normalen PRINT-Befehl nicht ausgegeben werden können. Eine Erklärung dafür finden Sie im Abschnitt "Die ersten 32 ASCII-Zeichen" auf Seite 483.

Jedes der 256 verschiedenen Zeichen hat sein eigenes von den anderen Zeichen abweichendes Erscheinungsbild, außer den ASCII-Zeichen 00H und FFH (dezimal 255), die wie CHR$(32) als Leerzeichen erscheinen.

Zeichenformat

Zeichen, die auf dem Bildschirm erscheinen, werden durch Punkte in einer Matrixanordnung erzeugt, die auch *Zeichenfeld* oder *Zeichenmatrix* genannt wird (siehe Abb. C-

2). Die Größe hängt sowohl von der Bildschirm-Hardware als auch vom verwendeten Bildschirmmodus ab. Zum Beispiel verwendet der Monochromadapter (MDA) eine 9 x 14-Zeichenmatrix, die Textmodi des Farbgrafikadapters (CGA) eine 8 x 8-Zeichenmatrix, der standardmäßige 80 x 25-Textmodus des hochauflösenden Grafik-adapters (EGA) eine 8 x 14-Zeichenmatrix und die Standardtextmodi des Video Graphics Arrays (VGA) eine 9 x 16-Zeichenmatrix. Zeichen werden dargestellt, indem die entsprechenden Punkte in der Matrix gesetzt werden. Je mehr Punkte eine Matrix aufweist, desto schärfer erscheinen die Zeichen.

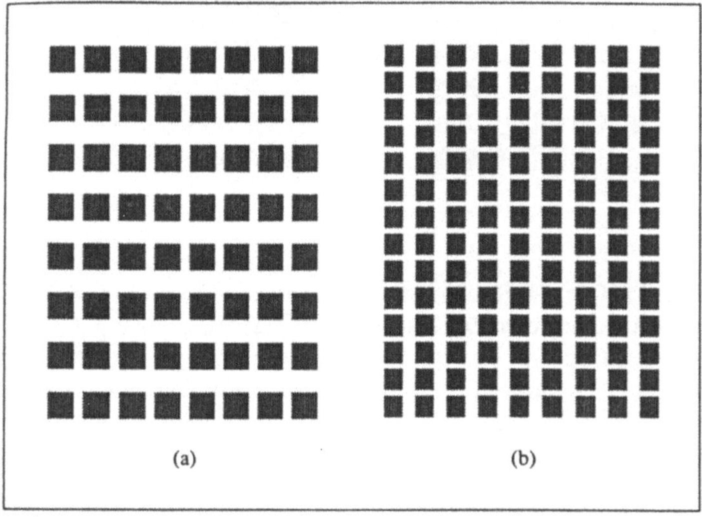

Abb. C-2 *Die vom Farbgrafikadapter (a) und dem Monochromadapter (b) angezeigte Punktmatrix*

Bei Punktmatrixdruckern werden die Zeichen ebenfalls in einer Punktmatrix aufgebaut. Jedes Druckermodell hat jedoch seine eigene Art der Zeichendarstellung, so daß die Zeichen des Druckers nicht exakt mit denen des Bildschirms übereinstimmen müssen.

Um Ihnen einmal den Zeichenaufbau zu zeigen, sehen Sie in Abbildung C-4 ein *"Y"*, ein *"y"* und ein Semikolon in einem 8 x 8-Punkte-Feld dargestellt.Es gibt mehrere Regeln, wie das Zeichen entsteht:

- Bei normalen Zeichen bleiben die zwei Spalten an der rechten Seite ungenutzt, sie dienen als Trennung zwischen den einzelnen Zeichen. Diese zwei Spalten werden nur bei Zeichen verwendet, die das gesamte Zeichenfeld ausfüllen sollen, wie z.B. das ausgefüllte Blockzeichen ASCII DBH (dezimal 129).
- Die zwei obersten Reihen werden nur bei Zeichen belegt, die über die normale Zeichenhöhe hinausragen; das sind z.B. die Großbuchstaben oder Kleinbuchstaben wie "b", "k" oder "h".
- Die unterste Zeile des Zeichenfeldes ist für Zeichen vorbehalten, die unter die Schreiblinie gehen. (z.B. "g" oder "y").

Im Rahmen eines optimalen Gesamterscheinungsbildes werden bei einigen Zeichen Kompromisse geschlossen, die von den Regeln abweichen. So ist beispielsweise das Semikolon eine Reihe angehoben, so daß es nicht die unterste Zeile des Zeichenfeldes belegt (siehe drittes Beispiel in Abbildung C-3).

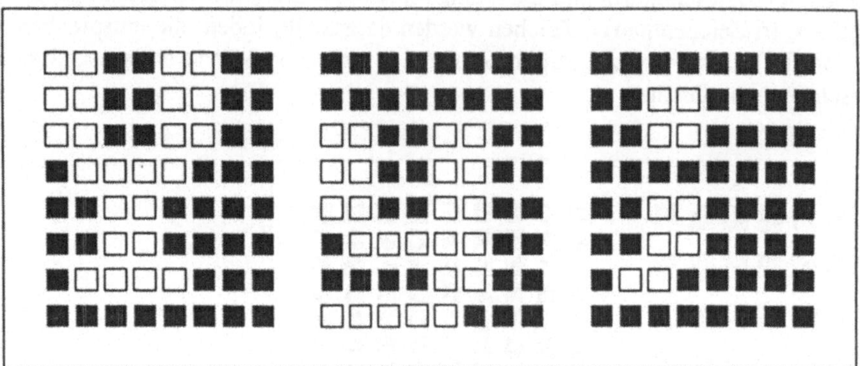

Abb. C-3 *Punktmuster dreier Zeichen in einem 8 x 8-Punkte-Feld*

Die Punkte, die jedes Zeichen auf dem Bildschirm formen, werden von einer speziellen Komponente des Bildschirm-Adapters, dem Zeichengenerator, plaziert. Die Aufgabe des Zeichengenerators ist es, ASCII-Codes in das entsprechende Muster der Punkte umzuwandeln, die das angezeigte Zeichen ausmachen. Er tut dies, indem er den ASCII-Code als Index auf eine speicherresidente Bit-Muster-Tabelle verwendet, die die Punktmuster der angezeigten Zeichen enthält.

Abbildung C-4 enthält z.B. den Tabelleneintrag für ein großes Y in einem 8 x 8-Zeichenfeld. Sie sehen, wie das Muster aus Einsen und Nullen in der Zeichendefinition dem Muster der Punkte des angezeigten Zeichens entspricht.

			Bit					*Wert*
7	*6*	*5*	*4*	*3*	*2*	*1*	*0*	*(hex)*
1	1	0	0	1	1	0	0	CCH
1	1	0	0	1	1	0	0	CCH
1	1	0	0	1	1	0	0	CCH
0	1	1	1	1	0	0	0	78H
0	0	1	1	0	0	0	0	30H
0	0	1	1	0	0	0	0	30H
0	1	1	1	1	0	0	0	78H
0	0	0	0	0	0	0	0	00H

Abb. C-4 *Die Codierung der acht Zeichen-Bytes des Buchstabens "Y"*

In einigen Bildschirmmodi haben Sie keine Kontrolle über die Bitmuster, die die angezeigten Zeichen definieren. Die Zeichendefinitionen des MDA beispielsweise sind in speziellen ROM-Chips gespeichert, auf die nur der Zeichengenerator des Adapters zugreifen kann. In vielen Bildschirmmodi liegt die Zeichendefinitionstabelle jedoch im RAM, so daß Sie die vom Zeichengenerator verwendeten Bitmuster neu definieren und Ihre eigenen Schriftarten oder Zeichensätze kreieren können. (Mehr über RAM-Zeichendefinitionen siehe Kapitel 9.)

Die ersten 32 ASCII-Zeichen

Die ersten 32 ASCII-Zeichen, 00H bis 1FH (dezimal 0 bis 31), dienen zwei wichtigen Anwendungen, die manchmal miteinander in Konflikt stehen. Auf der einen Seite haben diese Zeichen standardisierte ASCII-Bedeutungen, etwa zur Druckersteuerung (z.B. bedeutet ASCII 0CH (dezimal 12) Seitenvorschub) und zur Datenübertragungssteuerung. Gleichzeitig existieren im IBM PC so interessante und nützliche Zeichen wie z.B. die Kartensymbole (Herz, Karo, Kreuz und Pik) - ASCII 03H bis 06H - und die Pfeilzeichen (↑, ↓, → und ←) - ASCII 18H bis 1CH (dezimal 24 bis 27).

Generell reagieren alle Geräte, auch Drucker und Bildschirm, auf die ASCII-Bedeutung eines dieser Zeichen und drucken es nicht aus bzw. stellen es nicht dar. Ein Beispiel ist ASCII 07H, die Glocke, die als Bild ein Punkt in der Mitte des Zeichenfeldes ist. Wenn Sie DOS (oder eine Programmiersprache wie BASIC, die sich bei der Ausgabe auf DOS stützt) verwenden, wird kein Zeichen angezeigt; stattdessen ertönt der Lautsprecher. Wenn Sie jedoch das Zeichen mit Hilfe des folgenden POKE-Befehls direkt auf den Bildschirm bringen, erscheint das Bild des Zeichens:

```
DEF SEG = &HB800 : POKE 0, 7
```

Mit POKE lassen sich alle Zeichen in den Bildschirmpuffer schreiben und dadurch auf dem Bildschirm darstellen. Allerdings ist es viel bequemer, die Zeichenausgabe mit der PRINT-Anweisung vorzunehmen. Speichern Sie Zeichen nur dann direkt im Bildschirmpuffer, wenn Sie sie mit PRINT nicht anzeigen können.

Die meisten der ersten 32 Zeichen können auf dem Bildschirm dargestellt werden, je nach Programmiersprache können sie aber ein unterschiedliches Aussehen annehmen. Abbildung C-5 zeigt einige dieser Unterschiede. Die nicht aufgeführten Zeichen, ASCII 00H bis 06H (dezimal 0 bis 6) und ASCII 0EH bis 1BH (dezimal 14 bis 27), sehen in allen Programmiersprachen gleich aus.

ASCII-Zeichen		***Resultat***	
Hex	***Dez***	***in BASIC***	***in den meisten anderen Programmiersprachen***
07H	7	Tonerzeugung	Tonerzeugung
08H	8	Zeichen erscheint	Rückschritt ("Backspace")
09H	9	Tabulator	Tabulator

Abb. C-5 *(weiter nächste Seite)*

(Fortsetzung)

ASCII-Zeichen		*Resultat*	
Hex	*Dez*	*in BASIC*	*in den meisten anderen Programmiersprachen*
0AH	10	Zeilenvorschub und Wagenrücklauf	Zeilenvorschub
0BH	11	Cursor nach links oben setzen	Zeichen erscheint
0CH	12	Bildschirm löschen	Zeichen erscheint
0DH	13	Wagenrücklauf	Wagenrücklauf
1CH	28	Cursor nach rechts	Zeichen erscheint
1DH	29	Cursor nach links	Zeichen erscheint
1EH	30	Cursor nach oben	Zeichen erscheint
1FH	31	Cursor nach unten	Zeichen erscheint

Abb. C-5 *Bedeutung bestimmter Zeichen in verschiedenen Programmiersprachen bei der Bildschirmausgabe*

Umrandungszeichen

Mit die nützlichsten Sonderzeichen des erweiterten Zeichensatzes sind diejenigen, mit denen sich Umrandungen (mit einfachen oder doppelten Strichen) anfertigen lassen: die Zeichen B3H bis DAH (dezimal 179 bis 218). Da ihre korrekte Kombination schwierig ist, kann die folgende Übersichtsdarstellung beim Entwerfen von Rahmen und ähnlichem hilfreich sein.

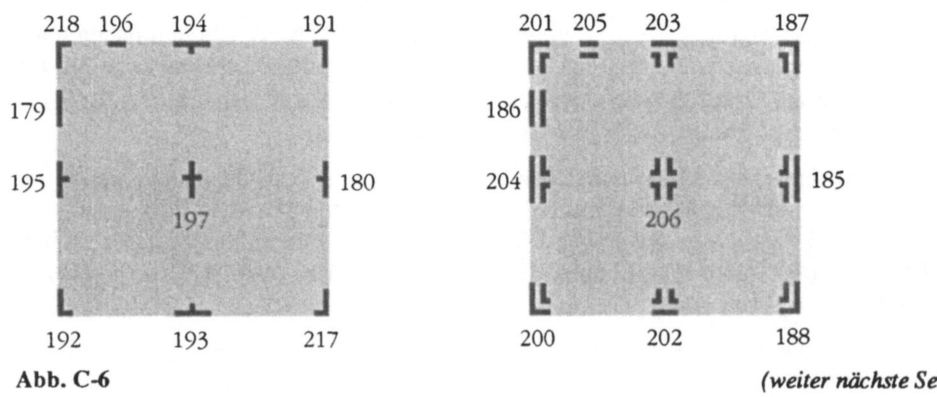

Abb. C-6

(weiter nächste Seite)

(Fortsetzung)

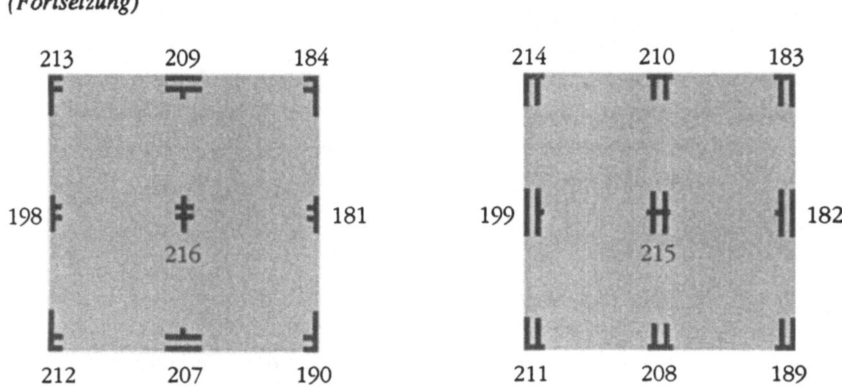

Abb. C-6 *Umrandungszeichen mit ihren ASCII-Codes*

Grafik- und Blockzeichen

Außer den Umrandungszeichen stehen Ihnen zwei weitere Zeichenserien zur Verfügung, die für Diagramme und Blockzeichnungen verwendbar sind (siehe Abbildung C-7). Die vier Zeichen der einen Serie erfüllen in unterschiedlichen Schattierungen das gesamte Zeichenfeld (d.h. einige der Punkte des Zeichenfeldes sind eingeschaltet bzw. auf die Vordergrundfarbe gesetzt und die restlichen ausgeschaltet bzw. auf die Hintergrundfarbe gesetzt). Die andere Serie besteht aus Blockzeichen, bei denen die Hälfte des Feldes mit Farbe bedeckt ist. Das ausgefüllte Blockzeichen, ASCII DBH (dezimal 219), wird ebenfalls in Verbindung mit diesen "Halbzeichen" verwendet.

ASCII 176	░	ASCII 220	▄
ASCII 177	▒	ASCII 221	▌
ASCII 178	▓	ASCII 222	▐
ASCII 219	█	ASCII 223	▀

Abb. C-7 *Die zwei Grafik- und Blockzeichenserien*

Konventionen zur Formatierung von Textdateien

Viele Programme arbeiten mit Dateien, die Text enthalten. Infolgedessen haben sich im Laufe der Zeit einige Konventionen bezüglich der Formate von Textdateien herausgebildet, was den Datenaustausch zwischen unterschiedlichen Programmen erleichtert. Die Formate werden durch Zeichen bestimmt, die im Text enthalten sind und Funktionen wie Wagenrücklauf (Carriage Return), Zeilenvorschub (Line Feed) oder Rückschritt (Backspace) ausführen.

Es ist sinnvoll, Programme so zu gestalten, daß sie verschiedene Textformate verarbeiten können. Andererseits ist es aber auch wichtig, die Formatierung von Texten einfach zu halten, so daß andere Programme die Ausgabe Ihres Programms problemloser weiterverwenden können. In diesem Abschnitt wollen wir uns erst die Standardtextdateiformate und anschließend die Formate von Textdateien ansehen, die von Textverarbeitungsprogrammen erzeugt werden.

Standardtextdateiformate

Normale Textdateien sind aus den Standard-ASCII-Zeichen aufgebaut und enthalten keine Zeichen des erweiterten Zeichensatzes. Im ASCII-Codierungsschema sind den ersten 32 Zeichen, ASCII 00H bis 1FH (dezimal 0 bis 31), besondere Bedeutungen zugeordnet: einige werden zur Formatierung einer Textdatei verwendet, andere dienen der Übertragungssteuerung. Diese Zeichen werden selten dargestellt oder ausgedruckt.

Im allgemeinen sind es nur wenige Zeichen, die in normalen Textdateien zur Formatierung herangezogen werden. Ursprünglich waren diese Zeichen zur Druckersteuerung gedacht, heute können sie bei fast allen Ausgabegeräten verwendet werden. Die wichtigsten Formatzeichen finden Sie nachfolgend erläutert.

ASCII 1AH (dezimal 26) markiert das tatsächliche Ende einer Textdatei. Das Zeichen kann schon erscheinen, bevor die Dateilänge, die im Verzeichniseintrag steht, erreicht ist. Textverarbeitungsprogramme lesen und schreiben Dateien am allgemeinen nicht Byte für Byte, sondern in größeren Einheiten - meist 128 Bytes auf einmal. Werden Daten auf diese Weise transferiert, kann DOS nur das Ende des 128-Byte-Blockes, nicht das tatsächliche Dateiende erkennen. Daher muß dieses durch das Dateiende-Zeichen (End-of-File, EOF) gekennzeichnet werden.

ASCII 0DH (dezimal 13) und ASCII 0AH (dezimal 10) unterteilen normalerweise einen Text in Zeilen, indem das Ende jeder Zeile durch einen Wagenrücklauf (ASCII 0DH) und einen Zeilenvorschub (ASCII 0AH), im allgemeinen in dieser Reihenfolge, gekennzeichnet wird. Bei vielen Textverarbeitungsprogrammen gibt es Schwierigkeiten mit Zeilen, die mehr als 255 Zeichen beinhalten, bei manchen liegt die Grenze sogar bei 80 Zeichen pro Zeile.

Ein Wagenrücklauf kann auch alleine vorkommen. Dies kann jedoch zu Problemen führen: manche Drucker fügen dann dem Wagenrücklauf automatisch einen Zeilenvorschub hinzu, andere wiederum fangen wieder in derselben Zeile an zu drucken. (Auch das Rückschrittzeichen, ASCII 08H, wird manchmal dazu verwendet, einen Drucker ein Zeichen überdrucken zu lassen.)

ASCII 09H, das *Tabulatorzeichen*, wird manchmal verwendet, um ein oder mehrere Leerzeichen bis zur nächsten Tabulatorposition zu erzeugen. Es gibt aber keine allgemeingültige Norm für das Setzen von Tabulatorpositionen; die Verwendung des Zeichens kann daher zu undefinierten Abständen führen. Die wohl gebräuchlichste Tabulatoreinstellung ist ein Abstand von acht Leerzeichen.

ASCII 0CH (dezimal 12), der *Seitenvorschub*, ist ein Formatzeichen, das ein Drucker als Befehl zum Vorschub des Papiers an den Anfang einer neuen Seite interpretiert.

Es gibt auch noch andere Formatzeichen, wie z.B. den vertikalen Tabulator, ASCII 0BH (dezimal 11), die aber auf Personal Computern kaum Verwendung finden.

Viele Schwierigkeiten lassen sich vermeiden, wenn man Programme mit einer einfachen Dateiformatierung schreibt. Das einfachste Format erlaubt Zeilen mit einer maximalen Länge von 255 Zeichen und kennt nur die Sonderzeichen Wagenrücklauf (ASCII 0DH), Zeilenvorschub (ASCII 0AH) und Dateiende (ASCII 1AH). Viele Programmiersprachen, wie beispielsweise BASIC und Pascal, können bei der Textausgabe diese Formatzeichen automatisch einsetzen.

Die meisten Compiler und Assembler erwarten, daß der Quellcode in dieser Rohform vorliegt. Selten kann ein Sprachübersetzer mit den von einigen Textverarbeitungsprogrammen erzeugten Formaten etwas anfangen.

Formate von Textverarbeitungsprogrammen

In Textverarbeitungsprogrammen werden Sonderzeichen für Formatierungszwecke benötigt. Dateien, die von solchen Programmen angelegt werden, sind selten einfach gehalten und haben meist viele exotische Erweiterungen gegenüber dem einfachen ASCII-Format. Generell hat zwar jedes Textprogramm seine eigenen Formatierungsregeln, es gibt aber dennoch einige Standards, die häufig anzutreffen sind.

Viele spezielle Formatcodes werden durch die erweiterten ASCII-Codes verwirklicht, die um den Wert 128 höher sind als der normale ASCII-Code. Das entspricht einem gesetzten höchstwertigen Bit (Bit 7). So wird z.B. der "weiche" Wagenrücklauf mit ASCII 8DH (dezimal 141) codiert, indem zum normalen Wagenrücklauf, ASCII 0DH (dezimal 13), der Wert 128 addiert wird. Ein weicher Wagenrücklauf wird oftmals als vorläufiges Zeilenende verwendet, das verändert werden kann, wenn der Absatz neu formatiert wird. Andererseits kann der normale Wagenrücklauf das Ende eines Absatzes anzeigen, der durch erneutes Formatieren nicht verändert wird. Diese Art der Codierung kann manche Programme dazu bringen, ganze Absätze als eine einzige Zeile zu behandeln.

"Weiche" Bindestriche (ASCII ADH, dezimal 173), deren Code um den Wert 128 höher liegt als der normaler Bindestriche (ASCII 2DH, dezimal 45), werden manchmal verwendet, um anzuzeigen, wo beim Umbruch Worttrennungen am Ende einer Zeile möglich sind.Gewöhnliche Bindestriche werden als reguläre Zeichen behandelt und können vom Textprogramm nicht automatisch verwendet oder entfernt werden, wie das bei weichen Bindestrichen der Fall ist.

Sogar normale alphabetische Zeichen können verändert werden, indem 128 zu ihrem ursprünglichen Code addiert wird. In manchen Programmen wird dadurch der letzte Buchstabe eines Wortes gekennzeichnet. Beispiele: Das kleine a hat den Code ASCII 61H (dezimal 97), wenn es aber am Ende eines Wortes erscheint, wie z.B. in *Kanada*, wird es vielleicht (je nach System) als ASCII E1H (dezimal 225) gespeichert, da 255 die Summe aus 97 und 128 ist.

Wenn Sie ein Programm schreiben, das eine Vielzahl von Textdateiformaten lesen muß, sollten Sie die Sonderzeicheninterpretation variabel gestalten, so daß sie leicht an unterschiedliche Gegebenheiten angepaßt werden kann.

Anhang D
DOS-Version 4

Neuerungen der DOS-Version 4

Die schreibtischartige Bildschirm-Shell der DOS-Version 4 gibt ihr ein Erscheinungsbild, das der fernschreiberartigen Bedienerführung, wie sie Benutzern früherer DOS-Versionen vertraut ist, absolut nicht mehr gleicht. Trotzdem ist DOS-Version 4 ihrem Vorgänger, Version 3.3, aus der Sicht des Programmieres recht ähnlich.

Die bedeutendsten Änderungen in DOS-Version 4 haben mit ihrer Fähigkeit zu tun, größere Platten und Speicherkapazitäten zu verwalten. Als der IBM PC und DOS auf den Markt kamen, war die fehlende Unterstützung von mehr als 1 Megabyte (MB) RAM oder 32 MB Plattenspeicher kein echter Engpaß. Im Juli 1988, als die DOS-Version 4 erschien, waren beide Einschränkungen für viele DOS-Benutzer bereits störend geworden. DOS-Version 4 behebt die Einschränkungen der früheren Versionen, indem die Methode der Verwaltung von RAM-Speicher und Plattenspeicher verbessert wurde.

DOS-Version 4 ermöglicht den Zugriff auf größere Festplattenpartitionen, indem es für die logischen Sektoren 32-Bit- statt der vorher verwendeten 16-Bit-Nummern benutzt. Mit 16-Bit-Sektornummern beträgt die maximale Anzahl von Sektoren einer Festplattenpartition 65.536. Bei der Standardsektorgröße von 512 Bytes ist daher die größte unterstützte Festplattenpartition 32 MB. Mit den 32-Bit-Sektornummern der DOS-Version 4 ist die maximale Anzahl von Sektoren einer Partition nicht auf 65.536 begrenzt. DOS-Version 4 kann daher Festplattenpartitionen von mehr als 32 MB verwalten, ohne die Standardsektorgröße zu erhöhen. (Mehr über logische Sektoren siehe Kapitel 5.)

DOS-Version 4 unterstützt den erweiterten Speicher, indem es die Funktionalität der Version 4.0 der LIM (Lotus-Intel-Microsoft) Expanded Memory-Spezifikation (EMS) in sich birgt, die aus einer Reihe von Funktionsaufrufen besteht, die durch Software-Interrupt 67H ausgelöst werden (siehe Abbildung D-1). Da DOS die LIM-Schnittstelle unterstützt, müssen Sie zur Verwendung des erweiterten Speichers (EMS) in einem PC oder PS/2 keinen separaten Treiber mehr installieren.

EMM-	*Funktion*		
Funktion	***Hex***	***Dez***	***Beschreibung***
1	40H	64	Status lesen
2	41H	65	Seitenrahmenadresse lesen
3	42H	66	Zähler der nicht zugeordneten Seiten lesen
4	43H	67	Seiten zuordnen
5	44H	68	Abbildung von Bearbeitungsseite aktivieren/deaktivieren
6	45H	69	Seitenzuordnung aufheben
7	46H	70	EMM-Version lesen
8	47H	71	Seitenabbild (page map) sichern
9	48H	72	Seitenabbild wiederherstellen
10			(Reserviert)
11			(Reserviert)
12	4BH	75	EMM-Bearbeitungszähler lesen

Abb. D-1 *(weiter nächste Seite)*

(Fortsetzung)

EMM-	*Funktion*		
Funktion	***Hex***	***Dez***	***Beschreibung***
13	4CH	76	EMM-Bearbeitungsseiten lesen
14	4DH	77	Alle EMM-Bearbeitungsseiten lesen
15	4EH	78	Seitenabbild lesen/setzen
16	4FH	79	Partielles Seitenabbild lesen/setzen
17	50H	80	Abbildung mehrerer Bearbeitungsseiten aktivieren/deaktivieren
18	51H	81	Seiten neu zuordnen
19	52H	82	Bearbeitungsattribute lesen/setzen
20	53H	83	Bearbeitungsname lesen/setzen
21	54H	84	Bearbeitungsverzeichnis lesen
22	55H	85	Seitenabbild und Sprung (jump) ändern
23	56H	86	Seitenabbild und Aufruf (call) ändern
24	57H	87	Speicherbereich verschieben/austauschen
25	58H	88	Abbildbare physische Adressenmatrix lesen
26	59H	89	Informationen über erweiterte Speicherhardware lesen
27	5AH	90	Rohseiten zuordnen
28	5BH	91	Wahl eines alternativen Seitenabbild-Registers
29	5CH	92	Erweiterten Speicher für Warmstart vorbereiten
30	5DH	93	Betriebssystem-/Umgebungsfunktionen ermöglichen/verhindern

Abb. D-1 *LIM Expanded Memory Support-Funktionen, von DOS-Version 4 über Interrupt 67H unterstützt*

Einen unmittelbaren Vorteil aus der EMS-Unterstützung zieht DOS selbst, indem es den erweiterten Speicher für seine internen Puffer verwenden kann. (Der /E-Schalter in BUFFERS= in der Datei CONFIG.SYS setzt DOS-Puffer in den erweiterten Speicher; der /E-Schalter in FASTOPEN setzt den Verzeichnis-/Datei-Cachespeicher von FASTOPEN in den erweiterten Speicher.) So steht Ihren Anwendungsprogrammen in den ersten 640 KB des 8086-Adreßraums mehr konventioneller Speicher zur Verfügung.

Diese Eigenschaften von DOS-Version 4 sorgen für einige Unterschiede bei der Programmierung der DOS-Anwendungsschnittstelle. Die Unterschiede werden in einigen Interrupt 21H-Funktionen, in den von den Interrupts 25H und 26H gebotenen Routinen und in der Art und Weise, wie DOS-Version 4 Festplatten formatiert, besonders augenfällig. Die folgenden Abschnitte beschreiben diese Unterschiede.

Interrupt 21H-Funktionen in DOS-Version 4

DOS-Version 4 unterstützt alle in DOS-Version 3.3 verfügbaren Interrupt 21H-Funktionen (bzw. erweitert einige). Sie unterstützt zusätzlich eine neue Interrupt 21H-Funktion (Funktion 6CH, Erweitertes Öffnen/Anlegen). Wir fassen im folgenden die Neuerungen zusammen. Vergleichen Sie jedoch unbedingt die in DOS-Version 4 unterstützten Funktionen mit denen in früheren DOS-Versionen vorhandenen (Kapitel 15, 16 und 17).

Funktion 33H (dezimal 51): Systemwert lesen/setzen

In den DOS-Versionen vor Version 4 ließ sich Funktion 33H (dezimal 51) nur zum Prüfen oder Ändern der DOS-internen Flagge verwenden, die die Überprüfung auf Ctrl-C steuert, (siehe Kapitel 17). DOS-Version 4 unterstützt eine dritte Unterfunktion, die die Nummer des zum Booten des Systems verwendeten Laufwerks ermittelt.

Rufen Sie dazu Funktion 33H mit AL = 5 auf. DOS-Version 4 gibt die Laufwerksnummer in Register DL zurück. Die Nummern können 1 (Laufwerk A) oder 3 (Laufwerk C) sein.

Funktion 44H (dezimal 68): IOCTL - E/A-Steuerung für Geräte

Unterfunktion 0CH wurde zur Unterstützung von Doppelbytezeichen (DBCS) erweitert. Details finden Sie im *DOS Version 4 Technical Reference Manual.*

Funktion 65H (dezimal 101): Erweiterte Landesinformationen lesen

In DOS-Version 4 unterstützt Interrupt 21H, Funktion 65H (dezimal 101), die Unterfunktion 07H, die die segmentierte Adresse eines *DBCS-Vektors* zurückgibt. Dieser ist eine Tabelle mit Byte-Paaren verwenden läßt, die sich zur Umsetzung von Zeichen in Nicht-ASCII-Zeichensätzen, die ein Zeichen mit zwei Bytes statt nur einem darstellen. Jedes Byte-Paar legt einen Wertebereich fest. Die Werte in jedem Bereich stellen ihrerseits nicht etwa einzelne Zeichen dar; stattdessen identifiziert jeder Wert das führende Byte eines 2-Byte-Zeichencodes.

Diese Unterstützung von Doppel-Byte-Zeichen ist nur in den fremdsprachlichen DOS-Ausgaben von Nutzen, in denen der normale erweiterte ASCII-Zeichensatz ungeeignet ist. Falls Sie jedoch ein wenig experimentieren wollen, finden Sie im folgenden beschrieben, wie Ihnen in DOS-Version 4 Interrupt 21H, Funktion 65H, den Zugriff auf den DBCS-Vektor ermöglicht.

Beim Aufruf der Funktion müssen die Register, wie in Abbildung D-2 gezeigt, belegt sein. Unterfunktion 07H aktualisiert den Puffer an ES:DI mit einem Byte zur Identifikation der Unterfunktion (07H), auf das die segmentierte Adresse der Byte-Paar-Tabelle folgt. Die Tabelle besteht aus einem einzigen Wort, das die Anzahl der Einträge in der Tabelle enthält. Im Anschluß daran findet man eine Folge von Byte-Paaren. Zum Beispiel gibt Unterfunktion 07H in einem DOS-Version 4-System, das mit COUNTRY=81 (Japan) in seiner CONFIG.SYS-Datei installiert wurde, einen Zeiger auf die folgende Tabelle zurück:

Die ersten 2 Bytes der Tabelle geben ihre Länge an (6 Bytes). Die nächsten beiden Byte-Paare geben an, daß jeder Wert in den Bereichen 81H bis 9FH und EDH bis FCH das führende Byte eines 2-Byte-Zeichencodes darstellen. Die Tabelle endet mit einem Paar Null-Bytes.

Aufruf mit	*Rückgabe*
AH = 65H	*Bei Fehler:*
AL = 07H	CF gesetzt
BX = Codeseitennummer	AX = Fehlercode
(-1 = Standard)	
CX = Pufferlänge (sollte 05H sein)	*Kein Fehler:*
DX = Landeskennung (-1=Standard)	CF gelöscht
ES:DI → leerer Puffer	ES:DI → erweiterte
	Landesinformationen

Abb. D-2 *Für Interrupt 21H, Funktion 65H, Unterfunktion 07H verwendete Register*

Funktion 6CH (dezimal 108): Erweitertes Öffnen/Anlegen

Funktion 6CH, in DOS-Version 4 eingeführt, kombiniert die Funktionalität mehrerer zuvor unterstützter Interrupt 21H-Funktionen. Diese Funktion bietet Ihnen zum Öffnen einer Datei mehrere unterschiedliche Möglichkeiten:

- Sie können eine existierende Datei öffnen (wie mit den Funktionen 0FH und 3DH).
- Sie können eine Datei anlegen oder eine existierende Datei auf die Länge Null beschneiden (wie mit den Funktionen 16H und 3CH).
- Sie können eine Datei anlegen, die garantiert neu ist (wie mit Funktion 5BH).
- Sie können eine Datei öffnen, für die jede Schreiboperation sofort auf der Platte erfolgt (als ob Sie Funktion 68H nach jedem Schreiben aufrufen würden).
- Sie können die Verarbeitung des Interrupts 24H (kritischer Fehler) für die Datei außer Kraft setzen.

Beim Aufruf der Funktion 6CH wählen Sie eine Kombination aus diesen Aktionen durch Setzen der Bits im Register BX (Abbildung D-3) und DX (Abbildung D-4) aus. Die anderen Register enthalten Informationen, die DOS zum Öffnen oder Anlegen der Datei benötigt: CX enthält beim Anlegen einer Datei das Anlage-Attribut, DS:SI einen Zeiger auf den ASCIIZ-Dateinamen, und in AL muß 00H stehen.

War das Anlegen oder Öffnen erfolgreich, kehrt Funktion 6CH mit gelöschter Übertragsflagge, einer Dateinummer in AX und dem Rückkehrcode in CX zurück. Mögliche Rückkehrcodes sind 01H (Existierende Datei geöffnet), 02H (Neue Datei angelegt und geöffnet) und 03H (Existierende Datei gekürzt und geöffnet). Tritt ein Fehler auf, setzt die Funktion die Übertragsflagge und gibt in AX einen Fehlercode zurück. Die möglichen Fehlercodes hängen von der Art der angeforderten Operation ab. Sie umfassen 01H (Ungültige Funktion), 02H (Datei nicht gefunden), 03H (Pfad nicht gefunden), 04H (Keine Dateinummern verfügbar), 05H (Zugriff verweigert) und 50H (Datei existiert bereits).

Bit																	
15	*14*	*13*	*12*	*11*	*10*	*9*	*8*	*7*	*6*	*5*	*4*	*3*	*2*	*1*	*0*	***Wert***	***Bedeutung***
.	.	.	.	.	.	.	.	.	.	.	.	.	0	0	0	0	Zugriffsmodus: Nur-Lesen
.	.	.	.	.	.	.	.	.	.	.	.	.	0	0	1	1	Zugriffsmodus: Nur-Schreiben
.	.	.	.	.	.	.	.	.	.	.	.	.	0	1	0	2	Zugriffsmodus: Lesen/Schreiben
.	.	.	.	.	.	.	.	.	.	.	.	0	.	.	.		(Reserviert)
.	.	.	.	.	.	.	.	.	0	0	0	.	.	.	.	0	Modus gemeinsamer Zugriff: Kompatibilität
.	.	.	.	.	.	.	.	.	0	0	1	.	.	.	.	1	Modus gemeinsamer Zugriff: Lesen/Schreiben verweigern
.	.	.	.	.	.	.	.	.	0	1	0	.	.	.	.	2	Modus gemeinsamer Zugriff: Schreiben verweigern
.	.	.	.	.	.	.	.	.	0	1	1	.	.	.	.	3	Modus gemeinsamer Zugriff: Lesen verweigern
.	.	.	.	.	.	.	.	.	1	0	0	.	.	.	.	4	Modus gemeinsamer Zugriff: Keine Beschränkung
.	.	.	.	.	.	.	.	0	.	.	.	.	.	.	.	0	Übernahme: untergeordneter Prozeß übernimmt Dateinummern
.	.	.	.	.	.	.	.	1	.	.	.	.	.	.	.	1	Übernahme: keine Übernahme von Dateinummern
.	.	.	0	0	0	0	0	.	.	.	.	.	.	.	.		(Reserviert)
.	.	0	.	.	.	.	.	.	.	.	.	.	.	.	.	0	INT24H: aktiv
.	.	1	.	.	.	.	.	.	.	.	.	.	.	.	.	1	INT24H: nicht aktiv
.	0	.	.	.	.	.	.	.	.	.	.	.	.	.	0	0	Datei nicht sofort schreiben
.	1	.	.	.	.	.	.	.	.	.	.	.	.	.	1	1	Datei sofort schreiben
0	.	.	.	.	.	.	.	.	.	.	.	.	.	.	.		(Reserviert)

Abb. D-3 *Bitfeldwerte im Register BX für Interrupt 21H, Funktion 6CH*

Bit																	
15	*14*	*13*	*12*	*11*	*10*	*9*	*8*	*7*	*6*	*5*	*4*	*3*	*2*	*1*	*0*	***Wert***	***Bedeutung***
.	.	.	.	.	.	.	.	.	.	.	.	0	0	0	0	0	Falls Datei existiert: Fehler
.	.	.	.	.	.	.	.	.	.	.	.	0	0	0	1	1	Falls Datei existiert: öffnen
.	.	.	.	.	.	.	.	.	.	.	.	0	0	1	0	2	Falls Datei existiert: auf Null abschneiden und öffnen
.	.	.	.	.	.	.	.	0	0	0	0	.	.	.	.	0	Falls Datei nicht gefunden: Fehler
.	.	.	.	.	.	.	.	0	0	0	1	.	.	.	.	1	Falls Datei nicht gefunden: anlegen
0	0	0	0	0	0	0	0	.	.	.	.	.	.	.	.		(Reserviert)

Abb. D-4 *Bitfeldwerte im Register DX für Interrupt 21H, Funktion 6CH*

Interrupts 25H und 26H

In DOS-Version 4 wurden die Routinen zum absoluten Lesen und Schreiben einer Platte - die Interrupts 25H und 26H (dezimal 37 und 38) - so überarbeitet, daß sie 32-Bit-Nummern für logische Sektoren verarbeiten können. Sie müssen diese Routinen verwenden, wenn Sie auf einzelne Sektoren in Plattenpartitionen zugreifen wollen, die mehr als 65.536 Sektoren enthalten.

Wie die früheren DOS-Versionen erfordern diese Interrupt-Routinen die Verwendung der CPU-Register zur Übergabe einer Laufwerksnummer, einer Pufferadresse, einer Startsektornummer und die Anzahl der Sektoren. In DOS-Version 4 werden die Register jedoch anders verwendet (siehe Abbildung D-5). Um eine 32-Bit-Sektornummer zu verwenden, müssen Sie Interrupt 25H oder 26H mit CX=-1 aufrufen. In DS:BX muß die Adresse eines Kontrollpakets, einer 10-Byte-Datenstruktur stehen, die die Startsektornummer, die Anzahl der zu lesenden oder zu schreibenden Sektoren und die Pufferadresse enthält (Abb. D-6). Falls CX nicht -1 enthält, nimmt DOS an, daß die anderen Register so wie in den früheren DOS-Versionen zur Beschreibung der Lese- oder Schreiboperation verwendet werden (siehe Kapitel 15).

Aufruf mit	*Rückgabe*
AL = Laufwerksnummer CX = -1 DS:BX → Kontrollpaket	Alter Inhalt des Flaggenregisters am Stapelende *Bei Fehler:* CF gesetzt AH = Fehlercode AL = Fehlercode *Kein Fehler:* CF gelöscht

Abb. D-5 *In den Interrupt 25H- und 26H-Routinen der DOS-Version 4 verwendete Register*

Offset	*Länge (Bytes)*	*Inhalt*
00H	4	Logische Sektornummer
04H	2	Anzahl der zu lesenden oder zu schreibenden Sektoren
06H	4	Segment:Offset-Adresse des Datenpuffers

Abb. D-6 *Das in den Interrupt 25H- und 26H-Routinen der DOS-Version 4 verwendete Kontrollpaket*

Die erweiterte DOS-Version 4 dieser Routinen verwendet dieselben Codes zur Meldung von Fehlern wie die früheren Versionen. Falls Sie beim Zugriff auf eine Plattenpartition, die mehr als 65.536 Sektoren enthält, keine 32-Bit-Sektoradresse angeben, kehren diese Routinen mit AH = 02H (Fehlerhafte Adreßmarke) und AL = 07H (Unbekannter Datenträger) zurück. Dieser Fehler tritt sogar auf, wenn Sie auf einen der ersten 65.536 logischen Sektoren der Partition zugreifen.

Bevor DOS-Version 4 die Anforderung eines Interrupts 25H oder 26H verarbeiten kann, muß es wissen, wie die Platte formatiert ist. Bei einer Festplatte ist das unproblematisch, und für Disketten können Sie DOS das aktuelle Diskettenformat mitteilen, indem Sie vor dem Aufruf des Interrupts 25H oder 26H den Interrupt 21H, Funktion 47H (Aktuelles Verzeichnis ermitteln), ausführen.

Bootsektor in DOS-Version 4

Beim Formatieren einer Platte zeichnet DOS Informationen über die Platte im logischen Sektor 0, dem DOS-Bootsektor, auf (siehe Kapitel 5). Wie in den früheren Versionen speichert auch DOS-Version 4 Informationen über die Größe der Plattensektoren, über Cluster, FAT und Stammverzeichnis in einer Tabelle, die der BIOS-Parameterblock (BPB) genannt wird. DOS-Version 4 speichert im Bootsektor jedoch mehr Informationen als die früheren Versionen.

Der erweiterte BIOS-Parameterblock

In DOS-Version 4 enthält die Datenstruktur des BPB ein zusätzliches 4-Byte-Feld, das die Anzahl der logischen Sektoren der Platte enthalten kann. (Vergleichen Sie dazu Abb. D-7 mit Abb. 5-9 auf Seite 108.) Wie in den früheren DOS-Versionen speichert DOS-Version 4 die Anzahl der logischen Sektoren im Feld an Offset 13H und die Anzahl der verborgenen Sektoren im Feld an Offset 1CH. Falls jedoch die Summe dieser beiden größer als 65.535 ist, speichert DOS im Feld an Offset 13H eine 0 und verwendet das zusätzliche Feld an Offset 20H zur Aufzeichnung der Gesamtanzahl der logischen Sektoren der Platte.

Offset im Bootsektor	*Länge (Bytes)*	*Beschreibung*
03H	8	ID des Systems
0BH	2	Anzahl der Bytes pro Sektor
0DH	1	Anzahl der Sektoren pro Cluster
0EH	2	Anzahl der Sektoren im reservierten Bereich
10H	1	Anzahl der Kopien der FAT
11H	2	Anzahl der Einträge im Stammverzeichnis
13H	2	Gesamtanzahl der Sektoren
15H	1	DOS-Medien-Deskriptor
16H	2	Anzahl der Sektoren pro FAT
18H	2	Anzahl der Sektoren pro Spur
1AH	2	Anzahl der Köpfe (Seiten)
1CH	4	Anzahl der verborgenen Sektoren
20H	4	Gesamtanzahl der Sektoren (wenn Feld an Offset 13H 0 enthält)

Abb. D-7 *Der erweiterte BIOS-Parameterblock im Boot-Sektor der DOS-Version 4*

Seriennummer des Datenträgers

DOS-Version 4 zeichnet außerdem Name und Seriennummer einer Platte in einer Datenstruktur auf, die unmittelbar hinter den BPB im Bootsektor steht (siehe Abbildung D-8). Der Datenträgername ist derselbe 11-Byte-Name, wie er im Datenträgername-Feld des Stammverzeichnisses zu finden ist. Sie geben ihn mit dem Befehl FORMAT oder LABEL oder durch Aufruf von Interrupt 21H, Funktion 16H, an. DOS selbst berechnet die Seriennummer des Datenträgers.

Beim Formatieren einer Platte leitet DOS-Version 4 die Seriennummer der Platte aus Tagesdatum und Uhrzeit ab. Das heißt, daß diese Seriennummern für verschiedene Datenträger praktisch immer unterschiedlich sind. DOS kann so zwischen verschiedenen Platten mit demselben physischen Format unterscheiden. In DOS-Version 4 läßt sich das ausprobieren, indem man SHARE installiert, eine Datei auf Diskette zur Eingabe öffnet und dann die Diskette auswechselt. DOS-Version 4 erzeugt dann den kritischen Fehler "Unzulässiger Diskettenwechsel". In einem Programm können Sie eine eigene Routine zur Behandlung kritischer Fehler zum Aufspüren dieses Fehlers verwenden. Natürlich ist es einfacher, sich auf die standardmäßige Routine zur Behandlung kritischer Fehler von DOS-Version 4 zu verlassen, die auch noch Datenträgername und Seriennummer der Diskette anzeigt, die die geöffnete Datei enthält.

Offset im Bootsektor	*Länge (Bytes)*	*Beschreibung*
24H	1	Physische Laufwerksnummer
25H	1	(Reserviert)
26H	1	Erkennungsbyte (29H)
27H	4	Seriennummer des Datenträgers
2BH	11	Datenträgername
36H	8	(Reserviert)

Abb. D-8 *Erweiterungen des Bootsektors in DOS-Version 4*

Beispielroutine

Die folgende Routine liest die Seriennummer einer DOS-Version 4-Platte. Das C-Programm, das LiesAbs() aufruft, zeigt, wie Sie auf Informationen im DOS-Version 4-Bootsektor zugreifen können:

```
main( argc, argr )
int     argc;
char *  argv[];
        unsigned char   Puffer[512];
        unsigned long * LongZeiger;
        int             LaufID = 02;          /* Laufwerk C */

        struct
        {
          unsigned long Sektornummer;         /* 4 Bytes */
```

```
    unsigned int  Zaehler;                /* 2 Bytes */
    void far  *PufferZeiger;              /* 4 Bytes */
  }
      Kontrollpaket;

  /* Kontrollpaket initialisieren */
  Kontrollpaket.Sektornummer = 0;
  Kontrollpaket.Zaehler = 1;
  Kontrollpaket.PufferZeiger = (char far *)Puffer;

  /* DOS-Bootsektor auf angegebenem Laufwerk lesen */
  if( argc == 2 )
    LaufID = (argv[1][0] | 0x20) - 'a';
  LiesAbs( LaufID, &Kontrollpaket );

  /* Seriennummer des Datenträgers anzeigen, falls vor- */
  /* handen */
  if( Puffer[0x26] == 0x29 )   /* Kennung prüfen */
  {
    LongZeiger = (long *) (Puffer+0x27);
    printf( "\nSeriennummer des Datenträgers: %081X",
    *LongZeiger  );
  }

  else
    printf( "\nDatenträger ohne Seriennummer" );
  }
```

Die Routine *LiesAbs()* zeigt, wie man die erweiterte Interrupt 25H-Funktion der DOS-Version 4 verwendet:

```
DGROUP          GROUP      _DATA
_TEXT           SEGMENT    byte public 'CODE'
                ASSUME     cs:_TEXT,ds:DGROUP

                PUBLIC     _LiesAbs
_LiesAbs        PROC       near

                push       bp
                mov        bp,sp
                push       si
                push       di

; durch Ausführung von Interrupt 21H, Funktion 47H,
; sicherstellen, daß DOS das Datenträgerformat kennt
                mov        ah,47h
                mov        dl,[bp+4]
                inc        dx
                mov        i,offset DGROUP:Puffer
                int        21h
```

```
; Interrupt 25h zum Lesen der gewünschten Sektoren verwenden
                mov      al,[bp+4]        ; AL = Laufwerksnummer
                mov      bx,[bp+6]        ; DS:BX →Kontrollpaket
                mov      cx,-1
                int      25h              ; Absolutes Lesen von
                                          ; Platte
                mov      ax,0             ; bei Rückkehr: AX =
                                          ; Wert der Übertrags-
                adc      ax,0             ; flagge
                add      sp,2             ; Von DOS auf Stapel
                                          ; gelegte Flaggen
                                          ; entfernen
                pop      di
                pop      si
                pop      bp
                ret
_LiesAbs        ENDP
_TEXT           ENDS
_DATA           SEGMENT word public 'DATA'
Puffer          DB        64 dup(?)
_DATA           ENDS
```

Die Zukunft von DOS-Version 4

In erster Linie werden die DOS-Anwender und nicht die DOS-Programmierer von DOS-Version 4 profitieren. Die Unterstützung des Expanded Memory (erweiterter Speicher) und größerer Festplatten macht es Anwendungsprogrammen leichter, diese Ressourcen auszunutzen. Die schreibtischartige Bedieneroberfläche erinnert deutlich an die beim OS/2 Presentation Manager vorhandene Befehlsschnittstelle. Die dahinterstehende Philosophie ist die von den PC- und PS/2-Anwendern gewünschte grafische "Zeige- und Auslöse"-Schnittstelle. Aus der Sicht des Programmierers freilich bieten diese Fähigkeiten der DOS-Version 4 wenig Neuerungen.

DOS-Version 4 ist nicht revolutionär. Sie stellt einfach einen weiteren Schritt in der Fortentwicklung des vorherrschenden Betriebssystems für die IBM PCs und PS/2 dar.

Sachwortverzeichnis

C

D

S

T